“十二五”普通高等教育本科国家级规划教材

电子电气基础课程规划教材

电工电子技术

（第4版）

徐淑华　主编

電子工業出版社
Publishing House of Electronics Industry
北京 • BEIJING

内 容 简 介

本书为“十二五”普通高等教育本科国家级规划教材，根据教育部电气电子学科基础课程教学指导委员会拟定的（电工学）最新教学基本要求编写。全书分5个模块共18章，包括电路分析基础、模拟电子技术基础、数字电子技术基础、EDA技术、电机与电气控制技术，涵盖了电工电子技术的所有内容。

该书内容处理详略得当，基本概念讲述清楚，分析方法讲解透彻，思考题、例题、练习题配置齐全，难易度适中，还在部分重点、难点位置插入了动画或视频，扫描相应的二维码即可观看，方便学生自学和教师施教。

本书有配套的电工电子技术实验教程和电工电子技术学习指导与习题解答，还提供配套的电子课件。

本书可作为高等学校非电类专业学生的教科书，也可供其他工科专业选用和社会读者阅读。

图书在版编目（CIP）数据

电工电子技术/徐淑华主编. —4版. —北京：电子工业出版社，2017.8
ISBN 978-7-121-32032-3

Ⅰ. ①电… Ⅱ. ①徐… Ⅲ. ①电工技术－高等学校－教材②电子技术－高等学校－教材 Ⅳ. ①TM②TN

中国版本图书馆CIP数据核字（2017）第144051号

策划编辑：冉 哲
责任编辑：冉 哲　　特约编辑：杨永毅
印　　刷：三河市良远印务有限公司
装　　订：三河市良远印务有限公司
出版发行：电子工业出版社
　　　　　北京市海淀区万寿路173信箱　邮编 100036
开　　本：787×1 092　1/16　印张：27　字数：726千字
版　　次：2003年7月第1版
　　　　　2017年8月第4版
印　　次：2020年8月第11次印刷
定　　价：55.00元

凡所购买电子工业出版社图书有缺损问题，请向购买书店调换。若书店售缺，请与本社发行部联系，联系及邮购电话：（010）88254888，88258888。

质量投诉请发邮件至 zlts@phei.com.cn，盗版侵权举报请发邮件至 dbqq@phei.com.cn。

本书咨询联系方式：ran@phei.com.cn。

前　　言

电工电子技术（电工学）课程是高等院校非电专业一门重要的专业基础课程，担负着使学生获得电路、电子技术及电气控制等领域必要的基本理论、基本知识和基本技能的任务。该课程面对专业多，学生数量大，课程内容涉及电工电子学科的各个领域，并有很强的实践性。

伴随着电工电子学科新器件、新技术、新应用的日新月异，教育教学信息化、网络化手段的飞速发展，教学内容和教材结构必须不断改革。所以，本教材进行了第四次修订，以期不断提高，日臻完善，适应越来越深入的教学改革，适应时代的需要。

本次修订仍保持了模块化的整体结构。全书内容分为 5 个模块：第 1 模块为电路分析基础；第 2 模块为模拟电子技术基础；第 3 模块为数字电子技术基础；第 4 模块为 EDA 技术；第 5 模块为电机与电气控制技术。各模块间既相互独立又相互联系，内容环环相扣，层层深入，教师可以根据专业层次和课程学时的不同而选择不同的模块，也可重组模块。每个模块的内容又分为基本内容和加深加宽（*）内容，使之适用于不同的课程层次。

本次修订以最新的“电工学课程教学基本要求”为依据，在第 3 版的基础上对部分内容精简、改写和补充。进一步突出“基础性”：突出基本概念、基本理论、基本原理和基本分析方法，尽量减少过于复杂的分析与计算，着重于定性分析；加强“实践性”：注意各部分知识的综合，加强系统的概念，每一部分内容都有由易到难、由简单到复杂的应用实例作为例题、思考题、习题及扩充内容，每一部分结束时都安排一个综合应用的实例介绍。特别是与主教材配套的实验教材，分基础验证、综合设计、创新研究三个层次设置的实验内容非常丰富；体现“先进性”：尽可能吸收课程相关的新成果、新技术，将成熟的新技术纳入教材。

本次修订在部分重点难点位置，增加了形象的动画或视频，读者可通过扫描相应的二维码观看。

与本教材配套的立体化教材有：电工电子技术电子课件，电工电子技术实验教程，电工电子技术学习指导与习题解答。请登录华信教育资源网 www.hxedu.com.cn，注册后免费下载本书电子课件。

本教材文字力求简明、概念清晰、条理清楚、讲解到位、插图规范，使之易教易学。各章开始有学习目标，结束有本章要点与其呼应，每节均配有适量的思考题与习题，供学生课后复习巩固。

本书的编写是在青岛大学电工电子实验教学中心的大力支持下进行的。其中，电路分析基础模块由马艳编写，模拟电子技术基础模块由杨艳编写，数字电子技术基础模块由王贞编写；EDA 技术模块由刘丹、陈大庆编写；电机与电气控制技术模块由赵岩岭、刘华波、刘丹编写；刘丹、宫淑贞、于双河（大连海事大学）制作了书中插入的全部动画视频。全书由徐淑华统稿。

在编写过程中，作者们学习和借鉴了大量有关的参考资料，吸取了国内外同类教材和有关文献的精华，在此向所有作者们表示深深的感谢。

由于作者水平所限，错误和不当之处在所难免，恳请各位读者批评指正，以帮助本书改进和完善。

作者

目　　录

第 1 模块　电路分析基础

第 2 模块 模拟电子技术基础

第 4 模块 EDA 技术

第 5 模块 电机与电气控制技术

第 1 模块　电路分析基础

第 1 章　电路的基本定律与分析方法

引言

电路理论主要研究电路中发生的电磁现象。用电流、电压和电功率等物理量来描述其中的过程。本章首先介绍了电路及其相关的基本概念，电压、电流的参考方向及应用，电源的工作状态，以及在电路中经常使用的各种理想电路元件。

因为电路是由电路元件构成的，因而整个电路所体现的特性既要看元件的连接方式，又要看每个元件的特性，这就决定了电路中各支路电流、电压都要受到两种基本规律的约束，即：（1）电路元件性质的约束。也称为电路元件的伏安关系，如欧姆定律，它仅与元件性质有关，而与元件在电路中的连接方式无关。（2）电路连接方式的约束，这种约束关系与电路元件的性质无关，基尔霍夫定律是概括这种约束关系的基本定律。

虽然使用欧姆定律和基尔霍夫定律可以计算和分析电路，但当遇到复杂的电路分析时，往往要根据电路的结构特点去寻找分析与计算的简便方法，本章以直流电路为例讨论了几种常用的电路分析方法，其中有：支路电流法、节点电压法、电源的等效变换、叠加原理和等效电源定理。这些方法不仅适用于直流电路的分析，也适用于交流电路。

学习目标

- 理解物理量的参考方向的概念。
- 能够正确判断电路元件的电路性质，即电源和负载。
- 掌握各种理想电路元件的伏安特性。
- 掌握基尔霍夫定律。
- 能够正确使用支路电流法列写电路的方程。
- 能够使用节点电压法的标准形式列写出节点电压的方程。
- 理解等效的概念，掌握电源等效变换的分析方法。
- 能够正确应用叠加原理分析和计算电路。
- 掌握等效电源定理，在电路分析中能熟练地应用该定理。
- 理解电位的概念，掌握电位的计算。
- 了解包含受控源电路的分析方法。

1.1　电路的基本概念

1.1.1　电路的组成及作用

电路是电流通过的路径，是各种电气设备或元件按一定方式连接起来组成的总体。不管是简单的还是复杂的电路，都可分为三大部分：第一，提供电能（或信号）的部分称为电源，如蓄电池、发电机和信号源等；第二，吸收或转换电能的部分称为负载，如电动机、照明灯和电炉等；第三，连接和控制这两部分的称为中间环节。最简单的中间环节可以是两根连接导线，而复杂的中间环节可以是一个庞大的控制系统。

电路的作用可分为两类：一是传输和转换电能。典型的例子是电力系统，其电路示意图如图 1.1 所示。

发电机是电源，是供应电能的设备，它将热能或原子能等转换成电能。变压器和输电线是中间环节，连接电源和负载，它们起传输和分配电能的作用。用户负载包括各种取用电能的设备，它们分别把电能转换成光能、机械能、热能等。显然，该电路的作用是实现能量的传输和转换。

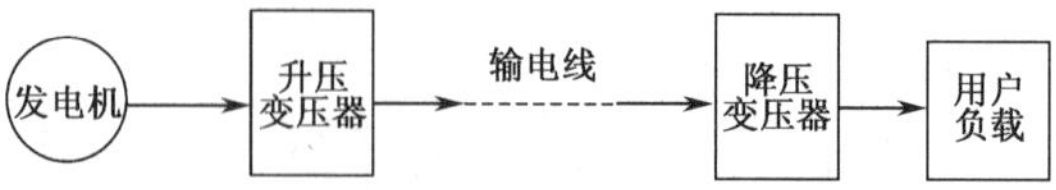

图 1.1　电力系统示意图

电路的另一作用是进行信号的传递和处理。例如电视机电路，电视机的接收天线在接收到载有声音、图像的电磁波后，将其转换为相应的电信号，而后通过电路对信号进行传递和处理，送到扬声器和显示器，还原为声音和图像。

不论电能的传输和转换，还是信号的传递和处理，其中电源或信号源的电压或电流称为激励，激励在电路的各部分产生的电压和电流称为响应。所谓电路分析，就是在已知电路的结构和元件的参数的条件下，讨论电路中激励和响应的关系。

当电路中电流的大小和方向不随时间发生变化时，称电路为直流电路；当电路中电流的大小和方向随时间按正弦规律变化时，称电路为正弦交流电路。依照国家标准，直流量用大写字母表示，例如：电压、电流、电动势分别表示为：U，I，E；交流量用小写字母表示，例如：电压、电流、电动势分别表示为：u，i，e。

1.1.2 电流和电压的参考方向

电流、电压和电动势是电路中的基本物理量，在电路分析中，只有在电路图中标出它们的方向，才能正确列写电路方程式。电路中关于方向的规定有实际方向和参考方向之分。

在物理学中规定，电流的实际方向是指正电荷运动的方向；两点间电压的实际方向是从高电位端指向低电位端的方向；电动势的方向是低电位端指向高电位端的方向。实际方向如图 1.2 所示。

但在复杂电路的分析中，某一段电路的电压、电流、电动势的实际方向往往很难事先判断出来，有时它们的方向还在不断地改变。为了分析电路，需要引入参考方向（假定正方向）。

参考方向是任意假定的。电压、电流、电动势的正方向，可用箭头、“+”、“-”号或给电流、电压、电动势加双下标的方法来表示，如图 1.3 所示。

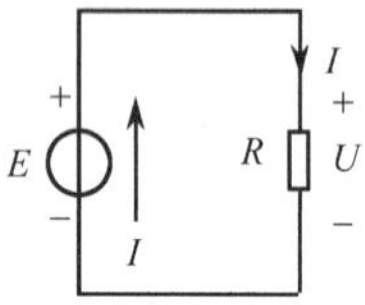

图 1.2　电路中电流、电压和电动势的方向

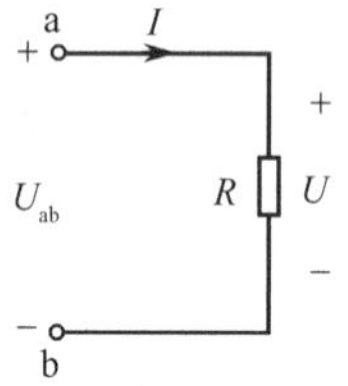

图 1.3　参考方向的表示方法

当参考方向设定以后，可以根据参考方向列写电路方程，求解电路中未知的电流、电压或电动势。若所得结果为正，则说明该物理量的实际方向与参考方向相同；若所得结果为负，则说明该物理量的实际方向与参考方向相反。若事先没有标出参考方向，则所得结果的正、负无任何意义！因此，只有在选定参考方向之后，电压、电流、电动势的正、负才有意义。所以，在分析电路之前，一定要先确定参考方向。如图 1.4 所示，电流的实际方向为虚线箭头表示的方向，当参考方向为实线箭头表示的方向时，图（a）中，$I>0$；图（b）中，$I<0$。

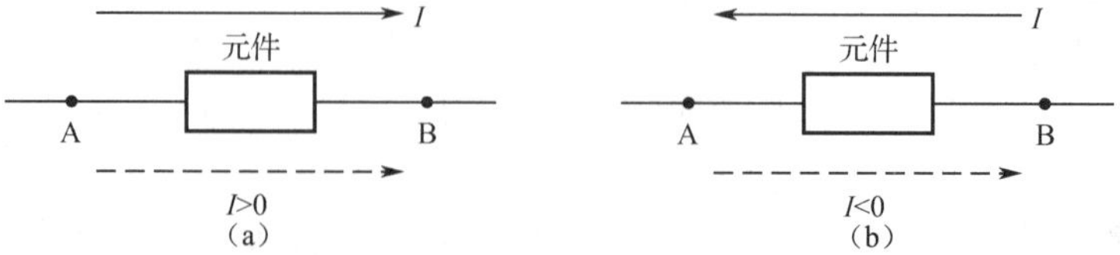

图 1.4　电流的实际方向和参考方向

若取一个元件或一段电路上的电压、电流的参考方向一致，则称为关联参考方向，如图 1.3 中电阻元件上的电压和电流。当选取关联参考方向时，只需标出一种参考方向即可。若两者不一致，则称为非关联参考方向。

在分析计算电路时，一般都采用关联参考方向。除特别说明外，本书中电路图上所标的电流、电压和电动势的方向都是参考方向。

〖例 1.1〗　已知 E=2V，R=1Ω，求当 U 分别为 3V 和 1V 时，I_R 的大小和方向？

解：（1）假设物理量的参考方向如图 1.5 所示。

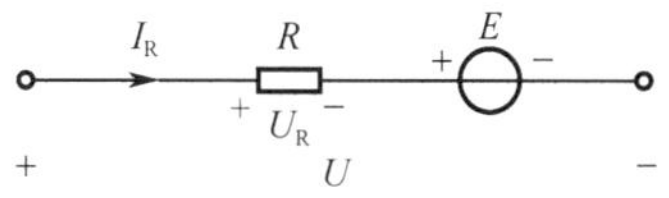

图 1.5　例 1.1 的图

（2）列出电路的方程为：$U_R=U-E$

则 $I_R=\dfrac{U_R}{R}=\dfrac{U-E}{R}$

（3）当 U=3V 时，I_R=1A；实际方向与参考方向一致。

当 U=1V 时，I_R=−1A，实际方向与参考方向相反。

1.1.3　能量与功率

电路在工作状态下总伴随着电能与其他形式能量的相互交换，根据能量守恒定律，电源提供的电能等于负载消耗或吸收的电能的总和。

从 t_0 到 t 的时间内，元件吸收的电能可以用电场力移动电荷所做的功来表示

$$W=\int_{q(t_0)}^{q(t)}u\mathrm{d}q$$

因为 $i=\dfrac{\mathrm{d}q}{\mathrm{d}t}$，所以在关联参考方向下

$$W=\int_{t_0}^{t}ui\mathrm{d}t \tag{1.1}$$

功率是能量对时间的导数，由式（1.1）可知，元件吸收的电功率可写成

$$p=ui$$

取电压、电流为关联参考方向，当 $p>0$ 时（此时电压、电流的实际方向相同），元件要吸收功率，具有负载的电路性质；而当 $p<0$ 时（此时电压、电流的实际方向相反），元件释放电能，即发出功率，具有电源的电路性质。

在 SI 制中，能量 W 的单位为焦耳（J），功率 P 的单位为瓦特（W）。若时间用小时（h），功率用千瓦（kW）为单位，则电能的单位为“千瓦 · 小时”，也称为“度”，这是供电部门度量用电量的常用单位。

〖例 1.2〗 在图 1.6（a）所示电路中，方框代表电源或负载，电流和电压的参考方向如图所示。通过测量得知：$U_1=20\text{V}$，$U_2=20\text{V}$，$U_3=-100\text{V}$，$U_4=120\text{V}$，$I_1=-10\text{A}$，$I_2=20\text{A}$，$I_3=-10\text{A}$。

（1）标出各电流、电压的实际方向和极性。

（2）判断哪几个方框是电源，哪几个方框是负载。

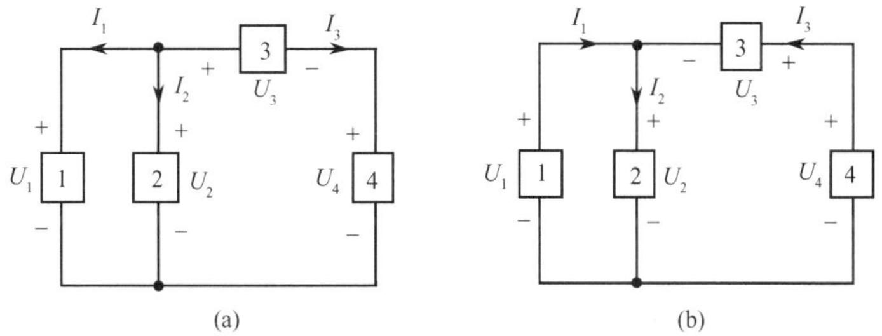

图 1.6　例 1.2 的图

解：（1）当电流、电压的参考方向与实际方向一致时，其值为正；相反时，其值为负。得各电流、电压的实际方向如图 1.6（b）所示。

（2）当元件上的电压、电流实际方向一致时，该元件为负载；当电压、电流实际方向相反时，为电源。可得：方框 1，4 为电源；方框 2，3 为负载。

1.1.4 电源的工作状态

电源在不同的工作条件下，会处于不同的状态，具有不同的特点。下面以直流电路为例，分别讨论电压源的三种工作状态。

1. 有载工作状态

电源与负载接通，电路中有电流流动，此时电源发出功率，负载消耗功率。电源的这种状态称为有载状态。如图 1.7 所示，E 为电源电动势，R_0 为电源内阻，R_L 为负载电阻。开关 S 闭合，接通电源和负载，电路中的电流为

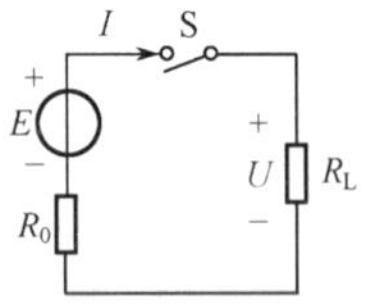

图 1.7 电源的有载工作

$$I = \frac{E}{R_0 + R_L} \tag{1.2}$$

负载两端的电压，即电源端电压为

$$U = E - IR_0 \tag{1.3}$$

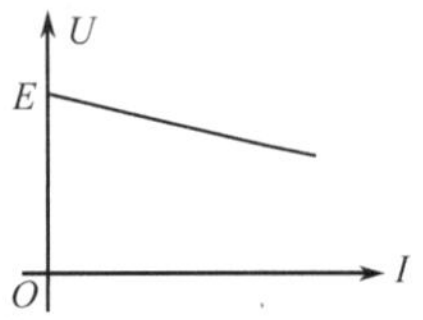

图 1.8 电源的外特性曲线

式（1.3）反映了电源端电压U 和输出电流I 的关系，称为电源的外特性，如图 1.8 所示。由此曲线可看出，由于电源内阻的存在，当负载电流增大时，电源端电压下降，因为此时内阻上的压降增加。这就是为什么在用电高峰期，会出现电压不足的原因。但通常电源内阻很小，所以正常工作时，电流变动引起的电压下降很小。

电源输出的功率为电动势与电流的乘积，电路中消耗功率为电源内阻和负载消耗功率之和（忽略连接导线产生的功率损耗），二者应平衡。电路产生的总功率等于电路消耗的总功率

$$EI = I^2 R_0 + UI$$

即

$$\begin{aligned} UI &= EI - I^2 R_0 \\ P &= P_E - \Delta P \end{aligned} \tag{1.4}$$

该公式称为功率平衡方程式。

〖**例 1.3**〗 验证例 1.2 中的功率是平衡的。

解：在图 1.6（a）中，所有元件上的U 、I 都为关联参考方向。

所以电源发出的功率为

$$P_1 = U_1 I_1 = 20 \times (-10) = -200\text{W}$$

$$P_4 = U_4 I_3 = 120 \times (-10) = -1200\text{W}$$

负载消耗的功率为

$$P_2 = U_2 I_2 = 20 \times 20 = 400\text{W}$$

$$P_3 = U_3 I_3 = -100 \times (-10) = 1000\text{W}$$

由上面的计算得

$$P_1 + P_4 = -200 + (-1200) = -1400\text{W}$$

$$P_2 + P_3 = 400 + 1000 = 1400\text{W}$$

可见，电路中电源发出的功率等于负载消耗的功率，功率是平衡的。

不管是电源还是负载，各种电气设备在工作时，其电压、电流和功率都有一定的限额。这些限额是用来表示它们的正常工作条件和工作能力的，称为电气设备的额定值。额定值是生产厂家为了

使产品能在给定的工作条件下正常工作而规定的容许值。额定值一般在电气设备的铭牌上标出，或写在其他说明中。使用时必须考虑这些额定数据。若负载的实际电压、电流值高于额定值，则可造成负载的损坏或降低使用寿命；若负载的实际电压、电流值低于额定值，则不能正常工作，有时也会造成负载的损坏或降低使用寿命。由于外界因素的影响，允许负载的实际电压、电流值与额定值有一定的误差。例如，由于电源电压的波动，允许负载电压在±5%的范围内变化。

对于负载来说，正常工作时，实际值与额定值非常接近，而对于电源来说，其额定电压是一定的，额定功率只代表它的容量。实际工作时，其输出电流和功率的大小取决于负载的大小，即负载需要多少功率和电流，电源就提供多少。当实际功率小于额定功率时，称电源为轻载工作；当实际功率等于额定功率时，称电源为满载工作；当实际功率大于额定功率时，称电源为超载工作，电源的超载工作是不允许的。

分析可知，当电源外接负载电阻与电源内阻相同时，负载可获得最大功率。

〖例 1.4〗 额定值为220V，60W 的电灯，试求其电流和灯丝电阻。若每天用 3 小时，每月（30 天）用电多少？

解：

$$I = \frac{P}{U} = \frac{60}{220} \approx 0.273\text{A}$$

$$R = \frac{U}{I} = \frac{220}{0.273} \approx 806\Omega$$

$$W = Pt = 60 \times (3 \times 30) = 5400\text{W} \cdot \text{h} = 5.4\text{kW} \cdot \text{h}$$

〖例 1.5〗 标称值为1000Ω，$\frac{1}{2}$W 的电阻，额定电流为多少？在使用时电压不得超过多少？

解：

$$I = \sqrt{\frac{P}{R}} = \sqrt{\frac{0.5}{1000}} = 0.022\text{A}$$

使用时电压不得超过

$$U = IR = 0.022 \times 1000 = 22\text{V}$$

2．开路

在图 1.7 所示的电路中，若开关 S 断开，则电源处于开路状态，如图 1.9 所示。当电源开路时，负载电阻 R_L 为无穷大，输出电流 I 为零，开路电压，即电源的空载电压 U_0 等于电源电动势 E。即：

$$\begin{aligned} I &= 0 \\ U &= U_0 = E \\ P &= 0 \end{aligned} \quad (1.5)$$

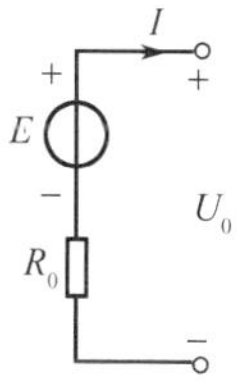

图 1.9　开路

3．短路

当某一部分的电路两端用电阻可以忽略不计的导线连接起来，使得该部分电路中的电流全部被导线旁路，这部分电路所处的状态称为短路，如图 1.10 所示。因为电路中只有很小的电源内电阻，所以短路电流 I_S 很大。短路时电源所产生的能量全部被内阻消耗，此时超过额定电流若干倍的短路电流可以使供电系统中的设备烧毁或引起火灾。电源短路通常是一种严重的事故，应尽量预防。通常，在电路中接入熔断器等短路保护装置，以便在发生短路故障时，能迅速将电源与短路部分断开。但有时由于某种需要，可以将电路中的某一段短接，进行某种短路实验。

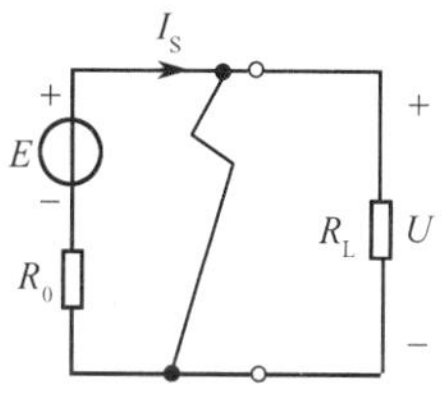

图 1.10　短路

当电源短路时，短路线上的电压为零，电动势全部降在电源内电阻上

$$U = 0$$

$$I_S = \frac{E}{R_0} \tag{1.6}$$

电源内阻消耗的功率为

$$P_S = R_0 I_S^2$$

1.1.5　理想电路元件

电路元件是组成电路的基本单元，每种元件都反映了某种确定的电磁性质，电路元件通过其端子与外电路相连接，元件的性质通常用端口处的伏安关系描述。

电路元件按照端子数目可分为二端、三端、四端元件等，还可以分为有源元件和无源元件、线性元件和非线性元件。

1. 电阻元件

电阻是表征电路中阻碍电流流动特性的参数，电阻元件是表征电路中消耗电能的理想元件，习惯上也简称为电阻，所以通常我们所说的电阻既是电路元件又是表征其量值大小的参数。电阻元件的电路符号如图 1.11 所示。

电阻元件可以分为线性电阻和非线性电阻，这里我们只讨论线性电阻。线性电阻的阻值 R 是一个常数。在线性电阻中，任一瞬间其两端的电压与通过它的电流的关系总是满足欧姆定律。即：

$$u = iR \tag{1.7}$$

根据欧姆定律，可以得出线性电阻元件的伏安特性是一条直线，如图 1.12 所示。

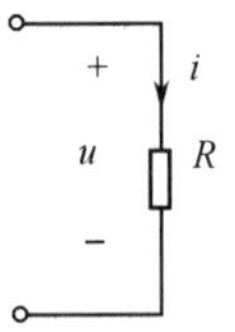

图 1.11　电阻元件的电路符号

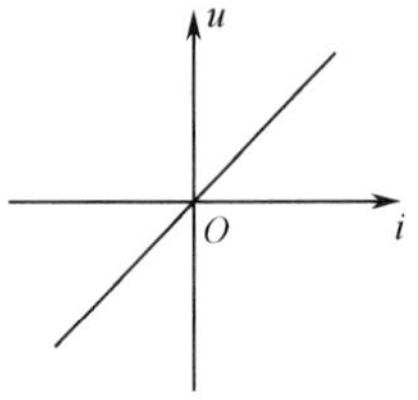

图 1.12　电阻元件的伏安特性

电阻元件是一种耗能元件，其能量转换过程是不可逆的。电阻吸收的功率为

$$p = ui = i^2 R = \frac{u^2}{R} \tag{1.8}$$

电阻元件上的功率总为正值，从 t_0 到 t 的时间内，电阻消耗的能量为

$$W = \int_{t_0}^{t} ui\,dt \tag{1.9}$$

电阻的单位是Ω（欧姆），对于大电阻，常用 kΩ（千欧）或 MΩ（兆欧）作为单位。

当 n 个电阻串联时，可等效为一个电阻，其等效电阻 R 为

$$R = \sum_{k=1}^{n} R_k \tag{1.10}$$

当有 n 个电阻并联时，可等效为一个电阻，其等效电阻 R 为

$$\frac{1}{R} = \sum_{k=1}^{n} \frac{1}{R_k} \tag{1.11}$$

一般负载都是并联运用的，负载并联时，它们承受相同的电压，任一负载的工作状态基本不受其他负载的影响。

并联的负载电阻越多（负载增加），则总电阻越小，电路中总电流和总功率越大，但是每个负载的电流和功率却没有变动。

2．电感元件

电感元件是由储存磁场能的物理过程抽象出来的理想电路元件，即凡是磁场储能的物理过程都可以用电感元件来表示。线圈是典型的电感元件。当忽略线圈的电阻时，可以认为它是一个理想的电感元件。电感元件的电路符号如图 1.13（a）所示。

当电流 i 通过线圈时，线圈中就会有磁通 ϕ，若线圈匝数为 N，则磁链为 $\psi = N\phi$。

磁链 ψ 与电流 i 的比值称为线圈的电感

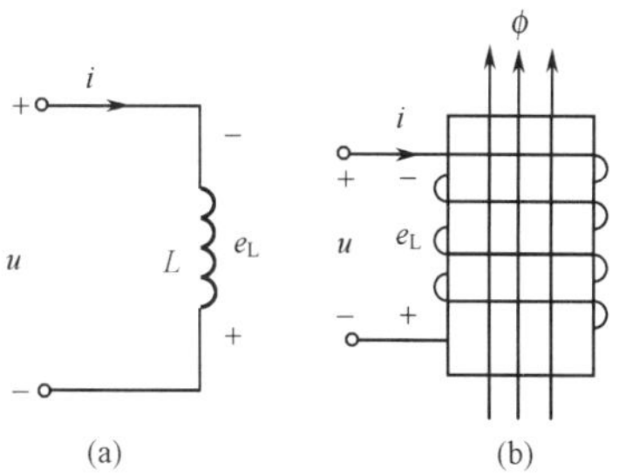

图 1.13　电感元件

$$L = \frac{\psi}{i} = \frac{N\phi}{i} \tag{1.12}$$

L 是表征线圈产生磁通能力的物理量。

若 L 不随电流或者磁通的变化而变化，则称为线性电感。例如，空心线圈，因为空气的磁导率是常数，L 也为常数，i 与 ϕ 的关系为线性的。本书中除特别指明之外，讨论的均是线性电感。电感的单位是 H（亨利）。

电感反映了电能转换为磁场能，即电流建立磁场的物理本质。磁通 ϕ 与电流 i 之间的方向符合右手螺旋法则，如图 1.13（b）所示。

当线圈中的电流发生变化时，它产生的磁通也发生变化，根据电磁感应定律，在线圈两端将有感应电动势产生。规定感应电动势的方向与电流的方向一致，即 ϕ 与 e_L 的方向也符合右手螺旋法则，则

$$e_L = -\frac{\mathrm{d}N\phi}{\mathrm{d}t} = -N\frac{\mathrm{d}\phi}{\mathrm{d}t} \tag{1.13}$$

因为 $Li = N\phi$，所以

$$e_L = -\frac{\mathrm{d}Li}{\mathrm{d}t} = -L\frac{\mathrm{d}i}{\mathrm{d}t} \tag{1.14}$$

根据图 1.13 规定的电压方向（与电流方向一致），则电感元件的伏安关系为

$$u = -e_L = L\frac{\mathrm{d}i}{\mathrm{d}t} \tag{1.15}$$

$$i = \frac{1}{L}\int_{-\infty}^{t} u\mathrm{d}t = i_0 + \frac{1}{L}\int_{0}^{t} u\mathrm{d}t \tag{1.16}$$

式中，i_0 为 $t = 0$ 时电感元件中的电流，称为电流的初始值。若 $i_0 = 0$，则

$$i = \frac{1}{L}\int_{0}^{t} u\mathrm{d}t$$

式（1.14）说明电感元件两端的电压与通过它的电流的变化率成正比。只有当电流变化时，电感元件两端才有电压。若电感元件中通过的电流是直流，因为 $\frac{\mathrm{d}i}{\mathrm{d}t} = 0$，则电感元件两端的电压为零，即电感元件对直流可视为短路。

电感元件是一种储能元件。当通过电感的电流增大时，电感将电能变为磁场能储存在磁场中；当通过电感的电流减小时，电感将储存的磁场能变为电能释放给电源。因而当通过电感的电流发生变化时，电感只进行电能与磁场能的转换，理想电感本身不消耗能量。电感在任一时间内的储能可用下式计算

$$W_L = \int_{-\infty}^{t} ui\mathrm{d}t = \int_{0}^{i} Li\mathrm{d}i = \frac{1}{2}Li^2 \tag{1.17}$$

因此，电感储存的磁场能只与该时刻电流的大小有关。

选用电感元件时，既要选择合适的电感值，又不能使实际工作电流超过其额定电流。当单个电感不能满足要求时，可把几个电感串联或并联使用。

多个电感可以串联或者并联工作，当 n 个电感串联时，可以等效为一个电感，其等效电感值为

$$L = \sum_{k=1}^{n} L_k \tag{1.18}$$

当 n 个电感并联时，可以等效为一个电感，其等效电感值为

$$\frac{1}{L} = \sum_{k=1}^{n} \frac{1}{L_k} \tag{1.19}$$

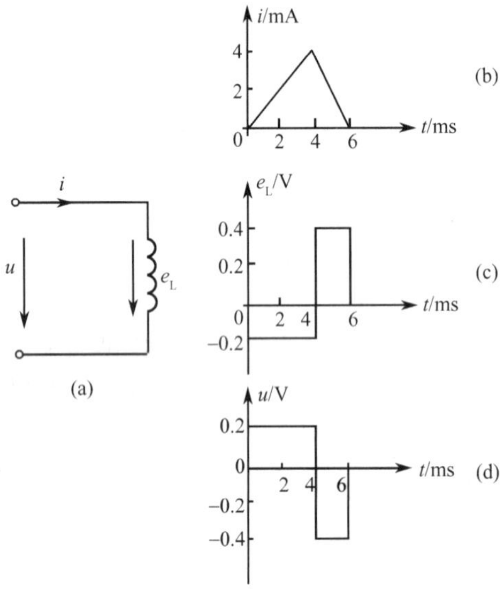

图 1.14 例 1.6 的图

〖**例 1.6**〗 电感元件 $L = 0.2\text{H}$，通过的电流 i 的波形如图 1.14（b）所示。求电感中产生的感应电动势 e_{L} 和电感两端电压 u 的波形。

解：用分段函数表示 i

$$i = \begin{cases} t, & 0 \leqslant t \leqslant 4\text{ms} \\ -2t + 12, & 4 \leqslant t \leqslant 6\text{ms} \end{cases}$$

$$e_{\text{L}} = -L\frac{\mathrm{d}i}{\mathrm{d}t} = \begin{cases} -0.2\text{V}, & 0 \leqslant t \leqslant 4\text{ms} \\ +0.4\text{V}, & 4 \leqslant t \leqslant 6\text{ms} \end{cases}$$

波形如图 1.14（c）所示。

$$u_{\text{L}} = L\frac{\mathrm{d}i}{\mathrm{d}t} = \begin{cases} 0.2\text{V}, & 0 \leqslant t \leqslant 4\text{ms} \\ -0.4\text{V}, & 4 \leqslant t \leqslant 6\text{ms} \end{cases}$$

波形如图 1.14（d）所示。

3. 电容元件

电容元件是由电场储能的物理过程抽象出来的理想元件，凡是电场储能的物理过程都可以用电容元件来表示。一个电容器，当忽略它的电阻和电感时，可以认为它是一个理想的电容元件。电容元件的电路符号如图 1.15 所示。

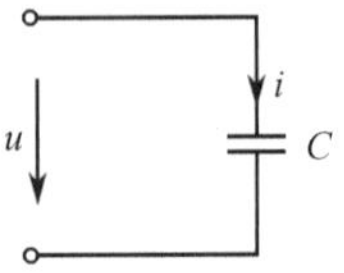

图 1.15 电容元件

在电容元件两端加上电压 u，电容开始充电，建立电场。设极板上所带的电荷为 q，则电容的定义为

$$C = \frac{q}{u} \tag{1.20}$$

C 是电容元件的参数，称为电容（量），它表征电容储存电荷的能力。当电容上的电压 u 和电荷 q 之间的关系为线性时，C 为常数，该电容为线性电容。在国际单位制中，电容的单位是 F（法拉），常用μF（微法）或 pF（皮法）作为单位。

$$1\text{F} = 10^6\,\mu\text{F} = 10^{12}\,\text{pF}$$

当电容元件上的电压 u 增大时，极板上的电荷 q 增加，电容充电；当电压减小时，极板上的电荷 q 减小，电容放电。根据电流的定义

$$i = \frac{\mathrm{d}q}{\mathrm{d}t}$$

得到电容上电压电流的关系为

$$i = C\frac{\mathrm{d}u}{\mathrm{d}t} \tag{1.21}$$

$$u = \frac{1}{C}\int_{-\infty}^{t} i\mathrm{d}t = u_0 + \frac{1}{C}\int_{0}^{t} i\mathrm{d}t \tag{1.22}$$

式中，u_0 是 $t=0$ 时，电容上的初始电压。若 $u_0=0$，则

$$u=\frac{1}{C}\int_0^t i\mathrm{d}t$$

在关联参考方向下，电容元件的电流与其电压的变化率成正比，当电容两端的电压是直流时，因为 $\frac{\mathrm{d}u}{\mathrm{d}t}=0$，所以 $i=0$，即电容对直流可视为开路。

电容也是一种储能元件。当其两端电压增大时，电容充电，将电能储存在电场中；当电压减小时，电容放电，将储存的能量释放给电源。电容通过其两端电压的变化，进行能量的转换。电容本身不消耗能量，电容元件在任一瞬间的储能可用下式计算

$$W_{\mathrm{C}}=\int_{-\infty}^t ui\mathrm{d}t=\int_0^u Cu\mathrm{d}u=\frac{1}{2}Cu^2 \tag{1.23}$$

选择电容时，不但要选择合适的电容值，而且要选择合适的耐压值。当单个电容器不能满足要求时，可以把几个电容器串联或并联使用。

多个电容可以串联或者并联工作。当 n 个电容并联时，可以等效为一个电容，其等效电容值为

$$C=\sum_{k=1}^n C_k \tag{1.24}$$

当 n 个电容串联时，可以等效为一个电容，其等效电容值为

$$\frac{1}{C}=\sum_{k=1}^n\frac{1}{C_k} \tag{1.25}$$

各种电容器上一般都标有电容的标称值和额定工作电压。额定工作电压也称为耐压值，是电容器长期可靠地安全工作的最高电压，其值一般为电容器击穿电压的 $\frac{1}{2}$～$\frac{2}{3}$。

4. 理想电压源

理想电压源两端的电压总保持为某个给定的时间函数，与通过它的电流无关。通过理想电压源电流的大小取决于外接电路。若理想电压源的电压大小恒等于常数，则称为恒压源。理想电压源的电路符号如图 1.16（a）所示。恒压源也可以用如图 1.16（b）所示的符号来表示。

理想电压源的伏安特性如图 1.17 所示，即

$$U=E$$

$$I=\frac{E}{R_{\mathrm{L}}} \tag{1.26}$$

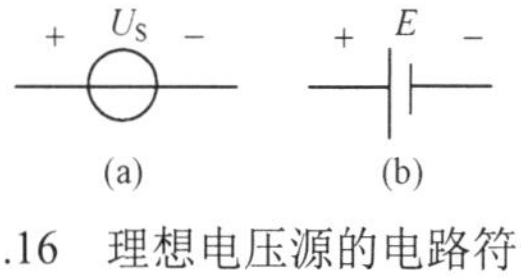

图 1.16　理想电压源的电路符号

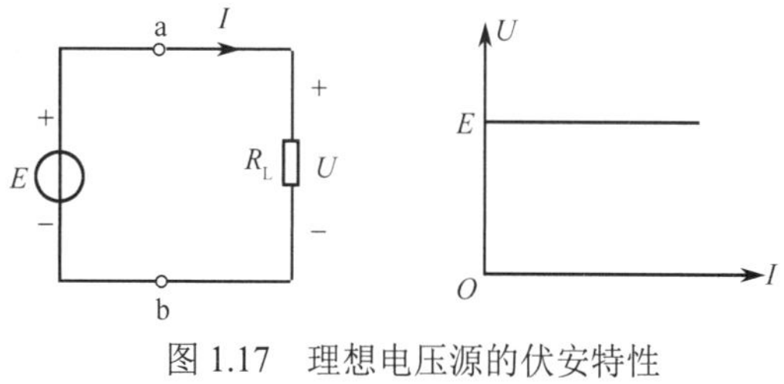

图 1.17　理想电压源的伏安特性

由于理想电压源的电压与外电路无关，因此与理想电压源并联的电路（或元件），其两端电压等于理想电压源的电压。

对于理想电压源是不允许其短路的，因此在电压源的应用电路中通常会加入短路保护，以免电路短路时，造成过大的短路电流而损坏电压源。而当电压源闲置时，应将其开路保存。

n 个电压源串联时如图 1.18（a）所示，可以等效为一个电压源如图 1.18（b）所示，这个等效

电压源的电压为

$$u_S = u_{S1} + u_{S2} + \cdots + u_{Sn} = \sum_{k=1}^{n} u_{Sk} \tag{1.27}$$

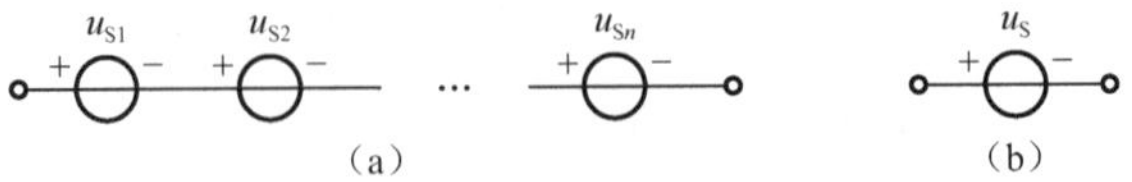

图 1.18　电压源的串联

如果 u_{Sk} 的参考方向与 u_S 的参考方向一致，则式中的该项应取正号，不一致时取负号。

只有电压相等极性一致的电压源才允许并联，其等效电路为其中任一电压源，但这个并联电路向外部提供的电流在各个电压源之间如何分配则无法确定。

5. 理想电流源

理想电流源的电流总保持为某个给定的时间函数，与其两端的电压无关。理想电流源两端电压的大小取决于外接电路。若理想电流源的电流大小恒等于常数，则称为恒流源。理想电流源的电路符号如图 1.19 所示。

理想电流源的伏安特性如图 1.20 所示。即

$$\begin{aligned} I &= I_S \\ U &= I_S R_L \end{aligned} \tag{1.28}$$

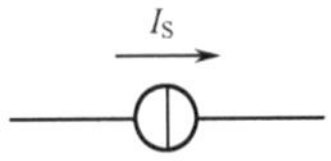

图 1.19　理想电流源的电路模型

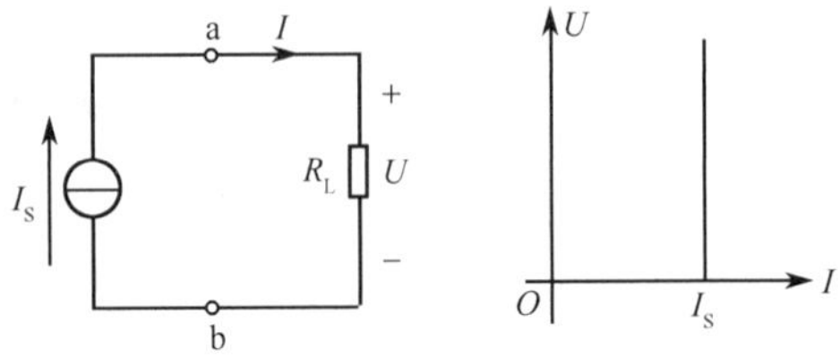

图 1.20　理想电流源的伏安特性

因为理想电流源的电流与外电路无关，所以与理想电流源串联的电路（或元件），其电流等于理想电流源的电流。

对于理想电流源，不允许其开路运行，否则这与电流源的特性不相符，因此当电流源闲置时，应将其短路保存。

当 n 个电流源并联时如图 1.21（a）所示，可以等效为一个电流源如图 1.21（b）所示。

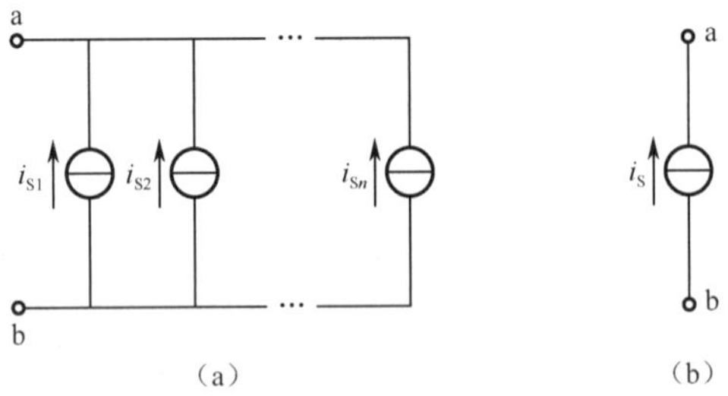

图 1.21　电流源的并联

等效电流源的电流为

$$i_S = i_{S1} + i_{S2} + \cdots + i_{Sn} = \sum_{k=1}^{n} i_{Sk} \tag{1.29}$$

如果 i_{Sk} 的参考方向与 i_S 一致，则取正值；若不一致，则取负值。

只有电流相等并且方向一致的电流源才允许串联，其等效电路为其中任一电流源，但是这个串

联电路的总电压如何在各个电流源中分配是无法确定的。

常见的实际电源（如发电机、蓄电池等）的工作机理比较接近电压源，其电路模型是理想电压源与电阻的串联组合。像光电池一类的器件，工作时的特性比较接近电流源，其电路模型是理想电流源与电阻的并联组合。另外，有专门设计的电子电路可作为实际电流源用。上述电压源与电流源常常被称为“独立”电源，“独立”二字是相对于下面介绍的“受控”电源而言的。

6. 理想受控源

受控源又称为“非独立”电源，它在电路中能起电源作用，但其电压或电流受电路中其他部分电压或电流的控制。受控源按照电源的特性不同，可分为受控电压源和受控电流源。也可以根据受控源的控制量不同，分为电流控制受控源和电压控制受控源。综合起来，共有 4 种类型：压控电压源（VCVS），压控电流源（VCCS），流控电压源（CCVS），流控电流源（CCCS）。这 4 种理想受控源的电路模型如图 1.22 所示。

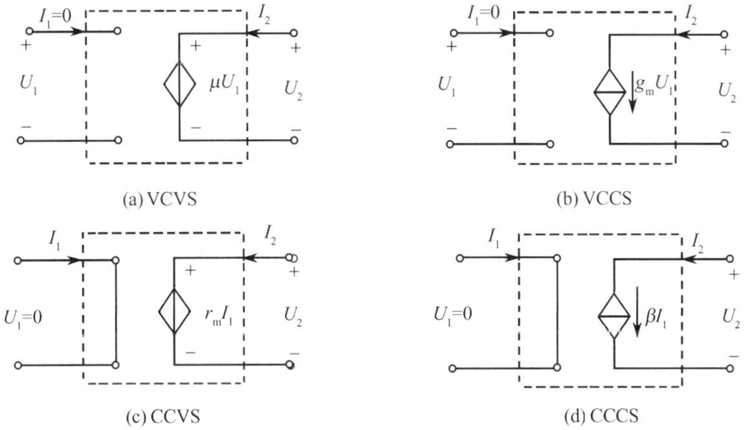

图 1.22 理想受控源电路模型

其中的 μ，g_m，r_m，β 称为控制系数，各种受控源的控制关系为

$$
\begin{aligned}
&\text{VCVS：} U_2 = \mu U_1 \\
&\text{VCCS：} I_2 = g_m U_1 \\
&\text{CCVS：} U_2 = r_m I_1 \\
&\text{CCCS：} I_2 = \beta I_1
\end{aligned}
\tag{1.30}
$$

μ 和 β 是量纲为 1 的量，g_m 和 r_m 分别具有电导和电阻的量纲。当这些系数为常数时，被控制量与控制量成正比，这些受控源为线性受控源。

受控源在电路中虽然有时起电源的作用，但它却受另一电流或电压的控制，与前面所讲的理想电压源、电流源不同。

1.1.6 电路模型

实际电路都是由许多实际电路元件或器件构成的，它们的电磁性质较为复杂。例如，白炽灯，它除了具有消耗电能的性质（电阻性）外，当电流流过时也会产生磁场，即它也具有电感性。但由于它的电感微小，可以忽略不计，所以可将白炽灯看作一个纯电阻元件。这种为了便于对实际电路进行分析研究，在一定条件下突出实际器件的主要电磁性质，忽略其次要因素的过程，称为元件建模。

元件建模的过程就是用理想元件或它们的组合模拟实际器件，建模时必须考虑工作条件，并按照不同精确度的要求把给定工作情况下的主要物理现象及功能反映出来。例如，对一个线圈的建模，在直流电路下，可以是一个电阻元件；在低频电路中，可以用电阻元件和电感元件的串联电路模拟；

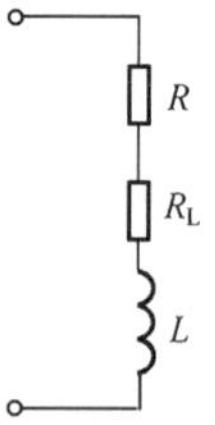

图 1.23　日光灯的电路模型

在高频电路中，还应考虑导体表面的电荷作用，即电容效应。可见，在不同的条件下，同一实际器件可能采用不同的模型。

在实际电路中，将实际元件建模，用理想元件或其组合来近似代替，将得到实际电路的电路模型。例如，一个日光灯电路，其灯管可以用一个电阻 R 来表示，而镇流器接入电路时将发生电能转换为磁场能量和电能转换为热能两种情况，所以，可用一个电阻元件和电感元件的串联来表示，可得出如图 1.23 所示的电路模型。

【思考与练习】

1-1-1　在图 1.24 所示电路中，求：通过电容元件的电流 $i_C=$？电容元件两端的电压 $u_C=$？电容的储能是否为零？为什么？

1-1-2　在图 1.25 所示电路中，求：通过电感的电流 $i_L=$？电感两端的电压 $u_L=$？电感的储能是否为零？为什么？

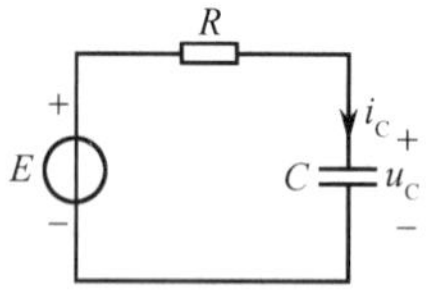

图 1.24　思考与练习 1-1-1 的电路

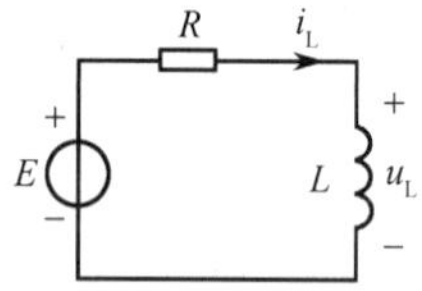

图 1.25　思考与练习 1-1-2 的电路

1-1-3　额定值为 220V，100W 的电灯，当其正常工作时，流过的电流为多大？电阻为多大？

1-1-4　额定值为 1W，1000Ω 的电阻，使用时，电流和电压不得超过多大数值？

1-1-5　如何根据 U，I 的实际方向判断电路中元件是电源还是负载？如何根据 P 的正、负判断电路中元件是电源还是负载？

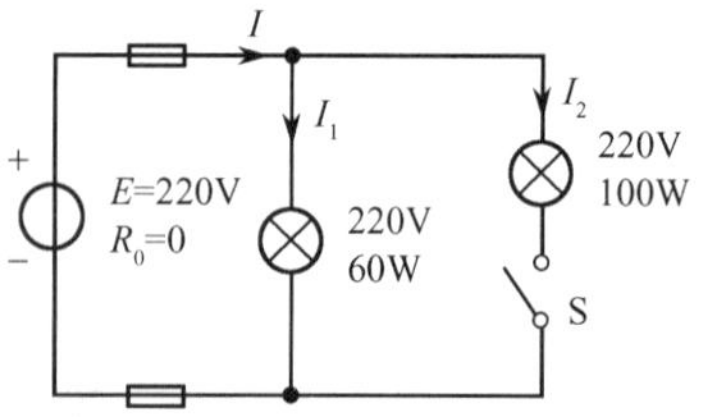

图 1.26　思考与练习 1-1-7 的电路

1-1-6　直流发电机的额定值为：40kW，230V，174A。何为发电机的空载、轻载、满载、过载运行？若给发电机接上一个额定功率为 60W 的负载，则此时发电机发出的功率是多少？

1-1-7　在图 1.26 所示电路中，求：

（1）开关闭合前后的电流 I_1，I_2，I 是否发生变化？为什么？

（2）若由于接线不慎，100W 电灯被短路，则后果如何？100W 电灯的灯丝是否被烧断？

1.2　电路的基本定律

电路分析的基本依据是电路的基本定律，即欧姆定律和基尔霍夫定律。

1.2.1　欧姆定律

欧姆定律反映了电阻元件上电压与电流的约束关系。当电阻上的电压和电流采用关联参考方向时，表示为

$$u=iR \tag{1.31}$$

1.2.2　基尔霍夫定律

基尔霍夫定律包括电流定律和电压定律，是电路中节点上的电流和回路中的电压所满足的普遍规律。

在讨论基尔霍夫定律之前，首先介绍电路中常用的几个名词。

支路：电路中的分支称为支路。一条支路流过一个电流，称为支路电流。

节点：三条或三条以上支路的连接点称为节点。

回路：电路中任一闭合路径称为回路。

网孔：内部不含有其他支路的回路称为网孔。

如图 1.27 所示电路，有三条支路，两个节点（a、b），三个回路（abca，abda，adbca），两个网孔（abca，abda）。

1. 基尔霍夫电流定律（KCL）

基尔霍夫电流定律也称基尔霍夫第一定律。其具体内容为：在任一瞬间，流入电路中任一节点的电流的总和必等于流出该节点的电流的总和。在图 1.27 中，对节点 a 可以写出

$$I_1 + I_2 = I_3$$

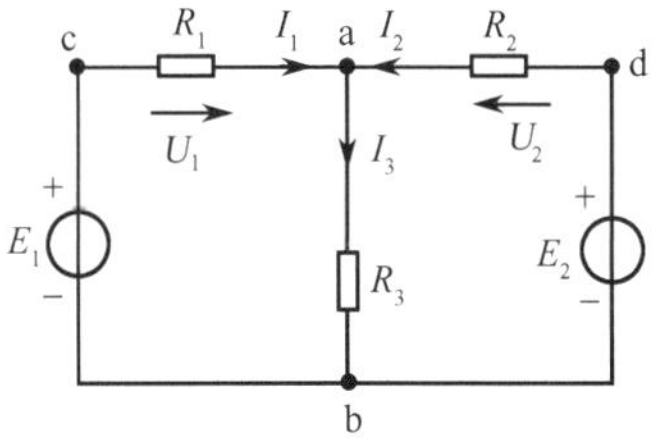

图 1.27　电路的支路和节点

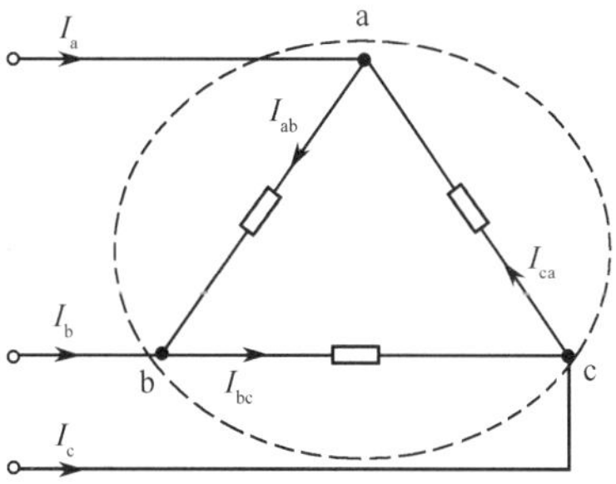

图 1.28　基尔霍夫电流定律的推广

上式可以改写成：$I_1 + I_2 - I_3 = 0$。因此，基尔霍夫定律还可以这样描述：在任一瞬间，任一节点上电流的代数和恒等于零（如果规定流入节点的电流为正，则流出节点的电流就取负），即

$$\sum I = 0 \tag{1.32}$$

KCL 还可以推广应用到电路中任意假设的封闭面。即在任一瞬间，通过任一封闭面的电流的代数和恒等于零。如图 1.28 所示的封闭面有三个节点，可列出三个 KCL 方程。

对节点 a：　$I_a = I_{ab} - I_{ca}$

对节点 b：　$I_b = I_{bc} - I_{ab}$

对节点 c：　$I_c = I_{ca} - I_{bc}$

上列三式相加，便得

$$I_a + I_b + I_c = 0$$

即满足广义的 KCL。

基尔霍夫电流定律是电流连续性的具体体现，是“电荷守恒”的一种反映，因为任一节点的电荷既不会产生又不会消失，也不可能积累。不管电路是线性的还是非线性的，不管电流是直流还是交流，也不管电路中接有何种元件，基尔霍夫电流定律普遍适用。

〖**例 1.7**〗在图 1.29 所示电路中，已知：$I_1 = 2\text{A}$，$I_3 = -4\text{A}$。求：$I_4 = ?$ $I_2 = ?$

解：对节点 a 列 KCL 方程

$$I_1 + I_3 - I_4 = 0$$

$$I_4 = -2\text{A}$$

对虚线中的封闭面列 KCL 方程

$$I_1 + I_2 = 0$$

$$I_2 = -I_1 = -2\text{A}$$

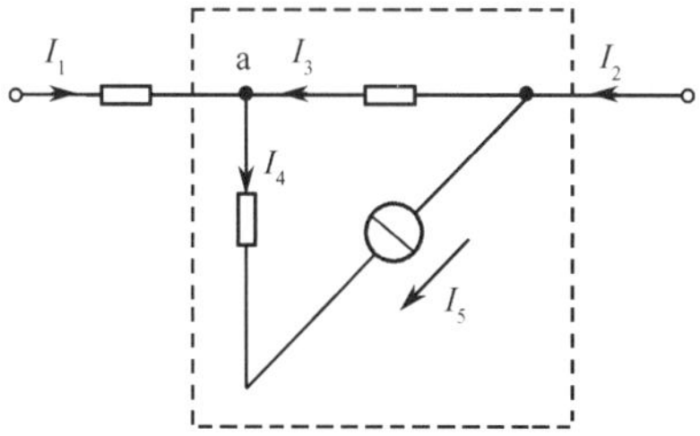

图 1.29　例 1.7 的电路

2. 基尔霍夫电压定律（KVL）

基尔霍夫电压定律也称基尔霍夫第二定律。其具体内容为：任一瞬间，沿任一闭合回路绕行一

周，各部分电压的代数和恒等于零，即

$$\sum U = 0 \tag{1.33}$$

应用式（1.33）列写 KVL 电压方程时，应首先标出各段电压的参考方向，选定一个回路绕行方向，若规定各段电压的参考方向与回路绕行方向一致取正，则与回路绕行方向相反取负。如图 1.30 所示的回路，其 KVL 方程为

$$U_1 - U_2 - E_1 + E_2 = 0$$

上式也可以写成：$U_1 + E_2 = U_2 + E_1$，因而基尔霍夫电压定律也可以描述为：任一瞬间，沿任一闭合回路绕行一周，电位降（电压）的代数和等于电位升（电动势）的代数和。

KVL 还可以推广应用到电路中任一不闭合的假想回路，但要将开口处的电压列入方程。如图 1.31 所示的电路，其 KVL 方程为

$$U + IR_0 = E$$

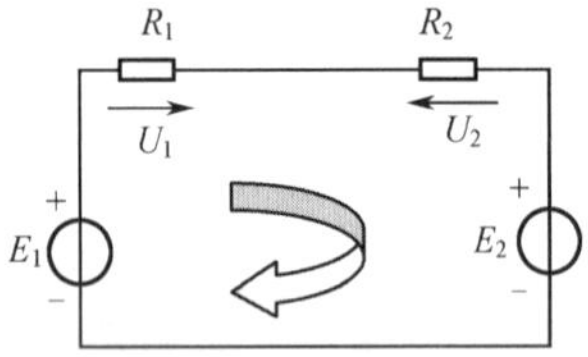

图 1.30 回路

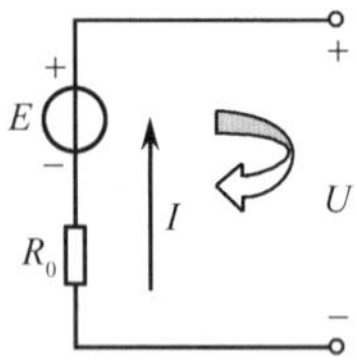

图 1.31 基尔霍夫电压定律的推广

基尔霍夫电压定律体现出，在任何电路中，任意两点之间的电压与计算时所取的路径无关。

综上所述，基尔霍夫定律只与电路的结构有关，而与元件的性质无关，KCL 反映了电路的结构对节点上各支路电流所引起的约束关系，而 KVL 反映了电路结构对回路中的各段电压所引起的约束关系。

〖例 1.8〗 如图 1.32 所示电路，已知：$E_1 = 10\text{V}$，$E_2 = 2\text{V}$，$E_3 = 1\text{V}$，$R_1 = R_2 = 1\Omega$。求：$U = ?$

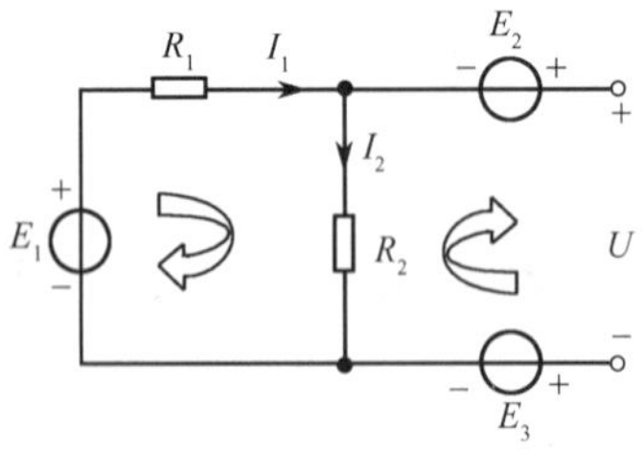

图 1.32 例 1.8 的电路

解：对左回路列 KVL 方程

$$I_1R_1 + I_2R_2 = E_1$$

因为右回路为开路状态，所以，$I_1 = I_2$。代入数据，得

$$I_1 = I_2 = 5\text{A}$$

对右回路列 KVL 方程

$$U + E_3 = I_2R_2 + E_2$$

代入数据，得

$$U = 6\text{V}$$

【思考与练习】

1-2-1 求图 1.33 电路中的未知电流 I_1 和 I_2。

1-2-2 求图 1.34 电路中的未知电流 I 及电压 U_{ab}。

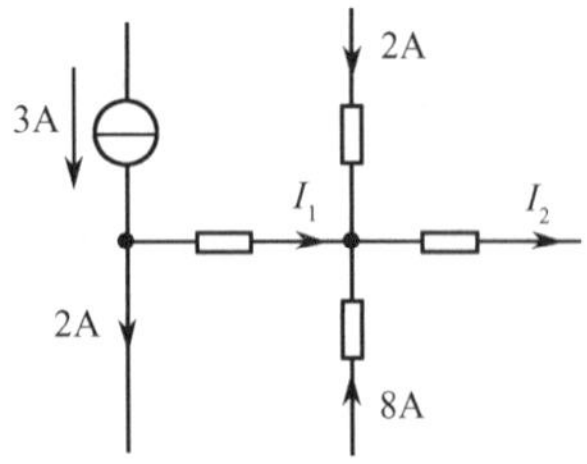

图 1.33 思考与练习 1-2-1 的电路

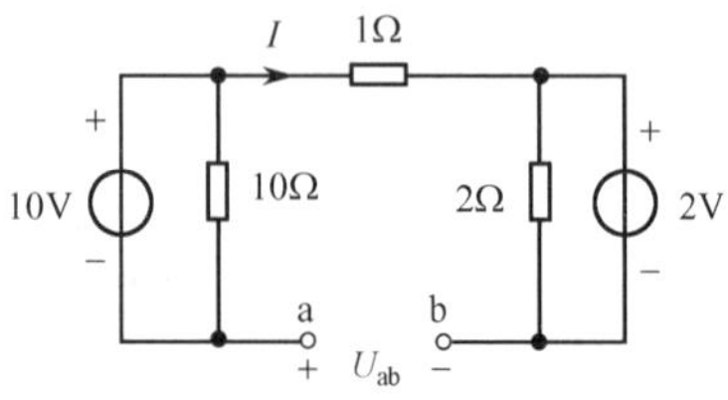

图 1.34 思考与练习 1-2-2 的电路

1.3 电路的分析方法

电路分析通常是已知电路的结构和参数，求解电路中的基本物理量。对于简单的电路可以用电阻的串、并联等效，以及串联分压、并联分流公式来分析计算。但对于一些较为复杂的电路，还应根据电路的结构和特点，归纳出分析和计算的简便方法。下面介绍几种常用的分析方法。

1.3.1 支路电流法

支路电流法以支路电流作为电路中的未知量，利用元件的伏安关系将元件电压表示成支路电流的函数，根据 KCL 和 KVL 分别对节点和回路列出关于支路电流的线性方程组，联立求解，得到各支路电流。

如果电路参数已知，且有 n 个节点，b 条支路，则利用支路电流法分析电路的步骤如下：

① 标出各支路电流参考方向。

② 列出电路中独立的KCL方程。

若电路中有 n 个节点，可以列出 n 个节点的 KCL 方程，但只有（$n-1$）个方程是独立的，第 n 个节点的 KCL 方程可以从其他（$n-1$）个方程中推导出来。

例如，在图 1.35 中，对 a 点列出的 KCL 方程为：$I_1+I_2-I_3=0$

对 b 点列出的 KCL 方程为：$-I_1-I_2+I_3=0$

显然这两个方程并不是独立的，独立 KCL 方程的个数为（2−1）个。

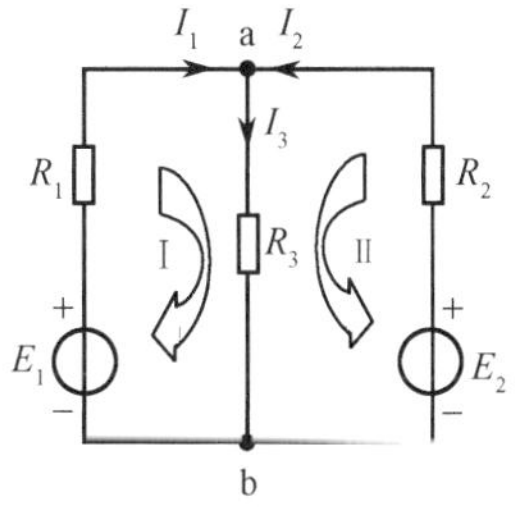

图 1.35 支路电流法

③ 选取独立回路，列出电路中独立的 KVL 方程。

在平面电路中，通常选择网孔作为独立回路列出 KVL 方程，当电路中有 b 条支路时，可以选出 b $(n-1)$个网孔列出回路电压方程。

④ 联立上述方程，为 b 元一次方程组。求解该方程组，即得各支路电流。

如图 1.35 所示电路，n=2，b=3，各支路电流方向如图示。据上述步骤，可得

KCL 方程：$I_1+I_2=I_3$

KVL 方程：$I_1R_1+I_3R_3=E_1$

$I_3R_3+I_2R_2=E_2$

解此方程组，得出I_1，I_2，I_3。根据I_1，I_2，I_3可进一步求出U_{R1}，U_{R2}，U_{R3}等电路中其他物理量。

〖例 1.9〗 电路如图 1.36 所示，用支路电流法计算各支路电流。

解：选定各支路电流的参考方向和回路绕行方向如图 1.36 所示。图中有 3 条支路，且恒流源支路的电流为已知，所以，只需列两个独立方程即可求解。先列节点 a 的 KCL 方程，再列左网孔的 KVL 方程。

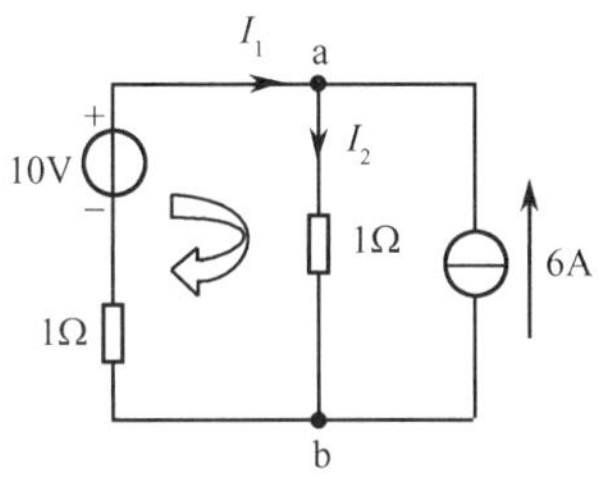

图 1.36 例 1.9 的电路

$$I_1-I_2+6=0$$

$$I_1+I_2=10$$

联立求解，得

$$I_1=2\text{A}，\ I_2=8\text{A}$$

1.3.2 节点电压法

在电路中任选一个节点作为参考点，令其电位为零，在电路图中用“⊥”标记。其余节点到参考点之间的电压称为节点电压。各节点电压的参考极性均以参考节点为“−”极。如图 1.37 所示电路，仅有两个节点，节点电压为 U_{ab}，其参考方向为由 a 指向 b。

节点电压法以节点电压为电路的变量，对独立节点列写 KCL 方程（用节点电压表示相关的支

路电流）。

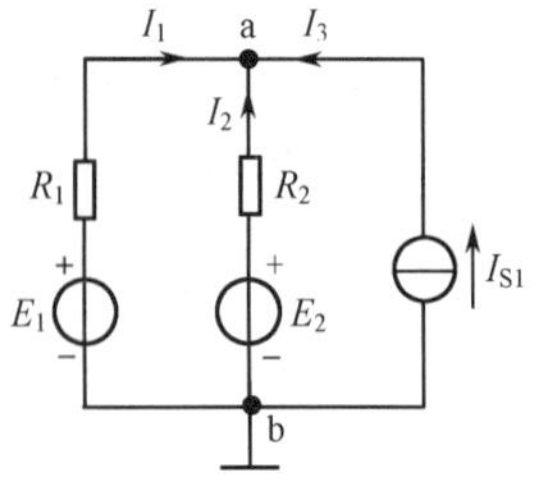

图 1.37　节点电压法

在图 1.37 中，以节点 b 作为参考节点，则节点电压为 U_{ab}。对独立节点 a 列出 KCL 方程：$I_1+I_2+I_3=0$。

根据欧姆定律和基尔霍夫电压定律，将支路电流用节点电压表示为

$$I_1=\frac{E_1-U_{ab}}{R_1}，\quad I_2=\frac{E_2-U_{ab}}{R_2}，\quad I_3=I_{S1}$$

将支路电流代入节点 a 的 KCL 方程中，可以得到

$$\left(\frac{1}{R_1}+\frac{1}{R_2}\right)U_{ab}=\frac{E_1}{R_1}+\frac{E_2}{R_2}+I_{S1}$$

即

$$U_{ab}=\frac{\frac{E_1}{R_1}+\frac{E_2}{R_2}+I_{S1}}{\frac{1}{R_1}+\frac{1}{R_2}} \tag{1.34}$$

在式（1.34）中，$\frac{1}{R_1}+\frac{1}{R_2}$ 是与节点 a 相连的所有电阻支路的电阻的倒数之和。而 $\frac{E_1}{R_1}+\frac{E_2}{R_2}+I_{S1}$，为与节点 a 相连的电源支路引起的流入节点 a 的电流。

总结上述规律，可以得到仅包含两个节点的电路，其节点电压方程的一般形式为

$$U=\frac{\sum\frac{E}{R}+\sum I_S}{\sum\frac{1}{R}} \tag{1.35}$$

式（1.35）称为弥尔曼定理。在上式中，分母部分 $\sum\frac{1}{R}$ 是与节点 a 相连的所有电阻支路的电阻的倒数之和，分母中的各项总为正值。分子中的各项为与节点 a 相连的电源支路引起的流入节点 a 的电流，可正可负，当电压源电压的方向与节点电压方向一致时为正，相反为负；电流源电流流入节点时为正，流出节点时为负。

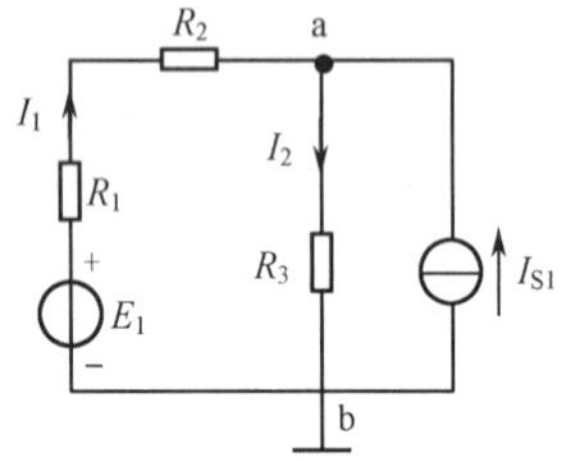

图 1.38　例 1.10 的电路

〖例 1.10〗 如图 1.38 所示电路，设节点 b 为参考节点，列写出节点电压的方程。

解：节点 b 为电路的参考节点，电路中的节点电压为 U_{ab}。节点电压的方程为

$$U_{ab}=\frac{\frac{E_1}{R_1+R_2}+I_{S1}}{\frac{1}{R_1+R_2}+\frac{1}{R_3}}$$

1.3.3　电源等效变换法

1. 电压源与电流源的等效变换

一个实际的电源，其端电压往往随着它的电流变化而发生变化。例如，当电池接上负载以后，其端电压就会降低。这是因为电源内部有电能的消耗，即有电阻存在。所以可以采用如图 1.39（a）所示的电路模型，即用一个电阻与理想电压源的串联组合来表示。通常，把实际电压源简称为电压源，电阻 R_0 称为电源的内阻。

电压源的伏安特性（也称为外特性）是指其输出的电压 U 和输出电流 I 的关系，即

$$U=E-IR_0 \tag{1.36}$$

如图 1.39（b）所示为电压源的外特性曲线。随着负载电流的增大，电源的端电压在下降。这是因为电流越大，内阻上的压降也越大。

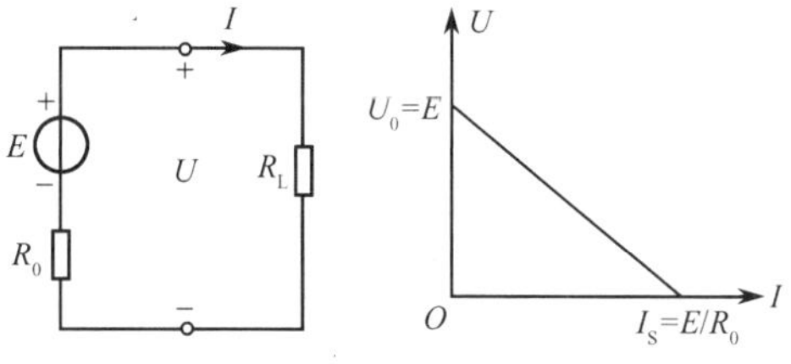

图 1.39　电压源电路模型及外特性曲线

电源还可以用电流源模型来表示。式（1.36）还可以写成

$$I=\frac{E}{R_0}-\frac{U}{R_0}=I_S-\frac{U}{R_0}$$

式中，$I_S=\dfrac{E}{R_0}$为理想电流源的电流值；I 是负载电流，而$\dfrac{U}{R_0}$是引出的另一个支路电流，即通过 R_0 的电流。因此，电流源可看作一个理想电流源 I_S 和电源内电阻 R_0 的并联电路，其电路模型如图 1.40（a）所示。电流源的伏安特性（外特性）是其输出电压 U 和输出电流 I 的关系，即

$$I=I_S-\frac{U}{R_0} \tag{1.37}$$

图 1.40（b）为电流源的外特性曲线。负载电流越大，电流源内阻上的电流越小，此时电流源输出的电压越低。

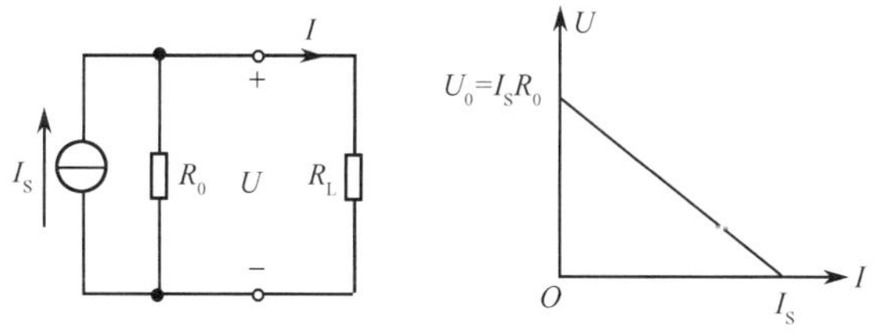

图 1.40　电流源电路模型及外特性曲线

从以上讨论可知，当电压源与电流源的内电阻相同，且电压源的 $E=I_SR_0$ 或电流源 $I_S=\dfrac{E}{R_0}$ 时，二者的外特性完全相同。由此，我们得到一个结论：电压源和电流源之间存在着等效变换的关系，即可以将电压源模型变换成等效电流源模型或做相反的变换，如图 1.41 所示。这种等效变换在进行复杂电路的分析、计算时，往往会带来很大的方便。

为了保持变换前后输出端的特性一致，电动势 E 的方向应与恒流源 I_S 的方向一致，也就是说 I_S 的方向是从 E 的“−”端指向“+”端的，如图 1.41 所示。

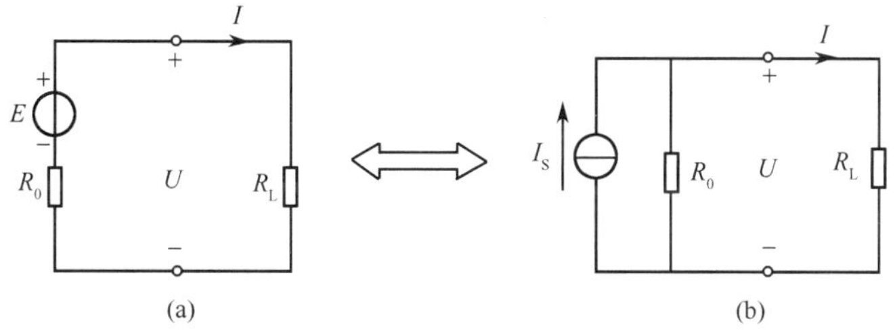

图 1.41　电压源与电流源的等效变换

需要强调的是：

① 电压源和电流源的等效关系是只对外电路而言的，对电源内部则不等效。因为在变换前、后，两种电源内部的电压、电流和功率等都不相同。

② 恒压源和恒流源之间不能进行等效变换，因为它们有完全不同的外部特性，故两者之间不存在等效变换的条件。

〖**例 1.11**〗 一直流发电机的 E=230V，R_0=1Ω，当 R_L=22Ω时，用电源的两种模型分别求负载的电压和电流，并计算电源内部的损耗功率和内阻压降，比较是否相等。

解：电路的电压源和电流源电路如图 1.41 所示。

（1）计算负载上的电压 U 和电流 I

在电压源电路[图 1.41（a）]中，有

$$I = \frac{E}{R_L + R_0} = \frac{230}{22+1} = 10\text{A}$$

$$U = R_L \cdot I = 22 \times 10 = 220\text{V}$$

在电流源电路[图 1.41（b）]中，有

$$I = \frac{R_0}{R_0 + R_L} \cdot I_S = \frac{1}{22+1} \times \frac{230}{1} = 10\text{A}$$

$$U = R_L \cdot I = 22 \times 10 = 220\text{V}$$

（2）计算内阻压降和电源内部损耗的功率

在电压源电路[图 1.41（a）]中，有

$$R_0 I = 1 \times 10 = 10\text{V}$$

$$\Delta P_0 = R_0 \cdot I^2 = 1 \times 10^2 = 100\text{W}$$

在电流源电路[图 1.41（b）]中，有

$$U = 220\text{V}$$

$$\Delta P_0 = R_0 \cdot \left(\frac{U}{R_0}\right)^2 = 48400\text{W} = 48.4\text{kW}$$

由此可见，电压源和电流源对外电路是等效的，对电源内部是不等效的。

2．用电压源、电流源等效变换的方法分析电路

根据基尔霍夫定律，串联的恒压源可以合并，并联的恒流源可以合并。所以当电路中存在着多个电源时，可通过将电源变换、合并的方法简化电路。

使用电源等效变换的方法分析电路时，应注意所求支路不得参与变换。

〖**例 1.12**〗在图 1.42（a）所示电路中，已知：$E_1 = 12\text{V}$，$E_2 = 6\text{V}$，$R_1 = 6\Omega$，$R_2 = 3\Omega$，$R_3 = 1\Omega$。求：$I = ?$

解：先将两个并联的电压源转换为电流源，如图 1.42（b）所示，其中

$$I_{S1} = \frac{E_1}{R_1} = 2\text{A}$$

$$I_{S2} = \frac{E_2}{R_2} = 2\text{A}$$

然后，将两个恒流源合并为一个如图 1.42（c）所示，其中

$$I_S = 2 + 2 = 4\text{A}$$

$$R_0 = R_1 // R_2 = 2\Omega$$

可以从图 1.42（c）中利用分流关系求得 I，也可以将电流源转换为电压源[图 1.42（d）]计算。

$$I = \frac{8}{1+2} = \frac{8}{3}\text{A}$$

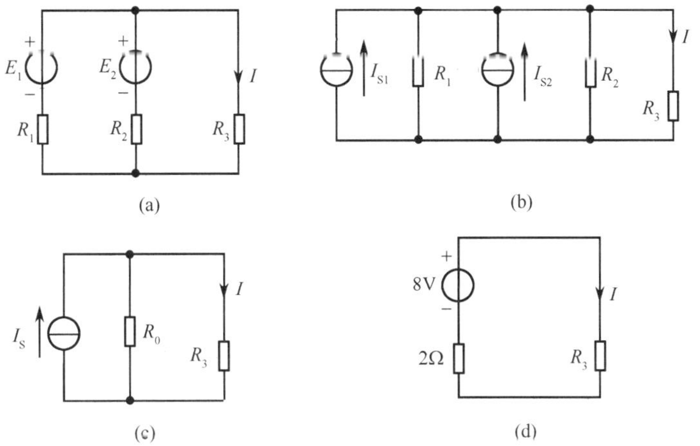

图 1.42　例 1.12 的电路

在使用电源等效变换的方法分析电路时还应注意，与恒压源并联的元件对外电路不起作用，与恒流源串联的元件对外电路也不起作用，在计算外电路时可以将它们去掉（但计算电源内部的各物理量时不能去掉）。

〖例 1.13〗 在图 1.43（a）所示电路中，求 R_4 支路的电流 I 。

解：可以认为，R_4 支路对恒流源 I_S 和恒压源 E 都是外电路。所以，与恒流源串联的 R_1 对其不起作用，与恒压源并联的 R_3 对其也不起作用。计算前，可以将它们都去掉，得到图 1.43（b）。从图 1.43（b）中，利用电压源和电流源的等效变换，很容易得到图 1.43（c）和（d）。其中

$$I_{S1} = \frac{E}{R_2}$$

$$I'_S = I_S + I_{S1}$$

$$I = I'_S \frac{R_2}{R_2 + R_4}$$

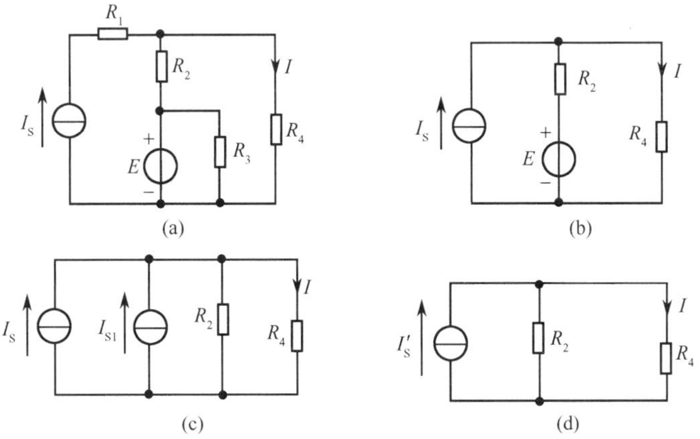

图 1.43　例 1.13 的电路

1.3.4　叠加原理

叠加原理是线性电路的重要性质之一。它指出在多个电源共同作用的线性电路中，各支路的电流（或电压）是各电源单独作用时在该支路上产生的电流（或电压）的代数和。

在图 1.44（a）所示电路中，我们先用支路电流法求得支路电流

$$I_1 + I_2 - I_3 = 0$$

$$I_1R_1 + I_3R_3 = E_1$$

$$I_2R_2 + I_3R_3 = E_2$$

解得
$$I_1 = \frac{R_2 + R_3}{R_1R_2 + R_2R_3 + R_1R_3} \cdot E_1 - \frac{R_3}{R_1R_2 + R_2R_3 + R_1R_3} \cdot E_2$$

式中，前一项就是 E_1 单独作用时[图 1.44（b）]在 R_1 支路中产生的电流，即

$$I_1' = \frac{R_2 + R_3}{R_1R_2 + R_2R_3 + R_1R_3} \cdot E_1$$

后一项就是 E_2 单独作用时[图 1.44（c）]在 R_1 支路中产生的电流，即

$$I_1'' = \frac{-R_3}{R_1R_2 + R_2R_3 + R_1R_3} \cdot E_2$$

同理
$$I_2 = I_2' + I_2'',\ \ I_3 = I_3' + I_3''$$

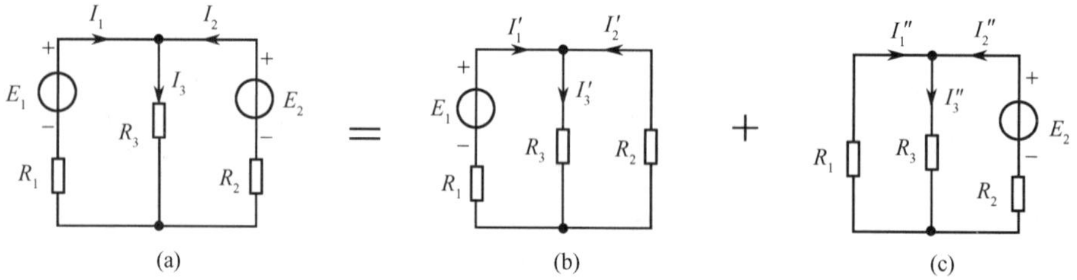

图 1.44　叠加原理

应用叠加原理求解电路的步骤如下。

① 在原电路中标出所求量（总量）的参考方向。

② 画出各电源单独作用时的电路，并标明各分量的参考方向。

③ 分别计算各分量。

④ 将各分量叠加。若分量与总量的参考方向一致则取正，否则取负。

⑤ 将各分量数值代入，计算结果。

〖**例 1.14**〗用叠加原理计算图 1.45(a)中的电压 U 。设 $I_S = 10\text{A}$ ，$E = 12\text{V}$ ，$R_1 = R_2 = R_3 = R_4 = 1\Omega$ 。

解：利用叠加原理将图 1.45（a）分解为图（b）和图（c）。

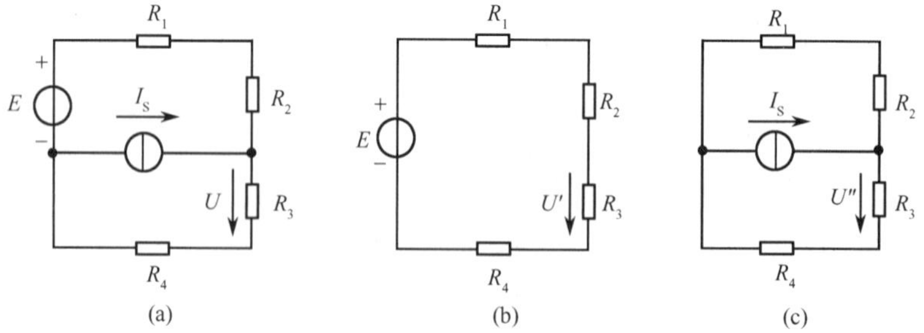

图 1.45　例 1.14 的电路

可得
$$U' = \frac{R_3}{R_1 + R_2 + R_3 + R_4} \cdot E = 12 \times \frac{1}{4} = 3\text{V}$$

$$U'' = \frac{I_S}{2} \cdot R_3 = 1 \times \frac{10}{2} = 5\text{V}$$

$$U = U' + U'' = 3 + 5 = 8\text{V}$$

应用叠加原理时应注意以下 4 点。

① 叠加原理只适用于线性电路，不适用于非线性电路。

② 电路中只有一个电源单独作用，就是假设将其余电源作为零值处理，即理想电压源短路，电动势为零，理想电流源开路，电流值为零，但电源内阻一定要保留。

③ 将各分量叠加时，若分量与总量的参考方向一致则取正，否则取负值。

④ 叠加原理只适用于电压电流的计算，不适用于功率的计算，因为功率和电流之间不是线性关系。

叠加原理作为电路的一种分析方法，当电路中电源个数多，结构复杂时，显得烦琐费时。但作为处理线性电路的一个普遍适用的规律，叠加原理是很重要的。它有助于对线性电路性质的理解，可以用来推导其他定理，简化处理更复杂的电路，是以后经常使用的一个定理。

1.3.5 等效电源定理

一般来说，凡具有两个接线端的部分电路，都称为二端网络。若二端网络内部含有独立电源，则称为有源二端网络；若内部不含独立电源，则称为无源二端网络。通常，一个无源二端网络可以等效为一个电阻。而有源二端网络不仅产生电能，本身还消耗电能，在对外特性等效的条件下，即保持输出电压和输出电流不变的条件下，有源二端网络产生电能的作用可以用一个等效理想电源元件来表示，消耗电能的作用可以用一个等效的理想电阻元件来表示，这就是等效电源定理。等效电源定理包括戴维南定理（Thevenin's theorem）和诺顿定理（Norton's theorem），是分析计算复杂电路的有力工具。

1. 戴维南定理

对于一个复杂的电路，有时只需要计算其中某条支路的电流（或电压），如图 1.46 中的 I 。此时，可将这条支路划出，其余部分就是一个有源二端网络，如图 1.46（a）中虚线框部分所示。有源二端网络对外电路（如图中的 R_L ）来说，相当于一个电源。因此，这个有源二端网络可以简化为一个等效电源。经等效变换后，外部电路的电压和电流并不改变。

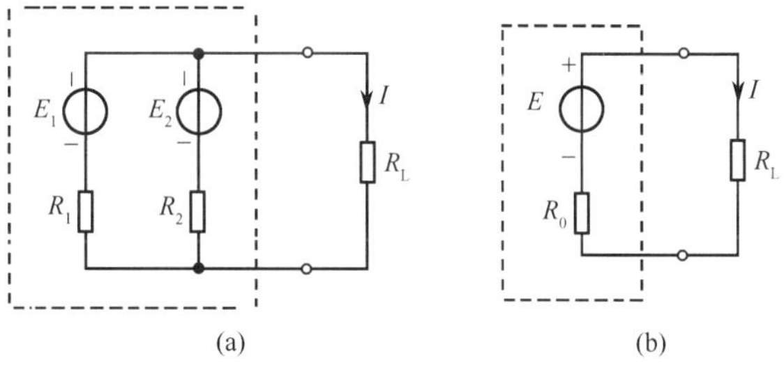

图 1.46　有源二端网络的等效

戴维南定理指出：对外电路来说，任一线性有源二端网络都可以用一个等效的电压源来替代，如图 1.47（a）和（b）所示。

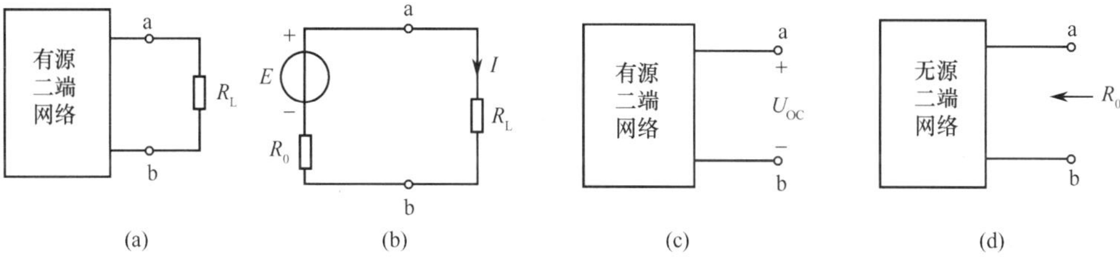

图 1.47　戴维南定理

在等效后的电路中，电压源的电动势 E 为有源二端网络的两个端子 a、b 间的开路电压 U_{OC}，即将负载断开后 a、b 两端之间的电压，如图 1.47（c）所示；R_0 为该有源二端网络中所有电源不作用时，从 a、b 两端看进去的等效电阻，如图 1.47（d）所示。该等效电压源称为有源二端网络的戴维南等效电路。

使用戴维南定理分析电路的步骤如下。

① 首先确定待求量的参考方向，根据该参考方向确定二端网络的 a 与 b 两端。将待求支路划出，其余部分就是一个有源二端网络。

② 求有源二端网络的开路电压（注意二端网络开路电压的方向）。

③ 求有源二端网络的除源等效内阻。

④ 画出有源二端网络的戴维南等效电路，电动势的极性根据 U_{OC} 的极性确定。

⑤ 将划出的支路接在 a、b 两端计算待求量。

〖例 1.15〗 电路如图 1.48（a）所示，求有源二端网络的戴维南等效电路。

解：图 1.48（a）所示的电路可等效为 1.48（b）所示的电路。

$$U_S = U_{OC} = 2 + 3 \times 2 = 8V$$

将图 1.48（a）中的电源置零，可以得到 R_0=2Ω。

因此图 1.48（a）所示电路的戴维南等效电路如图 1.49 所示。

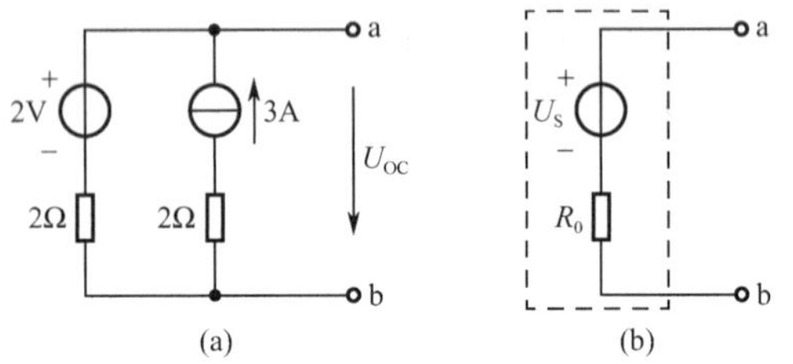

图 1.48　例 1.15 的电路

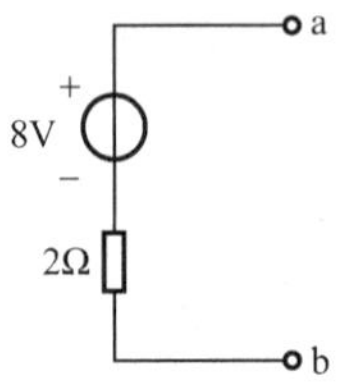

图 1.49　例 1.15 电路的戴维南等效电路

〖例 1.16〗 用戴维南定理计算图 1.50（a）中的电流 I。

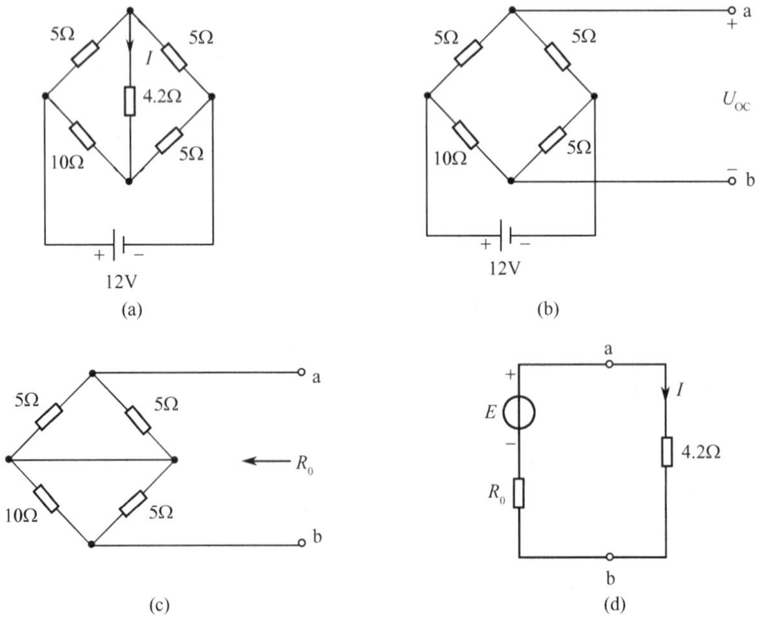

图 1.50　例 1.16 的电路

解：图 1.50（a）的电路可化为图 1.50（d）的等效电路。等效电路的电动势可由图 1.50（b）求得

$$E = U_{\mathrm{OC}} = 12\times\frac{1}{2} - 12\times\frac{5}{10+5} = 6-4 = 2\mathrm{V}$$

等效电路的内阻可由图 1.50（c）求得

$$R_0 = \frac{5\times5}{5+5} + \frac{10\times5}{10+5} = 5.8\Omega$$

最后，由等效电路求得

$$I = \frac{2}{5.8+4.2} = 0.2\mathrm{A}$$

2. 戴维南等效内阻的求解

求解某些简单二端网络的等效内阻时，可以直接用电阻的串、并联方法计算，如图 1.50（c）所示。但是，有些二端网络不适合使用简单的串、并联方法计算，这时我们可以使用以下几种方法计算戴维南等效内阻。

① 开路、短路法

分别求有源二端网络的开路电压 U_{OC} 和短路电流 I_{S}，如图 1.51 所示。

戴维南等效电阻为：$R_0 = \dfrac{U_{\mathrm{OC}}}{I_{\mathrm{S}}}$。

② 外加电源法

将有源二端网络内部的电源置零，得到相应的无源二端网络，如图 1.52 所示。在无源二端网络的端口 a、b 处外加电压源 U_{S}，求解流入二端网络的电流 I。戴维南等效电阻为

$$R_0 = \frac{U_{\mathrm{S}}}{I}$$

图 1.51　开路短路法

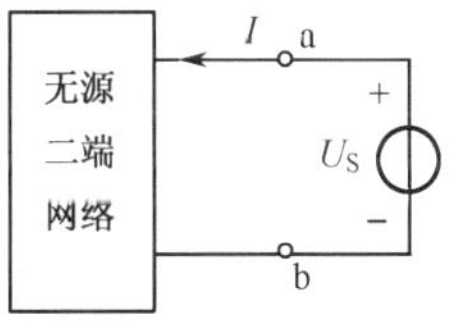

图 1.52　外加电源法

当二端网络中包含受控源时，一般采用外加电源法求解戴维南等效电阻 R_0。

2. 诺顿定理

根据 1.3.3 节所述，一个电压源模型可以等效为一个电流源模型。因此，有源二端网络的戴维南等效电路可以等效为恒流源 I_{S} 与内电阻 R_0 并联的电流源模型，这就是有源二端网络的诺顿等效电路。

诺顿定理指出：对外电路而言，任一线性有源二端网络都可以用一个等效的电流源来替代，如图 1.53（b）所示。

其等效电路中的电流源的电流 I_{S} 为有源二端网络的短路电流，R_0 为该有源二端网络中所有电源不作用时，从 a、b 两端看进去的等效电阻（戴维南等效电阻），如图 1.53（c）、（d）所示。图 1.53（b）所示的等效电流源称为有源二端网络的诺顿等效电路。

戴维南等效电路和诺顿等效电路符合电压源和电流源的等效变换，这两种等效电路共有 U_{OC}、R_0、I_{S} 三个参数，其关系为 $U_{\mathrm{OC}} = R_0 I_{\mathrm{S}}$。故求出其中的任意两个量就可求得另一个量。戴维南等效电路和诺顿等效电路统称为一端口的等效电源，相应的两个定理也可统称为等效电源定理。

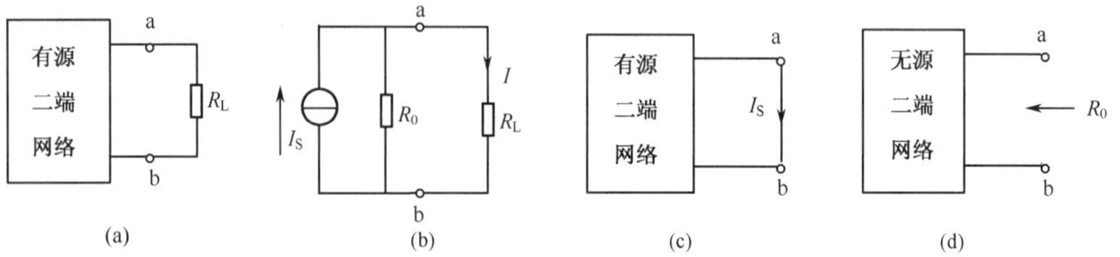

图 1.53　诺顿定理

1.3.6　电位的计算

电位是电路分析中的重要概念。在电子技术中，常应用电位的概念来分析问题。例如，电路中的二极管元件，只有当它的阳极电位高于阴极电位时才能导通。应用电位的概念，还可以简化电路图的画法。

电路中各点的电位是相对于零电位参考点而言的，电路中某点电位的大小是该点到零电位参考点之间的电压。在物理学中，常规定大地为零电位参考点。在电工电子技术中，则常根据需要来确定参考点。例如，在电子电路中，通常以与机壳连接的公共导线为参考点。参考点通常用符号“⊥”来表示。

只有参考点选定后，才能确定各点的电位。参考点不同，各点的电位也不同。

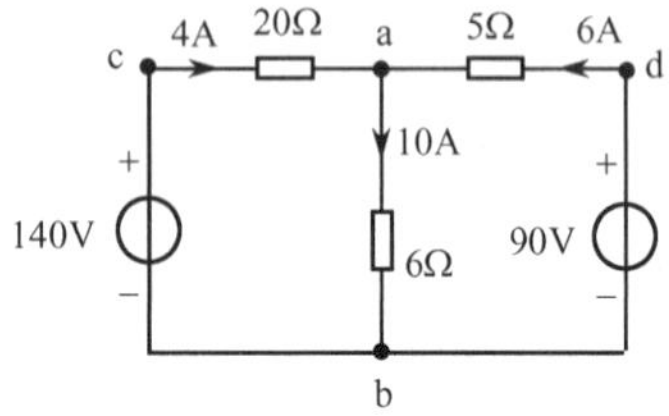

图 1.54　电位的计算

在图 1.54 所示电路中，若选 a 点为参考点，则各点电位如下

$V_a = 0V$，$V_b = U_{ba} = -60V$，$V_c = U_{ca} = 80V$，$V_d = U_{da} = 30V$

若选 b 点为参考点，则各点电位如下

$V_a = U_{ab} = 60V$，$V_b = 0V$，$V_c = U_{cb} = 140V$，$V_d = U_{db} = 90V$

由此可见，各点电位的高、低是相对的，而两点间的电压值却是绝对的。不论取哪个点作为参考点，其任意两点间的电压是不变的。即

$$U_{ab} = V_a - V_b = 60V，U_{ca} = V_c - V_a = 80V，U_{da} = V_d - V_a = 30V$$

$$U_{cb} = V_c - V_b = 140V，U_{db} = V_d - V_b = 90V$$

在电子电路中，电源的一端通常都是接“地”的，为了作图简便和图面清晰，习惯上常不画电源而在电源的非接地端标注其电位的数值，这就是用电位表示的电路。如图 1.55（c）、（d）所示的两个用电位表示的电路与图 1.55（a）、（b）所示电路是一样的。

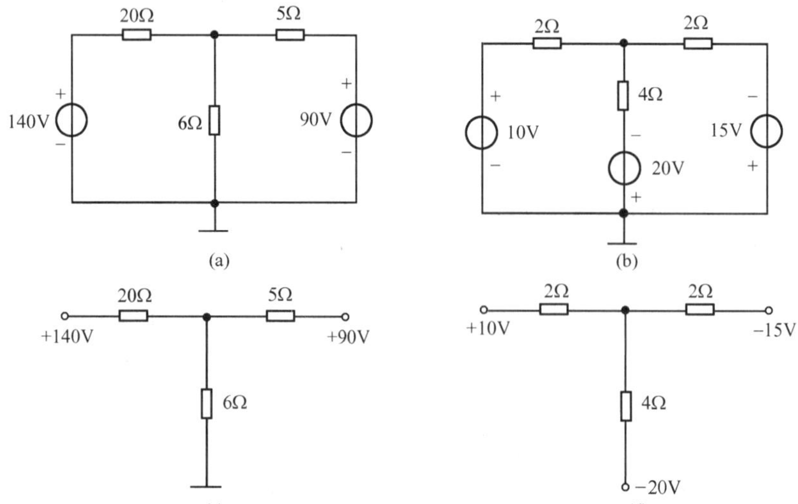

图 1.55　用电位表示的电路

〖例 1.17〗计算图 1.56 所示电路中开关 S 合上和断开时 b 点的电位。

解：S 断开时：整个电路处于开路状态，电阻上无电流，所以

$$V_b = 12V$$

S 闭合时：4kΩ 电阻上无电流通过，b、a 两点等电位，即

$$V_a = V_b = 12 \times \frac{2}{2+2} = 6V$$

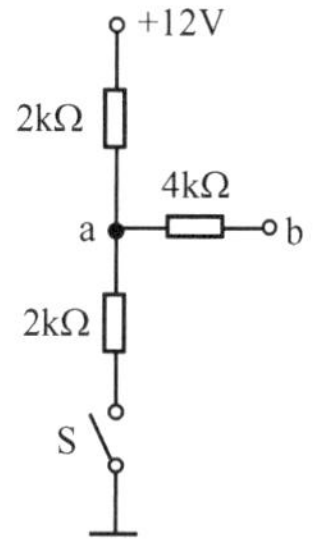

图 1.56　例 1.17 的电路

1.3.7　含受控源电路的分析

1．含受控源电路的分析

对含有受控源的线性电路，也可以用前面介绍的电路分析方法进行分析和计算，但考虑到受控源的输出要受到另一支路电压或电流的控制，因此在分析包含受控源的线性电路时，不能像独立电源一样处理受控源，下面通过几个例题说明含受控源电路的分析方法。

〖例 1.18〗 用支路电流法计算如图 1.57 所示电路中的电流 I_1。

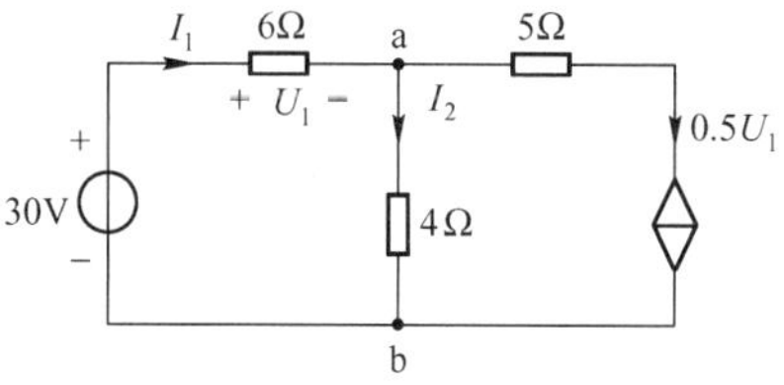

图 1.57　例 1.18 的电路

解：根据支路电流法，列写电路的 KCL、KVL 方程

$$\text{KCL:}\quad I_1 = I_2 + 0.5U_1$$

$$\text{KVL:}\quad 30 = 6I_1 + 4I_2$$

补充受控源的控制量与支路电流的关系方程

$$U_1 = 6I_1$$

联立以上方程求解，可以得到：$I_1 = -15A$ 。

用支路电流法分析包含受控源的电路时，通常先将受控源看作独立电源来列写电路的方程，然后补充受控源的控制量与电路未知变量（支路电流）之间的关系方程，联立求解。

〖例 1.19〗 应用叠加原理求解如图 1.58 所示电路中的电压 U 和电流 I_2。

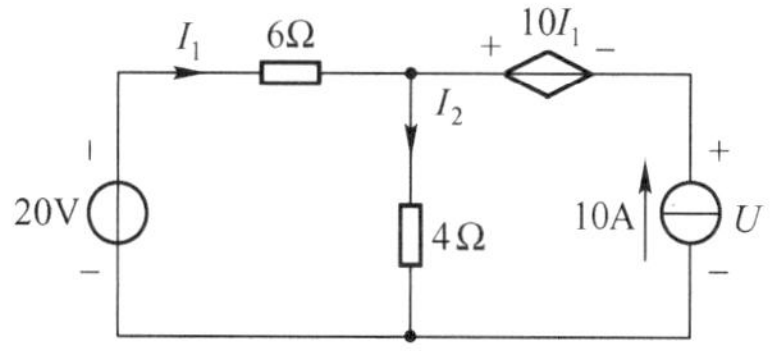

图 1.58　例 1.19 的电路

解：根据叠加原理，画出电压源和电流源分别作用时的分电路，如图 1.59（a）和（b）所示。在图 1.59（a）电路中，电压源单独作用，电流源置零；在图 1.59（b）电路中，电流源单独作用，电压源置零。但在两个分电路中，受控源都要保留。

在图 1.59（a）中，电压源单独作用，有

$$I_1' = I_2' = \frac{20}{6+4} = 2A$$

$$U' = -10I_1' + 4I_2' = -12V$$

在图 1.59（b）中，电流源单独作用，有

$$I_1'' = \frac{4}{6+4} \times 10 = 4A$$

$$I_2'' = \frac{6}{6+4} \times 10 = 6A$$

$$U'' = 10I_1'' + 4I_2'' = 64V$$

根据叠加原理，有

$$U = U' + U'' = -12 + 64 = 52V$$

$$I_2 = I_2' + I_2'' = 2 + 6 = 8A$$

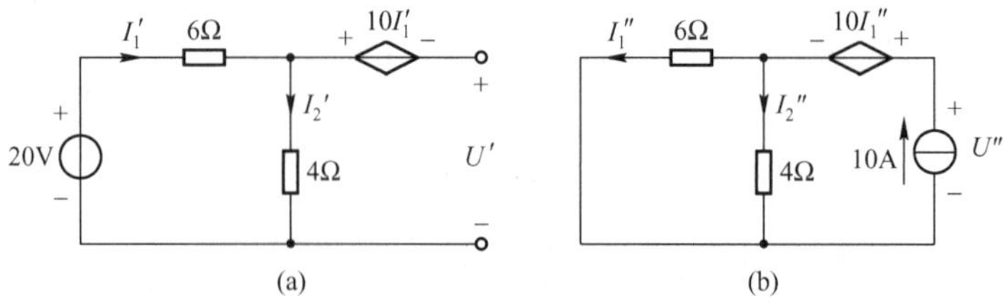

图 1.59　例 1.19 的电路

使用叠加原理分析包含受控源的线性电路时，应注意以下两点。

① 受控源一般不单独作用，要保留在各自的分电路中。

② 当受控源的控制量的大小和方向发生变化时，其受控量的大小和方向也应随之改变。

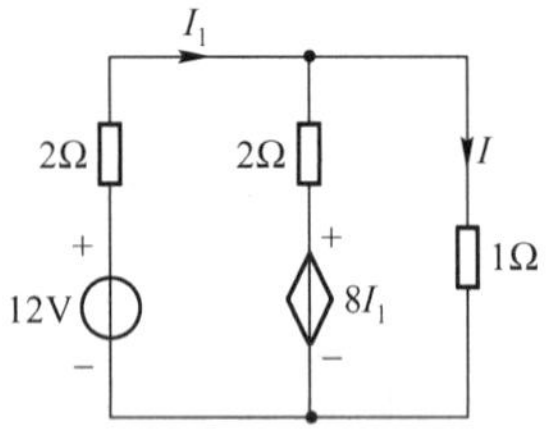

图 1.60　例 1.20 的电路

〖例 1.20〗 用戴维南定理求解如图 1.60 所示电路中的电流 I。

解：首先将待求支路去掉，得到一个包含受控源的有源二端网络，如图 1.61（a）所示。

（1）求有源二端网络的开路电压 U_{OC}

对图 1.61（a）所示的电路列写 KVL 方程，可得

$$2I_1' + 2I_1' + 8I_1' = 12\text{V}$$

因此

$$I_1' = 1\text{A}$$

所以，开路电压　$U_{OC} = 2I_1' + 8I_1' = 10\text{V}$

（2）求二端网络的等效内阻 R_0

根据开路、短路法知，戴维南等效内阻

$$R_0 = \frac{U_{OC}}{I_S}$$

将如图 1.61（a）所示的二端网络在端口 A、B 处短路，得到如图 1.61（b）所示电路，求出短路电流 I_S 的大小。

由 KVL 得：$12 - 2I_1'' = 0$，可得：$I_1'' = 6\text{A}$

$$I_S = I_1'' + \frac{8I_1''}{2} = 30\text{A}$$

$$R_0 = \frac{U_{OC}}{I_S} = \frac{10}{30} = \frac{1}{3}\Omega$$

（3）原电路的戴维南等效电路如图 1.61（c）所示，则待求电流为

$$I = \frac{U_{OC}}{R_0 + 1} = \frac{10}{4/3} = 7.5\text{A}$$

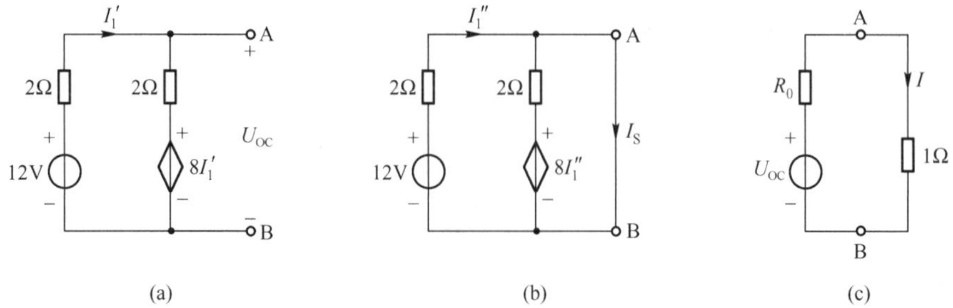

图 1.61　例 1.20 的电路

使用戴维南定理求解包含受控源的线性电路时，应注意戴维南等效内阻可以使用开路、短路法

或者外加电源法求解。

2．受控源在电子电路中的应用

在电子线路中经常会遇到晶体管、场效应管、运算放大器等器件构成的电路，这些电子器件本身并不是电源，但在电路中却起到了类似于“电源”的作用。它们的输出电压（或电流）不是恒定值，而是受电路中某支路电压或电流的控制，因此在电路分析中，经常将它们等效为受控源。

如图 1.62（a）所示电路，选择合适的电路参数使晶体管工作在放大区，此时它的输出电流 I_C 将受到输入电流 I_B 的控制，即：$I_C=\beta I_B$，而与电压的大小近似无关。在满足一定条件时，晶体管 B、E 之间的电压近似为常数，改变基极电阻 R_B 的大小，即改变了基极电流 I_B，集电极电流 I_C 随之改变。该电路可以用如图 1.62（b）所示的电路等效，其中晶体管的输出端就是一个电流控制的电流源（CCCS）。

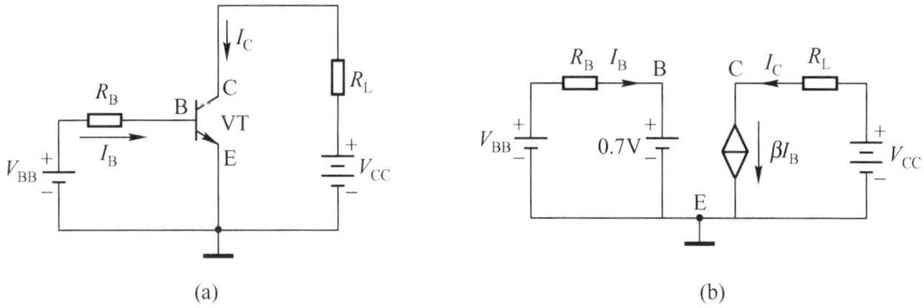

图 1.62　流控电流源电路

【思考与练习】

1-3-1　电路如图 1.63 所示，已知 $E=100\text{V}$，$R_0=1\Omega$。

（1）计算负载电阻 R_L 分别为 1Ω，10Ω，100Ω 时的 U，I 各为多少？

（2）若内阻为 0，再进行上述计算。

1-3-2　电路如图 1.64 所示，已知 $I_S=100\text{A}$，$R_0=1000\Omega$。

（1）计算负载电阻 R_L 分别为 1Ω，10Ω，100Ω 时的 U，I 各为多少？

（2）若内阻为 0，再进行上述计算。

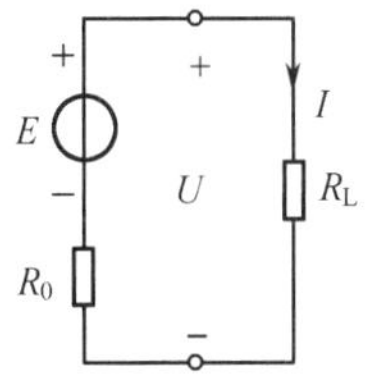

图 1.63　思考与练习题 1-3-1 的电路

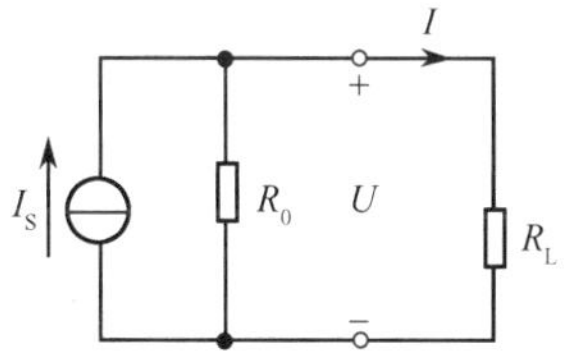

图 1.64　思考与练习题 1-3-2 的电路

1-3-3　应用戴维南定理将如图 1.65 所示电路化为等效电压源。

1-3-4　一个有源二端网络可以等效为一个含有内阻的电压源，能否等效为一个含有内阻的电流源？若可以，它们是什么关系？

1-3-5　用电位表示的电路如图 1.66 所示。

（1）参考点在什么位置？

（2）将其还原为习惯画法的电路。

1-3-6　计算如图 1.67 所示电路中 b 点的电位。

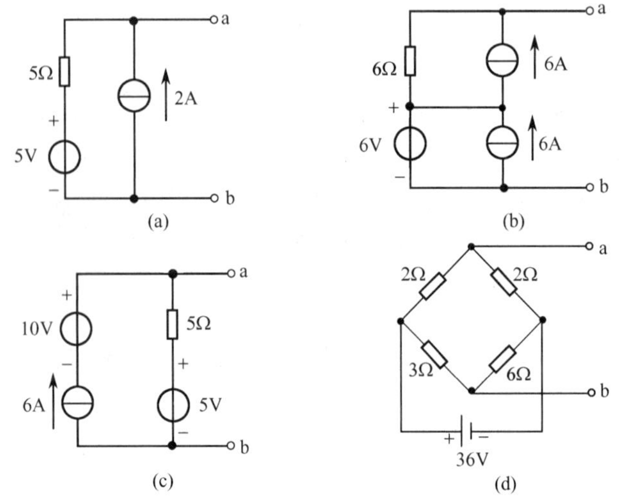

图 1.65　思考与练习题 1-3-3 的电路

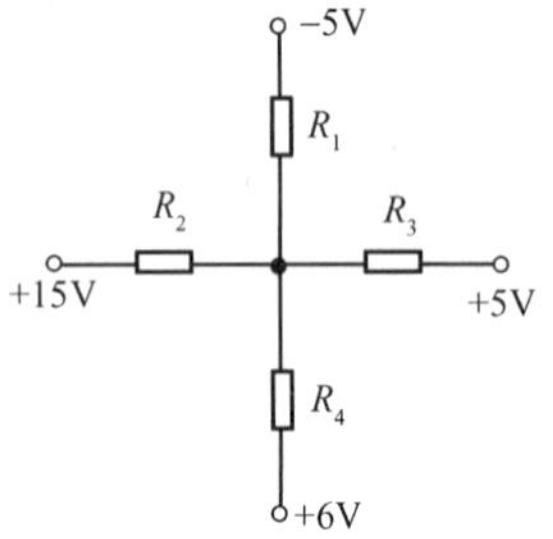

图 1.66　思考与练习题 1-3-5 的电路

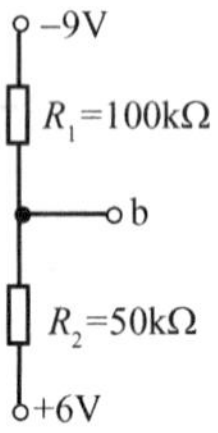

图 1.67　思考与练习题 1-3-6 的电路

本章要点

一、电路的基本概念

1．电路的组成及作用：电路由电源、负载、中间环节三部分组成。电路的作用：一是实现能量的传输和转换，二是实现信号的传递和处理。

2．电压、电流参考方向的应用：电压、电流等物理量的参考方向可以任意指定。在参考方向下，电压、电流值都是代数值。实际方向与参考方向相同时为正值，反之为负值。当一个元件或一段电路上的电压和电流的参考方向一致时，称为关联参考方向。

3．电源与负载的判别

（1）根据元件上的电压和电流的实际方向判别：当电压和电流的实际方向一致时，元件是负载，要吸收功率；反之，若其实际方向相反，是电源，要发出功率。

（2）根据元件上功率的正、负判别：首先取电压、电流为关联参考方向，若其功率为正，则说明元件吸收功率，是负载；若其功率为负，则元件发出功率，是电源。

4．理想电路元件

电阻：电阻为耗能元件。在线性电阻中，任一瞬间其两端的电压与通过它的电流的关系总是满足欧姆定律：$u = iR$。

电感：电感是由磁场储能的物理过程抽象出来的理想电路元件。其伏安关系为

$$u = L\frac{\mathrm{d}i}{\mathrm{d}t}$$

电感储能为：$W_{\mathrm{L}} = \frac{1}{2}Li^2$。电感储存的磁场能只与该时刻电流的大小有关。

电容：电容是由电场储能的物理过程抽象出来的理想电路元件。其伏安关系为

$$i = C\frac{\mathrm{d}u}{\mathrm{d}t}$$

电容储能为：$W_C = \frac{1}{2}Cu^2$。电容储存的电场能只与该时刻电压的大小有关。

理想电压源：理想电压源两端的电压保持为某个给定的时间函数，与通过它的电流无关。

理想电流源：理想电流源的电流保持为某个给定的时间函数，与其两端的电压无关。

5．电气设备的额定值：额定值用来表示电气设备的正常工作条件和工作能力。使用电气设备时应遵循额定值的规定，以免出现不正常的情况和发生事故。

二、电路的基本定理

1．欧姆定律：当电阻上电压与电流的参考方向一致时，欧姆定律表示为：$u=iR$。

2．基尔霍夫定律：描述电路中各元件之间相互连接所构成的约束关系。

基尔霍夫电流定律（KCL）：任一瞬间，任一节点上电流的代数和恒等于零：$\sum I = 0$。基尔霍夫电流定律适用于电路中任一节点和任一封闭面。

基尔霍夫电压定律（KVL）：任一瞬间，沿任一闭合回路绕行一周，各部分电压的代数和恒等于零：$\sum U = 0$。基尔霍夫电压定律适用于电路中任一闭合回路和任一不闭合的假想回路。

三、电路分析方法

1．支路电流法：以支路电流作为电路的未知变量，对有 n 个节点，b 条支路的电路，列写 $n-1$ 个独立的 KCL 方程，$b-n+1$ 个独立的 KVL 方程，联立 b 个方程求解。

2．节点电压法：如果电路中只有两个节点，选取其中任一节点作为参考节点，则电路中的节点电压为另一个节点到参考节点之间的电压，其大小为

$$U = \frac{\sum\frac{E}{R} + \sum I_S}{\sum\frac{1}{R}}$$

式中，分母部分 $\sum\frac{1}{R}$ 是与非参考节点相连的所有电阻支路的电阻的倒数之和，分母中的各项总为正值。分子中的各项为与非参考节点相连的电源支路引起的流入节点的电流，可正可负，当电压源电压的方向与节点电压方向一致时为正，相反为负；当电流源电流流入节点时为正，流出节点时为负。

3．电源的等效变换：从外电路的角度来看，电压源和电流源能够向外电路提供相同的电压和电流，对外电路而言，存在等效变换的条件。电源等效变换的电路如图 1.41 所示。在等效变换时，电源大小满足：$E = I_S R_0$。特别要注意电压源和电流源之间方向的对应。

4．叠加原理：指出在多个电源共同作用的线性电路中，各支路的电流（或电压）是各电源单独作用时在该支路上产生的电流（或电压）的代数和。

5．等效电源定理：描述了任一线性有源二端网络和电源的等效关系。

戴维南定理指出，任一线性有源的二端网络都可以等效为一个理想电压源 U_S 和内阻 R_0 的串联电路。其中，U_S 的大小和方向都与有源二端网络的开路电压相同；而内阻 R_0 为有源二端网络内的电源置零后，从开路端看进去的等效电阻。

诺顿定理指出，任一线性有源的二端网络都可以等效为一个理想电流源 I_S 和内阻 R_0 的并联电路。其中，I_S 的大小为有源二端网络的短路电流；而内阻 R_0 为有源二端网络内的电源置零后，从开路端看进去的等效电阻。

四、电位的计算

计算电路中的电位时，必须先指定电路中的某一点作为电位参考点，参考点的电位为零。电路

中其他各点的电位分别等于该点到参考点之间的电压。

电位的大小是相对的，与参考点的选择有关；而电压的大小是绝对的，与参考点的选择无关。

五、包含受控源电路的分析

包含线性受控源的电路可以用本章所学习的任意一种分析方法来计算。当对含受控源的电路进行分析计算时，需要注意的是，受控源输出量的大小和方向都取决于控制量。

关键术语

直流电路：direct current circuit（d-c-circuit）

电流：current

电压：voltage

功率：power

正方向：positive direction

负载：load

额定值：rated value

额定电压：rated voltage

电阻：resistance

电感：inductance

电容：capacitance

伏安特性：volt-ampere characteristic

理想电压源：ideal voltage source

理想电流源：ideal current source

电路元件：circuit element

电路模型：circuit model

串联：series connection

并联：parallel connection

空载：no-load

开路：open circuit

支路：branch

回路：loop

节点：node

欧姆定律：Ohm's law

基尔霍夫电流定律：Kirchhoff's current law

等效电路：equivalent circuit

基尔霍夫电压定律：Kirchhoff's voltage law

戴维南定理：Thevenin's theorem

叠加原理：superposition method

电位：electric potential

输入电阻：input resistance

习题 1

1-1　在图 1.68 中，方框代表电源或负载。已知：$U = 100\text{V}$，$I = -2\text{A}$。试问：哪些方框是电源？哪些是负载？

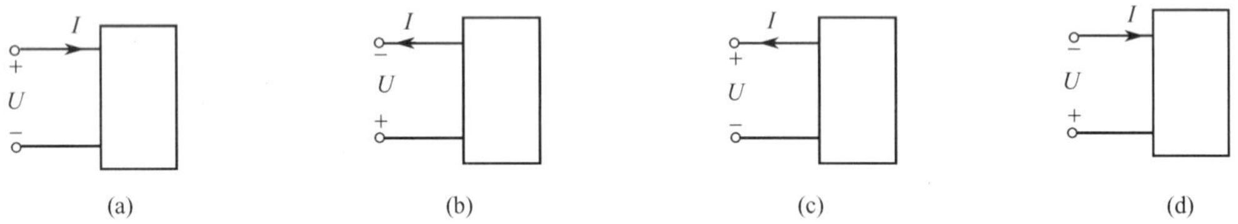

图 1.68　习题 1-1 的电路

1-2　已知蓄电池充电电路如图 1.69 所示，电动势 $E = 20\text{V}$，设 $R = 2\Omega$，当端电压 $U = 12\text{V}$ 时，求：电路中的充电电流 I 及各元件的功率，并验证功率平衡的关系。

1-3　图 1.70 电路中，已知：$U_1 = 14\text{V}$，$I_1 = 2\text{A}$，$U_2 = 10\text{V}$，$I_2 = 1\text{A}$，$U_3 = -4\text{V}$，$I_4 = -1\text{A}$。试求：各元件的功率，说明是吸收还是发出，并验证功率平衡的关系。

1-4　求图 1.71 电路中电流源两端的电压及通过电压源的电流。

1-5　一个直流电源，其额定功率为 $P_N = 200\text{W}$，额定电压 $U_N = 50\text{V}$，内阻为 $R_0 = 0.5\Omega$，负载电阻 R_L 可调。试求：（1）额定工作状态下的电流及负载电阻；（2）开路电压 U_{OC}；（3）短路电流 I_S。

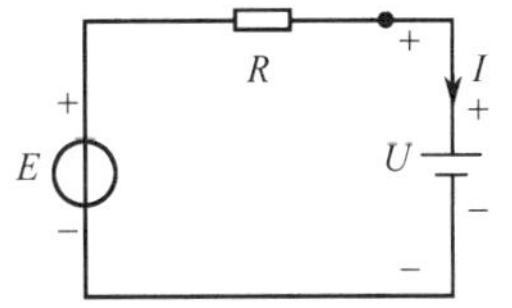

图 1.69　习题 1-2 的电路

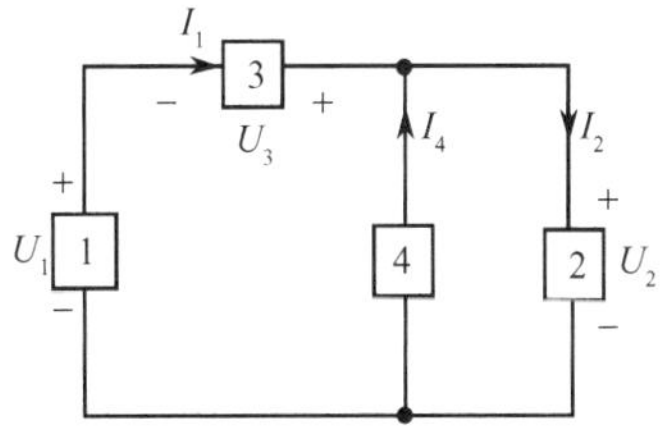

图 1.70　习题 1-3 的电路

1-6　图 1.72 电路中，已知 $U_1 = 10\text{V}$，$E_1 = 4\text{V}$，$E_2 = 2\text{V}$，$R_1 = 4\Omega$，$R_2 = 2\Omega$，$R_3 = 5\Omega$，$R_4 = 2\Omega$。试计算开路电压 U_2。

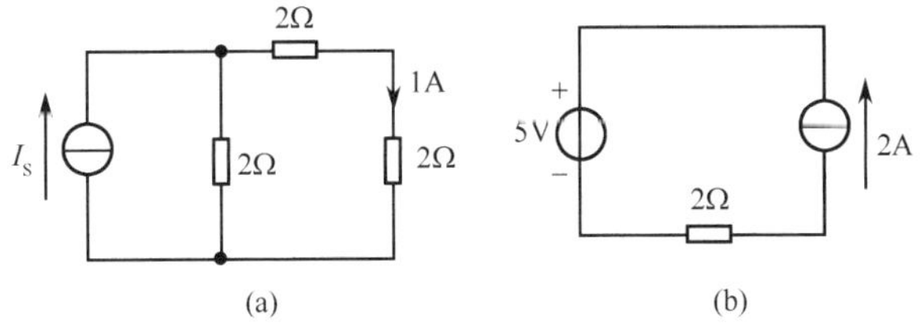

图 1.71　习题 1-4 的电路

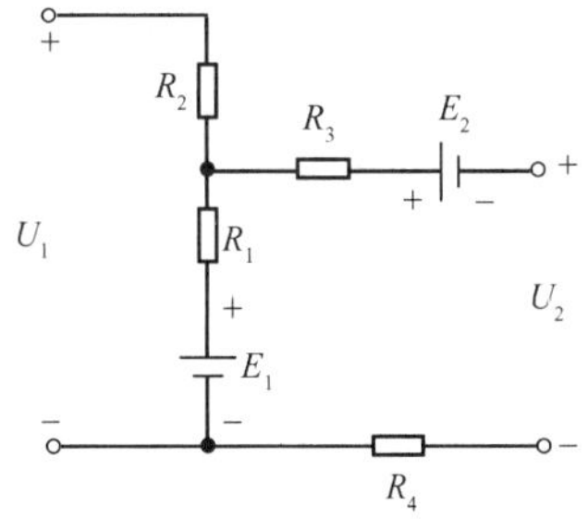

图 1.72　习题 1-6 的电路

1-7　图 1.73 电路中，求恒流源的电压，恒压源的电流及各自的功率。

1-8　图 1.74 电路中，流过 8V 电压源的电流是 0，计算 R_x，I_x，U_x。

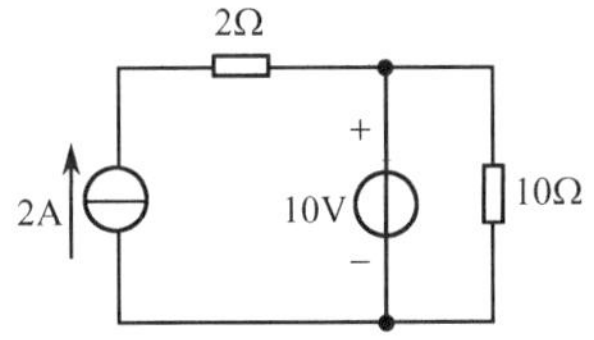

图 1.73　习题 1-7 的电路

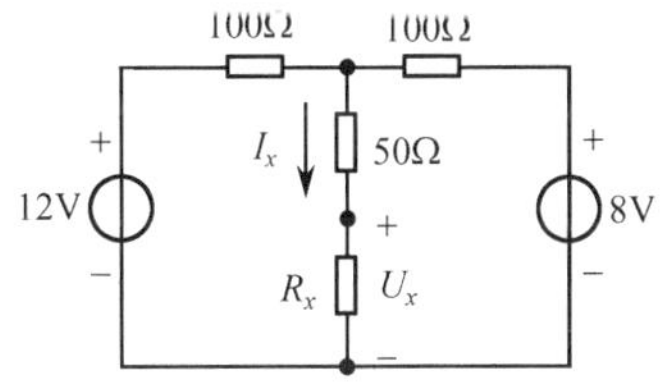

图 1.74　习题 1-8 的电路

1-9　试求图 1.75 电路中的 I 及 U_{ab}。

1-10　用电压源和电流源的等效变换法求解图 1.76 电路中的 I。

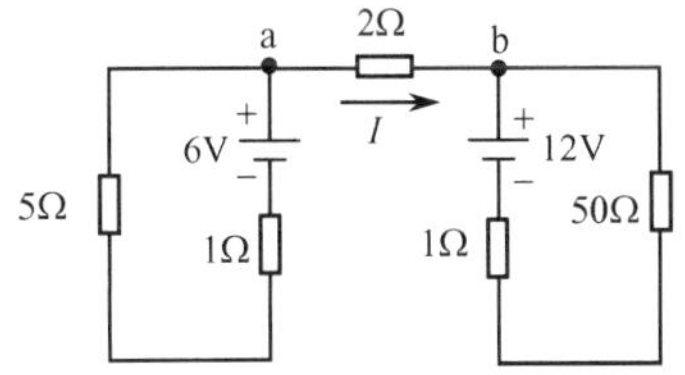

图 1.75　习题 1-9 的电路

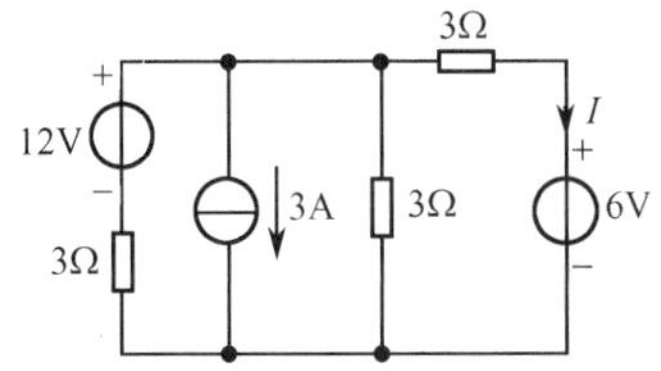

图 1.76　习题 1-10 的电路

1-11　用支路电流法求解图 1.77 电路中的各支路电流。

1-12　图 1.78 电路中，用节点电压法求解电路中的节点电压 U_{ab}。

1-13　用叠加原理计算图 1.79 电路中的 I_3。

1-14　用戴维南定理计算图 1.80 电路中的电流 I。

1-15　用戴维南定理计算图 1.81 电路中 R_1 上的电流 I。

1-16　分别求出图 1.82 电路的戴维南和诺顿等效电路。

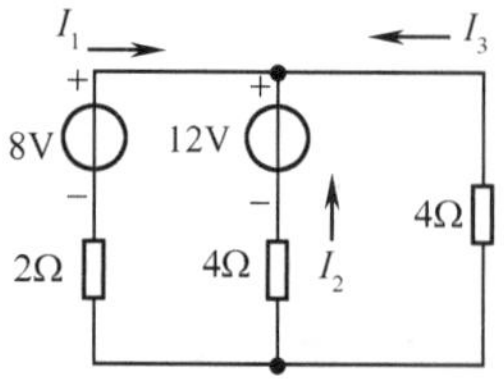

图 1.77　习题 1-11 的电路

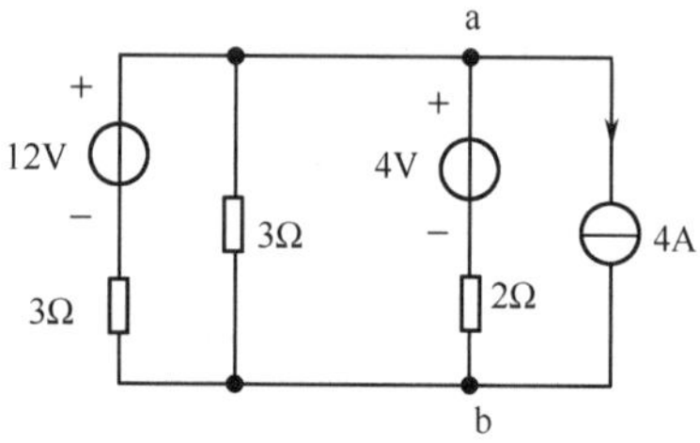

图 1.78　习题 1-12 的电路

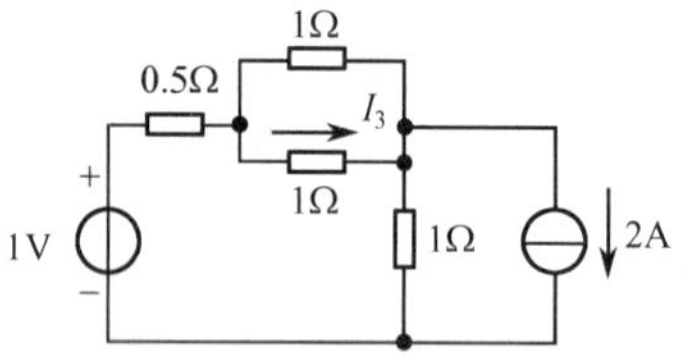

图 1.79　习题 1-13 的电路

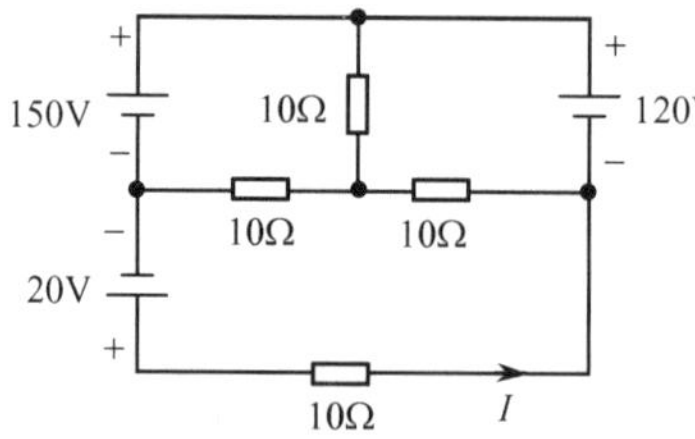

图 1.80　习题 1-14 的电路

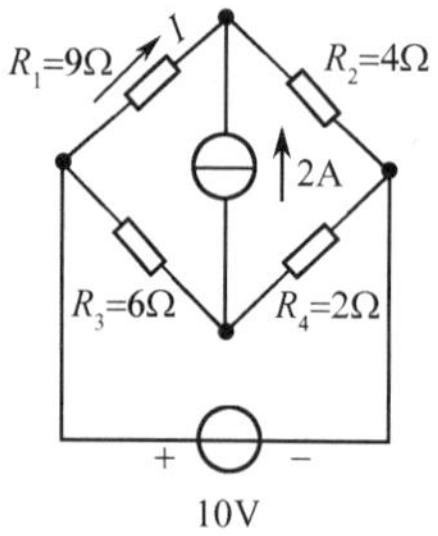

图 1.81　习题 1-15 的电路

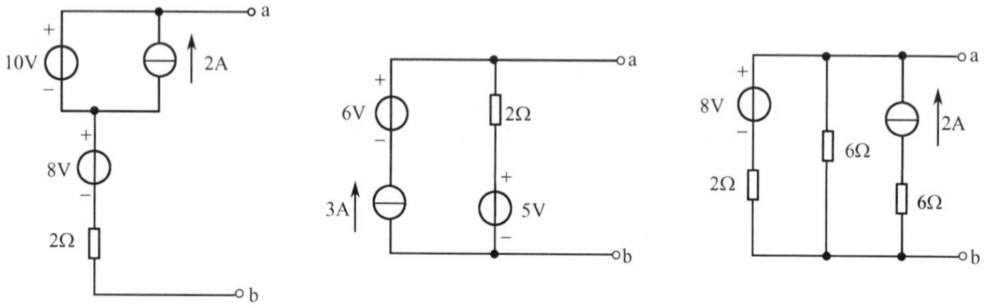

(a)　　(b)　　(c)

图 1.82　习题 1-16 的电路

1-17　分别用支路电流法、叠加原理、戴维南定理计算图 1.83 电路中的电流 I。

1-18　图 1.84 电路中，求开关断开和闭合两种状态下 a 点的电位。

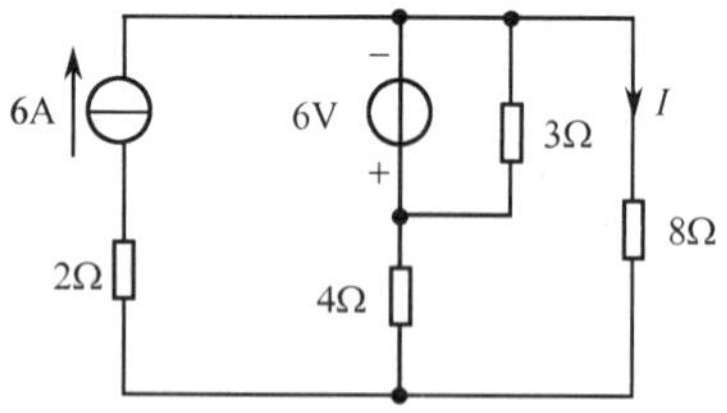

图 1.83　习题 1-17 的电路

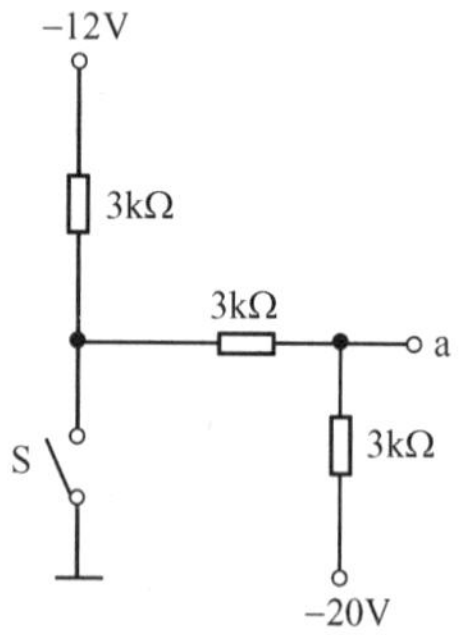

图 1.84　习题 1-18 的电路

1-19　求图 1.85 电路中 a 点的电位。

1-20　求图 1.86 电路的戴维南等效电路。

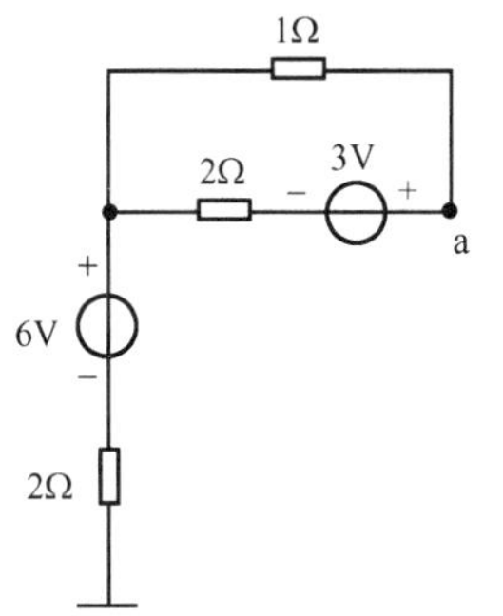

图 1.85　习题 1-19 的电路

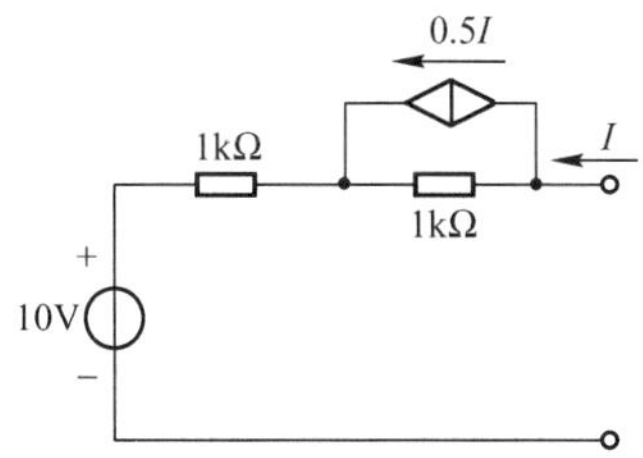

图 1.86　习题 1-20 的电路

第 2 章　电路的暂态分析

引言

在第 1 章讨论的直流电路中，电路中各部分的电压和电流不随时间改变而变化，是稳定的，电路的这种状态称为稳定状态。

在纯电阻电路中，如果电路的状态发生变化，电路会在瞬间从一种稳定状态转变为另一种稳定状态。但在含有电感和电容等储能元件的电路中，当电路的状态发生变化时，必将伴随着电感和电容中的磁场能量和电场能量的变化。由于电路中的能量不能突变，因此含有电感和电容的电路从一种稳定状态变化为另一种稳定状态，需要一个过渡的过程，电路的这个过程称为过渡过程，亦称暂态过程。

尽管过渡过程的时间一般很短暂，但在某些情况下，其影响却是不可忽视的，在电工和电子技术中还常常利用过渡过程的特性解决一些技术问题。例如，用电容充、放电的过程实现电子式时间继电器的延时等。另一方面，也要注意过渡过程中可能会产生的过电压和过电流，避免电路中的电器遭到损坏。本章主要分析 RC 和 RL 一阶线性电路在直流激励下的暂态过程。

学习目标

- 理解电路中暂态过程产生的原因和换路定则的内容。
- 掌握一阶线性电路中初始值的求解。
- 理解用经典法分析一阶电路的步骤。
- 掌握一阶线性电路暂态分析的三要素法。
- 能够正确画出暂态响应的曲线。
- 掌握一阶电路的脉冲响应。

2.1　换路定则及初始值的确定

2.1.1　换路定则

电路的接通、断开、短路、电源或电路参数的改变等所有电路状态的改变，统称为换路。

包含电感或电容的电路称为动态电路，在动态电路中，若换路打破了电路原有的稳态，电路中的各部分电压、电流将被迫发生变化，以求达到新的稳态。但电路中的能量不能突变，否则将使功率 $p=\dfrac{\mathrm{d}W}{\mathrm{d}t}$ 趋近于无穷大，因此，能量的储存和释放需要一定的时间。电容上的储能为 $W_C=\dfrac{1}{2}Cu_C^2$，因为 W_C 不能突变，所以电容上电压 u_C 也不能突变；电感上的储能为 $W_L=\dfrac{1}{2}Li_L^2$，因为 W_L 不能突变，所以电感上电流 i_L 也不能突变。可见，电路的暂态过程是由于储能元件的能量不能突变而产生的。

由上述分析可知，电路产生过渡过程必须具备以下两个条件。

① 电路有换路存在。

② 电路中存在储能元件（电感 L 或电容 C）。

当电路发生换路时，电容上的电压和电感中的电流不能突变，是时间的连续函数。设 $t=0$ 为换路瞬间，用 $t=0_-$ 表示换路前的终了时刻，用 $t=0_+$ 表示换路后的初始时刻，0_- 和 0_+ 在数值上都等于 0。但 0_- 时刻对应了换路之前的电路，而 0_+ 时刻对应了换路之后的电路。在换路前后的瞬间，即从 0_- 到 0_+ 时刻的瞬间，电容上的电压和电感中的电流不能突变，这称为换路定则。换路定则可表示为

$$\begin{aligned} u_C(0_+)&=u_C(0_-) \\ i_L(0_+)&=i_L(0_-) \end{aligned} \tag{2.1}$$

换路定则仅适用于换路瞬间，可根据它来确定 $t=0_+$ 时电路中电压和电流的大小，即暂态过程的初始值。

2.1.2 初始电压、电流的确定

设电路在 0 时刻发生换路，则 $t=0_+$ 时电路中的各电压和电流值称为暂态过程的初始值。初始值是分析暂态过程的一个重要的要素。初始值的求解步骤如下。

① 根据换路前的电路（电路处于稳态，C 视为开路，L 视为短路），求出 0_ 时刻的电容上的电压和电感上的电流，即 $u_C(0_-)$ 和 $i_L(0_-)$。

② 根据换路定则，确定电容上的初始电压和电感上的初始电流

$$u_C(0_+)=u_C(0_-)$$
$$i_L(0_+)=i_L(0_-)$$

③ 画出 $t=0_+$ 时刻的等效电路，即，将电容元件作为恒压源处理，其大小和方向由 $u_C(0_+)$ 确定；将电感元件作为恒流源处理，其大小和方向由 $i_L(0_+)$ 确定。利用该等效电路求出其他各量的初始值。

〖**例 2.1**〗 在图 2.1（a）所示电路中，设开关闭合前电路已处于稳态。求开关闭合后瞬间的初始电压、电流值：$u_C(0_+)$，$u_L(0_+)$，$i_C(0_+)$，$i_L(0_+)$，$i_R(0_+)$，$i_S(0_+)$。

解：（1）画出 $t=0_-$ 时的电路，如图 2.1（b）所示。由此电路中求出

$$u_C(0_-)=10\times\frac{2}{2+2}\times 2=10\text{V}$$

$$i_L(0_-)=10\times\frac{2}{2+2}=5\text{mA}$$

（2）根据换路定则，得

$$u_C(0_+)=u_C(0_-)=10\text{V}$$
$$i_L(0_+)=i_L(0_-)=5\text{mA}$$

（3）画出 $t=0_+$ 的等效电路，如图 2.1（c）所示。其中，电容元件作为恒压源处理，数值为 $u_C(0_+)=10\text{V}$；电感元件作为恒流源处理，数值为 $i_L(0_+)=5\text{mA}$，方向如图所示。由该电路求得其他各量的初始值。

$$i_R(0_+)=0\text{mA}$$

$$i_C(0_+)=-\frac{10}{1}=-10\text{mA}$$

$$u_L(0_+)=-5\times 2=-10\text{V}$$

$$i_S(0_+)=10-i_R(0_+)-i_C(0_+)-5=10-0-(-10)-5=15\text{mA}$$

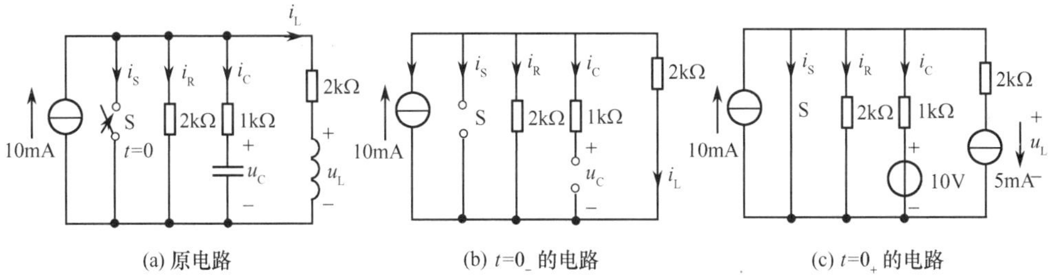

图 2.1 例 2.1 的电路

【思考与练习】

2-1-1 具备哪些条件时，电路能够产生过渡过程？

2-1-2 从能量的角度阐述换路定则的实质。

2-1-3 电感上的电压和电容中的电流能否突变？电路中还有哪些量是可以突变的？

2.2 RC 电路的暂态过程

分析电路的暂态过程就是根据激励（电压源电压或电流源电流），求电路的响应（电压和电流值）。用经典法分析电路的暂态过程，就是根据电路的基本定律列出以时间为自变量的微分方程，然后，利用已知的初始条件求解方程，得出电路的响应。如果电路的过渡过程可以用一阶微分方程来描述，则称为一阶电路；如果需用二阶微分方程来描述，则称为二阶电路。

本节用经典法讨论一阶 RC 电路的暂态过程。

2.2.1 RC 电路的零输入响应

零输入响应是指换路后的电路中无电源激励，即输入信号为零时，仅由储能元件的初始储能产生的响应。

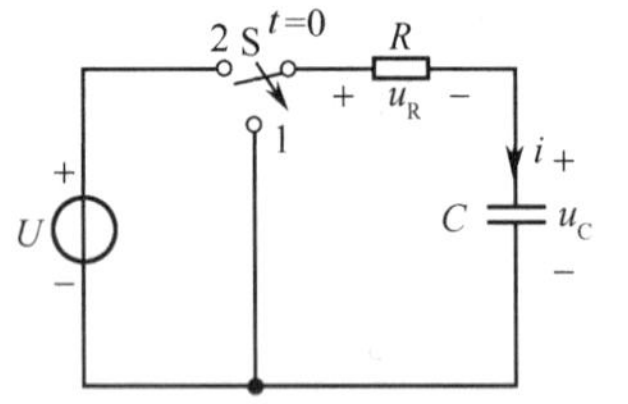

图 2.2　RC 电路的零输入响应

如图 2.2 所示电路，换路前，开关 S 合在 2 上，电容元件已充电，电路处于稳态。$t=0$ 时将开关由 2 合到 1，电路发生换路，于是电容元件开始放电。零输入响应是电容放电过程中电路的响应。

首先根据换路定则，求解电容上电压的初始值

$$u_C(0_+)=u_C(0_-)=U$$

电路的 KVL 方程为

$$iR+u_C=0$$

因为

$$i=i_C=C\frac{du_C}{dt}$$

代入上式并整理，得

$$RC\frac{du_C}{dt}+u_C=0 \tag{2.2}$$

上式为一阶常系数线性齐次微分方程，令方程的通解为

$$u_C(t)=Ae^{Pt}$$

式中，A 是积分常数。将上式代入式（2.2）中，得到该微分方程的特征方程

$$RCP+1=0$$

其根为

$$P=-\frac{1}{RC}$$

于是，式（2.2）的通解为

$$u_C(t)=Ae^{-\frac{t}{RC}} \tag{2.3}$$

代入初始条件，即

$$u_C(0_+)=U \text{ 得到 } A=U$$

则电路中微分方程的解为

$$u_C(t)=Ue^{-\frac{t}{RC}} \tag{2.4}$$

式（2.4）说明，电容上的电压随时间按指数规律变化，其波形图如图 2.3（a）所示，即电容上的电压 u_C 由初始值 U 按指数规律变化到新的稳态值 0，变化的速度取决于 RC。式中

$$\tau=RC \tag{2.5}$$

τ 称为 RC 电路的时间常数。当电阻的单位为Ω，电容的单位为 F 时，τ 的单位是 s（秒）。

τ 的大小决定了过渡过程变换的快慢。τ 越大，暂态过程变化得越慢，暂态过程越长；τ 越小，

暂态过程变化得越快，暂态过程越短。当电压一定时，C 越大，储存的电荷越多；而 R 越大，放电电流越小，这都促使放电变慢。所以，改变 R 或 C 的数值，都可以改变时间常数的大小，即改变电容放电的速度。

当 $t=\tau$ 时，$u_C(\tau)=U\mathrm{e}^{-1}=0.368U$，可见，时间常数 τ 等于电容上的电压衰减到初始值的 36.8% 时所需的时间。理论上，当 t 趋近于 ∞ 时，电路才达到新的稳定状态；而在实际中，通常经过 $5\tau(\mathrm{e}^{-5}=0.007)$ 之后，就可以认为过渡过程结束，电路已达到新的稳定状态了。

同样可求得图 2.2 所示电路中电阻上电压和电容上电流的变化规律，即

$$u_R=-u_C=-U\mathrm{e}^{-\frac{t}{RC}} \tag{2.6}$$

$$i_C=\frac{u_R}{R}=-\frac{U}{R}\mathrm{e}^{-\frac{t}{RC}} \tag{2.7}$$

u_R 和 i_C 的波形图如图 2.3（b）所示。

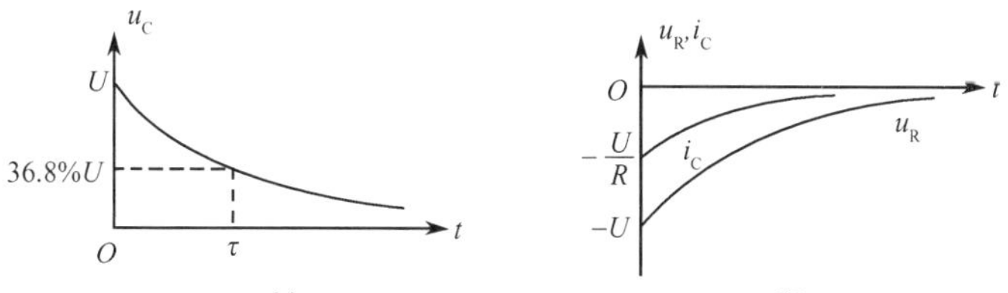

图 2.3　零输入响应曲线

2.2.2　RC 电路的零状态响应

RC 电路的零状态响应，是指电容元件在换路前未储有电能，即初始电压为零，换路后，电路接通电源，由电源激励所产生的电路的响应。

在图 2.4 所示电路中，换路前开关 S 断开，电容元件未充电，电路处于稳态。$t=0$ 时将开关闭合，电路发生换路，电容元件开始充电。RC 电路的零状态响应是电容由零初始储能状态开始的充电过程中电路的响应。

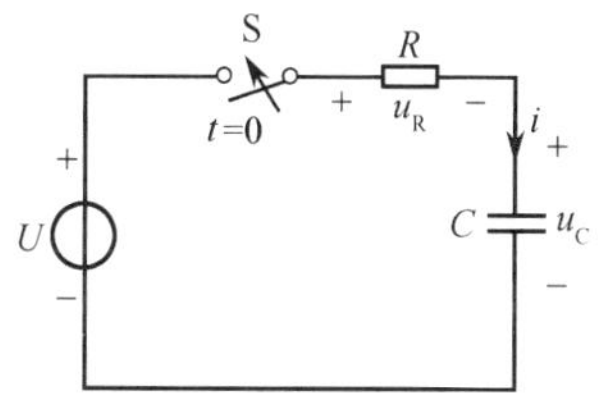

图 2.4　RC 电路的零状态响应

因为换路前电容未储能，所以电容上电压的初始值为

$$u_C(0_+)=u_C(0_-)=0$$

电路中的 KVL 方程为

$$iR+u_C=U$$

因为

$$i=i_C=C\frac{\mathrm{d}u_C}{\mathrm{d}t}$$

代入上式整理，得

$$RC\frac{\mathrm{d}u_C}{\mathrm{d}t}+u_C=U \tag{2.8}$$

上式是一阶常系数线性非齐次微分方程，它的通解由特解 u_C' 和补函数 u_C'' 两部分构成，即

$$u_C=u_C'+u_C''$$

特解与输入 U 有相同的形式，也是 $t\to\infty$ 的稳态值，因此

$$u_C'=U$$

补函数是原方程对应的齐次微分方程的通解，与式（2.3）完全相同，即

$$u_C''=A\mathrm{e}^{-\frac{t}{RC}}$$

因此，式（2.8）的通解为

$$u_C = U + Ae^{-\frac{t}{RC}} \tag{2.9}$$

式中，A 是积分常数。代入初始条件

$$u_C(0_+) = 0$$

可得

$$A = -U$$

将 A 代入式（2.9），可得该微分方程的解为

$$u_C(t) = U - Ue^{-\frac{t}{RC}} = U(1 - e^{-\frac{t}{RC}}) \tag{2.10}$$

由此可得，电容上的电压仍随时间按指数规律变化，变化的起点是初始值 0，变化的终点是稳态值 U，变化的速度取决于时间常数 RC。电压的波形图如图 2.5（a）所示。

暂态过程中电容元件的电压包含两个分量：一个是 U，即电路到达稳态时的电压，称为稳态分量；另一个是仅存于暂态过程中的 $-Ue^{-\frac{t}{RC}}$，称为暂态分量，其存在时间的长短取决于时间常数 τ。经过一个时间常数（$\tau = RC$）后，电容上的电压上升到了稳态分量的 63.2%。

根据电容元件上电压、电流的关系和电路的基本定律，可得到电路中电容元件的电流和电阻元件两端的电压为

$$u_R = U - u_C = Ue^{-\frac{t}{RC}} \tag{2.11}$$

$$i = \frac{u_R}{R} = \frac{U}{R}e^{-\frac{t}{RC}} \tag{2.12}$$

它们的波形图如图 2.5（b）所示。

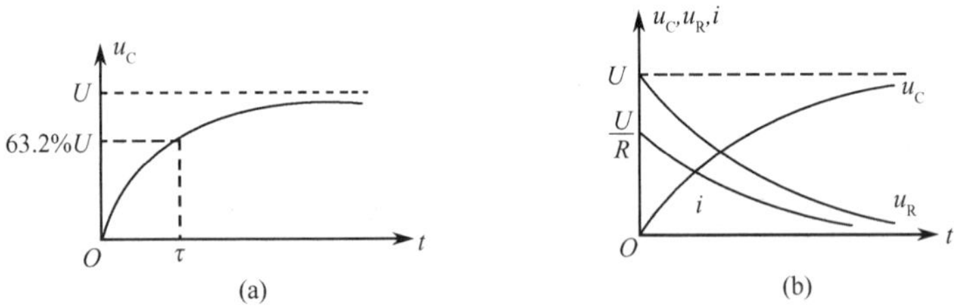

图 2.5　零状态响应的曲线

由 RC 电路的零输入和零状态响应的分析可见，当电路发生过渡过程时，不仅电容上的电压有过渡过程产生，电容中的电流及电阻上的电压等也都存在过渡过程，并且具有相同的时间常数和变化规律。这说明，电路中各物理量的过渡过程同时发生，也会同时结束。

2.2.3　RC 电路的全响应

所谓全响应，是指换路后电源激励和电容元件的初始电压均不为零时的响应，是电容从一种储能状态转换到另一种储能状态的过程。

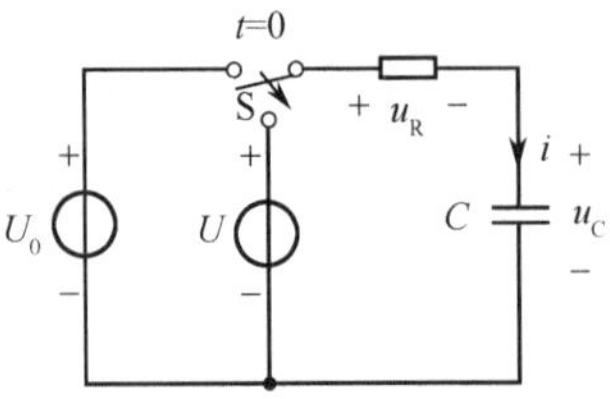

图 2.6　RC 电路的全响应

图 2.6 所示电路中，电容上电压的初始值为

$$u_C(0_+) = u_C(0_-) = U_0$$

换路后的微分方程与零状态响应的方程相同，即

$$RC\frac{du_C}{dt} + u_C = U \tag{2.13}$$

其通解与式（2.9）相同，代入初始条件，得

$$u_C = U + (U_0 - U)e^{-\frac{t}{RC}} \tag{2.14}$$

在上式中，U 是稳态分量，即 $t\to\infty$ 时 u_C 的解；$(U_0-U)e^{-\frac{t}{RC}}$ 是暂态分量。它存在于过渡过程中，当 $t\to\infty$ 时，暂态分量等于零。

式（2.14）还可以写成

$$u_C = U_0 e^{-\frac{t}{RC}} + U(1-e^{-\frac{t}{RC}}) \tag{2.15}$$

显然，上式中的 $U_0 e^{-\frac{t}{RC}}$ 是零输入响应，$U(1-e^{-\frac{t}{RC}})$ 是零状态响应。于是可以得出

全响应=零输入响应+零状态响应

这是叠加原理在电路暂态分析中的体现。在求全响应时，可以把电容元件的初始状态 $u_C(0_+)$ 看作电路中的激励，与电源分别单独作用，得到零输入响应和零状态响应的叠加，即为电路的全响应。

电容上的电压仍随时间按指数规律变化，变化的起点是初始值 U_0，变化的终点是稳态值 U，变化速度仍取决于时间常数 RC。

以上所分析的电路都是只含一个电源，一个电容的简单电路。分析复杂的 RC 电路的暂态过程时，可应用戴维南定理，将电容支路以外的部分电路进行戴维南等效变换，简化电路的结构后，再用经典法进行分析。

【思考与练习】

2-2-1　常用万用表的"$R\times1000$"挡来检查电容器的质量。如果出现下列现象之一，试评估其质量之优劣并说明原因。

（1）表针不动；

（2）表针满偏转；

（3）表针偏转后慢慢返回原刻度处（∞）；

（4）表针偏转后不能返回原刻度处（∞）。

2-2-2　在 RC 串联的电路中，欲使过渡过程的速度不变，而又要使起始电流小些，你认为下列 4 种办法哪个正确？

（1）加大电容并减小电阻；

（2）加大电阻并减小电容；

（3）加大电容并加大电阻；

（4）减小电容并减小电阻。

2.3　一阶线性电路暂态分析的三要素法

对于只含一个储能元件或可等效为只含一个储能元件的线性电路，当电路中元件参数为常数时，列出的微分方程是一阶常系数线性微分方程，这种电路称为一阶线性电路。

在一阶 RC 电路中，电路的响应是稳态分量（包括零值）和暂态分量两部分的叠加。写成一般表达式为

$$f(t) = f'(t) + f''(t) = f(\infty) + Ae^{-\frac{t}{\tau}}$$

式中，$f(t)$ 可以是电流或电压，$f(\infty)$ 是稳态分量，$Ae^{-\frac{t}{\tau}}$ 是暂态分量。若初始值为 $f(0_+)$，得 $A = f(0_+) - f(\infty)$，则一阶线性电路中暂态响应的一般公式为

$$f(t) = f(\infty) + [f(0_+) - f(\infty)]e^{-\frac{t}{\tau}} \tag{2.16}$$

从上式可以看出，暂态过程中电压和电流都是按指数规律变化的，当 $f(0_+)$、$f(\infty)$ 和 τ 确定之后，暂态响应的表达式也就被唯一确定了。因此，利用 $f(0_+)$、$f(\infty)$ 和 τ 这三个要素求解一阶电路的暂态响应的方法就称为暂态分析的三要素法。

利用三要素法分析电路暂态过程的步骤如下。

① 计算初始值 $f(0_+)$。$f(0_+)$ 是 $t=0_+$ 时的电压值、电流值，是暂态过程变化的起始值。计算方法同 2.1 节中所述。

② 计算稳态值 $f(\infty)$。$f(\infty)$ 是 $t=\infty$，即电路处于新的稳定状态时的电压值、电流值，是暂态过程变化的终了值。计算方法为：画出换路后电路达到稳态时的等效电路（电容元件视为开路，电感元件视为短路），计算各电压值、电流值。该值即为所求量的稳态值 $f(\infty)$。

③ 计算时间常数 τ。对一阶 RC 电路而言，有

$$\tau = R_0 C \tag{2.17}$$

式中，R_0 是换路后的电路中从电容元件两端看进去的无源二端网络（将理想电压源短路，理想电流源开路）的等效电阻。

④ 将上述三要素代入式（2.16）中，求得电路的响应。

〖例 2.2〗 用暂态分析的三要素法重新分析以上 RC 电路的三个响应。

解：（1）零输入响应：从图 2.2 电路，得

初始值：$u_C(0_+)=u_C(0_-)=U$

稳态值：$u_C(\infty)=0$

时间常数：$\tau=RC$

据式（2.16），得

$$\begin{aligned}u_C(t)&=u_C(\infty)+[u_C(0_+)-u_C(\infty)]e^{-\frac{t}{\tau}}\\&=0+(U-0)e^{-\frac{t}{\tau}}=Ue^{-\frac{t}{\tau}}\end{aligned}$$

（2）零状态响应：从图 2.4 电路，得

初始值：$u_C(0_+)=u_C(0_-)=0$

稳态值：$u_C(\infty)=U$

时间常数：$\tau=RC$

据式（2.16），得

$$\begin{aligned}u_C(t)&=u_C(\infty)+[u_C(0_+)-u_C(\infty)]e^{-\frac{t}{\tau}}\\&=U+(0-U)e^{-\frac{t}{\tau}}=U(1-e^{-\frac{t}{\tau}})\end{aligned}$$

（3）全响应：从图 2.6 电路，得

初始值：$u_C(0_+)=u_C(0_-)=U_0$

稳态值：$u_C(\infty)=U$

时间常数：$\tau=RC$

据一般公式，得

$$\begin{aligned}u_C(t)&=u_C(\infty)+[u_C(0_+)-u_C(\infty)]e^{-\frac{t}{\tau}}\\&=U+(U_0-U)e^{-\frac{t}{\tau}}=U_0e^{-\frac{t}{\tau}}+U(1-e^{-\frac{t}{\tau}})\end{aligned}$$

以上结果同经典法分析的结果完全一样，分析过程却大为简化。因此，三要素法是分析一阶线性电路暂态响应的有效方法。

〖例 2.3〗 如图 2.7（a）所示电路，已知：$R_1=R_2=R_3=3\text{k}\Omega$，$C=10^3\text{pF}$，$U=12\text{V}$，在 $t=0$ 时将开关 S 断开。试求：电压 u_C 和 u_o 的变化规律。

解：求解一阶电路的三要素。

（1）初始值：由于 $u_C(0_+) = u_C(0_-) = 0\text{V}$

画出 $t = 0_+$ 的等效电路，如图 2.7（b）所示，得

$$u_o(0_+) = U \cdot \frac{R_2}{R_1 + R_2} = 12 \times \frac{1}{2} = 6\text{V}$$

（2）稳态值：当 $t = \infty$ 时，电路处于新的稳定状态，如图 2.7（c）所示（换路后的电路中 C 开路），得

$$u_C(\infty) = U \cdot \frac{R_3}{R_1 + R_2 + R_3} = U \cdot \frac{1}{3} = 12 \times \frac{1}{3} = 4\text{V}$$

$$u_o(\infty) = U \cdot \frac{R_2}{R_1 + R_2 + R_3} = U \cdot \frac{1}{3} = 12 \times \frac{1}{3} = 4\text{V}$$

（3）时间常数：将电路中的电源置零，如图 2.7（d）所示，得

$$R_0 = R_3 // (R_1 + R_2) = \frac{3 \times 6}{3 + 6} = 2\text{k}\Omega$$

$$\tau = R_0 C = 2 \times 10^3 \times 10^3 \times 10^{-12} = 2 \times 10^{-6}\text{s}$$

（4）将三要素代入式（2.16），得

$$u_C(t) = 4 + (0 - 4)\text{e}^{-\frac{t}{2\times 10^{-6}}} = 4 \times (1 - \text{e}^{-5\times 10^5 t})\text{V}$$

$$u_o(t) = 4 + (6 - 4)\text{e}^{-\frac{t}{2\times 10^{-6}}} = 4 + 2\text{e}^{-5\times 10^5 t}\text{V}$$

波形图如图 2.7（e）所示。

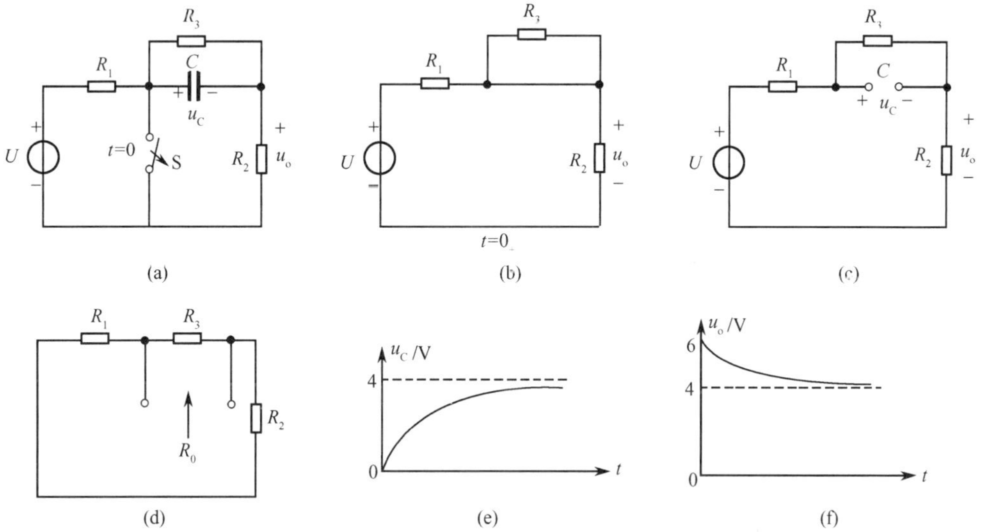

图 2.7　例 2.3 的电路

【思考与练习】

2-3-1　从物理意义解释 RC 电路中 R 越大，时间常数 τ 越大，而 RL 电路中 R 越大，时间常数 τ 越小的原因。

2-3-2　在一阶电路全响应中，因为零输入响应仅由元件初始储能产生，所以零输入响应就是暂态响应。而零状态响应是由外界激励引起的，所以零状态响应就是稳态响应。这种说法对吗？为什么？

2.4 RL 电路的暂态过程

电机、电磁铁、电磁继电器等电磁元器件都可等效为 RL 的串联电路。因为 L 是储能元件，所以 RL 电路在换路时也可能会产生暂态过程。

2.4.1 RL 电路的零输入响应

在图 2.8 所示的 RL 电路中，换路前开关合在 1 端，电路已处于稳态。$t=0$ 时将开关由 1 合到 2，产生换路。换路后，电路的电源激励为零，在电感的初始储能的作用下，电路将产生零输入响应。

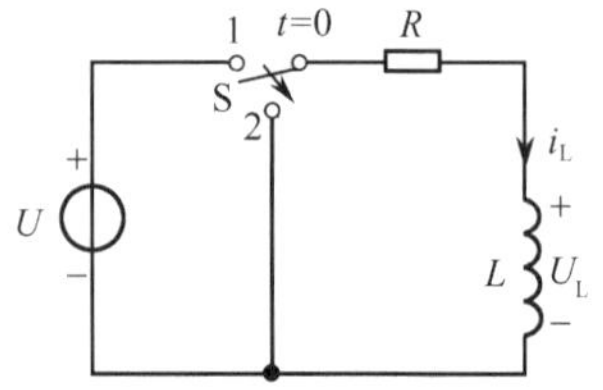

图 2.8 RL 电路的零输入响应

根据换路定则可知，电感中电流的初始值为

$$i_L(0_+) = i_L(0_-) = \frac{U}{R} = I_0$$

换路后电路的 KVL 方程

$$Ri_L + L\frac{di_L}{dt} = 0 \qquad (2.18)$$

上式与 RC 电路的零输入响应的微分方程形式相同，参照式（2.2）的解法及结果，可得

$$i_L = Ae^{-\frac{R}{L}t}$$

代入初始条件，即 $i_L(0_+) = I_0$，则 $A = I_0$。

所以，电路中微分方程的解为

$$i_L = I_0 e^{-\frac{R}{L}t} \qquad (2.19)$$

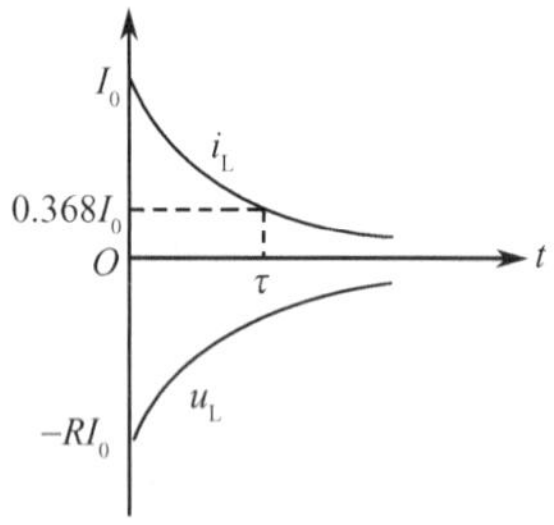

图 2.9 RL 电路的零输入响应波形

由此可得，电感上电流的衰减规律与电容上电压的衰减规律是相同的，都是随时间按指数规律变化的。波形如图 2.9 所示，由初始值 I_0 按指数规律变化到新的稳态值 0，变化的速度取决于时间常数 τ。由式（2.19）可知，RL 电路的时间常数为

$$\tau = \frac{L}{R} \qquad (2.20)$$

当电阻的单位为Ω（欧姆），电感的单位为 H（亨利）时，τ 的单位是 s（秒）。

τ 的大小决定了过渡过程的快慢，即暂态过程的长短。τ 越大，i_L 和 u_L 衰减得越慢，暂态过程越长。当经过了一个 τ 后，i_L 衰减为初始值的 36.8%，即

$$i_L(\tau) = 0.368I_0$$

理论上，当 t 趋近于∞时，电路才达到新的稳定状态；而实际上，经过 5τ 后，就可以认为过渡过程结束，电路已达到新的稳定状态了。

在图 2.8 所示的一阶 RL 电路中，我们已求得电感电流的初始值 $i_L(0_+) = I_0$，稳态值 $i_L(\infty) = 0$，时间常数 $\tau = \frac{L}{R}$，代入三要素法的一般式中，可得

$$i_L = 0 + (I_0 - 0)e^{-\frac{R}{L}t} = I_0 e^{-\frac{R}{L}t} \qquad (2.21)$$

可以看出，用三要素法求得的暂态响应与用经典法得到的式（2.19）相同。因此一阶 RL 电路的暂态响应也可以用三要素法求解。在一阶 RL 电路中，时间常数 $\tau = \frac{L}{R_0}$，式中 R_0 是换路后的电路中从电感元件两端看进去的无源二端网络（将理想电压源短路，理想电流源开路）的等效电阻。

根据元件特性，可求出如图 2.8 所示电路中电感电压的变化规律，即

$$u_{\mathrm{L}} = L\frac{\mathrm{d}i}{\mathrm{d}t} = -RI_0\mathrm{e}^{-\frac{R}{L}t} \tag{2.22}$$

u_{L} 的波形图如图 2.9 所示。

可以用 RL 串联电路作为线圈的电路模型，在图 2.8 中，若用开关将线圈从电源断开而未加以短路，这时由于电流变化率 $\frac{\mathrm{d}i}{\mathrm{d}t}$ 很大，因此将在线圈两端产生非常大的感应电动势，这个感应电动势可能将开关两个触点间的空气击穿而造成电弧以延续电流的流动，这种现象可能会造成设备的损坏和人员的伤害。所以，在将线圈从电源断开的同时，必须将其短路或接入一个低值泄放电阻。此泄放电阻的数值不宜过大，否则，在换路的瞬间将在线圈两端感应出过高电压。如果在线圈两端原来接着电压表（其内阻很大），在开关断开前必须先将其去掉，以免引起过电压而损坏电表。

〖例 2.4〗 图 2.10 所示为直流电机的励磁电路。已知：U=220V，L=10H，$R_{\mathrm{f}} = 30\Omega$，$R = 80\Omega$，$R' = 1\mathrm{k}\Omega$。开关断开电源时与泄放电阻 R' 接通。求：（1）负载两端的初始电压 $u_{\mathrm{RL}}(0_+)$。（2）R' 多大时，能保证 $u_{\mathrm{RL}}(0_+)$ 不超过其额定电压 220V？（3）写出 $t \geqslant 0$ 时 $i_{\mathrm{L}}(t)$ 的表达式。（4）根据（2）中所选的 R'，开关接通 R' 后多长时间，线圈才能将所储存的能量释放掉 95%？

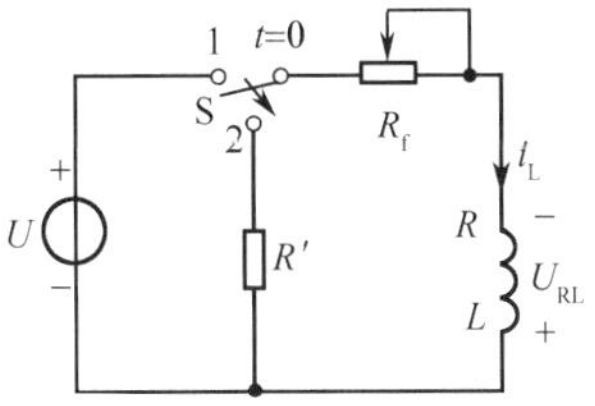

图 2.10　例 2.4 电路

解：（1）$i_{\mathrm{L}}(0_+) = i_{\mathrm{L}}(0_-) = \dfrac{U}{R+R_{\mathrm{f}}} = \dfrac{220}{80+30} = 2\mathrm{A}$

$t = 0_+$ 时，负载两端电压大小为 $i_{\mathrm{L}}(0_+)$ 在 R' 和 R_{f} 上产生的压降之和。

$$u_{\mathrm{RL}}(0_+) = i_{\mathrm{L}}(0_+)\cdot(R' + R_{\mathrm{f}}) = 2\times(1000+30) = 2060\mathrm{V}$$

（2）如果使 $u_{\mathrm{RL}}(0_+)$ 不超过 220V，则

$$220 = i_{\mathrm{L}}(0_+)\cdot(R' + R_{\mathrm{f}}) = 2\times(R'+30)$$

得

$$R' = 80\Omega$$

（3）$i_{\mathrm{L}}(0_+) = 2\mathrm{A}$，$i_{\mathrm{L}}(\infty) = 0\mathrm{A}$

$$\tau = \frac{L}{R_0} = \frac{10}{R' + R_{\mathrm{f}} + R} = \frac{10}{80+30+80} = \frac{1}{19}\mathrm{s}$$

$$i_{\mathrm{L}}(t) = 2\mathrm{e}^{-19t}\mathrm{A}$$

（4）设磁能泄放掉 95%时的 i_{L} 为 i，则

$$\frac{1}{2}Li^2 = (1-0.95)\times\frac{1}{2}Li_{\mathrm{L}}^2(0_+)$$

$$i = 0.446\mathrm{A}$$

代入 $i_{\mathrm{L}}(t)$ 表达式，得

$$0.446 = 2\mathrm{e}^{-19t}$$

$$t = 0.078\mathrm{s}$$

2.4.2　RL 电路的零状态响应

电路如图 2.11 所示。换路前，电感没有初始储能，所以，电感电流的初始值为

$$i_{\mathrm{L}}(0_+) = i_{\mathrm{L}}(0_-) = 0$$

换路后开关闭合，电路达到新的稳态时，电流的稳态值为

$$i_{\mathrm{L}}(\infty) = \frac{U}{R}$$

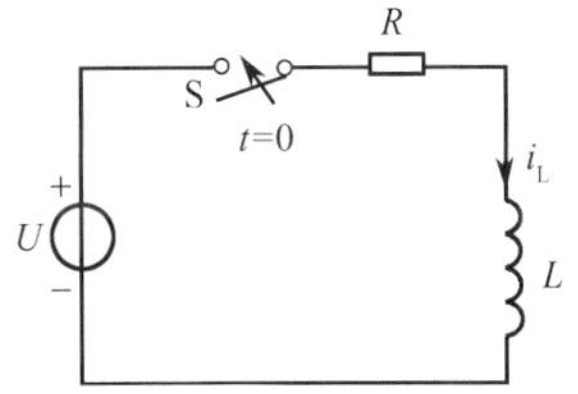

图 2.11　RL 电路的零状态响应

电路的时间常数 $\tau=\dfrac{L}{R}$，根据三要素法的一般式，可得出 RL 电路的零状态响应为

$$i_L=\frac{U}{R}-\frac{U}{R}e^{-\frac{R}{L}t}=\frac{U}{R}(1-e^{-\frac{t}{\tau}}) \tag{2.23}$$

从上式中可以看出，i_L 也是由稳态分量和暂态分量两部分叠加而成的。其变化的速度依然取决于时间常数 $\tau=\dfrac{L}{R}$。波形如图 2.12（a）所示。

根据（2.23）和电路的基本定律，可求得电路中 $t\geqslant 0$ 时，电感元件和电阻元件两端的电压为

$$u_R=Ri=U(1-e^{-\frac{t}{\tau}}) \tag{2.24}$$

$$u_L=L\frac{di}{dt}=Ue^{-\frac{t}{\tau}} \tag{2.25}$$

它们的波形图如 2.12（b）所示。

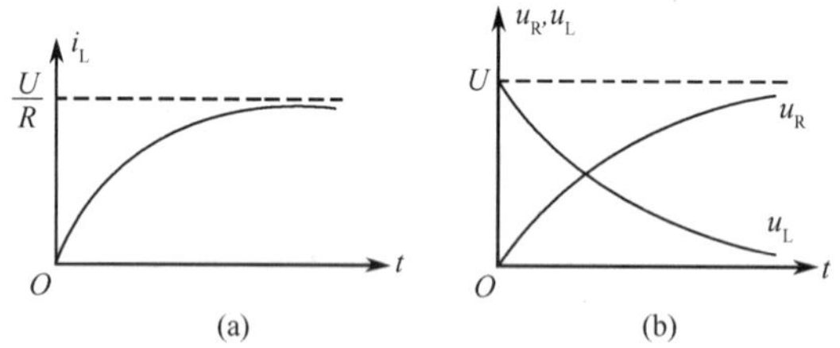

图 2.12　RL 电路的零状态响应的波形

2.4.3　RL 电路的全响应

图 2.13 所示的 RL 串联电路中，电源电压为 U，为 t=0 时，开关闭合。

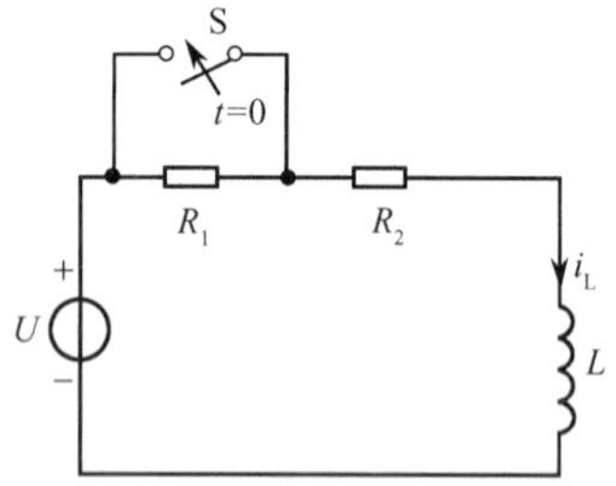

图 2.13　RL 电路的全响应

换路前，电路已处于稳态，电感电流的初始值为

$$i_L(0_+)=i_L(0_-)=\frac{U}{R_1+R_2}=I_0$$

换路后，开关闭合，电路达到新的稳态时，电感电流的稳态值为

$$i_L(\infty)=\frac{U}{R_2}$$

电路的时间常数 $\tau=\dfrac{L}{R_2}$，将初始值、稳态值和时间常数代入三要素法的公式中，可得

$$i_L(t)=\frac{U}{R_2}+\left(I_0-\frac{U}{R_2}\right)e^{-\frac{t}{\tau}} \tag{2.26}$$

可见，全响应的结果为零输入和零状态响应的叠加。

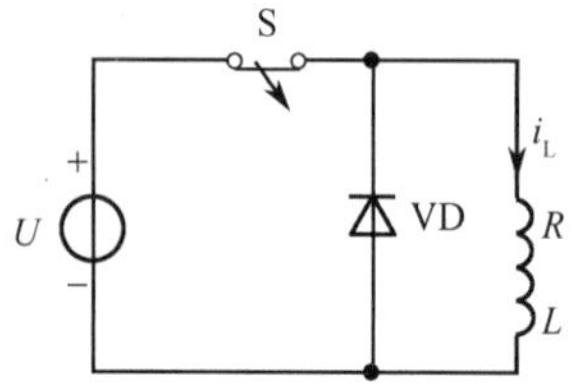

图 2. 14　思考与练习 2-4-1 的电路

与 RC 电路一样，在分析复杂一些的 RL 电路的暂态过程时，可应用戴维南定理，将电感支路以外的部分电路做戴维南等效，简化电路的结构后，再进行电路分析。

【思考与练习】

2-4-1　图 2.14 所示的电路中，与 R、L 线圈并联的是一个二极管。设二极管的正向电阻为零，反向电阻为无穷大。试问：二极管在此起何作用？

2.5 一阶电路的脉冲响应

一阶 RC 电路的脉冲响应

周期性的矩形脉冲信号激励下的一阶 RC 电路是在信号处理电路中常见的一种应用电路。这种应用电路的响应因电路参数而异，具有很多特点。

2.5.1 一阶 RC 电路的脉冲响应

矩形脉冲信号是电子电路中常见的波形。如图 2.15 所示的周期性矩形脉冲，信号周期为 T，脉冲宽度为 t_p，脉冲的幅值为 U。若 RC 串联电路的激励为矩形脉冲信号，则电容和电阻上的电压、电流就是一阶 RC 电路的脉冲响应。

1. 一阶 RC 电路的单脉冲响应

一阶 RC 电路如图 2.16 所示，设电源电压 u_i 为如图 2.17 所示的单脉冲信号。在该信号的作用下，电路经历两次换路，即电容 C 分别在 t=0 时刻经历一次充电，在 $t=t_p$ 时刻经历一次放电的过程。

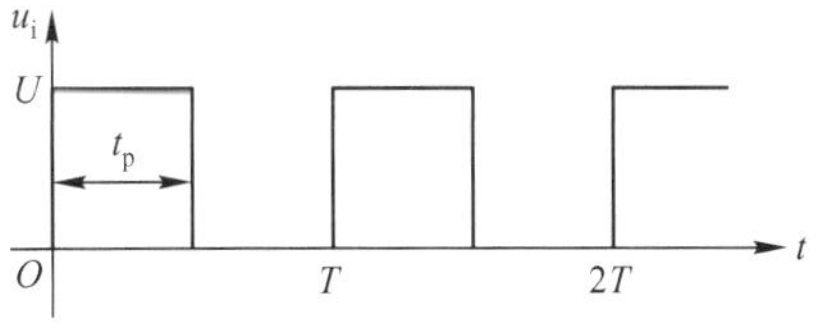

图 2.15 矩形脉冲信号

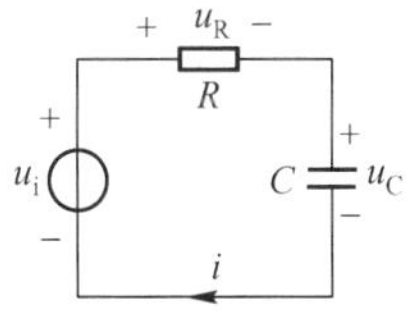

图 2.16 一阶 RC 电路

在 t=0 时刻，电源电压由 0 跃变为 U，若用开关的动作模拟电源电压的跃变，即在 $0 \leqslant t < t_p$ 时刻，电路中的响应可以用图 2.18 所示的等效电路求解。

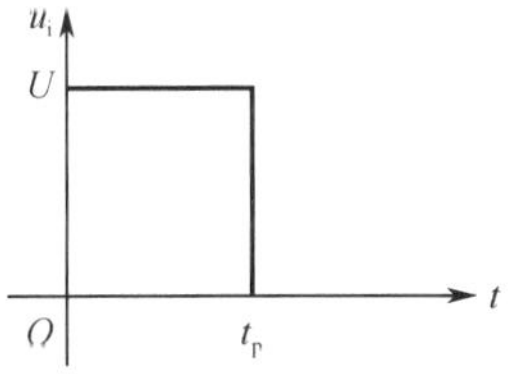

图 2.17 单脉冲信号

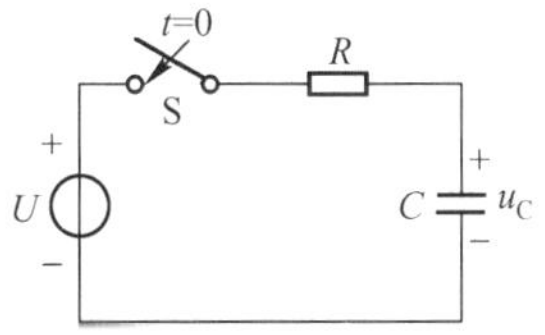

图 2.18 第一次换路的等效电路

假设电容没有初始储能，在 t=0 时刻，电路出现第一次换路，电路中的响应为零状态响应。电容电压 u_C 的表达式为：$u_C(t) = u_C(\infty)(1 - e^{-\frac{t}{\tau}})$

因为
$$u_C(\infty) = U$$

所以
$$u_C(t) = U(1 - e^{-\frac{t}{\tau}})$$

当 $t=t_p$ 时，电容充电结束，此刻电容电压的大小为

$$u_C(t_p) = U(1 - e^{-\frac{t_p}{\tau}}) = U_1$$

因此在 $0 \leqslant t < t_p$ 时刻，电容电压按指数规律从 0 上升到 U_1。输出波形如图 2.19 所示。

在 $t=t_p$ 时刻，电路出现第二次换路，电源电压由 U 跃变为 0，其等效电路如图 2.20 所示。

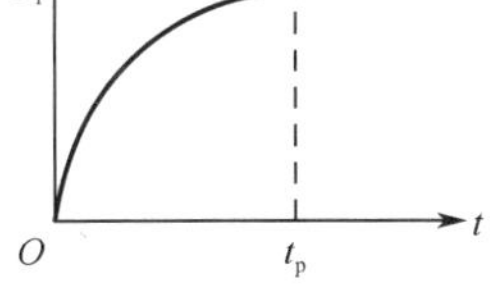

图 2.19 t=0 时电路的响应

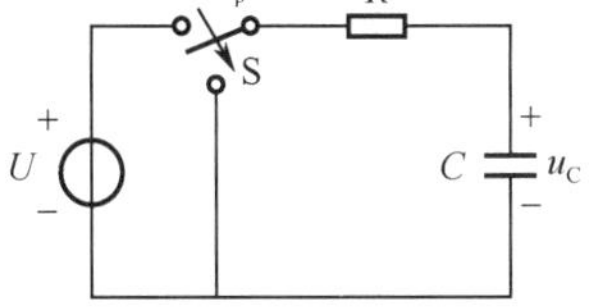

图 2.20 第二次换路的等效电路

在 $t=t_p$ 时刻，开关 S 打开，电路中的响应为零输入响应，电容电压 u_C 的表达式为

$$u_C(t)=u_C(t_{p+})e^{-\frac{t-t_p}{\tau}}$$

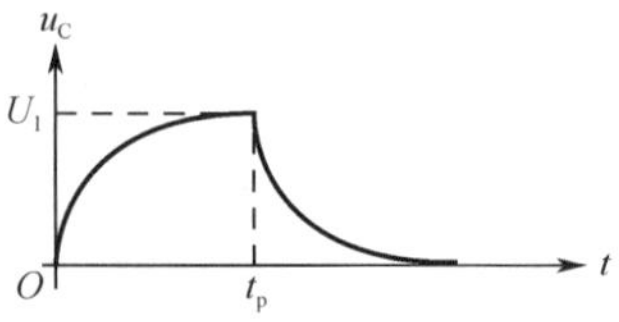

图 2.21　一阶 RC 电路的单脉冲响应

根据换路定则知，电容电压不能突变，因此电容电压在 $t=t_p$ 时刻的初始值等于上一次充电结束时刻的值，即

$$u_C(t_{p+})=u_C(t_{p-})=U_1$$

因此在第二次换路之后，即在 $t\geqslant t_p$ 时刻，电容电压的表达式为

$$u_C(t)=U_1e^{-\frac{t-t_p}{\tau}}$$

电容电压的输出波形如图 2.21 所示。

2．一阶 RC 电路的连续脉冲响应

在如图 2.16 所示电路中，若激励为如图 2.15 所示的周期性矩形脉冲，则 u_C 响应也为周期信号。在 $0\leqslant t<T$ 期间，电容上电压同单脉冲响应。当 $t=T$ 时，连续脉冲进入第二个工作周期，电容在前一个周期的放电过程结束，也将进入第二个周期，此时电容电压的大小为

$$u_C(T)=U_1e^{-\frac{T-t_p}{\tau}}=U_2$$

即：电容电压在第一个工作周期的 t_p 时刻按指数规律从 U_1 下降为 U_2，在第二个工作周期，又从 U_2 开始充电，按指数规律上升，其输出波形如图 2.22 所示。

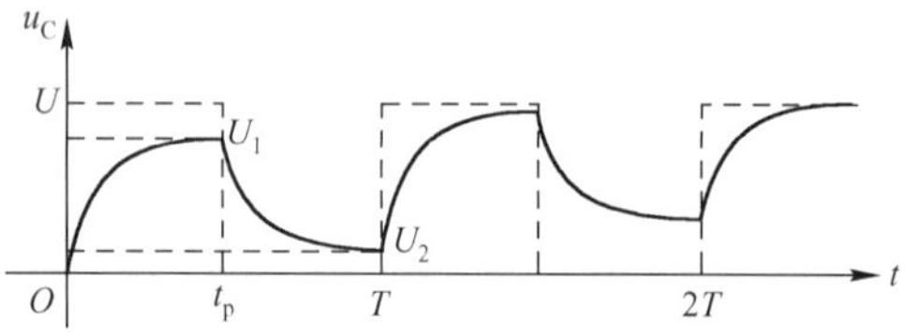

图 2.22　一阶 RC 电路的脉冲响应

根据以上的分析可知，在每个电源工作周期内，电路都对应两次换路过程，电容都经历一次充电和一次放电过程。需要注意的是，每发生一次新的换路，物理量初始值的大小都与上一次过渡过程有关。

3．方波响应

在一阶 RC 电路中，若激励脉冲为方波信号，即 $t_p=\frac{T}{2}$，则在一个周期内电容的充、放电时间相等。在电容没有初始储能，且时间常数合适（$t_p=5\tau$）的情况下，一阶 RC 电路的方波响应如图 2.23 所示。

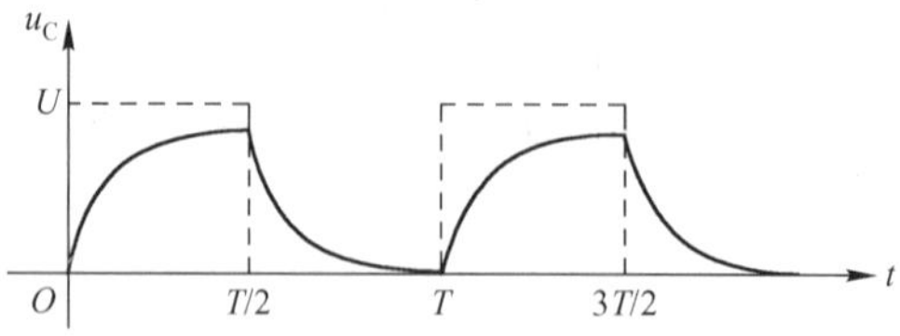

图 2.23　一阶 RC 电路的方波响应

可以看出，方波响应就是零状态响应和零输入响应的交替过程，对应电源电压的上升沿，方波响应为零状态响应，对应电源电压的下降沿，方波响应为零输入响应。

根据上述分析，请思考：若 $\tau>>t_p$，电容上电压如何？若 $\tau<<t_p$ 呢？

2.5.2 积分电路

在图 2.16 所示的电路中，从电容两端输出。当电路的时间常数τ远远大于脉冲宽度 t_p时，RC 电路的零状态响应变化很慢，即电容电压升高得很缓慢，因此有$u_C << u_i$，而电阻电压$u_R \approx u_i$，电路中的电流$i = \frac{u_R}{R} \approx \frac{u_i}{R}$。

因为$i = i_C = C\frac{du_C}{dt}$

所以

$$u_C = \frac{1}{C}\int i_C dt = \frac{1}{C}\int i dt = \frac{1}{RC}\int u_R dt \approx= \frac{1}{RC}\int u_i dt \tag{2.27}$$

由此可以看出，电容电压和输入电压的积分近似成正比，所以称该电路为 RC 积分电路。根据以上分析可以看出，构成 RC 积分电路的条件如下：

① 一阶 RC 电路从电容两端输出。

② 一阶 RC 电路的时间常数τ远大于输入脉冲的宽度，即$\tau >> t_p$，工程上一般要求$\tau > 5T$。

事实上，积分电路利用了一阶电路暂态响应的指数曲线在较小的变化区间内（与时间常数相比）可以近似为线性的特性。因此，与脉冲信号的脉冲宽度相比，时间常数越大，输出波形的线性越好。

从输出波形上看，积分电路可以将输入的矩形脉冲转换为锯齿波信号，当输入信号为对称的方波时，输出波形为三角波，如图 2.24 所示。

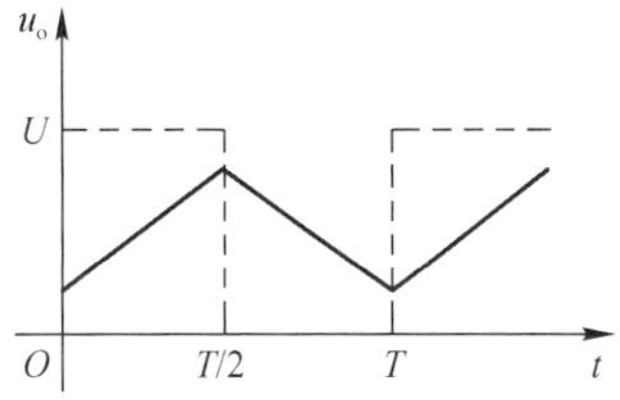

图 2.24 RC 积分电路的输出波形

2.5.3 微分电路

在图 2.16 所示电路中，从电阻两端输出。当电路的时间常数τ远远小于脉冲宽度 t_p时，电容的充、放电过程都很快，在一个脉冲周期内，整个电路的响应以稳态响应为主，因此$u_C \approx u_i$，而

$$u_R = Ri = RC\frac{du_C}{dt} \approx RC\frac{du_i}{dt} \tag{2.28}$$

由上式可见，电阻电压与输入电压的微分近似成正比，所以称该电路为微分电路。

构成 RC 微分电路的条件如下：

① 一阶 RC 电路从电阻两端输出。

② 一阶 RC 电路的时间常数τ远小于输入脉冲的宽度，即$\tau << \min\{t_p, T - t_p\}$，工程上一般要求$\tau < \frac{1}{5}\min\{t_p, T - t_p\}$。

微分电路可以将输入的矩形脉冲转换为尖脉冲信号，对应输入电压的上升沿输出正的尖脉冲信号，输入电压的下降沿输出负的尖脉冲信号。$\frac{\tau}{T}$越小，输出的尖脉冲越窄。输出波形如图 2.25 所示。

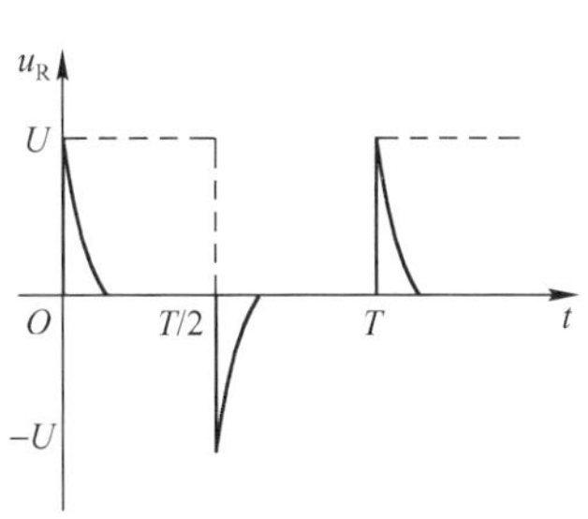

图 2.25 RC 微分电路的输出波形

积分电路和微分电路都是 RC 一阶电路中较典型的应用电路，它们在电子技术和计算机技术领域都有很广泛的应用。

〖例 2.5〗 在图 2.26（a）所示电路中，当输入如图 2.26（b）所示的脉冲宽度为$t_p = 50\mu s$，幅值为$U = 6V$的矩形电压时，试绘出输出电压u_o的波形图。$C = 100pF$，$R = 20k\Omega$。设电容元件未储能。

解： $\tau = RC = 20 \times 10^3 \times 100 \times 10^{-12} = 2 \times 10^{-6}s$

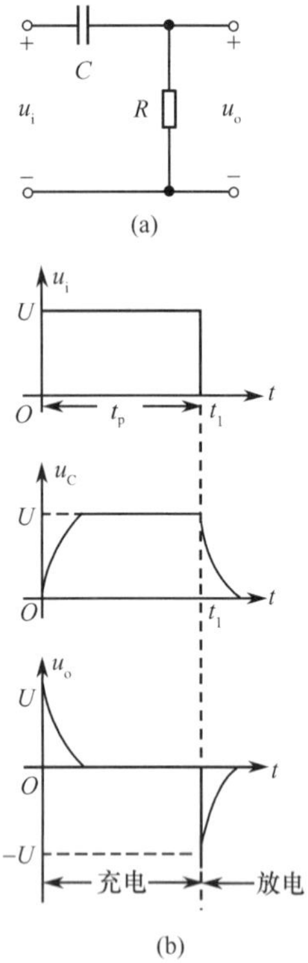

图 2.26　例 2.5 的电路

是输入电压的脉冲宽度的$\dfrac{1}{25}$，$\tau \ll t_p$。

$t=0$ 时，输入电压由 0 跃变到 6V，相当于 RC 电路接入一个 6V 的直流电压，开始对电容元件充电。由于电容元件两端电压不能突变，在这瞬间，它相当于短路（$u_C=0$），因此$u_o(0_+)=6V$。因为$\tau \ll t_p$，相对于t_p而言，充电很快，u_C很快增大到 U 值；与此同时，u_o很快衰减到 0 值，即$u_o(\infty)=0$。这样，在电阻两端就输出一个正尖脉冲，如图 2.26（b）所示。由三要素法得到表达式如下

$$u_o = U\mathrm{e}^{-\frac{t}{\tau}} = 6\mathrm{e}^{-\frac{t}{2\times10^{-6}}}\,\mathrm{V}$$

当$t=t_1$时，输入电压由 6V 跃变到 0，相当于输入端短路，也由于电容元件两端电压不能突变，在此瞬间有$u_o=-u_C=-6V$，极性与前相反。而后，电容元件经电阻很快放电，u_o很快衰减到 0 值。这样，就输出一个负尖脉冲，如图 2.26（b）所示。由三要素法得到表达式如下

$$u_o = -U\mathrm{e}^{-\frac{t-t_1}{\tau}} = -6\mathrm{e}^{-\frac{t-t_1}{2\times10^{-6}}}\,\mathrm{V}$$

比较例 2.5 中的u_i和u_o的波形可见，在u_i上升跃变时刻，$u_o=U$，此时为正值且最大；在u_i下降跃变时刻，$u_o=-U$，此时为负值且绝对值最大。

由此得到，对于矩形电压激励的 RC 串联电路，若满足$\tau \ll t_p$的条件，将从电阻两端输出正、负尖脉冲。当输入矩形电压正跳变时，输出正尖脉冲，当输入矩形电压负跳变时，输出负尖脉冲；其脉冲的幅度取决于输入电压跳变的幅度，其脉冲的宽度取决于电路的时间常数τ。

本章要点

一、换路定则

设 t=0 时电路发生换路，则：

电感中的电流不能跃变，$i_L(0_+)=i_L(0_-)$；

电容两端的电压不能跃变，$u_C(0_+)=u_C(0_-)$。

二、一阶电路暂态过程的经典分析法

1．根据 KCL、KVL 和支路的电压电流关系建立电路的方程，可以得到以时间为自变量的一阶线性常系数微分方程。

2．求解微分方程，得到电路中电压、电流随时间变化的规律。

三、一阶电路暂态过程的三要素法

1．一阶电路暂态过程的三要素：初始值、稳态值和时间常数。

2．一阶电路暂态过程三要素法的一般表达式

$$f(t)=f(\infty)+[f(0_+)-f(\infty)]\mathrm{e}^{-\frac{t}{\tau}}$$

3．一阶电路暂态过程三要素法的分析步骤如下。

（1）计算初始值$f(0_+)$。

① 根据换路前的电路（电路处于稳态，C 视为开路，L 视为短路），求出 0_- 时刻的电容上的电压和电感上的电流，即$u_C(0_-)$和$i_L(0_-)$。

② 根据换路定则，确定电容上的初始电压和电感上的初始电流。

$$u_C(0_+)=u_C(0_-)\text{，}\quad i_L(0_+)=i_L(0_-)$$

③ 画出 $t=0_+$时刻的等效电路，即，将电容元件作为恒压源处理，数值和方向由$u_C(0_+)$确定；

将电感元件作为恒流源处理，其数值和方向由 $i_L(0_+)$ 确定。利用该等效电路求出其他各量的初始值。

（2）计算稳态值 $f(\infty)$。

画出换路后电路达到稳态时的等效电路（电容元件视为开路，电感元件视为短路），计算各电压值、电流值。

（3）计算时间常数 τ。时间常数取决于电路的结构和参数，与激励无关。

在 RC 电路中，$\tau = R_0C$；在 RL 电路中，$\tau = \dfrac{L}{R_0}$。R_0 是换路后的电路中从动态元件两端看进去的无源二端网络（将理想电压源短路，理想电流源开路）的等效电阻。

（4）将三要素代入一般表达式中。

四、一阶电路的脉冲响应

1．当电源电压为周期性的脉冲信号时，在每个电源周期，电路都对应两次换路，储能元件都经历一次充电和一次放电的过程。

2．构成 RC 积分电路的条件为：

（1）一阶 RC 电路从电容两端输出。

（2）一阶 RC 电路的时间常数 τ 远大于输入脉冲的宽度，即 $\tau >> t_p$。

3．构成 RC 微分电路的条件为：

（1）一阶 RC 电路从电阻两端输出。

（2）一阶 RC 电路的时间常数 τ 远小于输入脉冲的宽度，即 $\tau << \min\{t_p, T-t_p\}$。

关键术语

一阶电路：first-order circuit

暂态：transient state

时间常数：time constant

零输入响应：zero-input response

零状态响应：zero-state response

全响应：complete response

暂态分量 ：transient component

稳态分量：steady state component

习题 2

2-1　图 2.27 电路中，已知：$E = 100\text{V}$，$R_1 = 1\Omega$，$R_2 = 99\Omega$。开关闭合前电路已到达稳态。求：（1）开关闭合瞬间各支路电流电压的初始值；（2）开关闭合后，到达稳定状态时各支路电流、电压的数值。

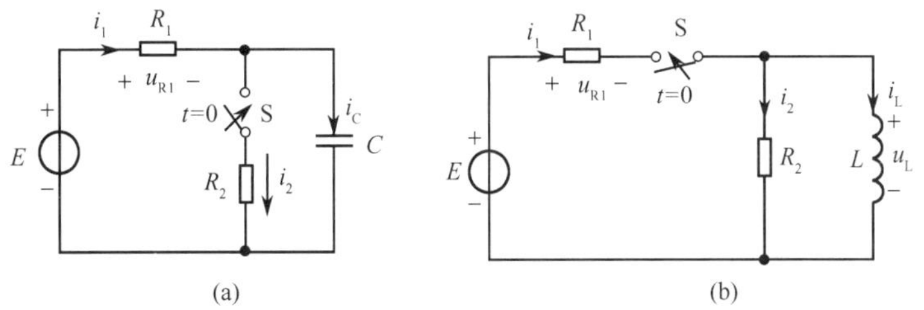

图 2.27　习题 2-1 的电路

2-2　图 2.28 电路换路前已处于稳态。试求：（1）换路后瞬间的 $u_C(0_+)$，$i_L(0_+)$，$i_1(0_+)$，$i_2(0_+)$，$i_C(0_+)$，$u_L(0_+)$；（2）换路后电路到达新的稳定状态时的 $u_C(\infty)$，$i_L(\infty)$，$i_1(\infty)$，$i_2(\infty)$，$i_C(\infty)$，$u_L(\infty)$。

2-3　图 2.29 电路中，已知：$U = 220\text{V}$，$R_1 = R_2 = R_3 = R_4 = 100\Omega$，$C = 0.01\mu\text{F}$。试求：在 S 接通和断开两种情况下的时间常数。

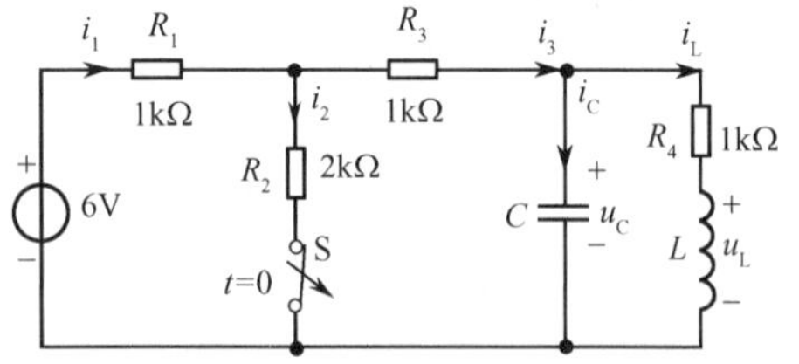

图 2.28　习题 2-2 的电路

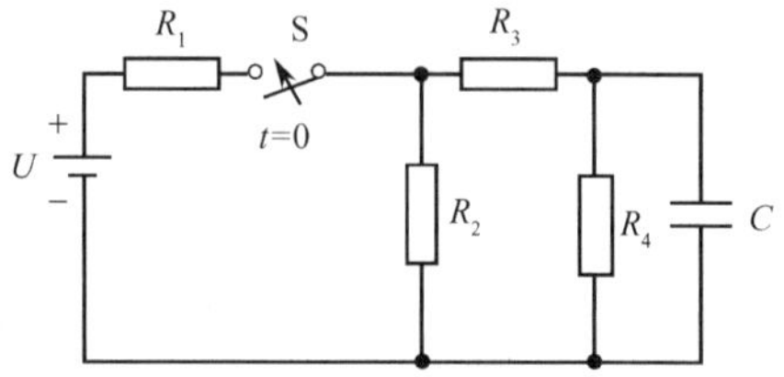

图 2.29　习题 2-3 的电路

2-4　图 2.30 电路中，$E=20\text{V}$，$R_1=12\text{k}\Omega$，$R_2=6\text{k}\Omega$，$C_1=10\mu\text{F}$，$C_2=10\mu\text{F}$，电容原先未储能。求 $t\geqslant 0$ 时的 $u_C(t)$，并画出波形图。

2-5　求图 2.31 电路中的 $u_C(t)$，$i_C(t)$，并画出波形图。

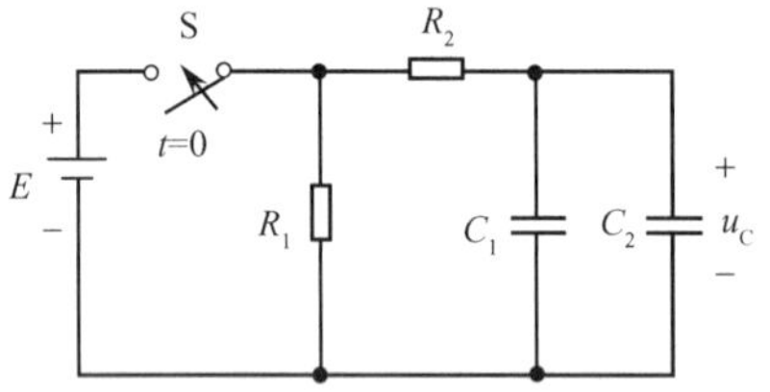

图 2.30　习题 2-4 的电路

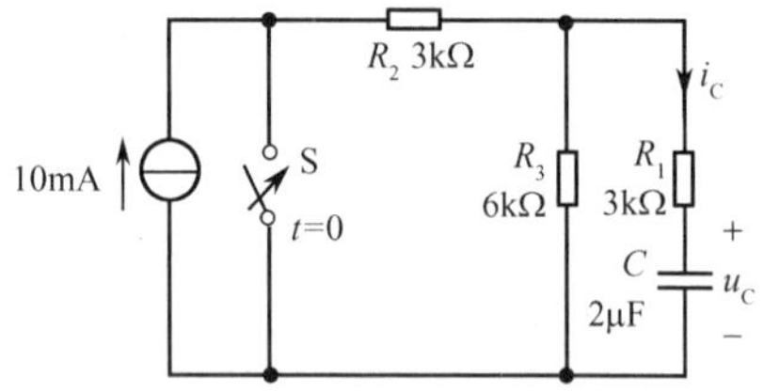

图 2.31　习题 2-5 的电路

2-6　图 2.32 电路中，$E=100\text{V}$，$C=0.25\mu\text{F}$，$R_1=R_2=R_3=4\Omega$。换路前电路已处于稳态。求电路中的 $u_C(t)$，$i_C(t)$。

2-7　图 2.33 电路中，$E_1=10\text{V}$，$E_2=5\text{V}$，$C=100\mu\text{F}$，$R_1=R_2=4\text{k}\Omega$，$R_3=2\text{k}\Omega$。开关 S 合在 E_1 时电路处于稳态。求 $t\geqslant 0$ 时的 $u_C(t)$，$i(t)$。

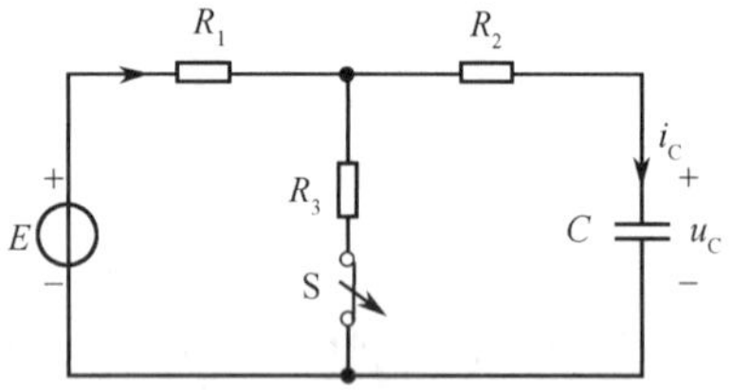

图 2.32　习题 2-6 的电路

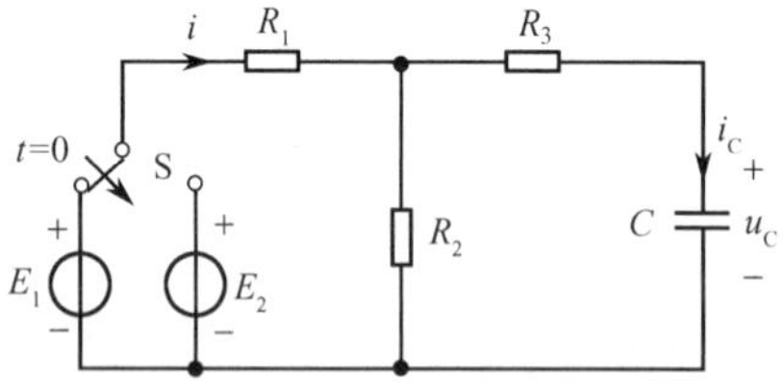

图 2.33　习题 2-7 的电路

2-8　图 2.34 电路中，$C=0.1\mu\text{F}$，$R_1=6\text{k}\Omega$，$R_2=1\text{k}\Omega$，$R_3=2\text{k}\Omega$，$I_S=6\text{mA}$。换路前电路已处于稳态。求闭合后的 $u_C(t)$，并画出波形图。

2-9　图 2.35（a）电路中，R=1kΩ，C=10μF。输入图 2.35（b）所示电压，试画出 u_o 的波形图。

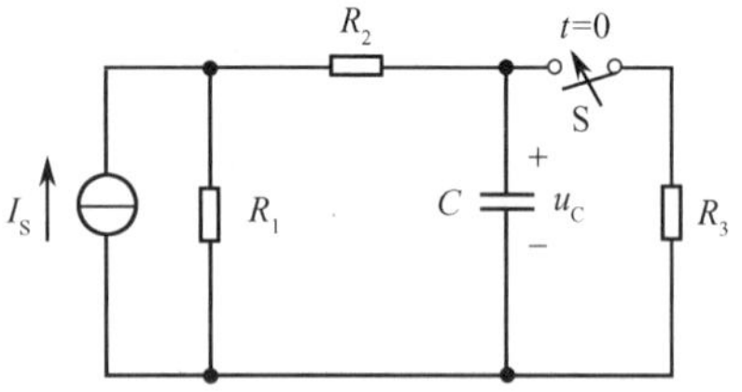

图 2.34　习题 2-8 的电路

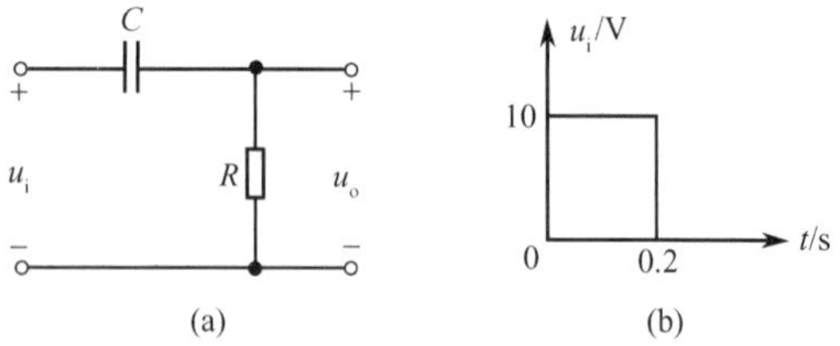

图 2.35　习题 2-9 的电路

2-10　图 2.36 电路中，开关闭合前电路已处于稳态。求开关闭合后的 $i_L(t)$。其中，$E=4\text{V}$，$L=10\text{mH}$，$R_1=5\Omega$，$R_2=R_3=15\Omega$。

2-11　图 2.37 电路中，$E=6\text{V}$，$L_1=0.01\text{H}$，$L_2=0.02\text{H}$，$R_1=2\Omega$，$R_2=1\Omega$。

（1）S_1 闭合后，分析电路中电流的变化规律。

（2）S_1 闭合后，当电路达到稳定状态时再闭合 S_2，分析 i_1，i_2 的变化规律。

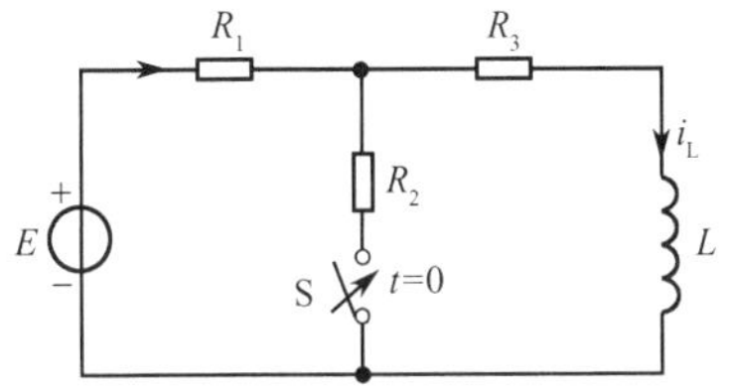

图 2.36　习题 2-10 的电路

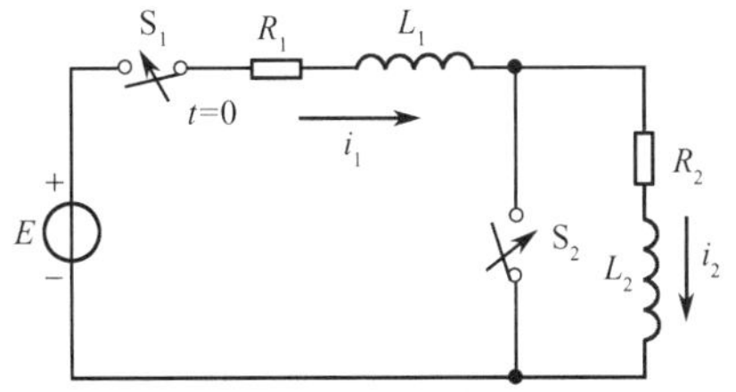

图 2.37　习题 2-11 的电路

2-12　图 2.38 电路中，虚线框起来的部分为电动机的励磁绕组电路，为了使电路断开时绕组上的电压不超过 200V 并使电流在 0.03s 内衰减到初始值的 5%以下，电阻 R'的数值应是多大？

2-13　一阶 RC 电路如图 2.39（a）所示，已知 RC=0.5s，$u_C(0_-)=0$，输入电压的波形如图 2.39（b）所示。试求电容电压 u_C 的表达式。

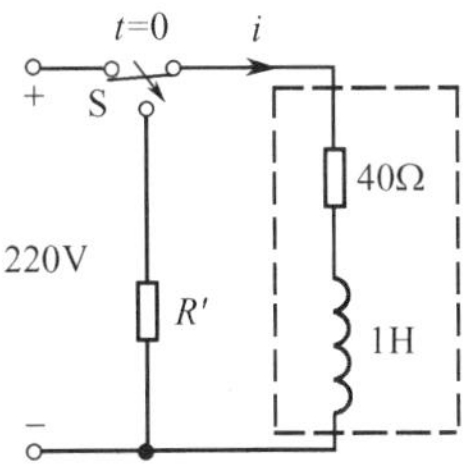

图 2.38　习题 2-12 的电路

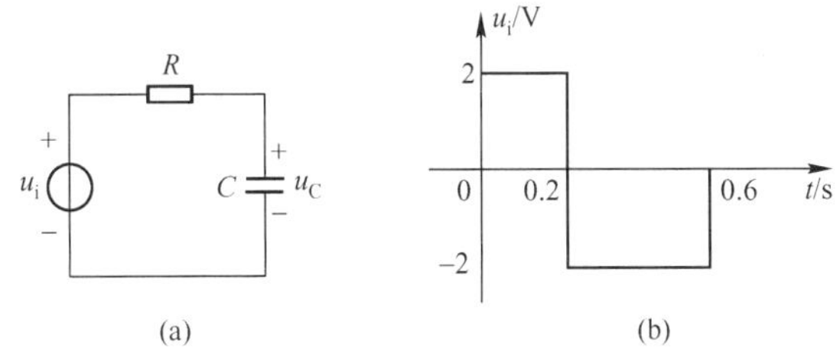

图 2.39　习题 2-13 电路

第 3 章　交 流 电 路

引言

正弦交流电简称交流电，是目前供电和用电的主要形式。交流电在工农业生产以及日常生活中得到了最为广泛的应用。正弦交流电不仅容易产生、传输经济、便于使用，而且电子技术中的一些非正弦周期信号也是通过分解为不同频率的正弦量来进行分析的。

由于交流电是随时间变化的，交流电路有它的特殊规律，因此，研究交流电路要比研究直流电路复杂得多。本章主要讨论正弦交流电路的基本概念，各元件上的电压、电流和功率的基本关系、基本规律，以及简单正弦交流电路的分析方法，最后简要介绍非正弦周期信号的电路。对本章学习的基本概念、基本理论和基本分析方法应很好地掌握，为后面学习交流电机、电器及电子技术打好基础。

学习目标

- 掌握正弦量的三要素及其相量表示法。
- 能够用相量法分析和计算简单的正弦交流电路。
- 掌握正弦交流电路中功率的计算和功率因数的提高。
- 理解谐振电路的特点。
- 了解滤波电路的结构和特点。
- 了解谐波分析法，能够求解非正弦周期电路中的有效值和平均值。

3.1　正弦交流电的基本概念

电路中随时间按正弦规律变化的电压和电流等物理量，称为正弦量，波形如图 3.1 所示。正弦量可以用时间 t 的正弦函数来表示，以电流为例，其数学表达式为

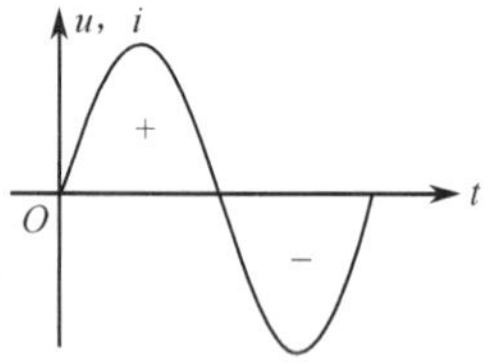

图 3.1　正弦交流电

$$i(t) = I_{\mathrm{m}} \sin(\omega t + \psi) \tag{3.1}$$

式中：$i(t)$ 为正弦电流的瞬时值。

I_{m} 称为幅值或者最大值。

ω 是正弦量的角频率。

ψ 是正弦量在 $t=0$ 时的相位，称为初相位。

I_{m}，ω 和 ψ 分别用来表示一个正弦量的大小、变化速度和初始值，称为正弦量的三要素。已知一个正弦量的三要素，可以唯一确定一个正弦量。

正弦量的正方向通常指在正半周期的方向。

3.1.1　正弦量的三要素

1．周期与频率

正弦量变化一次所需的时间称为周期，用 T 表示，单位是 s（秒）；每秒变化的次数称为频率，用 f 表示，单位是 Hz（赫兹）。周期和频率互为倒数，即

$$T = \frac{1}{f} \tag{3.2}$$

通常，我国电力系统供电频率为 50Hz，称为工频。在其他不同的技术领域使用着各种不同的频率，kHz（千赫）和 MHz（兆赫）是在高频下常用的频率单位。

$$1\mathrm{kHz} = 10^3\,\mathrm{Hz}；\quad 1\mathrm{MHz} = 10^6\,\mathrm{Hz}$$

正弦量表达式中的 ω 是角频率，即正弦量每秒变化的弧度数，单位是 rad/s（弧度每秒）。因为正弦量一周期经历了 2π 弧度，所以角频率为

$$\omega = 2\pi f = \frac{2\pi}{T} \tag{3.3}$$

式中，ω，T，f 都是反映正弦量变化快慢的量。

2. 幅值（最大值）与有效值

正弦量任一瞬间的值称为瞬时值，用小写字母表示。例如i，u，e分别表示电流、电压和电动势的瞬时值。瞬时值中最大的值是幅值，或称为最大值，用带下标 m 的大写字母表示。例如I_m，U_m，E_m分别表示电流、电压及电动势的幅值。

正弦量的大小往往不是用它们的幅值，而是常用有效值来衡量。有效值是从热效应相当的观点来定义的，即一个交流电流i通过一个电阻时，在一个周期内产生的热量与一个直流电流I通过这个电阻时，在同样的时间内产生的热量相等，称直流电流的大小是交流电流的有效值，即

$$I^2RT = \int_0^T i^2 R\mathrm{d}t$$

由此，可以得出周期电流的有效值

$$I = \sqrt{\frac{1}{T}\int_0^T i^2 \mathrm{d}t} \tag{3.4}$$

当周期电流为正弦量$i = I_m \sin\omega t$时，有

$$I = \sqrt{\frac{1}{T}\int_0^T I_m^2 \sin^2 \omega t \mathrm{d}t} = \frac{I_m}{\sqrt{2}} \tag{3.5}$$

由上式可看出，周期量的有效值等于其瞬时值的平方在一个周期内的平均值再取平方根。因此，有效值又称方均根值。该定义同样适用于非正弦周期量。

对于正弦电压和电动势，也有类似的结论，即

$$U = \frac{U_m}{\sqrt{2}}$$

$$E = \frac{E_m}{\sqrt{2}}$$

可见，对于正弦量而言，最大值是有效值的$\sqrt{2}$倍。有效值用大写字母表示，即I，U，E分别表示电流、电压、电动势的有效值。通常我们所讲的正弦量的大小，例如交流电压为220V，都是指它的有效值。一般交流表的读数也都是有效值。

3. 初相位

正弦量是随时间变化的，所取的计时起点不同，正弦量的初始值就不同。若规定正弦量由负到正的零点为变化起点，$t = 0$的时刻为时间起点，则任意瞬间的电角度$\omega t + \psi$称为正弦量的相位角，简称相位。$t = 0$的相位称为初相位或初相角，记为Ψ。初相位就是变化起点距时间起点之间的电角度。若变化起点在时间起点的左边，则Ψ为正，如图 3.2 中的i曲线，其$\psi_i = 60°$；若变化起点在时间起点的右边，则Ψ为负，如图 3.2 中的u曲线，其$\psi_u = -30°$；若变化起点和时间起点重合，则Ψ为零。通常，初相位的取值范围为$|\psi| \leqslant \pi$。初相位决定了$t = 0$时正弦量的大小和方向。我们称初相位为零的正弦量为参考正弦量。

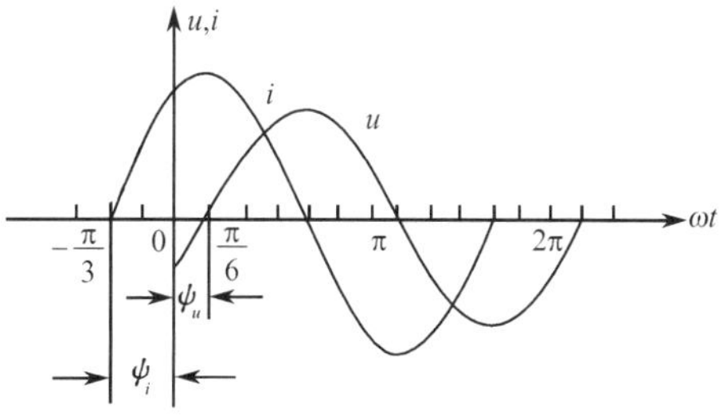

图 3.2　正弦量的初相位

两个同频率正弦量的相位之差称为相位差，用φ表示。显然有

$$\varphi = \psi_1 - \psi_2 \tag{3.6}$$

如图 3.2 中的i，u曲线，其$\varphi = 90°$。

相位差用来描述两个同频率正弦量的超前、滞后关系。上例中，$\psi_i > \psi_u$，则在$-\pi \leqslant \omega t \leqslant \pi$的区间，$i$比$u$先达到最大值，我们称在相位上$i$超前于$u$ 90°，或u滞后于i 90°。

对于两个同频率正弦量i_1，i_2：

$\varphi = \psi_1 - \psi_2 > 0$，称$i_1$超前于$i_2$，或$i_2$滞后于$i_1$，如图 3.3（a）所示；

$\varphi = \psi_1 - \psi_2 = 0$，称$i_1$与$i_2$同相位，如图 3.3（b）所示；

$\varphi = \psi_1 - \psi_2 = \pm 180°$，称$i_1$与$i_2$反相位，如图 3.3（c）所示。

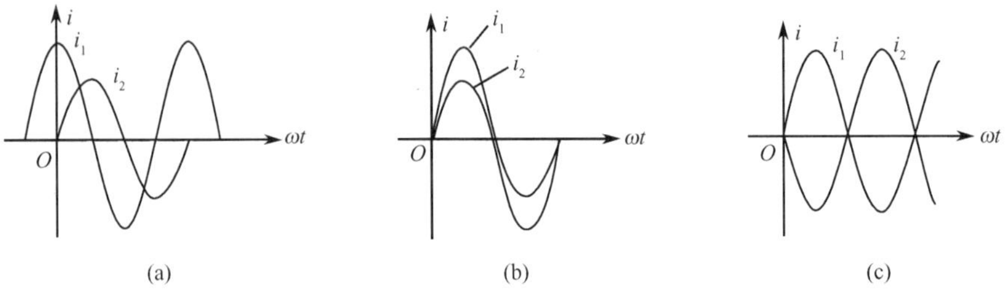

图 3.3　正弦量的相位差

3.1.2　正弦量的相量表示法

当正弦量的三要素确定后，该正弦量就唯一确定了。它可以通过瞬时值表达式（三角函数式）和波形图来描述，这两种表示正弦量的方法比较直观。但当对正弦交流电路进行分析时，会遇到一系列频率相同的正弦量的计算问题，而用上述的三角函数表达式和波形图进行计算是很烦琐的。为了简化交流电路的计算，有效的方法是用相量表示正弦量。这种相量表示法的基础是复数。

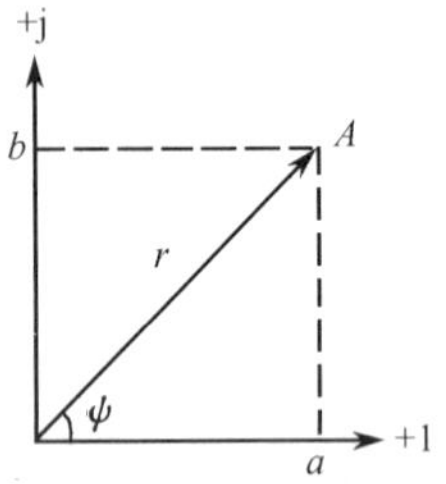

图 3.4　复平面的矢量

1. 复数及其运算

在数学中我们已经知道，复数 A 可以用复平面上的一条有向线段来表示。如图 3.4 所示，其长度r称为模，与横轴的夹角Ψ称为辐角。A在实轴上的投影为a，在虚轴上的投影为b。A可表示为

$$A = r\angle\Psi \qquad \text{（极坐标式）}$$

$$A = r\mathrm{e}^{\mathrm{j}\psi} \qquad \text{（指数式）}$$

$$A = a + \mathrm{j}b \qquad \text{（代数式）}$$

$$A = r\cos\psi + \mathrm{j}r\sin\psi \qquad \text{（三角函数式）}$$

以上为复数的几种表达形式。利用以下关系式

$$r = \sqrt{a^2 + b^2},\quad \psi = \arctan\frac{b}{a} \tag{3.7}$$

$$a = r\cos\psi,\quad b = r\sin\psi \tag{3.8}$$

可以在上述几种表达形式之间进行互相转换。式中，j是虚数的单位（数学中用i表示，而电工技术中i已用来表示电流）。

进行复数的四则运算时，一般加、减运算常用复数的代数式，将其实部与实部相加（减），虚部与虚部相加（减）；乘、除运算通常则用复数的极坐标形式比较方便，两个复数相乘，模相乘，辐角相加；两个复数相除，模相除，辐角相减。

由于

$$\mathrm{j} = 1\angle 90°$$

$$\frac{1}{\mathrm{j}} = 1\angle -90°$$

所以当一个复数乘上j时，模不变，辐角增大 90°；当一个复数除以j时，模不变，辐角减小 90°。

2. 正弦量的相量表示法

在线性电路中，如果电源是正弦量，则电路中各支路的电压和电流的稳态响应将是同频率的正弦量。如果电路中有多个电源并且都是同频率的正弦量，则根据线性电路的叠加性质，电路的全部稳态响应都将是同频率的正弦量，处于这种稳定状态的电路称为正弦稳态电路，又称为正弦交流电路。

由于在正弦交流电路中，所有正弦量都是同频率的，因此可以把频率这个要素作为已知量，只需要根据有效值和初相位两个要素确定一个正弦量。若用复数的模表示正弦量的大小（有效值），用复数的辐角表示正弦量的初相位，则这个复数可用来表示一个正弦量。表示正弦量的复数称为相量。

相量用在大写字母上面加“·”的方式表示，例如$\dot{U},\dot{I},\dot{E}$ 分别表示电压、电流和电动势的相量式。在复平面上画出正弦量的大小和相位关系的图形称为相量图。画相量图时，实轴、虚轴可以省略不画，如

$$i_1 = 6\sqrt{2}\sin(\omega t + 60^\circ)\text{A}$$
$$i_2 = 8\sqrt{2}\sin(\omega t - 30^\circ)\text{A}$$

其相量式为

$$\dot{I}_1 = 6\angle 60^\circ\ \text{A}$$
$$\dot{I}_2 = 8\angle -30^\circ\ \text{A}$$

其相量图如图 3.5 所示。

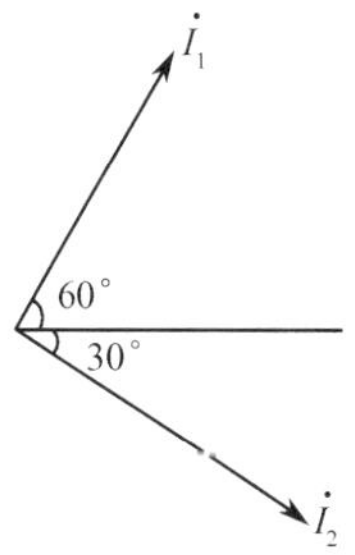

图 3.5　正弦量的相量图

需要注意的是，复数只能用来表示一个正弦量，而不等于正弦量，所以复数与正弦量之间不能画等号。

把正弦量表示成相量的目的是简化正弦交流电路的计算。因为同频率正弦量经加、减后仍为同频率正弦量，所以，同频率正弦量的和（差）的相量等于它们的相量和（差）。因此，在正弦交流电路中，相量是满足基尔霍夫定律的。

〖例 3.1〗 已知：$i_1 = 10\sqrt{2}\sin(\omega t + 90^\circ)\text{A}$，$i_2 = 10\sqrt{2}\sin\omega t\text{A}$。

（1）用相量图表示两个正弦量。

（2）用相量图计算：$i_3 = i_1 + i_2, i_4 = i_1 - i_2$。

解： 相量图如图 3.6 所示，从图中可以得到

$$I_3 = \sqrt{I_1^2 + I_2^2} = \sqrt{10^2 + 10^2} = 10\sqrt{2}\text{A}$$

$$\psi_3 = \arctan\frac{10}{10} = 45^\circ$$

$$I_4 = \sqrt{I_1^2 + I_2^2} = \sqrt{10^2 + 10^2} = 10\sqrt{2}\text{A}$$

$$\psi_4 = 180^\circ - 45^\circ = 135^\circ$$

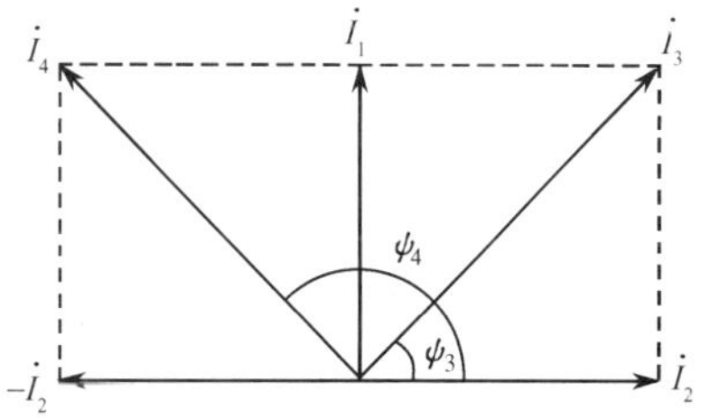

图 3.6　例 3.1 图

所以

$$i_3 = 20\sin(\omega t + 45^\circ)\text{A}$$
$$i_4 = 20\sin(\omega t + 135^\circ)\text{A}$$

这里需要指出的是：

① 只有同频率正弦量才能用相量表示，一起参与运算。

② 在正弦交流电路中，只有瞬时值、相量满足 KCL 、KVL ，而最大值、有效值不满足 KCL 、KVL 。所以，在正弦交流电路中标注正弦量时，只能使用瞬时值（u，i，e）或相量（$\dot{U}$，$\dot{I}$，$\dot{E}$）。

【思考与练习】

3-1-1　在波形图中如何确定初相位的正或负？在相量图中如何确定初相位的正或负？

3-1-2　已知相量 $\dot{U}_1 = 3 + \mathrm{j}4\mathrm{V}$，$\dot{U}_2 = 3 - \mathrm{j}4\mathrm{V}$，$\dot{U}_3 = -3 + \mathrm{j}4\mathrm{V}$，$\dot{U}_4 = -3 - \mathrm{j}4\mathrm{V}$，试画出它们的相量图，并写出它们的瞬时值表达式。

3-1-3　指出下列各式的错误：

（1）$I = 10\angle 30^\circ\,\mathrm{A}$　　（2）$i = 10\angle 30^\circ\,\mathrm{A}$

（3）$U = 100\sin(\omega t + 45^\circ)\,\mathrm{V}$　　（4）$u = 100\cos 45^\circ + \mathrm{j}100\sin 45^\circ\mathrm{V}$

（5）$i = 5\sqrt{2}\sin(\omega t + 60^\circ) = 5\angle 60^\circ\,\mathrm{A}$

3.2　单一参数的正弦交流电路

用来表示电路元件基本性质的物理量称为电路参数。电阻、电感、电容是交流电路的三个基本参数。仅具有一种电路参数的电路称为单一参数电路。只有掌握单一参数电路的基本规律，才能对复杂交流电路进行研究分析。

3.2.1　电阻元件的正弦交流电路

1．电压和电流的关系

在图 3.7（a）所示电路中，设

$$i = I_\mathrm{m}\sin\omega t$$

根据电阻元件的电压、电流关系 $u = iR$，得

$$u = RI_\mathrm{m}\sin\omega t = U_\mathrm{m}\sin\omega t \tag{3.9}$$

由此可见，电阻元件的电压与电流为同频率正弦量。

（1）电压与电流的相位关系

因为 u，i 初相位相等，所以电阻元件上电压、电流同相位。波形图如图 3.7（b）所示。

（2）电压与电流的大小关系

$$U = IR,\ \ U_\mathrm{m} = I_\mathrm{m}R \tag{3.10}$$

即电阻元件上正弦量的有效值和最大值都满足欧姆定律。

（3）电压与电流的相量关系

电阻元件上正弦电压与电流的相量图如图 3.7（c）所示。其相量式为

$$\dot{I} = I\angle 0^\circ$$

$$\dot{U} = U\angle 0^\circ = RI\angle 0^\circ$$

所以

$$\dot{U} = R\dot{I} \tag{3.11}$$

电阻元件上正弦电压与电流的相量关系亦满足欧姆定律。

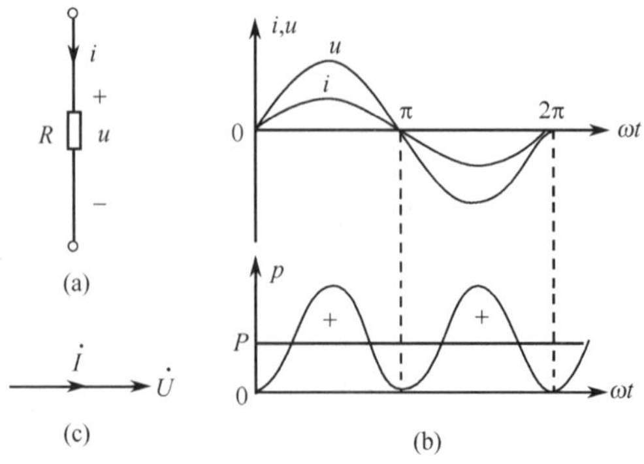

图 3.7　理想电阻元件的正弦交流电路

2．功率

（1）瞬时功率

任何元件上的瞬时功率都可表示为瞬时电压和瞬时电流的乘积，即

$$p = ui \tag{3.12}$$

电阻元件的瞬时功率为

$$P = ui = U_{\text{m}} \sin \omega t I_{\text{m}} \sin \omega t = U_{\text{m}} I_{\text{m}} \sin^2 \omega t$$

$$= \frac{U_{\text{m}} I_{\text{m}}}{2}(1 - \cos 2\omega t) = UI - UI \cos 2\omega t$$

瞬时功率的波形图如图 3.7（b）所示，它包含一个恒定分量和一个两倍于电源频率的周期量。在任意时刻，瞬时功率都大于等于零，这表明电阻始终消耗电能。

（2）平均功率

平均功率是电路在一个周期内消耗电能的平均速率，即瞬时功率在一个周期内的平均值，用大写字母 P 表示。电阻元件上的平均功率为

$$P = \frac{1}{T}\int_0^T p\mathrm{d}t = \frac{1}{T}\int_0^T (UI - UI\cos 2\omega t)\mathrm{d}t = UI \tag{3.13}$$

电阻上的平均功率是电阻元件上电压与电流有效值的乘积，根据电阻元件上电压和电流有效值的关系，也可表示为

$$P = I^2 R = \frac{U^2}{R}$$

平均功率也称有功功率。有功功率的单位为 W（瓦）或 kW（千瓦）。

3.2.2 电感元件的正弦交流电路

1．电压和电流的关系

在图 3.8（a）所示电路中，设

$$i = I_{\text{m}} \sin \omega t$$

根据电感元件上的电压、电流关系 $u = L\dfrac{\mathrm{d}i}{\mathrm{d}t}$，得

$$u = L\frac{\mathrm{d}(I_{\text{m}} \sin \omega t)}{\mathrm{d}t} = \omega L I_{\text{m}} \cos \omega t = \omega L I_{\text{m}} \sin(\omega t + 90^\circ)$$

即

$$u = \omega L I_{\text{m}} \sin(\omega t + 90^\circ) = U_{\text{m}} \sin(\omega t + 90^\circ) \tag{3.14}$$

由此可见，电感元件上的电压和电流为同频率正弦量。

（1）电压和电流的相位关系

由式（3.14）可知，当电感中电流的初相位为 0° 时，其电压的初相位为 90° 。所以，电感元件上电压超前于电流 90° ，或称电流滞后于电压 90° 。电压与电流的波形图如图 3.8（b）所示。

（2）电压和电流的大小关系

$$\frac{U_{\text{m}}}{I_{\text{m}}} = \frac{U}{I} = \omega L = X_{\text{L}} \tag{3.15}$$

式中

$$X_{\text{L}} = \omega L = 2\pi f L \tag{3.16}$$

X_{L} 称为感抗，是电感上电压的有效值（幅值）与电流的有效值（幅值）之比，单位为Ω（欧姆）。它和电阻一样，具有阻碍电流通过的能力。X_{L} 与频率成正比，频率越高，感抗越大；频率越低，感抗越小。可见，电感元件具有阻高频电流，通低频电流的作用。在直流电路中，$X_{\text{L}} = 0$，这表明电感对直流可视为短路。

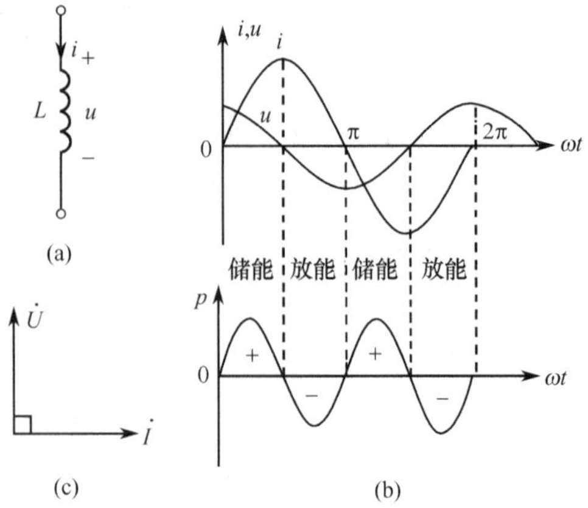

图 3.8　理想电感元件的正弦交流电路

（3）电压和电流的相量关系

电感元件上正弦电压与电流的相量图如图 3.8（c）所示。其相量式为

$$\dot{U}=U\angle 90^\circ=\omega LI\angle 90^\circ=X_{\mathrm{L}}I\angle 0^\circ+90^\circ$$

因为

$$\dot{I}=I\angle 0^\circ$$

所以

$$\frac{\dot{U}}{\dot{I}}=\mathrm{j}X_{\mathrm{L}}=\mathrm{j}\omega L$$

即

$$\dot{U}=\mathrm{j}X_{\mathrm{L}}\dot{I} \tag{3.17}$$

2．功率

（1）瞬时功率

电感中的瞬时功率可表示为

$$p=ui=U_{\mathrm{m}}\sin(\omega t+90^\circ)I_{\mathrm{m}}\sin\omega t=U_{\mathrm{m}}I_{\mathrm{m}}\frac{\sin 2\omega t}{2}$$

即

$$p=UI\sin 2\omega t \tag{3.18}$$

瞬时功率的曲线如图 3.8（b）所示，它的频率是电源频率的两倍。当 $p>0$ 时，电感处于受电状态，从电源取用能量转化为磁能储存在磁场中；当 $p<0$ 时，电感处于供电状态，将磁场中储存的能量释放给电源。当电流按正弦规律变化时，电感以两倍于电源频率的速度与电源不断地进行能量的交换。

（2）有功功率

$$P=\frac{1}{T}\int_0^T UI\sin 2\omega t\mathrm{d}t=0 \tag{3.19}$$

电感的有功功率为零，这说明电感是储能元件。理想电感元件在正弦电源的作用下，虽然有电压、电流，但没有能量的消耗，只是与电源不断地进行能量的交换。

（3）无功功率

瞬时功率的幅值反映了能量交换规模的大小。由式（3.18）可知，从数值上看，它正是元件上电压、电流有效值的乘积。由于这部分功率没有被消耗掉，故称为无功功率。通常用无功功率 Q 来衡量能量交换的规模的大小。电感元件的无功功率为

$$Q_{\mathrm{L}}=UI=X_{\mathrm{L}}I^2=\frac{U^2}{X_{\mathrm{L}}} \tag{3.20}$$

无功功率的单位为 var（乏），或 kvar（千乏）。

〖例 3.2〗 已知 $L=0.1\mathrm{H}$ 的电感线圈（设线圈的电阻为 0）接在 $U=10\mathrm{V}$ 的工频电源上，求：

（1）线圈的感抗；（2）电流的有效值；（3）无功功率；（4）电感的最大储能；（5）设电压的初相位为零，求 $\dot{I}$，并画出相量图。

解：（1）感抗　$X_L = 2\pi fL = 2\times 3.14\times 50\times 0.1 = 31.4\Omega$

（2）电流有效值　$I = \dfrac{U}{X_L} = \dfrac{10}{31.4} = 0.318\text{A}$

（3）无功功率　$Q = UI = 10\times 0.318 = 3.18\text{var}$

（4）最大储能　$W_{Lm} = \dfrac{1}{2}LI_m^2 = \dfrac{1}{2}\times 0.1\times (0.318\sqrt{2})^2 = 0.01\text{J}$

电感的最大储能在电流的最大值处。

（5）设 $\dot{U} = U\angle 0^\circ$

则

$$\dot{I} = \frac{\dot{U}}{\text{j}X_L} = \frac{10\angle 0^\circ}{\text{j}31.4} = 0.318\angle -90^\circ\ \text{A}$$

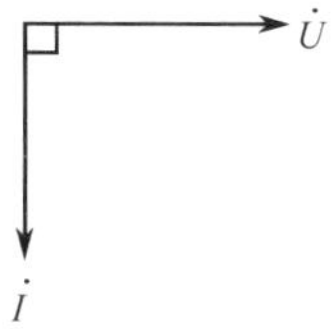

图 3.9　例 3.2 的图

相量图如图 3.9 所示。

3.2.3　电容元件的正弦交流电路

1. 电压和电流的关系

在图 3.10（a）所示电路中，设 $u = U_m \sin \omega t$。根据电容元件上的电压和电流关系 $i = C\dfrac{\text{d}u}{\text{d}t}$ 得

$$i = C\frac{\text{d}(U_m \sin \omega t)}{\text{d}t} = \omega CU_m \cos \omega t = \omega CU_m \sin(\omega t + 90^\circ)$$

即

$$i = \omega CU_m \sin(\omega t + 90^\circ) = I_m \sin(\omega t + 90^\circ) \tag{3.21}$$

由此可见，电容元件上的电压、电流也为同频率正弦量。

（1）电压和电流的相位关系

由式（3.21）可知，当电容两端电压的初相位为 0° 时，其电流的初相位为 90°。所以，电容元件上电流超前于电压 90°，或称电压滞后于电流 90°。电压与电流的波形图如图 3.10（b）所示。

（2）电压和电流的大小关系

$$\frac{U_m}{I_m} = \frac{U}{I} = \frac{1}{\omega C} = X_C \tag{3.22}$$

式中

$$X_C = \frac{1}{\omega C} = \frac{1}{2\pi fC} \tag{3.23}$$

X_C 称为容抗，单位为Ω（欧姆），与频率成反比，频率越高，容抗越小，频率越低，容抗越大。可见，电容元件具有阻低频电流，通高频电流的作用。在直流电路中，$X_C = \infty$，这表明电容元件对直流可视为开路。

（3）电压和电流的相量关系

电容元件上电压与电流的相量图如图 3.10（c）所示。因为

$$\dot{U} = U\angle 0^\circ$$

$$\dot{I} = I\angle 90^\circ = \omega CU\angle 0^\circ + 90^\circ = \text{j}\omega C\dot{U}$$

所以

$$\dot{U} = \frac{1}{\text{j}\omega C}\dot{I} = -\text{j}X_C\dot{I} \tag{3.24}$$

即

$$\frac{\dot{U}}{\dot{I}} = -jX_C \tag{3.25}$$

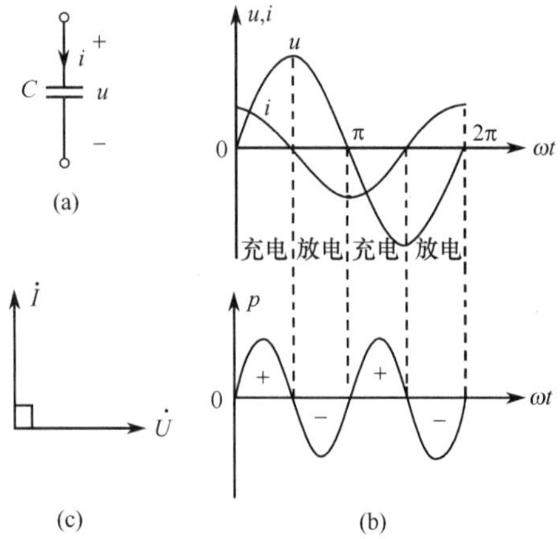

图 3.10　理想电容元件的正弦交流电路

2．功率

（1）瞬时功率

电容元件的瞬时功率可表示为

$$p = ui = I_{\mathrm{m}} \sin(\omega t + 90^\circ) U_{\mathrm{m}} \sin \omega t = U_{\mathrm{m}} I_{\mathrm{m}} \frac{\sin 2\omega t}{2}$$

即

$$p = UI \sin 2\omega t \tag{3.26}$$

瞬时功率的波形如图 3.10（b）所示，同电感元件一样，它的频率也是电源频率的两倍。当 $p > 0$ 时，电容充电，电容从电源取用电能并把它储存在电场中；当 $p < 0$ 时，电容放电，电容将电场中储存的能量释放给电源。当电容上的电压按正弦规律变化时，电容以两倍于电源频率的速度与电源不断地进行能量的交换。

（2）有功功率

$$P = \frac{1}{T}\int_0^T UI \sin 2\omega t \mathrm{d}t = 0 \tag{3.27}$$

电容的有功功率为零，这说明电容元件是储能元件。在正弦交流电源的作用下，虽有电压电流，但没有能量的消耗，只存在电容元件和电源之间的能量的交换。

（3）无功功率

与电感元件相同，电容元件的瞬时功率的幅值也反映了能量交换规模的大小，从数值上看，它也是电容元件上电压、电流有效值的乘积。其无功功率用 Q_{C} 表示。为了与电感元件的无功功率相比较，也设

$$i = I_{\mathrm{m}} \sin \omega t$$

为参考正弦量，则

$$u = U_{\mathrm{m}} \sin(\omega t - 90^\circ)$$

于是得瞬时功率

$$p = ui = -UI \sin 2\omega t \tag{3.28}$$

与式（3.18）相比，电感和电容上的瞬时功率反相位，也就是说，电感与电容取用电能的时刻相差 180°。若设 Q_{L} 为正，则 Q_{C} 为负，所以

$$Q_{\mathrm{C}} = -UI = -X_{\mathrm{C}} I^2 = -\frac{U^2}{X_{\mathrm{C}}} \tag{3.29}$$

电感元件和电容元件虽不消耗有功功率，但在电路中要与电源进行能量的交换，对电源而言也是一种负担。

〖例 3.3〗 已知：220V，50Hz 的电源上接有 4.75μF 的电容。求：（1）电容的容抗；（2）电流的有效值；（3）无功功率；（4）电容的最大储能；（5）设电流的初相位为零，求 $\dot{U}$ 并画相量图。

解：（1）容抗　　$X_C=\dfrac{1}{2\pi fC}=\dfrac{10^6}{2\times3.14\times50\times4.75}=670\Omega$

（2）电流有效值　　$I=\dfrac{U}{X_C}=\dfrac{220}{670}=0.328\text{A}$

（3）无功功率　　$Q=-UI=-220\times0.328=-72\text{var}$

（4）最大储能　　$W_{Cm}=\dfrac{1}{2}CU_m^2=\dfrac{1}{2}\times4.75\times10^{-6}\times(220\sqrt{2})^2=0.23\text{J}$

电容的最大储能在电压的最大值处。

（5）设 $\dot{I}=I\angle 0^\circ$，则 $\dot{U}=-\text{j}X_C\dot{I}=-\text{j}670\times0.328\angle 0^\circ=220\angle -90^\circ\ \text{V}$

相量图如图 3.11 所示。

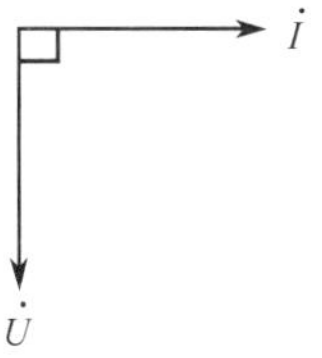

图 3.11　例 3.3 的图

【思考与练习】

3-2-1　在下列表格中，填上各元件电压、电流的相应关系式及相量图。

	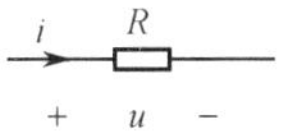	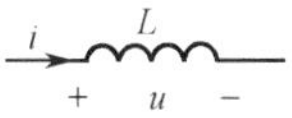	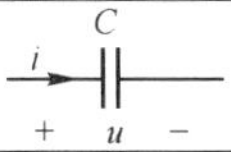
瞬时值关系			
大小关系			
相位关系			
相量关系			
功率（有功，无功）			
能量（耗、储）			

3.3　简单正弦交流电路的分析

前面我们讨论了单一参数正弦交流电路中的电流、电压及功率的关系。但在实际电路中，几种参数往往可能同时存在。在一般情况下，由 R、L、C 构成的正弦交流电路各元件的连接关系可能是串联，可能是并联，也可能是串并联构成的混联。对于这样一般形式的正弦交流电路的分析，通常将电路从时间域模型转换成相应的相量模型，电路的元件特性和基本定律都能在相量域中得到相应形式的表达。因此，在直流电路中提出的各种电路的分析方法完全能够应用到正弦交流电路的相量模型中。

3.3.1　基尔霍夫定律的相量形式

同分析直流电路一样，分析交流电路的基本依据依然是基尔霍夫定律。如前所述，正弦交流电路中只有瞬时值和相量形式满足 KCL 和 KVL。对正弦交流电路的任一节点，满足 KCL，即

$$\sum\dot{I}=0 \tag{3.30}$$

对正弦交流电路的任一回路，满足 KVL，即

$$\sum\dot{U}=0 \tag{3.31}$$

有效值和最大值只能反映正弦量的大小关系，故不满足基尔霍夫定律。

1．串联电路

在图 3.12（a）所示 R、L、C 串联电路中，设

$$i = I_m \sin \omega t$$

根据图示的参考方向，瞬时值形式的 KVL 方程为

$$u = u_R + u_L + u_C = RI_m \sin \omega t + \omega L I_m \sin(\omega t + 90^\circ) + \frac{1}{\omega C} I_m \sin(\omega t - 90^\circ) \tag{3.32}$$

R、L、C 串联电路的相量模型如图 3.12（b）所示，其相量 KVL 方程为

$$\dot{U} = \dot{U}_R + \dot{U}_L + \dot{U}_C = \dot{I}R + jX_L\dot{I} - jX_C\dot{I} \tag{3.33}$$

串联电路中各元件流过的是同一电流，因此画电路的相量图时通常以电流作为参考相量（设初相位为零），电路的相量图如图 3.12（c）所示。在坐标平面上，利用平行四边形法则将 $\dot{U}_R$、$\dot{U}_L$ 和 $\dot{U}_C$ 相加，得到串联电路的总电压 $\dot{U}$ 。

由相量图可知，$\dot{U}_R$、$\dot{U}_X(=\dot{U}_L+\dot{U}_C)$ 及 $\dot{U}$ 构成了一个直角三角形，如图 3.12（d）所示。u 的有效值为

$$U = \sqrt{U_R^2 + U_X^2} = \sqrt{U_R^2 + (U_L - U_C)^2} = \sqrt{(IR)^2 + I^2(X_L - X_C)^2}$$

即

$$U = I\sqrt{R^2 + (X_L - X_C)^2} \tag{3.34a}$$

u 的初相位为

$$\psi_u = \arctan\frac{U_X}{U_R} = \arctan\frac{I(X_L - X_C)}{IR} = \arctan\frac{X_L - X_C}{R} \tag{3.34b}$$

所以，电路总电压为

$$\dot{U} = U \angle \psi_u = I\sqrt{R^2 + (X_L - X_C)^2} \angle \arctan\frac{X_L - X_C}{R}$$

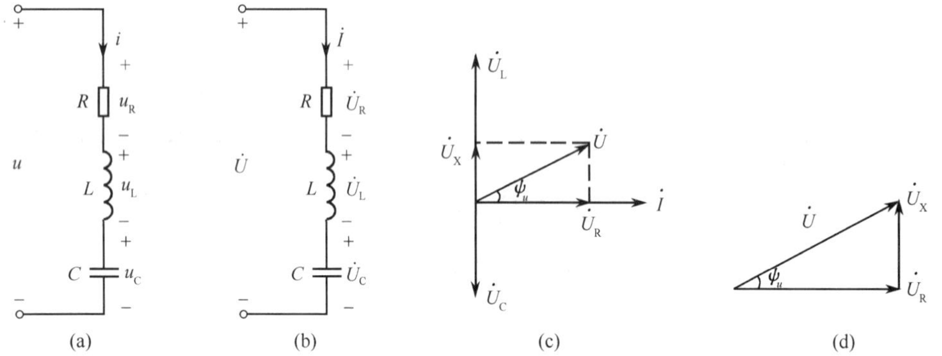

图 3.12　R，L，C 串联电路

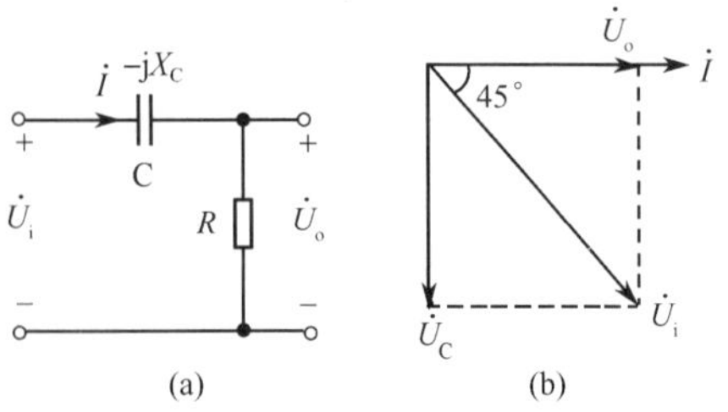

图 3.13　例 3.4 的图

〖**例 3.4**〗图 3.13（a）所示移相电路，已知：$R = 100\Omega$，输入信号频率为 500Hz。求：（1）如果要求输出电压与输入电压之间的相位差为45°，试求电容值；（2）在电容不变的前提下，若想加大该相位差，如何调整电阻 R？

解：（1）取电流 $\dot{I}$ 为参考相量，画出输入电压与输出电压的相量图如图 3.13（b）所示。根据相量图，得

$$\frac{IX_C}{IR} = \tan 45^\circ = 1$$

即

$$X_C=\frac{1}{\omega C}=\frac{1}{2\pi fC}=R$$

$$C=\frac{1}{R2\pi f}=3.18\mu F$$

若想增大输入电压与输出电压之间的相位差，在 C 不变的条件下，应使 U_R 减小，所以应减小 R 。

2. 并联电路

在图 3.14（a）所示 R、L、C 并联电路中，设

$$u=U_m\sin\omega t$$

根据图示的参考方向，瞬时值形式的 KCL 方程为

$$\begin{aligned}i&=i_R+i_L+i_C\\&=\frac{U_m}{R}\sin\omega t+\frac{U_m}{\omega L}\sin(\omega t-90^\circ)+U_m\omega C\sin(\omega t+90^\circ)\end{aligned}\tag{3.35}$$

R、L、C 并联电路的相量模型如图 3.14（b）所示，其相量形式的 KCL 方程为

$$\dot{I}=\dot{I}_R+\dot{I}_L+\dot{I}_C=\frac{\dot{U}}{R}+\frac{\dot{U}}{jX_L}+\frac{\dot{U}}{-jX_C}\tag{3.36}$$

因为并联电路中各支路承受的是同一电压，所以画相量图时通常以电压为参考相量（设其初相位为零），电路的相量图如图 3.14（c）所示。在坐标平面上，利用平行四边形法则将 $\dot{I}_R$ 、$\dot{I}_L$ 和 $\dot{I}_C$ 相加，得到并联电路的总电流 $\dot{I}$ 。

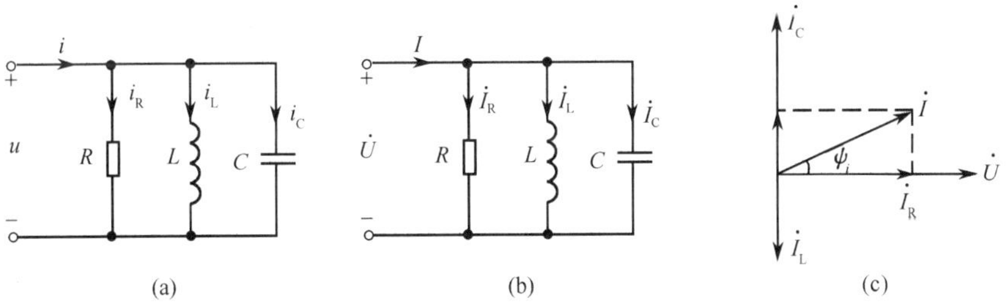

图 3.14　R、L、C 并联电路

i 的有效值为

$$I=\sqrt{I_R^2+(I_C-I_L)^2}=\sqrt{\left(\frac{U}{R}\right)^2+\left(\frac{U}{X_C}-\frac{U}{X_L}\right)^2}\tag{3.37}$$

i 的初相位为

$$\psi_i=\arctan\frac{I_C-I_L}{I_R}\tag{3.38}$$

所以，电路总电流为

$$\dot{I}=\sqrt{\left(\frac{U}{R}\right)^2+\left(\frac{U}{X_C}-\frac{U}{X_L}\right)^2}\angle\arctan\frac{I_C-I_L}{I_R}$$

〖**例 3.5**〗 电路如图 3.15（a）所示。已知：$R=X_L$ ，$X_C=10\Omega$ ，$I_C=10A$ ，$\dot{U},\dot{I}$ 同相位。求：I ，I_{RL}，U ，R ，X_L 。

解： 并联电路，以电压为参考相量，画出相量图如图 3.15（b）所示。

由相量图可知

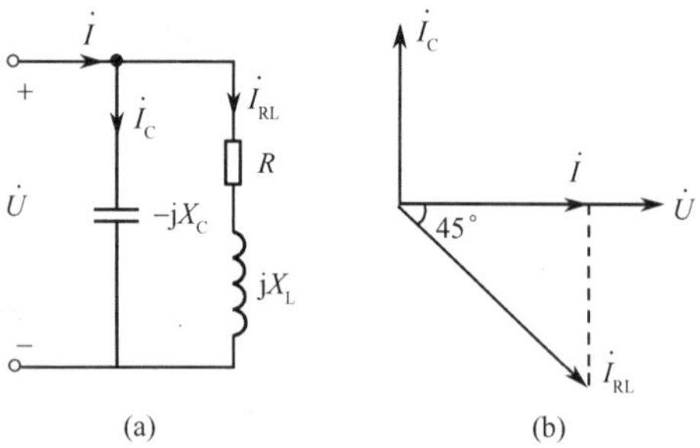

图 3.15　例 3.5 的图

$$I = 10\text{A}$$

$$I_{RL} = 10\sqrt{2}\text{A}$$

$$U = I_C X_C = 100\text{V}$$

$$\sqrt{R^2 + X_L^2} = \frac{U}{I_{RL}} = \frac{100}{10\sqrt{2}} = 5\sqrt{2}\Omega$$

因为 $$R = X_L$$

所以 $$R = X_L = 5\Omega$$

〖例 3.6〗 电路如图 3.16（a）所示。已知：$I_1 = I_2 = 10\text{A}$，$U = 100\text{V}$，$\dot{U}$ 与 $\dot{I}$ 同相。求：I，R，X_C，X_L。

解：电路中既有串联也有并联，通常取并联支路的电压 $\dot{U}_1$ 为参考相量，画出相量图如图 3.16（b）所示。由相量图得

$$I = 10\sqrt{2}\text{A}$$

$$U_L = U = 100\text{V}$$

$$U_1 = \sqrt{2}U = 100\sqrt{2}\text{V}$$

$$X_C = R = \frac{100\sqrt{2}}{10} = 10\sqrt{2}\Omega$$

$$X_L = \frac{U_L}{I} = \frac{100}{10\sqrt{2}} = 5\sqrt{2}\Omega$$

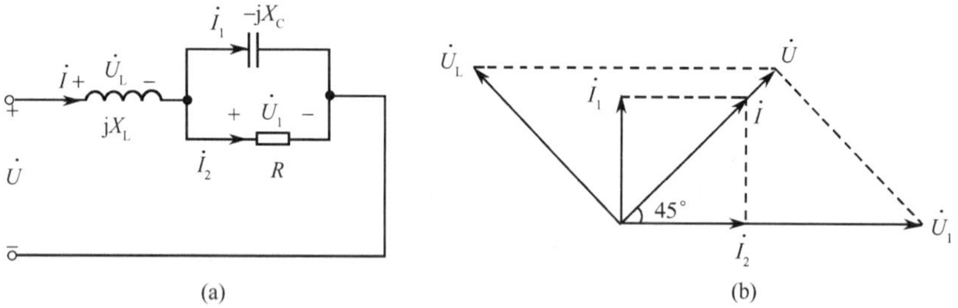

图 3.16　例 3.6 的图

3.3.2　正弦交流电路的阻抗

1．阻抗

在正弦交流电路中，电压相量与电流相量的比值，称为复阻抗。用 Z 表示

$$Z = \frac{\dot{U}}{\dot{I}} = \frac{U}{I}\angle\psi_u - \psi_i = |Z|\angle\varphi \qquad (3.39)$$

式中，$|Z|$ 称为阻抗模或阻抗值，它反映了电压和电流的大小关系，其大小是电压与电流有效值之比，即

$$|Z| = \frac{U}{I} \qquad (3.40)$$

φ 称为阻抗角，它反映了电压与电流的相位关系，是电压超前于电流的电角度，即

$$\varphi = \psi_u - \psi_i \qquad (3.41)$$

阻抗值与阻抗角的大小取决于电路的结构和参数。在图 3.12 所示的 R、L、C 串联电路中，有

$$Z = R + \text{j}(X_L - X_C) = \sqrt{R^2 + (X_L - X_C)^2}\angle\arctan\frac{X_L - X_C}{R}$$

阻抗值为

$$|Z|=\frac{U}{I}=\sqrt{R^2+(X_L-X_C)^2}$$

阻抗角为

$$\varphi=\arctan\frac{X_L-X_C}{R}$$

根据电路结构和参数的不同，阻抗角可正可负，在 R、L、C 电路中，$|\varphi|\leqslant 90°$。当 φ 为正值时，说明电压超前于电流 φ 角，电路呈感性；当 φ 为负值时，说明电压滞后于电流 φ 角，电路呈容性；当 $\varphi=0$ 时，说明电压电流同相位，电路呈电阻性。由此可见，根据阻抗角的正、负，就可以判断电路的性质。

复阻抗的电阻、电抗和阻抗值的大小满足一个直角三角形的三边关系，如图 3.17 所示。称为阻抗三角形，显然，R、L、C 串联电路中的阻抗三角形与电压三角形相似。

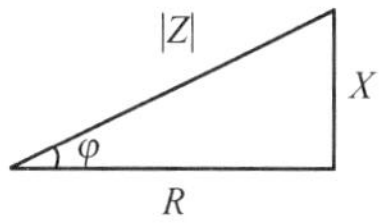

图 3.17　阻抗三角形

2. 阻抗的串联和并联

在正弦交流电路中，阻抗的连接形式是多种多样的。交流电路中一个由 R、L、C 构成的无源网络可以用一个复阻抗等效。

（1）阻抗的串联

图 3.18（a）所示为两个阻抗串联的电路。根据欧姆定律和基尔霍夫定律的相量形式，得

$$\dot{U}=\dot{U}_1+\dot{U}_2=\dot{I}Z_1+\dot{I}Z_2=\dot{I}(Z_1+Z_2)$$

因此

$$Z=\frac{\dot{U}}{\dot{I}}=Z_1+Z_2 \tag{3.42}$$

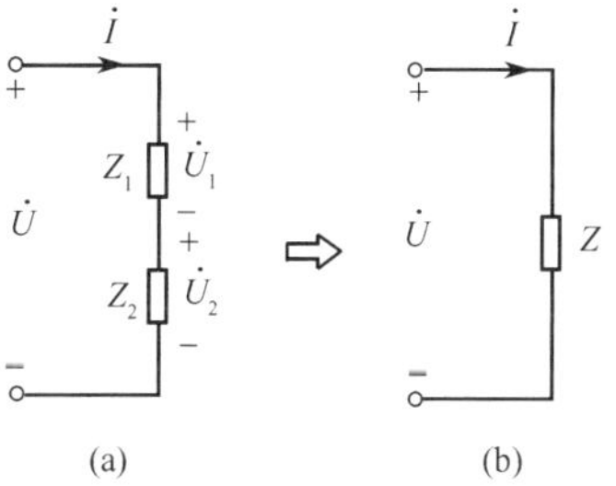

图 3.18　串联电路的阻抗

由此可见，两个串联的阻抗可用一个等效复阻抗来代替，如图 3.18（b）所示。此等效复阻抗应等于串联的各复阻抗之和。一般，几个阻抗串联时，其等效复阻抗可用下式表示

$$Z=\sum Z_K=\sum R_K+\sum jX_K$$
$$=\sqrt{(\sum R_K)^2+(\sum X_K)^2}\angle\arctan\frac{\sum X_K}{\sum R_K}=|Z|\angle\varphi \tag{3.43}$$

即

$$|Z|=\sqrt{(\sum R_K)^2+(\sum X_K)^2} \tag{3.44}$$

$$\varphi=\arctan\frac{\sum X_K}{\sum R_K} \tag{3.45}$$

在上面各式的 $\sum X_K$ 中，感抗 X_L 取正号，容抗 X_C 取负号。一定要注意，等效阻抗是复数，要用复数运算法则。

根据上面的方法计算出等效复阻抗后，其电压、电流的关系可以表示为：

$$\dot{U}=\dot{I}Z \quad 或 \quad \dot{I}=\frac{\dot{U}}{Z}$$

一般来讲

$$U\neq U_1+U_2 \quad 即 \quad I|Z|\neq I|Z_1|+I|Z_2|$$

所以

$$|Z|\neq|Z_1|+|Z_2|$$

〖**例 3.7**〗 已知：$Z_1=(6.16+j9)\Omega$，$Z_2=(2.5-j4)\Omega$ 串联在一起接入 $\dot{U}=220\angle 30°\text{V}$ 的电源上，求电路中的电流 $\dot{I}$ 和各阻抗上的电压 $\dot{U}_1$ 和 $\dot{U}_2$。

解：先求等效复阻抗　$Z = Z_1 + Z_2 = 6.16 + \mathrm{j}9 + 2.5 - \mathrm{j}4 = 8.66 + \mathrm{j}5 = 10\angle 30^\circ\ \Omega$

再求
$$\dot{I} = \frac{\dot{U}}{Z} = \frac{220\angle 30^\circ}{10\angle 30^\circ} = 22\angle 0^\circ\ \mathrm{A}$$

然后根据 $\dot{I}$ 求

$$\dot{U}_1 = \dot{I}Z_1 = 22\angle 0^\circ \times (6.16 + \mathrm{j}9) = 22\angle 0^\circ \times 10.9\angle 55.6^\circ = 239.8\angle 55.6^\circ\ \mathrm{V}$$
$$\dot{U}_2 = \dot{I}Z_2 = 22\angle 0^\circ \times (2.5 - \mathrm{j}4) = 22\angle 0^\circ \times 4.7\angle -58^\circ = 103.6\angle -58^\circ\ \mathrm{V}$$

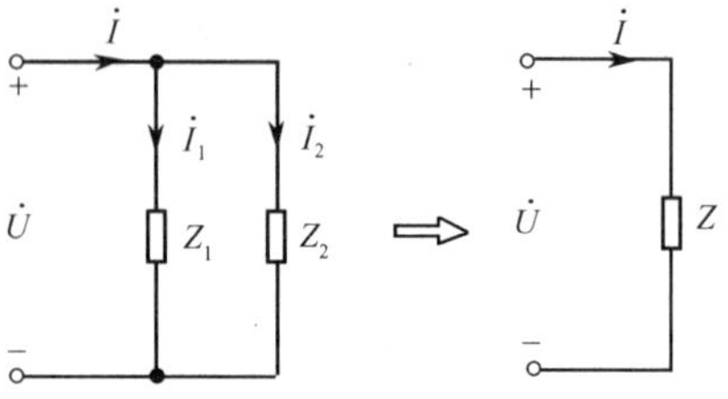

(a)　(b)

图 3.19　并联电路的阻抗

（2）阻抗的并联

图 3.19（a）所示是两个阻抗并联组成的电路。根据基尔霍夫电流定律有

$$\dot{I} = \dot{I}_1 + \dot{I}_2 = \frac{\dot{U}}{Z_1} + \frac{\dot{U}}{Z_2} = \dot{U}\left(\frac{1}{Z_1} + \frac{1}{Z_2}\right) = \frac{\dot{U}}{\dfrac{Z_1 Z_2}{Z_1 + Z_2}} = \frac{\dot{U}}{Z}$$

两个并联的阻抗可用一个等效复阻抗代替，如图 3.19（b）所示。其等效复阻抗为

$$Z = \frac{Z_1 Z_2}{Z_1 + Z_2} \tag{3.46}$$

由以上分析可知，复阻抗的串并联法则与电阻的串并联法则在形式上完全相同，只不过这里是复数运算。

根据无源一端口的等效复阻抗，可以画出一端口的串联等效电路。复阻抗的实部等效为电阻元件，虚部等效为电感或电容元件。若复阻抗的虚部为正，则该等效电路可视为电阻元件和电感元件的串联；若复阻抗的虚部为负，则该等效电路可视为电阻元件和电容元件的串联。若复阻抗的虚部为零，则等效电路可视为纯电阻元件。

在正弦交流电路中，如果将电路中已知的正弦量用相量表示，电路中的参数用复阻抗表示，则可以应用在第 1 章中学过的各种方法列方程求解。但所有的方程都应为相量方程，所有的运算都应为复数运算。

〖**例 3-8**〗 在图 3.20（a）所示电路中，$Z_1 = (4 + \mathrm{j}10)\Omega$，$Z_2 = (8 - \mathrm{j}6)\Omega$，$Z_3 = \mathrm{j}8.33\Omega$，$U = 60\mathrm{V}$，求电流 $\dot{I}_1, \dot{I}_2, \dot{I}_3$，并画出电压电流相量图。

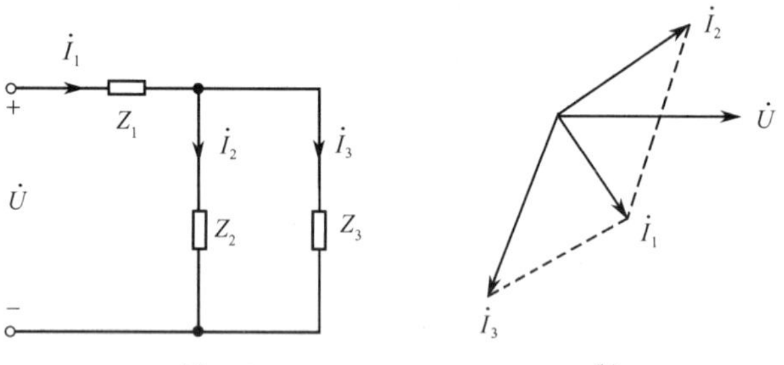

(a)　(b)

图 3.20　例 3.8 的图

解：设电压 $\dot{U}$ 为参考相量，则 $\dot{U} = 60\angle 0^\circ\ \mathrm{V}$，两个并联阻抗的等效阻抗为

$$Z_{23} = \frac{Z_2 Z_3}{Z_2 + Z_3} = \frac{(8 - \mathrm{j}6)(\mathrm{j}8.33)}{8 - \mathrm{j}6 + \mathrm{j}8.33} = \frac{50 + \mathrm{j}66.6}{8 + \mathrm{j}2.33} = \frac{83.3\angle 53.1^\circ}{8.33\angle 16.2^\circ} = 10\angle 36.9^\circ\ \Omega$$

Z_1 和 Z_{23} 串联的阻抗为

$$Z = Z_1 + Z_{23} = (4 + \mathrm{j}10) + 10\angle 36.9^\circ = 4 + \mathrm{j}10 + (8 + \mathrm{j}6) = 20\angle 53.1^\circ\ \Omega$$

故
$$\dot{I}_1=\frac{\dot{U}}{Z}=\frac{60\angle 0^\circ}{20\angle 53.1^\circ}=3\angle -53.1^\circ\ \text{A}$$
$$\dot{I}_2=\frac{Z_{23}\dot{I}_1}{Z_2}=\frac{10\angle 36.9^\circ\times 3\angle -53.1^\circ}{8-\text{j}6}=3\angle 20.7^\circ\ \text{A}$$
$$\dot{I}_3=\frac{Z_{23}\dot{I}_1}{Z_3}=\frac{10\angle 36.9^\circ\times 3\angle -53.1^\circ}{\text{j}8.33}=3.6\angle -106.2^\circ\ \text{A}$$
电压、电流相量图如图 3.20（b）所示。

〖**例 3.9**〗在图 3.21(a)所示电路中，已知 $\dot{U}=100\angle 0^\circ\ \text{V}$，$X_\text{C}=500\Omega$，$X_\text{L}=1000\Omega$，$R=2000\Omega$，求电流 $\dot{I}$。

解：本题电路中，只需求一条支路的电流，故可以用戴维南定理求解。由图 3.21（b）可得等效电动势
$$\dot{E}=\dot{U}_0=\dot{V}_\text{a}-\dot{V}_\text{b}=\dot{U}\frac{\text{j}X_\text{L}}{\text{j}X_\text{L}-\text{j}X_\text{C}}-\dot{U}\frac{-\text{j}X_\text{C}}{\text{j}X_\text{L}-\text{j}X_\text{C}}=100\angle 0^\circ\times\frac{\text{j}1000+\text{j}500}{\text{j}1000-\text{j}500}=300\angle 0^\circ\ \text{V}$$
由图 3.21（c）可得等效内阻抗
$$Z_0=\frac{\text{j}X_\text{L}(-\text{j}X_\text{C})}{\text{j}X_\text{L}-\text{j}X_\text{C}}\times 2=\frac{\text{j}1000(-\text{j}500)}{\text{j}1000-\text{j}500}\times 2=-\text{j}2000\Omega$$
画出图 3.21（a）的戴维南等效电路，如图 3.21（d）所示。由图 3.21（d）可得
$$\dot{I}=\frac{\dot{E}}{Z_0+R}=\frac{300\angle 0^\circ}{-\text{j}2000+2000}=\frac{3}{20\sqrt{2}}\angle 45^\circ\text{A}$$

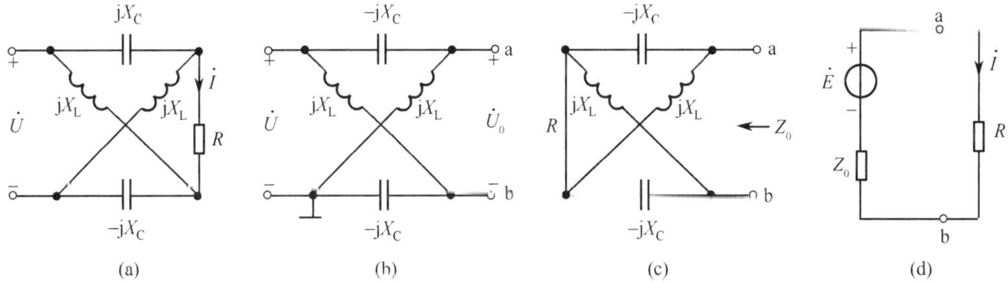

图 3.21　例 3.9 的电路

3.3.3　正弦交流电路的功率

1．瞬时功率

在正弦交流电路中，由于有电感和电容的存在，因此在一般情况下电压和电流有一定的相位差。设如图 3.22（a）所示的无源二端网络的电流和电压分别为
$$u=U_\text{m}\sin(\omega t+\varphi)$$
$$i=I_\text{m}\sin\omega t$$

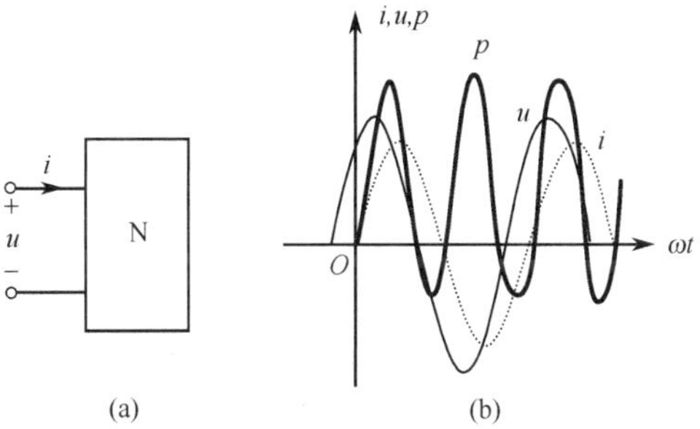

图 3.22　正弦交流电路的电流、电压及瞬时功率波形图

则该电路的瞬时功率为

$$p = ui = U_{\mathrm{m}} \sin(\omega t + \varphi) I_{\mathrm{m}} \sin \omega t = UI \cos \varphi - UI \cos(2\omega t + \varphi) \tag{3.47}$$

瞬时功率的波形如图 3.22（b）所示。可以看出，瞬时功率有正有负，当 $p>0$ 时，二端网络从电源吸收功率；当 $p<0$ 时，二端网络向电源回馈功率。因为电阻从电源吸收功率，而电感和电容元件与电源交换功率，所以，在一般情况下，功率波形的正、负面积不相等，负载吸收功率的时间总是大于释放功率的时间，说明电路在消耗功率，这是由于电路中存在电阻的缘故。

2．有功功率、无功功率和视在功率

正弦电路的有功功率即为平均功率，为

$$P = \frac{1}{T}\int_0^T ui\mathrm{d}t = \frac{1}{T}\int_0^T \left[UI \cos \varphi - UI \cos(2\omega t + \varphi)\right]\mathrm{d}t = UI \cos \varphi \tag{3.48}$$

式（3.48）说明，交流电路中有功功率的大小不仅取决于电压电流有效值的乘积，而且与它们的相位差（阻抗角）有关。对于 R、L、C 电路，因为有电阻元件存在，所以电路中总存在功率损耗。电路中的有功功率即为电阻上消耗的功率。式中的 $\cos\varphi$ 称为功率因数。$\cos\varphi$ 的大小与元件参数有关。

电路中的电感元件和电容元件上有能量的储放，与电源之间要交换能量，所以电路中也存在无功功率。将式（3.47）中的 $UI\cos(2\omega t + \varphi)$ 分解为（$UI\cos\varphi\cos 2\omega t - UI\sin\varphi\sin 2\omega t$），则式（3.47）可写成

$$\begin{aligned} p &= UI\cos\varphi - (UI\cos\varphi\cos 2\omega t - UI\sin\varphi\sin 2\omega t) \\ &= UI\cos\varphi(1-\cos 2\omega t) + UI\sin\varphi\sin 2\omega t \\ &= P(1-\cos 2\omega t) + Q\sin 2\omega t \end{aligned}$$

式中

$$Q = UI\sin\varphi \tag{3.49}$$

无功功率反映了电路中储能元件与电源进行能量交换规模的大小。当 $\varphi > 0$（感性电路）时，$Q > 0$；当 $\varphi < 0$（容性电路）时，$Q < 0$。无功功率的正负与电路的性质有关。因为电感元件的电压超前于电流 $90°$，电容元件的电压滞后于电流 $90°$，所以感性无功功率与容性无功功率可以相互补偿，即

$$Q = Q_{\mathrm{L}} + Q_{\mathrm{C}}$$

正弦交流电压的有效值 U 和电流的有效值 I 的乘积称为视在功率

$$S = UI \tag{3.50}$$

交流电气设备是按照规定的额定电压 U_{N} 和额定电流 I_{N} 来设计和使用的。对电源设备来讲，S_{N} 又称额定容量，简称容量。它表明电源设备允许提供的最大有功功率。

视在功率的单位是 V·A（伏安）或 kV·A（千伏安）。

有功功率、无功功率和视在功率的大小满足一个直角三角形的三边关系，且与前述的电压三角形、阻抗三角形相似，如图 3.23 所示，得 P、Q、S 三者的关系为

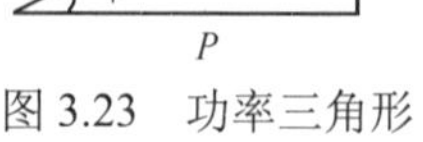

图 3.23　功率三角形

$$S = \sqrt{P^2 + Q^2} \tag{3.51}$$

$$P = S\cos\varphi \tag{3.52}$$

$$\cos\varphi = \frac{P}{S} \tag{3.53}$$

对于正弦交流电路来说，有功功率和无功功率满足功率的可加性，电路中总的有功功率等于电路中各部分的有功功率之和，总的无功功率等于电路各部分的无功功率之和，但在一般情况下，视在功率不满足可加性。

〖例 3.10〗 在电阻、电感、电容元件串联的电路中，已知：$R = 30\Omega$，$L = 127\mathrm{mH}$，$C = 40\mu\mathrm{F}$，

电源电压 $u = 220\sqrt{2}\sin(314t + 20^\circ)$V 。求：（1）感抗、容抗和阻抗值及阻抗角；（2）电流的有效值与瞬时值表达式；（3）各部分电压的有效值与瞬时值的表达式；（4）有功功率、无功功率、视在功率；（5）判断该电路的性质。

解：（1） $X_L = \omega L = 314 \times 127 \times 10^{-3} = 40\Omega$

$$X_C = \frac{1}{\omega C} = \frac{1}{314 \times 40 \times 10^{-6}} = 80\Omega$$

$$Z = R + j(X_L - X_C) = 30 + j(40 - 80) = 30 - j40 = 50\angle -53^\circ\ \Omega$$

（2） $$I = \frac{U}{|Z|} = \frac{220}{50}\text{A} = 4.4\text{A}$$

$$i = 4.4\sqrt{2}\sin(314t + 20^\circ + 53^\circ) = 4.4\sqrt{2}\sin(314t + 73^\circ)\text{A}$$

（3） $U_R = IR = 4.4 \times 30 = 132\text{V}$

$$u_R = 132\sqrt{2}\sin U_R(314t + 73^\circ)\text{V}$$

$$U_L = IX_L = 4.4 \times 40 = 176\text{V}$$

$$u_L = 176\sqrt{2}\sin(314t + 73^\circ + 90^\circ) = 176\sqrt{2}\sin(314t + 163^\circ)\text{V}$$

$$U_C = IX_C = 4.4 \times 80 = 352\text{V}$$

$$u_C = 352\sqrt{2}\sin(314t + 73^\circ - 90^\circ) = 352\sqrt{2}\sin(314t - 17^\circ)\text{V}$$

显然， $U \neq U_R + U_L + U_C$

（4） $P = UI\cos\varphi = 220 \times 4.4\cos(-53^\circ) = 580\text{W}$

$$Q = UI\sin\varphi = 220 \times 4.4\sin(-53^\circ) = -774\text{var}$$

$$S = UI = 220 \times 4.4 = 968\text{V}\cdot\text{A}$$

因为电路中只有电阻产生有功功率，而电感和电容产生无功功率，所以，也可以用下列方法计算

$$P = I^2R = 4.4^2 \times 30 = 580\text{W}$$

$$Q = I^2X_L - I^2X_C = 4.4^2 \times 40 - 4.4^2 \times 80 = -774\text{var}$$

（5）不论从阻抗角的正、负，还是从电压电流的相位关系，或从无功功率的正、负，都很容易得出：电路是容性的。

【例 3.11】 图 3.24 所示的两个阻抗 $Z_1 = (3 + j4)\Omega$，$Z_2 = (8 - j6)\Omega$，它们并联后接在 $\dot{U} = 220\angle 0^\circ$ V 的电源上。求电路中的电流 $\dot{I}$、$\dot{I}_1$、$\dot{I}_2$，画出各电流的相量图，并求电路的总功率 P、Q、S。

解：先计算等效复阻抗

$$Z = \frac{Z_1Z_2}{Z_1 + Z_2} = \frac{(3 + j4) \times (8 - j6)}{3 + j4 + 8 - j6}$$

$$= \frac{5\angle 53^\circ \times 10\angle -37^\circ}{11 - j2} = \frac{50\angle 16^\circ}{11.2\angle -10.5^\circ} = 4.47\angle 26.5^\circ\ \Omega$$

$$\dot{I} = \frac{\dot{U}}{Z} = \frac{220\angle 0^\circ}{4.47\angle 26.5^\circ} = 49.2\angle -26.5^\circ\ \text{A}$$

$$\dot{I}_1 = \frac{\dot{U}}{Z_1} = \frac{220\angle 0^\circ}{5\angle 53^\circ} = 44\angle -53^\circ\ \text{A}$$

$$\dot{I}_2 = \frac{\dot{U}}{Z_2} = \frac{220\angle 0^\circ}{10\angle -37^\circ} = 22\angle 37^\circ\ \text{A}$$

在并联电路中，由于各支路的电压是相同的，故以电压为参考相量画相量图，如图 3.25 所示。电路的总功率为

$$P = UI\cos\varphi = 220 \times 49.2\cos 26.5^\circ = 9686.77\text{W}$$

$$Q = UI\sin\varphi = 220\times 49.2\sin 26.5^\circ = 4829.65\text{var}$$

$$S = UI = 220\times 49.2 = 10824\text{V}\cdot\text{A}$$

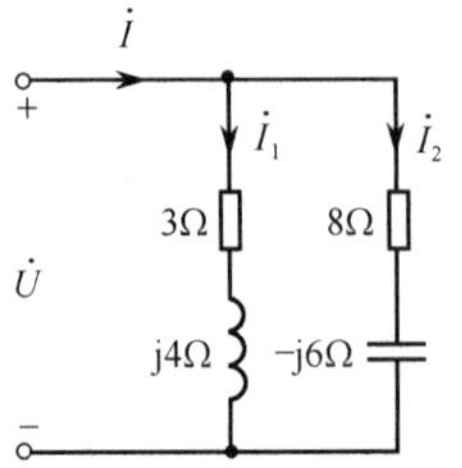

图 3.24　例 3.11 的电路

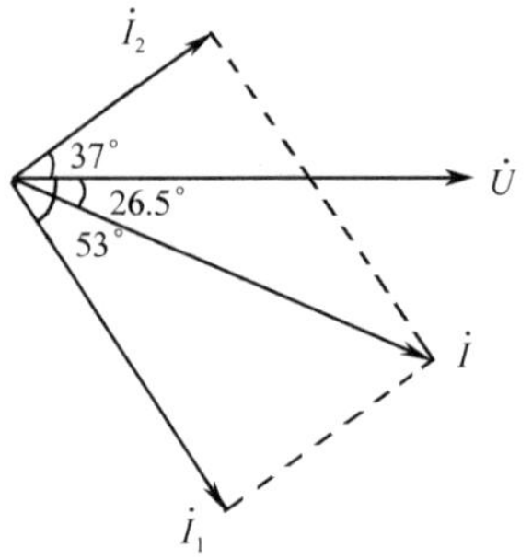

图 3.25　例 3.11 的相量图

3．功率因数的提高

在正弦交流电路中，有功功率与视在功率的比值称为功率因数。

$$\frac{P}{S} = \cos\varphi$$

功率因数是正弦交流电路中一个很重要的物理量。

电路的功率因数过低会带来两方面的不良影响。

（1）线路损耗大。

因为$I = \dfrac{P}{U\cos\varphi}$，设线路电阻 r，所以线路损耗为$I^2 r$。当输电线路的电压和传输的有功功率一定时，输电线上的电流与功率因数成反比。功率因数越小，输电线上的电流越大，线路损耗亦越大。

（2）电源的利用率低。

因为电源的容量 S_N 是一定的，由 $P = UI\cos\varphi$ 可知，电源能够输出的有功功率与功率因数成正比。当负载的$\cos\varphi = 0.5$时，电源的利用率只有 50%。

由此可见，功率因数的提高有着非常重要的经济意义。

在实际电路中，功率因数不高的主要原因是工业上大都使用感性负载。例如，三相异步电动机满载时功率因数为 0.7～0.8，轻载时只有 0.4～0.5，空载时甚至只有 0.2。

按照供、用电规则，高压供电的工业、企业单位平均功率因数不得低于 0.95，其他单位不得低于 0.9。因此，提高功率因数是一个必须要解决的问题。这里说的提高功率因数，是指提高线路的功率因数，而不是提高某个负载的功率因数。应注意的是，功率因数的提高必须在保证负载正常工作的前提下实现。

提高功率因数常用的方法是在感性负载两端并联电容器。电路和相量图如图 3.26 所示。

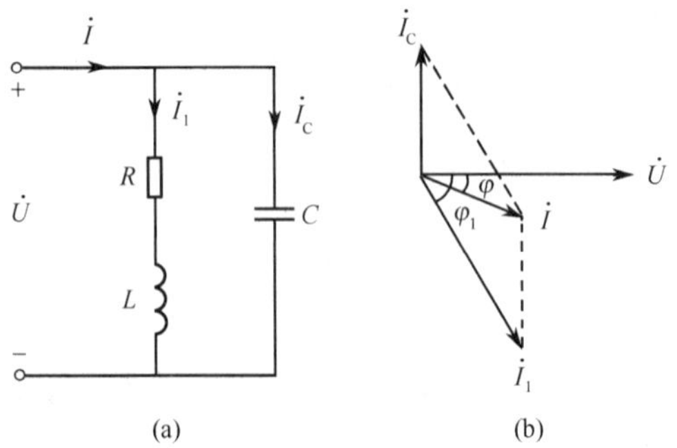

图 3.26　感性负载并联电容提高功率因数

由相量图可知，并联电容器以前，线路的阻抗角为负载的阻抗角φ_1，线路的功率因数为负载的功率因数$\cos\varphi_1$（较低）。线路的电流为负载的电流I_1（较大）；并联电容器以后，由于电容上的电流超前于电压90°，故抵消掉了部分感性负载电流的无功分量，使得线路的总电流I减小，线路的阻抗角φ减小，线路的功率因数$\cos\varphi$得以提高。

由于电容器是并联在负载两端的，负载两端的电压不变，因此负载的工作状况不会发生变化。

设负载的电压为U_1，阻抗角为φ_1，有功功率为P，它们也是并电容器前线路的电压、阻抗角和有功功率。并联电容器后，线路的电压为U，阻抗角为φ，有功功率为P（电容不产生有功功率，所以并联电容器前、后P不变）。根据相量图，得

$$I_C = I_1\sin\varphi_1 - I\sin\varphi = \frac{P}{U\cos\varphi_1}\cdot\sin\varphi_1 - \frac{P}{U\cos\varphi}\cdot\sin\varphi = U\cdot\omega C$$

$$C = \frac{P}{\omega U^2}(\tan\varphi_1 - \tan\varphi) \qquad (3.54)$$

这就是把功率因数由$\cos\varphi_1$提高到$\cos\varphi$所需并联电容器容量的计算公式。

由上述分析可见，并联电容器后，改变的只是线路的功率因数、电流、无功功率，而负载的工作状况及电路的有功功率没有发生变化。

〖例 3.12〗 有一电感性负载，功率为 10kW，功率因数为 0.6，接在电压为 220V，50Hz 的交流电源上。(1) 若将功率因数提高到 0.95，需并联多大的电容？(2) 计算并联电容前、后的线路电流。(3) 若要将功率因数从 0.95 再提高到 1，还需并联多大电容？(4) 若电容值继续增大，功率因数会怎样变化？

解：(1)

$$\cos\varphi_1 = 0.6,\quad \varphi_1 = 53^\circ$$

$$\cos\varphi = 0.95,\quad \varphi = 18^\circ$$

代入式（3.54）得

$$C = \frac{10\times10^3}{220^2\times2\pi\times50}(\tan53^\circ - \tan18^\circ) = 656\mu F$$

(2) 并联电容前的线路电流即负载电流为

$$I_1 = \frac{P}{U\cos\varphi_1} = \frac{10\times10^3}{220\times0.6} = 75.6A$$

并联电容后的电流为

$$I = \frac{P}{U\cos\varphi} = \frac{10\times10^3}{220\times0.95} = 47.8A$$

(3) 需要再并联的电容值为

$$C = \frac{10\times10^3}{220^2\times2\pi\times50}(\tan18^\circ - \tan0^\circ) = 213.6\mu F$$

(4) 在感性负载两端并联电容器提高功率因数时，该电容器称为补偿电容。若并联电容后的电路仍为感性，则称为欠补偿，欠补偿时，电容越大，功率因数越高。功率因数提高到 1 时，电路呈电阻性，此时称为全补偿。再增大电容，电路呈现容性，之后随着电容值的增大，功率因数在下降，此时称为过补偿。

【思考与练习】

3-3-1 RL 串联电路如图 3.27 所示。判断下列哪些式子是对的，哪些式子是错的？

(1) $U = U_R + U_L$　　(2) $\dot U = \dot U_R + \dot U_L$

(3) $Z = R + jX_L$　　(4) $Z = R + X_L$

3-3-2 画出图 3.28 所示电路的相量图，并判断$\dot U_2$与$\dot U_1$的相位关系。若使两者之间的相位相差60°，则

两个参数值应满足什么条件？

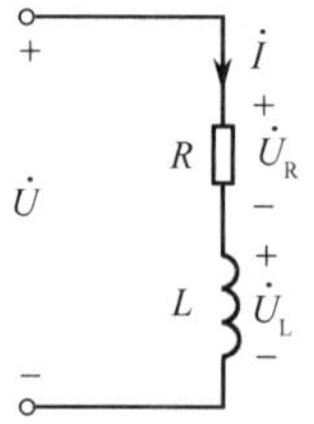

图 3.27　思考与练习 3-3-1 的电路

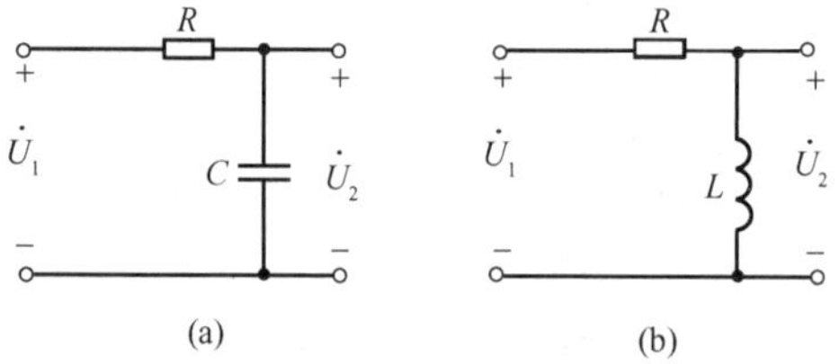

图 3.28　思考与练习 3-3-2 的电路

3-3-3　有一 R、L、C 串联的交流电路，已知：$R = X_L = X_C = 10\Omega$，$I = 1A$。求各元件上的电压值及电路的总电压值。判断一下，电路的电流和电压的相位关系如何？

3-3-4　在 R、L、C 串联的电路中，满足什么条件时，电感或电容上的电压大于电源电压？电阻上的电压能大于电源电压吗？为什么？

3-3-5　对于感性负载，能否采用串联电容的方法提高功率因数？为什么？

3-3-6　试用相量图说明并联电容过大功率因数反而下降的原因。

3-3-7　感性负载并联合适的电容提高功率因数时，电路中哪些量发生了变化？如何变化？哪些量不变，为什么？

3.4　电路的频率特性

在含有 R、L、C 元件的交流电路中，因为感抗、容抗都是频率的函数，所以当改变电感元件、电容元件的参数或电源的频率时，感抗和容抗就会随之发生变化，同时引起电压与电流的大小和相位发生变化。响应与频率之间的关系称为电路的频率特性或者频率响应。

3.4.1　滤波电路

所谓滤波就是利用电容或电感随频率变化而改变的特性，对不同频率的输入信号产生不同的响应，让需要的某一频带的信号顺利通过，而抑制不需要的其他频率的信号。

滤波电路通常分为低通、高通和带通等多种。本节主要以 RC 电路为例介绍一阶滤波电路的特点。

1. 低通滤波电路

图 3.29 所示的 RC 串联电路，$U_1(\mathrm{j}\omega)$是输入电压信号，$U_2(\mathrm{j}\omega)$是输出电压信号，它们都是频率的函数。

电路的输出电压与输入电压之比称为电路的传递函数，用 $T(\mathrm{j}\omega)$表示，它是一个复数。

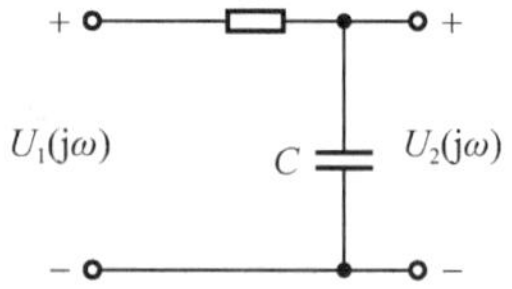

图 3.29　低通滤波电路

$$T(\mathrm{j}\omega) = \frac{U_2(\mathrm{j}\omega)}{U_1(\mathrm{j}\omega)} = \frac{\dfrac{1}{\mathrm{j}\omega C}}{R + \dfrac{1}{\mathrm{j}\omega C}} = \frac{1}{1 + \mathrm{j}\omega RC} = \frac{1}{\sqrt{1 + \left(\dfrac{\omega}{\omega_0}\right)^2}} \angle -\arctan\frac{\omega}{\omega_0} \tag{3.55}$$

式中，$\omega_0 = \dfrac{1}{RC}$，当 $\omega = \omega_0$ 时，$|T(\mathrm{j}\omega)| = \dfrac{1}{\sqrt{2}} \approx 0.707$。通常，规定当输出电压下降到输入电压的 0.707 时，所对应的频率为截止频率。

由式（3.55）可以看出，$|T(\mathrm{j}\omega)|$的值随着ω 的增大而减小。

当ω=0 时，$|T(\mathrm{j}\omega)|$最大，即

$$|T(\mathrm{j}\omega)|=1\,,\quad \varphi(\omega)=0$$

当ω=∞时，$|T(\mathrm{j}\omega)|$最小，即

$$|T(\mathrm{j}\omega)|=0\,,\quad \varphi(\omega)=-\frac{\pi}{2}$$

低通滤波电路的频率特性如图 3.30 所示。可以看出，以上电路具有使低频信号容易通过，而抑制高频信号的作用，所以通常把图 3.29 所示电路称为低通滤波电路。

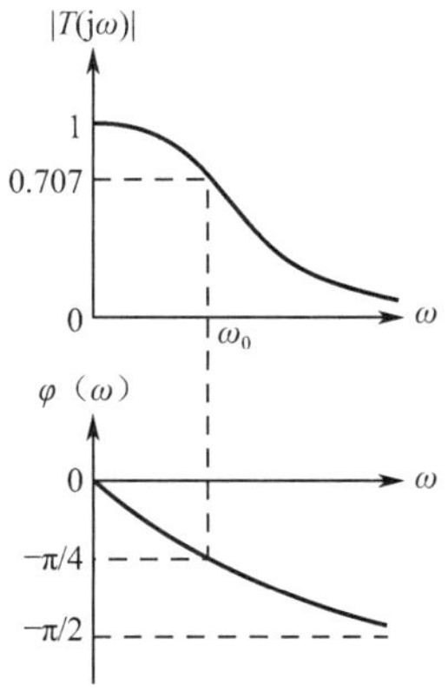

图 3.30　低通滤波电路的频率特性

2．高通滤波电路

图 3.31 所示 RC 电路与图 3.29 所示电路的不同之处是输出电压从 R 两端输出。

电路的传递函数为

$$T(\mathrm{j}\omega)=\frac{U_2(\mathrm{j}\omega)}{U_1(\mathrm{j}\omega)}=\frac{R}{R+\dfrac{1}{\mathrm{j}\omega C}}=\frac{\mathrm{j}\omega RC}{1+\mathrm{j}\omega RC}$$

$$=\frac{1}{\sqrt{1+\left(\dfrac{\omega_0}{\omega}\right)^2}}\angle \arctan\frac{\omega_0}{\omega} \tag{3.56}$$

式中，$\omega_0=\dfrac{1}{RC}$，为截止角频率。

由式（3.56）可以看出，$|T(\mathrm{j}\omega)|$的值随着ω 的增大而增大。

当ω=0 时，$|T(\mathrm{j}\omega)|$最小，即

$$|T(\mathrm{j}\omega)|=0\,,\quad \varphi(\omega)=\frac{\pi}{2}$$

当$\omega=\infty$时，$|T(\mathrm{j}\omega)|$最大，即

$$|T(\mathrm{j}\omega)|=1\,,\quad \varphi(\omega)=0$$

高通滤波电路的频率特性如图 3.32 所示。可以看出，以上电路具有使高频信号容易通过，而抑制低频信号的作用，所以通常把图 3.31 所示电路称为高通滤波电路。

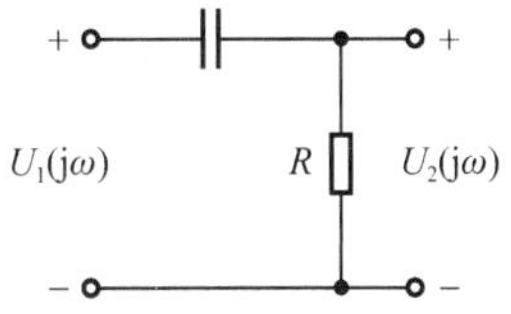

图 3.31　高通滤波电路

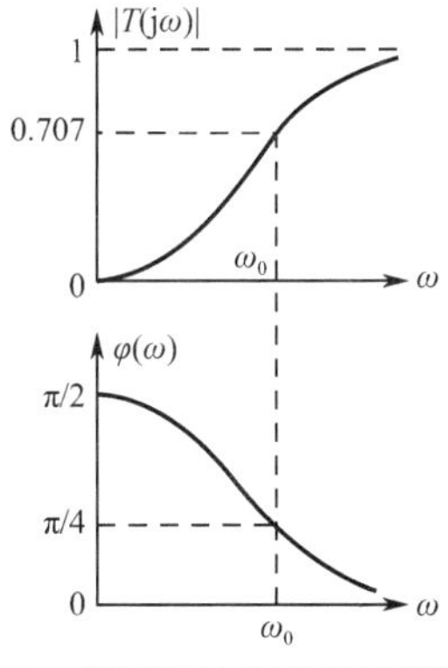

图 3.32　高通滤波电路的频率特性

3.4.2　谐振电路

改变电路中电感元件、电容元件的参数或电源的频率时，感抗和容抗就会随之发生变化，当电路的电压、电流同相位，即电路呈电阻性时，称电路的这种状态为谐振。

1. 串联谐振

在 R、L、C 串联的电路中发生的谐振，称为串联谐振。在图 3.33（a）所示串联电路中，其阻抗

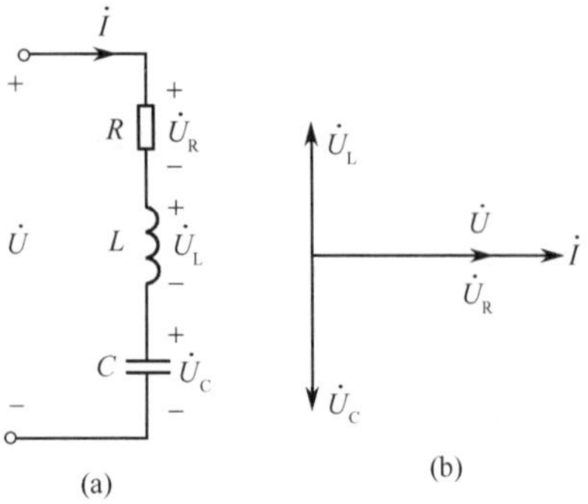

图 3.33　串联电路的谐振

$$Z = R + \mathrm{j}(X_L - X_C) = \sqrt{R^2 + (X_L - X_C)^2} \angle \arctan\frac{X_L - X_C}{R}$$

若感抗和容抗相等，即

$$X_L = X_C$$

则 $$\varphi = \arctan\frac{X_L - X_C}{R} = 0^\circ$$

此时电源电压 $\dot{U}$ 与电路中的 $\dot{I}$ 同相位，电路中发生谐振。

由此，可得出谐振条件

$$\omega_0 L = \frac{1}{\omega_0 C} \tag{3.57}$$

谐振频率为

$$\omega_0 = \frac{1}{\sqrt{LC}} \tag{3.58}$$

$$f_0 = \frac{1}{2\pi\sqrt{LC}} \tag{3.59}$$

当电源频率和电路参数 L 和 C 之间的关系满足以上关系时，电路发生谐振。

由式（3.59）可知，谐振频率完全是由电路本身的参数决定的，是电路本身的固有性质。每个 R、L、C 串联的电路都对应一个谐振频率。当电源的频率一定时，改变电路的参数 L 或 C，可以使电路发生谐振；当电路参数一定时，改变电源频率，也可使电路产生谐振，这个过程称为调谐。

串联谐振具有以下特征。

① 电路的阻抗角 $\varphi = 0$，电压、电流同相位，电路呈电阻性。

相量图如图 3.33（b）所示。电源只给电阻提供能量，电感和电容的能量交换在它们两者之间进行。

② 电路中的阻抗值最小。当电源电压 U 一定时，电流 I 最大。因为

$$Z = \sqrt{R^2 + (X_L - X_C)^2} = R$$

$$I_0 = \frac{U}{R} \tag{3.60}$$

阻抗和电流随频率变化的曲线如图 3.34 所示。

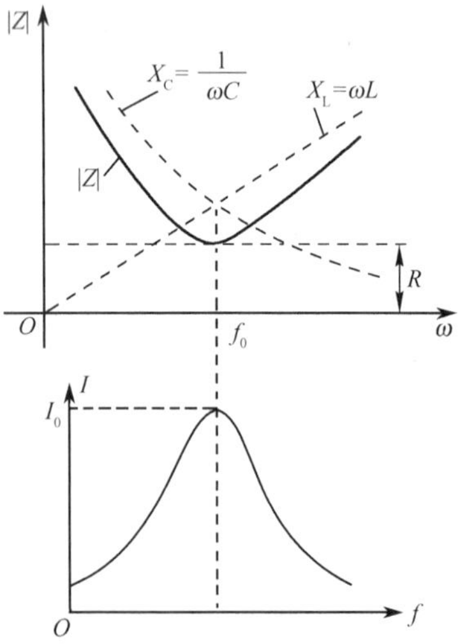

图 3.34　阻抗和电流随频率变化的曲线

I_0 为谐振电流的有效值。当电源电压 U 一定时，I_0 的大小只是取决于 R。R 越小，I_0 越大，若 $R \to 0$，则 $I_0 \to \infty$。

③ 串联谐振时，在电感元件和电容元件上可能产生高电压。

因为谐振时，电感元件和电容元件上的电压大小相等，方向相反，相互抵消，电阻元件上的电压为电源电压 U。

$$U_L = U_C = I_0 X_L = I_0 X_C \tag{3.61}$$

$$U = U_R = I_0 R \tag{3.62}$$

若 $X_L = X_C >> R$，则 $U_L = U_C >> U$。当电压过高时，将有可能击穿线圈和电容器的绝缘，产生事故。所以，在电力系统中，应尽量避免谐振。但在无线电工程中，则常常利用谐振这个特点，在某个频率上获得高电压。

由于串联谐振能在电感和电容上产生高于电源许多倍的电压，故串联谐振也称为电压谐振。

串联谐振在无线电工程中通常用来选择频率。例如，收音机里的调谐电路，如图 3.35 所示。天线线圈接收空间电磁场中各种频率的信号，LC 回路中感应出频率不同的电动势 e_1， e_2， $e_3\cdots$，改变 C，对所需信号频率调到谐振，这时，LC 电路中该频率的电流最大，电容器上该频率的电压也最高，该频率的信号就被选择出来了。选择出的信号被放大并处理后，推动喇叭发出声音。

这里有一个频率选择性的问题，频率选择性的好坏用品质因数 Q 来衡量

$$Q=\frac{U_{\mathrm{L}}}{U}=\frac{\omega_0 LI_0}{RI_0}=\frac{\omega_0 L}{R} \tag{3.63}$$

当品质因数 Q 值越大时，如图 3.36 所示的谐振曲线越尖锐，频率选择性能越好。

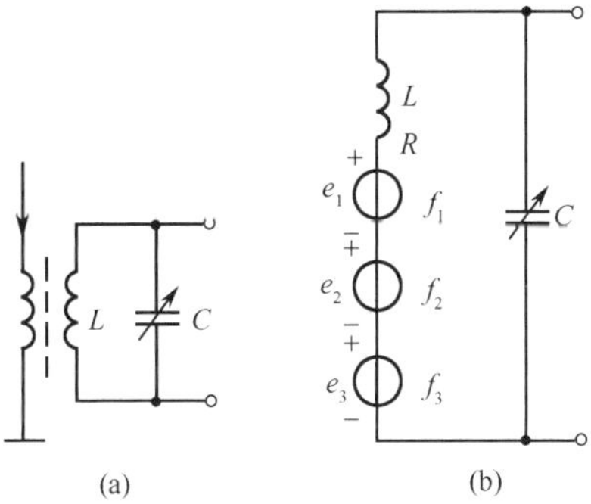

图 3.35　收音机的调谐电路

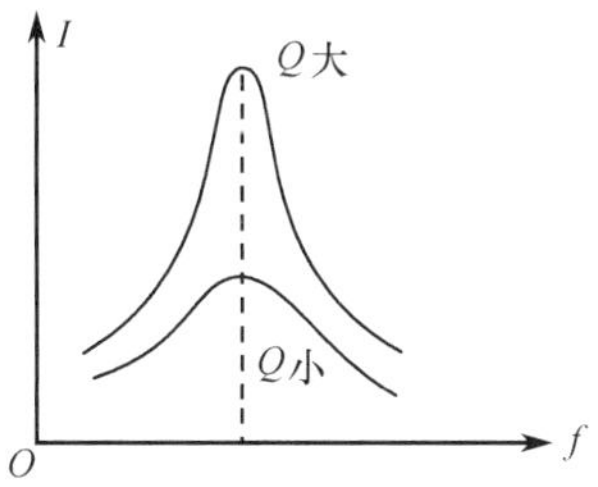

图 3.36　Q 与谐振曲线的关系

2．并联谐振

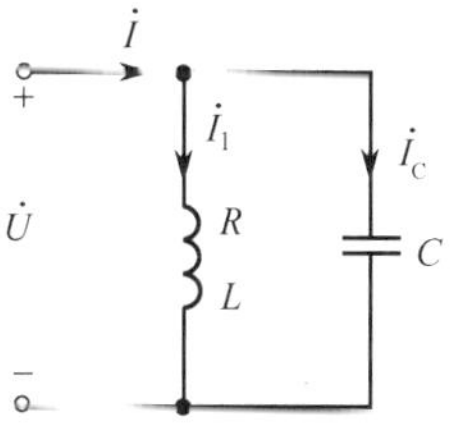

图 3.37　线圈与电容并联的电路

图 3.37 是一个电容器 C 与一个线圈并联的电路，R 表示线圈的电阻，L 表示线圈的电感。该电路谐振时，其电流、电压同相位，即阻抗角为零。可以通过阻抗推出其谐振条件。

该电路的等效阻抗为

$$Z=\frac{(R+\mathrm{j}\omega L)\cdot\dfrac{1}{\mathrm{j}\omega C}}{R+\mathrm{j}\omega L+\dfrac{1}{\mathrm{j}\omega C}}=\frac{R+\mathrm{j}\omega L}{\mathrm{j}\omega RC-\omega^2 LC+1}$$

通常，线圈的电阻很小，所以谐振时一般满足 $\omega_0 L>>R$，上式可写成

$$Z\approx\frac{\mathrm{j}\omega L}{\mathrm{j}\omega RC-\omega^2 LC+1}=\frac{1}{\dfrac{RC}{L}+\mathrm{j}\omega C+\dfrac{1}{\mathrm{j}\omega L}}$$

$$=\frac{1}{\dfrac{RC}{L}+\mathrm{j}\left(\omega C-\dfrac{1}{\omega L}\right)}$$

若阻抗角为零，则必有

$$\omega C=\frac{1}{\omega L}$$

由此，可得出谐振条件或谐振频率为

$$\omega_0=\frac{1}{\sqrt{LC}} \tag{3.64}$$

$$f_0=\frac{1}{2\pi\sqrt{LC}} \tag{3.65}$$

当电源频率与电路参数 L 和 C 之间满足上述关系式时，电路发生谐振。可见，调节 L 或 C 或 f 都能使电路发生谐振。

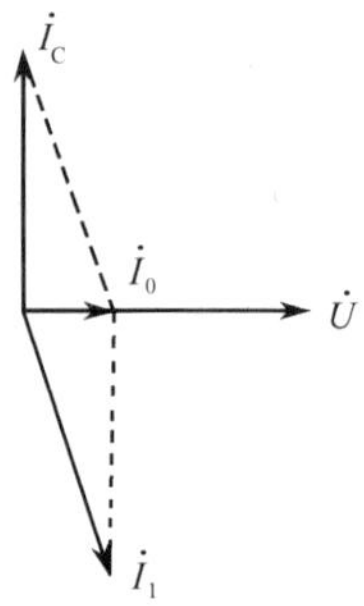

图 3.38　并联谐振的相量图

并联谐振具有以下特征。

① 电路的阻抗角 $\varphi = 0°$，电压电流同相位，电路呈电阻性。

相量图如图 3.38 所示。因为线圈中电阻很小，所以 $\dot{I}_1$ 与 $\dot{U}$ 的相位差接近 90°。

② 电路中的阻抗值最大（阻抗的分母值最小，阻抗值最大）。当电源电压 U 一定时，电流 I 最小。

$$Z = \frac{L}{RC}$$

$$I = \frac{U}{|Z|} = \frac{U}{\dfrac{L}{RC}} \tag{3.66}$$

③ 并联谐振时，电感支路和电容支路上的电流可能远远大于电路中的总电流，相量图如图 3.34 所示。所以，并联谐振也称电流谐振。

谐振时的大电流可能给电气设备造成损坏。所以，在电力系统中，应尽量避免谐振。但也可以利用这个特点，进行频率选择。

频率选择性能的好坏也用品质因数 Q 来表示

$$Q = \frac{I_C}{I} \approx \frac{1}{\omega_0 RC} = \frac{\omega_0 L}{R} \tag{3.67}$$

在电子技术中，串、并联谐振有着广泛的应用。

【思考与练习】

3-4-1　某收音机的输入电路中，$L = 0.3\text{H}$，$R = 16\Omega$。今欲收听 640kHz 的广播，应将电容调到多大？如果在调谐回路中感应出电压 $U = 2\mu\text{V}$，试求此时回路中该信号的电流多大？电容两端电压多大？

3-4-2　比较串联谐振和并联谐振的特点。

3-4-3　分析电路发生谐振时能量的消耗和互换情况。

3-4-4　试说明 RLC 串联电路中低于和高于谐振频率时电路的性质。

3-4-5　感性负载并联电容提高功率因数全补偿时，电路处于什么状态？此时电路的总电流有什么特征？

*3.5　非正弦周期信号的电路

在实际应用的交流电路中，除了正弦交流信号外，还经常会碰到非正弦周期信号，例如，数字电路中的矩形波，整流电路中的全波整流波形，示波器中的锯齿波等，如图 3.39 所示。这些信号都是周期性变化的，统称为非正弦周期量。

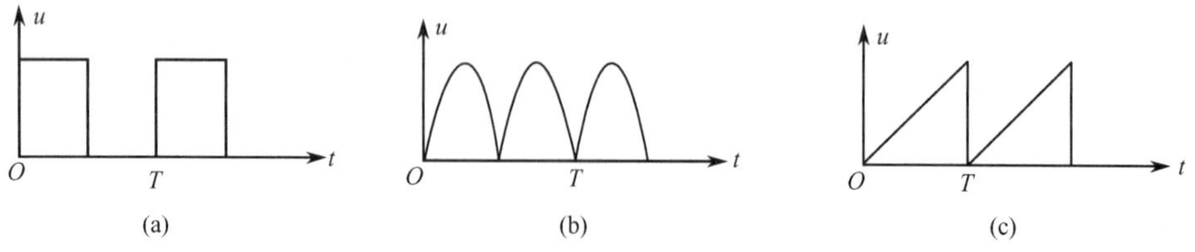

图 3.39　几种非正弦周期信号的波形

若线性电路中的电压或电流为非正弦周期量，那么，分析该电路的方法是首先利用傅里叶级数将非正弦周期量分解为直流分量和许多不同频率的正弦量的叠加，然后再用叠加原理进行分析计算。

3.5.1 非正弦周期量的分解

在数学分析中已经知道，一切满足狄里赫利条件（即周期函数在一个周期内包含有限个极值点及有限个第一类间断点）的周期函数都可以分解为傅里叶级数。在电工技术中的非正弦周期量通常满足这个条件，因此都可以分解为傅里叶级数。

设角频率为ω的非正弦周期电压$u(t)$，可分解为

$$u(t)=U_0+\sum_{k=1}^{\infty}U_{km}\sin(k\omega t+\varphi_k) \tag{3.68}$$

同理，电流可分解为

$$i(t)=I_0+\sum_{k=1}^{\infty}I_{km}\sin(k\omega t+\varphi_k) \tag{3.69}$$

式中，U_0和I_0称为直流分量或恒定分量；$U_{1m}\sin(\omega t+\varphi_1)$和$I_{1m}\sin(\omega t+\varphi_1)$称为基波或一次谐波；$U_{2m}\sin(2\omega t+\varphi_2)$和$I_{2m}\sin(2\omega t+\varphi_2)$称为二次谐波；$k$=3，4，5…的项分别被称为三次、四次、五次谐波……。除了直流分量和基波外，其余的都被称为高次谐波。由于傅里叶级数的收敛性，谐波的次数越高，其幅值越小。所以，次数很高的谐波可忽略。

3.5.2 非正弦周期量的平均值和有效值

非正弦周期量在一个周期内的平均值就是其直流分量。以电流为例，平均值的表达式为

$$I_0=\frac{1}{T}\int_0^T i(t)\mathrm{d}t \tag{3.70}$$

通常，在测量非正弦周期量时，用直流表测得的数值就是它的平均值。

在实际应用中，如果波形关于时间轴对称，则平均值应等于零，没有直流分量。

根据有效值的定义

$$I=\sqrt{\frac{1}{T}\int_0^T i^2(t)\mathrm{d}t}$$

可得非正弦周期量的有效值为

$$I=\sqrt{I_0^2+I_1^2+I_2^2+\cdots} \tag{3.71}$$

$$U=\sqrt{U_0^2+U_1^2+U_2^2+\cdots} \tag{3.72}$$

即非正弦周期量的有效值是直流分量和各次谐波有效值平方和的平方根。

需要特别说明的是，非正弦周期量的有效值和最大值不满足$\sqrt{2}$的关系。

3.5.3 非正弦周期量的线性电路的计算

非正弦周期量的线性电路的分析，通常采用谐波分析法。具体分析步骤如下。

① 将电路中已知的非正弦周期量分解为它的傅里叶级数形式（可查手册）。

② 分别计算当直流分量和各次谐波分量单独作用时在支路中产生的电压或电流。

直流分量作用时，电路中的电容视为开路，电感视为短路；

基波作用时，感抗为$X_{L1}=\omega L$，容抗为$X_{C1}=\dfrac{1}{\omega C}$（$\omega$为基波频率）；

二次谐波作用时，$X_{L2}=2\omega L=2X_{L1}$，$X_{C2}=\dfrac{1}{2\omega C}=\dfrac{1}{2}X_{C1}$；

……

依次类推，可求出各次谐波作用的结果。因为频率越高的谐波分量的幅值越小，所以，在分析计算时，通常只取傅里叶级数中的前几项作用于电路。

③ 利用叠加原理，将直流分量和各次谐波分量作用的结果叠加，即为所求结果。叠加时应注意，只能用瞬时值表达式或正弦波形叠加，不同频率的谐波分量决不能用相量图和复数式相加。因为后两种方法是对同频率正弦量而言的。

〖**例 3.13**〗 在图 3.40（a）的电路中，输入电压 u_1 如图 3.40（b）所示，是 240V 的直流分量和一个频率为 100Hz，有效值为 100V 的正弦交流分量的叠加。又知电路的 $R = 200\Omega$ ， $C = 50\mu F$ ，求输出电压 u_2 。

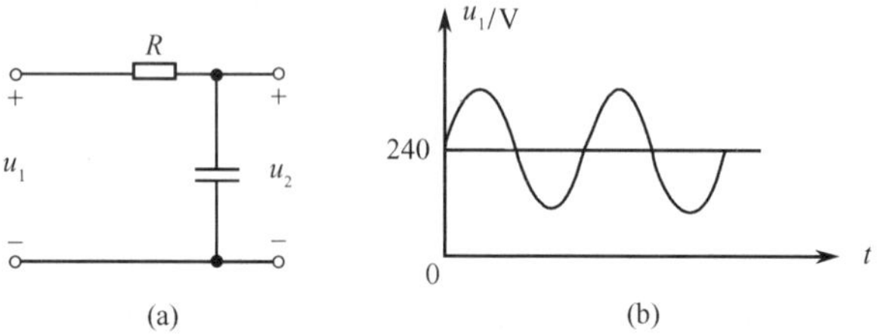

图 3.40　例 3.13 的图

解：因为电容在直流电路中相当于开路，所以 240V 直流电压全部加在电容器两端，有

$$U_{20} = 240V$$

对 100Hz，100V 的交流分量，有

$$u_{11} = 100\sqrt{2}\sin 200\pi t \quad (V)$$

$$X_C = \frac{1}{2\pi fC} = \frac{1}{2\pi\times 100\times 50\times 10^{-6}} = 32\Omega$$

$$Z_1 = R + \frac{1}{j\omega C} = 200 + \frac{1}{j2\pi\times 100\times 50\times 10^{-6}}$$

$$= \sqrt{200^2 + 32^2}\angle\arctan\frac{-32}{200} = 202.5\angle -9.09^\circ\ \Omega$$

所以，交流输出为

$$\dot{U}_{21} = \dot{U}_{11}\cdot\frac{-jX_C}{Z_1} = \frac{100\angle 0^\circ\times(-j32)}{202.5\angle -9.09^\circ} = 16\angle -80.91^\circ\ V$$

$$u_{21} = 16\sqrt{2}\sin(2\pi\times 100t - 80.91^\circ)V$$

根据叠加原理，得

$$u_2 = u_{20} + u_{21} = 240 + 16\sqrt{2}\sin(2\pi\times 100t - 80.91^\circ)V$$

本章要点

一、正弦量的概念

1．正弦量的三要素：表示一个正弦量的大小、变化速度和初始值。

（1）周期 T，频率 f，角频率 ω：$\omega = 2\pi f = \frac{2\pi}{T}$。

（2）幅值（最大值）I_m、U_m、E_m 与有效值 I、U、E：$I = \frac{I_m}{\sqrt{2}}$，$U = \frac{U_m}{\sqrt{2}}$。

（3）初相位 ψ：变化起点距时间起点之间的电角度。

2．正弦量的相量表示法：若正弦交流电路中所有的正弦量都是同频率的，把频率作为已知量，只根据有效值和初相位就可以确定一个正弦量。

（1）相量式：若用复数的模表示正弦量的大小（有效值），用复数的辐角表示正弦量的初相位，则这个复数可用来表示一个正弦量。

（2）相量图：在复平面上表示正弦量的大小和相位关系的有向线段称为相量图。该有向线段的长度表示正弦量的有效值，与横轴的夹角表示正弦量的初相位。

二、单一参数的正弦交流电路

电路参数	复阻抗	电压、电流关系			功率	
		相量式	有效值	相量图	有功	无功
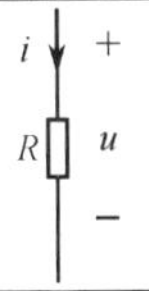	R	$\dot{U}=R\dot{I}$	$U=IR$	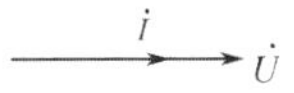 电压电流同相位	$P=UI$ $=I^2R$ $=\dfrac{U^2}{R}$	$Q=0$
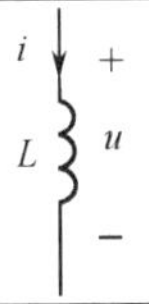	$\mathrm{j}X_{\mathrm{L}}=\mathrm{j}\omega L$	$\dfrac{\dot{U}}{\dot{I}}=\mathrm{j}X_{\mathrm{L}}=\mathrm{j}\omega L$	$\dfrac{U}{I}=X_{\mathrm{L}}=\omega L$	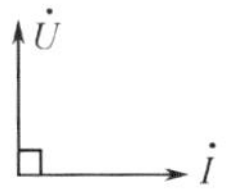 电压超前于电流 90°	$P=0$	$Q_{\mathrm{L}}=UI$ $=X_{\mathrm{L}}I^2$ $=\dfrac{U^2}{X_{\mathrm{L}}}$
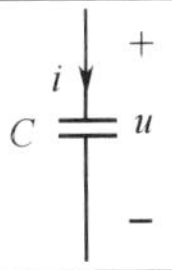	$-\mathrm{j}X_{\mathrm{C}}=\dfrac{1}{\mathrm{j}\omega C}$	$\dfrac{\dot{U}}{\dot{I}}=-\mathrm{j}X_{\mathrm{C}}=\dfrac{1}{\mathrm{j}\omega C}$	$\dfrac{U}{I}=X_{\mathrm{C}}=\dfrac{1}{\omega C}$	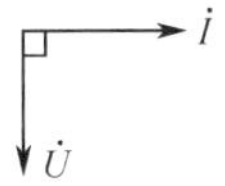 电流超前于电压 90°	$P=0$	$Q_{\mathrm{C}}=-UI$ $=X_{\mathrm{C}}I^2$ $=-\dfrac{U^2}{X_{\mathrm{C}}}$

三、正弦交流电路的分析

1．基尔霍夫定律的相量形式

对正弦交流电路的任一节点，满足 KCL：$\sum\dot{I}=0$

对正弦交流电路的任一回路，满足 KVL：$\sum\dot{U}=0$

有效值和最大值只能反映正弦量的大小关系，不满足基尔霍夫定律。

2．阻抗 Z

阻抗 Z 的定义为：$Z=\dfrac{\dot{U}}{\dot{I}}=\dfrac{U}{I}\underline{/\psi_u-\psi_i}=|Z|\underline{/\varphi}=R+\mathrm{j}X$；

当φ=0 时，电路呈阻性；当φ>0 时，电路呈感性；当φ<0 时，电路呈容性。

阻抗串联：$Z=\sum Z_k$

阻抗并联：$\dfrac{1}{Z}=\sum\dfrac{1}{Z_k}$

3．正弦稳态电路的功率

有功功率：$P=UI\cos\varphi$

无功功率：$Q=UI\sin\varphi$

视在功率：$S=UI$

四、交流电路的频率响应

1．滤波电路

（1）由于输出电压和输入电压是频率的函数，因此，RC 串联电路从电容两端输出可以构成简单的低通滤波电路，使低频信号容易通过，而抑制高频信号。

（2）RC 串联电路从电阻两端输出可以构成简单的高通滤波电路，使高频信号容易通过，而抑制低频信号。

2．谐振电路

含 R、L、C 元件的二端电路，当端口电压和端口电流同相时，电路发生谐振。

（1）串联谐振

谐振频率：$f_0 = \dfrac{1}{2\pi\sqrt{LC}}$

谐振特点：① 电路中阻抗最小，当电压一定时，电流最大，$I_0 = \dfrac{U}{R}$；

② 在电感元件和电容元件上可能产生高电压。

（2）并联谐振（线圈和电容并联）

谐振频率：$f_0 \approx \dfrac{1}{2\pi\sqrt{LC}}$

谐振特点：① 电路中阻抗最大，当电压一定时，总电流最小；

② 在支路上可能产生大电流。

五、功率因数的提高

感性负载提高功率因数的方法：在负载两端并联电容器。

感性负载提高功率因数的意义：减少线路损耗，提高电源效率。

将功率因数由 $\cos\varphi_1$ 提高到 $\cos\varphi$ 时，所需并联的电容为

$$C = \frac{P}{\omega U^2}(\tan\varphi_1 - \tan\varphi)$$

关键术语

交流电路：alternating current circuit（a-c-circuit）
正弦量：sinusoid
瞬时值：instantaneous value
幅值：amplitude
最大值：maximum value
角频率：angular frequency
周期：period
初相位：initial phase
相位差：phase difference
相位角：phase angle
相量：phasor
相量图：phasor diagram
复数：complex number
滞后：lag
超前：lead
同相：in phase
反相：opposite in phase
阻抗：impedance
平均功率：average power
有功功率：active power
无功功率：reactive power
视在功率：apparent power
功率因数：power factor
品质因数：quality factor
串联谐振：series resonance
并联谐振：parallel resonance
通频带：bandwidth
谐振频率：resonant frequency
非正弦周期电流：nonsinusoidal periodic current
傅里叶级数：Fourier series
基波：fundamental harmonic
谐波：harmonic
平均值：average value

习题 3

3-1 已知：正弦交流电压 u，电流 i_1、i_2 的相量图如图 3.41 所示，试分别用三角函数式、复数式、波形图表示。

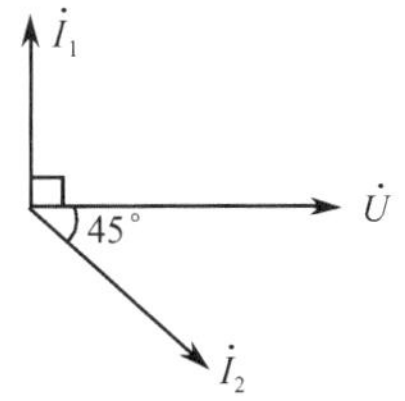

图 3.41　习题 3-1 的电路

3-2　已知正弦量的相量式如下

$$\dot{I}_1 = 5 + \mathrm{j}5\mathrm{A}, \dot{I}_2 = 5 - \mathrm{j}5\mathrm{A}$$

$$\dot{I}_3 = -5 + \mathrm{j}5\mathrm{A}, \dot{I}_4 = 5 - \mathrm{j}5\mathrm{A}$$

试分别写出正弦量的瞬时值表达式，画出它们的相量图。

3-3　已知：$\dot{U}_1 = 6\angle 30^\circ$ V，$\dot{U}_2 = 8\angle 120^\circ$ V，$\dot{I}_1 = 10\angle -30^\circ$ A，$\dot{I}_2 = 10\angle 60^\circ$ A，试用相量图求：

（1）$\dot{U} = \dot{U}_1 + \dot{U}_2$，并写出电压 u 的瞬时值表达式。

（2）$\dot{I} - \dot{I}_1 - \dot{I}_2$，并写出电流 i 的瞬时值表达式。

3-4　已知：L=100mH，f=50Hz。

（1）$i_L = 7\sqrt{2}\sin\omega t$A 时，求两端电压 u_L。

（2）$\dot{U}_L = 127\angle -30^\circ$ V 时，求 $\dot{I}_L$ 并画相量图。

3-5　已知：$C = 4\mu\mathrm{F}$，$f = 50\mathrm{Hz}$。

（1）$u_C = 220\sqrt{2}\sin\omega t$V 时，求电流 i_C。

（2）$\dot{I}_C = 0.1\angle -60^\circ$ V 时，求 $\dot{U}_C$ 并画相量图。

3-6　已知 R、L、C 串联的电路中，$R = 10\Omega$，$L = \dfrac{1}{31.4}$H，$C = \dfrac{10^6}{3140}\mu\mathrm{F}$。在电容元件的两端并联一个开关 S。求：（1）当电源电压为 220V 的直流电压时，试分别计算在短路开关闭合和断开两种情况下的电流 I 及 U_R、U_L、U_C。

（2）当电源电压为 $u = 220\sqrt{2}\sin(314t + 60^\circ)$V 时，试分别计算在上述两种情况下的电流 I 及 U_R、U_L、U_C。

3-7　图 3.42 所示电路中，试画出各电压电流相量图，并计算未知电压和电流。

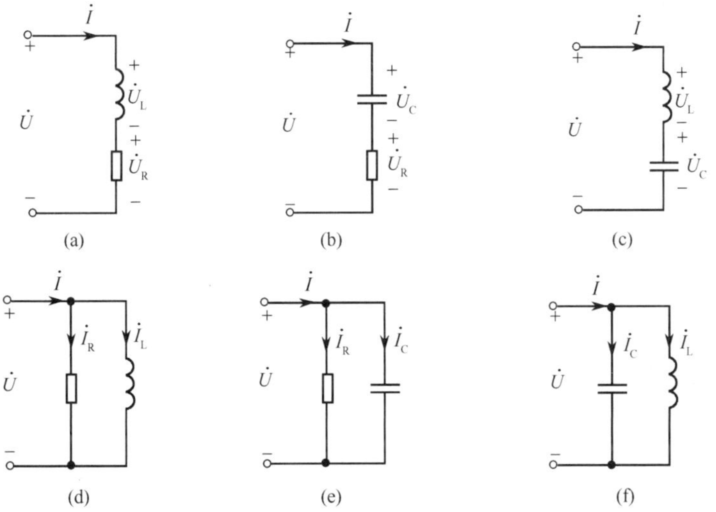

图 3.42　习题 3-7 的电路

（a）$U_R = U_L = 10\text{V}, U = ?$　　（b）$U = 100\text{V}, U_R = 60\text{V}, U_C = ?$

（c）$U_L = 200\text{V}, U_C = 100\text{V}, U = ?$　　（d）$I = 5\text{A}, I_R = 4\text{A}, I_L = ?$

（e）$I_R = I_C = 5\text{A}, I = ?$　　（f）$I = 10\text{A}, I_C = 8\text{A}, I_L = ?$

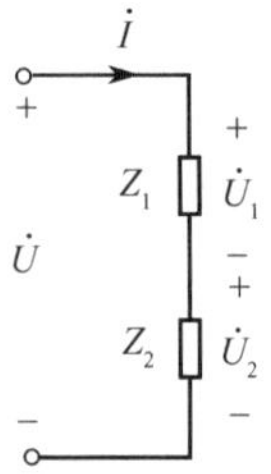

图 3.43　习题 3-8 的电路

3-8　图 3.43 所示电路中，Z_1、Z_2 上的电压分别为 $U_1 = 6\text{V}$，$U_2 = 8\text{V}$。

（1）设 $Z_1 = R$，$Z_2 = \text{j}X_L$，$U = ?$

（2）若 $Z_2 = \text{j}X_L$，Z_1 为何种元件时，U 最大，是多少？Z_1 为何种元件时，U 最小，是多少？

3-9　测得图 3.44（a）所示无源网络 N 的电压、电流波形如图 3.44（b）所示。

（1）用瞬时值表达式、相量图、相量式表示电压和电流（f=50Hz）。

（2）画出 N 的串联等效电路，并求元件参数。

（3）计算该网络的 P、Q、S。

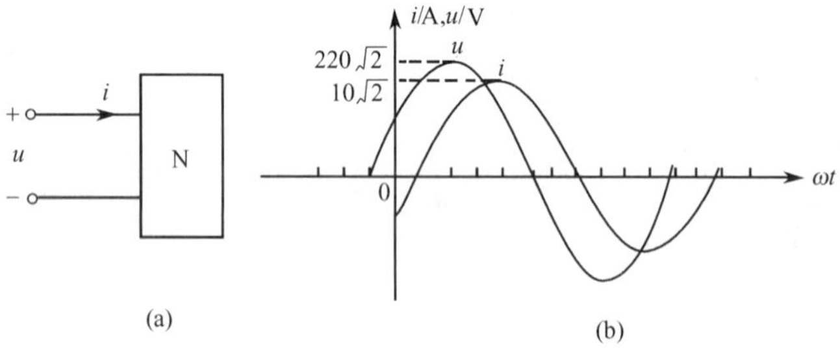

图 3.44　习题 3-9 的电路　正弦量的初相位

3-10　一个线圈的电阻为 1.6kΩ，接入 U=380V，f=50Hz 的交流电源，测得线圈电流 I=30mA，求线圈电感 L。

3-11　RC 串联电路，输入电压为 U，阻抗值$|Z|$=2000Ω，f=1000Hz，若从电容两端输出 U_2，通过相量图说明输出电压与输入电压的相位关系，若两者之间的相位差为30°，计算 R 和 C。若从电阻两端输出呢？

3-12　有 R、L、C 串联的交流电路，已知 $R = X_C = X_L = 10\Omega$,，I=1A，试求其两端的电压 U。

3-13　图 3.45 所示电路中，已知：$u = 100\sqrt{2}\sin(1000t + 20°)\text{V}$。试求 i_R、i_L、i_C、i。

3-14　图 3.46 所示电路中，已知：$R = X_C = X_L$，$I_1 = 10\text{A}$。画出相量图并求 I_2、I_3 的数值。

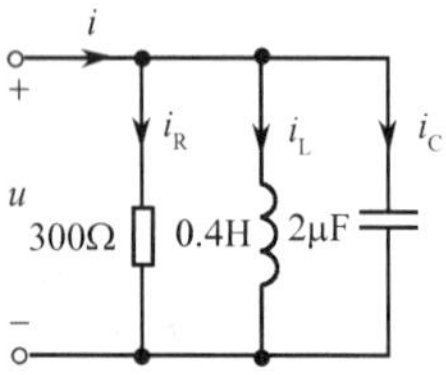

图 3.45　习题 3-13 的电路

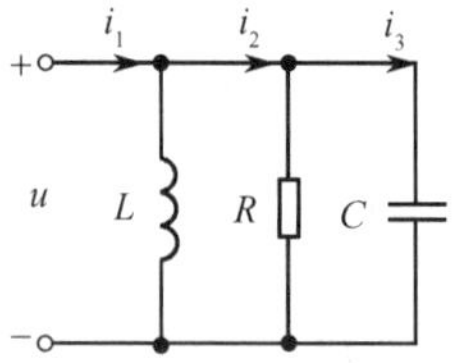

图 3.46　习题 3-14 的电路

3-15　图 3.47 所示电路中，已知 $R = 30\Omega$，$C = 25\mu\text{F}$ 且 $i_S = 10\sqrt{2}\sin(1000t - 30°)\text{A}$。求：（1）电路的复阻抗 Z。（2）$\dot{U}_R$、$\dot{U}_C$、$\dot{U}$。（3）P、Q、S。

3-16　图 3.48 所示电路中，已知：$U = 220\text{V}$，f=50Hz，$R_1 = 280\Omega$，$R_2 = 20\Omega$，L=1.65H 求：I、U_{R1}、U_{RL}。

3-17　在 R、L、C 串联电路中，已知：端口电压为 10V，电流为 4A，$U_R = 8\text{V}$，$U_L = 12\text{V}$，$\omega = 10\text{rad/s}$。试求电容电压 U_C 及 R、L、C。

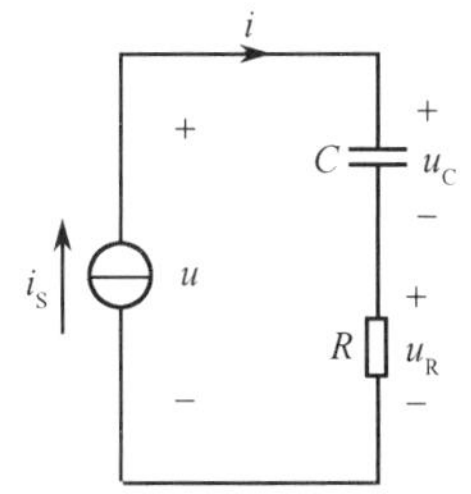

图 3.47　习题 3-15 的电路

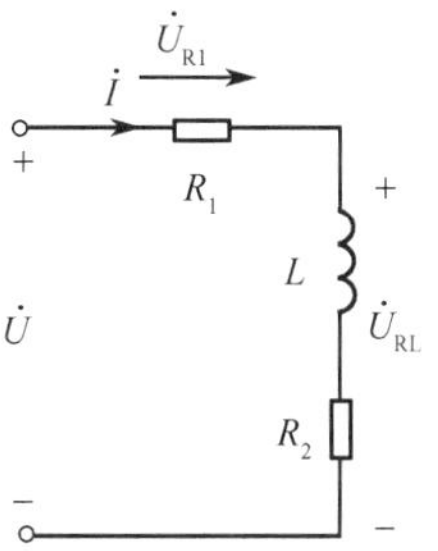

图 3.48　习题 3-16 的电路

3-18　图 3.49 所示电路中，已知电压表 V_2 的读数为 100V，求电压表 V、电流表 A 的读数。

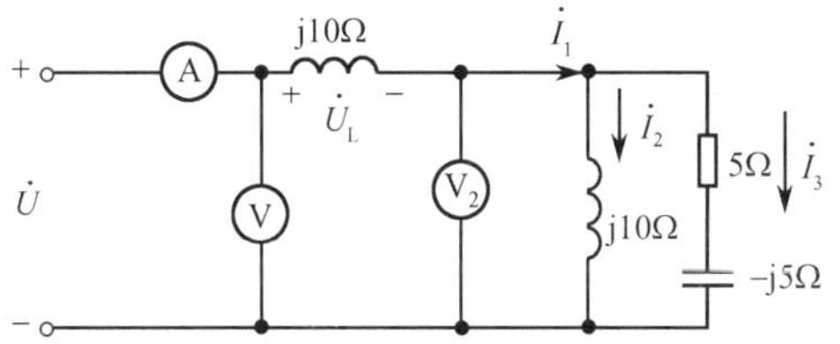

图 3.49　习题 3-18 的电路

3-19　日光灯可等效为一个 R、L 串联电路。已知：30W 日光灯的额定电压为 220V，灯管电压为 75V，若镇流器上的功率损耗可忽略，计算电路的电流及功率因数。

3-20　求图 3.50 所示电路的复阻抗 Z（$\omega = 10^4 \text{rad/s}$）。

3-21　图 3.51 所示电路中，已知：$\dot{U}_C = 1\angle 0^\circ$ V，求 $\dot{U}$ 及 P。

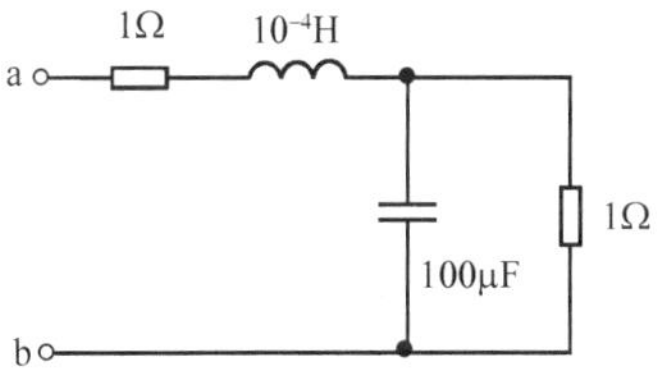

图 3.50　习题 3-20 的电路

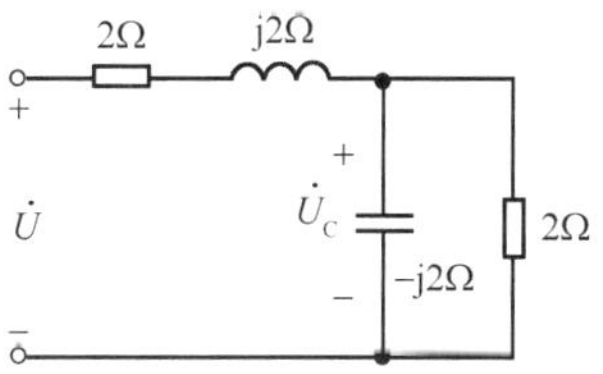

图 3.51　习题 3-21 的电路

3-22　某收音机输入电路的电感约为 0.3mH，可变电容器的调节范围为 25pF～360pF。试问能否满足收听 535kHz～1605kHz 的要求？

3-23　有一个 R、L、C 串联电路，接于频率可调节的电源上，电源电压保持在 10V。当频率增加时，电流从 10mA（500Hz）增大到最大值 60mA（1000Hz）。试问，当电流为最大值时，电路处于什么状态？此时，电路的性质为何？电路内部的能量转换如何完成？试求：R、L、C 及谐振时的 U_C。

3-24　已知一个感性负载的电压为工频 220V，电流为 30A，$\cos\varphi = 0.5$。欲把功率因数提高到 0.9，应并电容器的电容量为多少？

3-25　图 3.52 所示电路中，已知：$R = 12\Omega$，L=40mH，$C = 100\mu F$，电源电压 U=220V。f=50Hz。求：（1）各支路电流，电路的 P、Q、S 及 $\cos\varphi$。（2）若将功率因数提高到 1，应增加多少电容？（3）画出相量图。

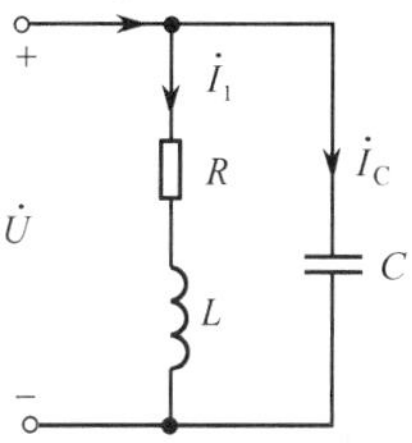

图 3.52　习题 3-25 的电路

第 4 章　三 相 电 路

引言

在现代电力系统中，绝大多数采用三相制供电。因为三相制系统在发电、输电和用电等方面都具有明显的优点。三相交流发电机比同功率的单相交流发电机体积小、成本低，在距离相同、电压相同、输送功率相同的情况下，三相输电比单相输电节省材料。在工矿企业中，三相交流电动机是主要的用电负载。许多需要大功率直流电源的用户，通常利用三相整流来获得波形平滑的直流电压。因此，大量的实际问题归结于三相交流电路的分析与计算。本章主要介绍三相电路的特点，着重讨论三相负载的连接使用问题。

学习目标

- 理解三相电源相、线电压之间的关系。
- 掌握三相负载星形连接时，相、线电压和相、线电流的计算，并能画出电路的相量图。
- 掌握三相负载三角形连接时，相、线电压和相、线电流的计算，并能画出电路的相量图。
- 掌握对称负载三相功率的计算。
- 了解三相功率的测量方法。
- 了解安全用电常识。

4.1　三相电源

三相交流电源是由三相交流发电机产生的。三相交流发电机的原理图如图 4.1 所示。转子是一对特殊形状的磁极，选择合适的极面形状和励磁绕组的布置情况，可使空气隙中的磁感应强度按正弦规律分布。在发电机的定子槽中，对称放置了三个完全相同的绕组。通常把三个绕组的首端依次标记为 A、B、C，尾端标记为 X、Y、Z，分别称为 A 相、B 相、C 相，每相绕组的首端（或末端）之间彼此相隔120°。发电机的磁极在原动机的拖动下匀速旋转时，因为每相绕组依次切割磁力线，发电机的三个电枢绕组便产生正弦交流电动势 e_A、e_B、e_C。三个电动势的特点是幅值相等，频率相同，相位上彼此相差120°。这样的三个电动势被称为对称三相电动势。三相电路中的每一相依次用 A、B、C 表示，分别称为 A 相、B 相、C 相。

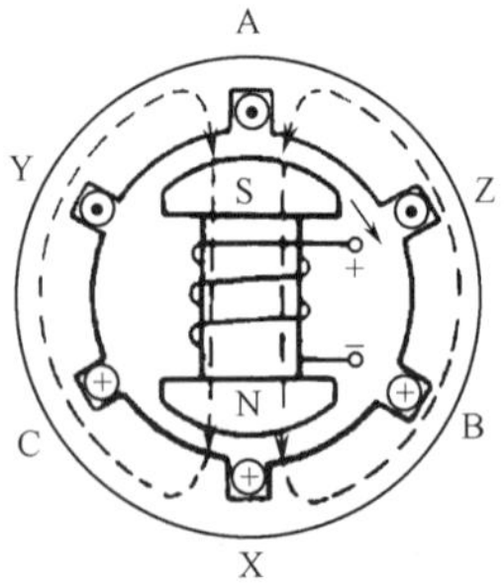

图 4.1　三相发电机原理

三相电动势的参考方向均由末端指向首端，如图 4.2 所示。因为三相电动势是按正弦规律变化的，以 A 相为参考，则有

$$\left.\begin{aligned} e_A &= E_m \sin \omega t \\ e_B &= E_m \sin(\omega t - 120^\circ) \\ e_C &= E_m \sin(\omega t + 120^\circ) \end{aligned}\right\} \tag{4.1}$$

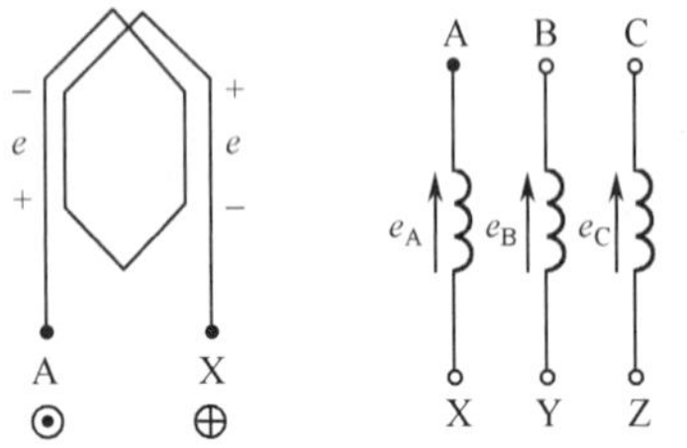

图 4.2　电枢绕组及电动势

也可用相量式表示

$$\left.\begin{aligned} \dot{E}_A &= E\angle 0^\circ \\ \dot{E}_B &= E\angle -120^\circ \\ \dot{E}_C &= E\angle 120^\circ \end{aligned}\right\} \tag{4.2}$$

相量图和波形图如图 4.3 所示。

三相电动势组成的三相电源，向负载提供正弦交流电能。

三相正弦交流电依次到达正向幅值的顺序，称为相序。例如，上述三相电源出现最大值的顺序是 A、B、C 相，所以相序是 A—B—C。

由式（4.1）和（4.2）以及图 4.3 很容易得出，三相对称电动势的瞬时值之和及相量和均为零，即

$$e_A + e_B + e_C = 0$$

$$\dot{E}_A + \dot{E}_B + \dot{E}_C = 0$$

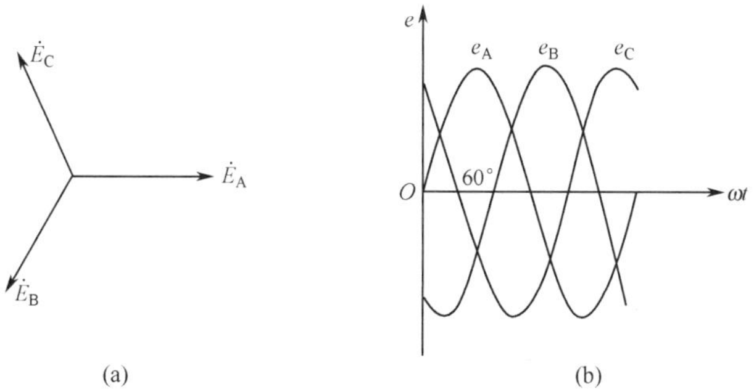

图 4.3　三相电动势的相量图和波形图

发电机三相绕组的接法通常采用星形接法，如图 4.4 所示。三相绕组的末端连在一起，其连接点称为中点，用 N 表示。若中点接地，则称为零点。由中点引出的导线称为中线或零线；由各绕组的首端 A、B、C 引出的导线称为相线或端线，俗称火线。

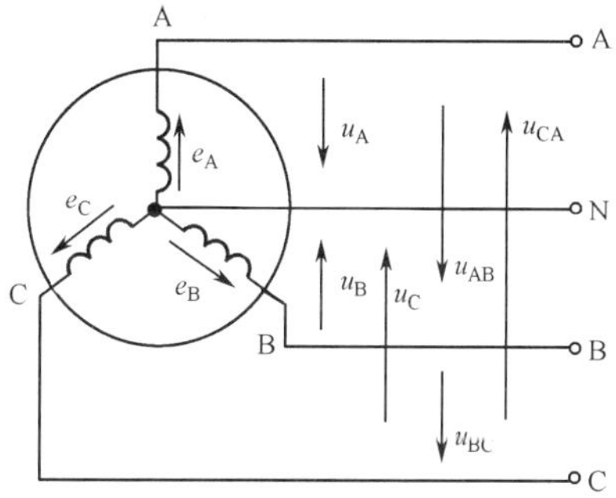

图 4.4　三相电源的星形连接

三相电源中的三根火线与中线间的电压 u_A、u_B、u_C 称为相电压，其方向为火线指向零线的方向，有效值用 U_A 、U_B 、U_C 表示，一般用 U_P 表示；而任意两根火线间的电压 u_{AB}、u_{BC}、u_{CA}，称为线电压，线电压的参考方向，如 u_{AB} ，是自 A 线指向 B 线的方向。有效值用 U_{AB} 、U_{BC} 、U_{CA} 表示，一般用 U_L 表示。

三相电源的相电压近似等于三相电动势（忽略内阻抗压降），所以相电压也是对称的。以 A 相电压为参考相量，则有

$$\left.\begin{aligned} \dot{U}_A &= U_P \angle 0^\circ \\ \dot{U}_B &= U_P \angle -120^\circ \\ \dot{U}_C &= U_P \angle 120^\circ \end{aligned}\right\} \tag{4.3}$$

三相电源采用星形接法时，相、线电压显然是不相等的，其关系为

$$\left.\begin{aligned} \dot{U}_{AB} &= \dot{U}_A - \dot{U}_B \\ \dot{U}_{BC} &= \dot{U}_B - \dot{U}_C \\ \dot{U}_{CA} &= \dot{U}_C - \dot{U}_A \end{aligned}\right\} \tag{4.4}$$

根据图 4.5 所示的相量图，可以得出

$$\left.\begin{aligned} \dot{U}_{AB} &= \sqrt{3}U_P \angle 30^\circ = \sqrt{3}\dot{U}_A \angle 30^\circ \\ \dot{U}_{BC} &= \sqrt{3}U_P \angle -90^\circ = \sqrt{3}\dot{U}_B \angle 30^\circ \\ \dot{U}_{CA} &= \sqrt{3}U_P \angle 150^\circ = \sqrt{3}\dot{U}_C \angle 30^\circ \end{aligned}\right\} \tag{4.5}$$

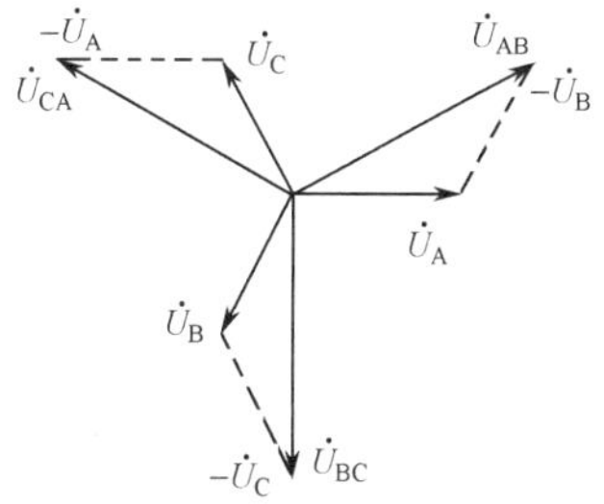

图 4.5　三相电源星形连接时的电压相量图

可见，线电压大小是相电压的 $\sqrt{3}$ 倍，相位超前于相应的相电压 30°，即 $\dot{U}_{AB}$ 超前于 $\dot{U}_A$，$\dot{U}_{BC}$ 超前于 $\dot{U}_B$，$\dot{U}_{CA}$ 超前于 $\dot{U}_C$ 。相、线电压都是对称的。

星形连接的三相电源，可引出 4 根导线，称为三相四线制的供电

方式，能为负载提供两种电压：相电压和线电压。在低压配电系统中，相电压通常为 220V，线电压通常为 380V。

星形连接而不引出中线，称为三相三线制的供电方式，只能为负载提供线电压。

4.2 三相电路中负载的连接

三相供电系统由三相电源、三相负载和三相输电线路三部分组成。为了分析方便，本章中忽略了三相输电线上的阻抗，不考虑电能在传输线上的损耗。三相电路中的负载一般可以分为两类。一类是对称负载，如三相交流电动机，其特征是每相负载的复阻抗相等（阻抗值相等，阻抗角相等），即

$$Z_A = Z_B = Z_C = |Z|\angle\varphi \tag{4.6}$$

另一类是非对称负载，如电灯、家用电器等，它们只需单相电源供电即可工作，但为了使三相电源供电均衡，将它们大致平均分配到三相电源的三个相上。这类负载各相的阻抗一般不可能相等。

三相电路中的负载可以连接成星形或三角形。不论采用哪种连接形式，其每相负载首、末端之间的电压，称为负载的相电压；两相负载首端之间的电压，称为负载的线电压；通过每一相负载的电流，称为负载的相电流；流过每根火线的电流，称为线电流。

4.2.1 负载星形连接的三相电路

将负载 Z_A、Z_B、Z_C 的一端连在一起，与电源的中点连接，各相负载的另一端分别连接在三根火线上，如图 4.6 所示。这种连接方式为负载星形连接的三相四线制电路。

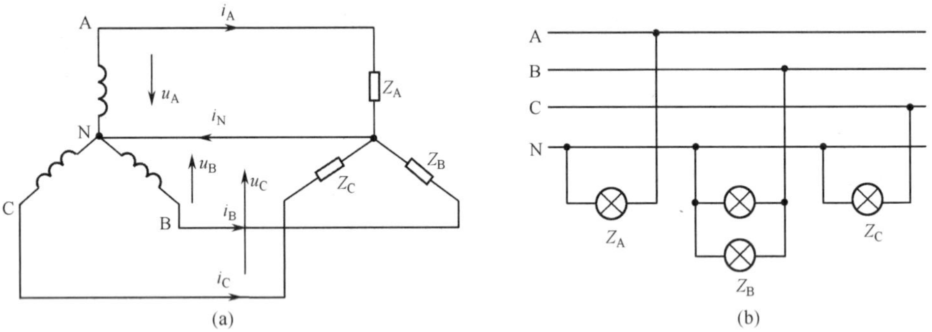

图 4.6 负载星形连接的三相四线制电路

星形连接的负载，不论负载是否对称，负载上总能得到对称的相电压。因为负载相电压等于电源相电压，负载线电压等于电源线电压。

由图 4.6 可知，星形负载中，每相相电流为

$$\left.\begin{aligned} \dot{I}_A &= \frac{\dot{U}_A}{Z_A} \\ \dot{I}_B &= \frac{\dot{U}_B}{Z_B} \\ \dot{I}_C &= \frac{\dot{U}_C}{Z_C} \end{aligned}\right\} \tag{4.7}$$

负载相电流等于相应的线电流，即

$$I_L = I_P \tag{4.8}$$

流过中线的电流称为中线电流，记作 I_N。中线电流为

$$\dot{I}_N = \dot{I}_A + \dot{I}_B + \dot{I}_C \tag{4.9}$$

若三相负载为对称负载，则由式（4.7）和式（4.8）可知，相、线电流也是对称的。此时中线电

流等于零，中线不再起作用，可以省去。图 4.6 所示的电路可以采用图 4.7 所示的三相三线制电路。

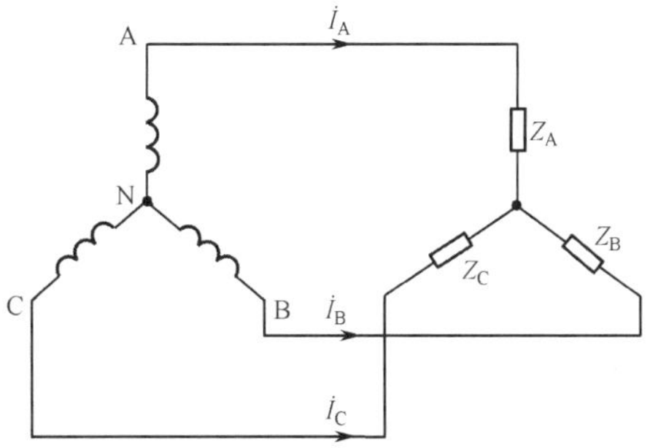

图 4.7　负载星形连接的三相三线制电路

对星形对称负载而言，采用三线制和四线制的供电方式是完全相同的，电路中的相、线电压和相、线电流都是对称的，计算时可以只计算其中的一相，根据对称关系推出另外两相即可。

〖例 4.1〗星形连接的对称负载，每相负载阻抗为 $Z=(6+\mathrm{j}8)\Omega$，接入线电压 $u_{AB}=380\sqrt{2}\sin(\omega t+30^\circ)$V 的对称三相电源。求电流 i_A、i_B、i_C。

解： 因为负载对称，计算 A 相电流，推出 B 相电流，C 相电流。由前述可知，相电压为

$$\dot{U}_A=\frac{380}{\sqrt{3}}\angle 30^\circ-30^\circ=220\angle 0^\circ\ \text{V}$$

所以

$$\dot{I}_A=\frac{\dot{U}_A}{Z_A}=\frac{220\angle 0^\circ}{6+\mathrm{j}8}=22\angle -53^\circ\text{A}$$

即

$$i_A=22\sqrt{2}\sin(\omega t-53^\circ)\text{A}$$

$$i_B=22\sqrt{2}\sin(\omega t-53^\circ-120^\circ)=22\sqrt{2}\sin(\omega t-173^\circ)\text{A}$$

$$i_C=22\sqrt{2}\sin(\omega t-53^\circ+120^\circ)=22\sqrt{2}\sin(\omega t+67^\circ)\text{A}$$

〖例 4.2〗 照明负载（纯电阻）连接于相电压为 220V 的三相四线制对称电源上，如图 4.8（a）所示。$R_A=5\Omega$，$R_B=10\Omega$，$R_C=20\Omega$。试求下列各种情况下的负载相电压、通过负载的电流及中线电流：（1）如前所述，在正常状态下。（2）A 相短路，中线未断开时。（3）A 相短路，中线断开时。（4）A 相断开，中线未断开时。（5）A 相断开，中线又断开时。

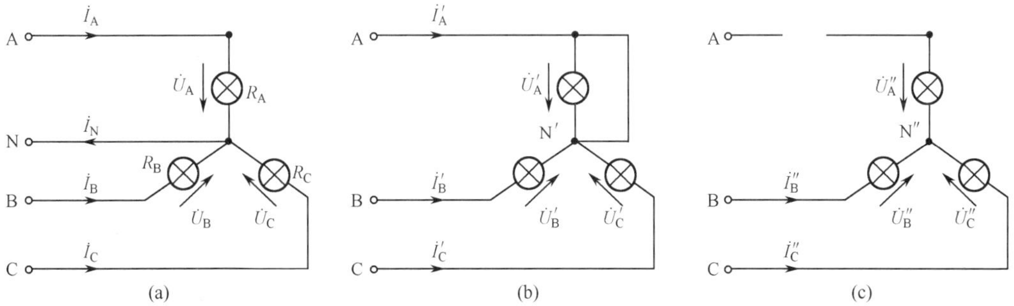

图 4.8　例 4.2 的图

解：（1）因为是三相四线制，所以，不论负载对称与否，负载三相电压总是对称的。

各相电流为

$$\dot{I}_A=\frac{\dot{U}_A}{R_A}=\frac{220\angle 0^\circ}{5}=44\angle 0^\circ\ \text{A}$$

$$\dot{I}_B=\frac{\dot{U}_B}{R_B}=\frac{220\angle -120^\circ}{10}=22\angle -120^\circ\ \text{A}$$

$$\dot{I}_C = \frac{\dot{U}_C}{R_C} = \frac{220\angle 120^\circ}{20} = 11\angle 120^\circ \text{ A}$$

中线电流为

$$\dot{I}_N = \dot{I}_A + \dot{I}_B + \dot{I}_C = 44\angle 0^\circ + 22\angle -120^\circ + 11\angle 120^\circ = 29.1\angle -19^\circ \text{ A}$$

（2）A 相短路，中线未断开时，A 相电流很大，将 A 相中的熔断器熔断，B、C 两相未受影响，电压、电流同上。

（3）A 相短路，中线断开时，电路如图 4.8（b）所示。此时，负载中点 N′即为 A，因此各负载相电压为

$$U_A = 0\text{V}$$

$$U'_B = U_{BA} = 380\text{V}$$

$$U'_C = U_{CA} = 380\text{V}$$

B、C 两相负载的电压都是线电压，都超过了电灯的额定电压，这是不允许的。

（4）A 相断开，中线未断开时，B、C 两相未受影响，电压、电流同（1）。

（5）A 相断开，中线断开时，电路如图 4.8（c）所示。这时，电路成为单相电路。B、C 两相负载串联，接在电源的线电压上。

$$U''_B = U_{BC} \cdot \frac{R_B}{R_B + R_C} = 380 \times \frac{10}{10+20} = 127\text{V}$$

$$U''_C = U_{BC} \cdot \frac{R_C}{R_B + R_C} = 380 \times \frac{20}{10+20} = 254\text{V}$$

B 相负载上的电压低于额定电压，C 相负载上的电压高于额定电压，这都是不允许的。

由此可以得出，若负载不对称，中线绝对不能去掉，否则，负载上的相电压将会出现不对称现象，有的高于额定电压，有的低于额定电压，负载不能正常工作。所以，星形连接的不对称负载，必须采用三相四线制电路。而且为了防止中线突然断开，通常不允许在中线里安装开关和熔断器。

4.2.2　负载三角形连接的三相电路

负载依次连接在电源的两根火线之间，称为负载的三角形连接，如图 4.9 所示。每相负载的阻抗分别用 Z_{AB}、Z_{BC}、Z_{CA} 表示。电压和电流的参考方向如图 4.9 所示。

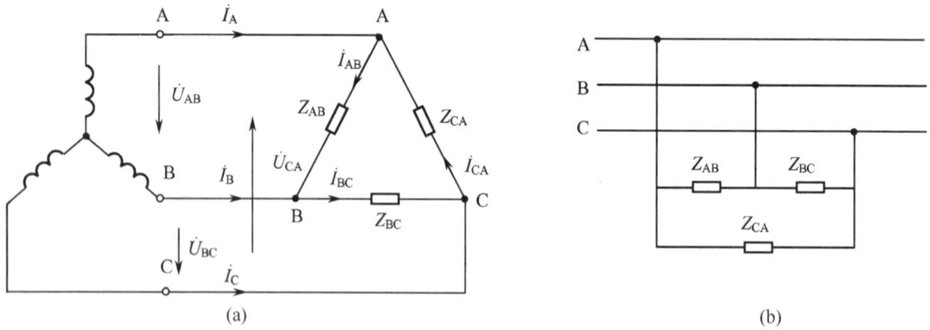

图 4.9　负载三角形连接的三相电路

因为各相负载都直接连接在电源的两根火线之间，所以负载的相电压就是电源的线电压。无论负载对称与否，其相电压总是对称的，即

$$U_{AB} = U_{BC} = U_{CA} = U_L = U_P \tag{4.10}$$

负载的相电流 I_P（I_{AB}，I_{BC}，I_{CA}）与线电流 I_L（I_A，I_B，I_C）显然不同。由电路的基本定律可以得出负载相电流为

$$\left.\begin{aligned}\dot{I}_{AB}&=\frac{\dot{U}_{AB}}{Z_{AB}}\\\dot{I}_{BC}&=\frac{\dot{U}_{BC}}{Z_{BC}}\\\dot{I}_{CA}&=\frac{\dot{U}_{CA}}{Z_{CA}}\end{aligned}\right\}\tag{4.11}$$

由图 4.9 可知，电路中的线电流为

$$\left.\begin{aligned}\dot{I}_{A}&=\dot{I}_{AB}-\dot{I}_{CA}\\\dot{I}_{B}&=\dot{I}_{BC}-\dot{I}_{AB}\\\dot{I}_{C}&=\dot{I}_{CA}-\dot{I}_{BC}\end{aligned}\right\}\tag{4.12}$$

当三角形负载对称时，电路中的相、线电流也对称。设负载的阻抗角为φ，可以得到图 4.10 所示的相量图。从图中我们可以得到

$$I_A=\sqrt{3}I_{AB}\qquad \dot{I}_A \text{ 滞后于 } \dot{I}_{AB}\,30^\circ$$

$$I_B=\sqrt{3}I_{BC}\qquad \dot{I}_B \text{ 滞后于 } \dot{I}_{BC}\,30^\circ$$

$$I_C=\sqrt{3}I_{CA}\qquad \dot{I}_C \text{ 滞后于 } \dot{I}_{CA}\,30^\circ$$

由上述可得，线电流的大小是相电流的$\sqrt{3}$倍，即

$$I_L=\sqrt{3}I_P\tag{4.13}$$

线电流在相位上滞后于相应的相电流30°。计算时，只需计算一相，其他两相推出即可。

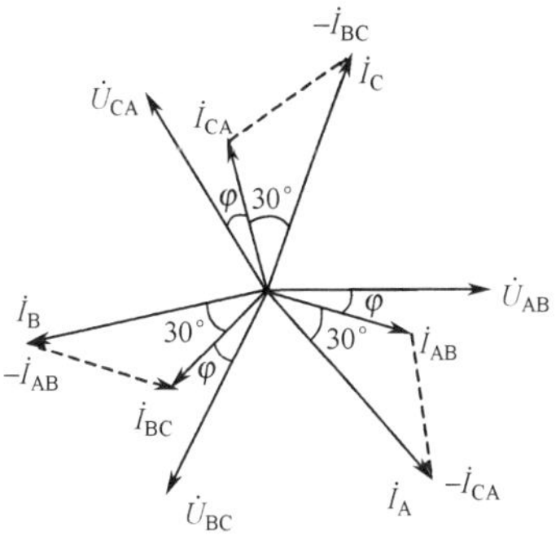

图 4.10　对称负载三角形连接时的电流相量图

当不对称负载进行三角形连接时，需要根据式（4.11）和式（4.12）分别计算各相、线电流。

〖例 4.3〗 对称负载的每相阻抗$Z=(30+\text{j}40)\Omega$，电源线电压为 380V，电路如图 4.11（a）所示。

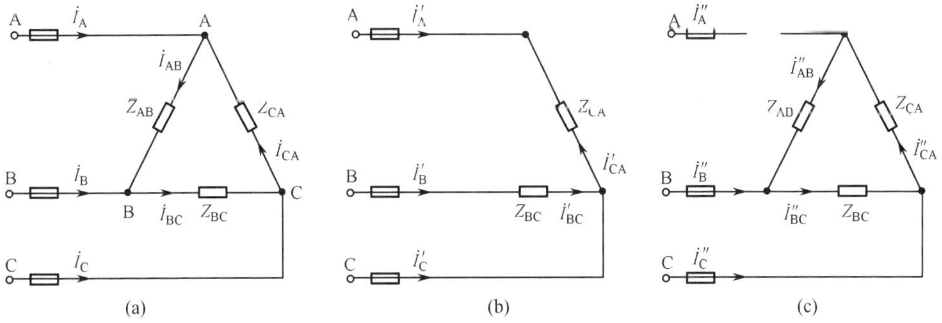

图 4.11　例 4.3 的电路

（1）求电路的各相、线电流，画出相量图。

（2）若 AB 相短路，求各相、线电流。

（3）若 AB 相断开，求各相、线电流。

（4）若 A 线断开，求各相、线电流。

解：（1）因为是对称负载，相、线电流均对称，计算一相可推出其余各相、线电流。

$$\dot{I}_{AB}=\frac{\dot{U}_{AB}}{Z_{AB}}=\frac{380\angle 0^\circ}{30+\text{j}40}=7.6\angle -53^\circ\ \text{A}$$

$$\dot{I}_{BC}=7.6\angle -53^\circ-120^\circ=7.6\angle -173^\circ\ \text{A}$$

$$\dot{I}_{CA}=7.6\angle -53^\circ+120^\circ=7.6\angle 67^\circ\ \text{A}$$

$$\dot{I}_A = 7.6\sqrt{3}\angle -53^\circ - 30^\circ = 13.2\angle -83^\circ \text{ A}$$

$$\dot{I}_B = 13.2\angle -83^\circ - 120^\circ = 13.2\angle -203^\circ \text{ A}$$

$$\dot{I}_C = 13.2\angle -83^\circ + 120^\circ = 13.2\angle 37^\circ \text{ A}$$

（2）AB 相短路时，A、B 两根火线中有很大的短路电流通过，若同时将 A、B 两线的熔断器烧断，则各相负载中均无电流。

（3）AB 相断开时，电路如图 4.11（b）所示。该相电流为 0，其他两相不受影响。

（4）A 线断开时，电路如图 4.11（c）所示。BC 相负载不受影响，AB、CA 两相负载串联，接在线电压上，其电压、电流均小于额定值。

由上例可见，照明负载是不能采用三角形接法的。

三相负载的额定电压和相应的接法通常在铭牌中标出，其额定电压如果不特别指明，一般指线电压。例如，三相异步电动机额定电压为 380/220V，连接方式为Y/△，是指当电源线电压为 380V 时，电动机的三相对称绕组应接成Y形，指当电源线电压为 220V 时，电动机的三相对称绕组应接成△形。

4.3 三相电路的功率

4.3.1 三相功率的计算

在前面的学习中我们已经知道，正弦稳态电路中，有功功率满足功率的可加性，因此三相电路中，三相负载消耗的总有功功率等于各相负载有功功率之和。

负载星形连接时

$$P = P_A + P_B + P_C = U_A I_A \cos\varphi_A + U_B I_B \cos\varphi_B + U_C I_C \cos\varphi_C$$

负载三角形连接时

$$P = P_{AB} + P_{BC} + P_{CA} = U_{AB} I_{AB} \cos\varphi_{AB} + U_{BC} I_{BC} \cos\varphi_{BC} + U_{CA} I_{CA} \cos\varphi_{CA}$$

对于对称负载而言，每相的有功功率相同

$$P_P = U_P I_P \cos\varphi \tag{4.14}$$

三相总功率

$$P = 3P_P = 3U_P I_P \cos\varphi \tag{4.15}$$

当对称负载为星形连接时，因为

$$U_P = \frac{U_L}{\sqrt{3}}，\ I_P = I_L$$

所以
$$P = 3\frac{U_L}{\sqrt{3}} I_L \cos\varphi = \sqrt{3} U_L I_L \cos\varphi$$

当对称负载为三角形连接时，因为

$$U_P = U_L，\ I_P = \frac{I_L}{\sqrt{3}}$$

所以
$$P = 3\frac{I_L}{\sqrt{3}} U_L \cos\varphi = \sqrt{3} U_L I_L \cos\varphi$$

由此可得，无论对称负载是星形连接还是三角形连接，都有

$$P = \sqrt{3} U_L I_L \cos\varphi \tag{4.16}$$

同理，可得出三相无功功率和三相视在功率的计算公式

$$Q = \sqrt{3} U_L I_L \sin\varphi \tag{4.17}$$

$$S = \sqrt{3} U_L I_L \tag{4.18}$$

式（4.16）、式（4.17）和式（4.18）是计算三相对称电路功率的常用公式。使用时应注意，式中的U_L、I_L是线电压、线电流，而φ则是每相负载的阻抗角，即相电压与相电流的相位差。

〖例 4.4〗 三相对称负载星形连接，其电源线电压为 380V，线电流 10A，功率 5700W。求负载的功率因数，各相负载的等效阻抗，电路的无功功率，视在功率。

解：因为

$$P=\sqrt{3}U_L I_L\cos\varphi$$

所以

$$\cos\varphi=\frac{P}{\sqrt{3}U_L I_L}=\frac{5700}{\sqrt{3}\times 380\times 10}=0.866$$

$$|Z|=\frac{U_P}{I_P}=\frac{380/\sqrt{3}}{10}=22\Omega$$

$$\varphi=\arccos 0.866=30^\circ$$

$$Z=22\angle 30^\circ\ \Omega$$

$$Q=\sqrt{3}U_L I_L\sin\varphi=\sqrt{3}\times 380\times 10\times\sin 30^\circ=3290\text{var}$$

$$S=\sqrt{3}U_L I_L=\sqrt{3}\times 380\times 10=6580\text{V}\cdot\text{A}$$

4.3.2 三相功率的测量

功率表内部通常有两个线圈，分别为电流线圈和电压线圈。测量功率时，应使电流线圈与负载串联，使负载电流流过电流线圈，电压线圈与负载并联，当电流线圈带*号的端子和电压线圈带*号的端子连接在一起时，功率表的读数为负载的有功功率。

三相功率的测量方法通常有：一表法、二表法和三表法。

一表法常用来测量三相四线制对称负载的功率，测得一相的功率乘以 3 即为三相总功率。用一表法测量三相功率时，功率表的电流线圈通过的是负载的相电流，电压线圈加的是相电压。测量电路如图 4.12 所示。

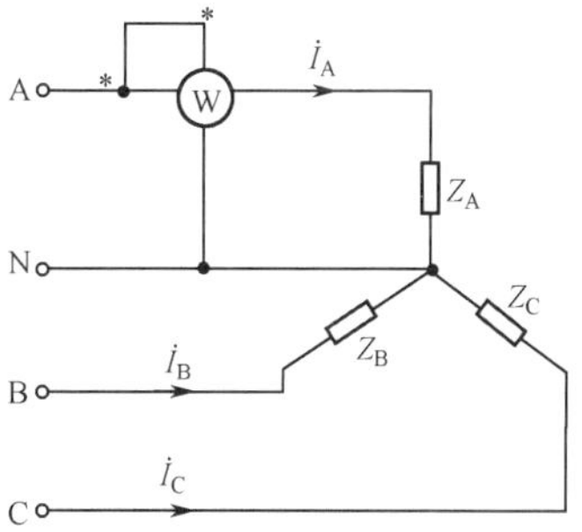

图 4.12 一表法测量三相功率

三相四线制不对称负载的功率常采用三表法测量，即分别测得三相负载的功率，将它们相加得到总功率。用三表法测量时，每次功率表的电流线圈通过的是其中的一个相电流，电压线圈加的是该相电压。测量电路如图 4.13 所示。

对于三相三线制电路，不论负载对称与否，也不论电路的连接形式是星形还是三角形，都可采用两表法测量功率，即每次测量时，功率表的电流线圈通过的是线电流，电压线圈加的是线电压，如图 4.14 所示。两次读数相加，即为三相总功率。需要指出的是，用两表法测量功率时，单独一个功率表的读数是没有意义的。

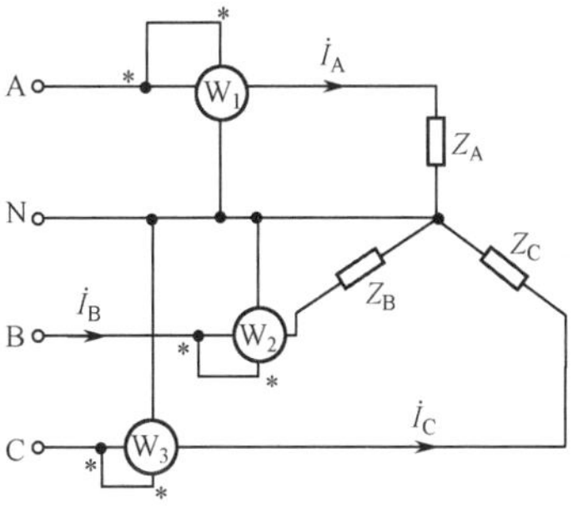

图 4.13 三表法测量三相功率

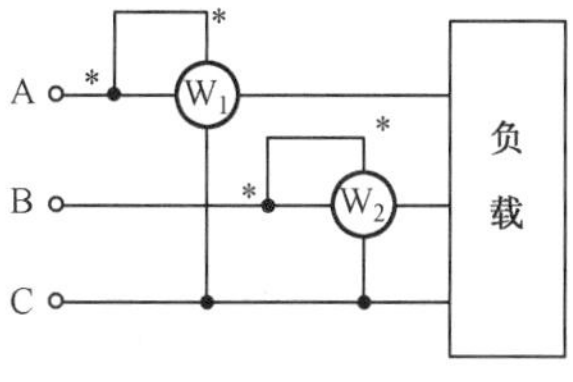

图 4.14 两表法测量三相功率

下面以星形接法的三相三线制电路为例证明两表法的正确性。如图 4.15 所示，其三相瞬时功率为

$$p=u_A i_A+u_B i_B+u_C i_C$$

因为 $$i_A + i_B + i_C = 0\,,\quad i_C = -(i_A + i_B)$$
所以 $$p = u_A i_A + u_B i_B + u_C(-i_A - i_B) = u_A i_A + u_B i_B - u_C i_A - u_C i_B$$
$$= i_A(u_A - u_C) + i_B(u_B - u_C) = i_A u_{AC} + i_B u_{BC} = p_1 + p_2$$

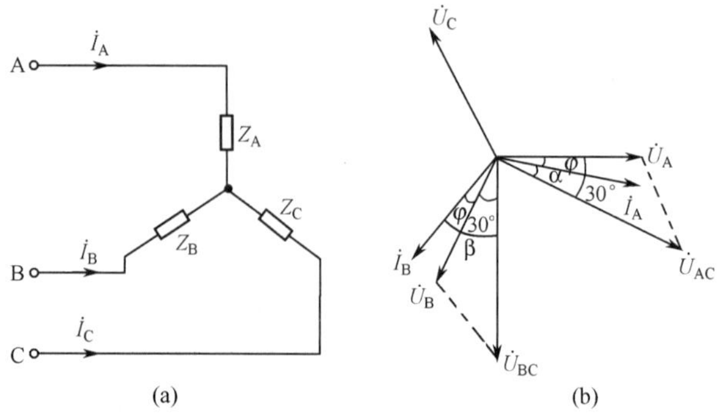

图 4.15　星形连接的三相三线制电路

应用两表法测量三相总功率时，应注意功率表的电流线圈可以分别串联在任意两线中，而两个电压线圈的一端都接在未串联电流线圈的一线上。

在图 4.14 中，第一个功率表 W_1 的读数为

$$p_1 = \frac{1}{T}\int_0^T u_{AC} i_A \mathrm{d}t = U_{AC} I_A \cos\alpha$$

式中，α 为 u_{AC} 和 i_A 之间的相位差。而第二个功率表 W_2 的读数为

$$p_2 = \frac{1}{T}\int_0^T u_{BC} i_B \mathrm{d}t = U_{BC} I_B \cos\beta$$

式中，β 为 u_{BC} 和 i_B 之间的相位差。

两功率表的读数之和为

$$P = p_1 + p_2 = U_{AC} I_A \cos\alpha + U_{BC} I_B \cos\beta$$

当负载对称时，由图 4.15（b）的相量图可知，两功率表的读数分别为

$$p_1 = U_{AC} I_A \cos\alpha = U_L I_L \cos(30^\circ - \varphi)$$
$$p_2 = U_{BC} I_B \cos\beta = U_L I_L \cos(30^\circ + \varphi)$$

因此，两表读数之和为

$$P = p_1 + p_2 = U_L I_L \cos(30^\circ - \varphi) + U_L I_L \cos(30^\circ + \varphi) = \sqrt{3} U_L I_L \cos\varphi$$

即为三相总功率。

4.4　安全用电技术

电能可以为人类服务，为人类造福。但若不能正确使用电器，违反电气操作规程或疏忽大意，则可能造成设备损坏，引起火灾，甚至人身伤亡等严重事故。因此，懂得一些安全用电的常识和技术是必要的。

4.4.1　安全用电常识

1．安全电流与电压

通过人体的电流达 5mA 时，人就会有所感觉，达几十 mA 时就能使人失去知觉乃至死亡。当然，触电的后果还与触电持续的时间有关，触电时间越长就越危险。通过人体的电流一般不能超过 7mA～10mA。人体电阻在极不利情况下约为 1000Ω，若不慎接触了 220V 的市电，人体中将会通过 220mA 的电流，这是非常危险的。

为了减少触电危险，规定凡工作人员经常接触的电气设备，如行灯、机床照明灯等，一般使用36V 以下的安全电压。在特别潮湿的场所，应采用 12V 以下的电压。

2．几种触电情况

图 4.16 示出了三种触电情况。其中以图 4.16（a）所示的两相触电最危险。因为，人体同时接触两根火线，承受的是线电压。图 4.16（b）所示的是电源中线接地时的单相触电情况，这时，人体承受的是相电压，仍然非常危险。图 4.16（c）所示电源中线不接地时，因为火线与大地间分布电容的存在，使电流形成了回路，也是很危险的。

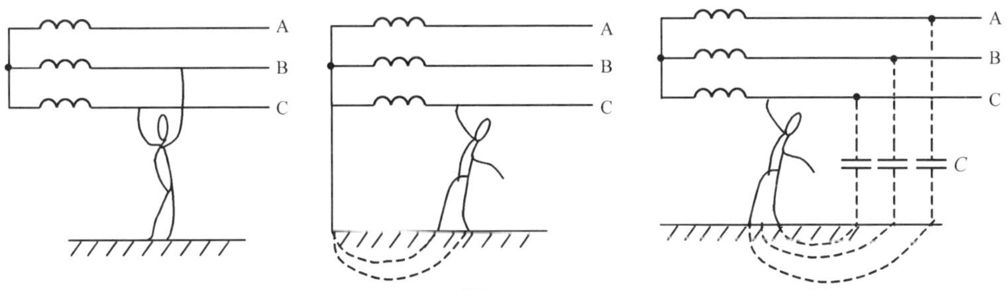

图 4.16　几种触电方式

4.4.2　防触电的安全技术

1．接零保护

把电气设备的外壳与电源的零线连接起来，称为接零保护。此法适用于低压供电系统中变压器中性点接地的情况。图 4.17 所示为三相交流电动机的接零保护。有了接零保护，当电动机某相绕组碰壳时，电流便会从接零保护线流向零线，使熔断器熔断而切断电源，从而避免人身触电的危险。

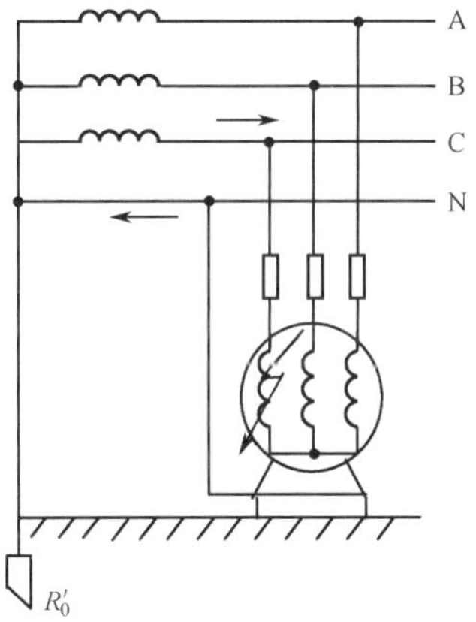

图 4.17　三相交流电动机的接零保护

2．接地保护

把电气设备的金属外壳与接地线连接起来，称为接地保护。此法适用于三相电源的中性点不接地的情况。图 4.18 所示为三相交流电动机的接地保护。

由于每相火线与地之间的分布电容的存在，当电动机某相绕组碰壳时，将出现通过电容的电流。因为人体电阻比接地电阻（约为 4Ω）大得多，所以几乎没有电流通过人体，人身就没有危险。但是，若机壳不接地图，则碰壳的一相和人体及分布电容形成回路，人体中将有较大的电流通过，人就有触电的危险。

3．三孔插座和三极插头

单相电气设备使用这种插座插头，能够保证人身安全。图 4.19 示出了正确的接线方法。由此可以看出，因为外壳 3 是与保护零线 2 相连的，人体不会有触电的危险。

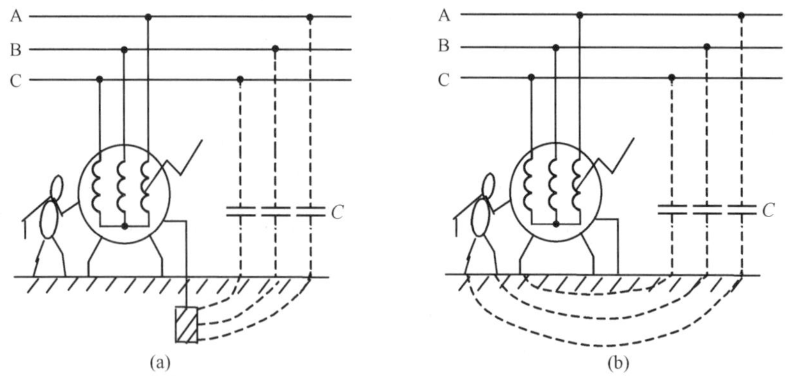

图 4.18　三相交流电动机的接地保护

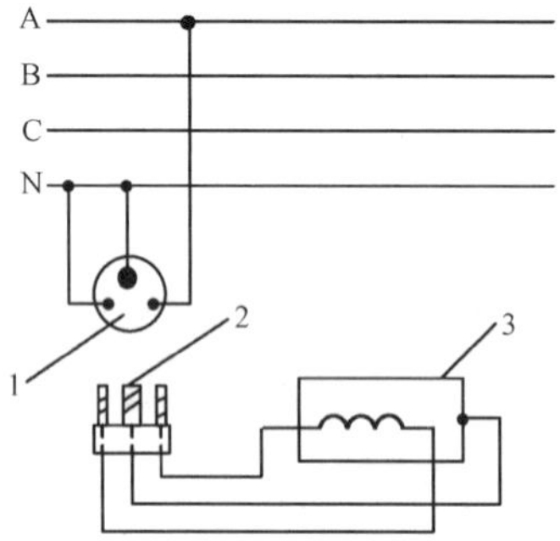

图 4.19　三相插座和三极插头的接地

4.4.3　静电防护和电气防火、防爆常识

1. 静电防护

首先，应设法不产生静电。为此，可在材料选择、工艺设计等方面采取措施。其次，在产生了静电后，应设法使静电的积累不超过安全限度。其方法有泄漏法和中和法等。前者包括接地，增加绝缘表面的湿度、涂导电涂剂等，使积累的静电荷尽快泄漏掉。后者包括使用感电中和器、高压中和器等，使积累的静电荷被中和掉。

2. 电气防火、防爆

引起电气火灾和爆炸的原因是电气设备过热和电火花、电弧。为此，不要使电气设备长期超载运行；要保持必要的防火间距及良好的通风；要有良好的过热、过电流保护装置；在易爆的场地如矿井、化学车间等，要采用防爆电器。

出现了电气火灾怎么办？

（1）首先切断电源。注意拉闸时最好用绝缘工具。

（2）来不及切断电源时或在不准断电的场合，可采用不导电的灭火剂带电灭火。若用普通水枪灭火，最好穿上绝缘套靴。

最后，还应强调指出，在安装和使用电气设备时，事先应详细阅读有关说明书，按照操作规程操作。

本章要点

一、三相电源

1. 三相电源对称：电源的三相电压大小相等、频率相同、相位互差 120°。

2. 三相电源的相序：依次到达最大值的顺序。

3．三相电源采用星形接法时，相、线电压之间的关系为：$U_{\mathrm{L}}=\sqrt{3}U_{\mathrm{P}}$，线电压的相位超前相应的相电压 30° 。

二、三相负载的连接

1．三相对称负载：每相负载的阻抗值、阻抗角都相等。

2．三相对称负载星形连接：三相负载进行星形连接时，每相负载上的电压是电源的相电压。

相电流、线电流满足：$I_{\mathrm{L}}=I_{\mathrm{P}}$；相电压、线电压满足：$U_{\mathrm{L}}=\sqrt{3}U_{\mathrm{P}}$，线电压的相位超前相应的相电压 30° 。

3．三相对称负载三角形连接：三相负载进行三角形连接时，每相负载上的电压是电源的线电压。

相电压、线电压应满足：$U_{\mathrm{L}}=U_{\mathrm{P}}$；相电流、线电流满足：$I_{\mathrm{L}}=\sqrt{3}I_{\mathrm{P}}$，线电流的相位滞后相应的相电流 30° 。

4．中线的作用：中线保证星形连接的负载，在负载不对称时，每相负载上的电压对称。

三、对称三相电路的功率

有功功率：$P=\sqrt{3}U_{\mathrm{L}}I_{\mathrm{L}}\cos\varphi$

无功功率：$Q=\sqrt{3}U_{\mathrm{L}}I_{\mathrm{L}}\sin\varphi$

视在功率：$S=\sqrt{3}U_{\mathrm{L}}I_{\mathrm{L}}$

关键术语

三相电路：three-phase circuit

三相三线制：three-phase three-wire system

三相四线制：three-phase four-wire system

相序：phase sequence

对称三相电路：symmetrical three-phase circuit

星形连接：star connection

相电压：phase voltage

相电流：phase current

线电压：line voltage

线电流：line current

三相功率：three-phase power

习题 4

4-1　一台三相交流电动机，定子绕组星形连接于$U_{1}=380\mathrm{V}$的对称三相电源上，其线电流为$I_{\mathrm{L}}=2.2\mathrm{A}$，$\cos\varphi=0.8$。试求该电动机每相绕组的阻抗 Z。

4-2　已知对称三相电路每相负载的电阻$R=8\Omega$，感抗$X_{\mathrm{L}}=6\Omega$。（1）设电源电压$U_{\mathrm{L}}=380\mathrm{V}$，求负载星形连接时的相电压、相电流、线电流，并作相量图。（2）设电源电压$U_{\mathrm{L}}=220\mathrm{V}$，求负载三角形连接时的相电压、相电流、线电流，并作相量图。（3）设电源电压U_{L}仍为380V，求负载三角形连接时的相电压、相电流，线电流又是多少？（4）分析比较以上三种情况。在负载额定电压为220V，电源线电压分别为380V和220V两种情况下，各应如何连接？

4-3　图 4.20 所示电路的电源电压$U_{\mathrm{L}}=380\mathrm{V}$，每相负载的阻抗值为 10Ω。（1）能否称其为对称负载？为什么？（2）计算各相电流和中线电流。在同一坐标上画出负载的电压、电流的相量图。

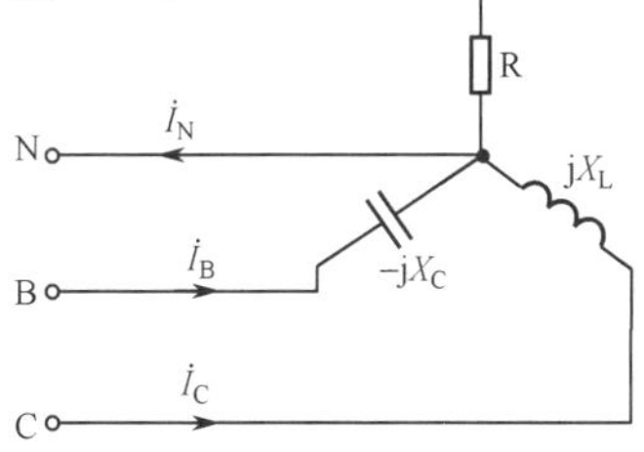

图 4.20　习题 4-3 的电路

4-4　对称负载星形连接。已知每相阻抗$Z=(31+\mathrm{j}22)\Omega$，电源线电压为380V。求三相总功率$P$、$Q$、$S$及功率因数$\cos\varphi$。

4-5　图 4.21 所示为三相四线制电路，三个负载连成星形。已知电源的线电压$U_{\mathrm{L}}=380\mathrm{V}$，负载电阻$R_{\mathrm{A}}=11\Omega$，$R_{\mathrm{B}}=R_{\mathrm{C}}=22\Omega$。试求：（1）负载的各相电压、相电流、线电流及三相总功率 P；（2）中线断开，A 线又短路时的各相电流、线电流；（3）中线断开，A 线也断开时的各相电流、线电流。

4-6　三相对称负载三角形连接，其线电流 $I_L = 5.5A$，有功功率 $P = 7760W$，功率因数 $\cos\varphi = 0.8$，求电源的线电压 U_L，电路的视在功率 S 和每相阻抗 Z。

4-7　在线电压为380V的三相电源上，接有两组电阻性对称负载，如图 4.22 所示。试求线路电流 I。

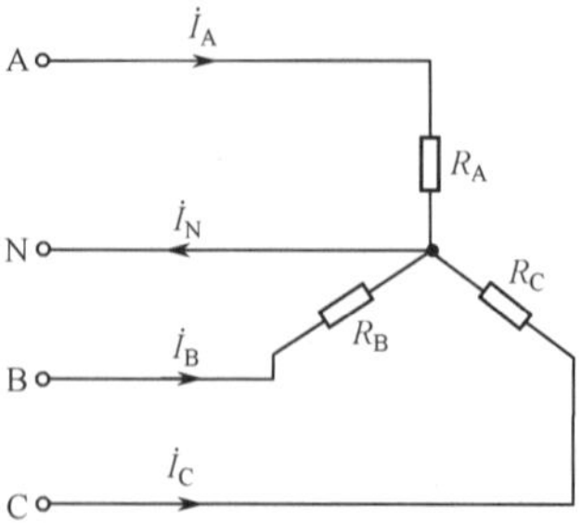

图 4.21　习题 4-5 的电路

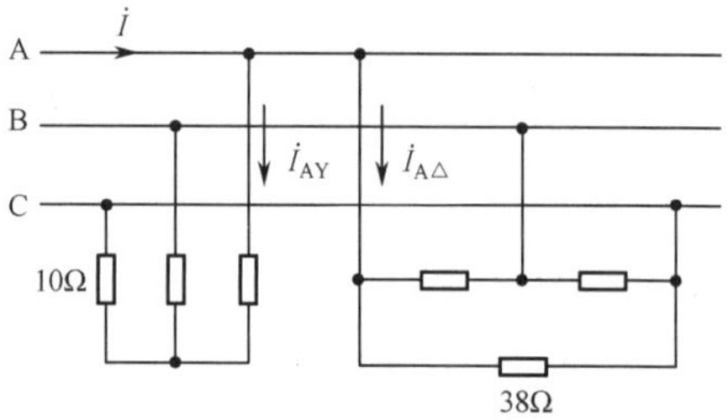

图 4.22　习题 4-7 的电路

第 2 模块　模拟电子技术基础

第 5 章　常用半导体器件

引言

电子技术研究电子器件及由它们构成的电子电路的应用。在学习电子电路的分析与设计之前，必须首先掌握常用电子器件的基本结构、工作原理、特性和参数，并学会合理选用器件型号，这是深入学习电子电路的基础。当前，电子器件已从电真空器件（电子管）、分立半导体器件（二极管、三极管等）、小规模集成电路、中规模集成电路发展到大规模、超大规模集成电路。虽然现在的电子电路绝大部分使用集成电路，但二极管、三极管是构成集成电路的基础，同时，一些具有特殊功能的半导体器件，在科学研究和生产实践中也起着非常重要的作用。本章从 PN 结的单向导电性入手，介绍几种常用半导体器件的原理、特性及应用，为学习电子电路的分析与设计打下基础。

学习目标

- 理解电子和空穴两种载流子及扩散运动和漂移运动的概念。
- 掌握 PN 结的单向导电性。
- 掌握二极管的伏安特性、主要参数及主要应用场合。
- 掌握稳压管的稳压作用、主要参数及应用。
- 理解三极管的工作原理、特性曲线、主要参数、放大作用和开关作用。
- 会分析三极管的三种工作状态。
- 理解绝缘栅场效应管的恒流、夹断、变阻三种工作状态，了解场效应管的应用。

5.1　PN 结及其单向导电性

5.1.1　半导体基础知识

物质按其导电能力的不同，可以分为导体、绝缘体和半导体三类。半导体的导电能力介于导体和绝缘体之间。半导体在常态下导电能力非常微弱，但在掺杂、受热、光照等条件下，其导电能力大大加强。用来制造电子器件的半导体材料有硅、锗和砷化镓等。

1. 本征半导体

纯净的半导体称为本征半导体，如硅和锗。本征半导体通常具有晶体结构，也称晶体。将含有硅或锗的材料经高纯度的提炼制成单晶体，单晶体中的原子按一定规律整齐排列。硅原子最外层有 4 个价电子，与相邻的 4 个原子形成共价键结构。单晶硅的共价键结构如图 5.1 所示。处于共价键结构中的价电子由于受原子核的束缚较松，当它们获得一定能量（热能或光能）后，就可以挣脱原子核的束缚形成自由电子，同时，在原来共价键的位置上留下一个空位，称为“空穴”。所以，本征半导体中的电子和空穴都是成对出现的，称为电子空穴对。

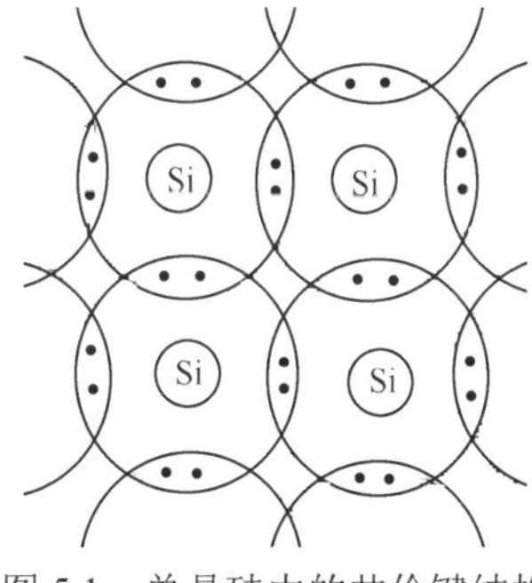

图 5.1　单晶硅中的共价键结构

在外电场的作用下，自由电子和空穴会定向移动。自由电子的定向运动形成了电子电流，仍被原子核束缚的价电子（不是自由电子）在空穴的吸引下填补空位形成了空穴电流。所以，在半导体中，存在两种载流子，即电子和空穴。

本征半导体的热激发

温度越高，获得能量挣脱束缚的价电子越多，产生的电子空穴对越多。因此，本征半导体中载流子的浓度与温度的高低有着十分密切的关系，温度升高，载流子的浓度随之增加。但总的说来，本征半导体的载流子总数很少，导电能力也很差。

2. 杂质半导体

在本征半导体中掺入杂质，就形成杂质半导体。杂质半导体的导电能力大大提高。

若在四价的本征半导体中掺入五价元素（如硅+磷），在构成共价键时，将因磷原子多一个价电子而产生一个自由电子。掺杂浓度越高，自由电子数量越多。这种半导体称为 N 型半导体。N 型半导体中电子为多数载流子（简称多子），空穴为少数载流子（简称少子）。

若在四价的本征半导体中掺入三价元素（如锗+硼），在构成共价键时，将因硼原子缺少一个价电子而产生一个空穴。这种半导体称为P 型半导体。P 型半导体中空穴为多数载流子，电子为少数载流子。多子的数量取决于掺杂浓度，少子的数量取决于温度。

对于杂质半导体本身，虽然一种载流子的数量大大增加，但其对外不显示电性。

5.1.2 PN 结的形成

采用不同的掺杂工艺，将 P 型半导体和 N 型半导体制作同一块硅片上，在它们的交界面就形成了 PN 结。PN 结具有单向导电性。

制作在一起的P 型半导体和N 型半导体（又称P 区和N 区）的交界面中，两种载流子的浓度相差很大，因而产生了扩散运动。P 区内的空穴和N 区内的自由电子越过交界面向对方区域扩散，如图 5.2（a）所示。P 区内的空穴扩散到 N 区后，与 N 区的电子复合而消失，N 区内的自由电子扩散到P 区后，与P 区的空穴复合而消失。扩散运动的结果是在 P、N 区的交界处的两侧分别留下了不能移动的负、正离子，形成了一个空间电荷区。这个空间电荷区就称为PN 结。该空间电荷区内的多数载流子因扩散、复合被消耗尽了，所以又称为耗尽层。同时，不能运动的正、负离子形成一个方向为由 N 区指向 P 区的内电场，如图 5.2（b）所示。该内电场对多数载流子的扩散运动起阻挡作用，又称为阻挡层。内电场对少数载流子（P 区的电子和 N 区的空穴）向对方区域的运动起到了推动作用。少数载流子在内电场的作用下有规则的运动称为漂移运动。在没有外加电压的情况下，最终扩散运动和漂移运动达到了动态平衡，PN 结的宽度保持一定而处于稳定状态。

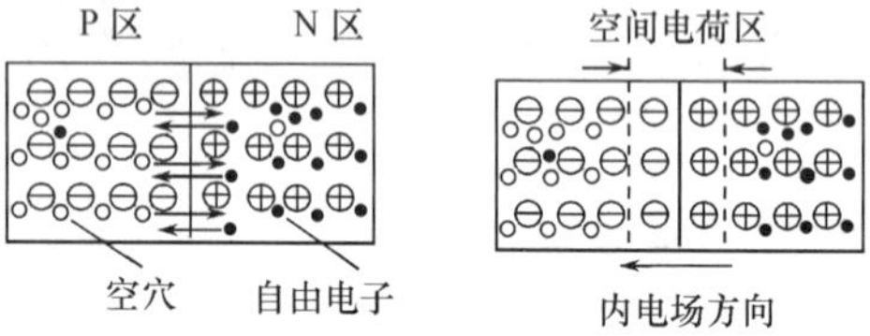

(a)　　(b)

图 5.2　PN 结的形成

PN 结的形成

5.1.3 PN 结的单向导电性

PN 结在没有外加电压的时候，结内的扩散运动和漂移运动处于动态平衡，对外不显电性。如果在 PN 结的两端外加电压，就将破坏原来的平衡状态。此时，扩散电流不再等于漂移电流，因而 PN 结将有电流流过。当外加电压极性不同时，PN 结表现出截然不同的导电性能，即呈现出单向导电性。

当电源的正极（或正极串联电阻后）接到 PN 结的 P 端，且电源的负极（或负极串联电阻后）接到PN 结的N 端时，称PN 结外加正向电压，也称正向接法或正向偏置。此时外电场削弱了内电场，空间电荷区变窄，破坏了原来的平衡，使扩散运动加剧，漂移运动减弱。由于电源的作用，扩散运动将源源不断地进行，从而形成正向电流，PN 结导通，如图 5.3（a）所示。PN 结导通时的结压降只有零点几伏，因而应在它所在的回路中串联一个电阻，以限制回路的电流，防止PN 结因正向电流过大而损坏。

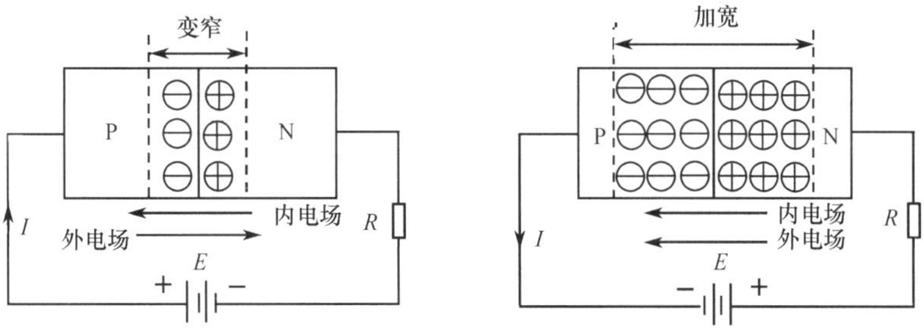

(a) (b)

图 5.3 PN 结的单向导电性

PN 结正向导通

当电源的正极（或正极串联电阻后）接到 PN 结的 N 端，且电源的负极（或负极串联电阻后）接到 PN 结的 P 端时，称 PN 结外加反向电压，也称反向接法或反向偏置，如图 5.3（b）所示。此时，外电场与内电场的方向相同，也破坏了扩散与漂移运动的平衡。外电场使得阻挡层变厚，内电场被增强，使多数载流子的扩散运动难以进行。此时称 PN 结处于反向截止状态。同时，内电场的增强使得少数载流子的漂移运动加强，在电路中形成反向电流。但由于少数载流子的数量很少，因而反向电流很小，PN 结呈现的反向电阻很高。又因为少数载流子的数量与温度有关，所以，温度对反向电流的影响很大。

PN 结反向截止

由以上分析可知，PN 结加正向电压时，结电阻很低，正向电流较大，处于正向导通状态；PN 结加反向电压时，结电阻很高，反向电流很小，处于反向截止状态。这就是 PN 结的单向导电性。

在一定条件下，PN 结还具有电容效应。这是因为 PN 结两端带有正、负电荷，与极板带电时的电容情况相似。PN 结的这种电容称为结电容。结电容的数值不大，只有几皮法。当工作频率很高时，要考虑结电容的影响。

5.2 半导体二极管

5.2.1 二极管的基本结构

半导体二极管的核心部分是一个 PN 结，如图 5.4（a）所示。在 PN 结的两端加上电极，P 区引出的电极为阳极，N 区引出的电极为阴极。用管壳封装，就成为半导体二极管。其电路符号如图 5.4（b）所示。常见二极管封装如图 5.5 所示，A 表示阳极，K 表示阴极。

(a) (b)

图 5.4 半导体二极管

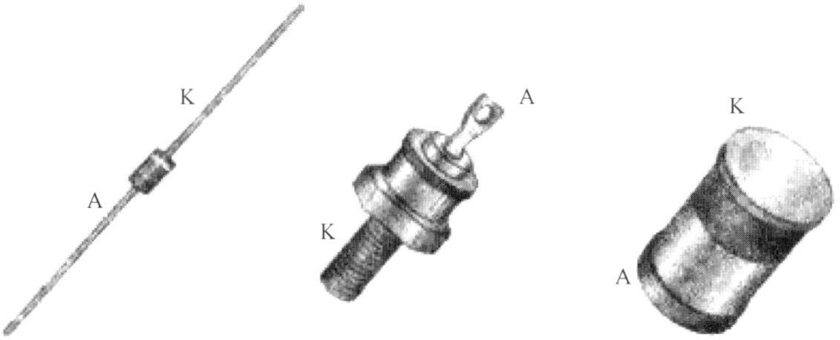

图 5.5 常见二极管封装

按制造二极管的材料分，有硅二极管和锗二极管；按 PN 结的结构分，主要有点接触型和面接触型两类。点接触型二极管（一般为锗管）PN 结面积小，不能通过大电流，通常用于高频和小功率工作电路。面接触型二极管（一般为硅管）PN 结面积大，可以通过较大电流，通常用于低频和大电流整流电路。

5.2.2 二极管的伏安特性

二极管两端电压与流过二极管电流的关系曲线称为二极管的伏安特性，它可以通过实验测出，如图 5.6 所示。

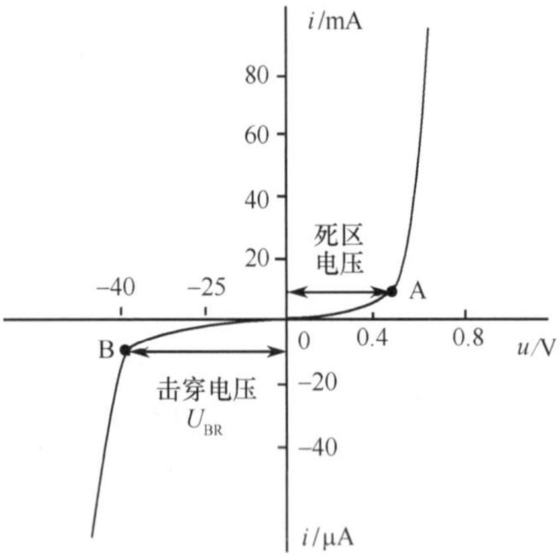

图 5.6 半导体二极管的伏安特性

二极管接正向电压时的曲线称为二极管的正向特性。由图 5.6 可以看出，当二极管两端的正向电压很小时，其外电场不足以克服内电场对多数载流子扩散运动的阻挡，故电流接近为 0（曲线的 0－A 段），这一段称为死区，A 点对应的电压称为死区电压 U_T。硅管的死区电压约为 0.5V，锗管的死区电压约为 0.1V。当正向电压大于死区电压时，内电场大大削弱，电流随着电压的上升变化很快，二极管进入导通状态。二极管导通后，由于特性曲线很陡，当电流在允许的范围内变化时，其两端的电压变化很小，所以，可以认为二极管的导通管压降近似为常数，硅管约为 0.6～0.7V，锗管约为 0.2～0.3V。

当温度升高时，二极管的特性曲线左移，即在相同电压的情况下，电流增大。

二极管接反向电压时的曲线称为二极管的反向特性。在反向特性中，在一定电压范围内（曲线 0－B 段），随着反向电压的增大，二极管的反向电流基本不变，且数值很小。硅二极管的反向电流比锗二极管要小得多。该反向电流称为反向饱和电流。当二极管两端电压增大到一定数值（B 点对应电压）时，反向电流会突然急剧增大，这种现象称为反向击穿，此时的电压称为反向击穿电压 U_{BR}。普通二极管被击穿后，一般不能恢复原来的性能，使用时应加以避免。

当温度升高时，二极管的反向饱和电流显著增大，而反向击穿电压下降。锗管的反应尤其敏感。

5.2.3 二极管的主要参数

二极管的参数是正确选择和使用二极管的依据，具体数值可通过网络查找器件原厂说明书获得。二极管的主要参数说明如下。

（1）最大正向电流 I_{FM}，二极管长时间连续工作时，允许通过的最大正向平均电流。二极管实际使用时通过的平均电流不允许超过此值，否则会因过热使二极管损坏。常用整流二极管 1N4000 系列的最大正向电流为 1A。

（2）最高反向工作电压 U_{RM}，二极管正常工作时，允许承受的最大反向工作电压。一般是反向击穿电压 U_{BR} 的一半或三分之二。二极管实际使用时承受的反向电压不应超过此值，以免发生击穿。常用整流二极管 1N4007 的耐压值为 1000V。

（3）正向导通电压 U_F，二极管通过额定正向电流时，在两极间所产生的导通压降。导通压降越高，二极管正向导通时的功耗越大。因此在低压场合下，常选用肖特基二极管，例如肖特基二极管 1N5817 在 I_F=0.1A 时，导通电压仅为 0.32V。

（4）反向电流 I_R，二极管在特定温度和最高反向工作电压作用下，流过二极管的反向电流。其值大，说明该二极管的单向导电性差，且受温度影响大。当温度升高时，反向电流会显著增大。肖特基二极管的反向电流较大，达毫安级。

（5）反向恢复时间 t_{rr}，二极管由导通状态向截止状态转变时，需要释放存储在结电容中的电荷，该放电时间被称为反向恢复时间。其值小，意味着可以应用在工作频率较高的场合。快恢复二极管的反向恢复时间短，例如 1N4148 仅为 4ns。

5.2.4 二极管的应用举例

二极管的应用范围很广，主要利用它的单向导电性，可用于整流、检波、限幅、钳位、元件保护等，也可在数字电路中作为开关使用。

在实际应用中，常常把二极管理想化，理想二极管的伏安特性如图 5.7 所示。当二极管加正向电压（阳极电位高于阴极电位）时导通，导通时的正向管压降近似为 0，导通时的正向电流由外电路决定；当二极管加反向电压（阳极电位低于阴极电位）时截止，截止时的反向电流为 0，截止时二极管承受的反向电压由外电路决定。

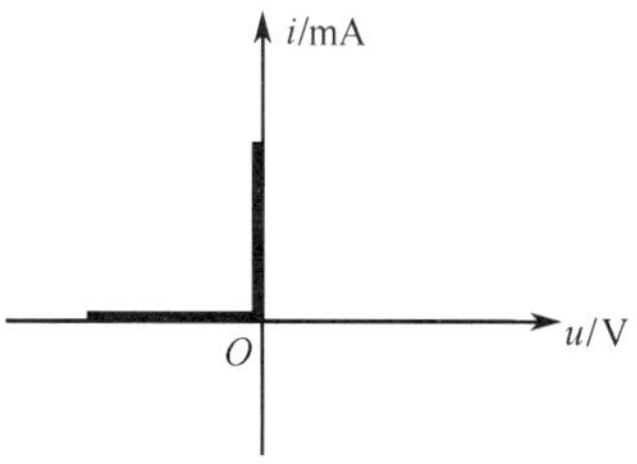

图 5.7 理想二极管的伏安特性

〖例 5.1〗 在图 5.8（a）所示电路中，已知输入波形如图 5.8（b）所示，画出输出电压的波形。

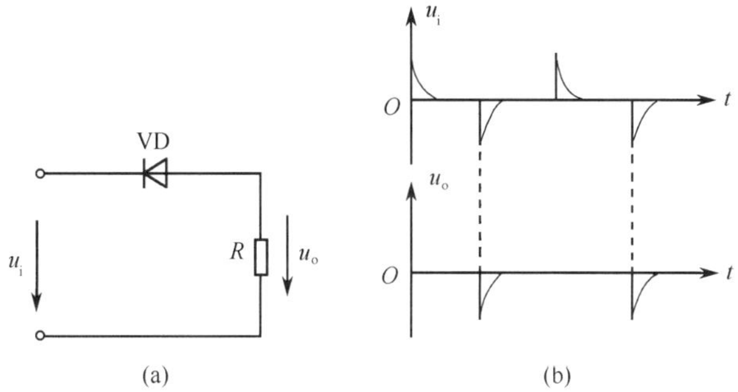

图 5.8 例 5.1 的图

解： 将二极管当作理想二极管看待。当输入为正脉冲时，二极管因承受反向电压而截止，可等效为一个断开的开关，则输出电压为 0。当输入为负脉冲时，二极管因承受正向电压而导通，可等效为一个闭合的开关，则输出电压等于输入电压。输出波形如图 5.8（b）所示。

二极管在该电路中作为检波功能使用，可去除正脉冲。

〖例 5.2〗 在图 5.9（a）所示电路中，E=5V，$u_i = 10\sin\omega t$V，试画出 u_o 的波形。

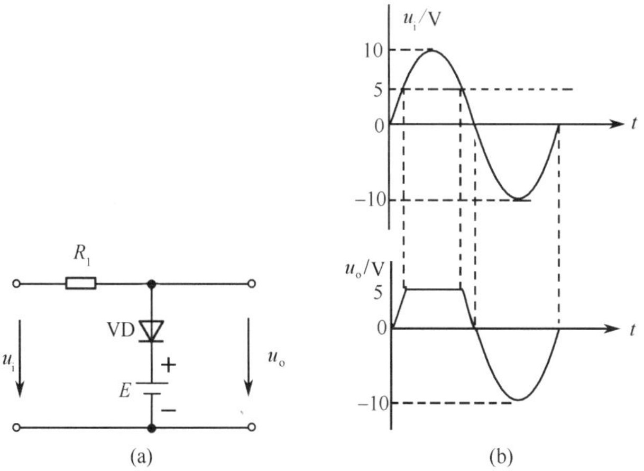

图 5.9 例 5.2 的图

解： 当 u_i 大于 E 时，二极管因承受正向电压而导通，相当于短路，$u_o = E$；当 u_i 小于 E 时，二极管因承受反向电压而截止，相当于开路，$u_o = u_i$。u_o 波形如图 5.9（b）所示。二极管在该电路中作为限幅功能使用。

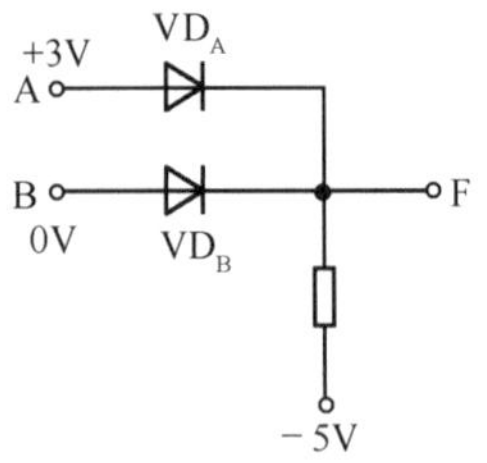

图 5.10　例 5.3 的图

〖例 5.3〗 在图 5.10 所示电路中，$V_A = +3V$，$V_B = 0V$，求输出端 F 的电位 V_F。

解：当两个二极管都承受正向电压时，承受正向电压高的二极管先导通。因为 A 端电位比 B 端高，所以 VD_A 优先导通，则 V_F=3V。当 VD_A 导通后，VD_B 上加的是反向电压，因而截止。

在这里，VD_A 起钳位作用，将 F 点的电位钳制在+3V 上，VD_B 起隔离作用，将输入端 B 与输出端 F 隔离开来。

【思考与练习】

5-2-1　什么是二极管的死区电压？什么是二极管的导通电压？两者有什么区别？

5-2-2　请查阅器件 1N4007、1N4148 和 1N5817 的说明书，当例 5.2 输入信号频率为 1MHz 时，应选择哪种型号的二极管？

5-2-3　如何用万用表判断二极管的好坏？

5.3　稳压二极管

稳压管是一种特殊的二极管，在电路中与适当的电阻配合具有稳定电压的功能。图 5.11 所示是稳压管的符号。

图 5.11　稳压管的符号

稳压管的伏安特性曲线与普通二极管的伏安特性曲线类似，主要区别是稳压管的反向击穿特性比普通二极管的更陡，如图 5.12 所示。正常工作时，稳压管应工作在 PN 结的反向击穿状态。通过制造工艺和使用时限制反向电流的大小，能保证稳压管在反向击穿状态下不会因过热而损坏。所以我们说稳压管的击穿是可逆的。这也是与普通二极管的不同之处。在稳压管的反向击穿区，电流可以在较大范围内变化，而电压的变化很小，稳压管就是利用这一特性，在电路中起到稳压的作用。

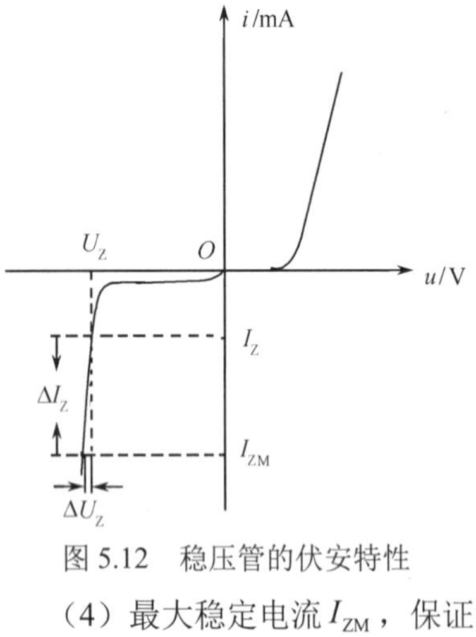

图 5.12　稳压管的伏安特性

稳压管的主要参数如下。

（1）稳定电压 U_Z，稳压管正常工作时，管子两端的电压。由于工艺方面的原因，稳压管的稳定电压离散性较大，即使是同一型号的管子 U_Z 也不尽相同，使用时应根据实际情况选用。

（2）稳定电流 I_Z，是稳压管选型的主要参考依据。一般认为只有稳压管的电流达到此值时，稳压管才能进入反向击穿区。

（3）动态电阻 r_Z，管子两端电压的变化量与对应的电流变化量的比值。它反映了稳压管稳压性能的好坏。稳压管的伏安特性如图 5.12 所示。

$$r_Z = \frac{\Delta U_Z}{\Delta I_Z} \tag{5.1}$$

击穿特性越陡，动态电阻越小，稳压性能越好。

（4）最大稳定电流 I_{ZM}，保证稳压管不被热击穿允许通过的最大反向电流。

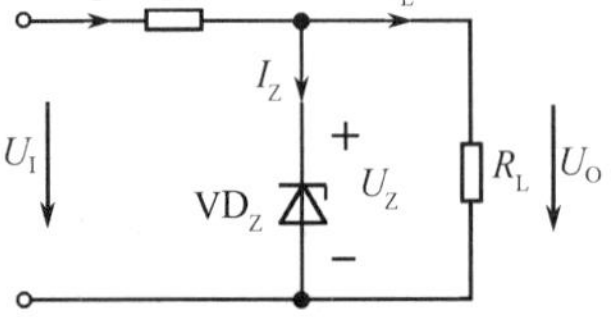

图 5.13　稳压管的稳压电路

（5）最大耗散功率 P_{ZM}，管子不发生热击穿的最大耗散功率。

$$P_{ZM} = I_{ZM} \cdot U_Z \tag{5.2}$$

用稳压管构成的稳压电路如图 5.13 所示。稳压管 VD_Z 工作在反向击穿状态。图中的 R 为限流电阻，用来限制流过稳压管的电流，既要进入击穿区又不能超过 I_{ZM}。R_L 是负载电阻。当稳压管处于反向击穿状态时，U_Z 基本不变，故负载电阻 R_L 两端的电压 U_o=U_Z 是稳定的。

〖例 5.4〗 在图 5.13 所示的稳压管稳压电路中，已知 $U_I = 10V$，$U_Z = 5V$，$R_L = 1k\Omega$。

（1）若该稳压管的稳定电流 $I_Z = 5mA$，最大稳定电流 $I_{ZM} = 25mA$，电路中的限流电阻应该如何选取？

（2）若限流电阻 $R = 10k\Omega$，输出电压 $U_O = 5V$ 吗？

（3）若限流电阻 $R = 0\Omega$，输出电压 $U_O = 5V$ 吗？

解：（1）由于稳压管正常工作，则 $U_O = U_Z = 5V$，$I_{R_L} = 5mA$，由于 $5mA < I_Z < 25mA$，根据 $I = I_Z + I_{R_L}$，有 10mA<I<30mA，因此

$$R_{L\max} = \frac{U_O - U_Z}{I_{\min}} = \frac{10-5}{10} = 500\Omega$$

$$R_{L\min} = \frac{U_O - U_Z}{I_{\max}} = \frac{10-5}{30} \approx 160\Omega$$

（2）若限流电阻 R=10kΩ，假设稳压管正常工作，则

$$U_O = U_Z = 5V$$

$$I_{R_L} = \frac{U_O}{R_L} = \frac{5}{1} = 5mA$$

$$I = \frac{U_I - U_O}{R} = \frac{10-5}{10} = 0.5mA$$

因此 $I < I_Z + I_{R_L}$，假设不成立，稳压管不处于稳压状态。此时，该稳压管并没有进入反向击穿区，输出电压不可能是 5V。

（3）若限流电阻 R=0，则稳压管直接并联在电压源两端，输出电压仍然不等于 5V。这种情况有可能导致稳压管被直接击穿而损坏。

限流电阻 R 的取值是要估算的，要能够保证稳压管始终工作在稳压状态下。

【思考与练习】

5-3-1 例 5.4 中，若不知道稳压管的具体型号，无法查到该稳压管的稳定电流范围，电路中的限流电阻应该如何选取？

5-3-2 两只 5V 的稳压二极管，正向导通电压为 0.7V，将它们进行串并联，可得到几种稳压值？

5.4 半导体三极管

半导体三极管简称为三极管或晶体管。因为有电子和空穴两种载流子参与导电，所以称为双极型晶体管。三极管具有放大作用和开关作用，是电子技术中应用最广泛的器件之一，对电子技术的发展起着至关重要的作用。学习三极管，主要是掌握它的伏安特性和主要参数，以便正确地应用它。

5.4.1 三极管的基本结构

三极管有 NPN 和 PNP 两种类型，其工作原理相同。图 5.14 是其结构的示意图和图形符号。三极管的三个引脚分别是发射极 E、集电极 C 和基极 B。三极管有两个 PN 结，分别是发射极与基极间的发射结（BE 结）和基极与集电极间的集电结（BC 结）。

三极管图形符号中的箭头表示发射极电流的方向。NPN 管的 I_E 自发射极流出，PNP 管的 I_E 则从发射极流入。

下面以 NPN 管为例讨论三极管的工作原理和特性参数。

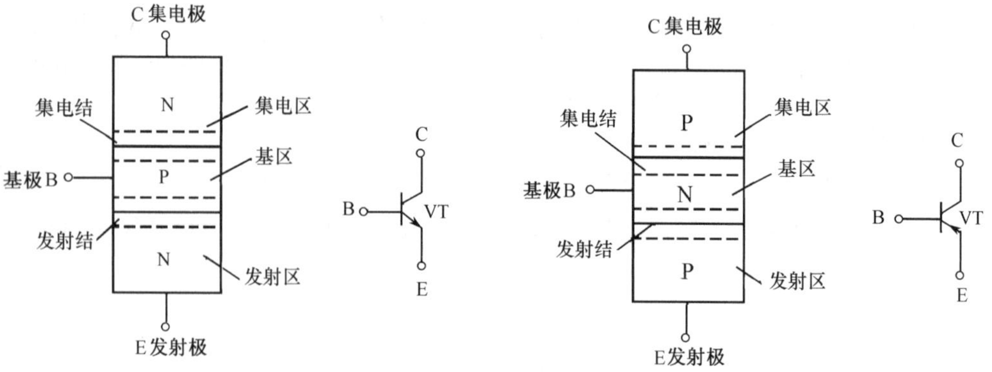

(a) NPN 型　　(b) PNP 型

图 5.14　三极管的结构示意图和图形符号

5.4.2　三极管的工作原理

当三极管的两个 PN 结的偏置方式不同时，三极管的工作状态也不同。当发射结和集电结加不同的偏置电压时，三极管有放大、饱和以及截止三种工作状态。

1．放大状态

当外接电路保证三极管的发射结正向偏置，集电结反向偏置时，如图 5.15 所示，三极管具有电流放大作用，即工作在放大状态。

图 5.15 中，基极电源 E_B 和基极电阻 R_B 构成的基极电路保证发射结处于正向偏置，集电极电源 E_C 和集电极电阻 R_C 构成的集电极电路保证集电结处于反向偏置（$E_C>E_B$）。由于发射极是基极电路和发射极电路的公共端，故这种电路称为共发射极电路。若三极管为 PNP 型，只需将两电源的极性颠倒即可。

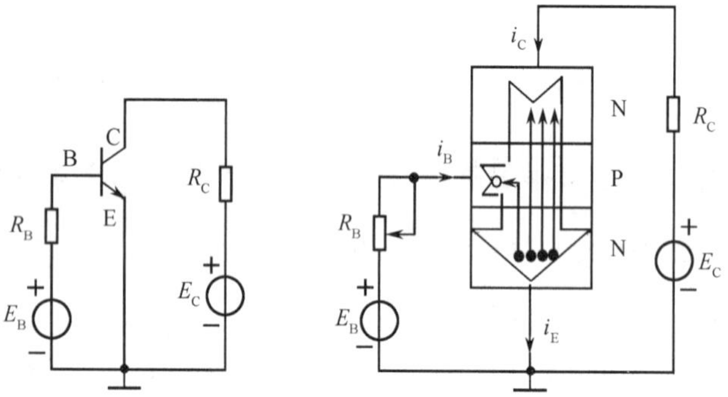

(a) 电路图　　(b) 载流子的运动

图 5.15　三极管放大状态时的电路与载流子的运动

由于发射结处于正向偏置，该 PN 结导通，发射区的多数载流子（自由电子）会源源不断地向基区扩散，形成发射极电流 i_E。发射区的电子注入基区后，除一小部分与基区的空穴复合，形成基极电流 i_B 外，大部分电子将继续向集电结扩散。扩散到集电结边沿的电子在集电结反向电压的作用下，被拉入集电区，形成集电极电流 i_C。注意，以上讨论中忽略了基区的多数载流子空穴（因为基区很薄，掺杂浓度很低，空穴数量很少）向发射区的扩散运动和集电区的少数载流子空穴向基区的漂移运动。在上述载流子的运动过程中，我们得到基极电流、集电极电流和发射极电流满足下列关系

$$i_E=i_C+i_B \tag{5.3}$$

因为在三极管制成后，其内部尺寸和杂质浓度是确定的，所以发射区所发射的电子在基区复合

的百分数和被集电区收集的电子的百分数大体上是确定的。因此，三极管内部的电流存在一种比例分配关系，即$i_C \approx i_E >> i_B$。i_B和i_C之间也存在一种比例关系，称为静态电流放大系数$\bar{\beta}$

$$\bar{\beta} = \frac{i_C}{i_B} \tag{5.4}$$

当外加基极电压的变化引起基极电流i_B微小变化时，集电极电流i_C必将会发生较大的变化。这就是三极管的电流放大作用，也就是通常所说的基极电流对集电极电流的控制作用。集电极电流的变化量与基极电流的变化量之比称为动态电流放大系数β

$$\beta = \frac{\Delta i_C}{\Delta i_B} \tag{5.5}$$

综上所述，三极管工作在放大状态的内部条件是制造时使基区薄且掺杂浓度低，发射区的掺杂浓度远大于集电区；外部条件是发射结正偏，集电结反偏。若为共射极接法，NPN管：$V_C > V_B > V_E$；PNP管：$V_E > V_B > V_C$。三极管工作在放大状态时，有

三极管的电流分配

$$i_C = \beta i_B \tag{5.6}$$

2．饱和状态

当三极管的发射结和集电结都处于正向偏置时，电路如图5.15所示，若减小基极电阻R_B，使发射结电压u_{BE}增大，则基极电流i_B增大，集电极电流i_C随之增大。但当i_C增大到使$i_C \cdot R_C = E_C$时，$i_C = \frac{E_C}{R_C}$已成为该电路i_C可能达到的最大值，再增大i_B，i_C也不会增大了。此时的三极管已处于饱和状态，$u_{CE} < u_{BE}$，集电结正向偏置。

因此三极管工作在饱和状态的条件是：发射结正偏，集电结正偏，即$|u_{CE}| < |u_{BE}|$。三极管工作在饱和状态的特点是：集电极电流$i_C \neq \beta i_B$，$i_C \approx \frac{E_C}{R_C}$，它取决于外电路；管压降$u_{CE} = u_{CES} \approx 0\text{V}$，三极管相当于短路的开关，如图5.16（a）所示。

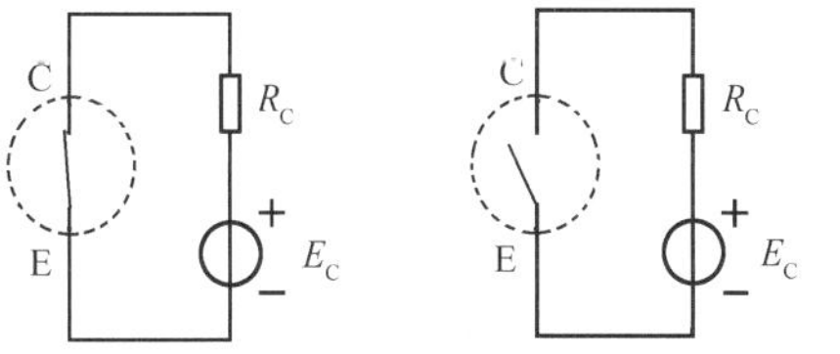

(a)饱和状态的三极管　　(b)截止状态的三极管

图5.16　三极管的开关状态

3．截止状态

当三极管的发射结处于反向偏置时，理想状态下基极电流为0，集电极电流也为0，此时三极管处于截止状态。因此三极管工作在截止状态的条件是：发射结反偏。其工作在截止状态的特点是：$i_B = 0$，$i_C \approx 0$，管压降$u_{CE} \approx E_C$，三极管相当于断开的开关，如图5.16（b）所示。

三极管工作在截止、饱和状态时起开关作用，称为三极管的开关状态。

5.4.3　三极管的伏安特性

类似二极管的伏安特性曲线，通过实验法可测得三极管的特性曲线。由于三极管有三个极，需要分成两个回路，如图5.17所示，因此有两组曲线，即输入特性曲线和输出特性曲线。

1．输入特性曲线

当u_{CE}为常数时，输入电流i_B和u_{BE}之间的关系为$i_B = f(u_{BE})$，如图5.18（a）所示。

由于发射结是正向偏置的PN结，故三极管的正向特性和二极管的正向特性相似。不同的是，由于三极管的两个PN结靠得很近，i_B不仅

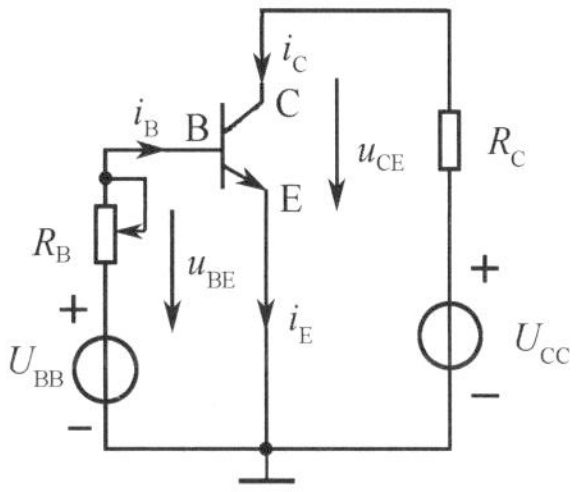

图5.17　共发射极电路中的电流和电压

与u_{BE}有关，还要受到u_{CE}的影响。但在$u_{CE} \geqslant 1V$后，集电结已处于反向偏置，再增大u_{CE}，对i_B的影响不大。所以，$u_{CE} \geqslant 1V$的输入特性曲线是近似重合的。图 5.18（a）所示的输入特性曲线说明，当三极管的发射结电压大于 PN 结的死区电压后，随着u_{BE}的增大，基极电流i_B上升。导通后，结压降的数值u_{BE}同二极管的管压降，近似为常数。

2. 输出特性曲线

当i_B为常数时，三极管的管压降u_{CE}和集电极电流i_C之间的关系为$i_C = f(u_{CE})$，如图 5.18（b）所示。三极管的输出特性曲线是一组曲线，每个确定的i_B对应一条输出特性曲线。

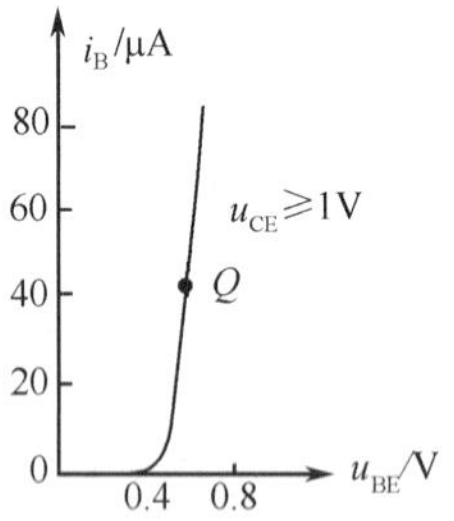

(a) 输入特性

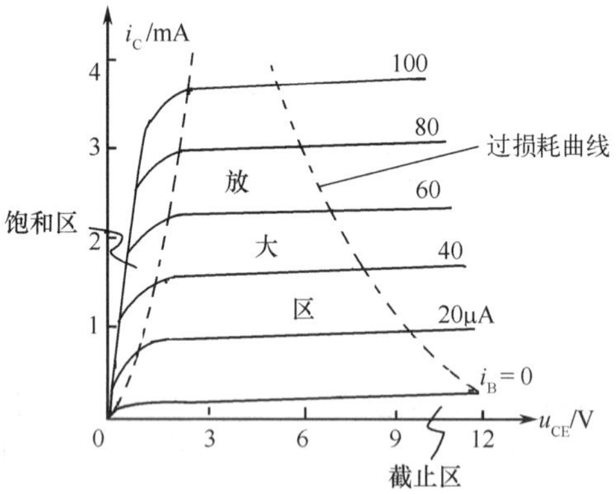

(b) 输出特性

图 5.18　三极管的特性曲线

对应于三极管的三个工作状态，在输出特性曲线中可分为三个区域。

（1）放大区。输出特性曲线中比较平坦的部分。在这个区域中，发射结正偏，$i_B > 0$；$u_{CE} > u_{BE}$，集电结反偏；$i_C = \beta i_B$。

（2）饱和区。在这个区域中，发射结和集电结都处于正向偏置，$u_{CE} < u_{BE}$，$i_C \neq \beta i_B$，i_C取决于外接电路的电源电压和电阻。

（3）截止区。输出特性曲线中$i_B \leqslant 0$的部分。因为当$i_B = 0$时，两个反向串联的 PN 结也会存在由少数载流子形成的漏电流I_{CEO}，该电流称为穿透电流。在常温下，可以忽略不计，但温度上升时，I_{CEO}会明显增大。

5.4.4　三极管的主要参数

（1）电流放大系数$\overline{\beta}$，β

静态电流放大系数：
$$\overline{\beta} = \frac{i_C}{i_B}$$

动态电流放大系数：
$$\beta = \frac{\Delta i_C}{\Delta i_B}$$

在实际应用中，由于两者数值较为接近，因此常用$\beta \approx \overline{\beta}$这个近似关系。常用小功率三极管的$\beta$值为 20～150，离散性较大。即使是同一型号的管子，其电流放大系数也有很大差别。温度升高时，β会增大，使三极管的工作状态不稳定。所以，在选择三极管时，选择β大的管子不一定合适。

（2）最大集电极电流I_{CM}

当集电极电流增大时，三极管的电流增益会随之下降。当增益下降到正常值的$\frac{2}{3}$时，对应的集电极电流即为I_{CM}。

（3）最大集电极耗散功率P_{CM}

三极管工作时的功耗主要集中在集电极处

$$P_C = i_C \cdot u_{CE} \quad (5.7)$$

P_C的存在使集电结温度上升，若$P_C > P_{CM}$将会导致三极管过热而损坏。根据P_{CM}，可以在输出特性曲线上作出过损耗曲线，如图5.18（b）所示。

（4）击穿电压

① 集电极-基极击穿电压$U_{(BR)CBO}$：发射极开路时，集电极和基极之间允许施加的最大电压。若$U_{CB} > U_{(BR)CBO}$，集电结将被反向击穿。

② 集电极-发射极击穿电压$U_{(BR)CEO}$：基极开路时，集电极和发射极之间允许施加的最大电压。若$U_{CE} > U_{(BR)CEO}$，集电结将被反向击穿。使用时要特别注意这个参数。

〖例5.5〗 在图5.19所示的三极管恒流源放电电路中，已知$U_Z = 5V$，$R_E = 4.3k\Omega$，三极管$\beta = 100$，发射结导通管压降$U_{BE} \approx 0.7V$，饱和管压降$U_{CES} \approx 0V$。当电容电压分别为10V、8V和3V时，判断三极管的工作状态以及各引脚的电压值。

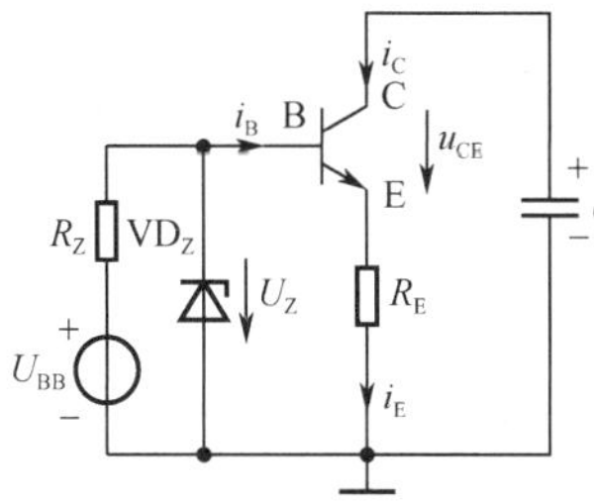

图5.19 三极管恒流源放电电路

解：（1）当$U_C = V_C = 10V$时，假设三极管处于放大状态，则

$$V_B = U_Z = 5V$$

$$V_E = U_Z - U_{BE} = 5 - 0.7 = 4.3V$$

由于$U_{CE} = V_C - V_E = 10 - 4.3 = 5.7V$，因此假设成立。三极管处于放大状态，且此时的放电电流为

$$I_E = \frac{V_E}{R_E} = \frac{4.3}{4.3} \approx 1mA$$

（2）当$U_C = V_C = 8V$时，假设三极管处于放大状态，则$V_B = 5V$，$V_E = 4.3V$，由于$U_{CE} = V_C - V_E = 8 - 4.3 = 3.7V$，因此假设仍然成立。三极管还是处于放大状态，放电电流不变。

（3）当$U_C = V_C = 3V$时，假设三极管处于放大状态，则$V_B = 5V$，$V_E = 4.3V$，但$U_{CE} = V_C - V_E = 3 - 4.3 = -1.3V$，由于饱和管压降最小为零，不可能为负数，因此假设不成立。三极管应处于饱和状态，利用饱和管压降$U_{CES} \approx 0V$重新求解电路。

$$U_C = V_C \approx V_E = 3V$$

$$I_E = \frac{V_E}{R_E} = \frac{3}{4.3} \approx 0.7mA$$

【思考与练习】

5-4-1 例5.5中，若要保持三极管处于放大状态，电容电压的最小值是多少？

5-4-2 在一块正常工作的放大电路板上，测得两个三极管的三个电极的电位分别是：−0.7V，−1V，−6V和2.5V，3.2V，9V，试判别管子的三个电极，并说明它们是PNP型还是NPN型，是硅管还是锗管？

5-4-3 如何用万用表判断三极管的类型及其好坏？

5-4-4 参考例5.5，能否用NPN管设计一个三极管充电恒流源电路？

*5.5 绝缘栅型场效应晶体管

场效应管是利用电场效应来控制电流的一种半导体器件。它与半导体三极管的主要区别是：三极管是两种载流子（电子和空穴）参与导电，称为双极型晶体管；场效应管只有一种载流子参与导电，称为单极型晶体管。按结构不同，场效应管分为结型和绝缘栅型两大类，因为绝缘栅型场效应管的应用更广泛，所以这里只介绍此种类型。

5.5.1 基本结构与工作原理

绝缘栅场效应管按其工作状态分为增强型和耗尽型两类，按其导电类型又分 N 沟道（电子导电）和 P 沟道（空穴导电）两种。图 5.20（a）所示为 N 沟道增强型场效应管的结构示意图。它用一块杂质浓度较低的 P 型硅片做衬底，利用扩散的方法在 P 型硅中形成两个高掺杂的 N 型区，并引出两个电极，分别称为源极 S 和漏极 D。P 型硅表面覆盖一层极薄的二氧化硅绝缘层，在源极和漏极之间的绝缘层上制作一个金属电极作为栅极 G。栅极和其他电极是绝缘的，故称为绝缘栅型场效应管，简称 MOS 管。图 5.20（b）所示为 N 沟道增强型绝缘栅场效应管的电路符号。

N 沟道增强型绝缘栅场效应管的源极区和漏极区与 P 型衬底之间形成两个 PN 结，不论 u_{DS} 极性如何，两个 PN 结中总有一个反向偏置处于截止状态，所以漏、源之间不会有电流形成。如果在栅极和源极间加上正向电压 u_{GS}，将产生垂直于衬底表面的电场。该电场会吸引 P 型衬底中的电子到表面层。当 u_{GS} 大于一定数值时，这些电子在 P 型半导体的表面形成一个自由电子占多数的 N 型层。由于它的性质正好和多数载流子为空穴的 P 型区相反，故称为反型层。它就是沟通源区和漏区的 N 型导电沟道（与 P 型衬底之间被耗尽层绝缘），如图 5.21 所示。u_{GS} 越大，导电沟道越宽。导电沟道形成后，在漏极电源 E_D 的作用下，管子导通，产生漏极电流，如图 5.22 所示。

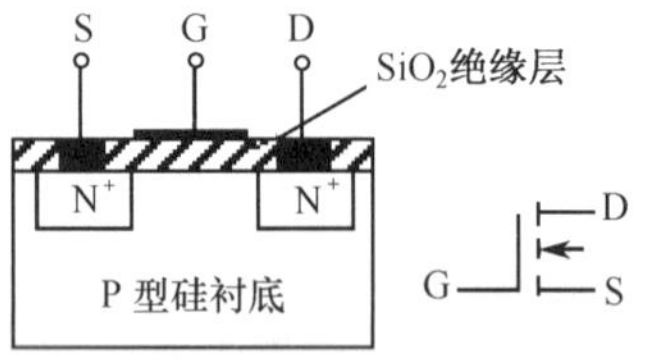

(a)结构示意图 (b)符号

图 5.20 N 沟道增强型场效应管

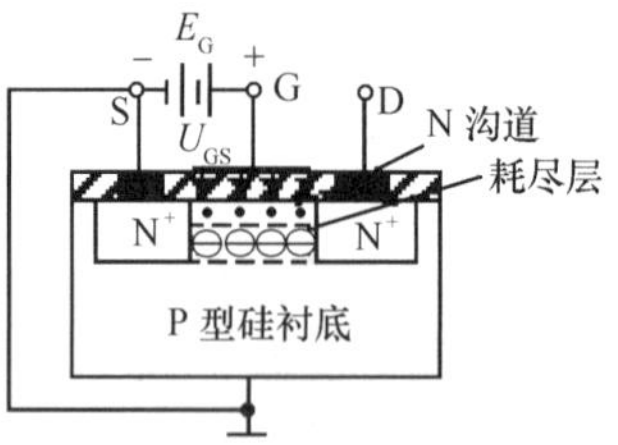

图 5.21 导电沟道的形成

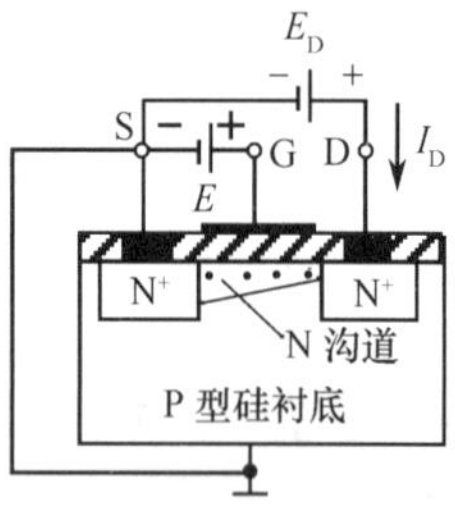

图 5.22 N 沟道增强型绝缘栅场效应管的导通

N 沟道增强型 MOS 管的结构

N 沟道增强型 MOS 管导电沟道的形成

N 沟道增强型 MOS 管的导通

在 u_{DS} 一定的情况下，只有 u_{GS} 超过一定值时，才能形成导电沟道。这个临界值称为开启电压 $U_{GS(th)}$ 或 U_T。u_{GS} 越大，导电沟道越厚，漏极电流越大（呈现电阻导电性质）。由于这种场效应管必须通过外加电压形成导电沟道，因此称为增强型。可见，场效应管是电压控制型元件，因为改变栅源电压 u_{GS}，就能控制漏极电流 i_D 的大小。这是两者的主要区别。三极管是电流控制型元件，由 i_B 控制 i_C。

耗尽型场效应管与增强型效应管的不同之处在于，制造时在二氧化硅绝缘层中掺入大量的正离子，使它有一个原始导电沟道。u_{GS} 上升，导电沟道加厚，漏极电流增大；u_{GS} 小于 0V 时，导电沟道变薄，当u_{GS}的负值达到某一数值时，导电沟道消失，这一临界电压称为夹断电压$U_{GS(off)}$或U_P。因为这种 MOS 管通过外加电压可以改变导电沟道的厚薄，直至耗尽，所以称为耗尽型场效应管。

P 沟道增强型场效应管和耗尽型场效应管的结构与工作原理同 N 沟道类似。使用时应注意电源的极性和电流的方向都与 N 沟道相反。

5.5.2 特性曲线

1. 转移特性

当漏极电源一定时，通过实验法可测得漏极电流i_D与栅源电压u_{GS}之间的关系为$i_D = f(u_{GS})$，称为场效应管的转移特性。4 种场效应管的转移特性见表 5.1。u_{GS}对i_D的控制能力可通过跨导g_m表示

$$g_m = \left.\frac{\Delta i_D}{\Delta u_{GS}}\right|_{U_{DS}} \tag{5.8}$$

2. 漏极特性

当栅源电压一定时，漏极电流i_D与漏源电压u_{DS}之间的关系为$i_D = f(u_{DS})$，称为场效应管的漏极特性。实验测得的 4 种场效应管的漏极特性见表 5.1。

表 5.1 场效应管的图形符号、电压极性及特性曲线

结构种类	工作方式	符号	电压极性		转移特性	输出特性
			U_P或U_T	u_{DS}	$i_D=f(u_{GS})$	$i_D=f(u_{DS})$
绝缘栅 N 型沟道	耗尽型	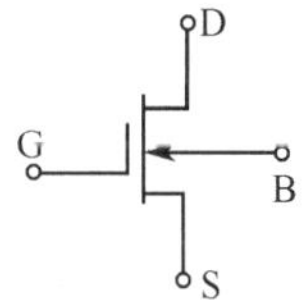	−	+	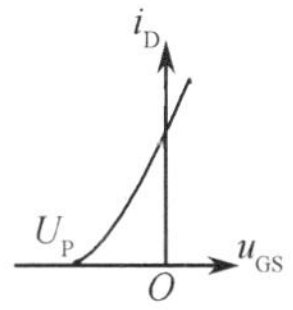	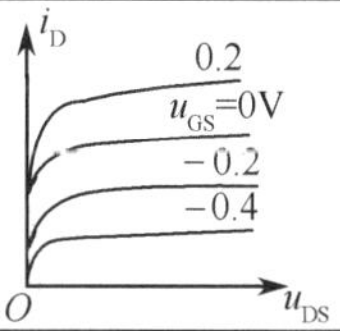
	增强型	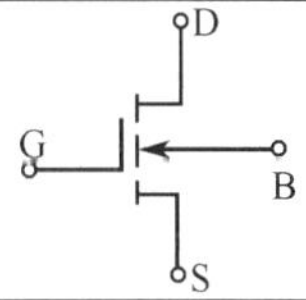	+	+	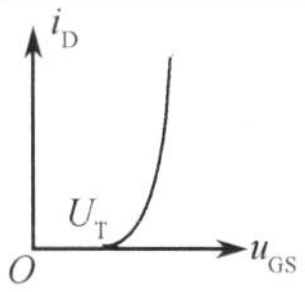	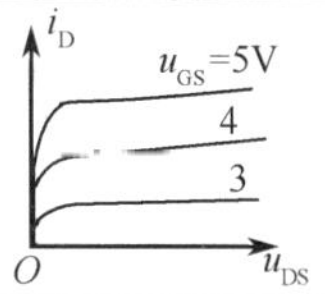
绝缘栅 P 型沟道	耗尽型	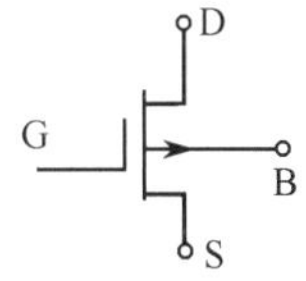	+	−	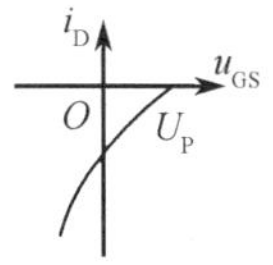	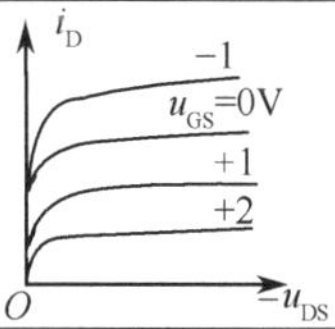
	增强型	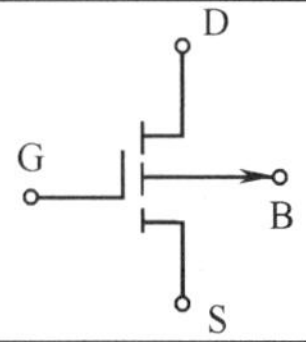	−	−	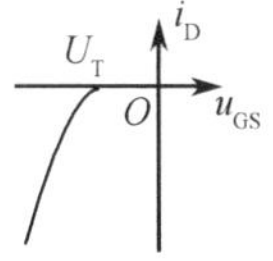	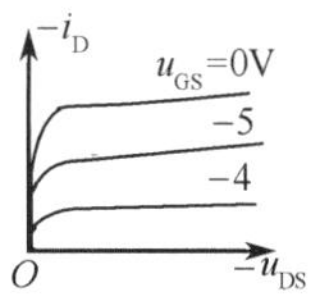

5.5.3 场效应管使用注意事项

使用场效应管时，除了通过说明书查阅器件参数外，还要注意以下 4 点。

（1）场效应管的漏极与源极可以互换，其伏安特性没有明显变化。但有些产品出厂时已将源极与衬底连在一起，这时源极与漏极就不能对调。

（2）有些场效应管将衬底引出（管子有 4 个引脚），让使用者根据需要连接。连接方式视 N 沟道、P 沟道而异。一般，P 衬底接低电位，N 衬底接高电位。然而某些特殊的电路，当源极电位很

高或很低时，为了减少源衬间电压对管子导电性能的影响，可将源极与衬底连在一起。

（3）绝缘栅场效应管不使用时，由于它的输入电阻很高，需将各电极短路，以免栅极感应电压将绝缘层击穿使管子损坏。

（4）焊接时，电烙铁应有良好的接地，以屏蔽交流电场。最好是将电烙铁的电源拔掉，用余热焊接。

【思考与练习】

5-5-1　试说明 NMOS 管与 PMOS 管，增强型管与耗尽型管的主要区别。

5-5-2　试说明三极管和场效应管的主要区别。

5-5-3　某场效应管，当 $u_{GS} > 3V$ ， $u_{DS} > 0V$ 时，才有 i_D 。试问该管为何种类型？

5.6　光电器件

5.6.1　发光二极管

发光二极管是一种特殊的二极管，由能够发光的半导体材料（如坤化镓、磷化镓等）制成，简称为 LED，其图形符号如图 5.23 所示。发光二极管是一种能将电能转换成光能的半导体器件（发光器件）。

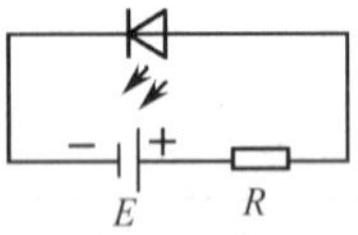

图 5.23　发光二极管电路

发光二极管的基本结构也是一个 PN 结，其特性曲线与普通二极管类似，在 PN 结两端加正向电压时导通。发光二极管的正向工作电压一般不超过 2V。决定发光二极管亮度的是电流，正向工作电流一般为几毫安到几十毫安，使用时一般要加限流电阻。红、绿、蓝是光的三原色，蓝光二极管最晚诞生（1989 年首次实现，获 2014 年诺贝尔奖），从此发光二极管有了合成白光的光源，发光二极管照明开始飞速发展。

5.6.2　光电二极管

光电二极管又称光敏二极管，是一种能将光信号转换成电信号的特殊二极管（受光器件）。

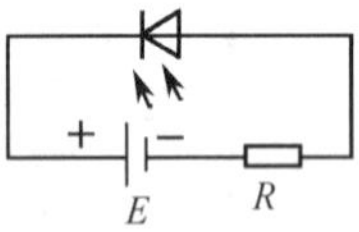

图 5.24　光电二极管电路

光电二极管的基本结构也是一个 PN 结。它的管壳上开有一个嵌着玻璃的窗口，以便于光线射入。如图 5.24 所示，光电二极管工作时处于反向偏置状态，无光照时，电路中电流很小；有光照时，电流会急剧增大，光照越强，电流越大。光电二极管广泛应用于遥控、报警及光电传感器中。

5.6.3　光电三极管

光电三极管又称光敏三极管，也是一种能将光信号转换成电信号的半导体器件（受光器件）。一般光电三极管只引出两个引脚（E、C）极，基极 B 不引出，管壳上也开有方便光线射入的窗口。电路符号如图 5.25 所示。

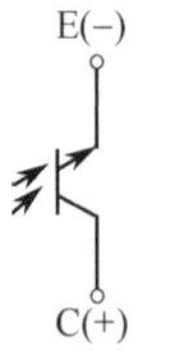

图 5.25　光电三极管的符号

与普通三极管一样，光电三极管也有两个 PN 结，且有 PNP 和 NPN 之分。使用时，必须使发射结正偏，集电结反偏，以保证管子工作在放大状态。在无光照时，流过管子的电流为

$$i_C = i_{CEO} = (1+\beta)i_{CBO} \tag{5.9}$$

式中， i_{CBO} 为集电结反向饱和电流， i_{CEO} 为穿透电流。

当有光照时，流过集电结的反向电流增大到 i_L ，此时，流过管子的电流（光电流）为

$$i_C = (1+\beta)i_L \tag{5.10}$$

因为光电三极管有电流放大作用，所以在相同光照条件下，光电三极管的光电流比光电二极管约大 β 倍。通常， β 值在 100～1000 之间。可见，光电三极管的灵敏度远大于光电二极管。

光电三极管的部分参数与普通三极管相似，如 I_{CM} 、 P_{CM} 等。其他主要参数还有暗电流、光电

流、最高工作电压等。其中暗电流、光电流均是指集电极电流，最高工作电压是指集电极和和发射极之间允许施加的最高电压。

5.6.4 光电耦合器

光电耦合器是一种光电结合的半导体器件，它是将一个发光二极管和光电三极管封装在同一个管壳内组成的。其符号如图 5.26 所示。

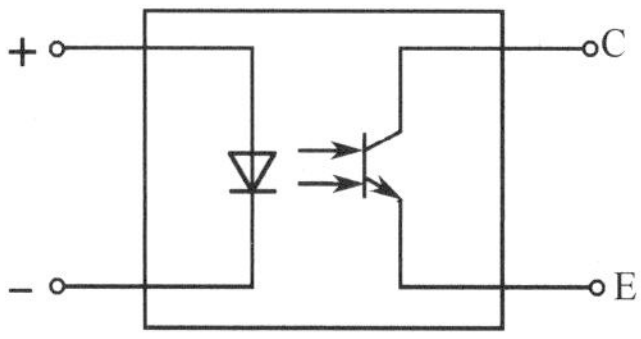

图 5.26 光电耦合器的符号

当在光电耦合器的输入端加电信号时，发光二极管发光，光电三极管受到光照后产生光电流，由输出端引出，于是实现了电—光—电的传输和转换。

光电耦合器的主要特点是：以光为媒介实现电信号传输，输入端与输出端在电气上是绝缘的，因此能有效地抗干扰、隔噪声。此外，它还具有工作稳定可靠、寿命长、传输信号失真小等优点，并具有完成电平转换、实现电位隔离等功能。因此，在电子技术中得到越来越广泛的应用。

5.7 集成电路

以上所介绍的都是独立的半导体器件，称为分立元件。由分立元件组成的电子线路称为分立元件电路。随着电子技术的发展，分立元件电路基本上已被集成电路所取代。

集成电路是 20 世纪 60 年代初发展起来的一种新型电子器件。它采用微电子技术将由二极管、三极管、场效应管、电阻、电容等器件组成的具有特定功能的电路集成在一小块半导体晶片上，封装上外壳，向外引出若干个引脚，构成一个完整的、具有一定功能的电路。这个电路是一个不可分割的固体块，所以又称固体组件。

集成电路的迅速发展，促使电子电路日益微型化，它具有体积小、重量轻、功耗小、特性好、可靠性强等一系列优点，是分立元件电路所无法比拟的。

按照集成度（每块半导体晶片上所包含的元、器件数）的大小集成电路可分为小规模、中规模、大规模、超大规模、特大规模和巨大规模集成电路。集成电路在制造工艺方面具有以下特点。

① 在集成电路中，所有元器件处于同一晶片上，采用同一工艺制成，易做到电气特性对称、温度特性一致。

② 在集成电路中，高阻值的电阻制作成本高，占用面积大。必需的高阻值电阻还可以外接。

③ 在集成电路中，不易制作大电容。电容通常在 200pF 以下，且很不温定，若需大电容时可以外接。

④ 在集成电路中，难以制造电感。

⑤ 集成电路制作三极管比制作二极管容易，所以集成电路中的二极管都是用三极管基极与集电极短接后的发射结代替的。

按照处理信号的不同，电子电路可分为模拟电路与数字电路两大类。因此，集成电路一般分为模拟集成电路、数字集成电路和数模混合集成电路三大类。在下面的章节中，将分别讨论集成电路的基本单元电路和主要集成产品。学习集成电路时，对其内部细节不必过多详细了解，应着重掌握其功能、外接线和使用方法。

本章要点

一、两种载流子

半导体中存在着电子和空穴，这两种流子都可以参与导电。

二、两种杂质半导体

1. N 型半导体：在四价的本征半导体中掺入五价元素。电子为多数载流子（简称多子），空穴为少数载流子（简称少子）。

2．P 型半导体：在四价的本征半导体中掺入三价元素。空穴为多数载流子，电子为少数载流子。

杂质半导体中多子的数量取决于掺杂浓度，少子的数量取决于温度。

三、载流子的扩散运动和漂移运动

由于浓度不同，多数载流子由浓度高的地方向浓度低的地方运动称为扩散运动；少数载流子在内电场的作用下有规则的运动称为漂移运动。

四、PN 结的单向导电性

正向导通：PN 结加正向电压（P 端的电位比 N 端高），结电阻低，正向电流较大。

反向截止：PN 结加反向电压（P 端的电位比 N 端低），结电阻很高，反向电流很小。

五、半导体二极管

1．二极管的伏安特性

正向特性：二极管两端所加正向电压小于死区电压，截止；大于死区电压，导通。正向导通的二极管管压降近似为常数，导通电流取决于外电路。

反向特性：二极管两端所加反向电压小于击穿电压，截止；大于击穿电压，击穿导通，反向电流急剧上升。

2．二极管的主要参数：最大正向电流 I_{FM}，最高反向工作电压 U_{RM}，正向导通电压 U_F，反向电流 I_R，反向恢复时间 t_{rr}。

3．二极管的应用：可用于整流、检波、限幅、钳位、元件保护等，也可在数字电路中作为开关使用。

六、稳压二极管

1．稳压二极管的伏安特性：同二极管。但击穿后可逆，具有稳定电压的特点。

2．稳压二极管的主要参数：稳定电压 U_Z，稳定电流 I_Z，动态电阻 r_Z，最大稳定电流 I_{ZM}，最大耗散功率 P_{ZM}。

3．稳压二极管的应用：稳定电压。工作在反向击穿区。

七、半导体三极管

1．三极管的特性曲线

输入特性：u_{CE} 为常数时，输入电流 i_B 和 u_{BE} 之间的关系为 $i_B = f(u_{BE})$。同 PN 结的正向特性曲线。

输出特性：i_B 为常数时，三极管的管压降 u_{CE} 和集电极电流 i_C 之间的关系为 $i_C = f(u_{CE})$。可分为三个区域：

① 放大区，发射结正偏，集电结反偏，$i_B > 0$，$i_C = \beta i_B$。

② 截止区，发射结反偏，$i_B \leqslant 0$，$i_C = I_{CEO} \approx 0$。

③ 饱和区，发射结正偏，集电结正偏，i_C 取决于外接电路的电源电压和电阻。

2．三极管的主要参数：电流放大系数 β，穿透电流 I_{CEO}，最大集电极电流 I_{CM}，最大集电极耗散功率 P_{CM}，集电极-基极击穿电压 $U_{(BR)CEO}$，集电极–发射极击穿电压 $U_{(BR)CEO}$。

3．三极管的应用：放大，开关。

八、场效应管

1．场效应管的特性曲线

转移特性：漏极电源一定时，漏极电流 i_D 与栅源电压 u_{GS} 之间的关系为 $i_D = f(u_{GS})$。

漏极特性：当栅源电压一定时，漏极电流 i_D 与漏源电压 u_{DS} 之间的关系为 $i_D = f(u_{DS})$。

2．场效应管的应用：放大，开关。

关键术语

半导体：semiconductor

P 型半导体：P-Type semiconductor

N 型半导体：N-Type semiconductor

导电沟道：conductive channel

多数载流子：majority carrier

少数载流子：minority carrier

自由电子：free electron

空穴：hole

硅：silicon

锗：germanium

杂质：impurity

阻挡层：barrier

PN 结：PN-junction

单向导电性：current amplifier

正向偏置：forward bias

反向偏置：backward bias

电子器件：electron device

死区电压：threshold voltage

反向击穿：reverse breakdown

反相恢复时间：reverse recovery time

二极管：diode

快恢复二极管：fast recovery diode

肖特基二极管：schottky barrier diode

稳压管：zener diode

晶体管：transistor

场效应管：field-effect transistor（FET）

发光二极管：light-emitting diode（LED）

集成电路：integrated circuit（IC）

伏安特性：volt-ampere characteristic

转移特性：transfer characteristic

扩散：diffusion

漂移：drift

截止：cut-off

饱和：saturation

击穿：breakdown

阳极：anode

阴极：cathode（kathode）

发射极：emitter

基极：base

集电极：collector

习题 5

5-1　图 5.27 所示的两个电路中，已知$u_i = 10\sin\omega t$V，二极管的正向压降可忽略不计，试分别画出输出电压u_o的波形。

5-2　图 5.28 所示的两个电路中，已知$E = 5$V，$u_i = 10\sin\omega t$V，二极管的正向压降可忽略不计，试画出输出电压u_o的波形。

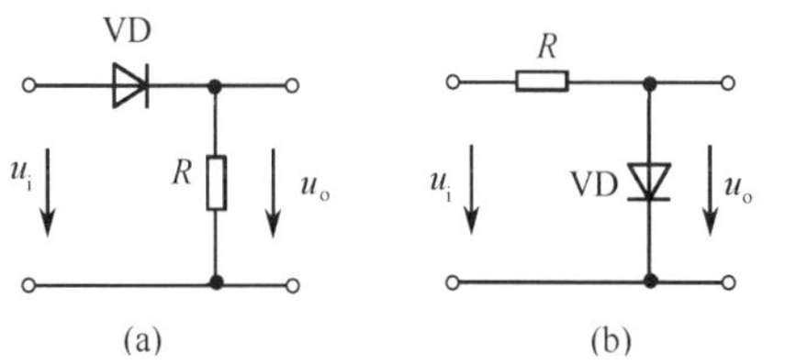

图 5.27　习题 5-1 的图

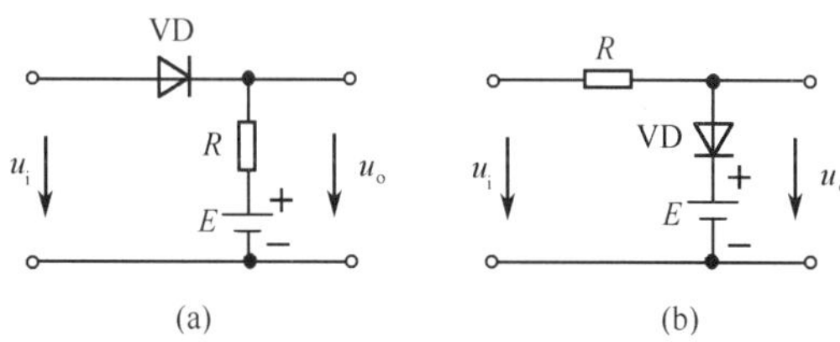

图 5.28　习题 5-2 的图

5-3　在图 5.29 中，试求下列情况下输出端 F 的电位V_F。（1）$V_A = V_B = 0$V。（2）$V_A = +3$V，$V_B = 0$V。（3）$V_A = V_B = +3$V。二极管的正向压降可忽略不计。

5-4　图 5.30 所示电路中，设二极管为理想二极管，且$u_i = 220\sqrt{2}\sin\omega t$V，两个照明灯皆为 220V、40W。（1）试分别画出输出电压u_{o1}和u_{o2}的波形。（2）哪盏照明灯亮些，为什么？

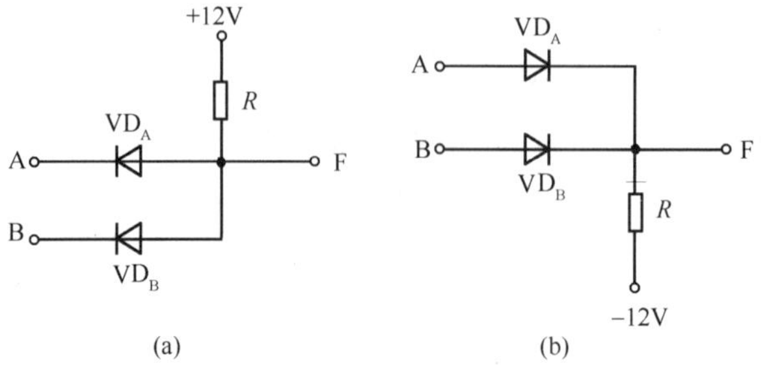

图 5.29　习题 5-3 的图

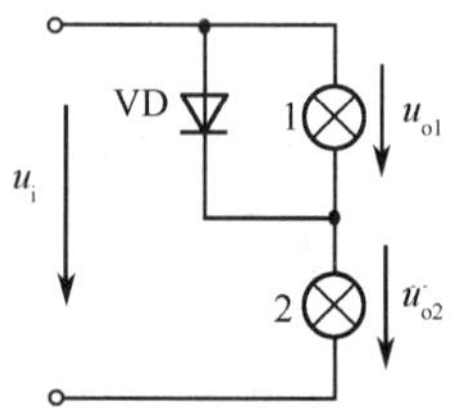

图 5.30　习题 5-4 的图

5-5　现有两个稳压管 VD_{Z1} 和 VD_{Z2}，稳定电压分别是 4.5V 和 9.5V，正向压降都是 0.5V，试求图 5.31 所示各电路中的输出电压 U_o。

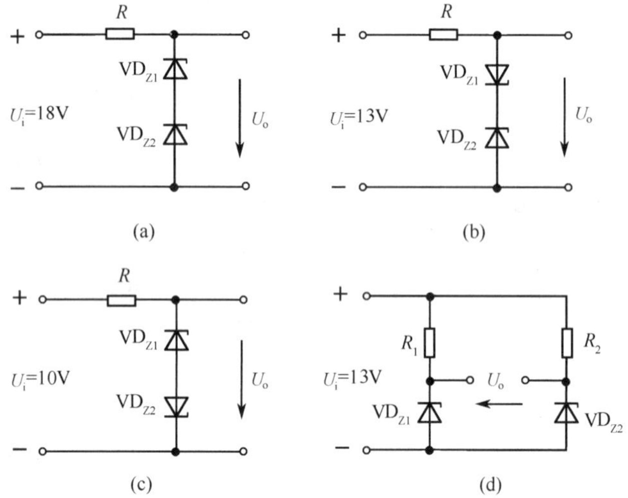

图 5.31　习题 5-5 的图

5-6　有两个三极管分别接在放大电路中，今测得它们引脚的电位分别如下所示，试判别管子的三个引脚，并说明是硅管还是锗管？是 NPN 型还是 PNP 型？

引脚	1	2	3
电位/V	4	3.4	9

引脚	1	2	3
电位/V	−6	−2.3	−2

第 6 章　基本放大电路

引言

前面所介绍的三极管、场效应管的主要用途之一就是利用其放大作用组成放大电路，将微弱的电信号放大到所需要的量级。在生产实践和科学实验中，放大电路的应用十分广泛，是构成模拟电路和系统的基本单元。对初学者来说，从分立元件组成的基本放大电路入手，掌握一些放大电路的概念是非常必要的。本章主要讨论放大电路的基本概念，定性分析几种基本放大电路的组成、工作原理及特点，为学习后续章节打好基础。

学习目标

- 理解基本放大电路的组成原则。
- 理解放大电路的工作原理。
- 理解基本放大电路的各项性能指标的含义。
- 掌握基本放大电路静态工作点的估算方法。
- 掌握利用微变等效电路分析基本放大电路放大倍数 A_u，输入电阻 r_i 和输出电阻 r_o 的方法。
- 了解常用基本放大电路的类型及特点。

6.1　基本放大电路的组成及工作原理

所谓放大，是指用一个较小的变化量去控制一个较大的变化量，实质上是实现能量的控制。由于输入信号微弱，能量很小，不能直接推动负载做功，因此，需要另外提供一个直流电源作为能源，由能量较小的输入信号控制这个能源，使之输出与输入信号变化规律相同的大能量，推动负载做功。放大电路就是利用有放大功能的半导体器件来实现这种控制的电路。

常见的扩音机就是一个典型的放大电路应用实例。扩音机的核心部分是放大电路，如图 6.1 所示。扩音机的输入信号来自于话筒，输出信号则送到扬声器。

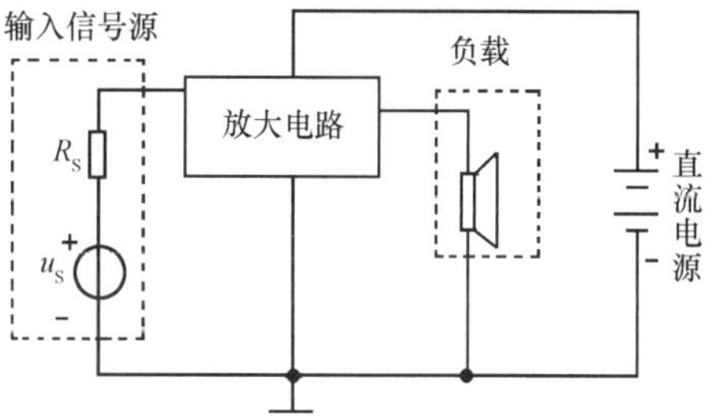

图 6.1　扩音机放大电路示意图

扩音机里的放大电路应完成以下功能。

① 输出端扬声器中发出的音频功率一定要比输入端的音频功率大得多，即，将输入的音频信号放大了若干倍输出。而扬声器所需能量是由外接电源供给的，话筒送来的输入信号只起着控制输出较大功率的作用。

② 扬声器中音频信号的变化必须与话筒中音频信号的变化一致，即，不能失真。

6.1.1　基本放大电路的组成

1. 组成放大电路的原则

要不失真地放大输入信号，放大电路的构成必须遵循下列原则：第一，电源极性必须使放大电路中的三极管工作在放大状态，即，发射结正偏，集电结反偏（对于 NPN 管，应满足 $V_C > V_B > V_E$，对于 PNP 管应满足 $V_C < V_B < V_E$）；第二，信号的变化能引起三极管输入电流的变化，三极管输出电流的变化能方便地转换成输出电压，即，为输入/输出信号提供通路。

2. 基本放大电路的组成

以 NPN 管为核心组成的基本交流放大电路如图 6.2（a）所示。由信号源提供的信号 u_i 经电容 C_1 加到三极管的基极与发射极之间，可以引起三极管输入电流 i_B 的变化；放大后的信号 u_o 经 C_2 从三极管的集电极与发射极之间输出。电路以三极管的发射极作为输入、输出回路的公共端，故称为共发射极放大电路。电路中各元件的作用分述如下。

三极管 VT 具有电流放大作用，是整个放大电路的核心。基极电源V_{BB}和基极电阻R_B使发射结处于正向偏置，并提供大小适当的I_B；集电极电源V_{CC}除为输出信号提供能量外，还保证集电结处于反向偏置，使三极管处于放大状态；集电极电阻R_C能将集电极电流的变化转换为电压的变化输出；耦合电容C_1和C_2一方面隔断放大电路与信号源及负载之间的直流联系，另一方面又起到交流耦合作用，近似于无损失地传递交流信号。

实用的基本放大电路中只用了一个电源，如图 6.2（b）所示。此时，发射结仍处于正向偏置状态，仍可以产生合适的I_B，但R_B的数值应做调整。

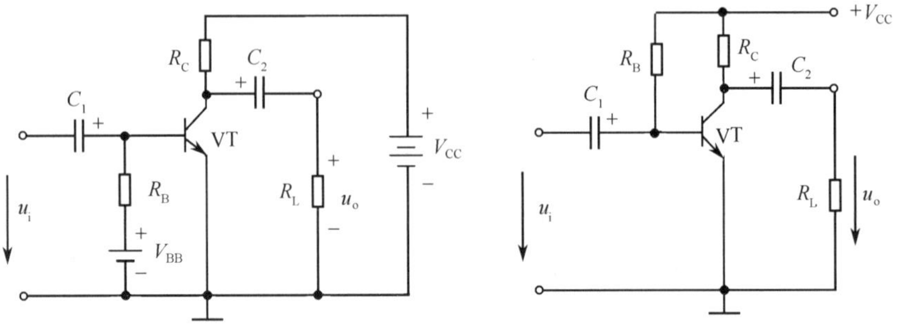

(a)　　(b)

图 6.2　基本交流放大电路

6.1.2　基本放大电路的工作原理

图 6.2（b）所示放大电路是交流电压放大器，为了分析方便起见，设放大器的负载开路，如图 6.3 所示。电路接入电源V_{CC}时，放大器可以正常工作。即，从信号源输入一个很小的u_i，从三极管的集电极 C 端与地之间输出一个放大了若干倍的电压u_o。当放大电路中的输入信号$u_i = 0$时，电路所处的工作状态称为静态。此时，电路中各处的电压、电流都是直流量，称为静态值，用I_B、U_{BE}、I_C、U_{CE}表示。这一组数据在输入、输出特性曲线上代表着一个点，称为静态工作点，用Q表示，如图 6.4 所示。

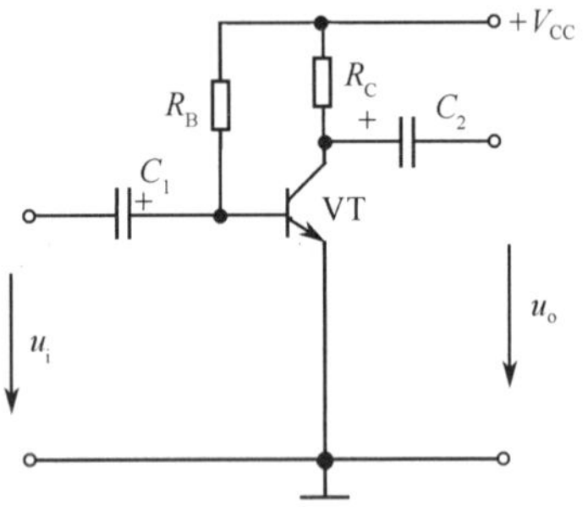

图 6.3　负载开路的基本放大电路

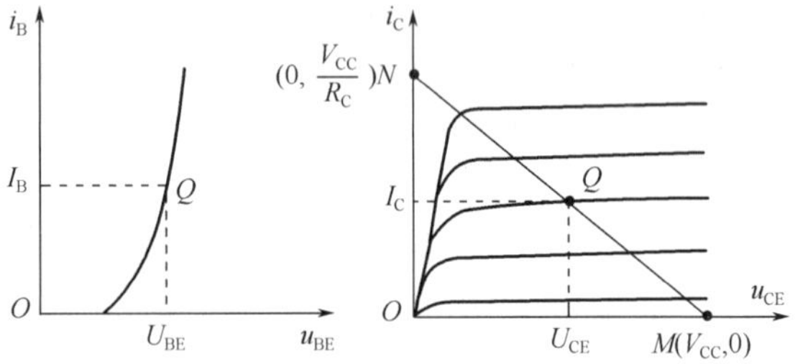

图 6.4　放大电路的静态工作点$M(V_{CC},0)$

放大电路中$u_i \neq 0$时的工作状态称为动态。此时，三极管的极间电压和电流都是直流分量和交流分量的叠加。具体地说，u_i通过耦合电容C_1传送到三极管的发射结上，从而使一个随u_i正弦变化的i_b叠加到静态电流I_B上。由于三极管的电流放大作用，在集电极也相应地引起一个放大了β倍的正弦交变的集电极电流i_c，叠加在静态电流I_C上。当i_C流过集电极电阻R_C时，产生电压$i_C R_C$，从而使$u_{CE} = V_{CC} - i_C R_C$，其中的$u_{CE}$中的交流分量$u_{ce}$是与$u_i$反相的。电路中各电压、电流波形图如图 6.5 所示。负载上的电压u_o是从C_2耦合过来的u_{CE}中的交流分量。

电路中三极管的工作状态如图 6.6 所示。图 6.6（b）中的直线称为负载线，根据方程式$u_{CE} = V_{CC} - i_C R_C$得出，反映了放大电路输出回路中各电压间约束关系。

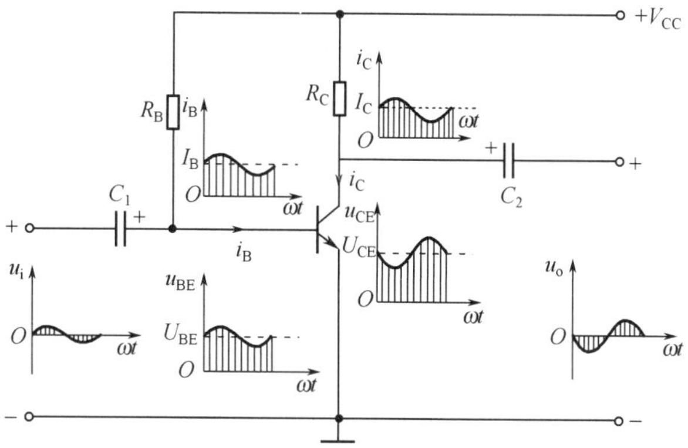

图 6.5　信号的放大过程

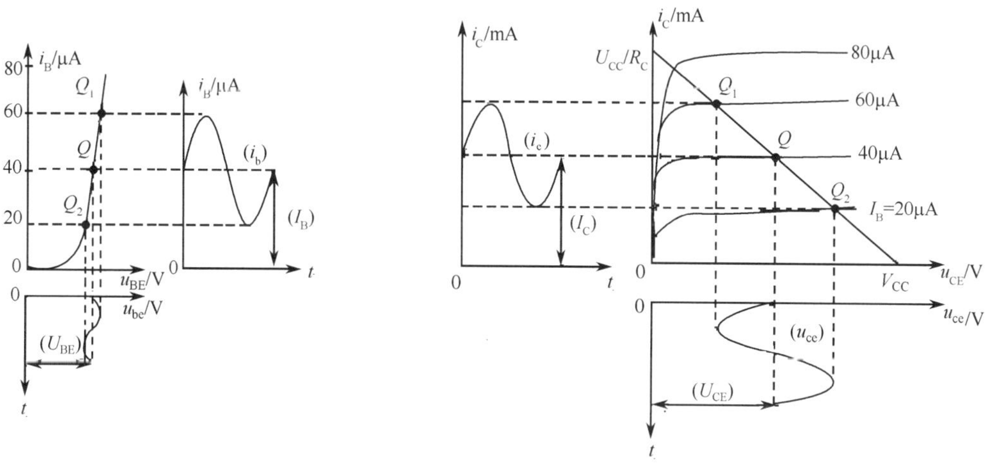

(a)　　(b)

图 6.6　基本放大电路的工作状态

6.1.3　基本放大电路的性能指标

一个放大电路必须具有优良的性能才能较好地完成放大任务。放大电路的性能常用下列指标来衡量。

1. 电压放大倍数（或增益）$\dot{A}_u$

电压放大倍数是衡量放大电路对输入信号放大能力的主要指标。它定义为输出电压变化量与输入电压变化量之比，用 A_u 表示，即

$$A_u = \frac{\Delta U_o}{\Delta U_i} \tag{6.1}$$

当输入信号为正弦交流信号时，可表示为

$$\dot{A}_u = \frac{\dot{U}_o}{\dot{U}_i} \tag{6.2}$$

其绝对值

$$|\dot{A}_u| = \frac{U_o}{U_i} \tag{6.3}$$

若用电压增益表示，则其分贝值为

$$|\dot{A}_u|(\text{dB}) = 20\log|\dot{A}_u| \tag{6.4}$$

放大器放大倍数的大小反映了放大电路对信号的放大能力，其大小主要取决于放大电路的结构，以及组成该电路中各元器件的具体参数。一个单级放大电路的放大倍数是有限的，一般在 1～200 之间。而几乎在所有情况下，放大器的输入信号都很微弱，通常为毫伏或微伏数量级，因此单级放大器的放大倍数往往不能满足要求。为了推动负载工作，需要提高放大倍数。提高放大倍数的方法通常是将若干个放大单元电路级联起来，组成多级放大电路。图 6.7 为多级放大电路的组成框图。由图中，可得到

$$\dot{A}_u=\frac{\dot{U}_o}{\dot{U}_i}=\frac{\dot{U}_{o1}}{\dot{U}_{i1}}\cdot\frac{\dot{U}_{o2}}{\dot{U}_{i2}}\cdots\cdots\frac{\dot{U}_{on}}{\dot{U}_{in}} \tag{6.5}$$

因为 $\dot{U}_i=\dot{U}_{i1},\ \dot{U}_{o1}=\dot{U}_{i2},\ \dot{U}_{o2}=\dot{U}_{i3}=\cdots=\dot{U}_{on}=\dot{U}_o$

所以

$$\dot{A}_u=\dot{A}_{u1}\cdot\dot{A}_{u2}\cdot\dot{A}_{u3}\cdots\cdots\dot{A}_{un} \tag{6.6}$$

即在多级放大电路中，总的放大倍数是各单级放大倍数的乘积。

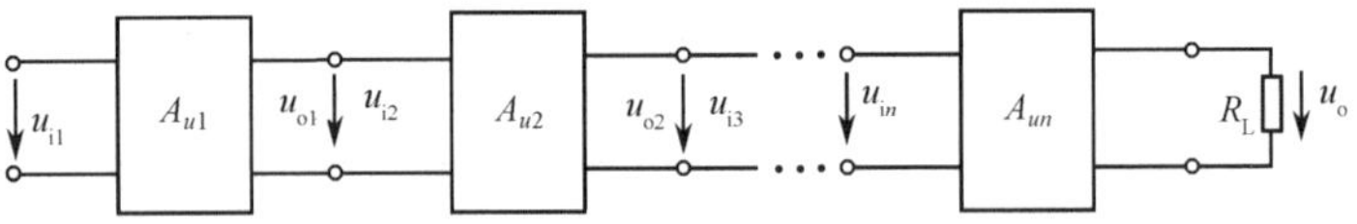

图 6.7 多级放大电路的组成框图

放大电路除常用的电压放大倍数外，还有电流放大倍数（输出电流与输入电流之比）和功率放大倍数（输出功率和输入功率之比）。

2. 输入电阻 r_i

放大电路的输入信号是由信号源提供的。对信号源来说，放大电路相当于它的负载。如图 6.8 的左边所示，放大电路的作用可用一个电阻 r_i 来表示，这个电阻就是从放大电路的输入端看进去的等效动态电阻，称为放大器的输入电阻。

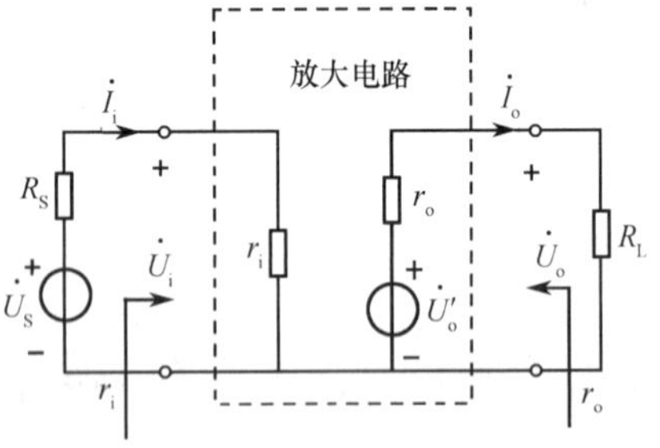

图 6.8 放大电路的输入电阻与输出电阻

输入电阻 r_i 在数值上等于放大器的输入电压变化量与输入电流变化量之比，即

$$r_i=\frac{\Delta U_i}{\Delta I_i} \tag{6.7}$$

当输入信号为正弦交流时，有

$$r_i=\frac{U_i}{I_i} \tag{6.8}$$

设信号源电压为 $\dot{U}_S$，内阻为 R_S，则放大电路的输入端所获得的信号电压为

$$\dot{U}_i=\frac{r_i}{r_i+R_S}\dot{U}_S \tag{6.9}$$

放大电路从信号源获取的输入电流为

$$\dot{I}_i=\frac{\dot{U}_i}{r_i} \tag{6.10}$$

由以上两式可以看出，在 $\dot{U}_S$ 和 R_S 一定时，输入电阻越大，放大电路从信号源得到的输入电压 $\dot{U}_i$ 越大，使放大电路的输出电压 $\dot{U}_o=\dot{A}_u\dot{U}_i$ 也越大；r_i 越大，从信号源获取的电流 $\dot{I}_i$ 越小，可减轻信号源的负担。因此，一般都希望输入电阻尽量大一些，最好能远远大于信号源内阻 R_S。

在多级放大电路中，因为第一级直接与信号源相接，所以，整个放大电路的输入电阻是第一级的输入电阻，即

$$r_i = r_{i1} \tag{6.11}$$

3．输出电阻 r_o

放大电路的输出信号要输送给负载，因而对负载来说，放大电路相当于负载的信号源，如图 6.8 右边所示，其作用可以用一个等效电压源来代替，这个等效电压源的内阻就是放大电路的输出电阻。它等于负载开路时，从放大器的输出端看进去的等效电阻。

输出电阻可以通过实验的方法测得。当负载开路时，测得输出电压为U_o'，然后接上负载测得输出电压为U_o，根据图 6.8 的右边，可得

$$U_o = U_o' \frac{R_L}{r_o + R_L} \tag{6.12}$$

即

$$r_o = \frac{U_o' - U_o}{U_o} R_L \tag{6.13}$$

由上述两式可知，由于 r_o 的存在，放大器接入负载后，输出电压下降。当 r_o 很小时，负载电阻变化，输出电压基本不变，放大器的带负载能力强；r_o 越大，输出电压下降得越多，说明放大器的带负载能力差。因此，一般希望放大器的输出电阻越小越好，最好远小于负载电阻 R_L。

在多级放大电路中，因为末级直接与负载相连，所以整个放大器的输出电阻就是最后一级的输出电阻，即

$$r_o = r_{on} \tag{6.14}$$

4．放大电路的通频带

通常放大电路的输入信号不是单一频率的正弦波，而是包括各种不同频率的正弦分量，输入信号所包含的正弦分量的频率范围称为输入信号的频带。由于放大电路中有电容存在，三极管 PN 结也存在结电容，电容的容抗随频率变化而变化，因此，放大电路的输出电压也随频率的变化而变化。对于低频段的信号，串联电容的分压作用不可忽视；对于高频段的信号，并联的结电容的分流作用不可忽视。所以，同一放大电路对不同频率输入信号的电压放大倍数不同，电压放大倍数与频率的关系称为放大器的幅频特性。放大器的幅频特性如图 6.9 所示。

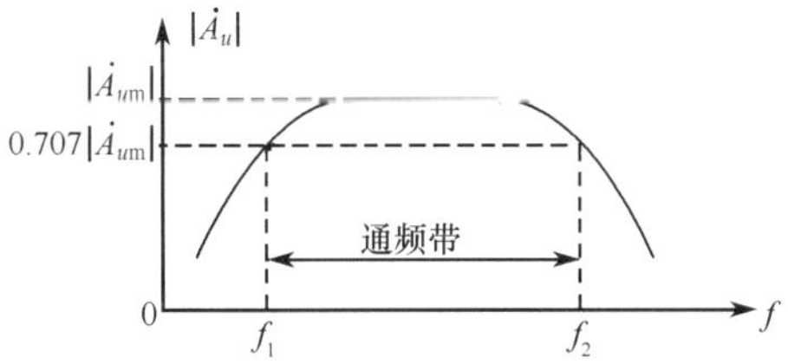

图 6.9　放大电路的幅频特性

从图 6.9 中可以看出，在中频段的电压放大倍数最大，且几乎与频率无关，用 $\dot{A}_{um}$ 表示。当频率很低或很高时，$|\dot{A}_u|$ 都将下降。通常，将 $|\dot{A}_u|$ 下降到 $\frac{|\dot{A}_{um}|}{\sqrt{2}}$ 时所对应的较小频率称为下限截止频率 f_L，对应的较大频率称为上限截止频率 f_H。两者之间的频率范围 f_H-f_L 称为通频带 B_W，即

$$B_W = f_H - f_L \tag{6.15}$$

通频带是表示放大器频率特性的一个重要指标。

【思考与练习】

6-1-1　画出交流放大电路正常工作时晶体管各极电压和电流的工作波形。

6-1-2　通常希望放大电路的输入电阻大一些还是小一些？为什么？通常希望放大电路的输出电阻大一些还是小一些？为什么？

6-1-3　多级放大电路的放大倍数如何计算？多级放大电路的输入电阻和输出电阻如何计算？

6-1-4　什么是放大电路的带负载能力？

6-1-5　放大电路的输出电阻中是否包含负载电阻 R_L？

6.2　基本放大电路的分析

分析放大电路就是在理解放大电路工作原理的基础上求解静态工作点和各项动态性能指标。本节以基本共射放大电路为例，针对电子电路中存在着晶体管或场效应管等非线性器件，而且直流量与交流量同时作用的特点，提出分析方法。

6.2.1　放大电路的直流通路与交流通路

通常，在放大电路中，直流电源和交流信号总是共存的，即静态电流、电压和动态电流、电压总是共存的。但是由于电容、电感等电抗元件的存在，直流量所流经的通路与交流信号所流经的通路不完全相同。因此，为了研究问题方便起见，常把直流电源对电路的作用和输入信号对电路的作用区分开来，分成直流通路和交流通路。

直流通路是在直流电源作用下直流电流流经的通路，也就是静态电流流经的通路，用于研究静态工作点。对于直流通路：①电容视为开路；②电感线圈视为短路（即忽略线圈电阻）；③信号源视为短路，但应保留其内阻。

交流通路是在输入信号作用下交流信号流经的通路，用于研究动态性能指标。对于交流通路：①容量大的电容（如耦合电容）视为短路；②无内阻的直流电源（V_{CC}）视为短路。

根据上述原则，图 6.2（b）所示基本共射放大电路的直流通路如图 6.10（a）所示，图中，将所有电容开路处理。

将直流电源 V_{CC} 对地短路，将耦合电容短路处理，就得到了如图 6.10（b）所示的交流通路。

在分析放大电路时，应遵循“动、静分开，先静后动”的原则，估算放大电路的静态工作点应利用直流通路，进行动态性能分析应利用交流通路。

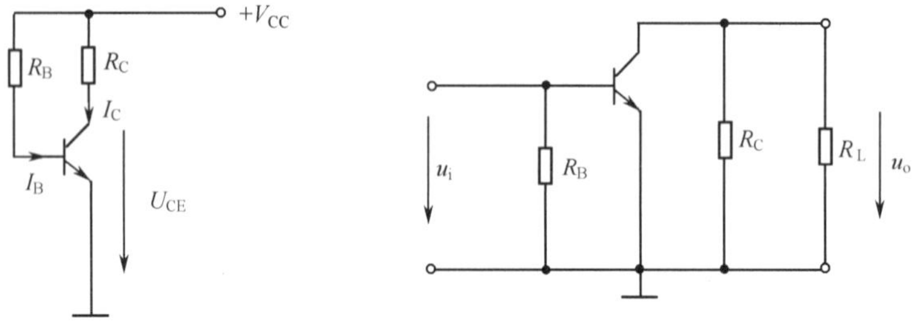

(a) 基本放大电路的直流通路　　(b) 基本放大电路的交流通路

图 6.10　基本放大电路的直流通路与交流通路

6.2.2　基本放大电路的静态分析

对放大电路进行静态分析就是确定放大电路的静态工作点 I_B、U_{BE}、I_C、U_{CE}，静态工作点的合适与否直接影响到放大电路的工作状态和性能指标。

1. 静态工作点的分析

进行静态分析应首先画出放大电路的直流通路，将发射结电压 U_{BE} 近似为常数（硅管为 0.7V，锗管为 0.2V），根据电路的基本分析方法列方程求解。对于上述基本共射放大电路，根据图 6.10（a）所示的直流通路，可得

$$I_B = \frac{V_{CC} - U_{BE}}{R_B} \approx \frac{V_{CC}}{R_B} \tag{6.16}$$

$$I_C = \beta I_B \tag{6.17}$$

$$U_{CE} = V_{CC} - I_C R_C \tag{6.18}$$

2．静态工作点的影响

在放大电路中设置静态工作点的目的就是避免产生非线性失真。因为三极管的输入/输出特性曲线是非线性的，只有当工作点合适时，如图 6.6（b）所示的 Q 点在负载线的中间，输出信号才不会产生失真。当基极电流过小时，工作点过低（I_B 小，I_C 小，U_{CE} 大），如图 6.11 所示的 Q_1 点，就会进入截止区，产生截止失真。当基极电流过大时，工作点过高（I_B 大，I_C 大，U_{CE} 小），如图 6.11 所示的 Q_2 点，又会进入饱和区，产生饱和失真。一般放大电路是不允许产生失真的，因此，要设置合适的静态工作点。使动态工作时的三极管工作在特性曲线的线性区，静态工作点可以通过调整偏置电阻 R_B 达到合适。

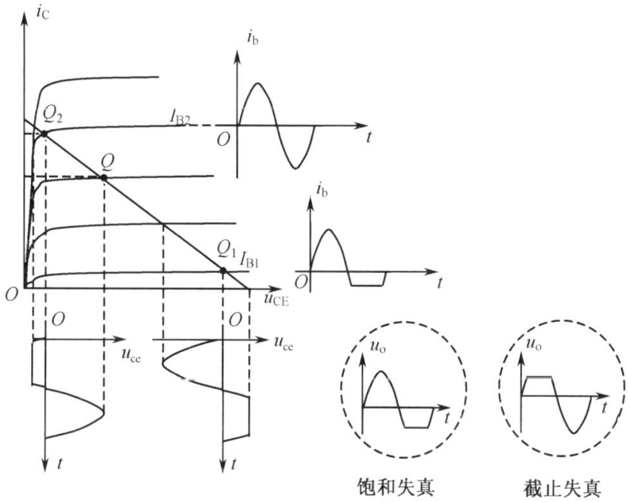

图 6.11　基本放大电路中的失真

〖例 6.1〗 在图 6.2（b）所示的基本共射放大电路中，已知：$V_{CC} = 10\text{V}$，$R_B = 500\text{k}\Omega$，$R_C = 5\text{k}\Omega$，$\beta = 50$。

（1）估算电路的静态工作点。

（2）输入信号为正弦波，如图 6.12（a）所示，从示波器上测得输出电压的波形如图 6.12（b）、（c）所示，分析原因。欲消除失真，应调整哪个元件？

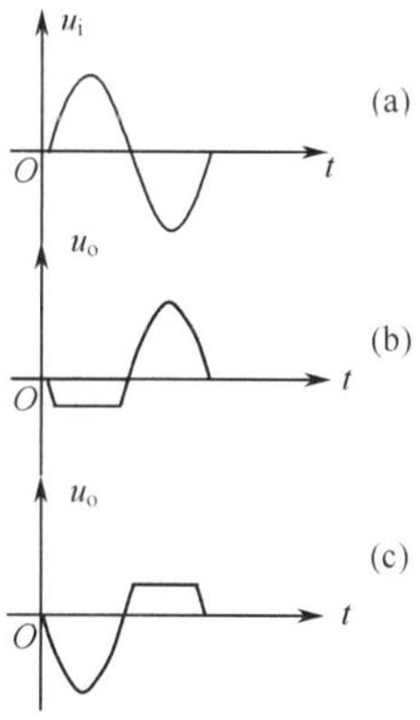

图 6.12　例 6.1 的图

解：（1）画出直流通路如图 6.10（a）所示。

$$I_B = \frac{V_{CC}}{R_B} = \frac{10}{500 \times 10^3} = 0.00002\text{A} = 20\mu\text{A}$$

$$I_C = \beta I_B = 50 \times 0.02 = 1\text{mA}$$

$$U_{CE} = V_{CC} - I_C R_C = 10 - 1 \times 5 = 5\text{V}$$

（2）输出波形为图 6.12（b）时，工作点过高，产生了饱和失真，应增大偏置电阻 R_B。输出波形为图 6.12（c）时，工作点过低，产生了截止失真，应减小偏置电阻 R_B。

6.2.3　基本放大电路的动态分析

对放大电路进行动态分析是在静态值确定后分析信号的传输情况，考虑的只是电流和电压的交流分量（信号分量）。具体来说，就是分析放大电路的性能指标，即求解放大倍数 $\dot{A}_u$，输入电阻 r_i 和输出电阻 r_o。

放大电路在静态工作点合适、输出波形不失真的前提下，电路中的非线性元件三极管工作在特性曲线中的线性区。在这个条件下进行动态分析，就可以将三极管线性化，即在静态工作点附近的小范围内用直线段近似地代替三极管的特性曲线，用一个线性模型（等效电路）来代替三极管。该模型称为三极管的微变（交流小信号）等效电路。

1．三极管的微变等效电路

由于三极管是非线性元件，各极的电压和电流一定要满足其特性曲线。在小信号工作的情况下，晶体管的输入电压 u_{BE} 与输入电流 i_B、输出电压 u_{CE} 与输出电流 i_C，各交流分量之间的关系基本上是线性的。所以进行小信号动态分析时，可以将晶体管用一个线性的电路模型来代替，称为晶体管的微变等效电路。

三极管在采用共射极接法时，如图 6.13（a）所示，具有输入/输出两个端口。

输入端的电压与电流关系可由晶体管的输入特性来确定，如图 6.13（b）所示。在工作点附近叠加一个交流小信号时，三极管工作在输入特性曲线的线性部分。输入端电压与电流的变化量，即 Δu_{BE} 与 Δi_B 成正比关系，因而可以用一个等效的动态电阻 r_{be} 来表示二者之间的关系，即

$$r_{be}=\frac{\Delta u_{BE}}{\Delta i_B} \tag{6.19}$$

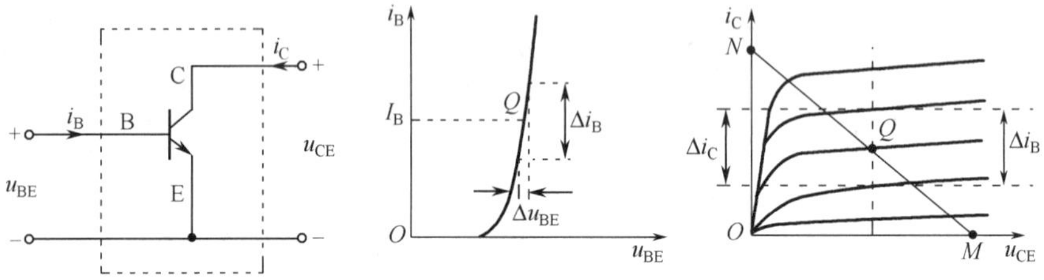

(a) 电路图　　(b) 输入特性　　(c) 输出特性

图 6.13　三极管微变等效电路的分析

称为三极管的输入电阻。在手册中常用 h_{ie} 表示，一般为数百至数千欧。除利用输入特性和上述公式求 r_{be} 外，低频小功率晶体管的输入电阻还可以用下面的公式估算

$$r_{be}=\left(200+\beta\frac{26}{I_C}\right)\Omega \tag{6.20}$$

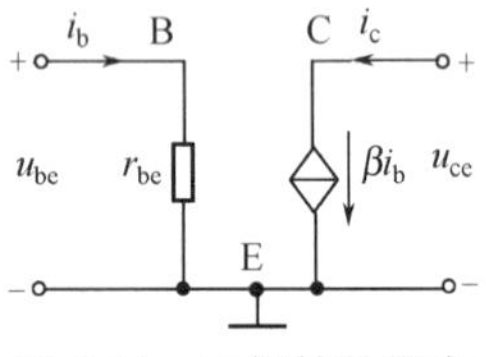

图 6.14　三极管的微变等效电路

式中，I_C 为静态集电极电流，单位为 mA，由此求得从输入端看进去的电路模型，如图 6.14 左边所示。

输出端的电压与电流关系可由晶体管的输出特性来确定，如图 6.13（c）所示，由于晶体管工作在放大区时，$\Delta i_C=\beta\Delta i_B$，$\Delta i_C$ 只受 Δi_B 控制，与 Δu_{CE} 几乎无关，因此，从晶体管的输出端看进去，可用一个等效的恒流源表示。不过这个恒流源的电流 Δi_C 不是一个固定值，而是受 Δi_B 控制的，故称为电流控制型电流源，简称受控电流源。于是得到了三极管的微变等效电路模型，如图 6.14 所示。

需要特别注意的是：放大电路微变等效电路中的电量均为交流小信号，所以在图中标注电压、电流时，可以用瞬时值（i_B，i_C，u_{CE}）或相量（$\dot{I}_B$，$\dot{I}_C$，$\dot{U}_{CE}$）的形式。

2．微变等效电路法进行放大电路的动态分析

将放大电路中的交流通路或信号通路中的三极管用它的微变等效电路代替，就得到了放大电路的微变等效电路。该电路是一个线性电路，全部由线性元件构成，从而可以用已学过的线性电路的分析方法对放大电路进行动态分析，求解各项性能指标。

根据上述原则得到的基本共射放大电路的交流通路和微变等效电路如图 6.15（b）和（c）所示。

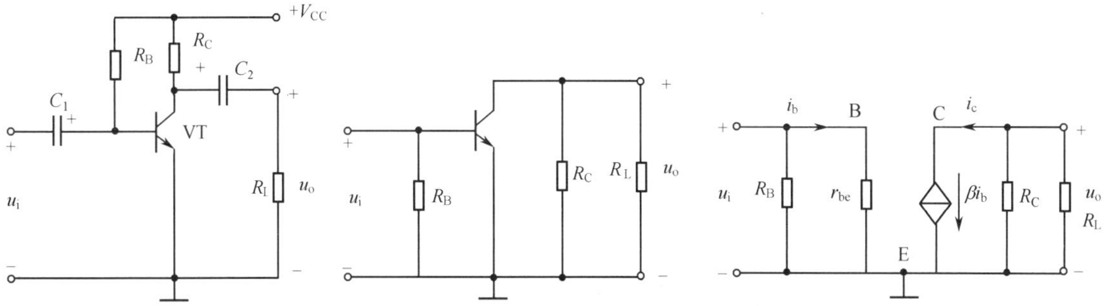

(a) 基本共射放大电路　(b) 基本共射放大电路的交流通路　(c) 基本共射放大电路的微变等效电路

图 6.15　基本交流放大电路的动态分析

（1）电压放大倍数的计算

根据图 6.15（c）可得

$$\dot{U}_i = r_{be}\dot{I}_b$$

$$\dot{U}_o = -\dot{I}_c R'_L = -\beta \dot{I}_b R'_L$$

式中，

$$R'_L = R_C // R_L$$

故电压放大倍数为

$$\dot{A}_u = \frac{\dot{U}_o}{\dot{U}_i} = -\frac{\beta R'_L}{r_{be}} \tag{6.21}$$

式中的负号表示输出电压 $\dot{U}_o$ 与输入电压 $\dot{U}_i$ 反相位。

当放大电路空载（不接负载）时，有

$$\dot{A}_u = \frac{\dot{U}_o}{\dot{U}_i} = -\frac{\beta R_C}{r_{be}} \tag{6.22}$$

其放大倍数比接负载时高。负载电阻越小，电压放大倍数越低。此外，电压放大倍数还受到三极管的 β 值以及电阻 r_{be} 的影响，即与放大电路的静态工作点有关。

（2）输入电阻的计算

根据图 6.15（c）和输入电阻的定义，该放大电路的输入电阻为

$$r_i = \frac{U_i}{I_i} = R_B // r_{be} \approx r_{be} \tag{6.23}$$

在此电路中，R_B 的阻值一般在几百千欧的量级，r_{be} 通常为 1～2kΩ。所以，基本共射放大电路的输入电阻不够高。

（3）输出电阻的计算

输出电阻的计算应在信号源为零和负载电阻开路的状态下求得。根据该放大电路微变等效电路，u_i=0 时，i_b 和 i_c 也为 0，从放大电路的输出端看进去，有

$$r_o = R_C \tag{6.24}$$

在此电路中，R_C 的阻值一般为几千欧，所以，基本共射放大电路的输出电阻较高。

3. 静态工作点稳定的共射放大电路

（1）温度对静态工作点的影响

在图 6.2（b）所示的基本共射放大电路中，其静态电流 I_B、I_C 只取决于偏置电阻 R_B，当 R_B 确定后，工作点就确定了。这种固定偏置电路，当环境温度变化时，由于晶体管的特性将产生变化：温度升高，I_B 增大；穿透电流 I_{CEO} 增大，β 也随温度升高而增大，导致晶体管集电极静态电流 I_C 增大，

管压降 U_{CE} 减小，静态工作点Q沿负载线上移而接近饱和区，严重时将发生饱和失真。反之亦然。

因此，放大电路中静态工作点的稳定是一个非常重要的问题。稳定放大电路静态工作点的关键就在于稳定静态集电极电流 I_C。具体方法是，改进偏置电路的形式，使之能实现温度升高时，使基极静态电流 I_B 减小，静态工作点就可能基本不变；从而达到温度变化时，工作点稳定的目的。

（2）静态工作点稳定的共射放大电路

能实现静态工作点稳定的共射放大电路如图6.16所示，直流通路如图6.17所示。该电路为了能更好地稳定静态工作点，在设计时参数的选择须满足条件 $I_1 \approx I_2 >> I_B$ 。这样，晶体管的基极电位 V_B 可以由 R_{B1} 和 R_{B2} 分压决定，不随温度变化而变化；同时在发射极与地之间接入一个电阻 R_E，该电阻上的电流 $I_E \approx I_C$ ，使得晶体管的发射极电位 V_E 随晶体管输出电流变化而变化，即 V_E 反映了输出电流的变化。晶体管的输入特性反映了其基极电流 I_B 的大小是由发射结电压 U_{BE} 所决定的，而 $U_{BE} = V_B - V_E$ ，即输出电流的变化反过来影响输入电流。若 I_C 增大，则使 I_B 减小；若 I_C 减小，则使 I_B 增大。这就是负反馈的作用。分压式偏置电路利用这种方式，使静态工作点不随温度变化而变化。

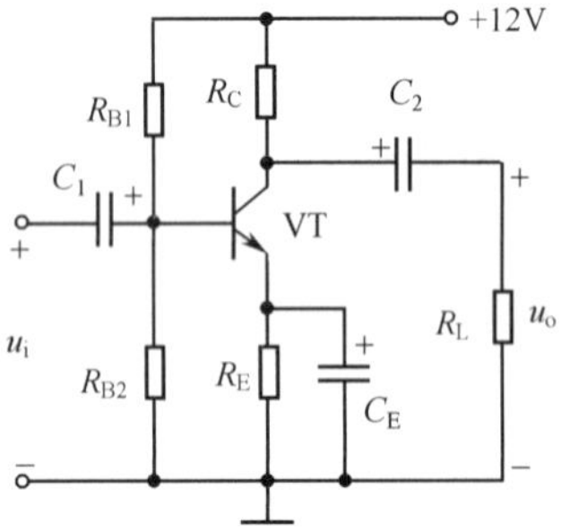

图6.16　静态工作点稳定的共射放大电路

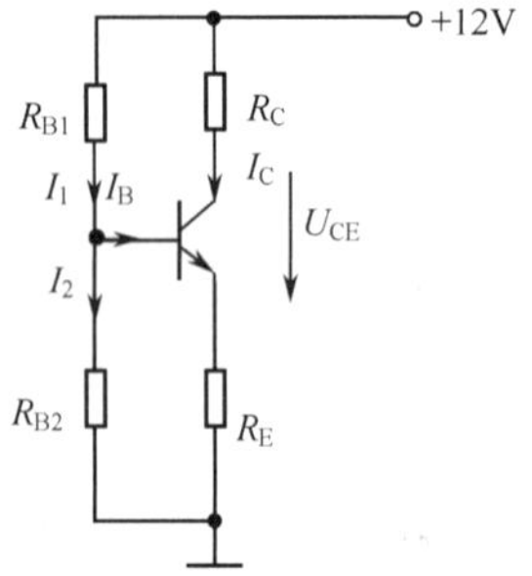

图6.17　直流通路

（3）静态工作点稳定的共射放大电路的静态分析

设电路满足 $I_1 \approx I_2 >> I_B$ ，将 R_{B1} 和 R_{B2} 看作串联。静态工作点可以按照如下思路估算

$$V_B = \frac{R_{B2}}{R_{B1}+R_{B2}}V_{CC} \to I_E = \frac{V_B - U_{BE}}{R_E} \approx I_C \to U_{CE} = V_{CC} - I_C(R_C + R_E)$$

从上述分析中不难看出，当温度上升时，晶体管集电极电流增大，增大的集电极电流流过发射极电阻，导致发射极电位上升，因为基极电位只与电源电压和偏置电阻有关，不随温度变化而变化，所以发射结电压下降，使基极电流减小，从而使因温度升高而增大的集电极电流降到原数值，保持了静态工作点的稳定。这就是分压式偏置电路静态工作点的稳定过程。简述如下：

$T(℃)\uparrow \to I_C\uparrow \to V_E\uparrow \to U_{BE}\downarrow$ （V_B 基本不变）$\to$

$I_B\downarrow \to I_C\downarrow$

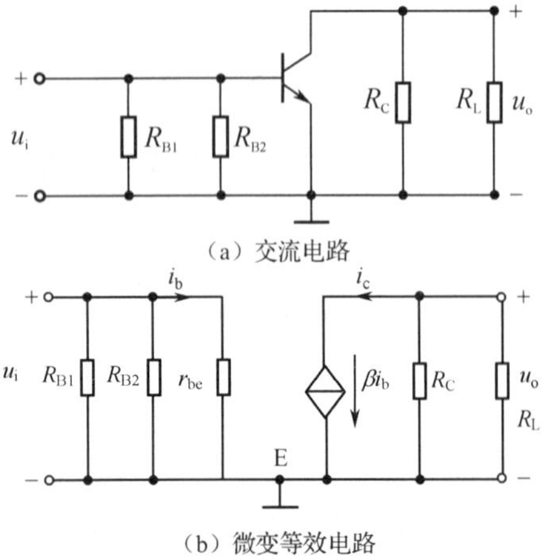

图6.18　分压式偏置放大电路的动态分析

（4）静态工作点稳定的共射放大电路的动态分析

应用微变等效电路法估算电压放大倍数 $\dot{A}_u$，输入电阻 r_i 和输出电阻 r_o。图6.18所示为静态工作点稳定的共射放大电路的交流通路和微变等效电路。其中，与 R_E 并联的旁路电容 C_E 足够大，对交流信号视为短路，因而发射极是输入、输出信号的公共端，是一种典型的共射放大电路。将 R_{B1} 和 R_{B2} 并联看成一个电阻 R_B，则该电路与图6.15（c）所示基本共射放大电路的等效电路完全相同。

电压放大倍数　　$\dot{A}_u = \frac{\dot{U}_o}{\dot{U}_i} = -\frac{\beta R'_L}{r_{be}}$

输入电阻 $$r_i = \frac{U_i}{I_i} = R_B // r_{be} \approx r_{be}$$

输出电阻 $$r_o = \frac{U_o}{I_o} = R_C$$

动态参数也与阻容耦合共射放大电路完全相同。这是因为旁路电容的存在，使动态信号不存在反馈，发射极电阻只对直流信号起反馈作用。

〖例 6.2〗共射放大电路如图 6.16 所示，已知 $R_{B1} = 24k\Omega$，$R_{B2} = 12k\Omega$，$R_C = 3k\Omega$，$R_E = 3.3k\Omega$，$R_L = 3k\Omega$。晶体三极管的β=50，且静态时流过 R_{B1} 和流过 R_{B2} 的电流近似相等（$I_1 \approx I_2 >> I_B$）。

（1）估算静态工作点。

（2）估算电压放大倍数 $\dot{A}_u$，输入电阻 r_i，输出电阻 r_o。

解：（1）将电路中所有的电容开路处理，画出该电路的直流通路如图 6.17 所示。

$$V_B = \frac{R_{B2}}{R_{B1} + R_{B2}} V_{CC} = \frac{12}{24+12} \times 12 = 4V$$

$$I_E = \frac{V_B - U_{BE}}{R_E} = \frac{4-0.7}{3.3} = 1mA \approx I_C$$

$$U_{CE} = V_{CC} - I_C(R_C + R_E) = 12 - 1 \times (3+3.3) = 5.7V$$

（2）将图 6.16 所示电路中所有的电容短路，将三极管用其微变等效电路代替，得到该放大电路的微变等效电路如图 6.18（b）所示。

首先根据静态的集电极电流 I_C 求出三极管输入电阻 r_{be}

$$r_{be} = 200 + \beta \frac{26}{I_C} = 200 + 50 \times \frac{26}{1} = 1.5k\Omega$$

然后根据电路中各电压、电流关系，得

$$A_u = \frac{\dot{U}_o}{\dot{U}_i} = \frac{-\beta R_C // R_L}{r_{be}} = -\frac{50 \times \frac{3\times3}{3+3}}{1.5} = -50$$

$$r_i = \frac{U_i}{I_i} = R_{B1} // R_{B2} // r_{be} = 12//24//1.5 = 1.26k\Omega$$

$$r_o = R_C = 3k\Omega$$

以上分析主要以共发射极放大电路为例进行。共射放大电路的结构特点是，输入信号和输出信号都以发射极为公共端。前面所介绍的图 6.3 和图 6.16 都是共射放大电路的典型电路。该电路输入信号自基极对发射极输入，输出信号自集电极对发射极输出。

共射电路主要用于电压放大，其特点是：有较高的电压、电流放大倍数，输入电阻较低而输出电阻较高，所以在对输入/输出电阻没有特殊要求时均可采用，一般用在多级放大电路的中间级，用于提高放大倍数。

【思考与练习】

6-2-1 交流放大电路中为什么要设置静态工作点？

6-2-2 在什么条件下，放大电路可以用直流通路分析？

6-2-3 在什么条件下，放大电路可以用微变等效电路分析？

6-2-4 在图 6.2（b）所示电路中，已知 $R_B = 510k\Omega$，$R_C = R_L = 5k\Omega$，晶体管的β=80，r_{be}=1kΩ，$\dot{U}_i$=20mV；静态时 U_{BE}=0.7V，U_{CE}=4V，I_B=20mA。判断下列结论是否正确。

（1）$\dot{A}_u = -\frac{1}{20\times10^{-3}} = -50$（　　）　　（2）$\dot{A}_u = -\frac{4}{0.7} \approx -5.71$（　　）

（3） $\dot{A}_u = -\frac{80 \times 5}{1} = -400$ （　　）　　（4） $\dot{A}_u = -\frac{80 \times 2.5}{1} = -200$ （　　）

（5） $r_i = \frac{20}{20} = 1\text{k}\Omega$ （　　）　　（6） $r_i = \frac{0.7}{0.02} = 35\text{k}\Omega$ （　　）

（7） $r_i \approx 3\text{k}\Omega$ （　　）　　（8） $r_i \approx 1\text{k}\Omega$ （　　）

（9） $r_o \approx 5\text{k}\Omega$ （　　）　　（10） $r_o \approx 2.5\text{k}\Omega$ （　　）

6-2-5　在图 6.2（b）所示电路中，如果用示波器测得输出波形底部失真，原因是什么？如何调整哪个元件才能使失真消除？

如果是输出波形顶部失真，问题同上。

6-2-6　在图 6.2（b）所示电路中，将三极管换为 PNP 型晶体管，在保证放大电路正常工作的前提下，电路应做怎样的调整？画出调整后的电路。

6.3　常用基本放大电路的类型及特点

在生产实践中放大器需放大的往往不只是正弦交流信号，还有直流信号；同时，也不只是电压信号的放大，有时还需要放大电流、功率。放大器为了实现不同的功能，电路结构也有所不同，即放大器有不同的类型。但不论何种类型的放大电路，它们的工作原理、性能指标及分析方法基本上都是相同的。除了以上所分析的共射放大电路之外，还有以下几种常用类型。

6.3.1　射极输出器（共集放大电路）

1．电路结构

射极输出器又称电压跟随器，电路如图 6.19 所示。其结构特点是信号的输入回路和输出回路都以集电极为公共端，由发射极对地输出，称为共集放大电路，常被称为射极输出器。

2．静态分析

用于估算静态工作点的直流通路如图 6.20 所示，列出输入回路的 KVL 方程

$$I_B R_B + U_{BE} + I_E R_E = V_{CC}$$

将上式中的 I_E 用 $I_E = (1+\beta)I_B$ 代入，即得

$$I_B = \frac{V_{CC} - U_{BE}}{R_B + (1+\beta)R_E}$$

$$I_E = (1+\beta)I_B$$

$$U_{CE} = V_{CC} - I_E R_E$$

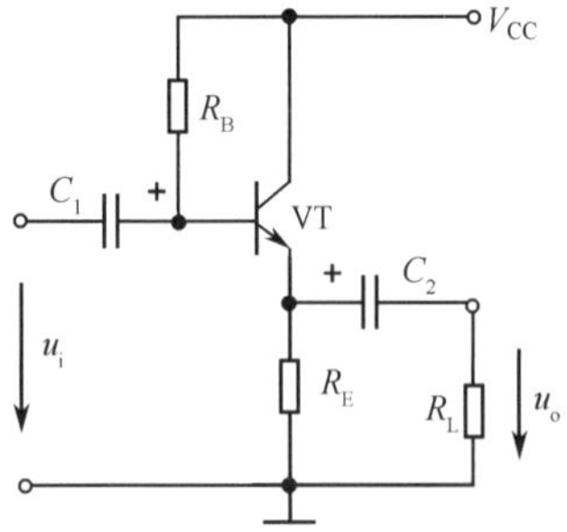

图 6.19　射极输出器

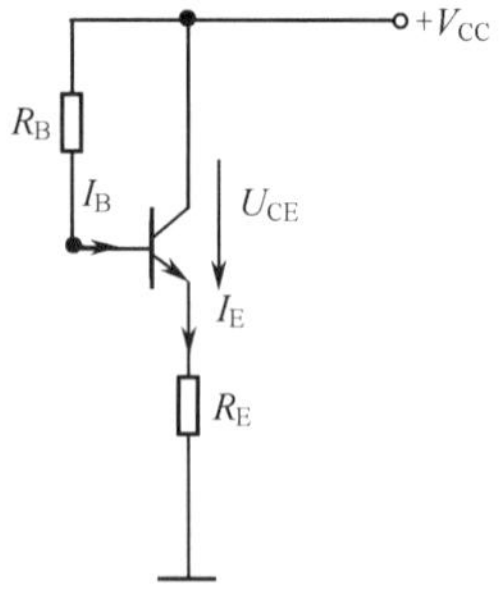

图 6.20　射极输出器的直流通路

3．动态分析

画出射极输出器的微变等效电路如图 6.21 所示。注意受控电流源 βi_b 的方向是由 C 指向 E 的。

（1）电压放大倍数的计算

根据图 6.21 可得

$$\dot{U}_{\mathrm{i}} = r_{\mathrm{be}}\dot{I}_{\mathrm{b}} + (1+\beta)\dot{I}_{\mathrm{b}}R_{\mathrm{L}}'$$

$$\dot{U}_{\mathrm{o}} = \dot{I}_{\mathrm{e}}R_{\mathrm{L}}' = (1+\beta)\dot{I}_{\mathrm{b}}R_{\mathrm{L}}'$$

式中， $R_{\mathrm{L}}' = R_{\mathrm{E}}//R_{\mathrm{L}}$

故电压放大倍数为

$$\dot{A}_u = \frac{\dot{U}_{\mathrm{o}}}{\dot{U}_{\mathrm{i}}} = \frac{(1+\beta)R_{\mathrm{L}}'}{r_{\mathrm{be}} + (1+\beta)R_{\mathrm{L}}'} \qquad (6.25)$$

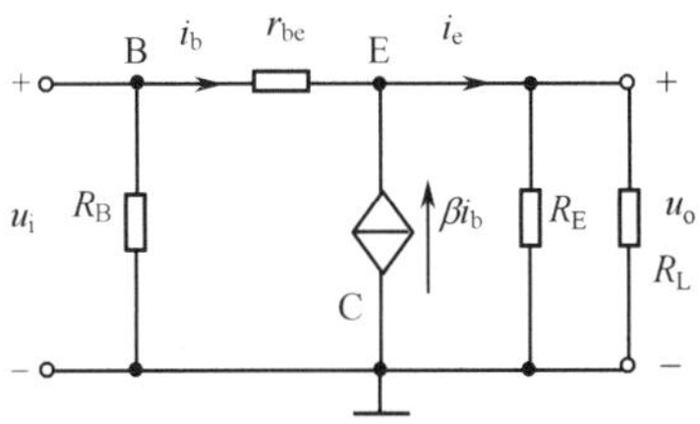

图 6.21　射极输出器的微变等效电路

通常，式（6.25）满足 $(1+\beta)R_{\mathrm{L}}' >> r_{\mathrm{be}}$ ，所以，射极输出器的电压放大倍数近似为 1，即 $\dot{A}_u \approx 1$ 或 $\dot{U}_{\mathrm{o}} = \dot{U}_{\mathrm{i}}$ ，亦称电压跟随器。射极输出器虽然没有电压放大作用，但由于输出电流 $\dot{I}_{\mathrm{e}} = (1+\beta)\dot{I}_{\mathrm{b}}$ ，故仍具有一定的电流放大和功率放大作用。

（2）输入电阻的计算

在图 6.22 所示的微变等效电路中，容易看出

$$r_{\mathrm{i}} = \frac{U_{\mathrm{i}}}{I_{\mathrm{i}}} = R_{\mathrm{B}}//r_{\mathrm{i}}'$$

$$r_{\mathrm{i}}' = \frac{U_{\mathrm{i}}}{I_{\mathrm{b}}} = \frac{I_{\mathrm{b}}r_{\mathrm{be}} + (1+\beta)I_{\mathrm{b}}R_{\mathrm{L}}'}{I_{\mathrm{b}}} = r_{\mathrm{be}} + (1+\beta)R_{\mathrm{L}}'$$

即

$$r_{\mathrm{i}} = R_{\mathrm{B}}//[r_{\mathrm{be}} + (1+\beta)R_{\mathrm{L}}'] \qquad (6.26)$$

在此电路中，R_{B} 的阻值很大，一般在百千欧的量级，$r_{\mathrm{be}} + (1+\beta)R_{\mathrm{L}}'$ 也比共射电路的 r_{be} 大得多，所以，射极输出器的输入电阻很高，可达几十千欧到几百千欧。

（3）输出电阻的计算

计算输出电阻时，应将微变等效电路中的信号源置零，负载电阻开路，输出端外加电压 u_{o} ，产生电流 i_{o} ，如图 6.22 所示。

$$r_{\mathrm{o}} = \frac{\dot{U}_{\mathrm{o}}}{\dot{I}_{\mathrm{o}}}$$

$$\dot{I}_{\mathrm{o}} = \dot{I}_{\mathrm{b}} + \beta\dot{I}_{\mathrm{b}} + \dot{I}_{\mathrm{e}} = \frac{\dot{U}_{\mathrm{o}}}{R_{\mathrm{s}}' + r_{\mathrm{be}}} + \beta\frac{\dot{U}_{\mathrm{o}}}{R_{\mathrm{S}}' + r_{\mathrm{be}}} + \frac{\dot{U}_{\mathrm{o}}}{R_{\mathrm{e}}}$$

$$r_{\mathrm{o}} = \frac{\dot{U}_{\mathrm{o}}}{\dot{I}_{\mathrm{o}}} = \frac{1}{\dfrac{1+\beta}{r_{\mathrm{be}} + R_{\mathrm{S}}'} + \dfrac{1}{R_{\mathrm{E}}}} = \frac{r_{\mathrm{be}} + R_{\mathrm{S}}'}{1+\beta}//R_{\mathrm{E}}$$

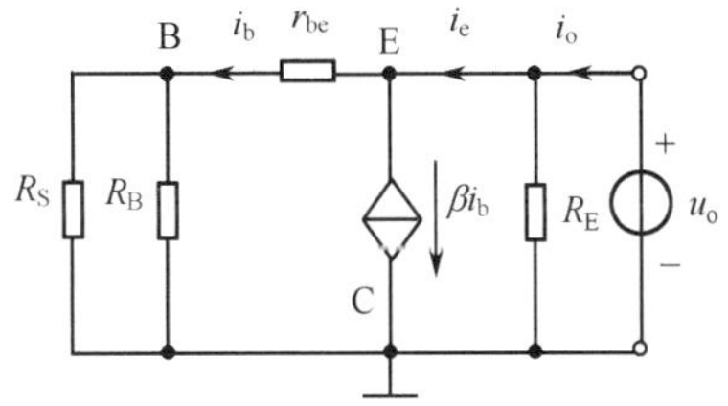

图 6.22　计算输出电阻的等效电路

式中， $R_{\mathrm{S}}' = R_{\mathrm{S}}//R_{\mathrm{B}}$ ，在信号源内阻 R_{S} 很小的情况下，通常满足 $\dfrac{r_{\mathrm{be}} + R_{\mathrm{S}}'}{1+\beta} << R_{\mathrm{E}}$

故射极输出器的输出电阻为

$$r_{\mathrm{o}} \approx \frac{r_{\mathrm{be}} + R_{\mathrm{S}}'}{1+\beta} \qquad (6.27)$$

一般，射极输出器的输出电阻约为几十欧，是很低的。

4．主要特点

综上所述，射极输出器具有以下主要特点：输出电压跟随输入电压的变化而变化，亦称电压跟随器，即电压放大倍数近似为 1。射极输出器的输入电阻很高，输出电阻很低。所以，常用在多级放大电路的输入级，因为输入电阻高，可以减小对信号源的影响；也常用在多级放大电路的输出级，因为输出电阻低，可以提高放大器的带负载能力；用在中间级时，是为了将它的前级和后级进行隔

离，因为它的输入电阻大，对前级影响小，输出电阻小，对后级影响小。

6.3.2　差动放大电路

在放大电路的应用中，大量待放大的输入信号是由各种传感器变换来的变化缓慢的直流信号。能放大直流信号的电路称为直流放大器。直流放大器不允许使用阻容耦合，应采用直接耦合方式，即输入信号直接接至放大电路的输入端，或前一级的输出直接连到后一级的输入端。而直接耦合方式会产生较大的零点漂移（简称零漂）。若没有良好的抑制零点漂移的措施，放大电路将不能正常工作。一种能很好地抑制零漂的电路称为差动（差分）放大电路。

1．直接耦合放大电路的零点漂移及主要原因

所谓零点漂移，是指输入信号为零时，在输出端产生的大小、方向不定的输出电压。这是因为直接耦合放大电路各级的直流通路相互关联，若前级由于某种原因使电压电流产生微小变化，这种微小变化会被逐级放大，致使放大器的输出端产生较大的漂移电压。放大器的级数越多，放大倍数越大，在输入级产生同样微小变化时，输出的零漂越大。

造成零漂的原因有：电源电压的波动、元件的老化和半导体器件对温度的敏感性等。其中最主要的原因是放大电路中半导体器件的参数受温度影响而变化。这是器件本身的固有性质，是人们目前还无法克服的，所以又将零漂称为温漂。在放大电路中，所有半导体器件产生的温漂以第一级的影响最为严重。

能抑制温漂的措施有：在电路中引入直流负反馈（例如，在静态工作点稳定的放大电路中，R_E所起到的作用），采用温度补偿的方法，利用热敏元件来抵消放大管的变化等。但最有效的方法是采用两只特性相同的管子，使它们的温漂相互抵消，构成“差动放大电路”。所以在实用的直接耦合放大电路中，特别是集成运放中的输入级，都采用差动放大电路。

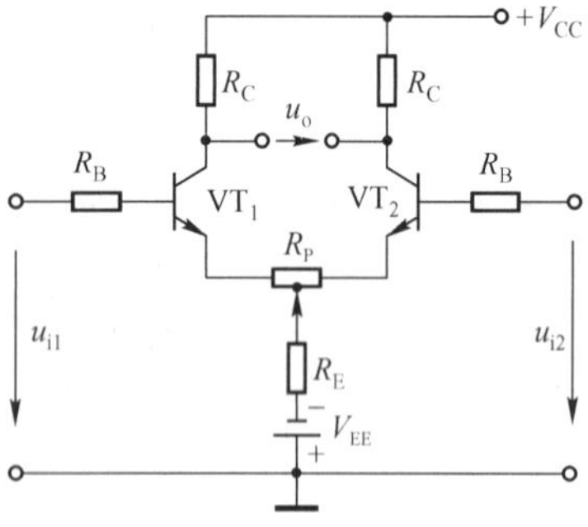

图 6.23　差动放大电路

2．典型差动放大电路的电路结构

差动放大电路的结构特征是具有对称性，即电路参数应理想对称。差动放大电路如图 6.23 所示。晶体管 VT_1 和 VT_2 的温度特性完全相同。为了设置合适的静态工作点，电路采用$+V_{CC}$和$-V_{EE}$两路电源供电（一般取 $V_{CC}=V_{EE}$）。差动放大电路采用双端输入双端输出方式，即将两个输入信号分别接于两个输入端与地之间，负载接于两个放大管的集电极之间。

3．差动放大电路的工作原理

因为差动放大电路有两个输入信号 u_{i1} 与 u_{i2}，所以存在下列三种状态。

① 共模输入：$u_{i1}=u_{i2}=u_{ic}$，即 u_{i1} 与 u_{i2} 大小相等、方向相同，称为共模信号。

② 差模输入：$u_{i1}=-u_{i2}=u_{id}$，即 u_{i1} 与 u_{i2} 大小相等、方向相反，称为差模信号。

③ 差动输入：u_{i1} 和 u_{i2} 的大小、方向任意，也称为比较输入。

通常，比较输入时，可将输入信号分解为一对共模信号 u_{ic} 和一对差模信号$\pm u_{id}$

$$u_{ic}=\frac{u_{i1}+u_{i2}}{2} \tag{6.28}$$

$$u_{id}=\pm\frac{u_{i1}-u_{i2}}{2} \tag{6.29}$$

共模信号为两个输入信号的平均值；差模信号正比于两个输入信号的差值。为分析方便起见，定义差模信号为两个输入信号的差，即

$$u_{id}=u_{i1}-u_{i2} \tag{6.30}$$

因此，实质上差动放大电路两个输入信号只存在两种形式——共模和差模。而零漂是一种共模信号。

当差动放大电路输入一对共模信号时，由于电路参数的对称性，对共模信号有很好的抑制作用：因为 $u_{i1}=u_{i2}$ ，在两个晶体管产生大小和方向均相同的输入/输出电流增量 $\Delta i_{B1}=\Delta i_{B2}$ ， $\Delta i_{C1}=\Delta i_{C2}$ ，使 $\Delta u_{C1}=\Delta u_{C2}$ ，所以 $\Delta u_o=(U_{C1}+\Delta u_{C1})-(U_{C2}+\Delta u_{C2})=0$ 。因此差动放大电路能很好地抑制共模信号。

若将 $u_{i1}=-u_{i2}=u_{id}$ 的差模信号加载到放大器的两个输入端，由于电路参数的对称性，在两个晶体管中将产生大小相等，方向相反的输入/输出电流增量 $\Delta i_{B1}=-\Delta i_{B2}$ ，$\Delta i_{C1}=-\Delta i_{C2}$ ，使 $\Delta u_{C1}=-\Delta u_{C2}$ ，所以 $\Delta u_o=(U_{C1}+\Delta u_{C1})-(U_{C2}-\Delta u_{C2})=2\Delta u_{C1}$ 。因此差动放大电路能很强地放大差模信号。

综上所述，差动放大电路实际上是将两个输入端的差放大后输出到负载上，即差动放大电路的输出为

$$u_o=A_u(u_{i1}-u_{i2}) \tag{6.31}$$

称为差动放大电路的原因是，该电路仅对两个输入信号之差（ $u_{id}=u_{i1}-u_{i2}$ ）进行放大，所谓“差动”就是输入有“差别”，输出才有“变动”的意思。

根据基本放大电路的分析不难看出，当 u_{i2} 为 0 时，输出与输入 u_{i1} 同相位，称 u_{i1} 对应的输入端为同相输入端；当 u_{i1} 为 0 时，输出与输入 u_{i2} 反相位，称 u_{i2} 对应的输入端为反相输入端。

4. 差动放大电路的性能指标

通常，差动放大电路应用在多级放大电路的输入级，输入信号又存在共模和差模两种形式，所以主要考虑的性能指标如下。

（1）差模电压放大倍数
$$A_{ud}=\frac{\Delta u_{od}}{\Delta u_{id}} \tag{6.32}$$

（2）共模电压放大倍数
$$A_{uc}=\frac{\Delta u_{oc}}{\Delta u_{ic}} \tag{6.33}$$

（3）共模抑制比
$$K_{CMR}=\frac{A_{ud}}{A_{uc}} \tag{6.34}$$

差动放大电路在正常工作时，通常有用的是差模信号，所以总是希望差模放大倍数大一些；温漂是共模信号，所以总是希望共模放大倍数小一些。共模抑制比综合了这两方面的性能。一个性能良好的差动放大器，应具有较高的共模抑制比。另外，输入/输出电阻等其他指标的定义及分析同前。由此可见，式（6.31）中的 A_u 为 A_{ud}。

差动放大电路性能指标的分析请读者参阅其他资料。

5. 差动放大电路的主要特点

对差动放大电路而言，差模信号是有用信号，差动放大电路在理想情况下，差模放大倍数 $A_{ud}=\dfrac{u_{od}}{u_{id}}$ 很大。而共模信号则是温度漂移或干扰产生的无用信号，差动放大电路对共模信号有很强的抑制作用，在理想情况下，共模放大倍数 $A_{uc}=\dfrac{u_{oc}}{u_{ic}}=0$。共模抑制比是全面反映直流放大电路对放大差模信号和抑制共模信号能力的重要指标。差动放大电路在理想对称的情况下，$K_{CMRR}\to\infty$ 。

该电路被广泛应用在直接耦合放大电路中，特别是集成放大电路的输入级。

6.3.3 互补对称功率放大电路

在多级放大电路中，输出信号都需要送到负载，去驱动负载装置，如扩大机的扬声器、电动机的控制绕组等。所以多级放大电路除了应有放大倍数较高的电压放大级外，还要有一个能输出一定信号功率的输出级。这种以输出大功率为目的的放大电路称为功率放大电路。

1. 电路结构

由于功率放大电路是多级放大电路的末级，通常工作在大信号状态，因此既要使输出不失真，又要获得大输出功率和高效率。一种常用电路，如图 6.24 所示的互补对称放大电路，该电路将一个 NPN 管组成的射级输出器和一个 PNP 管组成的射级输出器合并在一起，公用负载电阻和输入端。当输入信号为正半周时，NPN 管导通，PNP 管截止，负载上的输出波形为正半周；当输入信号为负半周时，PNP 管导通，NPN 管截止，负载上的输出波形为负半周。在这一电路中，两管上下对称，轮流工作，互相补充，故称互补对称电路。

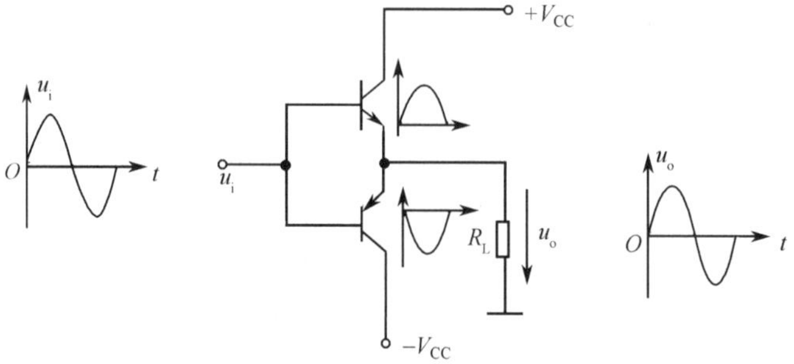

图 6.24　互补对称功率放大电路

2. 主要特点

因为互补对称电路没有偏置电阻 R_B，所以在无信号输入时，$I_B=0$，$I_C=0$，管子本身没有损耗，电路的效率高；有信号输入时，两管交替工作，并且管子往往在接近极限状态下工作，输出功率大；因为两个管子都是射级输出，所以输出电阻低也是它的主要特点。

另外，由于场效应管可以通过栅—源之间的电压 u_{GS} 来控制漏极电流 i_D，因此用场效应管代替三极管，也可以构成各种类型的放大电路，如共源放大电路（对应于晶体管的共射放大电路）和共漏放大电路（对应于晶体管的共集放大电路）等。又因为场效应管具有输入电阻高的特点，所以由场效应管组成的放大电路多用于多级放大电路的输入级。详细内容请读者参考其他资料。

6.4　实用放大电路的结构

实用的放大电路往往需要根据其用途全面考虑各性能指标。例如，一个放大微弱的直流电压信号的放大电路，因为是直流信号输入，所以要求输入级的零漂小；又因为输入信号小，且不能提供大的电流，所以要求放大电路的输入电阻大，放大倍数高；该电路直接带负载，还要求输出电阻小，功率大，效率高。

综合以上考虑，所以必须采用直接耦合形式的多级放大电路，该放大电路至少三级。

输入级主要考虑零漂和输入电阻。如果要求零漂抑制能力强，则必须采用差动放大电路；如果有高的输入电阻，则应考虑采用场效应管差动放大电路，可以得到很高的输入电阻，减小对信号源的影响。

输出级主要考虑输出电阻和输出功率及效率。采用互补对称功放电路，既能满足输出电阻小，也能满足输出功率大、效率高的要求。

中间级的选择则主要考虑提高放大倍数。因此，常用共射放大电路作为中间级，中间级可以选择一级，也可以选择多级，这样就可以得到较高的电压放大倍数。

综上所述，一个实用的直接耦合多级放大电路框图如图 6.25 所示。

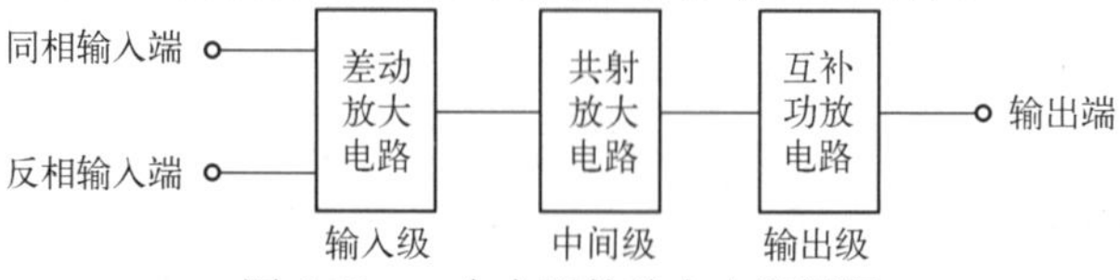

图 6.25　一个实用的放大电路框图

【思考与练习】

6-4-1　对于一个多级放大电路来说，第一级应主要考虑什么指标？选择何种类型的放大电路比较合适？末级应主要考虑什么指标？选择何种类型的放大电路比较合适？中间级应主要考虑什么指标？选择何种类型的放大电路比较合适？

6-4-2　直流电压放大电路可以放大交流信号吗？交流电压放大电路可以放大直流信号吗？为什么？

6-4-3　直流放大电路的输入级为什么采用差动放大电路？

本章要点

一、基本放大电路的组成原则

1．放大电路中的三极管工作在放大状态，即电源极性要正确，静态工作点设置要合适。

2．信号能输入，即信号的变化能引起三极管输入电流的变化。

3．信号能输出，三极管输出电流的变化能作用在负载上。

二、基本放大电路的工作原理

1．静态：输入信号 $u_i = 0$ 时，电路所处的工作状态。此时，晶体管中各极的电压、电流都是直流量，用 I_B、U_{BE}、I_C 和 U_{CE} 表示。这 组数据在输入、输出特性曲线上代表着一个点，称为静态工作点。

2．动态：$u_i \neq 0$ 时的工作状态。此时，三极管的极间电压和电流都是直流分量和交流分量的叠加。输入一个小信号，输出一个不失真的大信号。

三、基本放大电路的性能指标

1．电压放大倍数（或增益）$\dot{A}_u$

输出电压变化量与输入电压变化量之比，即 $\dot{A}_u = \dfrac{\dot{U}_o}{\dot{U}_i}$。若用电压增益表示，则其分贝值为 $|\dot{A}_u|(\text{dB}) = 20\log|\dot{A}_u|$。

2．输入电阻 r_i

放大器输入电压的变化量与输入电流的变化量之比，即 $r_i = \dfrac{U_i}{I_i}$。

3．输出电阻 r_o

信号源为零，负载开路时，从放大器的输出端看进去的等效电阻，即 $r_o = \left.\dfrac{U_o}{I_o}\right|_{\substack{R_L=\infty \\ U_S=0}}$。

4．通频带 B_W

下限截止频率 f_L 和上限截止频率 f_H 之间的频率范围，即 $B_W = f_H - f_L$。

四、基本放大电路的分析方法

1．放大电路的直流通路与交流通路

直流通路：在直流电源作用下直流电流流经的路径，即静态电流流经的通路，用于研究静态工作点。对于直流通路：①电容视为开路；②电感线圈视为短路（即忽略线圈电阻）；③信号源视为短路，但应保留其内阻。

交流通路：在输入信号作用下交流信号流经的路径，用于研究动态性能指标。对于交流通路：①容量大的电容（如耦合电容）视为短路；②无内阻的直流电源（V_{CC}）视为短路。

2．静态分析

静态分析就是确定放大电路的静态工作点 I_B、U_{BE}、I_C 和 U_{CE}。

估算方法：画出放大电路的直流通路，将发射结电压 U_{BE} 近似为常数（硅管为 0.7V，锗管为 0.2V），根据电路的基本分析方法列方程求解。

3．动态分析

动态分析是在静态值确定后分析放大电路的性能指标，即求放大倍数 A_u、输入电阻 r_i 和输出电阻 r_o。

估算方法：画出放大电路的交流通路，用线性的电路模型（微变等效电路）来代替晶体管，称为放大电路的微变等效电路。利用该电路，根据放大电路性能指标的意义求解放大倍数 A_u、输入电阻 r_i 和输出电阻 r_o，以及分析失真情况。

五、常用基本放大电路的类型及特点

1．共射放大电路

电路结构：输入/输出以发射极为公共端，即基极对发射极输入，集电极对发射极输出。

电路特点：放大倍数高，输入电阻较小，输出电阻较大。

电路应用：用于多级放大电路的中间级，以提高放大倍数。

2．射极输出器（共集放大电路）

电路结构：输入/输出以集电极为公共端，即基极对集电极输入，发射极对集电极输出。

电路特点：电压放大倍数小于 1，近似为 1；输入电阻大，输出电阻小。

电路应用：用于多级放大电路的输入级，减小从信号源索取的电流；用于多级放大电路的输出级，提高带负载能力；用于多级放大电路的中间级，起隔离作用，减少前、后级的影响。

3．差动放大电路

电路结构：电路对称，双端输入，双端或单端输出。

电路特点：放大差模信号，抑制共模信号。

电路应用：用于直流放大电路的输入级，减小零漂。

4．互补对称放大电路

电路结构：将一个 NPN 管组成的射级输出器和一个 PNP 管组成的射级输出器合并在一起，公用负载电阻和输入端。

电路特点：晶体管工作在极限状态，输出功率大，效率高。

电路应用：用于放大电路的输出级，提高输出功率和效率。

关键术语

放大器：amplifier

静态工作点：quiescent point

电压放大器：voltage　amplifier

电流放大器：current amplifier

差动放大器：differential amplifier

共射：common-emitter

射极输出器：emitter follower

互补对称：complementary symmetry

功率放大器：power amplifier

电压放大倍数：voltage gain

输出电阻：output resistance

输入电阻：input resistance

通频带：bandwidth

失真：distortion

静态：static

动态：dynamic

偏置电路：biasing circuit

差模信号：differential -mode signal

共模信号：common-mode signal

共模抑制比：common-mode rejection ratio

习题 6

6-1　试分析图 6.26 所示各电路是否能够放大正弦交流信号，简述理由。设图中所有电容对交流信号均可视为短路。

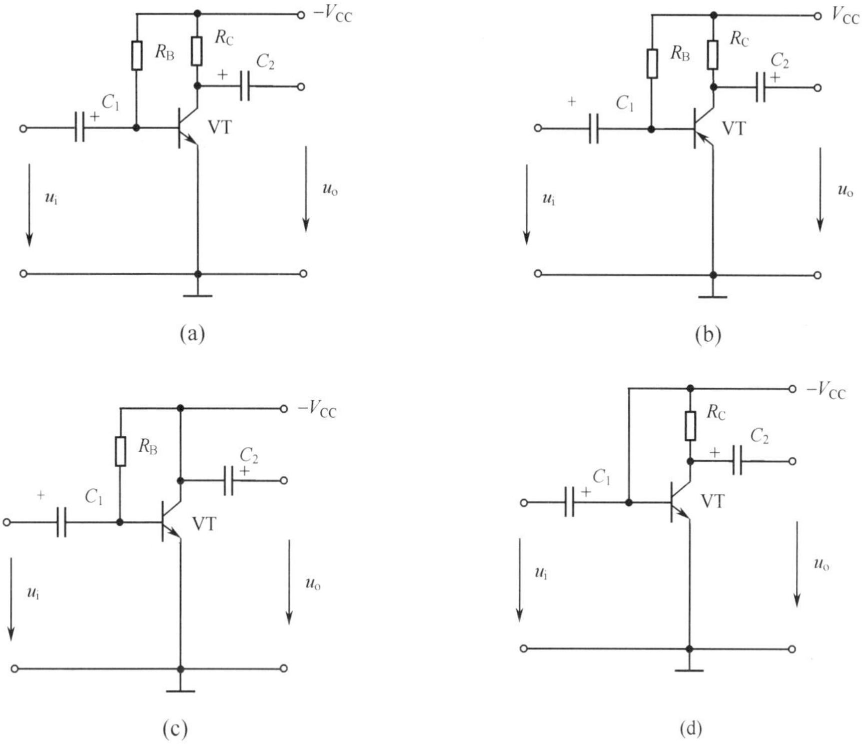

图 6.26　习题 6 1 的电路

6-2　在图 6.27 所示电路中，已知 V_{CC}=12V，晶体管的β=100，R'_B=100kΩ。填空：要求先填文字表达式后填得数。

（1）当$\dot{U}_i$=0V 时，测得 U_{BE}=0.7V，欲使基极电流 I_B=20μA，则R'_B与R_P之和R_B=__________≈________kΩ；而若测得 U_{CE}=6V，则R_C=________≈________kΩ。

（2）若测得输入电压有效值U_i=5mV，输出电压有效值U'_o=0.6V，则电压放大倍数$\dot{A}_u$=________≈________。

若负载电阻 R_L 值与 R_C 相等，则带上负载后输出电压有效值U_o=________=________V。

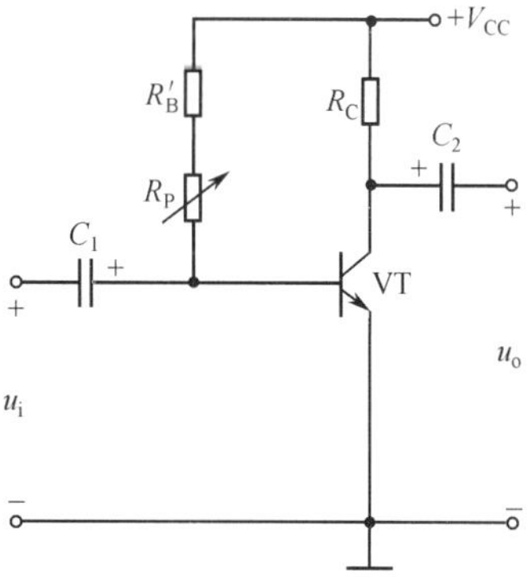

图 6.27　习题 6-2 的电路

6-3　已知图 6.27 所示电路中，V_{CC}=12V，R_C=3kΩ，静态管压降 U_{CE}=6V，并在输出端加负载电阻 R_L，其阻值为 3kΩ。选择一个合适的答案填入空内。

（1）该电路的最大不失真输出电压有效值 U_{om}≈________；

A）2V　　　　　B）3V　　　　　C）6V

（2）当U_i=1mV 时，若在不失真的条件下，减小 R_P，则输出电压的幅值将________；

A）减小　　　　B）不变　　　　C）增大

（3）在 U_i =1mV 时，将 R_P 调到输出电压最大且刚好不失真，若此时增大输入电压，则输出电压波形将________；

A）顶部失真　　　　B）底部失真　　　　C）顶部和底部同时出现失真

（4）若发现电路出现饱和失真，则为消除失真，可将________。

A）R_P 减小　　　　B）R_C 减小　　　　C）V_{CC} 减小

6-4　已知如图 6.28 所示电路中晶体管的β=100，r_{be}=1kΩ。

（1）现已测得静态管压降 U_{CE}=6V，试估算 R_B 的阻值。

（2）若测得 $\dot{U}_i$ 和 $\dot{U}_o$ 的有效值分别为 1mV 和 100mV，则负载电阻 R_L 为多少？

6-5　画出如图 6.28 所示电路的微变等效电路，并计算电压放大倍数和输入/输出电阻。

6-6　电路如图 6.29 所示，晶体管的β=60。

（1）求电路的静态工作点、电压放大倍数、输入电阻和输出电阻。

（2）画出该电路的微变等效电路。

（3）若电容 C_E 开路，则将引起电路的哪些动态参数发生变化？如何变化？

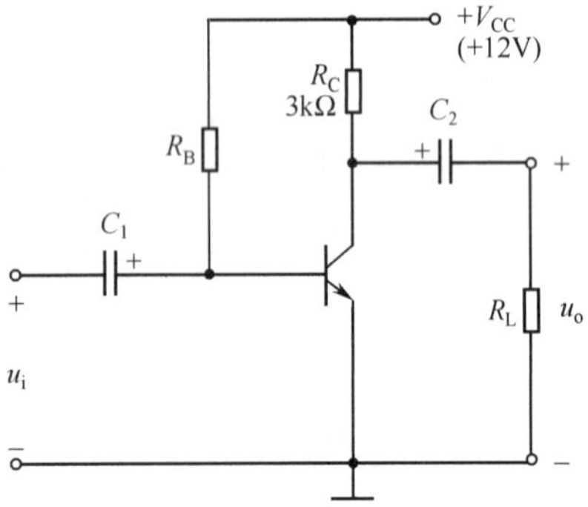

图 6.28　习题 6-4 的电路

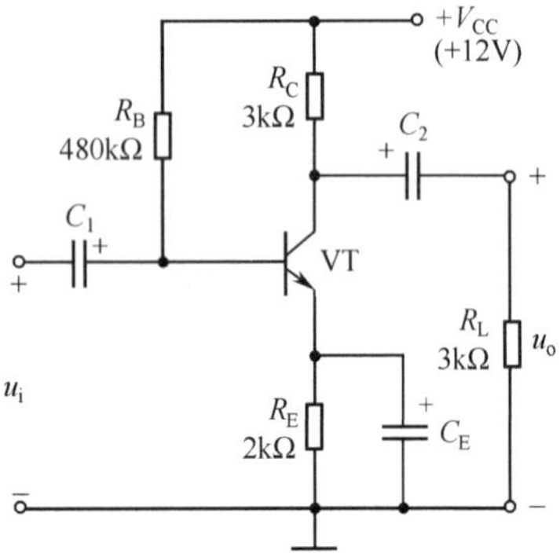

图 6.29　习题 6-6 的电路

6-7　电路如图 6.30 所示，晶体管的β=100，$R_B = 200\text{k}\Omega$，$R_E = 3\text{k}\Omega$，$V_{CC} = 10\text{V}$。

（1）求静态工作点 Q。

（2）分别求出 R_L=∞和 R_L=3kΩ时电路的电压放大倍数和输入电阻。

（3）求输出电阻 r_o。

6-8　图 6.31 所示电路中晶体管的β=50，$V_{CC} = 12\text{V}$。

（1）计算静态工作点 Q。

（2）画出该电路的微变等效电路。

（3）分别计算 u_{o1} 和 u_{o2} 输出时电路的电压放大倍数、输入电阻和输出电阻。

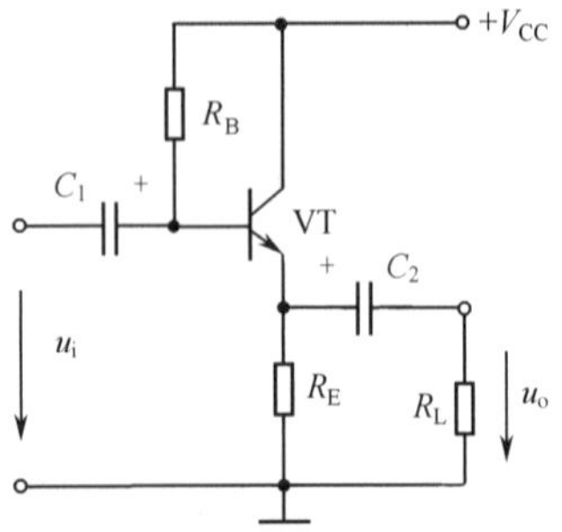

图 6.30　习题 6-7 的电路

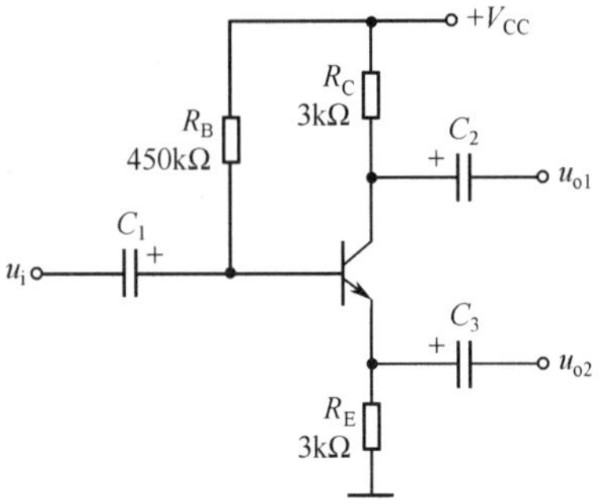

图 6.31　习题 6-8 的电路

6-9　图 6.32 所示电路中，已知$V_{CC}=12V$，$R_{B1}=15k\Omega$，$R_{B2}=45k\Omega$，$R_C=3k\Omega$，$R_E=2k\Omega$，$R_L=3k\Omega$，晶体三极管的β=50。

（1）估算静态工作点。

（2）估算电压放大倍数、输入电阻和输出电阻。

（3）为了方便静态工作点的调整，偏置电阻如何设置？

（4）若晶体三极管的β=100，为了使静态时$U_{CE}\approx\frac{1}{2}V_{CC}$，应怎样选择各电阻值？

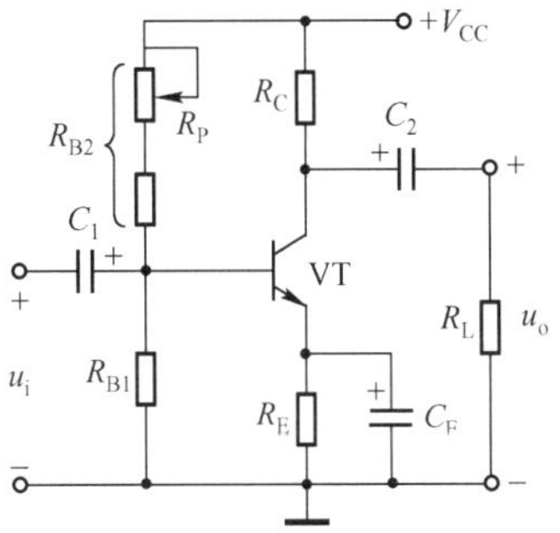

图 6.32　习题 6-9 的电路

第 7 章　集成运算放大器及其应用

引言

模拟集成电路自 20 世纪 60 年代初期问世以来，在电子技术中得到了广泛的应用。其中最主要的代表器件就是运算放大器。运算放大器在早期应用于模拟信号的运算，故名运算放大器。随着集成技术的发展，运算放大器的应用已远远超出了模拟运算的范围，广泛应用于信号的处理和测量、信号的产生和转换以及自动控制等诸多方面。同时，许多具有特定功能的模拟集成电路也在电子技术领域中得到了广泛应用。

本章主要介绍集成运算放大器的基本组成、特性及应用。

学习目标

- 了解集成运放的组成及工作原理。
- 掌握理想运放的外部特征和传输特性。
- 能够正确判断电路中是否引入反馈以及反馈的类型。
- 掌握负反馈对放大电路性能的影响。
- 理解集成运放线性应用的条件和两个重要分析依据。
- 掌握集成运放的基本运算电路。
- 了解集成运放在信号处理方面的应用。
- 理解集成运放非线性应用的条件和分析依据。
- 掌握集成运放构成的电压比较器。
- 了解集成运放构成的各种信号发生电路。
- 了解集成运放使用注意事项。

7.1　集成运算放大器概述

7.1.1　集成运算放大器的组成及工作原理

集成运算放大器，简称运放，是一种放大倍数很高的直接耦合多级放大电路。如图 7.1 所示，由输入级、中间级和输出级三个基本部分组成。

图 7.1　运放的组成

输入级与信号源相连，通常要求有很高的输入电阻，能有效地抑制共模信号，且有很强的抗干扰能力。因此，运放的输入级通常采用差动放大电路，有同相和反相两个输入端。其差模输入电阻大，共模抑制比高。

中间级用来完成电压放大，使运放获得很高的电压放大倍数，常由一级或多级共射放大电路构成。

输出级直接与负载相连，为使运放有较强的带负载能力，一般采用互补对称放大电路（射级输出器）。其输出电阻低，能提供较大的输出电压和电流。

综上所述，运放是一种电压放大倍数高、输入电阻大、输出电阻小、共模抑制比高、抗干扰能力强、可靠性高、体积小、耗电少的通用型电子器件。运放一般分为：晶体管外形（TO）封装、双列直插式（DIP）封装、小尺寸（SO）封装和无引线陶瓷芯片载体（LCCC）封装，常用双列直插式运算放大器外形如图 7.2（a）所示。在使用运放时，首先应了解器件型号，然后查阅器件说明书，获取引脚定义以及各项电气参数等。运算放大器μA741 的引脚如图 7.2（b）所示。

国家标准规定的运算放大器的图形符号如图 7.3 所示，不必标出所有引脚。其中右侧“+”端为输出端，信号由此端对地之间输出。左侧“-”端为反相输入端，当信号由此端对地输入时，输出信号与输入信号反相位，所以此端称为反相输入端，反相输入端的电位用 u_- 表示。这种输入方式称为反相输入。左侧“+”端为同相输入端，当信号由此端对地输入时，输出信号与输入信号同相位，所以此端称为同相输入端，同相输入端的电位用 u_+ 表示，这种输入方式称为同相输入。当两个输入端都有信号输入时，称为差动输入方式。运算放大器在正常应用时，存在这三种输入方式。不论采用何种输入方式，运算放大器放大的都是两个输入信号的差。

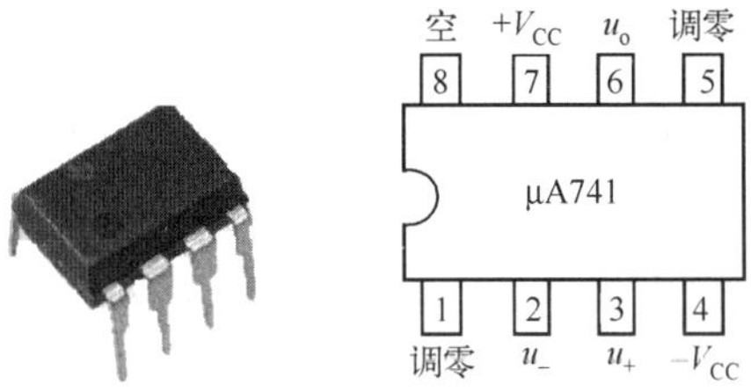

(a)　　(b)

图 7.2　运放的外形和引脚

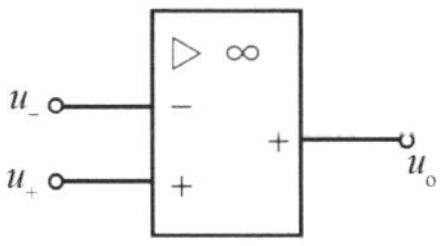

图 7.3　运放的图形符号

7.1.2　集成运算放大器的传输特性

运放的输出电压与输入电压（即同相输入端与反相输入端之间的差值电压）之间的关系曲线称为电压传输特性，即

$$u_o = f(u_+ - u_-) \tag{7.1}$$

对于双电源供电的运放，电压传输特性如图 7.4 所示。该电压传输特性曲线分为线性放大区（或称为线性区）及饱和区（或称为非线性区）两部分。

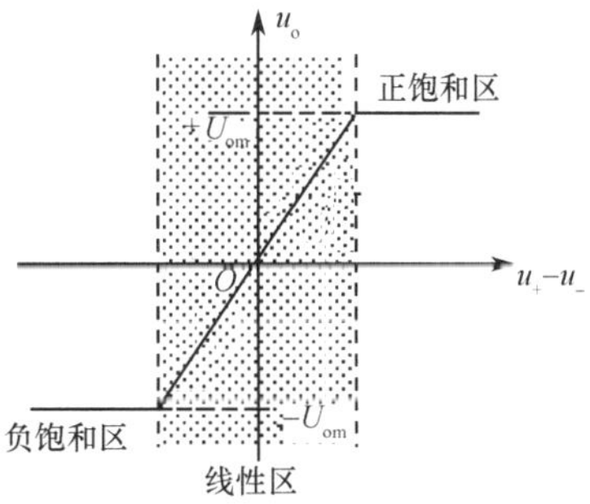

图 7.4　电压传输特性

当运放工作在线性区时，输出电压 u_o 与输入电压 $u_+ - u_-$ 是线性关系，即

$$u_o = A_{uo} \cdot (u_+ - u_-) \tag{7.2}$$

A_{uo} 是运放未引入反馈，即开环时的差模电压放大倍数。线性区的斜率取决于 A_{uo} 的大小。此外，由于受电源电压的限制，输出电压不可能随输入电压的增大而无限增大，因此，当 u_o 增大到一定值后，运放将进入饱和区。通用运放的输出电压 U_{om} 一般略低于电源电压。

由于运放的开环电压放大倍数很大，而输出电压为有限值，所以线性区很窄。因此，要使运放稳定地工作在线性区，必须引入深度负反馈（详见 7.2 节）。

7.1.3　集成运算放大器的主要参数

运算放大器的性能通常通过它的参数来表示。为了合理选用和正确使用运算放大器，必须了解主要参数的意义。

（1）开环电压放大倍数 A_{uo}

A_{uo} 指运放输出端和输入端之间，在无外加回路（开环）情况下，运放工作在线性区时，输出电压与差模输入电压之比。

通常，运放的 A_{uo} 很高，在 $10^4 \sim 10^7$ 之间，即开环增益为 80～140dB。A_{uo} 越高，所构成的运算电路越稳定，运算精度也越高。

（2）差模输入电阻 r_{id} 与输出电阻 r_o

r_{id} 反映了运放输入端向差模输入信号源索取电流的大小，r_{id} 越大越好，一般为 10^5～$10^{11}\ \Omega$。

r_o 反映了运放带负载能力的大小，因此运放的输出电阻越低越好，通常为几十欧姆至几百欧姆。

（3）共模抑制比 K_{CMRR}

K_{CMRR} 指运放工作在线性区时，其差模增益与共模增益的比值。K_{CMRR} 越大，抗共模干扰能力越强，一般为 70～130dB。

（4）共模输入电压范围 U_{iCM}

U_{iCM} 是指运放正常放大差模信号的条件下所能承受的共模输入电压的最大值。超出此值，将会造成共模抑制比明显下降，甚至造成器件损坏。U_{iCM} 与运放的输入级电路结构紧密相关。

（5）最大差模输入电压 U_{idM}

U_{idM} 是指运放两个输入端之间所能承受的最大电压值。若超过此值可能造成运放输入级的损坏。

（6）最大输出电压 U_{OM}

U_{OM} 是指当运放工作在线性区时，在特定负载下，能够输出的最大电压幅度。其值一般略低于电源电压。当电源电压为±15V 时，U_{OM} 一般为±13V 左右。也有输出与电源电压一样高的情况（称为 Rail-to-Rail）。

另外，还有静态功耗、输入失调电压、输入失调电流、输入偏置电流、单位增益带宽、转换速率等，这里不一一介绍，需要时请查阅器件说明书。

7.1.4 理想集成运算放大器及分析依据

1．理想运算放大器

在分析由运算放大器构成的电路时，常常将其等效成理想模型，理想运放的外部特征如下：

开环电压放大倍数 $A_{uo} \to \infty$；

差模输入电阻 $r_{id} \to \infty$；

开环输出电阻 $r_o \to 0$；

共模抑制比 $K_{CMRR} \to \infty$。

由于实际运算放大器的上述技术指标比较接近理想条件，因此在一般情况下，可以用理想运算放大器代替实际运算放大器，这样可大大简化分析过程。

2．理想运算放大器的传输特性

因为理想运算放大器的开环电压放大倍数 $A_{uo} \to \infty$，所以，理想运算放大器开环应用时不存在线性区，其传输特性如图 7.5 所示。当 $u_+ > u_-$ 时，输出电压为 $+U_{om}$；当 $u_+ < u_-$ 时，输出电压为 $-U_{om}$。

3．理想运算放大器线性应用的分析依据

由于运放 A_{uo} 很大，输入零点几毫伏的电压就可以使输出电压达到饱和值。为了使线性区变宽，必须引入外部负反馈电路，降低放大倍数，如图 7-6 所示。运放引入负反馈后具有两条黄金规则。

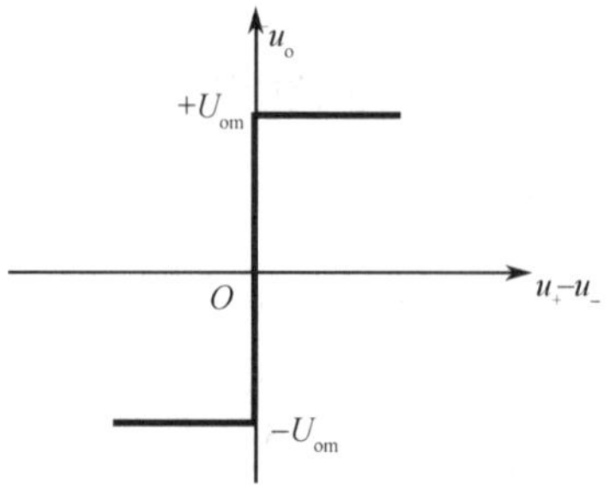

图 7.5 理想运算放大器的传输特性

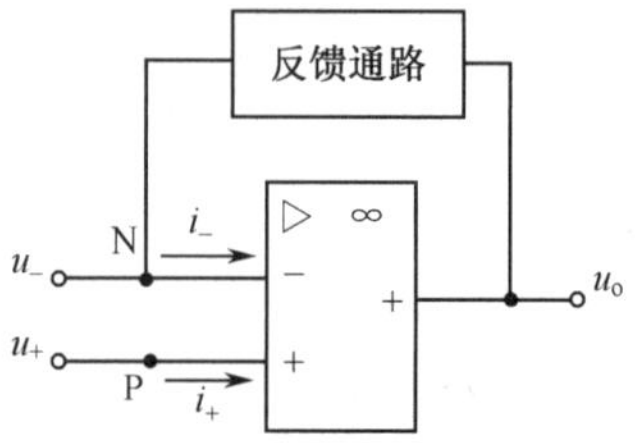

图 7.6 运放引入负反馈

（1）虚短

由于输出电压最大为饱和值，差模开环放大倍数 $A_{uo} \to \infty$，根据 $u_o = A_{uo} \cdot (u_+ - u_-)$ 可知，$u_+ - u_- = 0$，运放的净输入电压为零，即

$$u_+ = u_- \tag{7.3}$$

称为“虚短路”。$u_+ = u_- = 0$ 时，电路中不接地的一端称为“虚地”。

（2）虚断

由于差模输入电阻 $r_{id} \to \infty$，因此两个输入端的输入电流为零，即

$$i_+ = i_- = 0 \tag{7.4}$$

称为“虚断路”。

“虚断”和“虚短”是集成运放线性应用时，分析电路输出和输入关系的两个重要依据。

需要注意的是：虚短，并不意味着运放改变了输入电压，它只是通过负反馈通路将输入端的电压差值变成零。如果不能，则虚短不成立。例如，在运放非线性应用的电压比较器中，运放不带负反馈通路，则 $u_+ \neq u_-$，输出只能是饱和值。

虚断，并不意味着运放没有输入电流，在处理高内阻信号时，不能忽略不计。实际运放的输入电流非常小，在 nA 级甚至 pA 级，一般忽略不计。

7.2 放大电路中的负反馈

如前所述，运算放大器必须引入深度负反馈才能工作在线性区。因此，在介绍运算放大器的应用之前，先介绍一下有关反馈的概念。

7.2.1 反馈的概念

电路中的反馈就是将电路的输出信号（电压或电流）的一部分或全部通过一定的电路（反馈电路）送回到输入端，与输入信号一同控制电路的输出。放大电路的反馈框图如图 7.7 所示。其中基本放大电路和反馈电路构成一个闭合环路，常称为闭环。它们均如箭头所示单方向传递信号。

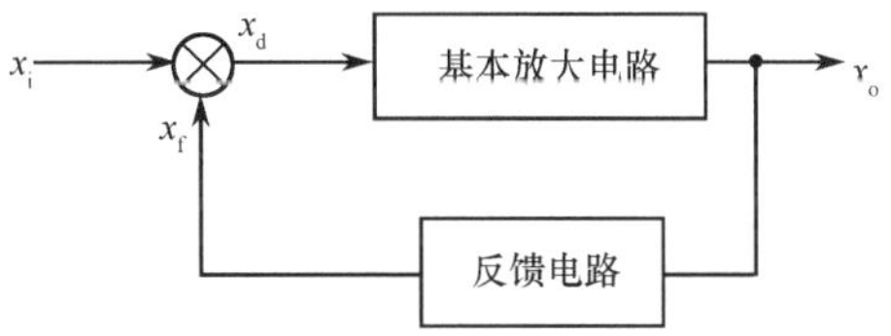

图 7.7 反馈放大电路的框图

图 7.7 中，用 x 表示信号，它既可以表示电压，也可以表示电流。x_i、x_o 和 x_f 分别表示输入、输出和反馈信号，x_i 和 x_f 在输入端比较（叠加）后得到净输入信号 x_d。若引回的反馈信号 x_f 使净输入信号 x_d 减小，则为负反馈，此时

$$x_d = x_i - x_f \tag{7.5}$$

若引回的反馈信号 x_f 使净输入信号 x_d 增大，则为正反馈，此时

$$x_d = x_i + x_f \tag{7.6}$$

放大电路中一般引入负反馈。

基本放大电路的输出信号与净输入信号之比称为开环电压放大倍数，用 A_o 表示，即

$$A_o = \frac{x_o}{x_d} \tag{7.7}$$

反馈信号与输出信号之比称为反馈系数，用 F 表示，即

$$F = \frac{x_f}{x_o} \tag{7.8}$$

引入反馈后的输出信号与输入信号之比称为闭环电压放大倍数，用 A_f 表示，即

$$A_f = \frac{x_o}{x_i} \tag{7.9}$$

7.2.2 反馈的类型及判断

1. 反馈的类型

反馈电路通常由电阻、电容元件构成，既与输入端相连，又与输出端相连。如果阻容元件的连接方式使得反馈信号中只含直流成分，则称为直流反馈；如果反馈信号中只含交流成分，则称为交流反馈；如果反馈信号中交、直流成分同时存在，则称为交、直流反馈。

根据反馈电路在输出端所采样的信号的不同，可以分为电压反馈和电流反馈。若反馈信号取自于（正比于）输出电压，则称为电压反馈；若反馈信号取自于（正比于）输出电流，则称为电流反馈。

根据反馈信号在输入端与输入信号比较形式的不同，可以分为串联反馈和并联反馈。如果反馈信号与输入信号串联（反馈信号以电压的形式出现：$x_f = u_f$），则为串联反馈；如果反馈信号与输入信号并联（反馈信号以电流的形式出现：$x_f = i_f$），则为并联反馈。

综上所述，电路中的负反馈可以归纳为 4 种类型：电压串联负反馈、电压并联负反馈、电流串联负反馈、电流并联负反馈。

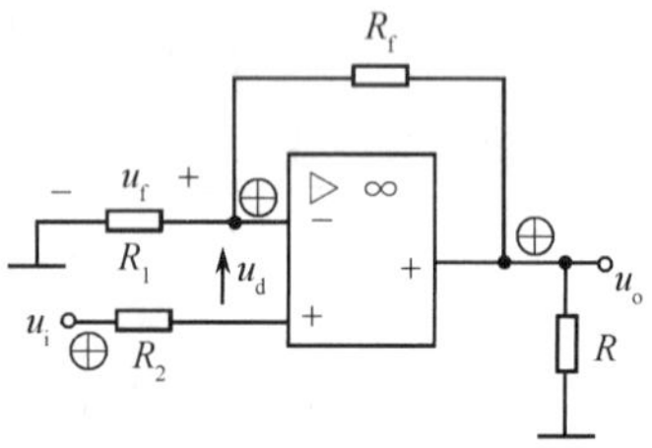

图 7.8　电压串联负反馈电路

（1）电压串联负反馈

电压串联负反馈的典型电路如图 7.8 所示。运放为反馈放大电路框图 7.7 中的基本放大电路。R_f 和 R_1 构成反馈环节，输入信号 u_i 通过 R_2 加载于运放同相输入端。输出电压 u_o 通过 R_f 和 R_1 分压，R_1 上的电压即为反馈信号 u_f。从图 7.8 中可以得出

$$u_f = u_o \cdot \frac{R_1}{R_f + R_1} \tag{7.10}$$

可见，反馈电压正比于输出电压，所以为电压反馈；设输入信号极性为“+”，则输出信号的极性为“+”（同相输入端输入信号），因此反馈信号 u_f 也为“+”，净输入信号 $u_d = u_i - u_f$，此式说明反馈信号削弱了净输入信号，所以为负反馈；此式还表示反馈信号 u_f 与输入信号 u_i 是串联关系（电压相加减），所以为串联反馈。因此图 7.8 所示电路为串联电压负反馈。引入电压负反馈可以稳定输出电压。假定由于负载的变化使得 u_o 下降，根据式（7.10）可知，反馈信号 u_f 随之减小，因而净输入信号增大，输出信号 u_o 增大，使得输出电压稳定。

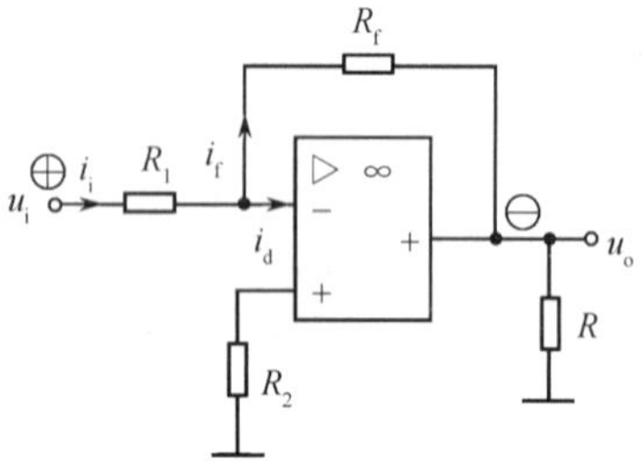

图 7.9　电压并联负反馈电路

（2）电压并联负反馈

电压并联负反馈的典型电路如图 7.9 所示。运放为反馈放大电路的基本放大电路。反馈电路 R_f 一端连接于输出端，另一端连接于输入端。输入信号 u_i 通过 R_1 加载于运放反相输入端，通过 R_f 的电流即为反馈信号 i_f。根据黄金规则 $u_+ = u_- = 0$，因此

$$i_f = -\frac{u_o}{R_f} \tag{7.11}$$

可见，反馈电流的大小正比于输出电压的高低，所以为电压反馈；设输入信号极性为“+”，则输出信号的极性为“-”（反相输入端输入信号），因此反馈信号 i_f 为正值，净输入信号 $i_d = i_i - i_f$，此式说明反馈信号削弱了净输入信号，所以为负反馈；此式还表示反馈信号 i_f 与输入信号 i_i 是并联关系（电流相加减），所以为并联反馈。因此图 7.9 所示电路为并联电压负反馈。该电压负反馈同样可以稳定输出电压。

（3）电流串联负反馈

图 7.10 所示电路为电流串联负反馈的典型电路。反馈放大电路中的基本放大电路是运算放大器。R_f 和负载电阻 R_L 构成反馈环节，输入信号 u_i 通过 R_2 加载于运放同相输入端，负载中通过的电流为输出电流 i_o， R_f 上的电压即为反馈信号 u_f 。从图 7.10 中可知

$$u_f = i_o \cdot R_f \tag{7.12}$$

可见，反馈电压正比于输出电流，所以为电流反馈；设输入信号极性为"+"，则输出信号的极性为"+"（同相输入端输入信号），因此反馈信号 u_f 也为"+"，净输入信号 $u_d = u_i - u_f$ ，反馈信号削弱了净输入信号，所以为负反馈；此式还表示反馈信号 u_f 与输入信号 u_i 是串联关系（电压相加减），所以为串联反馈。因此图 7.10 所示电路为串联电流负反馈。引入电流负反馈可以稳定输出电流。假定由于负载的变化使得 i_o 增大，据式（7.12）可知，反馈信号 u_f 随之增大，因而净输入信号 u_d 减小，输出信号 u_o 减小，使得输出电流 i_o 下降，从而保持稳定。

（4）电流并联负反馈

电流并联负反馈的典型电路如图 7.11 所示。如前所述，反馈放大电路的基本放大电路是运算放大器。R_f 和 R_3 是反馈环节，输入信号 u_i 自运算放大器的反相输入端输入，通过 R_f 的电流即为反馈信号 i_f 。

$$i_f = -i_o \cdot \frac{R_3}{R_f + R_3} \tag{7.13}$$

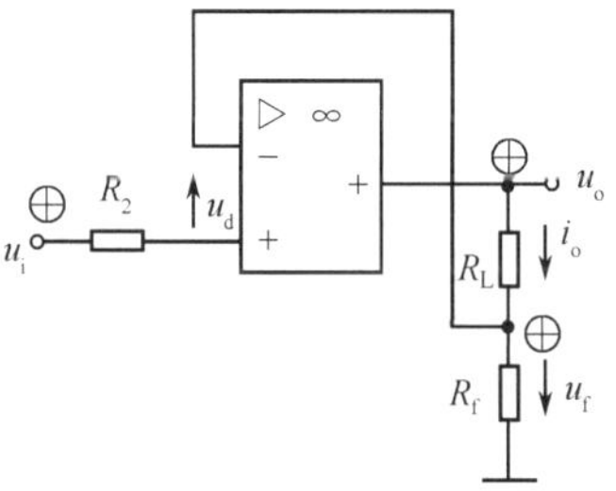

图 7.10　电流串联负反馈电路

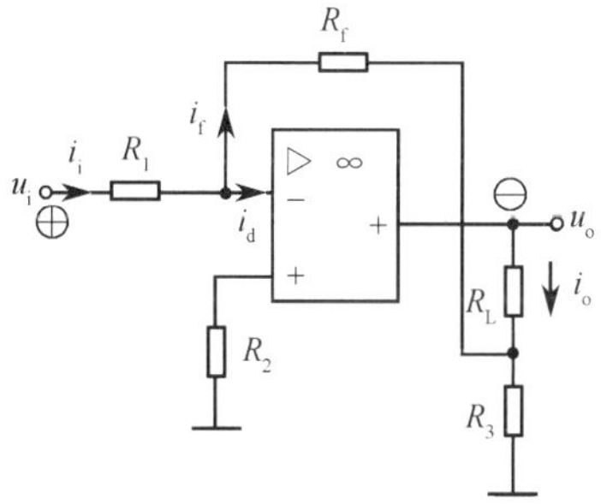

图 7.11　电流并联负反馈电路

可见，反馈电流与输出电流的大小成正比，故为电流反馈；设输入信号极性为"+"，则输出信号的极性为"−"（反相输入端输入信号），输出电流 i_o 为"−"，因此反馈信号 i_f 为"+"，净输入信号 $i_d = i_i - i_f$ ，净输入信号减小，所以为负反馈；此式还表示反馈信号 i_f 与输入信号 i_i 是并联关系（电流相加减），所以为并联反馈。因此图 7.11 所示电路为并联电流负反馈。该电流负反馈同样可以稳定输出电流。

2. 反馈类型的判断

由反馈的基本概念可知，反馈有正、负反馈之分，串联反馈与并联反馈之分，电压反馈与电流反馈之分。因此在分析引入反馈的电路时，往往根据反馈的概念归纳出的一些常用方法判断反馈的类型。

（1）正、负反馈的判断

正、负反馈的判断通常采用瞬时极性法。这种方法是，假定输入电压 u_i 增大而使净输入信号增大时，分析输出电压 u_o 的变化（若输入信号自反相端输入，则输出与输入瞬时极性相反；若输入信号自同相端输入，则输出与输入瞬时极性相同），比较反馈信号和输入信号的关系，找出它对净输入信号的影响。若反馈信号使净输入信号减小，则为负反馈；若反馈信号使净输入信号增大，则为正反馈。例如，在图 7.8 所示电路中，设输入端瞬时极性为"+"，则输出端瞬时极性为"+"，经 R_f 传递到反相输入端的反馈信号 u_f 瞬时极性也为"+"，从图中很容易得到净输入信号 $u_d = u_i - u_f$ ，因为 u_i 与 u_f 瞬时极性相同，反馈信号使净输入信号减小，所以为负反馈。根据瞬时极性法很容易

得到，由单个运放组成的本级反馈电路，若反馈电路接到反相输入端，则为负反馈；若反馈电路接到同相输入端，则为正反馈。

（2）串联反馈和并联反馈的判断

串、并联反馈的判断通常看反馈电路与输入端的连接形式。若反馈信号与净输入信号串联（反馈信号以电压的形式出现），则为串联反馈，如图 7.8 所示电路为串联反馈；若反馈信号与净输入信号并联（反馈信号以电流的形式出现），则为并联反馈，如图 7.9 所示电路为并联反馈。在串联反馈中，反馈信号与输入信号分别连接于两个不同的输入端；在并联反馈中，反馈信号与输入信号连接于同一个输入端。

（3）电压反馈和电流反馈的判断

电压、电流反馈的判断通常看反馈电路与输出端的连接形式。若反馈信号正比于输出电压（反馈电路与电压输出端相连接），则为电压反馈，如图 7.8 所示电路为电压反馈；若反馈信号正比于输出电流（反馈电路不与电压输出端相连接），则为电流反馈，如图 7.10 所示电路为电流反馈。

〖**例 7.1**〗 判断图 7.12 所示电路中 R_f 所形成的反馈类型。

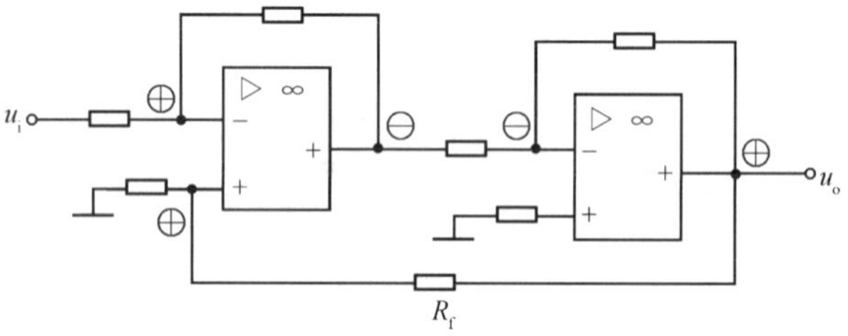

图 7.12 例 7.1 的电路

解：首先根据输入、输出的极性关系，得出各输入、输出端的瞬时极性如图 7.12 所示。利用瞬时极性法，可知 R_f 引入的反馈为负反馈；输入信号与反馈信号连接于不同的输入端，反馈信号以电压的形式出现，与输入电压相比较，因此为串联负反馈；反馈电路连接于输出电压端，反馈信号正比于输出电压，因此为电压负反馈。综上所述，R_f 引入的反馈为电压串联负反馈。

〖**例 7.2**〗 判断图 7.13 所示电路中 R_f 所形成的反馈类型。

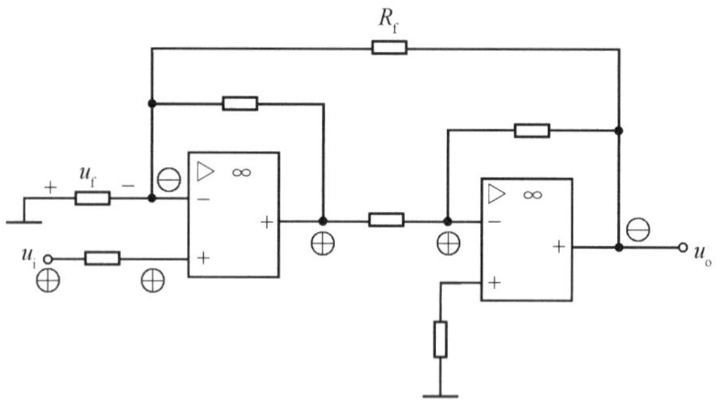

图 7.13 例 7.2 的电路

解：首先根据输入、输出的极性关系，得各输入、输出端的瞬时极性如图 7.13 所示。利用瞬时极性法，可知 R_f 引入的反馈为正反馈；输入信号与反馈信号连接于不同的输入端，为串联反馈；反馈信号正比于输出电压，为电压反馈。所以 R_f 引入的反馈为电压串联正反馈。

7.2.3 负反馈对放大电路性能的影响

在放大电路中引入负反馈可以改善放大电路的工作性能。负反馈对放大器性能的改善是以降低电压放大倍数为代价换来的。但放大倍数的下降容易弥补。

1. 降低放大倍数

由图 7.7 所示的反馈放大电路的框图和式（7.8）容易得出，引入负反馈后，其闭环电压放大倍数为

$$A_{\mathrm{f}}=\frac{x_{\mathrm{o}}}{x_{\mathrm{i}}}=\frac{x_{\mathrm{o}}}{x_{\mathrm{d}}+x_{\mathrm{f}}}=\frac{\dfrac{x_{\mathrm{o}}}{x_{\mathrm{d}}}}{\dfrac{x_{\mathrm{d}}}{x_{\mathrm{d}}}+\dfrac{x_{\mathrm{f}}}{x_{\mathrm{d}}}}=\frac{A_{\mathrm{o}}}{1+A_{\mathrm{o}}F} \tag{7.14}$$

通常，将 $1+A_{\mathrm{o}}F$ 称为反馈深度，其值越大，反馈作用越强。因为 $1+A_{\mathrm{o}}F>1$，所以引入负反馈后，放大倍数降低。反馈越深，放大倍数下降越快。

2. 提高放大倍数的稳定性

在放大电路中，由于温度的变化等因素会引起放大倍数的变化，因此放大倍数的不稳定会影响放大电路的准确性和可靠性。放大倍数的稳定性通常用它的相对变化率来表示。无反馈时的变化率为 $\dfrac{\mathrm{d}A_{\mathrm{o}}}{A_{\mathrm{o}}}$，有反馈时放大倍数的变化率为 $\dfrac{\mathrm{d}A_{\mathrm{f}}}{A_{\mathrm{f}}}$，由式（7.14）可得

$$\frac{\mathrm{d}A_{\mathrm{f}}}{\mathrm{d}A_{\mathrm{o}}}=\frac{\mathrm{d}\dfrac{A_{\mathrm{o}}}{1+A_{\mathrm{o}}F}}{\mathrm{d}A_{\mathrm{o}}}=\frac{1}{1+A_{\mathrm{o}}F}-\frac{A_{\mathrm{o}}F}{(1+A_{\mathrm{o}}F)^2}=\frac{1}{(1+A_{\mathrm{o}}F)^2}=\frac{A_{\mathrm{f}}}{A_{\mathrm{o}}}\cdot\frac{1}{1+A_{\mathrm{o}}F}$$

因此

$$\frac{\mathrm{d}A_{\mathrm{f}}}{A_{\mathrm{f}}}=\frac{1}{1+A_{\mathrm{o}}F}\cdot\frac{\mathrm{d}A_{\mathrm{o}}}{A_{\mathrm{o}}} \tag{7.15}$$

上式表明，引入负反馈后，放大倍数的相对变化率是未引入负反馈时的开环放大倍数相对变化率的 $\dfrac{1}{1+A_{\mathrm{o}}F}$。例如，当 $1+A_{\mathrm{o}}F=100$ 时，若 A_{o} 变化±10%，则 A_{f} 只变化±0.1%。反馈越深，放大倍数越稳定。当 $1+A_{\mathrm{o}}F>>1$ 时，闭环放大倍数为

$$A_{\mathrm{f}}=\frac{1}{F} \tag{7.16}$$

上式表明，在深度负反馈情况下，闭环放大倍数仅与反馈电路的参数有关，基本不受开环放大倍数的影响。

3. 改善非线性失真

由于放大电路中存在非线性元件，因此输出信号会产生非线性失真，尤其是输入信号幅度较大时，非线性失真更严重。当引入负反馈后，非线性失真将会得到明显改变。图 7.14 定性说明了负反馈改善波形失真的情况。设输入信号 u_{i} 为正弦波，无反馈时，输出波形产生失真，正半周大而负半周小，如图 7.14（a）所示。引入负反馈后，由于反馈电路为线性电路，反馈系数 F 为常数，故反馈信号 u_{f} 的失真波形与输出信号 u_{o} 相同，u_{f} 与输入信号相减后使净输入信号 u_{d} 波形变成正半周小而负半周大的失真波形，从而使输出信号的正、负半周趋于对称，改善了波形失真，如图 7.14（b）所示。

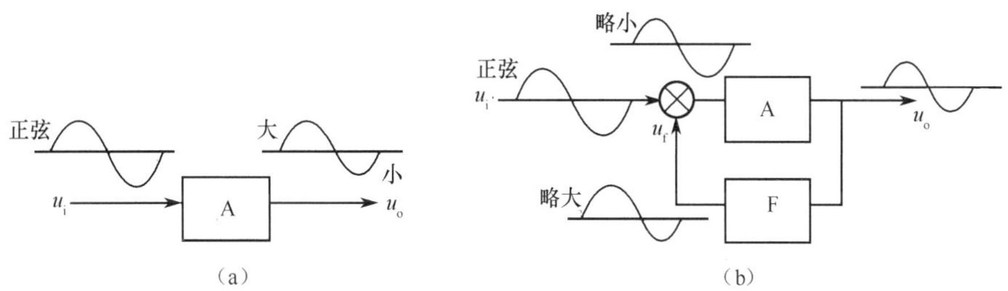

图 7.14　非线性失真的改善

4．展宽通频带

如前所述，通频带是放大电路的主要技术指标之一，某些放大电路要求有较宽的通频带。引入负反馈是展宽通频带的有效措施之一。

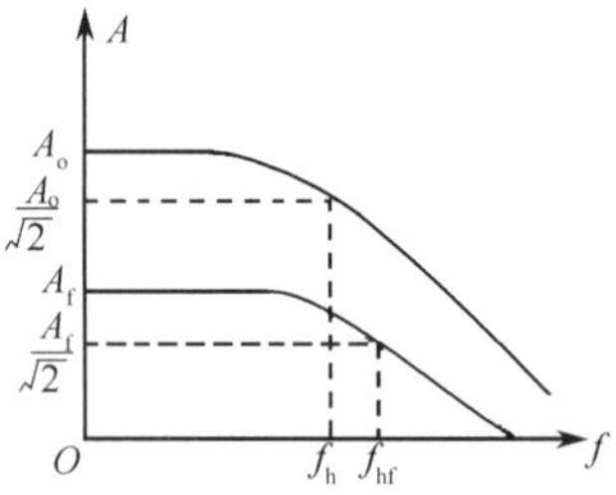

图 7.15　运放的幅频特性

图 7.15 是集成运算放大器的幅频特性，由于运放是直接耦合的直流放大器，因此在频率从零开始的低频段，放大倍数基本上是常数。无负反馈时，在信号的高频段，由于集成半导体器件极间电容的存在，随着频率的增大，开环放大倍数下降较快。当运放外部引入负反馈后，由于反馈量正比于输出信号的幅度，因此在高频段，当输出信号幅度减小（放大倍数减小）时，负反馈随之减小，从而使幅频特性趋于平坦，扩展了电路的通频带。

5．对输入、输出电阻的影响

引入负反馈后，放大电路的输入、输出电阻也将受到一定的影响。反馈类型不同，对输入、输出电阻的影响也不同。

放大器引入负反馈后，对输入电阻的影响取决于反馈电路与输入端的连接方式，串联负反馈使输入电阻增大，并联负反馈使输入电阻减小。

放大器引入负反馈后，对输出电阻的影响取决于反馈电路与输出端的连接方式，电压负反馈具有稳定输出电压的功能，当输入一定时，电压负反馈使输出电压趋于恒定，故使输出电阻减小；电流负反馈具有稳定输出电流的功能，当输入一定时，电流负反馈使输出电流趋于恒定，故使输出电阻增大。

负反馈对输入、输出电阻的影响，见表 7.1。

表 7.1　负反馈对输入/输出电阻的影响

反馈类型	电压串联	电压并联	电流串联	电流并联
输入电阻	增大	减小	增大	减小
输出电阻	减小	减小	增大	增大

【思考与练习】

7-2-1　要分别实现：稳定输出电压，稳定输出电流，提高输入电阻，降低输出电阻，各应引入哪种类型的反馈？

7-2-2　加有负反馈的放大器，已知开环放大倍数 $A_o=10^4$，反馈系数 $F=0.01$，如果输出电压 $u_o=3V$，试求它的输入电压 u_i、反馈电压 u_f 和净输入电压 u_d。

7-2-3　加有负反馈的放大器，已知开环放大倍数 $A_o=10^4$，反馈系数 $F=0.01$，如果开环放大倍数发生 20%的变化，则闭环放大倍数的相对变化为多少？

7.3　集成运算放大器的线性应用

集成运算放大器的应用基本上可以分为两大类：线性应用和非线性应用。当运算放大器外加深度负反馈后，可以闭环工作在线性区。运算放大器线性应用时可构成模拟信号运算电路，信号处理电路及正弦波振荡电路等。运算放大器线性应用的电路特征是：引入负反馈。运算放大器线性应用的分析依据是：“虚短路”和“虚断路”。运算放大器线性应用的分析就是利用“虚短”和“虚断”的概念分析电路输出和输入的关系，用运算关系式 $u_o=f(u_i)$ 或波形图描述。

7.3.1　基本运算电路

1．比例运算电路

（1）反相比例运算电路

电路如图7.16所示。输入信号 u_i 经电阻 R_1 引到运算放大器的反相输入端，同相输入端经电阻 R_2 接地。反馈电阻 R_f 引入电压并联负反馈。

根据运算放大器工作在线性区时的黄金规则可知

$$i_+ = i_- = 0\,,\quad u_+ = u_- = 0$$

反相输入端为“虚地”端。从图 7.16 可得

$$i_1 = \frac{u_i}{R_1} = i_f$$

$$u_o = -R_f i_f = -R_f \cdot \frac{u_i}{R_1}$$

所以

$$u_o = -\frac{R_f}{R_1} \cdot u_i \tag{7.17}$$

上式表明，输出电压 u_o 与输入电压 u_i 是比例运算关系，或者说是比例放大的关系。其比例系数也称为闭环放大倍数

$$A_f = \frac{u_o}{u_i} = -\frac{R_f}{R_1} \tag{7.18}$$

上式中的负号表明，输出电压 u_o 与输入电压 u_i 极性相反，其比值大小由电阻 R_f 和 R_1 决定，与运放本身参数无关。适当选配电阻，可使 A_f 的精度很高，且大小可以方便地调节。

当 $R_f = R_1$ 时，$u_o = -u_i$，该电路称为反相器。

图 7.16 中的电阻 R_2 称为平衡电阻，其作用是保持运放输入级电路的对称性，其阻值等于反相输入端对地的等效电阻，即

$$R_2 = R_1 // R_f \tag{7.19}$$

（2）同相比例运算电路

电路如图 7.17 所示。输入信号 u_i 经电阻 R_2 引到运算放大器的同相输入端，反相输入端经电阻 R_1 接地。反馈电阻 R_f 引入电压串联负反馈。

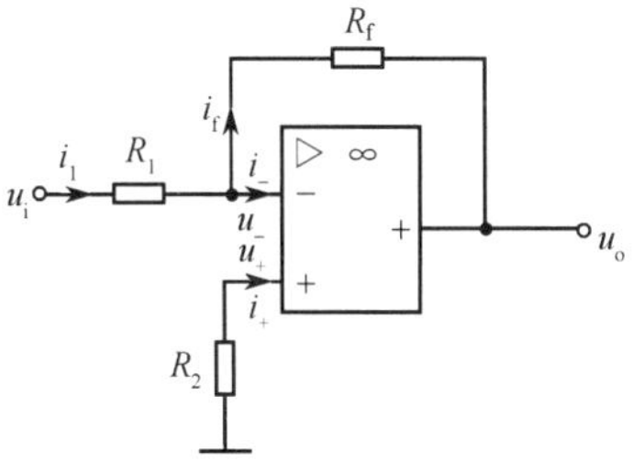

图 7.16　反相比例运算电路

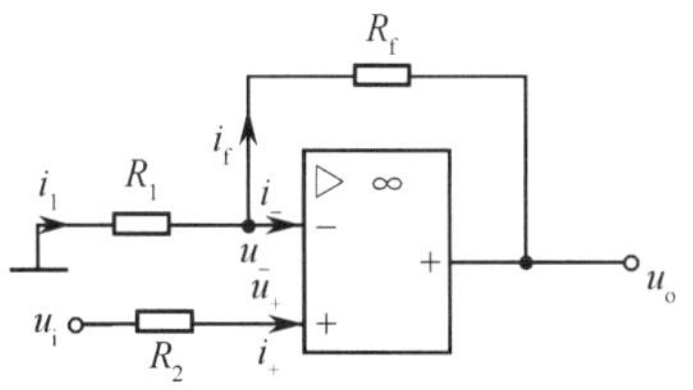

图 7.17　同相比例运算电路

根据黄金规则可得

$$i_+ = i_- = 0\,,\quad u_+ = u_- = u_i$$

$$i_1 = \frac{0 - u_i}{R_1} = i_f$$

$$i_f = \frac{u_i - u_o}{R_f}$$

所以 $$u_o = \left(1+\frac{R_f}{R_1}\right)u_i \tag{7.20}$$

可见，u_o 与 u_i 也是成正比的。其同相比例系数也即电压放大倍数

$$A_f = \frac{u_o}{u_i} = 1+\frac{R_f}{R_1} \tag{7.21}$$

上式表明输出电压 u_o 与输入电压 u_i 同相位，其比值取决于电阻 R_f 和 R_1。平衡电阻 R_2 仍符合式（7.19）。

当 $R_f = 0$ 或 $R_1 = \infty$ 时，电路如图 7.18 所示，$u_o = u_i$，$A_f = 1$。这就是电压跟随器。同分立元件的电压跟随器一样，该电路具有输入电阻高、从信号源索取电流小、输出电阻低、带负载能力强的特点。

当同相比例运算电路以图 7.19 所示的形式输入时，因为 $i_+ = 0$，所以 R_2 与 R_3 是串联的，u_i 被 R_2 和 R_3 分压后，同相端的实际输入电压

$$u_+ = u_- = u_i \frac{R_3}{R_2 + R_3}$$

$$u_o = \left(1+\frac{R_f}{R_1}\right)\frac{R_3}{R_2+R_3}u_i \tag{7.22}$$

2. 加法运算电路

图 7.20 所示为具有三个输入信号的加法运算电路，图中平衡电阻 $R_2 = R_{11}//R_{12}//R_{13}//R_f$。

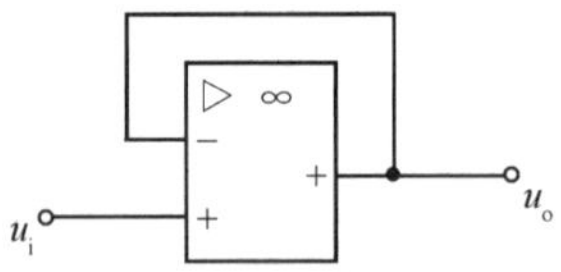

图 7.18　电压跟随器

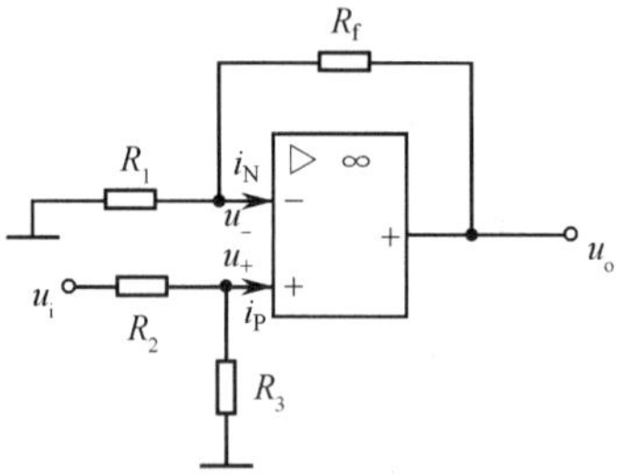

图 7.19　同相比例运算电路

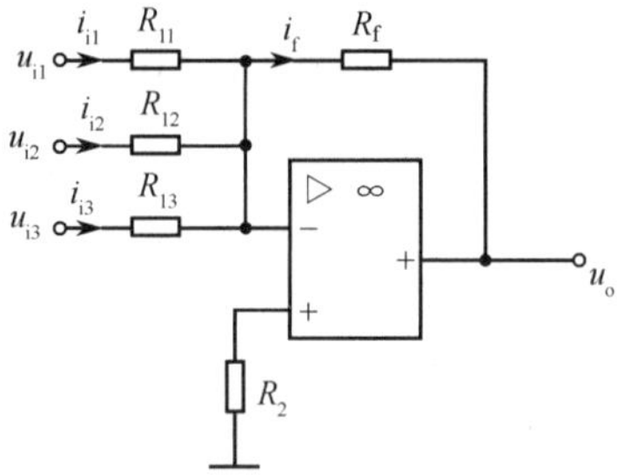

图 7.20　反相加法运算电路

由于电路中 $u_+ = u_- = 0$，反相输入端为"虚地"端。

u_{i1} 单独作用时，有

$$u_{o1} = -\frac{R_f}{R_{11}}\cdot u_{i1}$$

u_{i2} 单独作用时，有

$$u_{o2} = -\frac{R_f}{R_{12}}\cdot u_{i2}$$

u_{i3} 单独作用时，有

$$u_{o3} = -\frac{R_f}{R_{13}}\cdot u_{i3}$$

当 u_{i1}、u_{i2}、u_{i3} 共同作用时，利用叠加原理，可得

$$u_o = -\left(\frac{R_f}{R_{11}}u_{i1} + \frac{R_f}{R_{12}}u_{i2} + \frac{R_f}{R_{13}}u_{i3}\right) \tag{7.23}$$

式（7.23）表示输出电压等于各输入电压按不同比例相加。当 $R_{11} = R_{12} = R_{13} = R$ 时，有

$$u_o = -\frac{R_f}{R}(u_{i1} + u_{i2} + u_{i3}) \tag{7.24}$$

即输出电压与各输入电压之和成比例，实现“和放大”。当 $R_{11} = R_{12} = R_{13} = R_f$ 时，有

$$u_o = -(u_{i1} + u_{i2} + u_{i3})$$

即输出电压等于各输入电压之和，实现加法运算。

加法运算的输入信号也可以从同相端输入，但由于运算关系和平衡电阻的选取比较复杂，并且同相输入时运放的两个输入端承受共模电压，它不允许超过运放的最大共模输入电压，因此，一般很少使用同相输入的加法电路。若需要进行同相加法运算，只需在反相加法电路后再加一级反相器即可。

〖**例 7.3**〗 在图 7.21 所示电路中，已知 $u_{i1} = 1\text{V}$，$u_{i2} = 0.5\text{V}$，求输出电压 u_o。

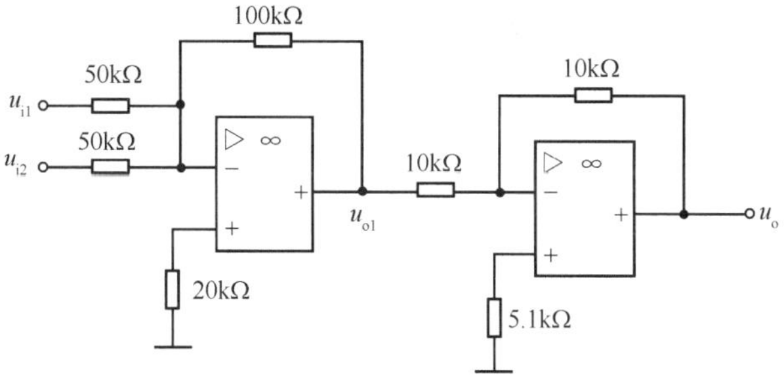

图 7.21　例 7.6 的电路

解：第一级为反相输入的加法运算电路，其输出电压为

$$u_{o1} = -\frac{100}{50}(u_{i1} + u_{i2}) = -2(u_{i1} + u_{i2})$$

第二级为反相器，其输入为第一级的输出，故输出电压为

$$u_o = -u_{o1} = 2(u_{i1} + u_{i2})$$

3. 差动运算电路

在基本运算电路中，如果两个输入端都有信号输入，则为差动输入，电路实现差动运算。差动运算被广泛地应用在测量和控制系统中，其运算电路如图 7.22 所示。根据叠加原理，u_{i1} 单独作用时，有

$$u_o' = -\frac{R_f}{R_1} \cdot u_{i1}$$

u_{i2} 单独作用时，有

$$u_o'' = \left(1 + \frac{R_f}{R_1}\right)\frac{R_3}{R_2 + R_3}u_{i2}$$

u_{i1}、u_{i2} 共同作用时，有

$$u_o = u_o' + u_o'' = \left(1 + \frac{R_f}{R_1}\right)\frac{R_3}{R_2 + R_3}u_{i2} - \frac{R_f}{R_1}u_{i1} \tag{7.25}$$

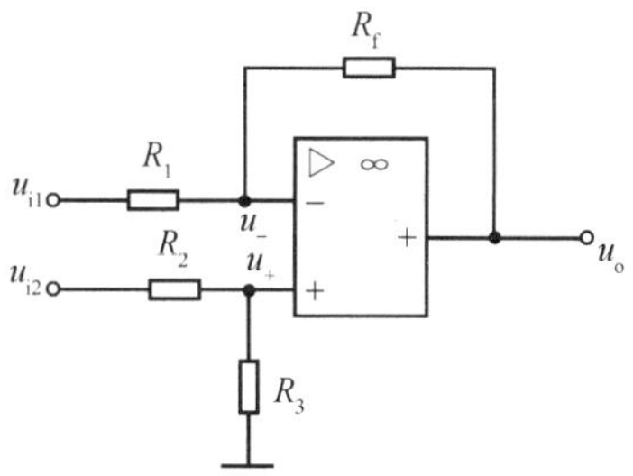

图 7.22　差动运算电路

若取 $R_1 = R_2$，$R_3 = R_f$，则

$$u_o = \frac{R_f}{R_1}(u_{i2} - u_{i1}) \tag{7.26}$$

输出电压与两个输入电压之差成正比，称为差动放大电路。若取 $R_1 = R_2 = R_3 = R_f$，则

$$u_o = u_{i2} - u_{i1} \tag{7.27}$$

此时电路就是减法运算电路。

〖例 7.4〗 一个测量系统的输出电压和输入电压的关系为：$u_o = 5(u_{i2} - u_{i1})$。试画出能实现此运算关系的电路。设 $R_f = 100\text{k}\Omega$。

解：由输入、输出的关系式可知，该电路应为差动运算电路。电路如图 7.22 所示。其中

$$R_3 = R_f = 100\text{k}\Omega，\quad R_1 = R_2 = \frac{R_f}{5} = 20\text{k}\Omega$$

4．积分运算电路

若将反相比例运算电路中的反馈元件 R_f 用电容 C_f 替代，就可以实现积分运算。积分运算电路如图 7.23（a）所示。其中平衡电阻 $R_1 = R_2$。

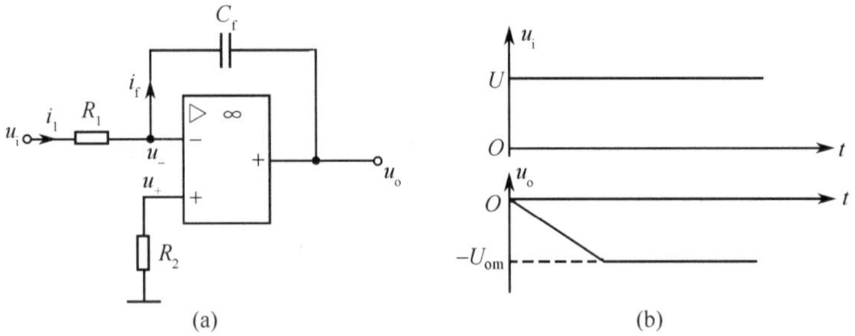

图 7.23　积分运算电路

由于 $u_+ = u_- = 0$，反相输入端为虚地端，因此

$$i_1 = i_f = \frac{u_i}{R_1} = i_C$$

设电容事先未充电，则

$$u_o = -u_C = -\frac{1}{C_f}\int i_f \text{d}t = -\frac{1}{R_1 C_f}\int u_i \text{d}t \tag{7.28}$$

上式说明，u_o 与 u_i 的积分成比例。式中的负号表示两者反相。$R_1 C_f$ 称为积分时间常数。

若输入电压为直流，即 $u_i = U$，且在 $t = 0$ 时加入（电容事先未充电），则输出电压

$$u_o = -\frac{1}{R_1 C_f}\int U \text{d}t = -\frac{U}{R_1 C_f} t \tag{7.29}$$

由于此时电容器恒流充电（充电电流为 $i_1 = i_f = \frac{u_i}{R_1}$），因此输出电压随时间线性变化，经过一定时间后，当输出电压达到运放的最大输出电压时，运算放大器进入饱和状态，输出保持在饱和值上。波形图如图 7.23（b）所示。

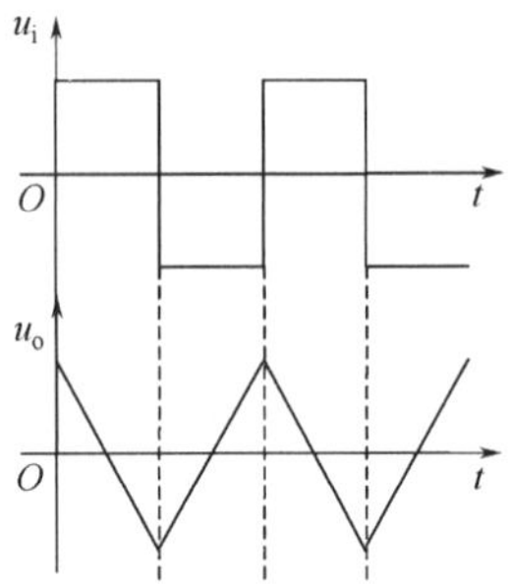

图 7.24　积分运算电路实现波形转换

利用积分运算电路，在积分常数和输入方波电压的幅值满足一定关系时，可将输入的方波电压变换为三角波电压输出，实现波形的变换，如图 7.24 所示。

积分电路除用于信号运算外，在控制和测量系统中也得到了广泛的应用。

将比例运算和积分运算结合在一起，就构成了比例积分运算电路，如图 7.25（a）所示。

电路的输出电压

$$u_o = -(i_f R_f + u_C) = -\left(i_f R_f + \frac{1}{C_f}\int i_C \text{d}t\right)$$

因为

$$i_1 = i_f = i_C = \frac{u_i}{R_1}$$

所以

$$u_o = -\left(\frac{R_f}{R_1}u_i + \frac{1}{R_1 C_f}\int u_i \mathrm{d}t\right) \tag{7.30}$$

若输入电压为直流，即 $u_i = U$，且在 $t = 0$ 时加入（电容事先未充电），则输出电压

$$u_o = -\left(\frac{R_f}{R_1}U + \frac{U}{R_1 C_f}t\right) \tag{7.31}$$

输入、输出波形如图 7.25（b）所示，可以将其分成比例、积分、保持三部分。

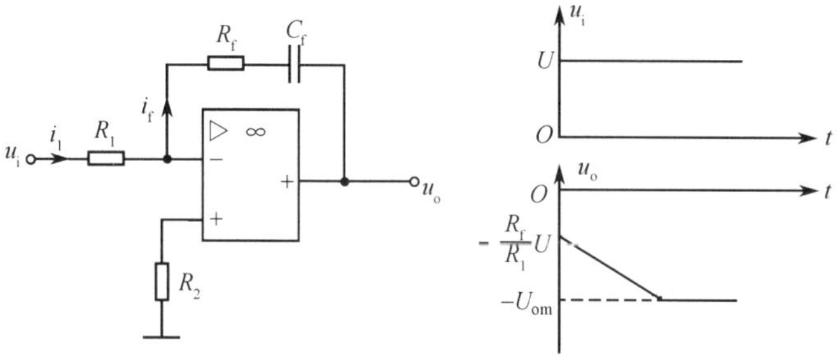

(a)　　　　　　　　　　　　　　(b)

图 7.25　比例积分运算电路

比例积分电路又称为比例—积分调节器（PI 调节器），广泛地应用于自动控制系统中。

若将加法运算与积分运算相结合，就构成了和　积分运算电路，如图 7.26 所示。电容事先未充电时，电路的输出电压为

$$u_o = -\left(\frac{1}{R_{11}C_f}\int u_{i1}\mathrm{d}t + \frac{1}{R_{12}C_f}\int u_{i2}\mathrm{d}t\right)$$

当 $R_{11} = R_{12} = R$ 时，有

$$u_o = -\frac{1}{RC_f}\int (u_{i1} + u_{i2})\mathrm{d}t \tag{7.32}$$

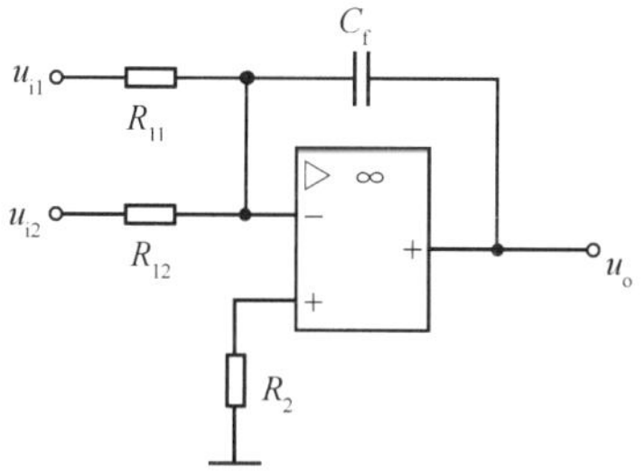

图 7.26　和-积分运算电路

5. 微分运算电路

微分是积分的逆运算，只需将反相输入端的电阻和反馈电容调换位置，就成为微分运算电路，如图 7.27（a）所示。由图可得

$$u_o = -i_f R_f$$

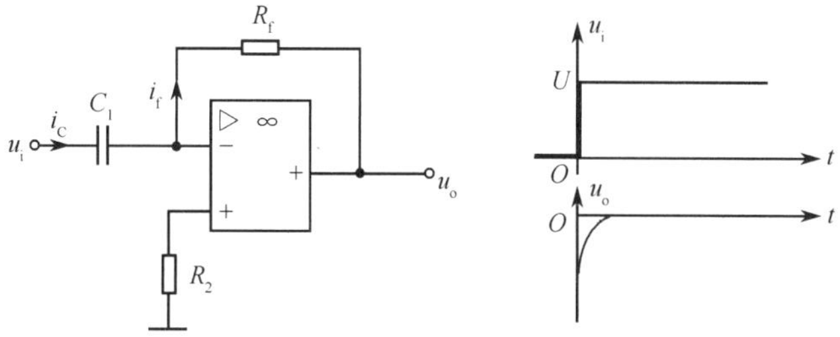

(a)　　　　　　　　　　　　　　(b)

图 7.27　微分运算电路

因为

$$i_C = i_f = C_1\frac{\mathrm{d}u_C}{\mathrm{d}t} = C_1\frac{\mathrm{d}u_i}{\mathrm{d}t}$$

所以
$$u_o = -R_f C_1 \frac{du_i}{dt} \tag{7.33}$$
即输出电压是输入电压的微分。当输入电压为阶跃电压时，输出电压为尖脉冲，如图 7.27（b）所示。

7.3.2　集成运算放大器在信号处理方面的应用

在自动控制系统中，经常用运放组成信号处理电路，实现滤波、采样保持及电压、电流的转换等。

1．有源滤波器

滤波器是一种选频电路。其作用是允许一定频率范围内的信号顺利通过，而阻止或削弱（即滤波）频率范围以外的信号。

根据工作信号的频率范围，滤波器可以分成 4 类：通过低频信号，阻止高频信号，称为低通滤波器（LPF）；通过高频信号，阻止低频信号，称为高通滤波器（HPF）；通过某一频率范围的信号，阻止频率低于和高于此范围的信号称为带通滤波器（BPF）；阻止某一频率范围内的信号，通过频率低于和高于此范围的信号，称为带阻滤波器（BEF）。

由电阻和电容组成的滤波电路称为无源滤波器。无源滤波器无放大作用，带负载能力差，特性不理想。由有源器件运算放大器与 RC 组成的滤波器称为有源滤波器。与无源滤波器比较，有源滤波器具有体积小、效率高、特性好等一系列优点，因而得到了广泛应用。

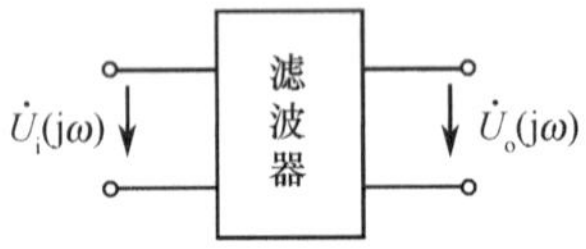

图 7.28　滤波器

若滤波器输入为$\dot{U}_i(j\omega)$，输出为$\dot{U}_o(j\omega)$，如图 7.28 所示，则输出电压与输入电压之比是频率的函数
$$\frac{\dot{U}_o(j\omega)}{\dot{U}_i(j\omega)} = f(j\omega) \tag{7.34}$$
输出电压与输入电压的大小之比称为滤波器的幅频特性
$$|f(j\omega)| = \left|\frac{\dot{U}_o(j\omega)}{\dot{U}_i(j\omega)}\right| \tag{7.35}$$

根据幅频特性就可以判断滤波器的通频带。图 7.29（a）所示是一个有源低通滤波器的电路。设输入电压 u_i 为某一频率的正弦电压，可用相量表示为
$$\dot{U}_+ = \dot{U}_- = \dot{U}_i \cdot \frac{\frac{1}{j\omega C}}{R + \frac{1}{j\omega C}} = \dot{U}_i \cdot \frac{1}{1 + j\omega RC}$$
根据同相比例运算电路的输入、输出关系式，得
$$\dot{U}_o = \left(1 + \frac{R_f}{R_1}\right)\dot{U}_+ = \left(1 + \frac{R_f}{R_1}\right) \cdot \frac{1}{1 + j\omega RC}\dot{U}_i$$
故
$$\frac{\dot{U}_o}{\dot{U}_i} = \left(1 + \frac{R_f}{R_1}\right) \cdot \frac{1}{1 + j\omega RC}$$

令 $\frac{1}{RC} = \omega_0$，称为截止角频率，则其幅频特性为
$$\frac{U_o}{U_i} = \left(1 + \frac{R_f}{R_1}\right) \cdot \frac{1}{\sqrt{1 + \left(\frac{\omega}{\omega_0}\right)^2}} \tag{7.36}$$

当 $\omega << \omega_0$ 时，$\frac{U_o}{U_i} \approx 1 + \frac{R_f}{R_1}$；

当 $\omega = \omega_0$ 时，$\dfrac{U_o}{U_i} = \dfrac{1+\dfrac{R_f}{R_1}}{\sqrt{2}}$；

当 $\omega >> \omega_0$ 时，$\dfrac{U_o}{U_i}$ 随 ω 的增大而减小；

当 $\omega \to \infty$ 时，$\dfrac{U_o}{U_i} = 0$。

有源低通滤波器的幅频特性如图 7.29（b）所示。由此可以看出，有源低通滤波器允许低频段的信号通过，阻止高频段的信号通过。

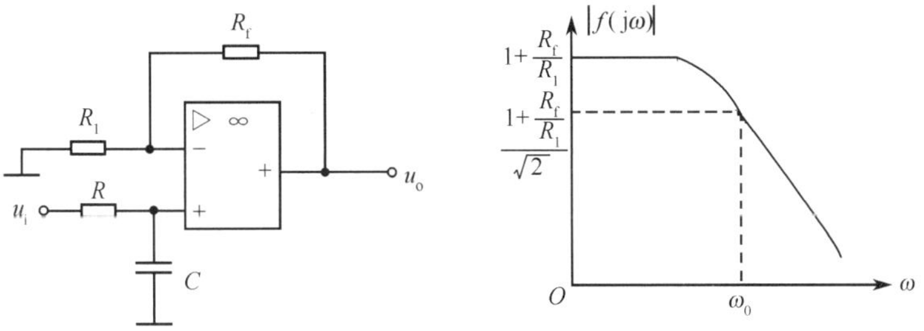

(a)　　(b)

图 7.29　有源低通滤波器

根据滤波器的概念，如何构成有源高通滤波器呢？请读者自行分析。

2．采样保持电路

在数字电路、计算机及程序控制的数据采集系统中，常常用到采样保持电路。采样保持电路的功能是，将快速变化的输入信号按控制信号的周期进行“采样”，使输出准确地跟随输入信号的变化，并能在两次采样的间隔时间内保持上一次采样结束的状态。图 7.30（a）所示是一种基本采样保持电路，电路由模拟开关 S、存储电容 C 和由运算放大器构成的跟随器组成。

采样保持电路中模拟开关的开与合由一个控制信号控制。当控制信号为高电平时，开关 S 闭合，电路处于采样状态，此时，u_i 对存储电容 C 充电，$u_o = u_c = u_i$，输出电压跟随输入电压变化；当控制信号为低电平时，开关 S 断开，电路处于保持状态，由于存储电容无放电回路，因此，在下一次采样之前，$u_o = u_C$，保持一段时间。输入、输出波形如图 7.30（b）所示。

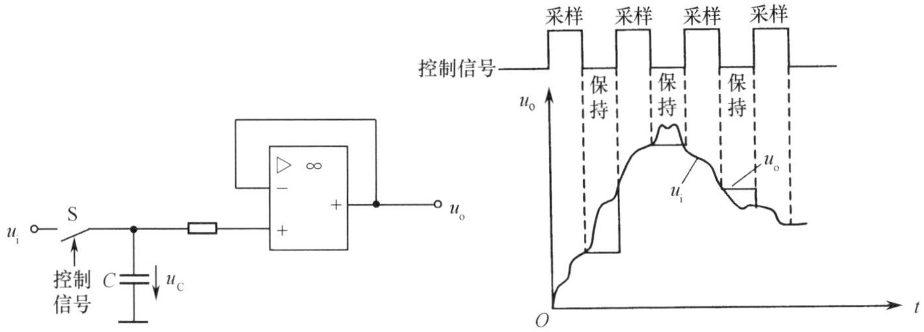

(a)　　(b)

图 7.30　采样保持电路

3. 信号变换电路

（1）电压—电压变换器

如图 7.31 所示电路可以将稳压管稳压电路得到的固定基准电压，转换为需要的电压数值，即

$$u_o = -\frac{R_f}{R_1} \cdot u_Z \tag{7.37}$$

改变反馈电阻 R_f，可以方便地改变输出电压的大小。

（2）电压—电流变换器

在需要产生与电压成比例的电流的场合，可以应用由运算放大器组成的电压—电流变换器。电路如图 7.32 所示，其输出电流为

$$I_o = \frac{U_i}{R} \tag{7.38}$$

输出电流与输入电压成正比，与负载电阻无关。

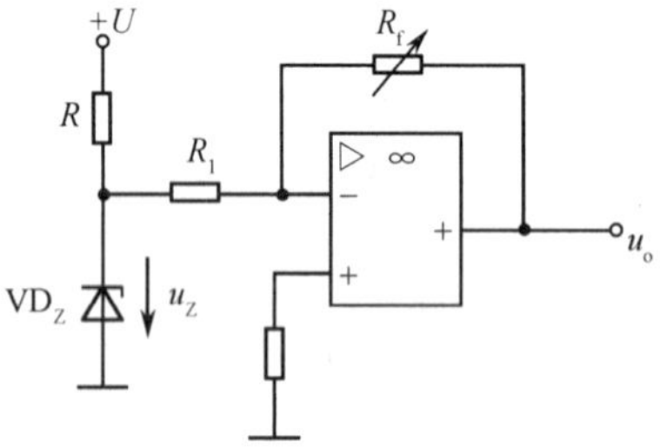

图 7.31　电压—电压变换器

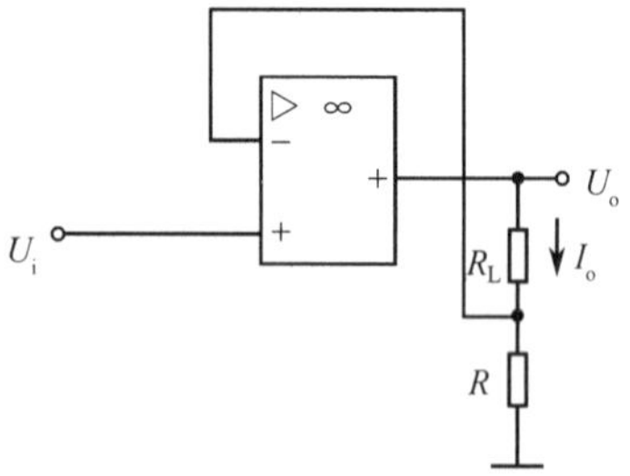

图 7.32　电压—电流变换器

（3）电流—电压变换器

电流—电压变换器的作用是将输入电流转换为与其成正比的输出电压。例如，将光电管产生的光电流转换为与其成正比的电压的电路，如图 7.33 所示。电路中 $-E$ 的作用是使光电二极管工作在反向状态。当有光照时，光电二极管产生光电流 i_L，运算放大器的输出电压正比于 i_L，即

$$u_o = i_L \cdot R_f \tag{7.39}$$

光照越强，i_L 越大，u_o 越大。

（4）电流—电流变换器

图 7.34 所示为电流—电流变换器。电路输入为电流信号，输出为流过负载电阻的电流 I_o。因为

$$i_f = i_o \cdot \frac{R}{R+R_f}$$

$$i_f + i_S = 0$$

所以

$$i_o = -i_S\left(1+\frac{R_f}{R}\right) \tag{7.40}$$

实现了电流—电流变换功能。

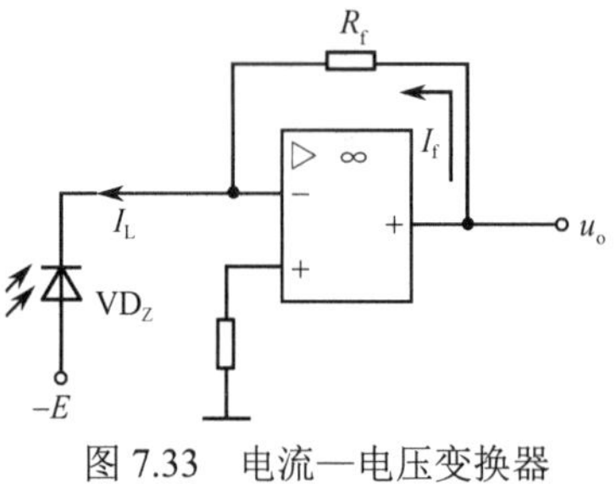

图 7.33　电流—电压变换器

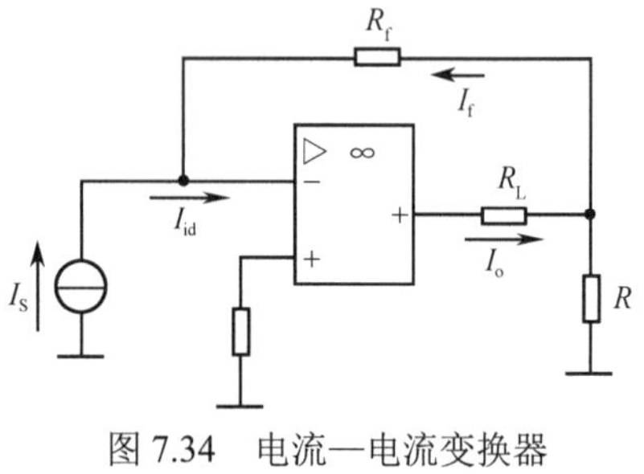

图 7.34　电流—电流变换器

7.3.3 RC 正弦波振荡器

正弦波振荡电路是能够产生正弦交流信号的电路，通过调整振荡电路的参数，可以改变正弦波信号的频率，使其高达几百兆赫兹或低至几赫兹。它是无线电通信、广播系统的重要组成部分，也广泛应用于测量、遥控和自动控制等领域。所谓正弦波振荡，是指在不加载任何输入信号的情况下，由电路自身产生的一定频率、一定幅度的正弦波电压输出，因而是“自激振荡”。

1. 自激振荡

振荡电路通常在接通电源后，就有按一定规律变化的信号输出。这种在没有外加输入信号情况下，依靠电路自身条件产生一定频率和幅度的交流输出信号的现象称为自激振荡。

当振荡电路与电源接通时，在电路中会激起一个微小的扰动信号，这是起始信号。它是一个非正弦信号，含有一系列不同频率的正弦分量。为了让它增长，振荡电路中必须有放大和正反馈环节；为了得到单一频率的正弦输出信号，电路中必须有选频环节；为了不让它无限增长，最终趋近于稳定，电路中还必须有稳幅环节。

自激振荡原理框图如图 7.35（a）所示，其中 $\dot{A}_o$ 是放大电路的放大倍数，$\dot{F}$ 是反馈电路的反馈系数。若引入正反馈且反馈信号 $\dot{U}_f = \dot{U}_i$，则去掉输入信号后，反馈信号替代了输入信号，在输出端仍有稳定的信号输出，如图 7.35（b）所示。此时，称电路产生了自激振荡。因为

$$\dot{U}_i = \frac{\dot{U}_o}{\dot{A}_o} \text{ 且 } \dot{U}_f = \dot{F}\dot{U}_o$$

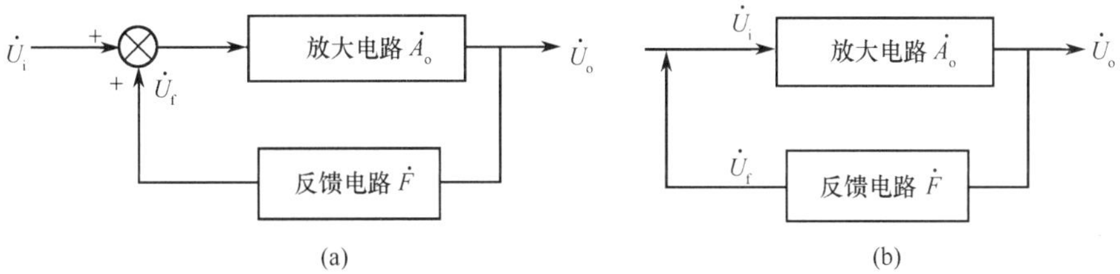

图 7.35 自激振荡原理框图

只有 $\dot{U}_f = \dot{U}_i$ 时，才能建立起自激振荡，所以

$$\frac{\dot{U}_o}{\dot{A}_o} = \dot{F}\dot{U}_o \tag{7.41}$$

由此得出电路产生自激振荡的条件是

$$\dot{A}_o\dot{F} = 1 \tag{7.42}$$

当反馈电压 $\dot{U}_f$ 与放大电路所需要的输入电压 $\dot{U}_i$ 在大小和相位两方面都相等时，自激振荡的条件可以用以下两点描述。

（1）相位条件

$$\varphi_A + \varphi_F = 2n\pi, \quad n = 0,\ 1,\ 2\cdots \tag{7.43}$$

相位条件要求反馈电压 $\dot{U}_f$ 必须与输入电压 $\dot{U}_i$ 的相位相同，即必须是正反馈。

（2）幅值条件

$$|\dot{A}_o||\dot{F}| = 1 \tag{7.44}$$

幅值条件要求有足够的反馈幅度，可以通过调整放大电路的放大倍数达到。

当电路满足自激振荡的条件时，接通电源，无须外接输入信号，电路就可以产生振荡。为了得到单一频率的正弦输出电压，振荡电路还必须具有选频性，即只对一个特定频率的信号满足自激振荡条件。其中的选频电路通常由 RC 电路或 LC 电路组成。

2. RC 选频电路

选频电路用来选择振荡电路的振荡频率。常用的RC文氏桥选频电路如图7.36所示。RC选频电路的输入电压$\dot{U}_i'$是振荡电路的输出电压$\dot{U}_o$，RC选频电路的输出电压$\dot{U}_o'$是振荡电路的反馈信号$\dot{U}_f$，即

$$\dot{U}_f = \dot{U}_o'$$

容易得出，当$f_o = \dfrac{1}{2\pi RC}$时，$\varphi_F = 0$，若$\varphi_A = 0$，则满足自激振荡的相位条件；$F = \dfrac{U_f}{U_o} = \dfrac{1}{3}$，若$A_o = 3$，则满足自激振荡的幅度条件。此时，选频电路选择的振荡频率是

$$f_o = \frac{1}{2\pi RC} \tag{7.45}$$

3. RC 正弦波振荡电路

由集成运算放大器和RC文氏桥选频电路组成的正弦波振荡电路如图7.37所示。运算放大器组成同相比例运算电路，其放大倍数$A_o = 1 + \dfrac{R_f}{R_1}$，改变$R_f$可以方便地调整放大倍数的大小。RC选频电路是放大器的反馈网络，反馈网络的输出与运算放大器的同相输入端相连，即引入正反馈。u_f是RC选频电路的输出，从式（7.45）可知，对频率$f_o = \dfrac{1}{2\pi RC}$的信号，$F = \dfrac{1}{3}$，只需使$R_f = 2R_1$，即$A_o = 3$，就满足了自激振荡的振幅条件，电路在f_o的频率上产生振荡并能稳定输出。

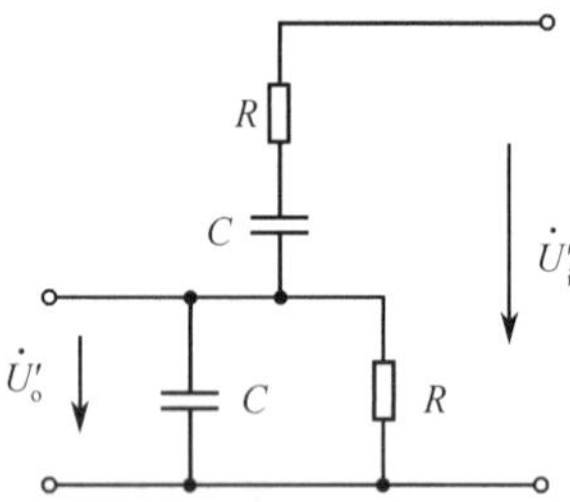

图7.36　RC选频网络

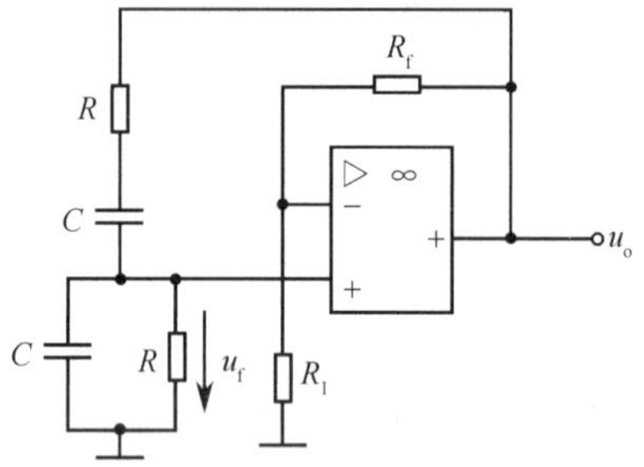

图7.37　RC桥式正弦波振荡电路

在接通电源时，为了保证起振，必须使$A_oF > 1$。因为满足振荡条件的起始信号很小，该信号被放大后反馈至输入端，使输入信号增大，再放大，再增大，如此反复，输出电压才会逐渐增大起来。当输出电压增大到一定幅度时，由于集成放大电路的非线性器件的作用，使得A_o下降，稳定在$A_oF = 1$，振荡稳定。

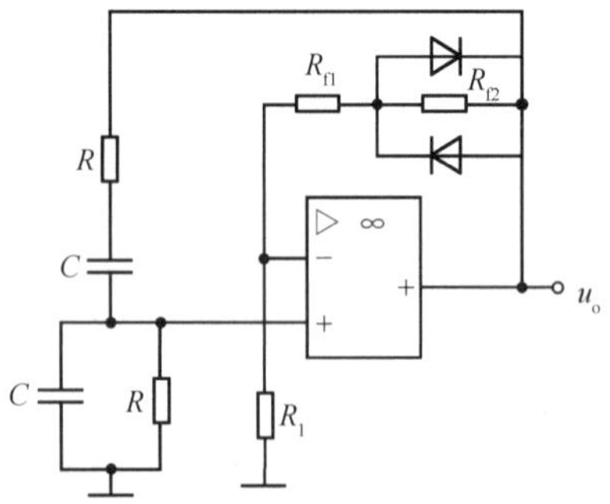

图7.38　能够自动稳幅的振荡电路

在图7.38所示电路中，R_f分为R_{f1}和R_{f2}两部分。在R_{f2}上并联两个方向相反的二极管。在刚开始起振时，输出电压较小，两个二极管不通，此时$R_f = R_{f1} + R_{f2} > 2R_1$，保证起振；当输出电压上升到一定幅度时，二极管导通，反馈电阻减小，直到$R_f = 2R_1$时，振荡自动稳定下来。

若电路中的R和C能连续调整，则振荡器输出信号的频率连续可调。

【思考与练习】

7-3-1　试说明自激振荡的条件。

7-3-2　试说明起振条件。

7-3-3　试说明正弦波振荡器电路中选频网络的作用。

7.4 集成运算放大器的非线性应用

当运算放大器工作在开环状态或引入正反馈时，由于其放大倍数非常大，因此只存在正、负饱和两种状态，输出不是高电平就是低电平。当运算放大器工作在这种状态时，称为运算放大器的非线性应用。

运算放大器非线性应用的电路特征是：开环或只引入正反馈。运算放大器非线性应用时不满足“虚短路”，但可以应用“虚断路”，即 $i_+ = i_- = 0$ 的概念进行分析。非线性应用的运算放大器可构成各种电压比较器和信号产生电路。

7.4.1 电压比较器

电压比较器是运放的基本应用电路之一，它的基本功能是对两个输入端的信号进行比较，以输出端的正、负指示比较的结果，因而它广泛应用于各种报警电路。另外，它在自动控制、电子测量、鉴幅、模数转换、各种非正弦波形的产生和变换电路中也得到广泛的应用。

1. 基本电压比较器

如果在运算放大器的一个输入端加上输入信号 u_i，另一个输入端加上固定的基准电压 U_R，就构成了基本电压比较器，如图 7.39（a）所示。此时，$u_- = U_R$，$u_+ = u_i$。

当 $u_i > U_R$ 时，$u_o = +U_{om}$；当 $u_i < U_R$ 时，$u_o = -U_{om}$。

电压比较器的传输特性如图 7.39（b）所示。

若取 $u_- = u_i$，$u_+ = U_R$，则 $u_i > U_R$ 时，$u_o = -U_{om}$；当 $u_i < U_R$ 时，$u_o = +U_{om}$。

电路图与传输特性如图 7.40 所示。

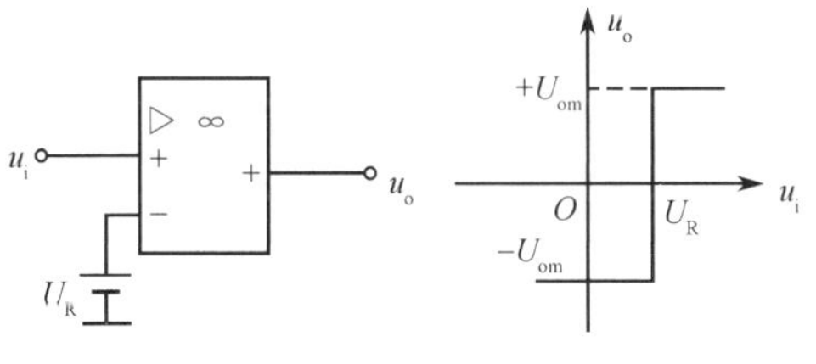

(a)　(b)

图 7.39　基本电压比较器及传输特性

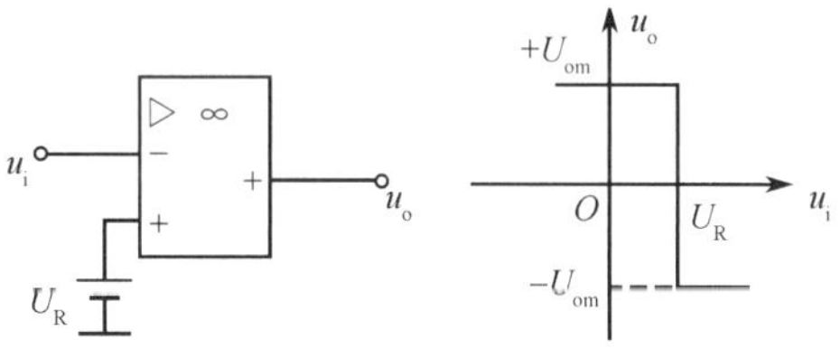

(a)　(b)

图 7.40　电压比较器

〖例 7.5〗　图 7.41 所示为过零比较器（基准电压为零），试画出其传输特性。当输入为正弦电压时，画出输出电压的波形。

解：过零比较器的传输特性如图 7.42（a）所示，波形图如图 7.42（b）所示。由图可见，过零比较器可以将输入的正弦波转换成矩形波。

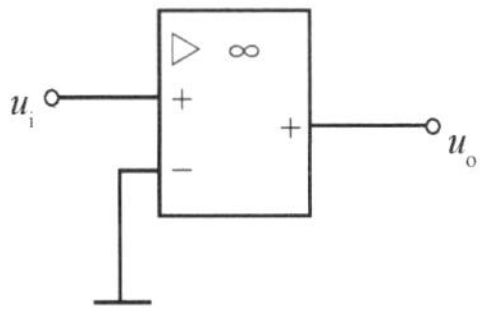

图 7.41　过零比较器

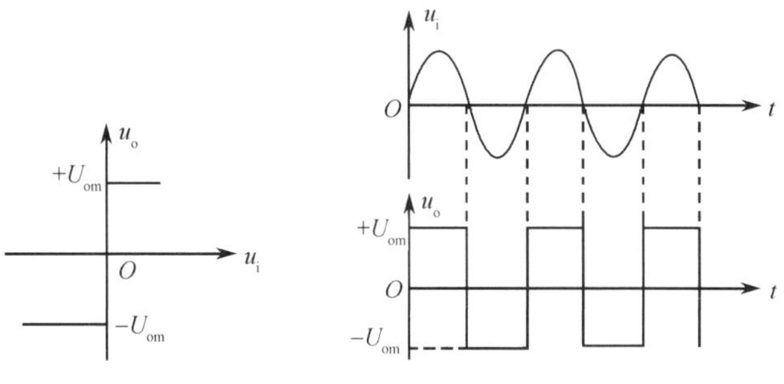

(a)　(b)

图 7.42　过零比较器的传输特性和波形图

2．有限幅电路的电压比较器

有时为了与输出端的数字电路的电平配合，常常需要将比较器的输出电压限制在某个特定的数值上，这就需要在比较器的输出端接上限幅电路。限幅电路利用稳压管的稳压功能，将稳压管稳压电路接在比较器的输出端，如图 7.43（a）所示。图中是双向稳压管，其稳定电压为$\pm U_Z$。电路的传输特性如图 7.43（b）所示。电压比较器的输出被限制在$+U_Z$和$-U_Z$之间。这种输出由双向稳压管限幅的电路称为双向限幅电路。

如果只需要将输出稳定在$+U_Z$上，可采用正向限幅电路。电路和传输特性如图 7.44 所示。请读者自行分析负向限幅电路。

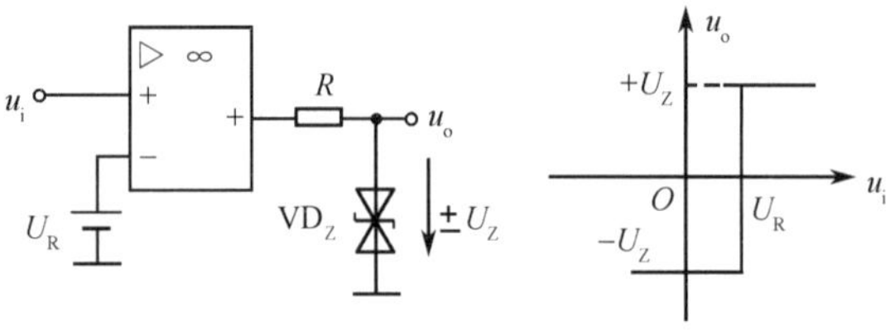

(a)　　(b)

图 7.43　有限幅的电压比较器及传输特性

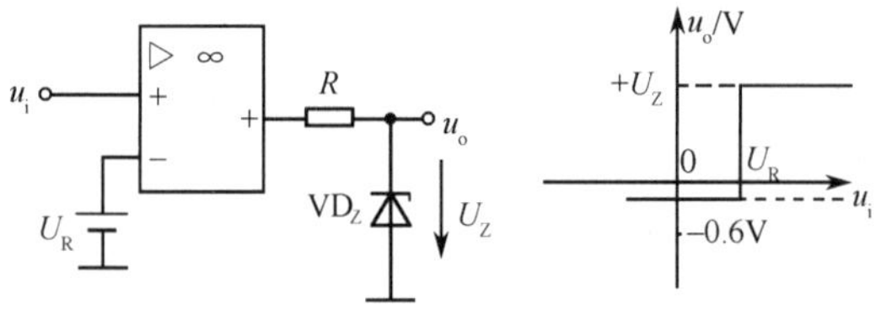

(a)　　(b)

图 7.44　正向限幅电路

3．迟滞电压比较器

当基本电压比较器的输入电压在基准电压附近上下波动时，不管这种变化是干扰或噪声作用的结果，还是输入信号自身的变化，都将使输入电压在高、低电平之间反复跃变。这一方面说明电路灵敏性高，另一方面说明电路抗干扰能力差。在实际应用中，有时电路过分灵敏会对设备会产生不利影响，甚至导致不能正常工作。因而，电路有时需要一定的惯性，即在一定的输入电压范围内，输出电压保持原状态不变，迟滞比较器具有这一特点。

输入电压u_i加载在运算放大器的反相输入端，通过R_2引入正反馈，就构成了迟滞电压比较器，电路如图 7.45（a）所示。其中，U_R是比较器的基准电压，该基准电压与输出有关。当输出电压为正饱和值时，$u_o = +U_{om}$，则

$$U'_R = U_{om} \cdot \frac{R_1}{R_1 + R_2} = U_{+H} \tag{7.46}$$

当输出电压为负饱和值时，$u_o = -U_{om}$，则

$$U''_R = -U_{om} \cdot \frac{R_1}{R_1 + R_2} = U_{+L} \tag{7.47}$$

设某一瞬间，$u_o = +U_{om}$，基准电压为U_{+H}，输入电压只有增大到$u_i \geqslant U_{+H}$时，输出电压才能由$+U_{om}$跃变到$-U_{om}$，此时，基准电压为U_{+L}；若u_i持续减小，只有减小到$u_i \leqslant U_{+L}$时，输出电压才会又跃变至$+U_{om}$。由此，得出迟滞比较器的传输特性如图 7.45（b）所示。$U_{+H} - U_{+L}$称为回差电压，改变R_1或R_2的数值，就可以方便地改变U_{+H}、U_{+L}和回差电压。

迟滞电压比较器由于引入了正反馈，因此可以加速输出电压的转换过程，改善输出波形；由于回差电压的存在，因此提高了电路的抗干扰能力。

当输入电压是正弦波时，输出矩形波如图 7.46 所示。

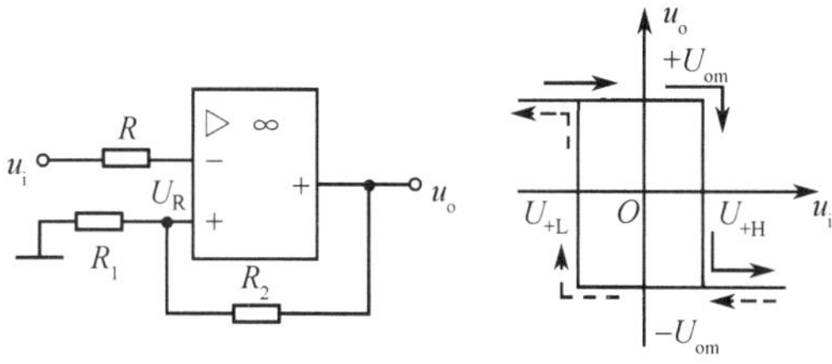

(a)　　(b)

图 7.45　迟滞电压比较器

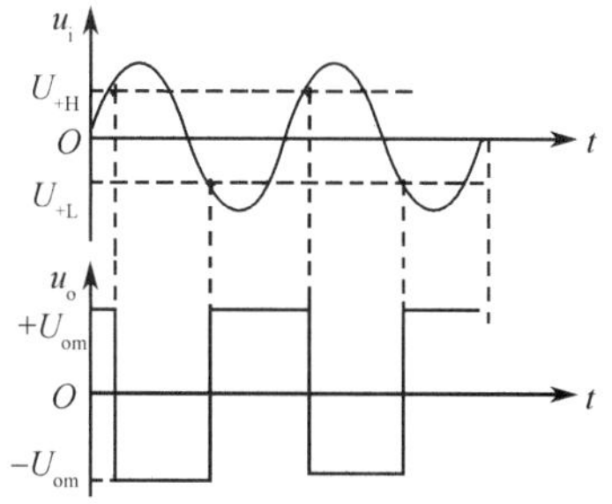

图 7.46　迟滞电压比较器的输出电压波形

*7.4.2　信号产生电路

1. 矩形波发生器

矩形波信号常用于数字电路的信号源或模拟电子开关的控制信号，它也是其他非正弦波发生电路的信号基础。能产生矩形波信号的电路称为矩形波发生器。因为矩形波中含有丰富的谐波成分，所以矩形波发生器也称为多谐振荡器。

图 7.47（a）所示为由运算放大器组成的多谐振荡器。其中，运算放大器与 R_1 、R_2 、R_3 、VD_Z 组成了双向限幅的迟滞电压比较器，其基准电压是 U_+，与输出有关。当输出为 $+U_Z$ 时，有

$$U_+ = U_Z \cdot \frac{R_2}{R_1 + R_2} = U_{+H} \tag{7.48}$$

当输出为 $-U_Z$ 时，有

$$U_+ = -U_Z \cdot \frac{R_2}{R_1 + R_2} = U_{+L} \tag{7.49}$$

R、C 组成电容充、放电电路，u_C 作为比较器的输入信号 u_- 。

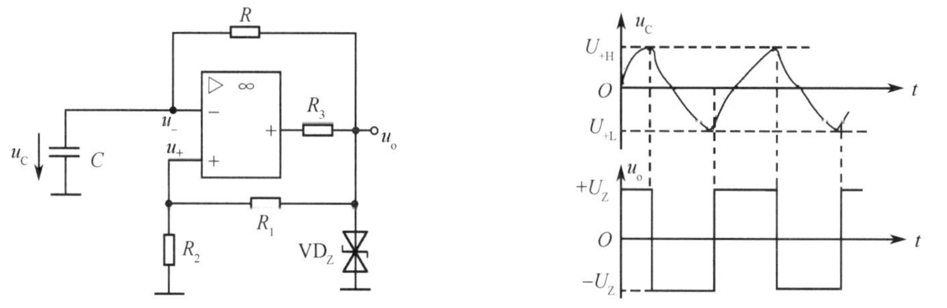

(a)　　(b)

图 7.47　矩形波发生器

在电路接通电源的瞬间，电容电压 $u_C = 0$，运算放大器的输出处于正饱和值还是负饱和值是随机的。设此时输出处于正饱和值，则 $u_o = +U_Z$。比较器的基准电压为 U_{+H}。u_o 通过 R 给 C 充电，u_C 按指数规律逐渐增大，u_C 增大的速度取决于时间常数 RC 。当 $u_C < U_{+H}$ 时，$u_o = +U_Z$ 不变，当 u_C 增大到略大于 U_{+H} 时，运算放大器由正饱和迅速转换为负饱和，输出电压跃变为 $-U_Z$。

当 $u_o = -U_Z$ 时，比较器的基准电压为 U_{+L}。此时 C 经 R 放电，u_C 逐渐减小至 0，进而反向充电，u_C 按指数规律减小，u_C 变化的速度仍取决于时间常数 RC 。当 u_C 减小到略小于 U_{+L} 时，运算放大器由负饱和迅速转换为正饱和，输出电压跃变为 $+U_Z$ 。

如此不断重复，形成振荡，使输出端产生矩形波。u_C 与 u_o 的波形如图 7.47（b）所示。容易推出，输出矩形波的周期为

$$T = 2RC\ln\left(1 + \frac{2R_2}{R_1}\right) \tag{7.50}$$

则输出频率为

$$f=\frac{1}{T}=\frac{1}{2RC\ln\left(1+\frac{2R_2}{R_1}\right)} \tag{7.51}$$

显然，改变 R 或 C 的数值，可改变输出波形的频率。

2. 三角波发生器

若将方波发生电路的输出作为积分运算电路的输入，则积分运算电路的输出就是三角波。实际三角波发生器的电路如图 7.48（a）所示，其中积分运算电路一方面进行波形变换，另一方面，取代矩形波发生器的 RC 回路。

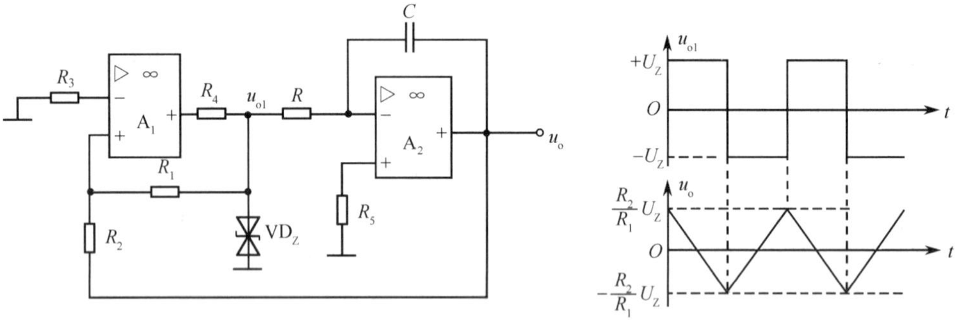

图 7.48　三角波发生器

运算放大器 A_1 组成迟滞比较器，$u_{o1}=\pm U_Z$；A_2 组成积分电路，$u_{i2}=u_{o1}$。

由图 7.48（a），利用叠加原理可以得到，迟滞比较器同相端输入电压为

$$u_{+1}=\frac{R_2}{R_1+R_2}u_{o1}+\frac{R_1}{R_1+R_2}u_o$$

反相端输入电压（基准电压）$u_{-1}=0$。当 $u_{+1}>0$ 时，$u_{o1}=+U_Z$，u_o 线性减小。此时

$$u_{+1}=\frac{R_2}{R_1+R_2}(+U_Z)+\frac{R_1}{R_1+R_2}\cdot u_o$$

当 u_o 减小到使 $u_{+1}=0$ 时，有

$$u_o=-\frac{R_2}{R_1}U_Z$$

u_{o1} 从 $+U_Z$ 翻转为 $-U_Z$，u_o 线性增大，此时

$$u_{+1}=\frac{R_2}{R_1+R_2}(-U_Z)+\frac{R_1}{R_1+R_2}\cdot u_o$$

同理，当 u_o 增大到使 $u_{+1}=0$ 时，有

$$u_o=\frac{R_2}{R_1}U_Z$$

u_{o1} 从 $-U_Z$ 翻转为 $+U_Z$，u_o 线性减小。

如此周期性地变化，A_1 输出的是矩形波电压 u_{o1}，A_2 输出的是三角波电压 u_o。工作波形如图 7.48（b）所示。可以推出，三角波的周期和频率取决于电路的参数，即

$$T=\frac{4R_2RC}{R_1} \tag{7.52}$$

$$f = \frac{R_1}{4R_2RC} \tag{7.53}$$

因此，图 7.48（a）所示的电路也称为矩形波—三角波发生器。

3. 锯齿波发生器

将图 7.48（a）所示的三角波发生器的积分电路做一下改动，使正、负向积分时间常数大小不同，故积分速率明显不等，这样所产生的输出波形就不再是三角波，而是锯齿波。电路如图 7.49（a）所示。

当u_{o1}为$+U_Z$时，二极管 VD_1 导通，积分时间常数为$R'C$；当u_{o1}为$-U_Z$时，二极管 VD_2 导通，积分时间常数为RC。可见，正、负积分速率不一样，所以输出电压u_o为锯齿波。输出波形如图 7.49（b）所示。在示波器等电子设备中，锯齿波常用来扫描波形。

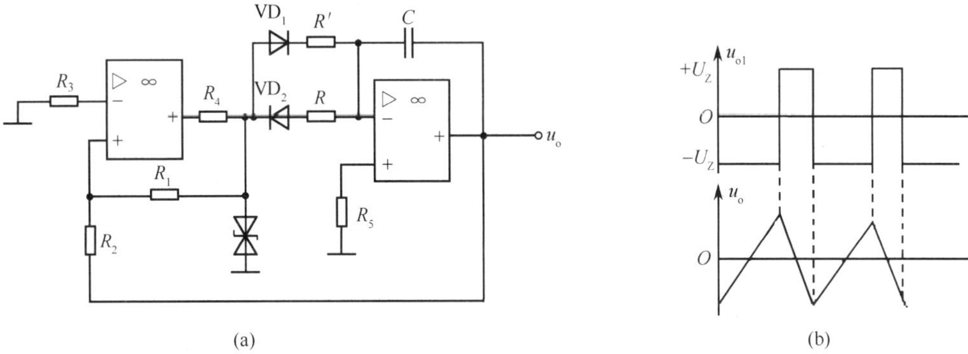

图 7.49　锯齿波发生器

7.5　集成运算放大器使用时的注意事项

随着半导体集成技术的发展，运放的品种越来越多，运放的各项技术指标也在不断改善，应用日益广泛，为了确保运算放大器正常可靠地工作，使用时应注意以下事项。

1. 选择元件

了解运放的基本性能指标的物理意义是正确选用和使用运放的基础。集成运算放大器按其技术指标不同可分为通用型、高速型、高阻型、低功耗型、大功率型和高精度型等；按其内部电路结构不同又可分为双极型（晶体管组成）和单极型（场效应管组成）；按单芯片中运放的数量不同可分为单运放、双运放和四运放。在使用运算放大器之前，首先要根据具体要求选择合适的型号。选好后，根据芯片说明书中的引脚图和设计的外部电路连线。

2. 消振和调零

因为运放的放大倍数很高，内部晶体管存在着极间电容和其他寄生参数，所以容易产生自激振荡，影响运放的正常工作。为此，在使用时应注意消振。通常，通过外接 RC 消振电路破坏自激振荡的条件。目前由于集成工艺水平的提高，大部分运放内部已设置消振电路，无须外接消振元件。

因为运放的内部电路不可能做到完全对称，所以在两个输入端都接地（$u_i = 0$）时，仍有电压输出（$u_o \neq 0$）。为此，有的运放在使用时需要外接调零电路。需要调零的运放通常有专用的引脚接调零电位器 R_P。在应用时，应先按说明书中的接法接入调零电路，再将两个输入端接地，调整R_P，使$u_o = 0$。

3. 保护

运放在使用中常因输入信号过大、电源电压极性接反或过高、输出端直接接“地”或接电源等原因而损坏。因此，为使运放安全工作，可从以下三个方面进行保护。

（1）电源保护

为了防止正、负电源接反造成运放损坏，通常接入二极管进行电源保护，如图 7.50 所示。当电源极性正确时，两只二极管均导通，对电源无影响；当电源接反时，二极管截止，将电源与运放隔离。

（2）输入端保护

当运放的输入电压过高时会损坏输入级的晶体管。为此，应用时应在输入端接入两个反向并联的二极管，如图 7.51 所示。将输入电压限制在二极管的正向压降以下。

（3）输出端保护

为了防止运放的输出电压过大，造成器件损坏，可应用限幅电路将输出电压限制在一定的幅度上。电路如图 7.52 所示。

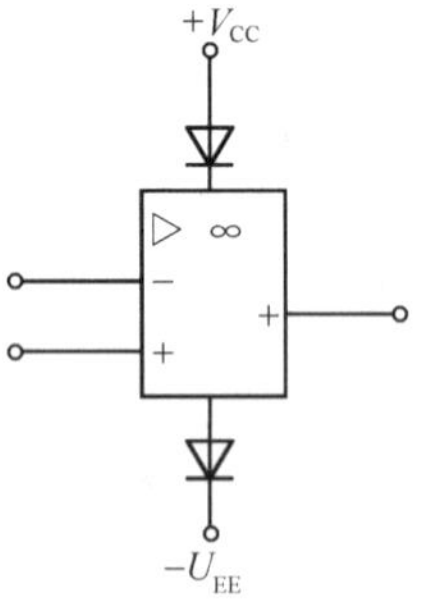

图 7.50　电源保护

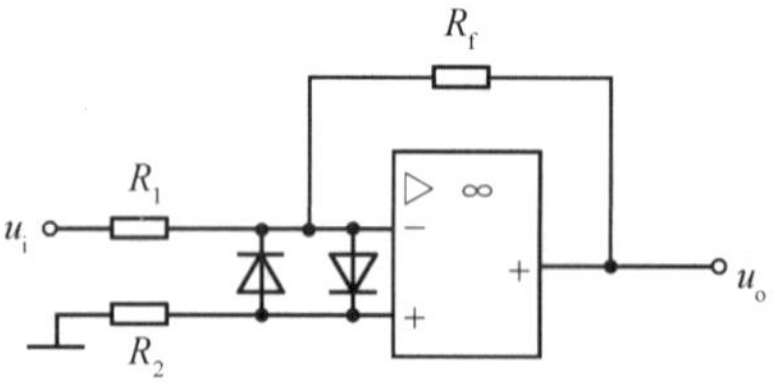

图 7.51　输入保护

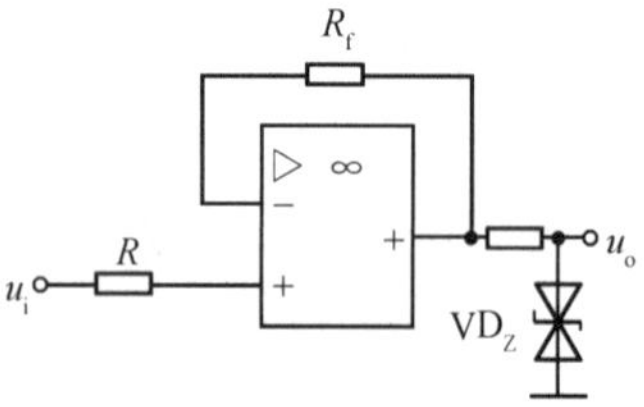

图 7.52　输出保护

7.6　集成运算放大器的应用举例

集成运算放大器的应用领域非常广泛。一个由运放构成的温度检测控制电路如图 7.53 所示。电路的组成有：温度传感器、跟随器、加法电路、迟滞比较器、反相器、光电耦合器、继电器和加热器。各部分工作原理如下：温度传感器由具有负温度系数（温度升高，阻值减小）的热敏电阻 R_T（放置于温度监控处）、固定电阻 R_1 和电源 $-V_{CC}$ 组成。其中，R_T 是 MF57 型热敏电阻，当温度从 0℃变化到 100℃时，R_T 的阻值从 7355Ω 变至 153Ω，相应的电压 U_T 从 −0.97V 变至 −11.54V。将温度的变化转换成了电压的变化。

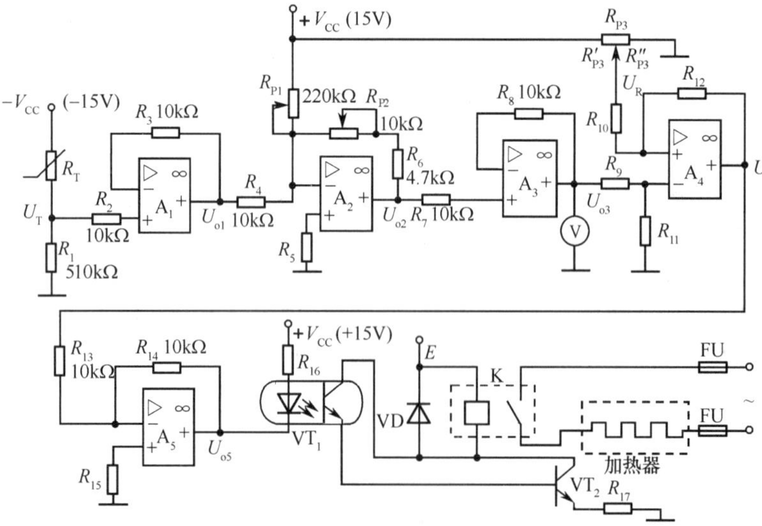

图 7.53　温度监测控制电路

运放 A_1 和电阻 R_2、R_3 构成跟随器，起隔离作用，避免后级对 U_T 的影响。显然 $U_{o1}=U_T$。

在实际测量与控制中，通常要对输出电压进行变换和定标，使被测温度和输出电压相对应，因此，接入由运放 A_2，电阻 R_4 ～ R_6 和电位器 R_{P1}、R_{P2} 构成的反相加法运算电路。当温度为下限值时，$U_{o1}=U_{o1L}\neq 0$，若要求此时的 $U_{o2}=U_{o2L}=0$，则应使 R_{P2}、R_6 支路的电流为零，因此可得

$$\frac{U_{o1L}}{R_4}+\frac{V_{CC}}{R_{P1}}=0$$

即

$$R_{P1}=-\frac{V_{CC}}{U_{o1L}}R_4$$

上式确定了 R_{P1} 和 R_4 的大小关系。当被测温度下限值为 0℃时，$U_{o1L}=-0.97\text{V}$，则 R_{P1} 调至 $154.6\text{k}\Omega$ 即可。当被测温度为上限值时，$U_{o1}=U_{o1H}$，若要求此时的 $U_{o2}=U_{o2H}$，即输入变化量 $\Delta U_{o1}=U_{o1H}-U_{o1L}$，输出电压变化量 $\Delta U_{o2}=U_{o2H}-U_{o2L}=U_{o2H}$，因此，要求电路的电压放大倍数为

$$A_f=\frac{\Delta U_{o2}}{\Delta U_{o1}}=\frac{U_{o2H}}{U_{o1H}-U_{o1L}}=-\frac{R_6+R_{P2}}{R_4}$$

上式表明，可根据被测温度范围所对应的传感器输出电压变化量和定标电压确定反馈支路电阻 (R_6+R_{P2}) 与 R_4 的阻值关系。图 7.53 中被测温度的上限值是 100℃，$U_{o1H}=-11.54\text{V}$，要求此时 $U_{o2H}=-10\text{V}$，则 $(R_6+R_{P2})\approx 9.64\text{k}\Omega$。

运放 A_3 和 R_7、R_8 构成跟随器，起隔离作用。显然 $U_{o3}=U_{o2}$，其电压表的读数按温度标定后即可直接指示被检测温度。

运放 A_4 和 R_{10}、R_{12} 等构成迟滞比较器，A_4 的反相输入端的电压为

$$U_{-4}=\frac{R_{11}}{R_9+R_{11}}U_{o3}$$

设 $R_P=R'_{P3}//R''_{P3}$，则同相输入端电压为

$$U_{+4}=\frac{R_{12}}{R_{10}+R_{12}}U_R+\frac{R_{10}+R_P}{R_{10}+R_P+R_{12}}U_{o4}$$

U_{-4} 与 U_{+4} 比较后决定运放 A_4 的输出电平。图 7.53 中，U_R 可以通过电位器 R_{P3} 来调节，从而调节 U_{+4}，达到调节温度控制范围的目的。R_9 ～ R_{12} 的阻值由控温要求确定。

运放 A_5 构成反相器。VT_1 为光电耦合管，起耦合和隔离作用。当发光二极管导通发光时，光电三极管导通。VT_2 为功率三极管，光电三极管导通时，VT_2 随之导通。K 为继电器，当继电器线圈通电时，常开触点闭合。VD 为续流二极管，其作用是当 VT_2 由导通变截止时，为 K 的线圈提供续流回路，防止线圈产生很高的感应电压损坏器件。

综合上述各部分的功能，可概括整个电路的工作原理。例如被监控点的温度较低时，R_T 阻值较大，U_T、U_{o1} 的绝对值较小，U_{o2}、U_{o3} 也较小，使 $U_{-4}<U_{+4}$，A_4 输出正饱和电压，经 A_5 反相，输出 U_{o5} 为低电平，使 VT_1 和 VT_2 饱和导通，继电器线圈通电，触点闭合，加热器通电加热，使被监控点的温度上升。随着温度的上升，R_T 减小，U_T、U_{o1} 的绝对值增大，U_{o2}、U_{o3} 也增大。当温度上升至上限值时（由 U_{+4H} 设定），使 $U_{-4}>U_{+4H}$，A_4 输出负饱和值，经 A_5 反相，输出 U_{o5} 为高电平，使 VT_1 和 VT_2 截止，继电器线圈断电，触点断开，加热器停止加热，温度下降。随着温度的下降，U_{o2}、U_{o3}、U_{-4} 减小。当温度下降至下限值时，$U_{-4}<U_{+4L}$，A_4 输出正饱和，重新加热。

因此，该电路能直接检测温度，并能将检测点的温度自动控制在一定的范围内。

本章要点

一、运放的组成

1. 输入级：差动放大电路，有同相和反相两个输入端，有很高的输入电阻，能有效地抑制零点漂移且有很强的抗干扰能力。

2．中间级：一级或多级共射放大电路，有很高的电压放大倍数。

3．输出级：互补对称放大电路（射极输出器）。其输出电阻低，使运放有较强的带负载能力。

二、理想运放外部特征和传输特性

1．理想运放的外部特征：开环电压放大倍数 $A_{uo} \to \infty$；差模输入电阻 $r_{id} \to \infty$；开环输出电阻 $r_o \to 0$；共模抑制比 $K_{CMRR} \to \infty$。

2．理想运放的传输特性：当 $u_+ > u_-$ 时，输出电压为 $+U_{om}$；当 $u_+ < u_-$ 时，输出电压为 $-U_{om}$，没有线性区。

三、放大电路中的负反馈

1．反馈的概念

反馈：电路中的反馈就是将电路的输出信号（电压或电流）的一部分或全部通过一定的电路（反馈电路）送回到输入端，与输入信号一同控制电路的输出。

负反馈：引回的反馈信号与输入信号进行比较，使净输入信号减小，从而使输出减小，为负反馈。

正反馈：引回的反馈信号与输入信号进行比较，使净输入信号增大，从而使输出增大，为正反馈。

2．负反馈类型的判断

负反馈类型：电压串联负反馈，电压并联负反馈，电流串联负反馈，电流并联负反馈。

负反馈类型的判断步骤如下。

（1）找出反馈网络：将输入、输出相连接，并能影响放大电路净输入的电路。

（2）判断正、负反馈：用瞬时极性法进行判断。假定输入电压 u_i 增大而使净输入信号增大时，分析输出电压 u_o 的变化（若输入信号自反相端输入，则输出与输入瞬时极性相反；若输入信号自同相端输入，则输出与输入瞬时极性相同），比较反馈信号和输入信号的关系，找出它对净输入信号的影响。若反馈信号使净输入信号减小，则为负反馈；若反馈信号使净输入信号增加，则为正反馈。

（3）判断串、并联反馈：看反馈电路与输入端的连接形式。若反馈信号与净输入信号串联（反馈信号以电压的形式出现），则为串联反馈；若反馈信号与净输入信号并联（反馈信号以电流的形式出现），则为并联反馈。

（4）判断电压、电流反馈。看反馈电路与输出端的连接形式。若反馈信号正比于输出电压（反馈电路与电压输出端相连接），则为电压反馈；若反馈信号正比于输出电流（反馈电路不与电压输出端相连接），则为电流反馈。

3．负反馈对放大电路性能的影响

负反馈降低放大倍数，提高稳定性，改善非线性失真，展宽通频带。串联负反馈使输入电阻增大，电压负反馈使输出电阻减小。

四、集成运放的线性应用

1．集成运放线性应用条件：电路中引入负反馈。

2．集成运放线性应用时的分析依据：$u_+ = u_-$，$i_+ = i_- = 0$。

3．集成运放线性的应用

信号运算：比例运算、加法运算、差动运算、积分运算、比例积分运算、微分运算等。

信号处理：有源低通滤波、采样保持、信号变换等。

4．RC 正弦波振荡电路：

（1）自激振荡的条件：$\dot{A}\dot{F} = 1$；幅值条件：$|\dot{A}\dot{F}| = 1$；相位条件：$\varphi_A + \varphi_F = 2n\pi$。

（2）RC 正弦波振荡电路的构成：放大电路是同相比例运算电路，RC 串、并联电路即是正反馈电路，又是选频电路。

（3）振荡频率：$f_o = \dfrac{1}{2\pi RC}$

五、集成运放的非线性应用

1．集成运放非线性应用条件：运放开环，或电路中只引入正反馈。

2. 集成运放非线性应用时的分析依据：$i_+ = i_- = 0$，当$u_+ > u_-$时，$u_o = +U_{om}$，当$u_+ < u_-$时，$u_o = -U_{om}$。

3．集成运放的非线性应用

（1）电压比较器：用输出电压的正、负表示两个输入端电压大小比较的结果。

基本电压比较器：运放开环应用。一个输入端接输入电压 u_i，另一个输入端接参考电压 U_R。根据两者的比较，输出端只能是正饱和值或负饱和值。

滞回比较器：电路中引入正反馈。输出端只能是正饱和值或负饱和值。传输特性有两个阈值。该电路有较强的抗干扰能力。

有限幅电路的电压比较器：将稳压管稳压电路接在比较器的输出端，利用稳压管的稳压功能，将电压比较器的输出电压限制在需要的数值上。

（2）非正弦信号发生电路

方波发生器：由滞回比较器和 RC 充放电回路组成，使得输出电压周期性地从高电平跃变为低电平，从低电平跃变为高电平，从而使电路产生方波信号。

三角波发生器：在矩形波发生器的输出端接一个积分电路，即可构成三角波发生电路。

锯齿波发生器：改变三角波发生电路中电容的充放电时间常数，使之不同，则可产生锯齿波信号。

关键术语

运算放大器：operational amplifier
传输特性：transfer characteristics
负反馈：negative feedback
反馈类型：feedback configuration
电流并联：current-parallel
电流串联：current-series
电压并联：voltage-parallel
电压串联：voltage-series
线性应用：linear application
非线性应用：nonlinear application
基本运算：basic operational circuits
信号转换：signal transfer
电压比较器：voltage comparators
过零比较器：zero-crossing comparator
滞回比较器：regenerative comparator
波形产生：waveform generator
方波发生器：square wave generator
锯齿波发生器：saw tooth wave generator
三角波发生器：triangular wave generator
正弦波振荡电路：sinusoidal oscillator

习题 7

7-1　判断图 7.54 所示的各电路是否引入了反馈，是直流反馈还是交流反馈，是正反馈还是负反馈，并判断反馈类型。

7-2　为了实现下述要求，电路当中应该引入何种类型的负反馈？

（1）增大输入电阻，减小输出电阻；（2）稳定输出电压；（3）稳定输出电流。

7-3　求图 7.55（a）所示电路的输出电压与输入电压的关系式；求图 7.55（b）所示电路的输出电流与输入电压的关系式。

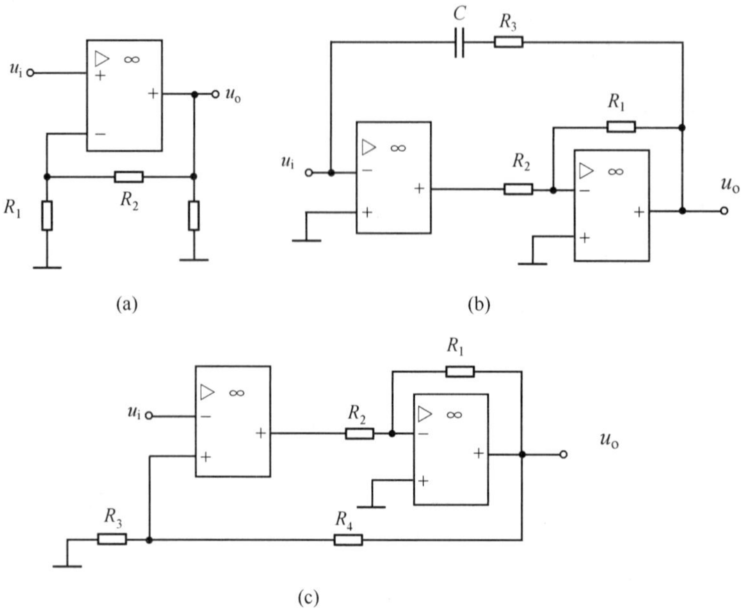

图 7.54　习题 7-1 的图

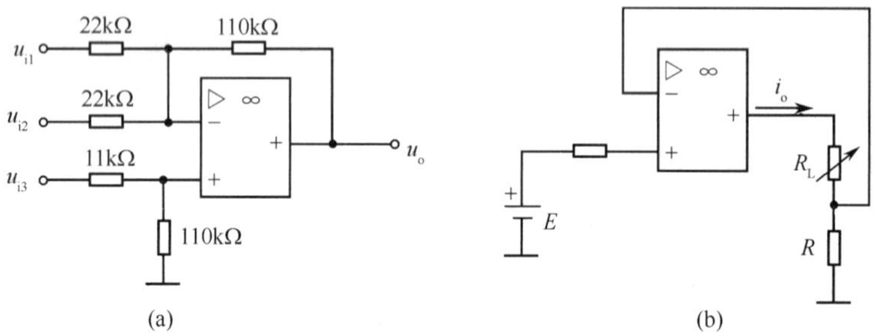

图 7.55　习题 7-3 的图

7-4　为了用低值电阻得到高的电压放大倍数，可以用图 7.56 中的 T 形网络代替反馈电阻 R_f，试证明电压放大倍数为

$$A_u = \frac{u_o}{u_i} = -\frac{R_2 + R_3 + R_2 R_3 / R_4}{R_1}$$

7-5　图 7.57 所示电路是一比例系数可调的反相比例运算电路，设 $R_f >> R_4$，试证：

$$u_o = -\frac{R_f}{R_1}\left(1 + \frac{R_3}{R_4}\right)$$

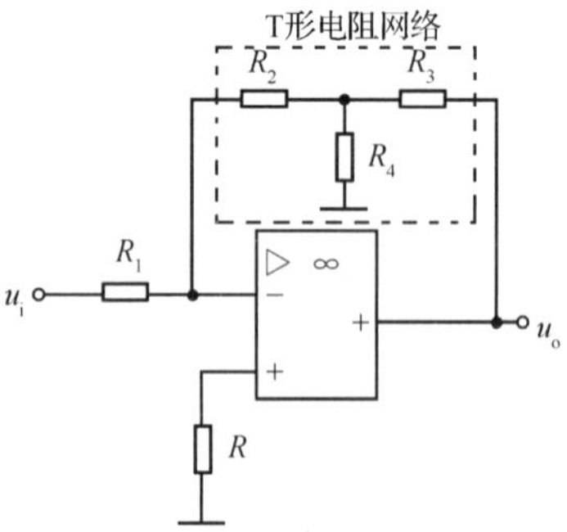

图 7.56　习题 7-4 的图

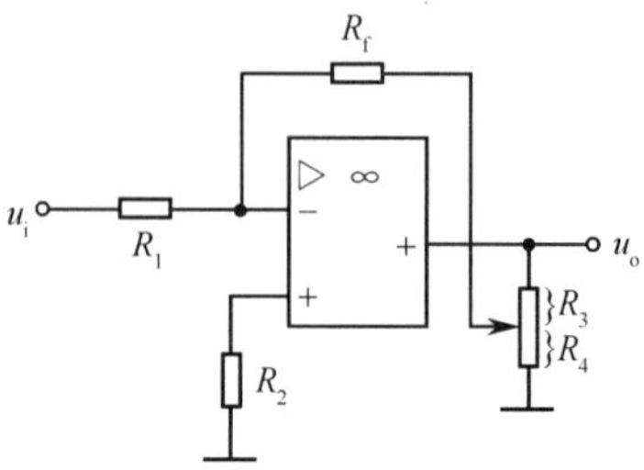

图 7.57　习题 7-5 的图

7-6　图 7.58 中，已知 $R_f = 2R_1$，$u_i = -2V$，求输出电压。

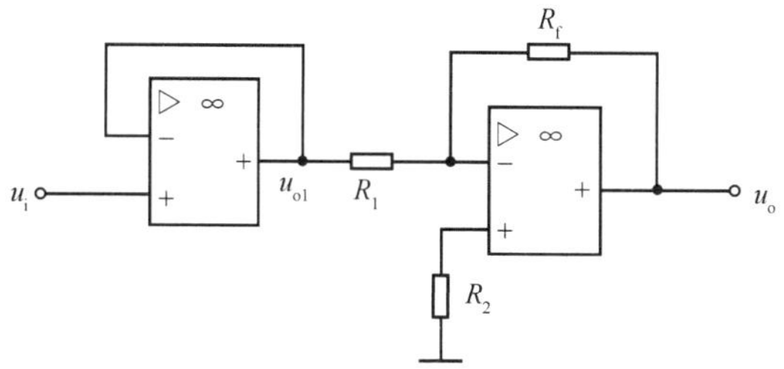

图 7.58　习题 7-6 的图

7-7　求图 7.59 所示电路中输出电压与输入电压的关系式。

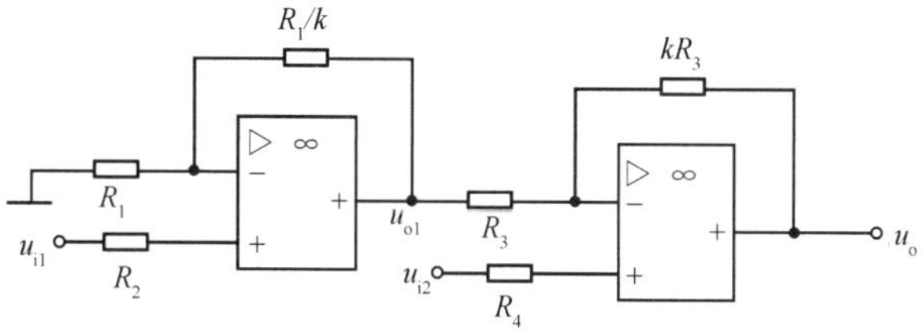

图 7.59　习题 7-7 的图

7-8　写出图 7.60 所示电路中 u_o 与 u_i 的关系式。

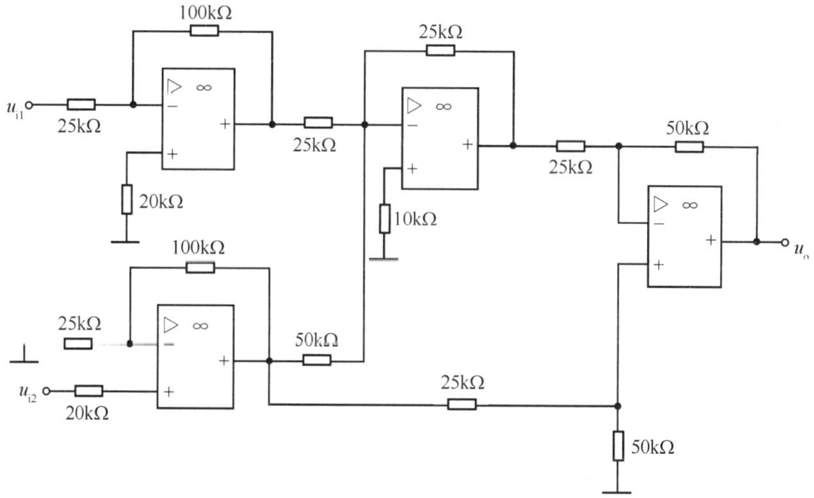

图 7.60　习题 7-8 的图

7-9　电路如图 7.61 所示，求 $u_o = ?$

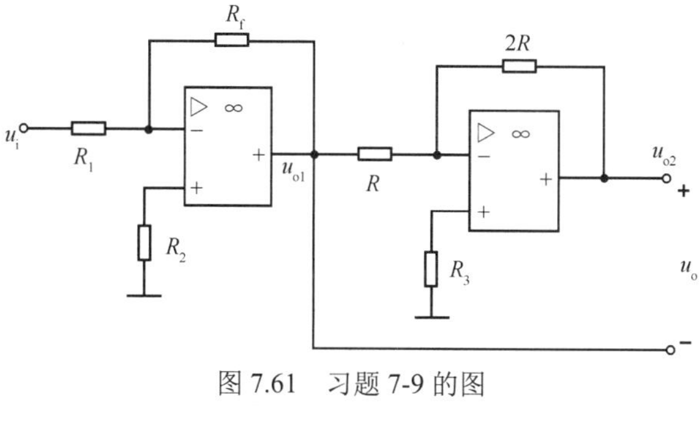

图 7.61　习题 7-9 的图

7-10　两输入的反相加法运算电路，如图 7.62（a）所示，电阻 $R_{11}=R_{12}=R_f$，如果 u_{i1} 和 u_{i2} 分别为如图 7.62（b）所示的三角波和矩形波，求输出电压的波形。

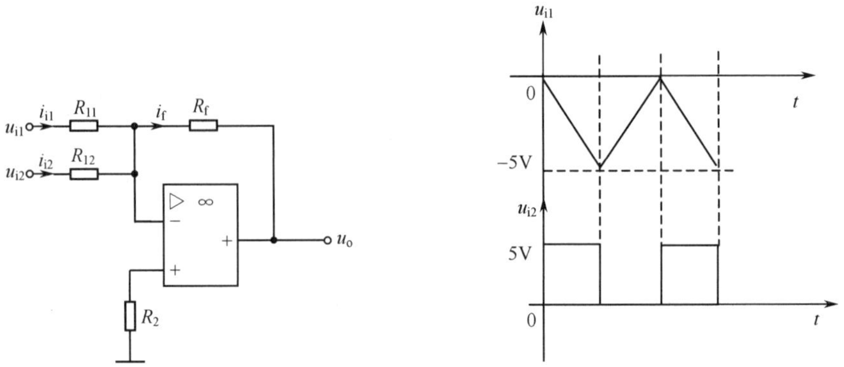

(a)　　(b)

图 7.62　习题 7-10 的电路

7-11　如图 7.63 所示电路中，已知 $R_1=200\text{k}\Omega$，$C=0.1\mu\text{F}$，运放的最大输出电压为 $\pm10\text{V}$。当 $u_i=-1\text{V}$，$u_c(0)=0$ 时，求输出电压达到最大值所需要的时间，并画出输出电压随时间变化的规律。

7-12　在图 7.64 所示电路中，已知 $R_1=200\text{k}\Omega$，$R_f=200\text{k}\Omega$，$C_f=0.1\mu\text{F}$，运放的最大输出电压为 $\pm10\text{V}$。当 $u_i=-1\text{V}$，$u_c(0)=0$ 时，求输出电压达到最大值所需要的时间，并画出输出电压随时间变化的规律。

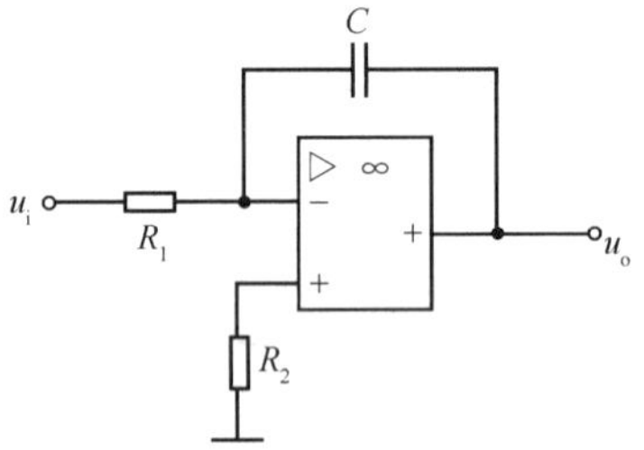

图 7.63　习题 7-11 的电路

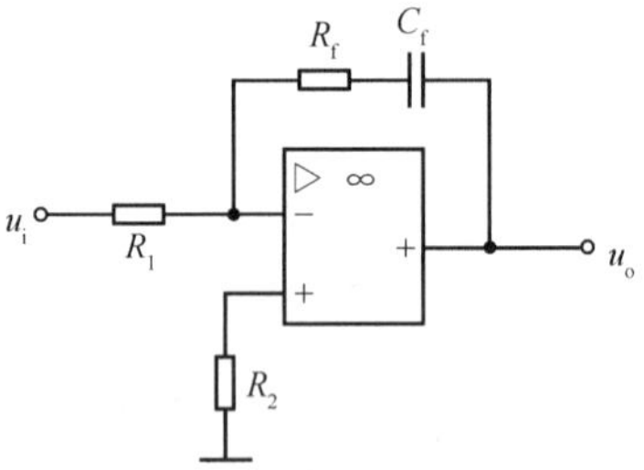

图 7.64　习题 7-12 的电路

7-13　应用运算放大器组成的测量电压、电流、电阻的原理电路如图 7.65 所示。输出端接有满量程为 5V 的电压表头。试分别计算出对应于各量程的电阻。

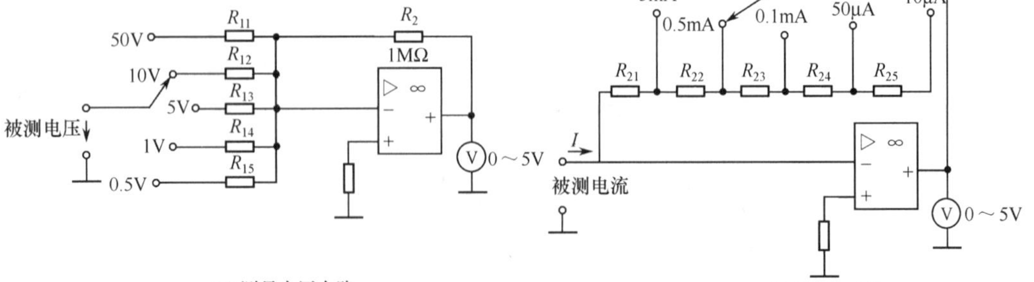

(a) 测量电压电路　　(b) 测量电流电路

图 7.65　习题 7-13 的电路

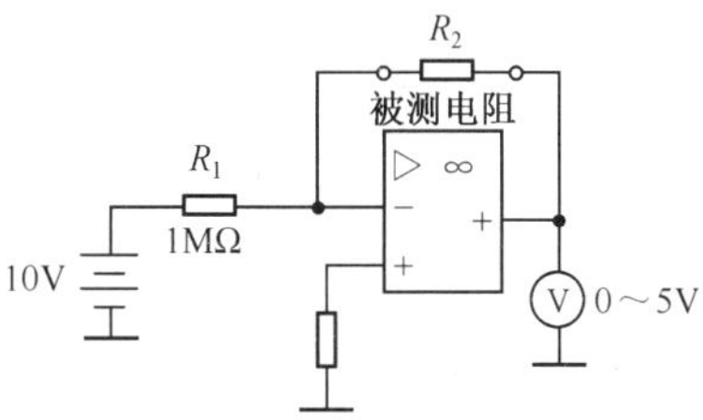

(c) 测量电阻电路

图 7.65 习题 7-13 的电路（续）

7-14 在图 7.66 所示的正弦波振荡电路中，$R=1.6\text{k}\Omega$，$C=1\mu\text{F}$，$R_1=2\text{k}\Omega$，$R_2=0.5\text{k}\Omega$，试分析：

（1）为了满足自激振荡的相位条件，开关 S 应合向哪一端（另一端接地）？

（2）为了满足自激振荡的幅度条件，$R_f=?$

（3）振荡频率 $f=?$

（4）若要求振荡频率调节范围为 20～200Hz，如果用调整电阻 R 的方法调整振荡频率，求可变电阻阻值的变化范围。

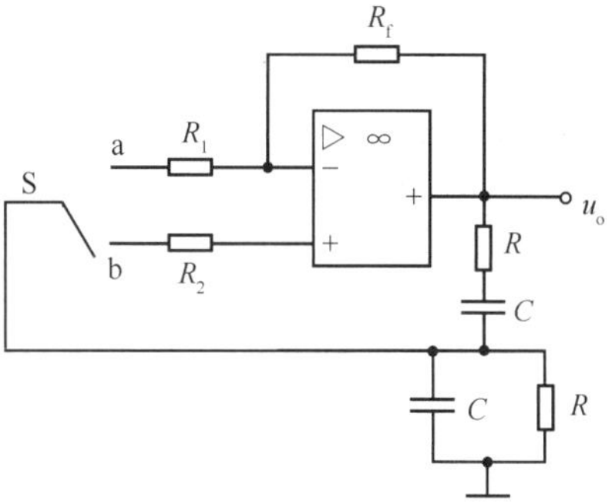

图 7.66 习题 7-14 的电路

7-15 电压比较器的电路如图 7.67（a）、（b）、（c）所示，输入电压波形如图 7.67（d）所示。运放的最大输出电压为±10V。对于图 7.67（a）、（b），试画出下列两种情况下的电压传输特性和输出电压的波形：（1）$U_R=3\text{V}$；（2）$U_R=-3\text{V}$。画出图 7.67（c）的电压传输特性和输出电压的波形。

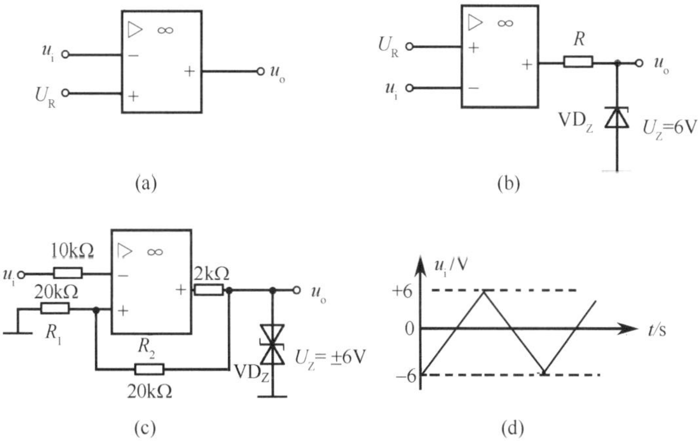

图 7.67 习题 7-15 的电路

7-16 图 7.68 所示电路中，运放的最大输出电压为±12V，$u_1=0.04\text{V}$，$u_2=-1\text{V}$，电路参数如图所示。问经过多长时间 u_o 将产生跳变，并画出 u_{o1}，u_{o2}，u_o 的波形。

7-17 已知运算电路的输入、输出关系如下，试画出运算电路，并计算出电路中所用元件的参数。设 $R_f=100\text{k}\Omega$，$C_f=0.1\mu\text{F}$。

（1）$u_o=u_{i1}+u_{i2}$

（2）$u_o=u_{i2}-u_{i1}$

（3）$u_o=-10\int(u_{i1}+u_{i2})\text{d}t$

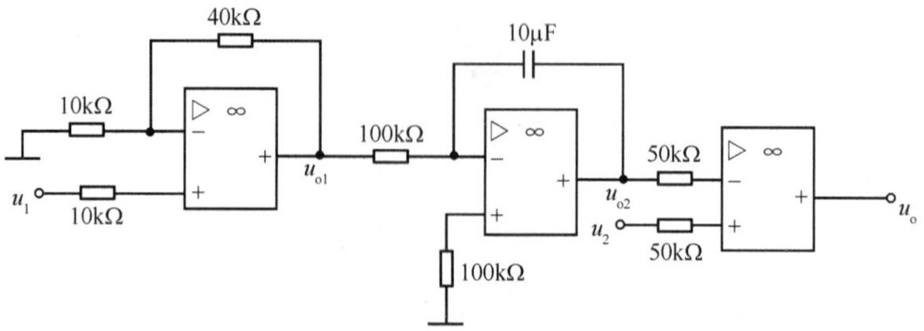

图 7.68　习题 7-16 的电路

7-18　如图 7.69 所示，运算放大器最大输出电压 $U_{oM}=\pm12V$，稳压二极管的稳压值 $U_Z=6V$，其正向压降 $U_D=0.7V$，$u_i=12\sin\omega tV$。当参考电压 $U_R=3V$ 或 $U_R=-3V$ 时，画出传输特性和输出电压波形。

7-19　如图 7.70 所示为液位报警装置的部分电路，u_i 是液位传感器送来的信号，U_R 是参考电压，如果液位超过上限，即 u_i 超过正常值时，报警灯亮。试说明电路的工作原理，二极管 VD 和电阻 R 的作用。

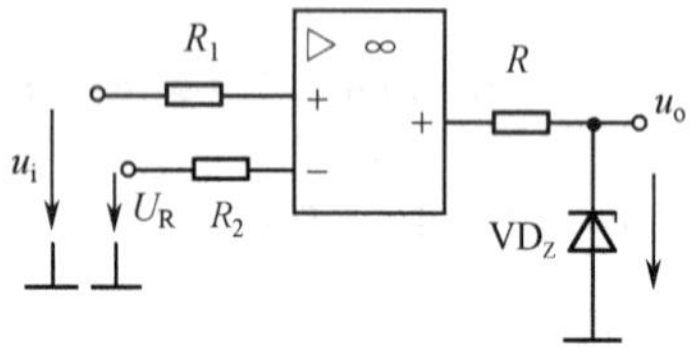

图 7.69　习题 7-18 的电路

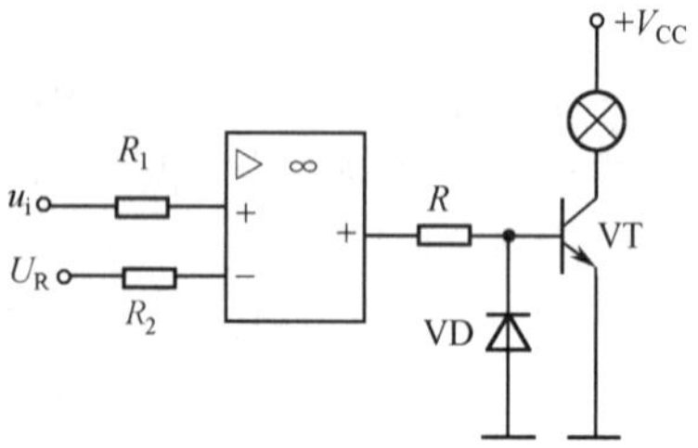

图 7.70　习题 7-19 的电路

第 8 章　半导体直流稳压电源

引言

大功率电子器件的出现，使电子技术进入了电力领域。在工农业生产和科学研究中，主要应用交流电。但在某些场合，例如电解、电镀、蓄电池的充电、直流电动机等需要直流电源供电，特别是电子线路，电子设备和自动控制装置都需要稳定的直流电源。本章主要介绍利用功率电子器件组成直流稳压电源电路的原理及应用。

目前广泛采用由交流电源经整流、滤波、稳压而得到的直流稳压电源，其原理框图如图 8.1 所示。变压器：将电网电压变换为符合整流电路所需要的交流电压。整流电路：利用二极管的单向导电性将电源变压器副边交流电压整流成单方向脉动的直流电压。滤波电路：将整流电路输出的单向脉动电压中的交流成分滤掉，保留直流分量，尽可能供给负载平滑的直流电压。稳压环节：在交流电压波动或负载变化时，通过此电路使输出的直流电压稳定。

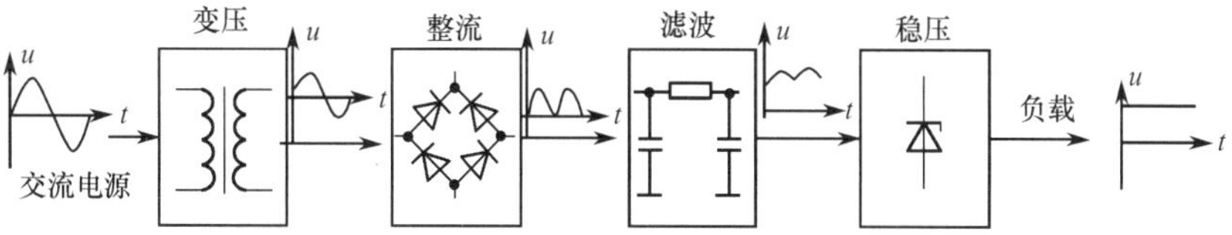

图 8.1　半导体直流稳压电源的原理框图

学习目标

- 掌握直流稳压电源基本组成及各部分的作用。
- 掌握两种整流电路：单相半波和单相桥式整流电路的电路结构、工作原理及器件参数的选取。
- 掌握各种滤波电路的电路结构、工作原理及特点。
- 掌握稳压管稳压电路的组成和工作原理。
- 了解串联型稳压电路和集成稳压电路的工作原理。
- 了解开关型稳压电源。

8.1　整流电路

整流电路就是利用二极管的单向导电性将交流电转换成脉动直流电的电路。如果整流电路输入单相交流电，则称为单相整流电路；如果整流电路输入三相交流电，则称为三相整流电路。在小功率整流电路中（200W 以下），常用单相整流电路。在整流电路的分析中，将二极管当作理想元件处理，即正向导通电阻为零，反向电阻为无穷大。

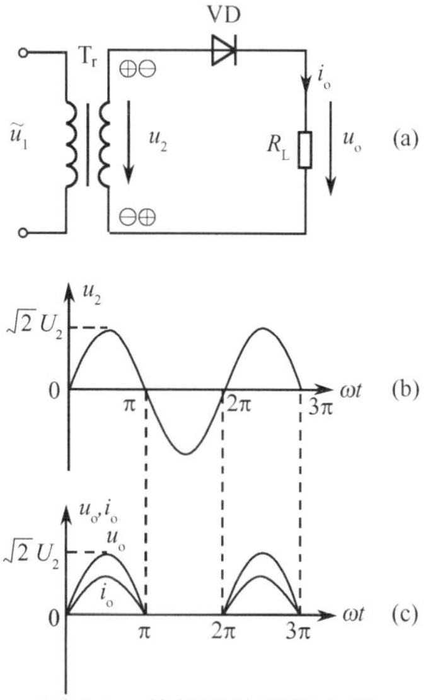

图 8.2　单相半波整流电路

8.1.1　单相半波整流电路

1. 电路结构

电路如图 8.2（a）所示，单相半波整流电路由整流变压器 T_r、整流元件 VD 及负载电阻 R_L 组成。

2. 工作原理

整流变压器将原边的电网电压变换为整流电路所要求的交流电压 u_2，设

$$u_2 = \sqrt{2}U_2 \sin \omega t$$

其波形如图 8.2（b）所示。当输入电压 u_2 正半周时，极性上正下负，二极管承受正向电压导通，此时负载上的电压 $u_o = u_2$；当输入电压 u_2 负半周时，极性上负下正，二极管承受反向电压截止，输出电压 $u_o = 0$。输出电压、电流波形如图 8.2（c）所示。此时，变压器副边电压全部加载在二极管 VD 上。

3．输出电压及电流的平均值

由输出波形可以看出，负载上得到的整流电压、电流虽然是单方向的，但其大小是变化的，这就是所谓的单向脉动电压，常用一个周期的平均值来衡量它的大小。这个平均值就是它的直流分量。测量它的大小应该用直流电压表。

$$U_o = \frac{1}{2\pi}\int_0^{2\pi} u_2 \mathrm{d}\omega t = \frac{1}{2\pi}\int_0^{\pi} \sqrt{2}U_2 \sin\omega t \mathrm{d}\omega t = \frac{\sqrt{2}U_2}{\pi} = 0.45U_2 \tag{8.1}$$

$$I_o = \frac{U_o}{R_L} = \frac{0.45U_2}{R_L} \tag{8.2}$$

式（8.1）和式（8.2）表示单相半波整流电路输出电压和输出电流平均值与输入电压有效值的关系。

电路中通过整流二极管的平均电流就是负载电流

$$I_D = I_o \tag{8.3}$$

整流二极管所承受的最高反向电压为变压器副边交流电压的最大值 U_m，即

$$U_{DRM} = U_{2m} = \sqrt{2}U_2 \tag{8.4}$$

4．整流元件选择

根据式（8.3）和式（8.4）所得二极管在电路中通过的平均电流 I_D 和在电路中承受的最高反向电压 U_{DRM}，查手册中二极管的参数：最大正向电流 I_{FM} 和最高反向工作电压 U_{RM}，就可以选择满足要求的二极管。另外，考虑到电网电压的波动范围为 $\pm10\%$，应选择整流二极管的两个极限参数为

$$I_{FM} \geqslant 1.1I_D \tag{8.5}$$

$$U_{RM} \geqslant 1.1U_{DRM} \tag{8.6}$$

单相半波整流电路虽然简单，所用元件少，但输出电压平均值低且波形脉动成分大，变压器有半个周期电流为零，利用率低。所以单向半波整流电路只适用于电流较小且允许交流成分较大的场合。目前广泛使用的单相整流电路是桥式整流电路。

8.1.2　单相桥式整流电路

1．电路结构

单相桥式整流电路由整流变压器 T_r、4 个整流二极管（VD_1～VD_4）构成的整流桥及负载电阻 R_L 组成。电路如图 8.3（a）所示，图 8.3（b）是其简化画法。

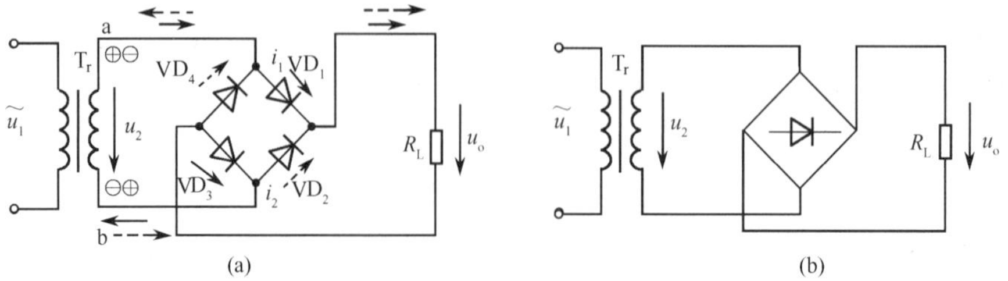

图 8.3　单相桥式整流电路

2．工作原理

设$u_2=\sqrt{2}U_2\sin\omega t$，其波形如图 8.4（a）所示。当输入电压$u_2$正半周时，极性上正下负，a 点电位高于 b 点电位，二极管 VD_1、VD_3承受正向电压导通，VD_2、VD_4承受反向电压截止，电流由 a 点经$VD_1\to R_L\to VD_3\to$b 形成回路，如图 8.3（a）中实线箭头（i_1）所示。此时负载上的电压$u_o=u_2$。当输入电压u_2负半周时，极性上负下正，b 点电位高于 a 点电位，二极管 VD_2、VD_4承受正向电压导通，VD_1、VD_3承受反向电压截止，电流由 b 点经$VD_2\to R_L\to VD_4\to$a 形成回路，如图 8.3（a）中虚线箭头（i_2）所示。此时负载上的电压$u_o=-u_2$。由此可见，桥式整流电路中负载上的电压在输入电压的正、负半周都存在，且为方向不变、大小变化的单向脉动电压，波形如图 8.4（b）所示。

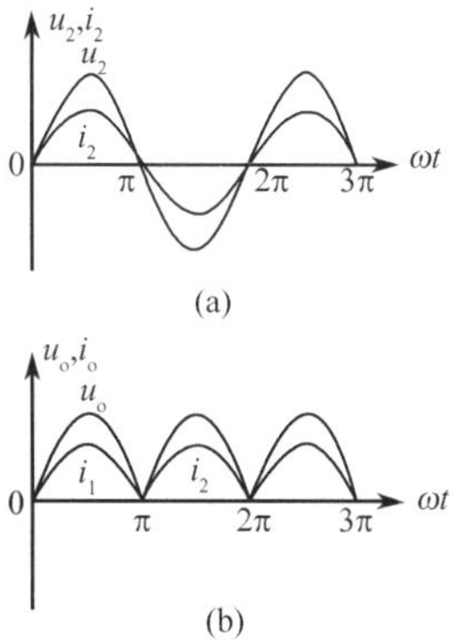

图 8.4　单相桥式整流电路中电压与电流波形

3．输出电压及电流的平均值

显然，桥式整流电路输出电压的平均值比半波整流时增大了一倍，即

$$U_o=2\times0.45U_2=0.9U_2 \tag{8.7}$$

输出电流也增大了一倍，即

$$I_o=\frac{U_o}{R_L}=\frac{0.9U_2}{R_L} \tag{8.8}$$

从图 8.4（a）可以看出，变压器副边电流i_2仍为正弦波，其有效值为

$$I_2=\frac{U_2}{R_L}=1.11I_o \tag{8.9}$$

因为电路中每半个周期有两只整流二极管串联参与导电，所以，每只二极管上通过的平均电流是负载电流的一半，即

$$I_D=\frac{1}{2}I_o \tag{8.10}$$

从电路中可以看出，截止的整流二极管所承受的反向电压即为变压器副边交流电压，其最大值为

$$U_{DRM}=U_{2m}=\sqrt{2}U_2 \tag{8.11}$$

4．整流元件选择

桥式整流电路中整流元件的选择要求及方法同半波整流电路。

桥式整流电路中的整流二极管目前已做成整流桥模块，其输出电流、耐压值、功率等指标有详细说明，供选择使用，符号如图 8.3（b）所示。

〖例 8.1〗　某一负载需要 36V，2A 的直流电源供电，如果采用单相桥式整流电路，试计算：（1）变压器副边的电压和电流的有效值。（2）流过二极管的电流平均值和二极管承受的最高反向工作电压，并选择二极管。（3）若图 8.3（a）中的 VD_3因故开路，则输入电压平均值将变为多少？

解：（1）变压器副边的电压和电流的有效值为

$$U_2=\frac{U_o}{0.9}=1.11U_o=1.11\times36=40\text{V}$$
$$I_2=1.11I_o=1.11\times2=2.22\text{A}$$

（2）流过二极管的电流平均值为

$$I_D=\frac{1}{2}I_o=1\text{A}$$

每只二极管上承受的最高反向工作电压为

$$U_{DRM} = \sqrt{2}U_2 = 56V$$

可选择 2CZ12B，其最大正向电流为 3A，最大反向电压为 100V。

若图 8.3（a）所示电路中的 VD_3 因故开路，则在 u_2 的负半周，另外，3 只二极管均截止，即负载电阻上仅获得正半周电压，电路成为半波整流电路。因此，输出电压仅为正常时的一半，即 18V。

【思考与练习】

8-1-1 若图 8.3 电路中的 VD_3 短路、断路、接反，将分别产生什么后果？

8-1-2 如果要求单相桥式整流电路的输出电压为 36V，输出电流为 1.5A，试选择合适的二极管。

8-1-3 某学生在实验室中搭建了一个桥式整流电路，调整变压器副边电压有效值为 10V，测得整流电路的输出为 7.6V，不等于 $0.9U_2$=9V，为什么？

8.2 滤波电路

从前面的分析可以看出，整流电路的输出电压虽然是单方向的直流，但还是包含了很多脉动成分（交流分量），不能直接用作电子电路的直流电源。利用电容和电感对直流分量和交流分量呈现不同电抗的特点，可以滤除整流电路输出电压的交流成分，保留其直流成分，使其变成比较平滑的电压、电流波形。常用的滤波电路有电容滤波器、电感滤波器和π型滤波器等。

8.2.1 电容滤波器

电容滤波器的电路结构就是在整流电路的输出端与负载并联一个足够大的电容器，如图 8.5 所示，利用电容上电压不能突变的原理进行滤波。

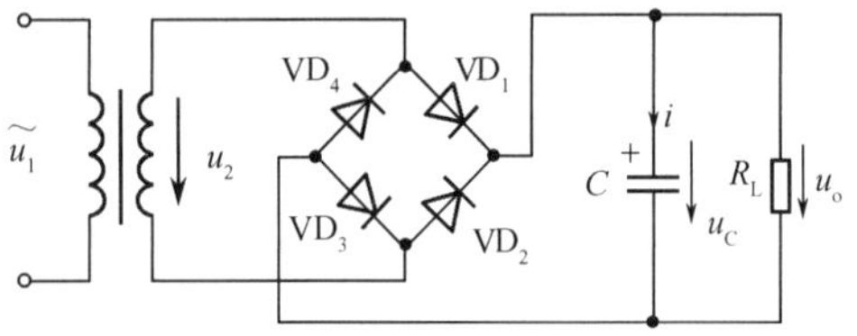

图 8.5 桥式整流电容滤波电路

1. 电容滤波器的工作原理

设变压器副边正弦电压波形如图 8.6（a）所示。当电路不接滤波电容时，输出电压波形如图 8.6（b）中的虚线所示；当接入滤波电容时，负载上的输出电压即为电容器上的电压 u_c。

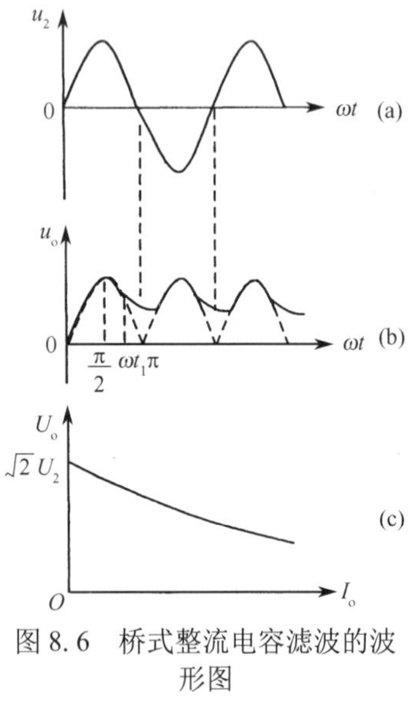

图 8. 6 桥式整流电容滤波的波形图

设电容器事先未充电。当 $0 < \omega t < \frac{\pi}{2}$ 时，$u_2 > u_C$，整流二极管 VD_1、VD_3 导通，电容 C 充电，在忽略二极管正向压降的情况下，$u_o = u_2$。在 $\omega t = \frac{\pi}{2}$ 时，u_C 充至变压器副边电压最大值 U_{2m}。此后，u_2 以正弦规律下降，电容放电，u_C 以指数规律下降。在 $\frac{\pi}{2} < \omega t < \omega t_1$ 这段时间内，由于 u_2 下降速度慢，u_C 下降速度快，仍满足 $u_2 > u_C$，整流二极管 VD_1、VD_3 仍然导通，因此 $u_o = u_2$，输出电压仍然按正弦规律下降；当下降至 $u_2 < u_C$ 时（$\omega t = \omega t_1$），整流二极管承受反向电压截止，电容器通过负载电阻继续放电，输出电压按指数规律变化；在 u_2 的负半周，当 $|u_2| > u_C$ 时，电容器又开始充电，输出电压按正弦规律上升，只不过此时导通的二极管是 VD_2 与 VD_4，工作情况与正半周时类似。这样，在输入正弦电压的一个周期内，电容器充电两次，放电两次，反复循环，得到如图 8.6（b）实线所示的经电容滤波后的输出电压波形。

2. 滤波电容的选择

从电容滤波器的工作原理来看，电容越大，滤波效果越好。因为输出电压的脉动程度与电容放电的时间常数 $R_L C$ 有关。为了得到比较平直的输出电压，一般要求按照下式

$$R_L C \geqslant (3\sim5)\frac{T}{2} \tag{8.12}$$

选择电容器的容量。式中 T 是交流电压的周期。为安全起见，电容器的耐压应大于输出电压的最大值并留有一定的裕量。一般采用极性电容器。

3. 电容滤波器的特点

① 电路简单，滤波效果较好，应用广泛。

② 输出电压平均值提高。因为电容的放电填补了整流波形的一部分空白，所以在满足式（8.12）的条件下，负载电压的平均值可按下式估算：

单相半波整流电容滤波 $$U_o = U_2 \tag{8.13}$$

单相桥式整流电容滤波 $$U_o = 1.2U_2 \tag{8.14}$$

电容越大，波形越平滑，输出电压的平均值上升越大。

③ 整流二极管导通时间短，电流峰值大。由于二极管的导通时间短，而在一个周期内电容器的充电电荷等于放电电荷，即通过电容器的平均电流为零，可见，在二极管导通期间，其电流 i_D 的平均值近似等于负载电流的平均值，因此 i_D 的峰值大，有电流冲击。选择二极管时要考虑这个问题。

④ 外特性较差。图 8.6（c）所示为电容滤波器的外特性。当电路空载（$R_L=\infty$）时，由于不存在放电回路，因此输出电压为 $\sqrt{2}U_2$。随着输出电流的增大（R_L 减小），电容放电的时间常数 $R_L C$ 随之减小，放电加快，U_o 下降，即外特性较差，或者说带负载能力差。

通常，电容滤波器适用于要求输出电压高，负载电流小且负载变化不大的场合。

〖例 8.2〗 单相桥式整流电容滤波电路，其输入交流电压的频率 $f = 50\text{Hz}$，负载电阻 $R_L = 200\Omega$，要求直流输出电压 $U_o = 24\text{V}$。试选择整流二极管和滤波电容器。

解：（1）选择整流二极管

流过二极管的平均电流为

$$I_D = \frac{1}{2}I_o = \frac{1}{2}\times\frac{U_o}{R_L} = \frac{1}{2}\times\frac{24}{200} = 0.6\text{A}$$

二极管承受的最高反向工作电压为

$$U_{DRM} = \sqrt{2}U_2 = \sqrt{2}\times\frac{24}{1.2} = 28\text{V}$$

因此可选整流二极管 2CZ11A。它的最大正向电流 I_{Fm}= 1A，反向工作峰值电压 U_{RM}=100V。

（2）选择滤波电容器

根据式（8.11），取 $R_L C = 5\times\frac{T}{2}$，所以

$$R_L C = 5\times\frac{1}{50\times2} = 0.05\text{s}$$

$$C = \frac{0.05}{R_L} = \frac{0.05}{200} = 250\times10^{-6}\text{F} = 250\mu\text{F}$$

取 C 耐压为 50V。因此可以选择容量 250μF，耐压为 50V 的极性电容器。

8.2.2　其他形式的滤波电路

1. 电感滤波器

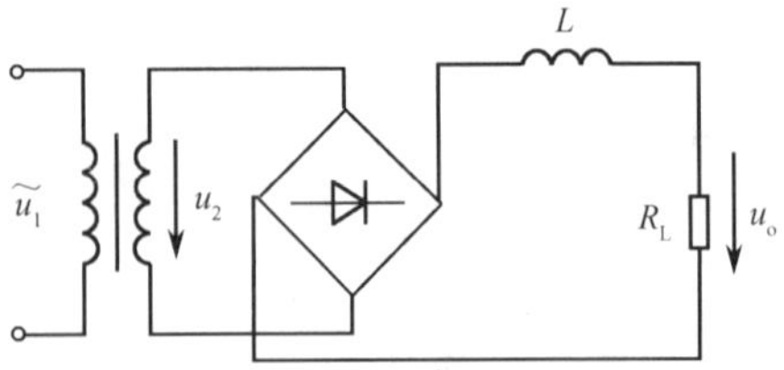

图 8.7　电感滤波器

若在整流电路和负载电阻之间串入一个电感线圈，如图 8.7 所示，就构成了电感滤波器。电感滤波器利用电感元件的电流不能突变这一特性进行滤波。

当电感足够大时，满足 $\omega L \gg R_L$，整流电压的交流分量大部分降在电感上；而对整流输出电压中的直流分量，感抗为零，电感上无直流分量，即直流分量全部降在负载电阻上。若忽略电感线圈的电阻和二极管的管压降，则电感滤波器的输出电压为

$$U_o = 0.9U_2 \tag{8.15}$$

电感滤波器的主要优点是带负载能力强。缺点是体积大，成本高，元件本身的电阻还会引起直流电压损失和功率损耗。所以电感滤波适用于大电流或负载变化大的场合。

2. π 型滤波器

为了进一步提高滤波效果，使输出电压的脉动更小，可以采用多级滤波的方法。如图 8.8 所示为 LCπ 型滤波器。整流电路输出的脉动电压经 C_1 滤波后，又经过 L 和 C_2 再次滤波，有很好的滤波效果，但该电路中整流二极管的冲击电流较大，同时，仍存在电感笨重、成本高等缺陷。

在负载电流较小，又要求电压脉动很小的场合，常常用电阻代替电感，组成 RCπ 型滤波器，电路如图 8.9 所示。整流电路输出的脉动电压经 C_1 滤波后，仍含有一定的纹波分量，虽然电阻对于交直流电压都有降压作用，但它与电容 C_2 配合后，会使脉动电压的交流分量较多地降落在电阻两端，而较少地降落在负载上，从而起到了滤波作用。R 与 C_2 越大，滤波效果越好。但 R 太大，会使电阻上的直流压降增大。

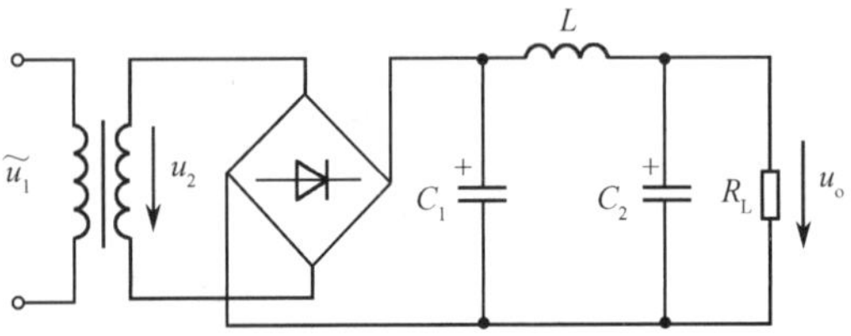

图 8.8　LCπ型滤波器

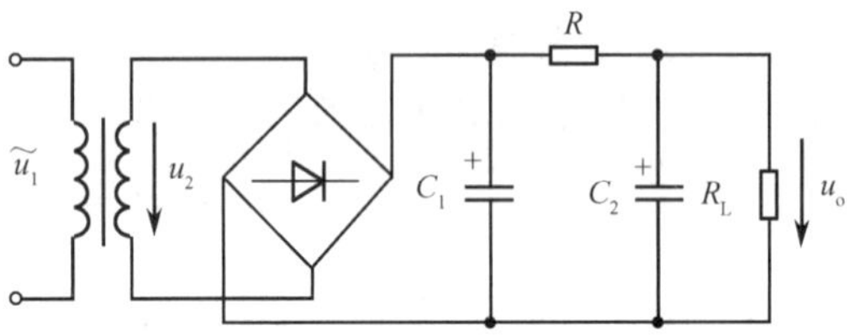

图 8.9　RCπ型滤波器

【思考与练习】

8-2-1　单相半波整流电容滤波电路中，整流二极管承受的最高反向工作电压是多少？为什么？

8-2-2　滤波电容的取值是不是越大越好？为什么？

8-2-3　电容滤波与电感滤波的异同点有哪些？如何选取？

8.3　稳压电路

经整流滤波后的电压往往会随着电源电压的波动和负载的变化而变化。为了得到稳定的直流电压，必须在整流滤波之后接入稳压电路。在小功率设备中常用的稳压电路有稳压管稳压电路、串联型稳压电路和集成稳压电路。

8.3.1　稳压管稳压电路

最简单的稳压电路由稳压管 VD_Z 和限流电阻 R 构成，如图 8.10 所示。u_i 是经整流滤波后的电

压，负载 R_L 与稳压管 VD_Z 并联。负载上的输出电压 u_o 就是稳压管的稳定电压 U_Z。因为稳压管工作在反向击穿区时，通过稳压管的电流可以在 $I_Z \sim I_{ZM}$ 这个较大的范围内变化，而稳压管电压 U_Z 的变化很小，所以 u_o 是一个稳定的电压。

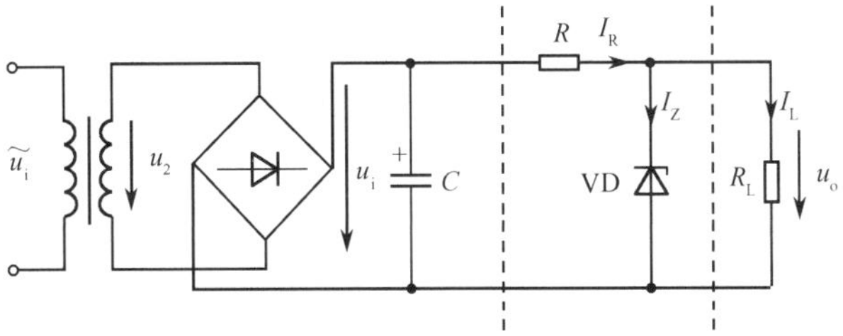

图 8.10　稳压管稳压电路

在整流滤波电路中，引起输出电压不稳定的主要原因是电源电压的变化和负载电流的变化。例如，当交流电源电压增大时，整流滤波输出电压 U_i 随之增大，负载电压 U_o 也有增大的趋势，当 $U_o = U_Z$ 稍有增大时，稳压管的电流 I_Z 显著增大，限流电阻 R 上的电压也显著增大，以抵消 U_i 的增大，从而使输出电压 U_o 保持近似不变。当交流电源电压减小时，输出电压也能保持近似不变。请读者自行分析其调整过程。

对于负载变化引起的输出电压的变化，该电路也能起到稳压作用。例如，当电源电压不变而负载电阻 R_L 减小时，由于负载电流增大而使电阻 R 上的电压增大，负载电压 U_o 因而有减小的趋势，负载电压 $U_o = U_Z$ 下降使得稳压管电流 I_Z 显著减小，稳压管减小的电流抵消掉负载上增大的电流，从而使通过电阻 R 的电流及其两端电压保持近似不变，所以输出电压 U_o 也保持近似不变。由于负载电阻增大引起的输出电压的调整过程，请读者自行分析。

选择稳压管稳压电路的元件参数时，一般取

$$U_o = U_Z \tag{8.16}$$

$$I_{Zmin}(\text{稳压管参数}I_Z) < I_Z < I_{ZM} \tag{8.17}$$

$$U_i = (2\sim3)U_o \tag{8.18}$$

8.3.2　串联型稳压电路

上述稳压管稳压电路虽然具有电路简单、稳压效果好等优点，但允许负载电流变化的范围小，输出直流电压不可调，所以，一般用来作为基准电压。为了克服稳压管稳压电路的这些缺陷，可采用串联型稳压电路，这也是集成稳压器的基础。

图 8.11（a）所示为串联型稳压电路的原理框图，由取样电路、比较放大电路、基准电压电路和调整管 4 部分组成。其电路原理图如图 8.11（b）所示。U_i 是经整流滤波后的电压；取样电路由 R_1 和 R_2 组成，取样电压 $U_f = \frac{R_2}{R_1 + R_2}U_o$；$R$ 与 VD_Z 提供基准电压 U_Z；运算放大器构成比较放大电路；而大功率管 VT 是调整管，管压降为 U_{CE}；U_o 是串联型稳压电路输出的稳定的直流电压，$U_o = U_i - U_{CE}$。

设由于电源电压或负载电阻的变化使输出电压 U_o 增大时，则取样电压 U_f 随之增大，运放的输出 U_B 减小，调整管电流 I_C 减小，管压降 U_{CE} 增大，$U_o = U_i - U_{CE}$ 随之减小，使 U_o 保持稳定。这个自动调整过程实际上是一负反馈过程。从图 8.11（b）可知，R_1 引入的是串联电压负反馈，取样电压 U_f 是正比于输出电压的反馈电压，基准电压 U_Z 可看作输入电压。所以，根据同相比例运算电路，有

$$U_B = \left(1 + \frac{R_1}{R_2}\right)U_Z$$

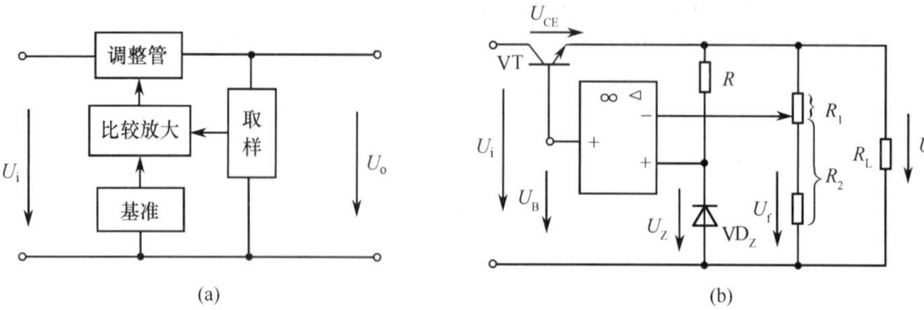

图 8.11　串联型稳压电路

忽略掉晶体管的发射结压降，则

$$U_o = \left(1+\frac{R_1}{R_2}\right)U_Z \tag{8.19}$$

上式表明，改变基准电压或调整电位器，就可以改变输出电压。

8.3.3　集成稳压电路

如果将调整管、比较放大环节、基准电源、取样环节和各种保护环节以及连接导线均制作在一块硅片上，就构成了集成稳压电路。因为集成稳压电路具有体积小、可靠性高、使用方便、价格低廉等优点，所以目前得到了广泛的应用。本节主要讨论 W7800 系列和 W7900 系列集成稳压器的应用。

图 8.12 所示为 W7800 系列（输出正电压）稳压器的外形和引脚图。这种稳压器只有三个引脚：电压输入端（通常为整流滤波电路的输出）、稳定电压输出端和公共端，故称为三端集成稳压器。对于具体器件，“00”用数字代替，表示输出电压值。例如，W7815 表示输出稳定电压 +15V，W7915 表示输出稳定电压 −15V。W7800 和 W7900 系列稳压器的输出电压有 5V、8V、12V、15V、18V、24V 等，最大输出电流是 1.5A。使用时，除了要考虑输出电压和最大输出电流外，还必须注意输入电压的大小。要保证稳压，必须使输入电压的绝对值至少高于输出电压 3V 以上，但也不能超过最大输入电压（一般为 35V 左右）。

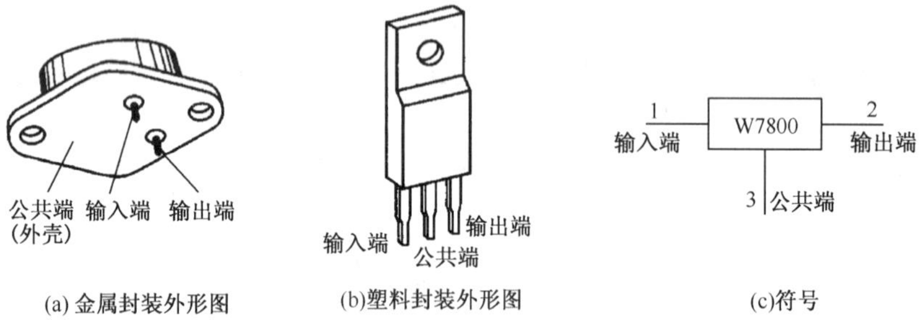

图 8.12　W7800 的外形与符号

三端集成稳压器的应用十分方便、灵活。下面介绍几种常用电路。

1. 输出固定正电压的电路

电路如图 8.13 所示。其中，U_i 为整流滤波后的直流电压；C_i 用于改善纹波特性，通常取 0.33μF；C_o 用于改善负载的瞬态响应，一般取 1μF。

2. 输出固定负电压的电路

电路如图 8.14 所示。当要求输出负电压时，应选择相应的 W7900 集成稳压器。注意电压极性及引脚功能。

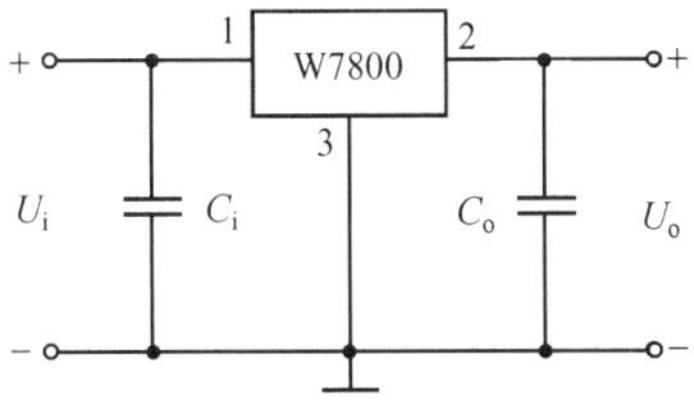

图 8.13　输出固定正电压的电路

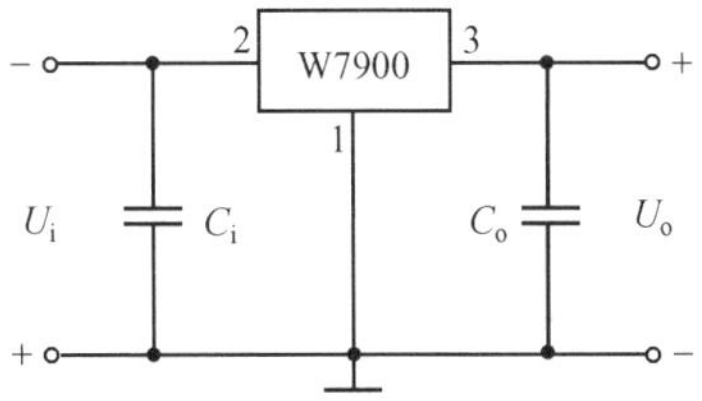

图 8.14　输出固定负电压的电路

3．正、负电压同时输出的电路

电路如图 8.15 所示。

4．提高输出电压的电路

图 8.16 所示的电路能使输出电压高于集成稳压器的固定输出电压。图中，U_{XX} 为 W7800 稳压器的固定输出电压，显然

$$U_o = U_{XX} + U_Z \tag{8.20}$$

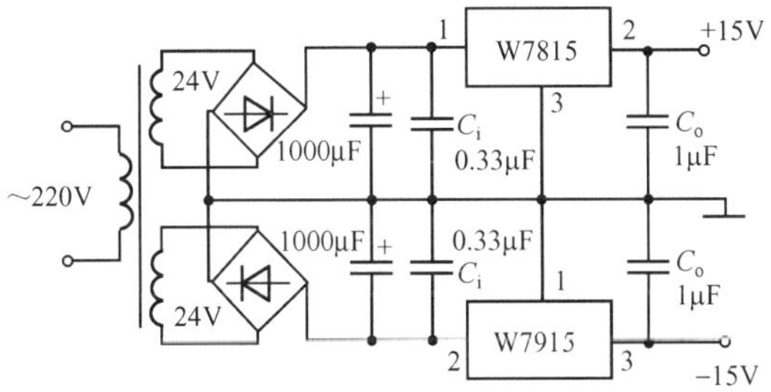

图 8. 15　输出正负电压的电路

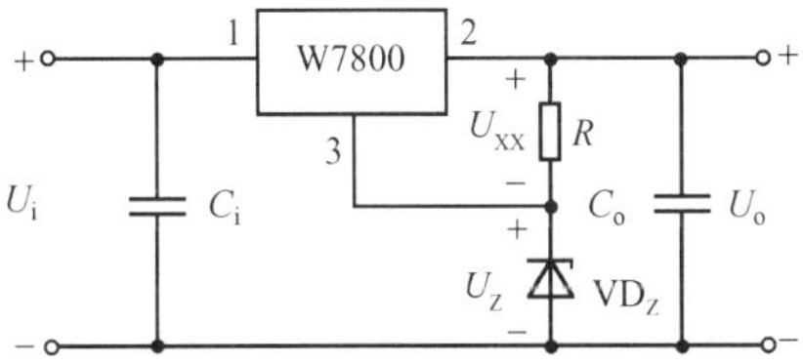

图 8. 16　提高输出电压的电路

5．扩大输出电流的电路

当所需的负载电流超过稳压器的最大输出电流时，可采用外接功率管的方法扩大输出电流，接法如图 8.17 所示。图中，I_2 为稳压器的输出电流。I_C 是功率管的集电极电流，I_R 是电阻 R 上的电流。一般 I_3 很小，可忽略不计。据图 8.17 可得

$$I_2 \approx I_1 = I_R + I_B = -\frac{U_{BE}}{R} + \frac{I_C}{\beta}$$

式中的 β 是功率管的电流放大系数，而 $I_o = I_2 + I_C$，扩大了输出电流。

6．输出电压可调的电路

如图 8.18 所示电路中，$U_o = U_o' + U_o''$，由于 U_o' 是固定的，故调节电位器可改变 U_o''，从而实现了输出电压的可调。请读者自行推导输出电压 u_o 的表达式。

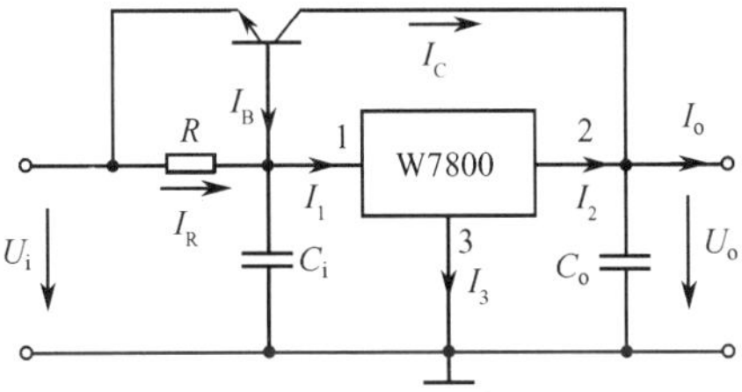

图 8. 17　扩大输出电流的电路

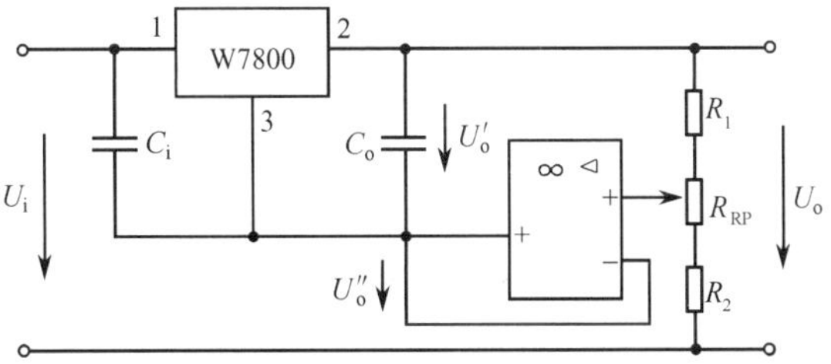

图 8.18　输出电压可调的电路

*8.3.4　开关型稳压电路

串联型稳压电源具有结构简单、调节方便、输出电压稳定性强、纹波电压小等优点。但是，由于调整管始终工作在放大状态，功耗很大，因而电路效率仅为30%～40%，甚至更低。

如果调整管工作在开关状态，那么当其截止时，因为漏电流很小，所以管耗很小；当其饱和导通时，因为管压降很小，所以管耗也很小，这将大大提高电路的效率。开关型稳压电路中的调整管工作在开关状态，并因此而得名，其效率可达70%～98%。当前大部分电子设备中的稳压电源均为开关型稳压电源。

按开关型稳压电路的输出电压不同，可分为Buck降压型和Boost升压型。

按开关型稳压电路调整管的控制方式，可分为脉冲宽度调制型（PWM）、脉冲频率调制型（PFM）和混合调制（即脉宽-频率调制）型。

按开关型稳压电路调整管是否参与振荡，可分为自激式和他激式。

下面主要介绍用双极型晶体管作为调整管的Buck降压型开关稳压电路和Boost升压型开关稳压电路的组成和工作原理。

1. Buck降压型开关稳压电路

Buck降压型开关稳压电路将输入的直流电压转换成脉冲电压，再将脉冲电压经LC滤波转换成直流电压，图8.19（a）为基本原理图。输入电压 U_i 是未经稳压的直流电压；晶体管VT为调整管，工作在开关状态；u_B 为矩形波，控制开关管的工作状态；电感 L 和电容 C 组成滤波电路，VD为续流二极管。

当 u_B 为高电平时，VT饱和导通，VD因承受反压而截止，等效电路及负载电流方向如图8.19（b）所示。此时电感 L 储存能量，电容 C 充电；发射极电位 $u_E = U_i - U_{CES} \approx U_i$；当 u_B 为低电平时，VT截止，此时虽然发射极电流为零，但是 L 释放能量，其感应电动势使VD导通，等效电路如图8.19（c）所示；与此同时，C 放电，负载电流方向不变，$u_E = -U_D \approx 0$。

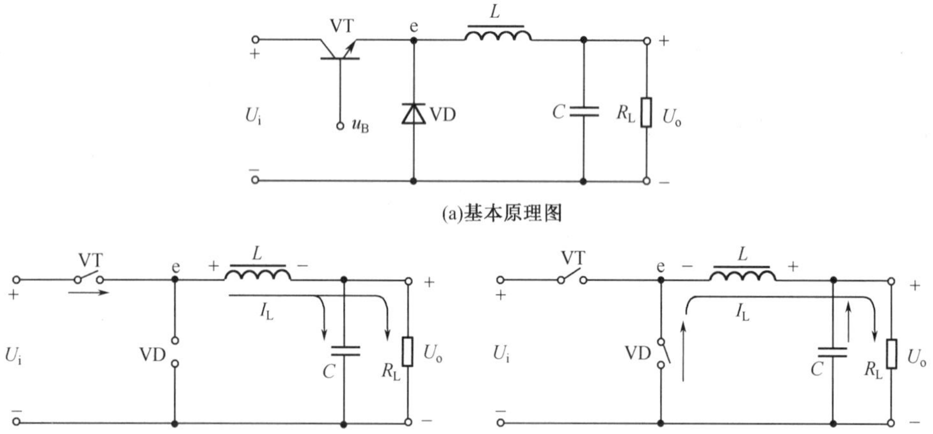

(a)基本原理图

(b)VT饱和导通时的等效电路　　(c)VT饱和截止时的等效电路

图8.19　Buck降压型稳压电源的换能电路的基本原理图及等效电路

根据上述分析，可以画出 u_B、u_E 和 u_o 的波形如图8.20所示。在 u_B 的一个周期 T 内，T_{on} 为调整管导通时间，T_{off} 为调整管截止时间，占空比 $q=T_{on}/T$。

虽然 u_E 为脉冲波形，但是只要 L 和 C 足够大，输出电压 u_o 就是连续的；而且 L 和 C 越大，u_o 的波形越平滑。若将 u_E 视为直流分量和交流分量之和，则输出电压的平均值等于 u_E 的直流分量，即

$$U_o=\frac{T_{on}}{T}(U_i-U_{CES})+\frac{T_{off}}{T}(-U_D)\approx\frac{T_{on}}{T}U_i$$

设占空比为 q，则

$$U_o\approx qU_i \tag{8.21}$$

改变占空比 q，即可改变输出电压的大小。

图 8.21 为脉宽调制型开关稳压电路，PWM 为脉宽调制控制器，R_1 和 R_2 为采样电阻，R_L 为负载电阻。在该电路中，当输入电压波动或负载变化时，输出电压将随之增大或减小。在保持调整管开关周期 T 不变的情况下，通过改变导通时间 T_{on} 来调节脉冲占空比，在 U_o 增大时自动减小占空比，而在 U_o 减小时自动增大占空比，从而使输出电压获得稳定。此种方法称为脉宽调制（PWM）。以这种方式实现稳压目的的开关电源，称为脉宽调制型开关电源。目前有不少单芯片解决方案，将开关管、控制电路和保护电路等集成于一块芯片中。

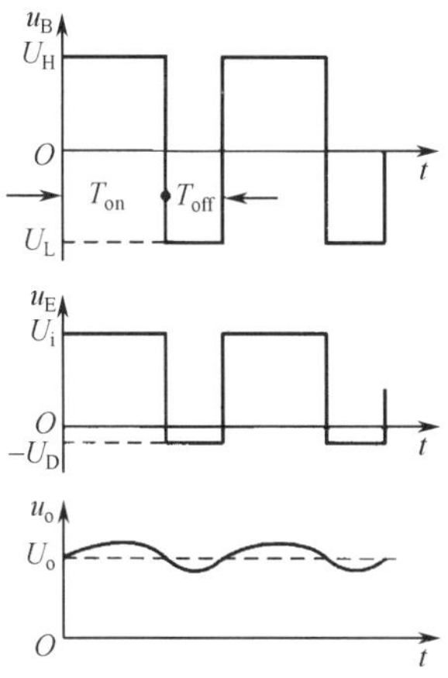

图 8.20　Buck 降压型开关稳压电源电路波形图

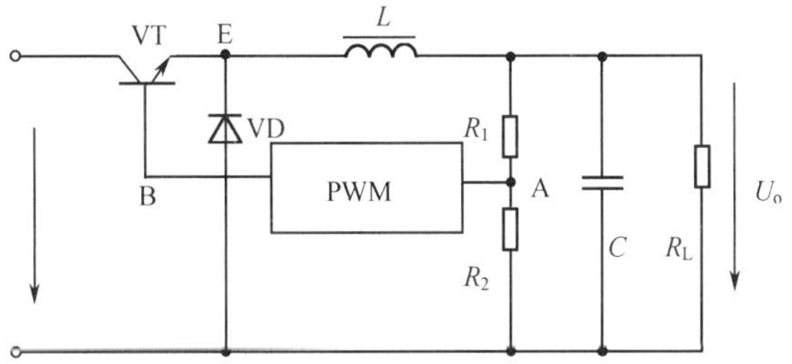

图 8.21　脉宽调制型 Buck 降压稳压电源电路图

输出电压增大时的调整过程如下：当 U_o 增大时，采样电压 U_A 会同时增大，并作用于 PWM，使 u_B 的占空比变小，因此 U_o 随之减小，调节结果使 U_o 基本不变。上述变化过程为：

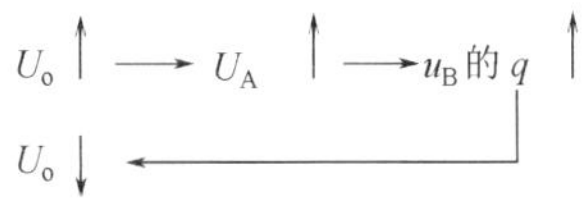

反之亦然。

调节脉冲占空比的方式还有两种：一是固定开关调整管的导通时间 T_{on}，通过改变振荡频率 f（即周期 T）调节开关管的截止时间 T_{off} 以实现稳压的方式，称为频率调制型开关电路；二是同时调整导通时间 T_{on} 和截止时间 T_{off} 来稳定输出电压，称为混合调制型开关电路，请读者参阅相关书籍。

2. Boost 升压型开关稳压电路

在 Buck 稳压电路中调整管与负载串联，输出电压总是小于输入电压，故称为降压型稳压电路。在实际应用中，能够将输入直流电压经稳压电路转换成大于输入电压的输出电压的电源，称为升压型稳压电路。它通过电感的储能作用，将感应电动势与输入电压相叠加后作用于负载，因而 $U_o>U_i$。

图 8.22 所示为 Boost 升压型开关稳压电路中的换能电路，输入电压 U_i 为直流供电电压，晶体管 VT 为开关管，u_B 为矩形波，电感 L 和电容 C 组成滤波电路，VD 为续流二极管。

VT 管的工作状态受 u_B 的控制。当 u_B 为高电平时，VT 饱和导通，U_i 通过 VT 给电感 L 充电储能，充电电流几乎线性增大；VT 因承受反压而截止；滤波电容 C 对负载电阻放电，等效电路和负载电流如图 8.22（b）所示。当 u_B 为低电平时，VT 截止，L 产生感生电动势，为阻止电流的变化，

因而其方向与 U_i 相同，两个电压相加后通过二极管 VD 对 C 充电，等效电路如图 8.22（c）所示。因此，无论 VT 和 VD 的状态如何，负载电流方向始终不变。

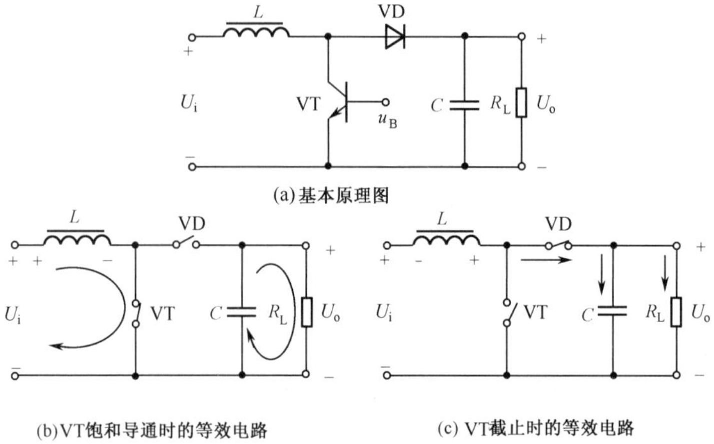

(a)基本原理图

(b)VT饱和导通时的等效电路

(c) VT截止时的等效电路

图 8.22　Boost 升压型开关稳压电源换能电路的基本原理图及等效电路

根据上述分析，可以画出控制信号 u_B 电感上的电压 u_L 和输出电压 u_o 的波形，如图 8.23 所示。从波形分析可知，只有当 L 足够大时，才能升压；并且只有当 C 足够大时，输出电压的脉动才可能足够小；当 u_B 的周期不变时，其占空比越大，输出电压将越高。

在图 8.22（a）所示电路中加上脉宽调制电路后，便可得到完整的 Boost 升压型开关稳压电路，如图 8.24 所示。图 8.24 所示电路的波形图及其稳压原理与图 8.21 所示基本的相同，读者可自行分析。

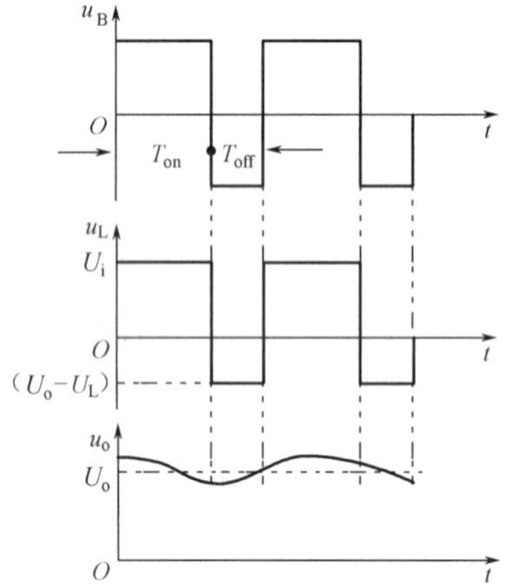

图 8.23　Boost 升压型开关稳压电源电路波形图

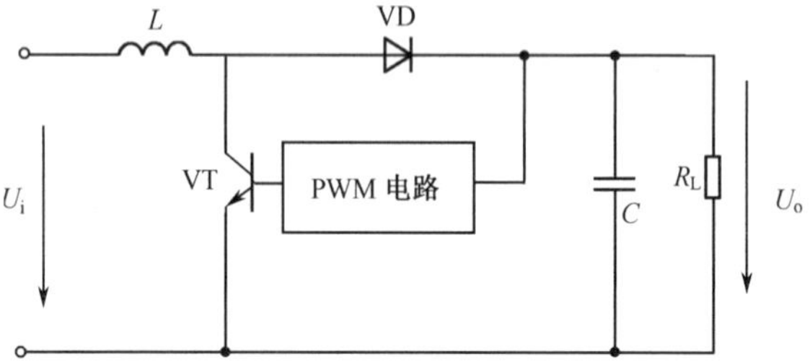

图 8.24　Boost 升压型开关稳压电路原理图

【思考与练习】

8-3-1　简述电源电压下降时，稳压管稳压电路的稳压过程。

8-3-2　画出桥式整流电容滤波稳压管稳压电路的电路图。若要求负载电压为 10V，试选择变压器副边电压有效值。

8-3-3　为什么开关型稳压电源的效率比线性电源的高？

本章要点

一、单相整流电路（见下表）

整流二极管的选择：$I_{FM} \geqslant 1.1 I_D$，$U_{RM} \geqslant 1.1 U_{DRM}$。

电路	输入电压		输出电压		输出电流（平均值）	整流二极管	
	有效值	波形	波形	平均值		电流（平均值）	最高反向电压
半波整流（图 8.2）	U_2			$U_o = 0.45U_2$	$I_o = \frac{0.45U_2}{R_L}$	$I_D = I_o$	$U_{DRM} = \sqrt{2}U_2$
桥式整流（图 8.3）				$U_o = 0.9U_2$	$I_o = \frac{0.45U_2}{R_L}$	$I_D = \frac{1}{2}I_o$	$U_{DRM} = \sqrt{2}U_2$

二、电容滤波电路

1．电路结构：将滤波电容与负载电阻并联，连接于整流电路输出端（见图 8.5）。

2．滤波原理：利用电容元件的交流电抗小，直流电抗为无穷大的特点，使整流电路输出的脉动直流电压中的交流分量直接流入公共点，直流分量无损失地送到负载。

3．滤波电容的选择：$R_L C \geqslant (3\sim5)\frac{T}{2}$。

4．电容滤波电路输出电压的近似估算

半波整流电容滤波：$U_o = U_2$

桥式整流电容滤波：$U_o = 1.2U_2$

5．电容滤波电路的特点

电路简单，滤波效果好；外特性差，整流二极管导通角小，有电流冲击。

常用于负载电流小且变化不大的场合。

三、稳压电路

1．稳压管稳压电路

电路结构：稳压电路由稳压管与调整电阻构成。将稳压管与负载电阻并联，连接于电路输出端，调整电阻串联在电路中（见图 8.10）。

稳压原理：引起输出电压不稳定的主要原因是电源电压的变化和负载电流的变化。

交流电源电压增大→整流滤波输出电压U_i上升→负载电压U_o有上升的趋势→$U_o = U_Z$增大→稳压管电流I_Z增大，限流电阻R上电压增大以抵消U_i的增大→输出电压U_o不变。

负载电阻R_L减小→负载电流增大而使电阻 R 上的电压增大→负载电压U_o有减小的趋势→$U_o = U_Z$减小→稳压管电流I_Z减小的电流抵消掉负载上增大的电流→通过电阻 R 的电流和其两端电压保持不变→输出电压U_o保持不变。

稳压管的选择：$U_o = U_Z$，I_{Zmin}（稳压管参数I_Z）$< I_Z < I_{ZM}$，$U_i = (2\sim3)U_o$。

稳压管稳压电路的应用：稳压管稳压电路稳压效果好，但输出电压不可调，适用于负载电流较小且变化范围也较小的情况，一般用作基准电压电路。

2．集成稳压器稳压电路

集成稳压电源特点：体积小、可靠性高、使用方便、价格低廉。

集成稳压电源的应用：集成稳压器 W7800（W7900）系列为固定式稳压器，仅有输入端、输出端和公共端三个引脚。

输出正电压：采用 W7800 系列（见图 8.13）。

输出负电压：采用 W7900 系列（见图 8.14）。

3．开关型稳压电路

开关型稳压电路中的调整管工作在开关状态，因而功耗小，电路效率高，但一般输出的纹波电压较大，适用于输出电压调节范围小、负载对输出纹波要求不高的场合。串联开关型稳压电路是降压型电路，并联开关型稳压电路是升压型电路。脉冲宽度调制式（PWM）开关型稳压电路在控制电路输出频率不变的情况下，通过电压反馈调整其占空比，从而达到稳定输出电压的目的。

关键术语

直流稳压电源：direct power supply　　整流电路：rectifier

半波整流：half wave rectifier　　桥式整流：bridge rectifier

滤波电路：filter　　电容滤波：capacitance filter

稳压电路：voltage regulator　　稳压管稳压电路：zener voltage regulator

集成稳压器：integrate regulator　　开关型直流稳压电源：switch mode direct power supply

并联型：parallel type　　串联型：serial type

脉宽调制：pulse-width modulation　　占空比：duty ratio

习题 8

8-1　在单相半波整流电路中，已知 $R_L = 80\Omega$，用直流电压表测得负载上的电压为 110V。试求：（1）负载中通过电流的平均值；（2）变压器二次侧电压的有效值；（3）二极管的电流及承受的最高反向工作电压，并选择合适的二极管。

8-2　习题 8-1 中的负载，若要求电压、电流不变，采用单相桥式整流电路，计算变压器二次侧电压的有效值及二极管的电流与承受的最高反向工作电压，并选择合适的二极管。

8-3　若要求负载电压 $U_o = 30V$，负载电流 $I_o = 150mA$，采用单相桥式整流电容滤波电路。试画出电路图，并选择合适的元件。已知输入交流电压的频率为 50Hz。当负载电阻断开时，输出电压为多少？

8-4　在图 8.9 所示的具有 RCπ 型滤波器的电路中，已知变压器二次侧的交流电压的有效值为 6V，若要求负载电压 $U_o = 6V$，$I_o = 100mA$，试计算滤波电阻 R。

8-5　直流稳压电源电路如图 8.25 所示。试求：

（1）标出输出电压的极性并计算其大小；

（2）标出滤波电容 C_1 和 C_2 的极性；

（3）若稳压管的 $I_Z = 5mA$，$I_{ZM} = 20mA$，当 $R_L = 200\Omega$ 时，稳压管能否正常工作？负载电阻的最小值约为多少？

（4）若将稳压管反接，结果如何？

（5）若 $R = 0$，又将如何？

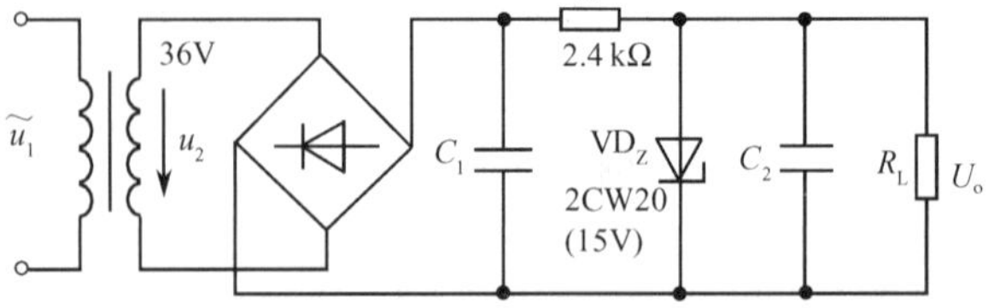

图 8.25　习题 8-5 的电路

8-6　用三端集成稳压器 W7805 组成一个直流稳压电源，画出完整的电路图，选择合适的电路元件。该电源的输出电压是多少？

8-7　用三端集成稳压器 W7905 组成一个直流稳压电源，画出完整的电路图，选择合适的电路元件。该电源的输出电压是多少？

8-8　用三端集成稳压器设计一个输出 ±15V 电压的直流稳压电源，画出完整的电路图，选择合适的电路元件。

第3模块　数字电子技术基础

第9章　门电路与组合逻辑电路

引言

电子电路中的信号可分为两大类，一类是随时间连续变化的模拟信号，处理模拟信号的电路称为模拟电路。另一类是在时间和数量上都是离散的数字信号，处理数字信号的电路称为数字电路。模拟电路和数字电路的功能不同，分析和设计电路的方法也不相同。

根据电路的结构和功能特点，数字电路又可分为组合逻辑电路和时序逻辑电路。

本章系统介绍了基本逻辑门电路的功能、组合逻辑电路的分析与设计方法，以及常用的各种中规模集成组合逻辑电路的工作原理和使用方法。

学习目标

- 了解数字信号和数字电路的特点。
- 掌握与、或、非三种基本逻辑运算以及与非、异或等常用逻辑运算的逻辑功能。
- 了解逻辑代数的基本运算法则和基本定律。
- 掌握应用逻辑代数运算法则和卡诺图进行逻辑化简的方法。
- 掌握几种逻辑函数表示形式之间的转换方法。
- 了解集成逻辑门电路的特点和使用中的实际问题。
- 掌握组合逻辑电路的分析和设计的方法。
- 熟练掌握常用中规模组合逻辑模块的使用方法。

9.1　数字电路概述

9.1.1　脉冲信号和数字信号

1．脉冲信号

数字电路处理的信号是脉冲信号。脉冲信号是一种持续时间很短的跃变信号。图9.1是两种常见的脉冲信号波形。

图9.1（a）是理想矩形脉冲的波形，它从一种状态变化到另一种状态不需要时间。实际上，矩形脉冲波形从一种状态变化到另一种状态是需要时间的，如图9.2所示。下面以实际矩形脉冲波形为例来说明描述脉冲信号的各种参数。

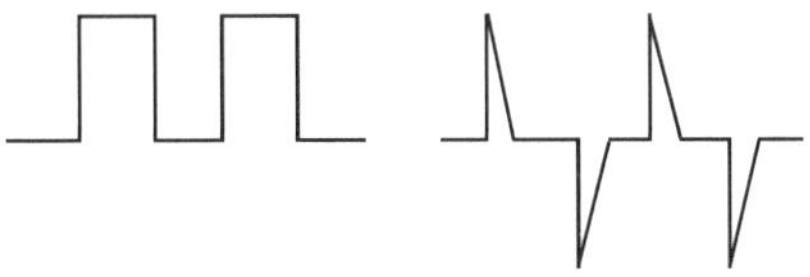

(a) 矩形波　　(b) 尖顶波

图9.1　脉冲波形

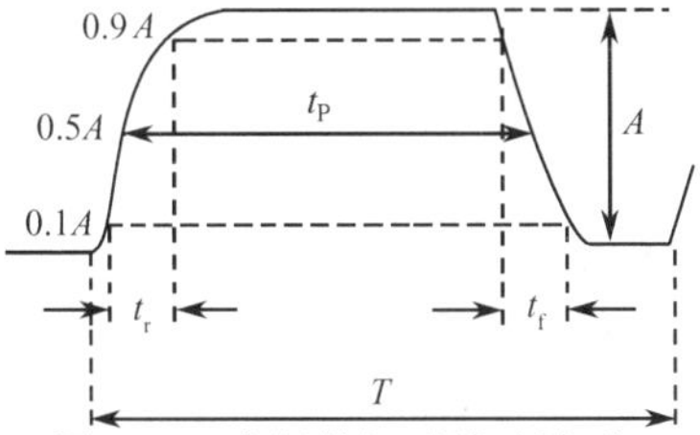

图9.2　实际的矩形脉冲波形

（1）脉冲幅值 A

脉冲信号从一种状态变化到另一种状态的最大变化幅度。

（2）脉冲上升时间 t_r

由脉冲幅值的10%上升到90%所需的时间，也称为脉冲前沿或脉冲上升沿。

（3）脉冲下降时间 t_f

由脉冲幅值的 90%下降到 10%所需的时间，也称为脉冲后沿或脉冲下降沿。

（4）脉冲宽度 t_P

由脉冲前沿幅值的 50%变化到后沿幅值的 50%所需的时间，也称为脉冲持续时间。

（5）脉冲周期 T

周期性脉冲信号相邻两个脉冲之间的时间间隔。

（6）脉冲频率 f

单位时间内脉冲信号重复的次数：$f=\frac{1}{T}$。

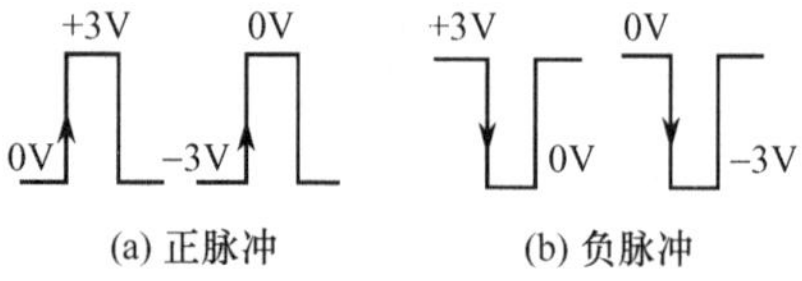

图 9.3　理想正、负脉冲波形

（7）占空比 q

脉冲宽度占整个脉冲周期的百分比：$q(\%)=\frac{t_P}{T}\times 100\%$。

脉冲信号可以分为正脉冲和负脉冲两种。如果脉冲跃变后的值比初始值高，则为正脉冲，如图 9.3（a）所示；反之，则为负脉冲，如图 9.3（b）所示。

2．数字信号

在数字电路中，数字电压通常用逻辑电平来表示。逻辑电平不是物理量，而是物理量的相对表示，有“高电平”和“低电平”之分。

数字信号是指可以用高电平和低电平两种逻辑电平描述的信号，其在时间上和数值上均是离散的。电平的高和低用 1 和 0 两种状态来区分。这里的 1 和 0 不是表示具体的数量，而是一种逻辑状态。习惯上，用高电平表示逻辑 1，用低电平表示逻辑 0，这称为正逻辑。反之，如果用高电平表示逻辑 0，低电平表示逻辑 1，则称为负逻辑。如果没有特殊注明，在本书中采用的都是正逻辑。

9.1.2　数字电路中常用数制

所谓“数制”是指进位计数制，即用进位的方式来计数。同一个数可以采用不同的进位计数制来表示。

在日常生活中，人们习惯于使用十进制数，而在数字电路中常采用二进制数，因为二进制数只有 0 和 1 两个数码，用两个对立的电路状态表示两个数码很容易实现。这意味着，将十进制数输入到数字系统中之前，需要把它转换为二进制数；同样，在一个数字系统的输出部分，二进制数也要转换为十进制数，以方便人们读取。除了二进制数和十进制数，在数字系统中还广泛地采用八进制数和十六进制数，由于八进制数和十六进制数可以方便地与二进制数进行相互转换，因此这两种进制通常用来表示数值较大的二进制数。

1．进位计数制

（1）十进制

十进制是人们最常用的一种数制。它有以下特点。

① 采用 10 个计数符号（也称数码）：0，1，2，3，4，5，6，7，8，9。

② 十进制数的进位规则是“逢十进一”，即每位计满 10 就向高位进 1，进位基数为 10。所谓“基数”，它表示该数制所采用的计数符号的个数及其进位的规则。因此，同一个符号在一个十进制数中的不同位置时，它所代表的数值是不同的。例如，十进制数 1976.5 可写为

$$1976.5=1\times 10^3+9\times 10^2+7\times 10^1+6\times 10^0+5\times 10^{-1}$$

在一种数制中，各位计数符号为 1 时所代表的数值称为该数位的“权”。十进制数中各位的权是基数 10 的整数次幂。

③ 根据上述特点，任意一个十进制数可以表示为

$$(N)_{10} = \sum_{i=-m}^{n-1} a_i \times 10^i \tag{9.1}$$

式中，a_i 为基数 10 的 i 次幂的系数，它可以是 0～9 中的任意一个计数符号；n 为$(N)_{10}$的整数位个数；m 为$(N)_{10}$的小数位个数；下标 10 为十进制数的进位基数；10^i 为 a_i 所在位的权。

通常把式（9.1）的表示形式称为按权展开式。

（2）二进制

① 采用两个计数符号 0 和 1。

② 二进制数的进位规则为“逢二进一”，即 1+1=10（读为“壹零”）。必须注意，这里的 10 和十进制数中的 10 是完全不同的，它实际上等于十进制数 2。

二进制数中各位的权是基数 2 的整数次幂。

③ 根据上述特点，任何具有 n 位整数 m 位小数的二进制数的按权展开式可表示如下

$$(N)_2 = \sum_{i=-m}^{n-1} a_i \times 2^i \tag{9.2}$$

式中，系数 a_i 可以是 0 或 1。

例如：$(101.11)_2 = 1\times 2^2 + 0\times 2^1 + 1\times 2^0 + 1\times 2^{-1} + 1\times 2^{-2}$

目前数字电路普遍采用二进制数。其原因为：二进制数只有两个计数符号 0 和 1，因此它的每一位都可以用任何具有两个不同稳定状态的元件来实现。例如，继电器的闭合和断开，晶体管的饱和与截止等。只要规定一种状态代表 1，另一种状态代表 0，就可以表示二进制数。这样使数码的存储和传送变得简单而可靠。同时，二进制数的基本运算规则简单，运算操作简便。

二进制数还可以用数字波形表示，如图 9.4 所示为用波形表示的二进制数 0000～1001，图中，高电平代表 1，低电平代表 0，清晰直观，且便于使用电子仪器进行观察。

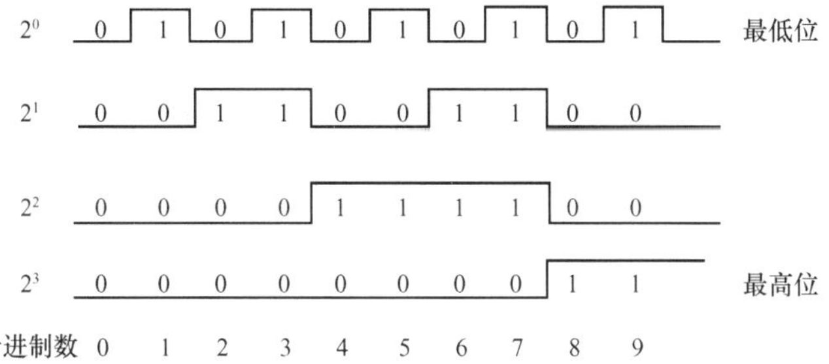

图 9.4　用波形表示的二进制数 0000～1001

2．二进制数与十进制数之间的转换

（1）二进制数转换为十进制数

将二进制数转换为等值的十进制数，常用按权展开法。

这种方法是将二进制数按式（9.2）展开，然后按十进制数的运算规则求和，即得等值的十进制数。

〖**例 9.1**〗　将二进制数$(1101.101)_2$转换为等值的十进制数。

解：$(1101.101)_2 = 1\times 2^3 + 1\times 2^2 + 0\times 2^1 + 1\times 2^0 + 1\times 2^{-1} + 0\times 2^{-2} + 1\times 2^{-3}$

$= 8 + 4 + 0 + 1 + 0.5 + 0 + 0.125$

$= (13.625)_{10}$

（2）十进制数转换为二进制数

将十进制数转换为二进制数可采用基数连除、连乘法。这种方法是把十进制数的整数部分和小数部分分别进行转换，然后将结果相加。

整数部分采用“除 2 取余”法进行转换，即把十进制整数连续除以 2，直到商等于零为止，然后把每次所得余数（1 或者 0）按相反的次序排列，即得转换后的二进制数整数。

〖例 9.2〗　将十进制数$(53)_{10}$转换为等值的二进制数。

解：

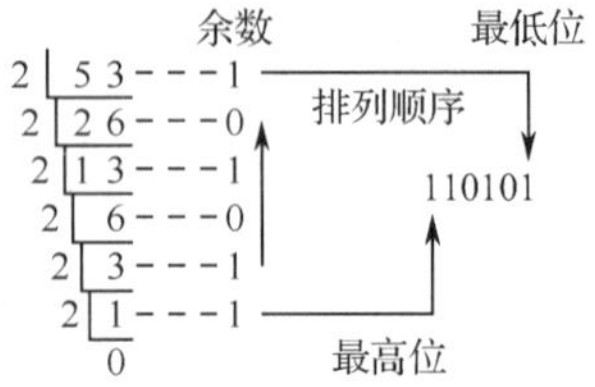

故$(53)_{10} = (110101)_2$。

小数部分采用“乘 2 取整”法转换，即把十进制小数连续乘以 2，直到小数部分为零或者达到规定的位数为止，然后将每次所取整数按序排列，即得转换后的二进制小数。

3．BCD 码

在数字系统中，一般采用二进制数进行运算，但是由于人们习惯采用十进制数，因此常需进行十进制数和二进制数之间的转换，其转换方法前面已讨论过了。为了方便数字系统处理十进制数，还经常采用编码的方法，即以若干位二进制码来表示 1 位十进制数，这种代码称为二进制编码的十进制数，简称二-十进制码，或 BCD 码（Binary Coded Decimal Codes）。

因为十进制数有 0～9 共 10 个计数符号，所以，为了表示这 10 个符号中的某一个，至少需要 4 位二进制码。4 位二进制码有 2^4 种不同组合，我们可以在 16 种不同的组合代码中任选 10 种表示十进制数的 10 个不同计数符号。根据这种要求，可供选择的方法很多，最常用的是 8421 码，如表 9.1 所示。

表 9.1　BCD 码

十进制数	8421 码
0	0000
1	0001
2	0010
3	0011
4	0100
5	0101
6	0110
7	0111
8	1000
9	1001
无效码	1010
	1011
	1100
	1101
	1110
	1111

相对十进制、二进制、八进制、十六进制来说，BCD 码不是一种新的计数体制，它是将十进制数中的每个数字都用二进制数码来表示。还要注意的是，BCD 码与直接的二进制数不同，一个二进制数对应的是一个十进制数的整体，而 BCD 码则是分别把每位十进制数转换为二进制数。例如：

$$(137)_{10} = (10001001)_2$$

$$(137)_{10} = (0001\ 0011\ 0111)_{8421BCD}$$

比较上面两个式子可以发现，用 BCD 码表示$(137)_{10}$需要 12 位，而用二进制数表示仅需要 8 位。正如前面指出的那样，由于 BCD 码没有使用所有可能的 4 位编码组合，因此利用率较低，当需要表示的十进制数多于 1 位时，BCD 码比直接用二进制数表示需要更多的位数。

BCD 码的最大优点是容易实现与十进制数的相互转换，仅需要记忆十进制数 0～9 所对应的 4 位二进制码。

【思考与练习】

9-1-1　有一个矩形波频率 f 为 1kHz，脉冲宽度 t_P 为 250μs，占空比 q 是多少？

9-1-2　什么是数字信号？简述数字信号中的 0 和 1 的含义。

9-1-3　写出十进制数 13 对应的二进制数。

9-1-4　写出二进制数 1011001 对应的十进制数。

9-1-5　写出$(255)_{10}$所对应的二进制数和 BCD 码。

9.2　逻辑代数与逻辑函数

9.2.1　逻辑代数

分析和设计逻辑电路的数学工具是逻辑代数，也称布尔代数（1849 年，由英国数学家乔治·布尔提出）。虽然逻辑代数与普通代数一样，也是用字母表示变量，但是逻辑变量的取值只有 1 和 0 两种。而且 1 和 0 并不代表变量的大小，而是代表两种相反的逻辑状态，例如："是"与"不是"，"通"与"断"等。1 和 0 的含义要根据所研究的具体事件来确定。这与普通代数有着本质的区别。

数字系统是典型的二值系统，利用逻辑代数可以将客观事物之间复杂的逻辑关系用简单的代数式描述出来，从而方便地用数字电路实现各种复杂的逻辑功能。

在逻辑代数中只有三种基本的逻辑运算，即与、或、非，以及在基本逻辑运算基础上构成的复合逻辑运算，下面分别进行介绍。

1．基本逻辑运算

（1）与逻辑运算

与逻辑的一般定义可描述为：只有当决定事物结果的诸条件中所有条件都具备时，结果才发生；如果有一个（或者一个以上）条件不具备，则结果不发生。这样的因果关系称为与逻辑关系。

电路如图 9.5 所示，图中开关 A 和 B 串联，只有当两个开关同时闭合时，灯 F 才能亮。当有一个开关断开或二者均断开时，灯不亮。这里开关 A、B 的"闭合、断开"和灯 F"亮、不亮"之间的因果关系是与逻辑关系。

与逻辑运算也叫逻辑乘。两个变量 A、B 的逻辑乘用代数表达式可表示为

$$F = A \cdot B \tag{9.3}$$

式（9.3）称为与逻辑函数表达式（简称逻辑函数式或逻辑式）。式中"A· B"读为"A 与 B"或"A 乘 B"。"· "是与运算符号（有些文献中用符号"∧"或"∩"表示），它仅表示与的逻辑功能，无数量相乘之意，书写时可把"· "省掉。

假设上例中开关闭合为 1，断开为 0；灯亮为 1，灯灭为 0。开关和灯的状态可用表 9.2 表示，称为逻辑状态表，也称为逻辑真值表，或简称真值表。

在数字电路中，实现与逻辑关系的逻辑电路称为与门。与门有多个输入端，一个输出端，其逻辑符号如图 9.6 所示。

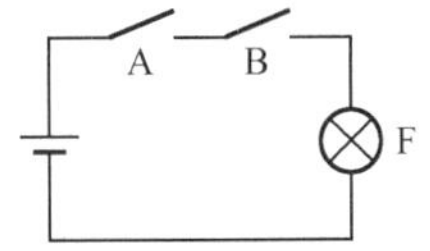

图 9.5　与逻辑电路

表 9.2　与逻辑真值表

A	B	F
0	0	0
0	1	0
1	0	0
1	1	1

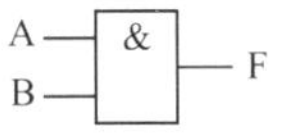

图 9.6　与门逻辑符号

与门的逻辑功能可以概括为：全 1 出 1，有 0 出 0，即：只有当全部输入均为 1 时，输出才为 1；当输入有 0 时，输出为 0。

（2）或逻辑运算

或逻辑的一般定义可描述为：决定事物结果的诸条件中只要有任何一个满足，结果就发生。这样的因果关系称为或逻辑关系。

电路如图 9.7 所示，图中开关 A 和 B 并联，只要有一个开关闭合，灯 F 就会亮。当两个开关均断开时，灯不亮。这里开关 A、B 的“闭合、断开”和灯 F“亮、不亮”之间的因果关系是或逻辑关系。

或逻辑运算也叫逻辑加。两个变量 A、B 的逻辑加用代数表达式可表示为

$$F=A+B \tag{9.4}$$

式（9.4）中，“A+B”读为“A 或 B”或“A 加 B”。“+”是或运算符号（有些文献中用符号“∨”或“∪”表示），它仅表示或的逻辑功能，无数量累加之意。

在数字电路中，实现或逻辑关系的逻辑电路称为“或”门。“或”门有多个输入端，一个输出端，其逻辑符号如图 9.8 所示，真值表如表 9.3 所示。

或逻辑的功能可以概括为：有 1 出 1，全 0 出 0。

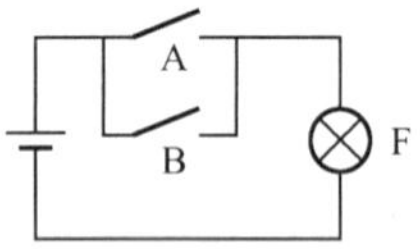

图 9.7　或逻辑电路

表 9.3　或逻辑真值表

A	B	F
0	0	0
0	1	1
1	0	1
1	1	1

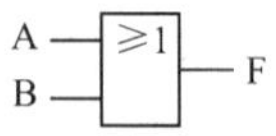

图 9.8　或门逻辑符号

（3）非逻辑运算

非逻辑的一般定义可描述为：决定事物结果 F 和条件 A 处于相反状态的逻辑关系称为逻辑非，也称逻辑反。

电路如图 9.9 所示，图中开关 A 闭合时，灯 F 不亮，开关 A 断开时，灯 F 亮，即 F 和 A 为非逻辑。

非逻辑运算也叫逻辑否定。用代数表达式可表示为

$$F=\overline{A} \tag{9.5}$$

式（9.5）中 $\overline{A}$ 读为“A 非”，变量 A 上面的短横线表示非运算符号。A 称为原变量，$\overline{A}$ 称为反变量，$\overline{A}$ 和 A 是一个变量的两种形式。

在数字电路中，实现非逻辑关系的逻辑电路称为非门（又称反相器）。非门只有一个输入端，一个输出端，其逻辑符号如图 9.10 所示，图中的小圆圈代表非运算。

非逻辑的真值表如表 9.4 所示。非逻辑的功能可以概括为：有 1 出 0，有 0 出 1。

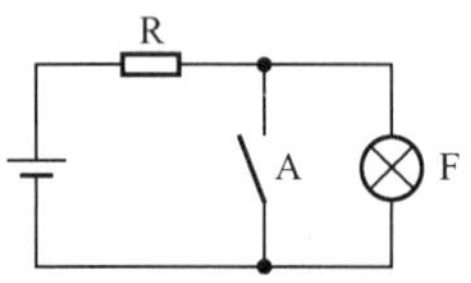

图 9.9　非逻辑电路

表 9.4　非逻辑真值表

A	F
0	1
1	0

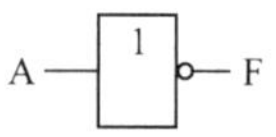

图 9.10　非门逻辑符号

2. 复合逻辑运算

在实际使用中，除与门、或门、非门这三种基本单元电路外，还广泛地采用与非门、或非门、异或门及同或门等多种复合门电路，它们的逻辑关系可以由与、或、非三种基本逻辑关系组合而出，故称为复合逻辑运算。

（1）与非逻辑

与非逻辑是由与逻辑和非逻辑组合而成的。其逻辑函数式为

$$F=\overline{AB} \tag{9.6}$$

与非逻辑的真值表如表 9.5 所示，其逻辑功能可概括为：有 0 出 1，全 1 出 0。

实现与非逻辑的逻辑电路称为与非门，其逻辑符号如图 9.11 所示。和与门逻辑符号相比，与非门输出端上多了一个小圆圈，其含义就是非。

表 9.5　与非逻辑真值表

A	B	$F=\overline{AB}$
0	0	1
0	1	1
1	0	1
1	1	0

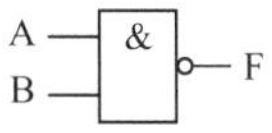

图 9.11　与非门逻辑符号

（2）或非逻辑

或非逻辑是由或逻辑和非逻辑组合而成的。其逻辑函数式为

$$F=\overline{A+B} \tag{9.7}$$

或非逻辑的真值表如表 9.6 所示，其逻辑功能可概括为：全 0 出 1，有 1 出 0。

实现或非逻辑的逻辑电路称为或非门，其逻辑符号如图 9.12 所示。

表 9.6　或非逻辑真值表

A	B	$F=\overline{A+B}$
0	0	1
0	1	0
1	0	0
1	1	0

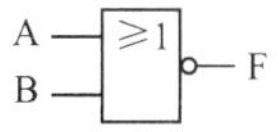

图 9.12　或非门逻辑符号

（3）异或逻辑

两个变量的异或逻辑函数式为

$$F=A\overline{B}+\overline{A}B=(\overline{A}+\overline{B})(A+B)=A\oplus B \tag{9.8}$$

式中，“$\oplus$　”表示异或运算符号。

异或逻辑的真值表如表 9.7 所示。其逻辑功能可概括为：相异出 1，相同出 0，这也是异或的含义所在。实现异或逻辑的逻辑电路称为异或门，其逻辑符号如图 9.13（a）所示。

（4）同或逻辑

两个变量的同或逻辑函数式为

$$F=\overline{A}\cdot\overline{B}+A\cdot B=(A+\overline{B})(\overline{A}+B)=A\odot B \tag{9.9}$$

式中，“$\odot$”表示同或运算符号。

同或逻辑的真值表如表 9.8 所示。其逻辑功能可概括为：相同出 1，相异出 0。其逻辑符号如图 9.13（b）所示。

从异或逻辑和同或逻辑的真值表可以看出，两者互为反函数，即

$$A\odot B=\overline{A\oplus B}$$

为便于查阅，将常用的几种逻辑门表示法列于表 9.9 中，其中，原部标电路符号为我国过去使用的电路符号标准，这些符号在当前出版的许多书籍中还能见到。国外流行电路符号常见于外文书籍中，在我国引进的一些计算机辅助电路分析和设计软件中，常使用这些符号。

表 9.7　异或逻辑真值表

A	B	F = A⊕B
0	0	0
0	1	1
1	0	1
1	1	0

(a)异或门逻辑符号　(b)同或门逻辑符号

图 9.13　异或门和同或门逻辑符号

表 9.8　同或逻辑真值表

A	B	F =A⊙B
0	0	1
0	1	0
1	0	0
1	1	1

表 9.9　门电路的几种表示法

输入 A	输入 B	与（AND）$Y=AB$	或（OR）$Y=A+B$	与非（NAND）$Y=\overline{AB}$	或非（NOR）$Y=\overline{A+B}$	异或（EXOR）$Y=A\oplus B$	同或（EXNOR）$Y=\overline{A\oplus B}$	非（NOR）$Y=\overline{A}$
0	0	0	0	1	1	0	1	1
0	1	0	1	1	0	1	0	1
1	0	0	1	1	0	1	0	0
1	1	1	1	0	0	0	1	0
电路符号	国际	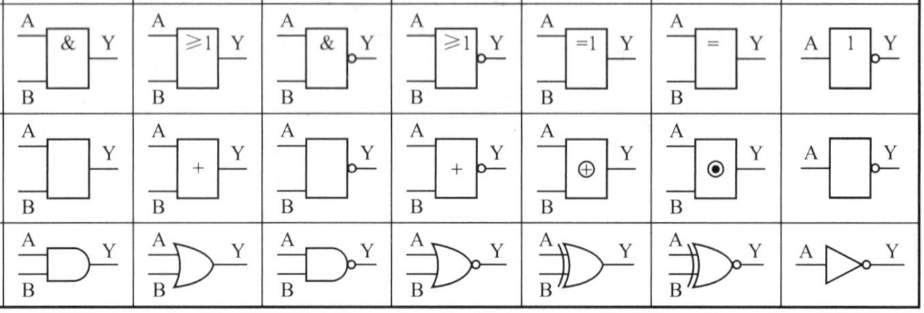						
	原部标							
	国外流行							

注：表中的国标电路符号引用 ANSI/IEEE Std.91—1984，国外流行电路符号引用补充 ANSI/IEEE Std.91a—1991。

3．逻辑代数的基本定律

① 0－1 律

$$A\cdot 0=0 \tag{9.10}$$

$$A+1=1 \tag{9.11}$$

② 自等律

$$A\cdot 1=A \tag{9.12}$$

$$A+0=A \tag{9.13}$$

③ 重叠律

$$A\cdot A=A \tag{9.14}$$

$$A+A=A \tag{9.15}$$

④ 互补律

$$A\cdot\overline{A}=0 \tag{9.16}$$

$$A+\overline{A}=1 \tag{9.17}$$

⑤ 交换律

$$A\cdot B=B\cdot A \tag{9.18}$$

$$A+B=B+A \tag{9.19}$$

⑥ 结合律

$$A\cdot(B\cdot C)=(A\cdot B)\cdot C \tag{9.20}$$

$$A+(B+C)=(A+B)+C \tag{9.21}$$

⑦ 分配律

$$A\cdot(B+C)=A\cdot B+A\cdot C \tag{9.22}$$

$$A+B\cdot C=(A+B)\cdot(A+C) \tag{9.23}$$

⑧ 反演律

$$\overline{A+B}=\overline{A}\cdot\overline{B} \tag{9.24}$$

$$\overline{A\cdot B}=\overline{A}+\overline{B} \tag{9.25}$$

⑨ 还原律 $\overline{\overline{A}}=A$ （9.26）

⑩ 吸收律 $A\cdot B+A\cdot\overline{B}=A$ （9.27）

$(A+B)\cdot(A+\overline{B})=A$ （9.28）

$A+A\cdot B=A$ （9.29）

$A\cdot(A+B)=A$ （9.30）

$A+\overline{A}\cdot B=A+B$ （9.31）

$A\cdot(\overline{A}+B)=A\cdot B$ （9.32）

以上逻辑代数的基本定律的正确性，可用真值表加以验证。以基本定律为基础，可以推导出逻辑代数的其他公式。

9.2.2 逻辑函数及其表示法

1. 逻辑函数

任何一个具体的逻辑关系都可以用一个确定的逻辑函数来描述，通过逻辑函数可以方便地研究各种复杂的逻辑问题。

从前面讲过的各种逻辑关系中可以看到，如果以逻辑变量作为输入，以运算结果作为输出，那么当输入变量的取值确定之后，输出的取值便随之确定。因此，输出与输入之间是一种函数关系。这种函数关系称为逻辑函数，写成

$$Y=F(A,B,C\cdots)$$

2. 逻辑函数的表示法

常用的逻辑函数表示方法有逻辑式、逻辑图、真值表和卡诺图等。这里只介绍前三种，逻辑函数的卡诺图表示将在后面的逻辑函数化简中介绍。

（1）真值表

用真值表描述逻辑函数的方法是一种表格表示法。由于一个逻辑变量只有 0 和 1 两种可能的取值，故 n 个逻辑变量一共有 2^n 种可能的取值组合。任何逻辑函数总是和若干个逻辑变量相关的，真值表是一种由逻辑变量的所有可能取值组合及其对应的逻辑函数值所构成的表格。例如，三个逻辑变量 A、B、C 对应的“与”逻辑函数真值表如表 9.10 所示。

表 9.10 真值表

A	B	C	F
0	0	0	0
0	0	1	0
0	1	0	0
0	1	1	0
1	0	0	0
1	0	1	0
1	1	0	0
1	1	1	1

（2）逻辑式

把输出与输入之间的逻辑关系写成与、或、非等运算的组合式，即为逻辑式。例如：$Y=A\cdot B+\overline{A}\cdot\overline{B}$。逻辑式有多种形式，如与或表达式、或与表达式、与或非表达式、与非-与非表达式、或非-或非表达式等。

与或表达式是逻辑表达式的基本形式之一。所谓与或表达式，是指由若干与项进行或运算构成的表达式，每个与项可以是单个变量的原变量或者反变量，也可以由多个原变量或者反变量相与组成。

任何一个逻辑函数都可以方便地表示成与或表达式，从与或表达式很容易转换成其他表示形式。

（3）逻辑图

将逻辑函数中各变量之间的与、或、非等逻辑关系用图形符号表示出来，即为逻辑图。例如，逻辑函数 $Z=\overline{A\cdot\overline{AB}+B\cdot\overline{AB}}$ 对应的逻辑图如图 9.14 所示。

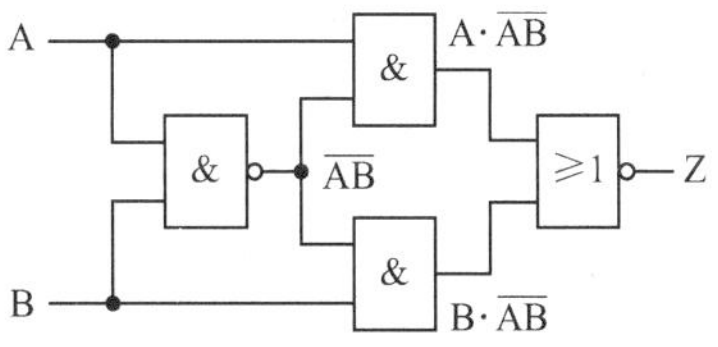

图 9.14 逻辑图

由表 9.2 至表 9.8 可以看出，用真值表来表示逻辑函数，变量的各种取值与函数值之间的关系一目了然。研究某事件的逻辑关系时，一般不容易直接得出逻辑式，列出其真值表则比较容易。因此，在表示一个逻辑函数时，常常是先写出真值表，再由真值表转换成逻辑式，根据逻辑式画出逻辑图。对同一个逻辑函数，可以根据需要采用任何一种形式来表示，各种形式之间也可以相互转换。

3．逻辑函数表示形式的转换

（1）由真值表转换为与或表达式

由真值表转换到与或表达式的方法是：

① 找出真值表中使输出结果为 1 的那些输入变量取值的组合；

② 每组输入变量取值的组合对应一个乘积项，其中取值为 1 的写入原变量，取值为 0 的写入反变量；

③ 将所有的与项相或，得到逻辑函数的与或表达式。

例如，将异或逻辑的真值表转换成与或逻辑式。由表 9.7 可见，输出 F 为 1 的输入变量 A 和 B 的组合有两种：一种是 A=0，B=1，对应的乘积项为$\overline{A}\cdot B$；另一种是 A=1，B=0，对应的乘积项为$A\cdot\overline{B}$。将两个乘积项相或便得到其对应的与或表达式为$F=\overline{A}\cdot B+A\cdot\overline{B}$。

（2）由逻辑式转换到真值表

由逻辑式转换到真值表的方法是：

① 把逻辑式中输入变量取值的所有组合（有 n 个输入变量时，相应的取值组合有 2^n 个）有序地填入真值表；

② 将输入变量取值的所有组合逐一代入逻辑式求出输出结果，并将其对应地填入真值表中，完成转换。

（3）逻辑式与逻辑图的转换

用逻辑符号代替逻辑式中的运算符号，并依据运算优先顺序把逻辑符号连接起来，就可以画出逻辑图了。

例如，图 9.15 为逻辑式 F=A+B·C 的逻辑图。

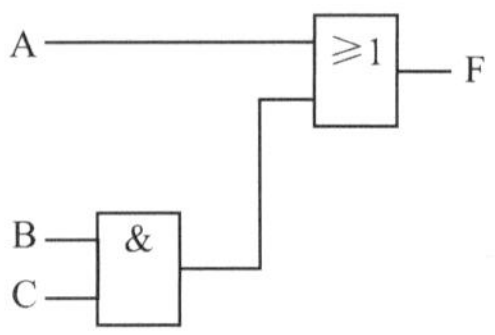

图 9.15　逻辑式变换为逻辑图

9.2.3　逻辑函数的化简与变换

1．逻辑函数的化简

逻辑函数最终要由逻辑电路来实现，同一种逻辑功能可以用多种不同的逻辑电路实现。对逻辑函数进行化简，求得最简逻辑表达式，可以使实现逻辑函数的逻辑电路得到简化。这既有利于节省元器件，降低成本，也利于减小元器件的故障率，提高电路的可靠性；同时简化电路，使元器件之间的连线减少，给制作带来了方便。

逻辑函数常用的化简方法有逻辑代数法（也称公式法）和卡诺图法两种。

（1）代数化简法

所谓代数化简法，是指针对某一逻辑函数式反复运用逻辑代数公式，以消去多余的乘积项和每个乘积项中多余的因子，使函数式得到化简。

〖例 9.3〗　化简表达式$F=ABC+\overline{A}BC$。

解：

$$F=ABC+\overline{A}BC$$
$$=BC(A+\overline{A})\qquad（利用 A+\overline{A}=1）$$
$$=BC$$

〖例 9.4〗 化简表达式 $F=A\overline{B}+B+BCD$。

解：

$$
\begin{aligned}
F&=A\overline{B}+B+BCD\\
&=A\overline{B}+B(1+CD) &&（利用 1+A=1）\\
&=A\overline{B}+B &&（利用 A+\overline{A}B=A+B）\\
&=A+B
\end{aligned}
$$

〖例 9.5〗 化简表达式 $F=AB+\overline{A}\,\overline{C}+B\overline{C}$。

解：

$$
\begin{aligned}
F&=AB+\overline{A}\,\overline{C}+B\overline{C}\\
&=AB+\overline{A}\,\overline{C}+(A+\overline{A})B\overline{C} &&（填项 A+\overline{A}=1）\\
&=AB+\overline{A}\,\overline{C}+AB\overline{C}+\overline{A}B\overline{C}\\
&=(AB+AB\overline{C})+(\overline{A}\overline{C}+\overline{A}B\overline{C})\\
&=AB+\overline{A}\,\overline{C}
\end{aligned}
$$

利用逻辑代数法化简时，必须熟练掌握逻辑代数的基本运算法则和定律，而且需要一些技巧，特别是得到的逻辑式是否是最简形式较难掌握。使用卡诺图法可以较为简便地得到最简的逻辑式。

（2）卡诺图化简法

卡诺图化简法是指将逻辑函数用一种称为"卡诺图"的图形来表示，然后在卡诺图上进行函数化简的方法。这种方法简单、直观，可很方便地将逻辑函数化成最简。

① 最小项与逻辑相邻

设A、B、C是三个输入变量，共有8种输入变量的取值组合，因此有8个乘积项与之相对应：$\overline{A}\,\overline{B}\,\overline{C}$、$\overline{A}\,\overline{B}C$、$\overline{A}B\overline{C}$、$\overline{A}BC$、$A\overline{B}\,\overline{C}$、$A\overline{B}C$、$AB\overline{C}$、$ABC$。这些乘积项就称为最小项。它们的特点是：

a）每个乘积项中都包含了所有的输入变量，每个变量是它的一个因子；

b）每个乘积项中的每个因子或者以原变量（A、B、C）的形式，或者以反变量（$\overline{A}$、$\overline{B}$、$\overline{C}$）的形式出现一次。

三个输入变量 A、B、C 共有 8 个最小项，n 个输入变量就有 2^n 个最小项。显然，不是最小项的乘积项也可以转化成最小项的形式。

若两个最小项只有一个变量以原变量、反变量相区别，则称它们逻辑相邻。两个逻辑相邻的最小项可以合并，消去一个因子。例如：逻辑式 $F=\overline{A}\,\overline{B}C+ABC+\overline{A}\,\overline{B}\,\overline{C}$ 中，第一项和第三项为逻辑相邻的最小项可以合并为一项 $\overline{A}\,\overline{B}$，消去变量 C。可见，对逻辑相邻的最小项合并可以用于化简逻辑函数。

② 卡诺图

卡诺图就是与输入变量的最小项对应的按一定规则排列的方格图，每个小方格对应一个最小项。n 个输入变量的卡诺图相应有 2^n 个小方格。卡诺图实际上是真值表的变形。图 9.16 分别为三变量和四变量的卡诺图。在卡诺图的行和列中分别标出变量及其状态。两个输入变量状态的次序是 00，01，11，10。注意：不是二进制数递增的次序 00，01，10，11。这样的排列顺序是为了保证相邻小方格之间逻辑相邻，包括任意一行两端的两个方格以及任意一列两头的两个方格也是逻辑相邻。小方格也可以用二进制数对应于十进制数编号，如图 9.16（b）中的四变量卡诺图，用 m_0，m_1，m_2，…对最小项进行编号。

A \ BC	00	01	11	10
0	$\overline{A}\,\overline{B}\,\overline{C}$	$\overline{A}\,\overline{B}C$	$\overline{A}BC$	$\overline{A}B\overline{C}$
1	$A\overline{B}\,\overline{C}$	$A\overline{B}C$	ABC	$AB\overline{C}$

(a) 三变量

AB \ CD	00	01	11	10
00	m_0	m_1	m_3	m_2
01	m_4	m_5	m_7	m_6
11	m_{12}	m_{13}	m_{15}	m_{14}
10	m_8	m_9	m_{11}	m_{10}

(b) 四变量

图 9.16 卡诺图

③ 应用卡诺图化简

应用卡诺图化简的基本思想就是将逻辑相邻的小方格分组、合并，达到化简的目的。

应用卡诺图化简逻辑函数时，先将逻辑式中的最小项（或真值表中输出取值为 1 的最小项）分别用 1 填入相应的小方格内；逻辑式中没有出现的最小项，在相应的小方格内填入 0 或不填。如果逻辑式不是由最小项构成的，一般应先化为最小项或的形式。

应用卡诺图化简逻辑函数时，应遵循以下原则。

a）将卡诺图中所有取值为 1 的相邻小方格圈成矩形或方形。相邻的小方格包括最上行与最下行、最左列与最右列、同行（列）两端对应的小方格。

b）圈的个数应尽可能少，圈内的小方格应尽可能多。圈内小方格的个数应为 2^n 个。每个新的圈内必须包含至少一个在已经圈过的圈中没有出现过的、取值为 1 的小方格。否则，化简的结果出现重复，而得不到最简式。

c）圈内相邻的 2^n 项可以合并为一项，并消去 n 个因子。所谓合并，就是在一个圈内保留最小项的相同变量，去掉最小项的不同变量。

d）将合并的结果相或，就可得到所求的最简与或式。

〖例 9.6〗 应用卡诺图化简逻辑函数 $Y=\overline{A}\,\overline{B}\,\overline{C}+\overline{A}\,\overline{B}C+\overline{A}BC+A\overline{B}\,\overline{C}$ 。

解：卡诺图如图 9.17 所示。如果根据图中三个圈可以得出

$$Y=\overline{B}\,\overline{C}+\overline{A}C+\overline{A}\,\overline{B}$$

但是，上式并不是最简形式，因为虚线圈的圈法违反了原则 b)。所以，正确的圈法如实线所示，化简结果为 $Y=\overline{B}\,\overline{C}+\overline{A}C$ 。

〖例 9.7〗 应用卡诺图化简逻辑函数 $Y=\overline{A}\,\overline{B}\,\overline{C}\,\overline{D}+\overline{A}\,\overline{B}C\overline{D}+A\overline{B}\,\overline{C}\,\overline{D}+A\overline{B}C\overline{D}+AB+\overline{A}BD$ 。

解：卡诺图如图 9.18 所示。注意四个角上的小方格也是逻辑相邻的，可以合并为一项。根据图中三个圈可以得出化简结果为 $Y=\overline{B}\,\overline{D}+AB+BD$ 。

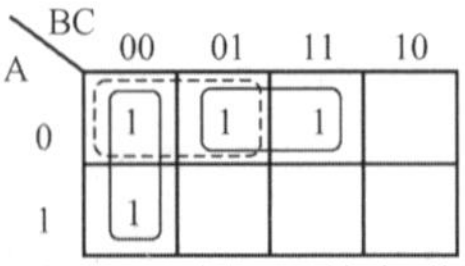

图 9.17 例 9.6 的卡诺图

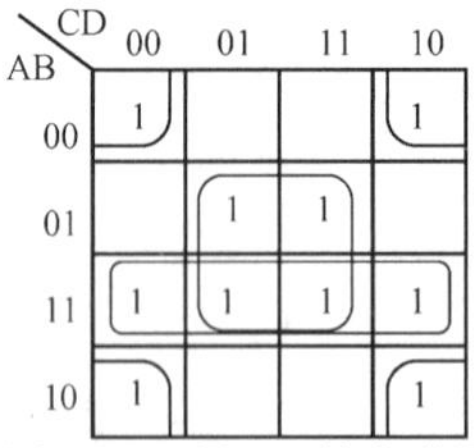

图 9.18 例 9.7 的卡诺图

2．逻辑式的变换

对于一个逻辑问题的实现来说，有时最简的形式不一定是最优方案。当我们手头缺少某种逻辑门的器件时，还可以通过逻辑式的变换，改为采用其他器件实现。这种情形在实际工作中经常遇到。

〖例 9.8〗 将与或表达式 $F=AB+CD$ 变成与非–与非表达式。

解： $F=AB+CD=\overline{\overline{AB+CD}}$ （利用 $\overline{\overline{A}}=A$ ）

$=\overline{\overline{AB}\,\overline{CD}}$ （利用 $\overline{A+B}=\overline{A}\,\overline{B}$ ）

变换后的表达式中只包含与非关系，即该逻辑功能只用与非门就可实现。

〖例 9.9〗 将与非–与非表达式 $F=\overline{\overline{AB}\,\overline{BC}}$ 变成与或表达式。

解： $F=\overline{\overline{AB}\,\overline{BC}}$ （利用 $\overline{AB}=\overline{A}+\overline{B}$ ）

$=AB+BC$

【思考与练习】

9-2-1 式子 1+1=1 与 1+1=10，分别表示什么运算？数码 1 和 0 在两种运算中的含义是什么？

9-2-2 列出与非、或非、异或、同或门的真值表。

9-2-3 什么是逻辑式的与或表达式及与非-与非表达式？与或表达式怎样转换成与非-与非形式？与非-与非表达式怎样转换成与或形式？

9-2-4 什么是最小项？逻辑相邻的含义是什么？

9-2-5 如何理解逻辑状态表和卡诺图是唯一的？

9-2-6 怎样将真值表转换成与或逻辑式？请将同或逻辑的真值表转换成与或逻辑式。

9-2-7 怎样将与或逻辑式转换成真值表的形式？试将同或逻辑的与或逻辑式转换成真值表。

9.3 集成逻辑门电路

逻辑门是组成数字逻辑电路的基本逻辑器件。由二极管或晶体管组成的逻辑门电路称为分立元件门电路。分立元件门电路体积大、可靠性差，实际应用中已不再采用，目前广泛采用的是集成电路（Integrated Circuit，简称 IC）。集成电路不仅微型化、可靠性高、耗电小，而且速度高、便于多级连接。

按照集成度，集成电路可分为小规模集成电路（Small Scale Integrated，简称 SSI）、中规模集成电路（Medium Scale Integrated，简称 MSI）、大规模集成电路（Large Scale Integrated，简称 LSI）和超大规模集成电路（Very Large Scale Integrated，简称 VLSI）。

根据制造工艺的不同，集成门电路又分为双极型（Transistor-Transistor Logic，简称 TTL）和单极型（也称金属氧化物半导体，Metal Oxide Semiconductor，简称 MOS）两大类。为了正确地使用集成门电路，不仅要掌握其逻辑功能，还要了解其特性和主要参数。

9.3.1 TTL 与非门电路

TTL 门电路由双极型晶体管构成，它发展早、生产工艺成熟、品种全、产量大、价格便宜，是中小规模集成电路的主流电路产品。集成与非门是常用的 TTL 门电路。一片集成电路可以封装多个与非门电路，各个门相互独立，可以单独使用，但公用一根电源引线和一根地线。TTL 与非门有多种系列，不同型号的集成与非门，其输入端的个数及内部与非门电路的个数可能不同。图 9.19 所示是双与非门集成电路 74LS20 的引脚排列图。下面介绍 TTL 与非门电路的电压传输特性和主要参数。

1. 电压传输特性

电压传输特性描述了门电路的输入和输出电压之间的关系。图 9.20 所示是 TTL 与非门的电压传输特性。它是通过实验得到的，将某一输入端的电压由零逐渐增大，而其他输入端接在电源的正极保持恒定高电位，得到与输入对应的输出电压。由图可见，当 u_i 从零开始逐渐增大时，在一定的 u_i 范围内输出保持高电平基本不变。当 u_i 上升到一定数值后，输出很快下降为低电平，此后即使 u_i 继续增大，输出也仍保持低电平基本不变。

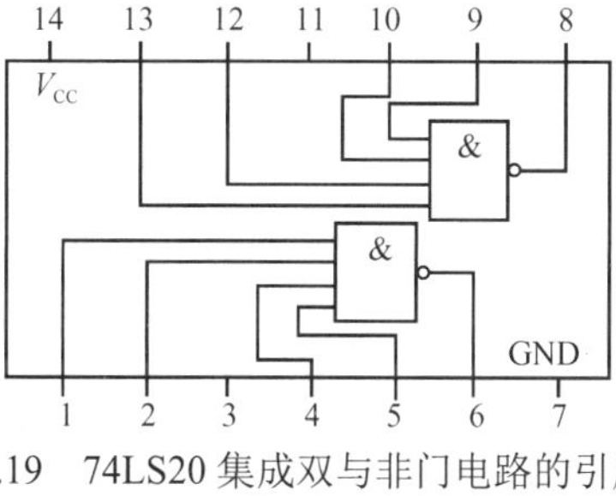

图 9.19 74LS20 集成双与非门电路的引脚图

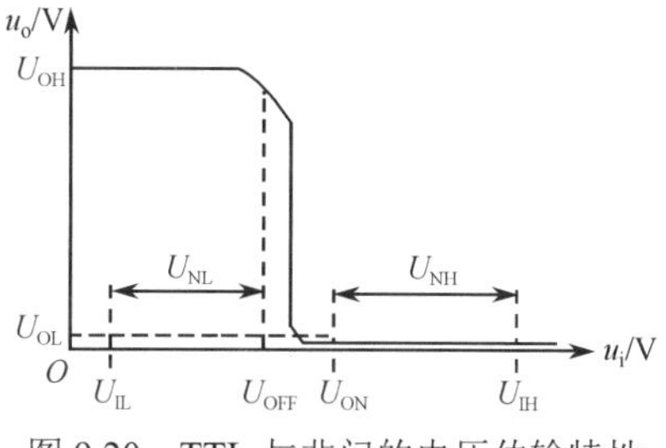

图 9.20 TTL 与非门的电压传输特性

2．主要参数

（1）输出高电平 U_{OH} 和输出低电平 U_{OL}

U_{OH} 是指当与非门输入至少有一个为低电平时的输出高电平，U_{OL} 是指当与非门输入全为高电平时的输出低电平。

对于通用 TTL 与非门来说，$U_{OH} \geqslant 2.4V$，典型值时 3.6V；$U_{OL} \leqslant 0.4V$，典型值是 0.3V。

（2）输入高电平 U_{IH} 和输入低电平 U_{IL}

U_{IH} 是与逻辑 1 对应的输入电平，U_{IL} 是与逻辑 0 对应的输入电平。

74 系列门电路的 V_{CC} 为 5V，$U_{IH} \geqslant 2.0V$，$U_{IL} \leqslant 0.8V$。

（3）开门电平 U_{ON} 和关门电平 U_{OFF}

开门电平 U_{ON} 是保证与非门输出为标准低电平时，所容许的输入高电平的下限值。关门电平 U_{OFF} 是保证与非门输出为标准高电平时，所容许的输入低电平的上限。

通用 TTL 与非门的 U_{ON}=1.8V，U_{OFF}=0.8V。

（4）输入噪声容限电压

输入噪声容限电压是用来描述与非门抗干扰能力的参数。在保证输出高、低电平基本不变（或者说变化的大小不超过允许限度）的条件下，输入电压的允许波动范围称为输入噪声容限电压。输入噪声容限电压越大，其抗干扰能力越强。由于输入低电平和高电平时，其抗干扰能力不同，因此有低电平噪声容限和高电平噪声容限。

低电平噪声容限 U_{NL} 是输入低电平时所容许叠加在输入上的最大噪声电压

$$U_{NL}=U_{OFF}-U_{IL} \tag{9.33}$$

高电平噪声容限 U_{NH} 是输入高电平时所容许叠加在输入上的最大噪声电压

$$U_{NH}=U_{IH}-U_{ON} \tag{9.34}$$

对通用 TTL 与非门，U_{IH}=3V，U_{IL}=0.3V，U_{ON}=1.8V，U_{OFF}=0.8V，因此 U_{NL}=0.5V，U_{NH}=1.2V。

（5）扇出系数 N_O

扇出系数是指一个门电路能驱动同类型门的最大个数，它表示门电路的带负载能力。TTL 与非门的扇出系数 $N_O \geqslant 8$。

（6）平均传输延迟时间 t_{pd}

在与非门的输入端加上一个脉冲信号 u_i 到输出端输出一个脉冲信号 u_o，其间有一定的时间延迟，如图 9.21 所示。从输入脉冲上升沿的 50%处起到输出脉冲下降沿的 50%处的时间称为上升延迟时间 t_{pd1}；从输入脉冲下降沿的 50%处起到输出脉冲上升沿的 50%处的时间称为下降延迟时间 t_{pd2}。t_{pd1} 与 t_{pd2} 的平均值称为平均传输延迟时间 t_{pd}。平均传输延迟时间为

$$t_{pd}=\frac{t_{pd1}+t_{pd2}}{2} \tag{9.35}$$

t_{pd} 越小，表示门电路的开关速度越快。

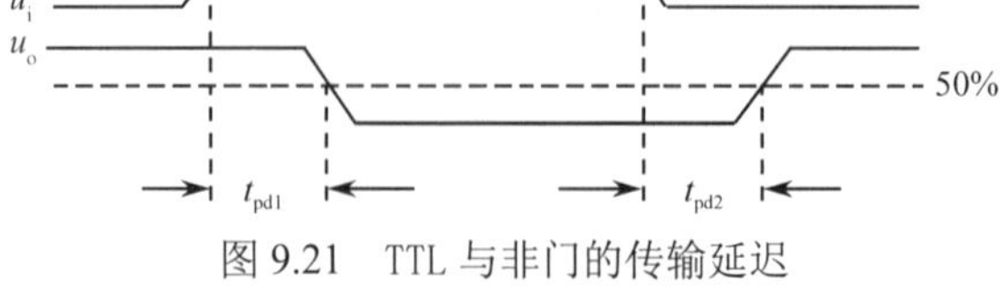

图 9.21　TTL 与非门的传输延迟

（7）输入高电平电流 I_{IH} 和输入低电平电流 I_{IL}

当某一输入端接高电平，其余输入端接低电平时，流入该输入端的电流称为输入高电平电流；当某一输入端接低电平，其余输入端接高电平时，从该输入端流出的电流称为输入低电平电流。

（8）输出高电平电流 I_{OH} 和输出低电平电流 I_{OL}

当输出端为高电平时，从输出端流出的电流称为输出高电平电流；当输出端为低电平时，流入输出端的电流称为输出低电平电流。

9.3.2 CMOS 门电路

MOS 门电路由绝缘栅场效应晶体管组成，它具有制造工艺简单、输入电阻高、功耗低、带负载能力强、抗干扰能力强、电源电压范围宽、集成度高等优点。目前大规模数字集成系统中，广泛使用的集成门电路是 MOS 型集成电路。MOS 型集成电路可分为 NMOS、PMOS 和 CMOS 等，其中 CMOS 门电路是一种互补对称场效应晶体管集成电路，目前应用最广泛。

图 9.22 是一个 CMOS 非门（反相器），图中 P 沟道增强型 MOS 管 VT_1 是负载管，N 沟道增强型 MOS 管 VT_2 是驱动管。

当输入 A 为低电平（约为 0V）时，VT_2 截止，VT_1 导通，输出 F 为高电平（约为 V_{DD}）；当输入 A 为高电平（约为 V_{DD}）时，VT_2 导通，VT_1 截止，输出 F 为低电平（约为 0V）。由分析可见，该电路具有非门，即反相器的功能。

图 9.23 是一个 CMOS 或非门。驱动管 VT_1、VT_2 是 N 沟道增强型 MOS 管，两者并联；负载管 VT_3、VT_4 是 P 沟道增强型 MOS 管，两者串联。

当 A 和 B 均为低电平时，VT_3 和 VT_4 导通，VT_1 和 VT_2 截止，F 为高电平；当 A 和 B 中至少有一个为高电平时，VT_3 和 VT_4 中有一个截止，VT_1 和 VT_2 中有一个导通，F 为低电平。由以上分析可见，该电路只有在输入全为低电平时输出才是高电平，实现了或非门的功能。

由于或非门的驱动管是并联的，输出端的低电平值不会因输入端的增多而提高，因此在 MOS 电路中，或非门用得较多。

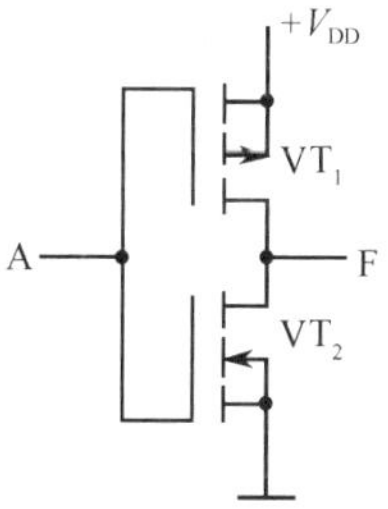

图 9.22 CMOS 反相器

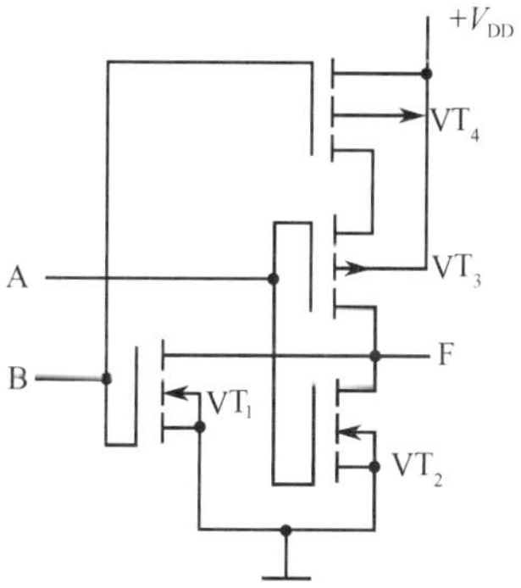

图 9.23 CMOS 或非门

9.3.3 三态输出与非门电路

三态输出与非门简称三态门（Three-State Output Gate，简称 TS 门）。所谓三态门，是指其输出有三种状态，即高电平、低电平和高阻态（开路状态）。在高阻态时，其输出与外接电路呈断开状态。三态门有 TTL 型的，也有 MOS 型的。不论是哪种类型，其逻辑图是相同的。

图 9.24（a）和（b）所示是三态门的逻辑图，其中 E 为控制端。

图 9.24（a）所示的三态门在控制端为高电平时有效。当 E=1 时，与普通与非门的逻辑功能相同；当 E=0 时，不论 A、B 的状态如何，输出均为高阻态（与外电路隔断）。

图 9.24（b）所示的三态门在控制端为低电平时有效。当 E=0 时，与普通与非门的逻辑功能相同；当 E=1 时，不论 A、B 的状态如何，输出均为高阻态。

在一些复杂的数字系统（如计算机）中，为了减少各个单元电路之间连线的数目，希望能在同一根线上分时传递若干个门电路的输出信号。三态门可以实现用一根（或一组）总线分时传送多路信号，如图 9.24（c）所示。工作时，分时使各门的控制端为 1，即在同一时间里只让一个门处于有效状态，而其余门处于高阻态。这样，用同一根总线就可以轮流接收各三态门输出的信号，这种连接方式为总线结构。

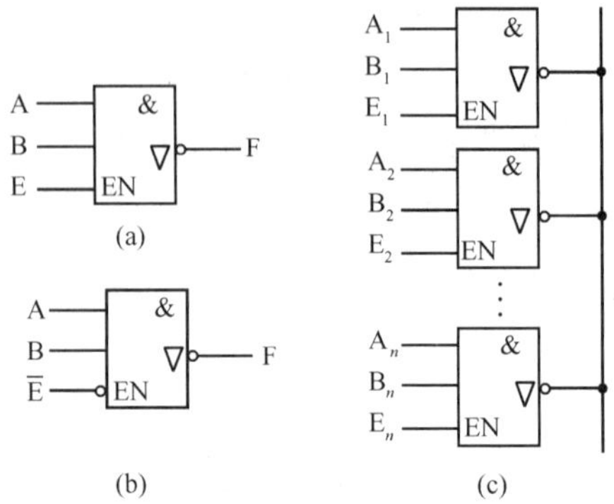

图 9.24　三态门的逻辑图及用三态门组成的总线结构

9.3.4　集成逻辑门电路使用中的几个实际问题

1．TTL 门电路与 CMOS 门电路性能的比较

表 9.11 给出了 TTL 和 CMOS 两种门电路性能的比较。

表 9.11　TTL 门电路与 CMOS 门电路性能比较

参　数	电路			
	TTL		CMOS	
	74 系列	74LS 系列	4000 系列	74HC 系列
$U_{OH(min)}$/V	2.4	2.7	4.6	4.4
$U_{OL(max)}$/V	0.4	0.5	0.05	0.1
$I_{OH(max)}$/mA	−0.4	−0.4	−0.51	−4
$I_{OL(max)}$/ mA	16	8	0.51	4
$U_{IH(min)}$/V	2	2	3.5	3.5
$U_{IL(max)}$/V	0.8	0.8	1.5	1
$I_{IH(max)}$/ μA	40	20	0.1	0.1
$I_{IL(max)}$/ mA	−1.6	−0.4	-0.1×10^{-3}	-0.1×10^{-3}
t_{pd}/ns	9	9.5	200	9
单门功耗/mW	10	2	0.5	0.5
电源电压 V_{DD}/V 或 V_{CC}/V	4.75～5.25	4.75～5.25	3～18	3～18

由表 9.11 可以看出：

（1）TTL 门电路的输入电流较大，CMOS 门电路的输入电流几乎可忽略。因此，与 TTL 相比，CMOS 的功耗非常低。主要原因在于 CMOS 门电路工作时截止管的阻抗很高，故导通管的电流极微弱。

（2）TTL 电源电压范围较窄，典型值为+5V；而 CMOS 电源电压范围较宽，易于与其他电路接口。

（3）CMOS 门电路的主要缺点是工作速度低于 TTL 门电路，但经过改进的高速 CMOS 门电路

HCMOS，其工作速度与 TTL 门电路差不多。当 CMOS 门电路的电源电压 V_{DD}=+5V 时，它可以和低耗能的 TTL 门电路兼容。

2. TTL 门电路与 CMOS 门电路的接口

在数字系统的设计中，往往由于工作速度或功耗指标等要求，需要混合使用 TTL 门电路和 CMOS 门电路。由表 9.11 可知，TTL 门电路和 CMOS 门电路的电压、电流参数各不相同，两者混用时，就要考虑互相对接的问题。

对接时，驱动门必须能为负载门提供合乎标准的高、低电平和足够的驱动电流，即同时满足以下条件

$$U_{OH(min)} \geqslant U_{IH(min)}$$
$$U_{OL(max)} \geqslant U_{IL(max)}$$
$$I_{OH(max)} \geqslant nI_{IH(max)}$$
$$I_{OL(max)} \geqslant mI_{IL(max)}$$

其中 n 和 m 分别为负载电流中 I_{IH}、I_{IL} 的个数。

（1）TTL 门电路驱动 CMOS 门电路

由表 9.11 可知，TTL 门电路（74 系列）的 $U_{OH(min)}$为 2.4V，CMOS 门电路的 $U_{IH(min)}$为 3.5V。因此，TTL 门电路无法直接驱动 CMOS 门电路，需要将 TTL 门电路的输出高电平提升至 3.5V 以上。最简单的解决方法就是在 TTL 门电路的输出端与电源之间接入一个电阻，由于接入电阻可以起到提升输出端的高电平的作用，因此也被称为上拉电阻。

（2）CMOS 门电路驱动 TTL 门电路

由表 9.11 可知，CMOS 门电路的输出电平可以满足 TTL 门电路的要求，但是其输出低电平电流 I_{OL} 有限，根据电流大小计算出 m，如果在驱动能力范围内，则直接连接即可；否则，需要扩大输出低电平时吸收负载电流的能力。例如，输出端增加一级 CMOS 驱动器或者用分立元件的电流放大器实现扩流等。

3. 门电路带负载时的接口电路

（1）门电路驱动显示器件

在数字电路中，往往需要用发光二极管显示信息的传输，如工作状态、七段数码显示、图形符号显示等。图 9.25（a）给出了门电路驱动发光二极管的例子。

（2）门电路驱动机电性负载

在工程实践中，经常会遇到用各种数字电路控制机电系统的功能，例如，控制电动机的位置和转速，继电器的接通与断开，流体系统中阀门的开通和关闭，自动生产线中机械手多参数控制等。图 9.25（b）是门电路驱动继电器的例子。

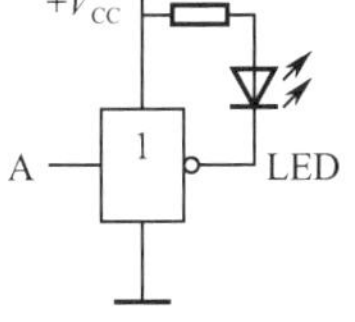

(a)驱动二极管

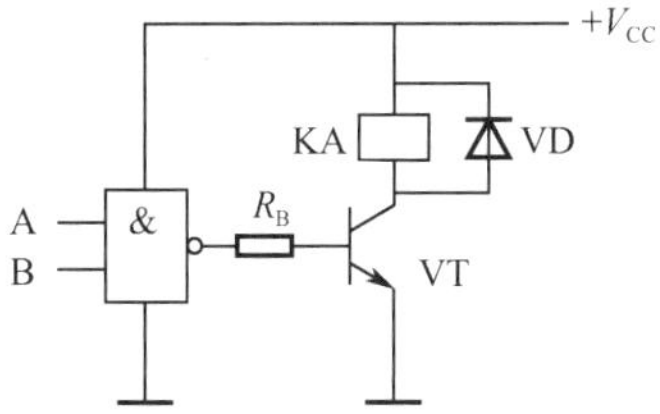

(b)驱动继电器

图 9.25　门电路驱动负载

4. 多余输入端的处理

集成逻辑门电路在使用时，时常会有多余的输入端。例如，使用与非门实现逻辑非功能时，只

需一个输入端，其他输入端是多余的。对多余输入端可按以下方法处理：

（1）以不影响逻辑功能为原则通过上拉电阻接电源（与非门）或接地（或非门）；

（2）与其他输入端并联使用（扇出系数足够大）。

一般多余的输入端不要悬空，理论上讲，TTL 门输入端悬空相当于高电平输入，但是悬空易受干扰，从而造成电路的逻辑错误；由于 CMOS 门电路输入阻抗很大，输入端悬空与高电平不等效，因此，为保护 CMOS 门电路输入端不会被静电电压击穿，不允许 CMOS 门电路输入端悬空。

5. 输出端的处理

除了三态门、OC 门（一种 TTL 集电极开路门）之外，门电路的输出端不允许并联，而且输出端不许直接接电源或地，否则可能造成器件的损坏。

【思考与练习】

9-3-1　什么是 TTL 与非门的开门电平 U_{ON} 和关门电平 U_{OFF}？

9-3-2　什么是 TTL 与非门的噪声容限电压？噪声容限电压反映了 TTL 与非门的哪种性能？

9-3-3　什么是 TTL 与非门的平均传输延迟时间 t_{pd}？t_{pd} 反映了 TTL 与非门的哪种性能？

9-3-4　三态门有哪几种输出状态？为什么使用三态门时可以实现用一根总线分时地传送多个信号？

9-3-5　对不使用的输入端，TTL 与非门及 CMOS 与非门各应该怎样处理？

9.4　组合逻辑电路的分析与设计

根据需要将基本逻辑门电路组合，可构成具有特定功能的组合逻辑电路。组合逻辑电路的特点是：其输出状态只取决于当前的输入状态，而与原输出状态无关。

本节介绍组合逻辑电路的分析与设计方法。

9.4.1　组合逻辑电路的分析

组合逻辑电路分析的任务是根据给定的逻辑电路图确定其逻辑功能。一般步骤为：根据逻辑电路图写出逻辑式→化简或变换逻辑式→根据逻辑式列写真值表→由真值表分析电路的逻辑功能。

〖例 9.10〗　分析图 9.26（a）所示电路的逻辑功能。

解： 逐级写出各门电路输出的逻辑式，如图 9.26（a）所示。由此得出该组合逻辑电路总输出的逻辑式为

$$F=\overline{\overline{\overline{AB}A}\,\overline{\overline{AB}B}}$$

化简该逻辑式

$$F=\overline{\overline{\overline{AB}A}}+\overline{\overline{\overline{AB}B}}$$

$$=\overline{AB}A+\overline{AB}B$$

$$=(\overline{A}+\overline{B})A+(\overline{A}+\overline{B})B$$

$$=A\overline{B}+\overline{A}B$$

$$=A\oplus B$$

由化简后的表达式填写真值表如图 9.26（b）所示。从真值表可以看出，当输入 A 与 B 相同时，输出为 0；当 A 与 B 不同时，输出为 1。这种逻辑关系为异或逻辑运算。所以该逻辑电路称为异或门电路，电路符号见表 9.9。

如果在图 9.26（a）的最后一级门之后再加一级非门，则输出的表达式为

$$F=\overline{A\overline{B}+\overline{A}B}$$

即异或逻辑的非，经化简为

$$F=\overline{A}\,\overline{B}+AB=A\odot B$$

由表 9.9 可知，这个逻辑函数描述的是同或逻辑关系。实现同或逻辑运算的组合电路叫同或门电路。

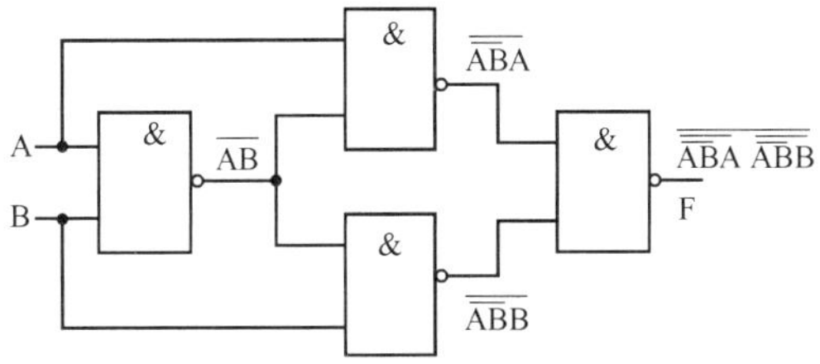

(a) 组合逻辑电路图

A	B	F
0	0	0
0	1	1
1	0	1
1	1	0

(b) 真值表

图 9.26　例 9.10 的图

9.4.2　组合逻辑电路的设计

根据实际的逻辑问题设计出能实现该逻辑要求的电路，这是组合逻辑电路设计的任务。设计由小规模集成电路构成的组合逻辑时，强调的基本原则是能够获得最简电路，即所用的门电路最少以及每个门的输入端数最少。一般可以按以下步骤进行：

（1）由实际问题列出真值表。一般首先根据事件的因果关系确定输入、输出变量，进而对输入、输出进行逻辑赋值，即用 0、1 表示输入、输出各自的两种不同状态；再根据输入、输出之间的逻辑关系列出真值表。n 个输入变量，应用 2^n 个输入变量取值的组合，即真值表中有 2^n 行。

（2）由真值表写出输出函数逻辑表达式。对于简单的逻辑问题，也可以不列真值表，而直接根据逻辑问题写出函数逻辑表达式。

（3）化简、变换输出函数逻辑表达式。因为由真值表写出的函数逻辑表达式不一定是最简式，所以，为使所设计的电路最简，应使输出表达式化为最简。同时根据实际要求（如级数限制等）和客观条件（如使用门电路的种类等）将输出表达式变换成适当的形式，例如，要求用与非门来实现所设计的电路，则需将输出表达式变换成最简的与非-与非式。

（4）根据逻辑式画出逻辑图。

以上步骤并非是固定不变的，设计时应根据具体情况和问题的难易程度进行取舍。

〖例 9.11〗　设计一个三人无弃权表决电路，采用多数表决方式表决，即：表决某一提案时，只要两个人以上同意（含两人），提案就通过，否则不通过。要求用与非门实现。

解：在解决一个实际的逻辑问题时，首先必须设定各种事物不同状态的逻辑值，以便于填写真值表。

对本例，用输入变量 A、B、C 表示三人的表决情况：同意为 1，不同意为 0；输出变量 F 表示表决结果：通过为 1，不通过为 0。根据题意列出的真值表如表 9.12 所示。

由真值表，写出逻辑式

$$F=\overline{A}BC+A\overline{B}C+AB\overline{C}+ABC$$

化简逻辑式

$$\begin{aligned}F&=\overline{A}BC+A\overline{B}C+AB\overline{C}+ABC\\&=\overline{A}BC+A\overline{B}C+AB\overline{C}+ABC+ABC+ABC\\&=(\overline{A}+A)BC+AC(B+\overline{B})+AB(C+\overline{C})\\&=BC+AC+AB\end{aligned}$$

由于题目要求用与非门实现，所以化简结果应为与非-与非形式。

将化简后的逻辑式变换为与非-与非式

$$\begin{aligned}F&=BC+AC+AB\\&=\overline{\overline{BC+AC+AB}}\\&=\overline{\overline{BC}\ \overline{AC}\ \overline{AB}}\end{aligned}$$

由上式画出逻辑电路图如图 9.27 所示。

表 9.12　例 9.11 的真值表

A	B	C	F
0	0	0	0
0	0	1	0
0	1	0	0
0	1	1	1
1	0	0	0
1	0	1	1
1	1	0	1
1	1	1	1

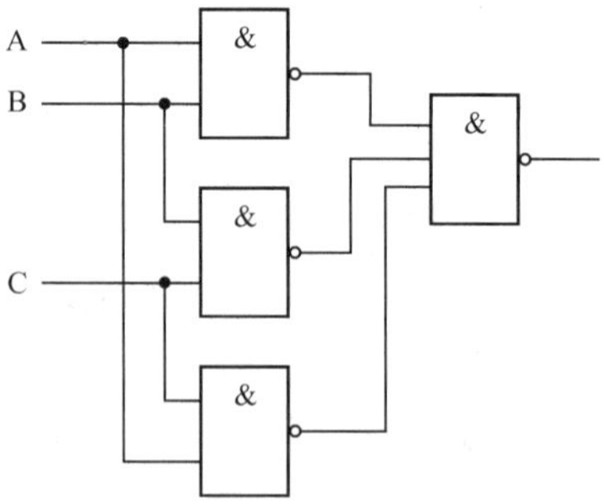

图 9.27　例 9.11 的逻辑电路图

〖**例 9.12**〗　设计一个列车发车信号控制电路。列车分高铁、动车和快车，发车优先顺序为：高铁、动车、快车。电路在同一时间内只给具有优先权的一种列车发出开车信号。要求用与非门实现。

解：用输入变量 A、B、C 分别表示高铁、动车、快车，到达为 1，未到达为 0；用输出变量 F_1、F_2、F_3 分别表示高铁、动车和快车的开车信号，允许开车为 1，禁止开车为 0。

根据题意列出的真值表如表 9.13 所示。

表 9.13　例 9.12 的真值表

A	B	C	F_1	F_2	F_3
0	0	0	0	0	0
0	0	1	0	0	1
0	1	0	0	1	0
0	1	1	0	1	0
1	0	0	1	0	0
1	0	1	1	0	0
1	1	0	1	0	0
1	1	1	1	0	0

由真值表可以写出三个开车信号的逻辑式

$$F_1 = A\overline{B}\,\overline{C} + A\overline{B}C + AB\overline{C} + ABC$$

$$F_2 = \overline{A}B\overline{C} + \overline{A}BC$$

$$F_3 = \overline{A}\,\overline{B}C$$

化简和变换逻辑式

$$F_1 = A = \overline{\overline{A}}$$

$$F_2 = \overline{A}B = \overline{\overline{\overline{A}B}} = \overline{\overline{\overline{AA}B}}$$

$$F_3 = \overline{A}\,\overline{B}C = \overline{\overline{\overline{A}\,\overline{B}C}} = \overline{\overline{\overline{AA}\,\overline{BB}C}}$$

由上式画出逻辑电路图如图 9.28 所示。

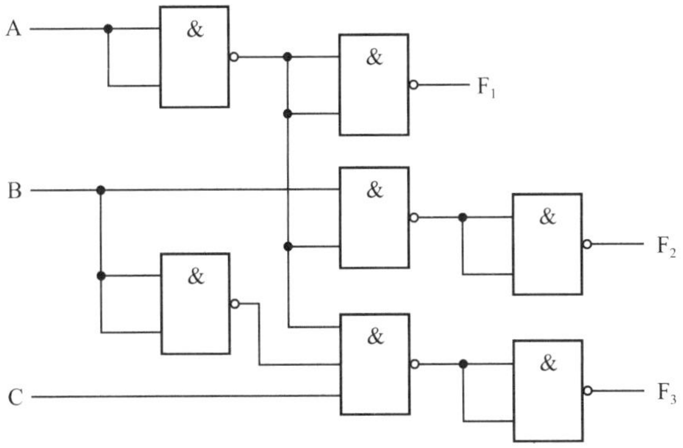

图 9.28　例 9.12 的逻辑电路图

【思考与练习】

9-4-1　组合逻辑电路分析的任务是什么？简述其基本步骤。

9-4-2　组合逻辑电路设计的任务是什么？简述其基本步骤。

9.5　常用组合逻辑模块

在实用的数字系统中，经常会大量地应用一些具有特定功能的组合逻辑模块，如加法器、编码器、译码器、数据分配器、数据选择器、数值比较器等。这些功能模块被制成中规模集成电路，方便使用。

9.5.1　加法器

在数字系统中，算术运算都是转化为加法运算。因此，加法器是数字电子系统最基本的部件之一。

1．半加器

两个 1 位二进制数相加运算的真值表见表 9.14，其中 A、B 为被加数和加数，S 表示本位和，C 表示本位向高位的进位。这种相加运算只考虑了两个加数本身，没有考虑来自低位的进位，被称为半加。实现半加运算的逻辑电路叫半加器。

由真值表可以写出本位和 S 与本位进位 C 的逻辑式

$$S=\overline{A}B+A\overline{B}=A\oplus B$$

$$C=AB$$

可见，一个集成异或门和一个与门可以构成半加器，如图 9.29（a）所示。图 9.29（b）是半加器的逻辑符号。

表 9.14　半加运算的真值表

被加数	加数	本位和	进位
A	B	S	C
0	0	0	0
0	1	1	0
1	0	1	0
1	1	0	1

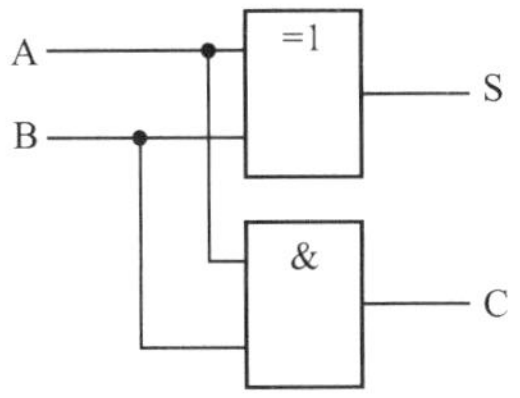

(a)逻辑电路图

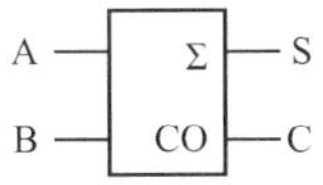

(b)逻辑符号

图 9.29　半加器的逻辑电路图及逻辑符号

2．全加器

两个 1 位二进制数相加运算，若考虑来自低位的进位，则称为全加运算。例如，两个 *n* 位二进制数相加，除了最低位之外，其他各位的相加运算都是全加。实现全加运算的逻辑电路叫全加器。表 9.15 是全加运算的真值表。

表 9.15　全加运算的真值表

被加数 A_n	加数 B_n	低位进位 C_{n-1}	本位和 S_n	本位进位 C_n
0	0	0	0	0
0	0	1	1	0
0	1	0	1	0
0	1	1	0	1
1	0	0	1	0
1	0	1	0	1
1	1	0	0	1
1	1	1	1	1

由真值表可以写出本位和 S_n 与本位进位 C_n 的逻辑式为

$$S_n = \overline{A}_n\overline{B}_nC_{n-1} + \overline{A}_nB_n\overline{C}_{n-1} + A_n\overline{B}_n\overline{C}_{n-1} + A_nB_nC_{n-1}$$

$$C_n = \overline{A}_nB_nC_{n-1} + A_n\overline{B}_nC_{n-1} + A_nB_n\overline{C}_{n-1} + A_nB_nC_{n-1}$$

经化简为

$$S_n = (A_n \oplus B_n) \oplus C_{n-1}$$

$$C_n = A_nB_n + (A_n \oplus B_n)C_{n-1}$$

由化简的逻辑式可以看出，求本位和 S_n 需要经过两次半加运算，第一次是两个加数进行半加，第二次是两个加数半加的和再与低位进位进行半加，而不论哪一次半加有进位时，都会形成本位进位。因此实现全加运算需要两个半加器和一个或门电路。图 9.30 所示是全加器的逻辑电路图及其逻辑符号。

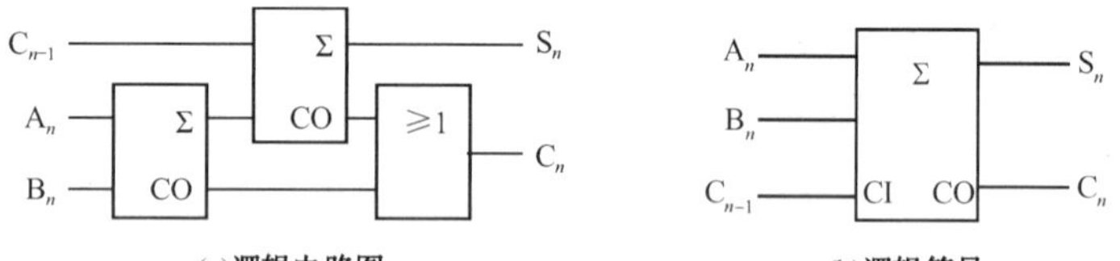

图 9.30　全加器的逻辑电路图及逻辑符号

一个全加器只能完成两个 1 位二进制数的加法运算，用多个全加器可以实现两个多位二进制数的加法运算，即组成加法器。图 9.31 是 4 个全加器组成的加法器，可以实现两个 4 位二进制数 $A_3A_2A_1A_0$ 与 $B_3B_2B_1B_0$ 相加的运算。其中，S_0、S_1、S_2、S_3 是各位的本位和，C_3 是最高位的进位。由于最低位没有低位进位，因此将最低位 CI 接地。

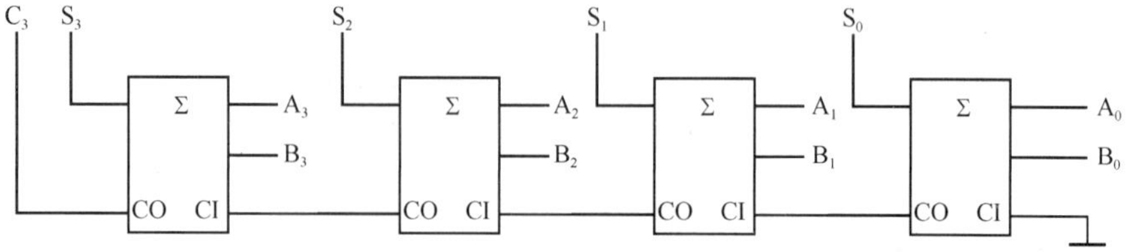

图 9.31　四个全加器组成的加法器

在上述的加法器中，任意 1 位的加法运算都必须等到低位加法完成，并送来进位信号后，才能进行。这种进位方式称为串行进位。这种进位方式的缺点是运算速度慢，但由于其电路比较简单，因此仍应用在一些运算速度要求不高的设备中。若需要较高的运算速度，则可采用超前进位加法器。常用的集成加法器有双两位串行进位加法器 74LS183，4 位串行进位加法器 T692，4 位超前进位加法器 74LS283。图 9.32 所示是 74LS283 的引脚排列图。

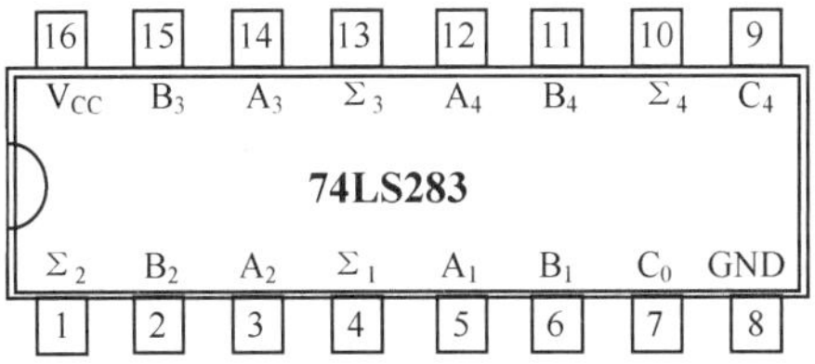

图 9.32　74LS283 的引脚排列图

9.5.2　编码器

用数字或某种文字和符号表示某个对象或信号的过程，称为编码。数字电路中的编码就是用若干位二进制数（若干个 0、1）按一定规律排列起来，组成不同的代码来表示某个对象或信号。实现编码功能的逻辑电路称为编码器。

1. 二进制编码器

二进制编码器是将某些信号编成二进制代码的电路。n 位二进制代码有 2^n 种代码组合，所以，用 n 位二进制代码最多可以对 2^n 个被编码信息进行编码，简称为 2^n-n 线编码器。例如，3 位二进制代码可对 8 个对象进行编码，该编码器简称为 8-3 线编码器。

设被编码对象为 N，二进制代码为 n 位，则二进制编码器应满足 $N \leqslant 2^n$。

下面以 4-2 线编码电路说明编码器的原理。

（1）确定二进制代码的位数。N=4，取 n=2。

（2）列编码表。表 9.16 是对 4 个信息进行编码的二进制编码表。

（3）写逻辑式，并根据要求变换。由表 9.12 可得出

$$Y_1=I_2+I_3$$

$$Y_0=I_1+I_3$$

若用与非门实现上述逻辑关系，则要将上式变换为

$$Y_1=\overline{\overline{I_2}\ \overline{I_3}}$$

$$Y_0=\overline{\overline{I_1}\ \overline{I_3}}$$

（4）画出编码器的逻辑图。根据变换后的表达式画出的逻辑图如图 9.33 所示。图中，I_1～I_3 为编码器的输入，Y_1 和 Y_0 为编码器的输出。当 I_1=I_2=0，I_3=1 时，Y_1 和 Y_0 都为 1，即 I_3 的编码是 11；当 I_1=I_3=0，I_2=1 时，Y_1=1，Y_0=0，即 I_2 的编码是 10。当 I_1～I_3 均为 0 时，Y_1 和 Y_0 都为 0，即 I_0 的编码为 00，所以电路中没设置输入端 I_0。

表 9.16　二进制编码表

输入	输　出	
	Y_1	Y_0
I_0	0	0
I_1	0	1
I_2	1	0
I_3	1	1

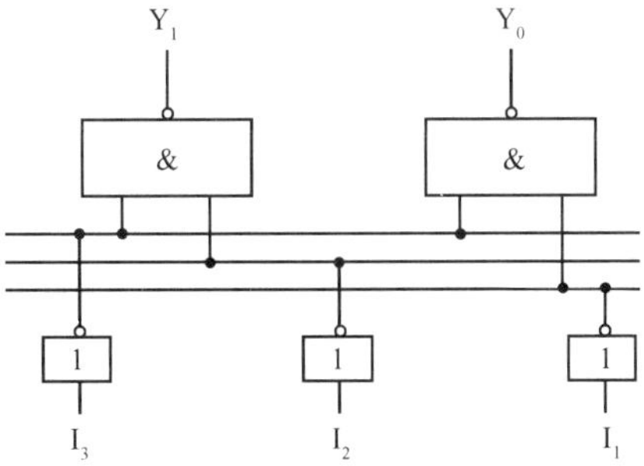

图 9.33　二进制编码逻辑图

2. 二-十进制编码

二-十进制编码（Binary Coded Decimal，简称 BCD 码）是用 4 位二进制代码来表示 1 位十进

制数码。表 9.17 是 8421 码的编码表。

图 9.34 是一种 8421 码编码器的逻辑图。图中，变换拨码开关的位置（0～9）时，输出端 DCBA 将输出相应的 8421 码。例如，当拨码开关处于图中位置时，门 G_1 和 G_4 各有一个输入端为 1，而 G_2 和 G_3 的输入端全为 0，所以此时编码器的输出 DCBA=1001（8421 码的 9），这就是数码 9 的编码。按照这个思路，读者可以自行阅读这张图。

如果把图 9.34 中虚线部分换成图 9.35 所示的按键，就成为键盘输入的编码电路了。上述编码电路，在任何时刻只允许输入一个编码信号，否则会出现编码错误。但在数字系统中，特别是计算机系统中，常需要对若干个工作对象进行控制，例如打印机、输入键盘、磁盘驱动器等。若几个部件同时发出服务请求，则必须根据轻重缓急，按预先规定好的顺序，允许其中一个进行操作，即执行操作存在优先级别的问题。优先编码器可以识别信号的优先级，并对其进行编码。

表 9.17　8421 码编码表

十进制数	BCD 码			
	D	C	B	A
0	0	0	0	0
1	0	0	0	1
2	0	0	1	0
3	0	0	1	1
4	0	1	0	0
5	0	1	0	1
6	0	1	1	0
7	0	1	1	1
8	1	0	0	0
9	1	0	0	1

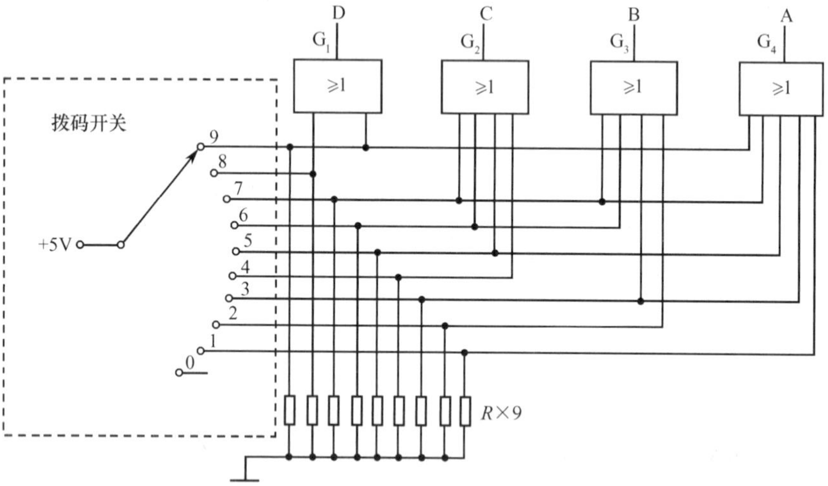

图 9.34　8421 码编码器的逻辑图

常用的集成优先编码器有 8-3 线和 10-4 线两种。图 9.36 所示是 8-3 线优先编码器 74LS148 的逻辑符号。在国家标准符号中，输入和输出端线上的箭头含义是：有箭头的表示低电平有效；箭头指向符号框的表示输入；箭头背离符号框的表示输出。在国际惯用符号中，输入线和输出线上圆圈的含义与箭头的相同。

表 9.18 是 74LS148 的逻辑功能表。$\bar{S}$ 为选通输入端，$\bar{S}=0$ 时，编码器正常工作。当 $\bar{S}=1$ 时，输出被锁定为 111。这种输入端为低电平有效。$\bar{I}_0 \sim \bar{I}_7$ 为 8 个信号输入端，对应 0～7 这 8 个数码。输出端为 $\overline{Y}_2 \sim \overline{Y}_0$，用 8421 码的反码形式反映了输入信号的情况。所谓反码，即原定输出为 1 的，现在输出为 0。例如，当输入 $\bar{I}_4$ 为低电平时，编码器的输出端是 0111，为 1000 的反码。$\overline{Y}_s$ 为选通输出端，只有当 $\bar{I}_0 \sim \bar{I}_7=1$，且 $\bar{S}=0$ 时，$\overline{Y}_s=0$。因此，$\overline{Y}_s=0$ 表示：电路工作，但无编码信号输入。$\overline{Y}_{EX}$ 为选通输出端，只要 $\bar{I}_0 \sim \bar{I}_7$ 中有一个为 0，且 $\bar{S}=0$，则 $\overline{Y}_{EX}=0$。因此，$\overline{Y}_{EX}=0$ 表示：电路工作，而且有编码信号输入。

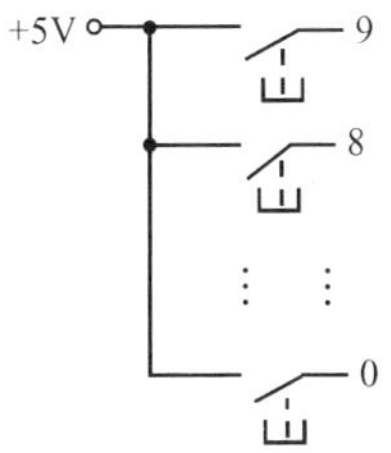

图 9.35　按键接法

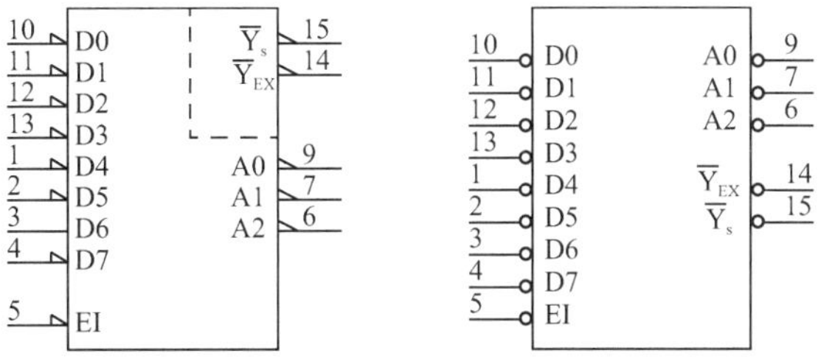

(a)国家标准符号　(b)国际惯用符号

图 9.36　74LS148 的逻辑符号

表 9.18　74LS148 的逻辑功能表

$\overline{S}$	$\overline{I}_0$	$\overline{I}_1$	$\overline{I}_2$	$\overline{I}_3$	$\overline{I}_4$	$\overline{I}_5$	$\overline{I}_6$	$\overline{I}_7$	$\overline{Y}_2$	$\overline{Y}_1$	$\overline{Y}_0$	$\overline{Y}_{EX}$	$\overline{Y}_s$
0	0	1	1	1	1	1	1	1	1	1	1	0	1
0	×	0	1	1	1	1	1	1	1	1	0	0	1
0	×	×	0	1	1	1	1	1	1	0	1	0	1
0	×	×	×	0	1	1	1	1	1	0	0	0	1
0	×	×	×	×	0	1	1	1	0	1	1	0	1
0	×	×	×	×	×	0	1	1	0	1	0	0	1
0	×	×	×	×	×	×	0	1	0	0	1	0	1
0	×	×	×	×	×	×	×	0	0	0	0	0	1
0	1	1	1	1	1	1	1	1	1	1	1	1	0
1	×	×	×	×	×	×	×	×	1	1	1	1	1

9.5.3　译码器

译码是编码的逆过程。译码的逻辑功能是将输入的二进制代码译成相应的状态或信息。实现译码功能的电路称为译码器。常用的译码器有二进制译码器和显示译码器。

1．二进制译码器

二进制译码器的输入是 n 位二进制代码，对应有 2^n 种代码组合，每组输入代码对应一个输出端，所以 n 位二进制译码器有 2^n 个输出端。设输入代码的位数为 n，则称该二进制译码器为 n-2^n 线译码器。

下面以 2-4 线译码器为例说明译码器的原理。图 9.37 是 2-4 线译码器的逻辑图。其中，A_1 和 A_0 是译码输入端（也称地址输入端），$\overline{Y}_0$～$\overline{Y}_3$ 是译码输出端，$\overline{S}$ 是控制端（也称使能端），低电平有效。由逻辑图可以写出输出端逻辑表达式

$$\overline{Y}_0=\overline{S\overline{A}_1\overline{A}_0}\text{，}\quad \overline{Y}_1=\overline{S\overline{A}_1A_0}\text{，}\quad \overline{Y}_2=\overline{SA_1\overline{A}_0}\text{，}\quad \overline{Y}_3=\overline{SA_1A_0}$$

由上式可以看出，$\overline{Y}_0$～$\overline{Y}_3$ 同时又是 S、A_1、A_0 这三个变量的全部最小项的译码输出，所以译码器也称为最小项译码器。

另外，当 $\overline{S}=0$ 时，译码器处于工作状态，根据输入的地址码选中一个输出端，被选中的输出端输出为 0；当 $\overline{S}=1$ 时，不论 A_0 和 A_1 的输入状态如何，各输出端均输出 1，译码器处于禁止状态。由此，可以列出逻辑功能表如表 9.19 所示。

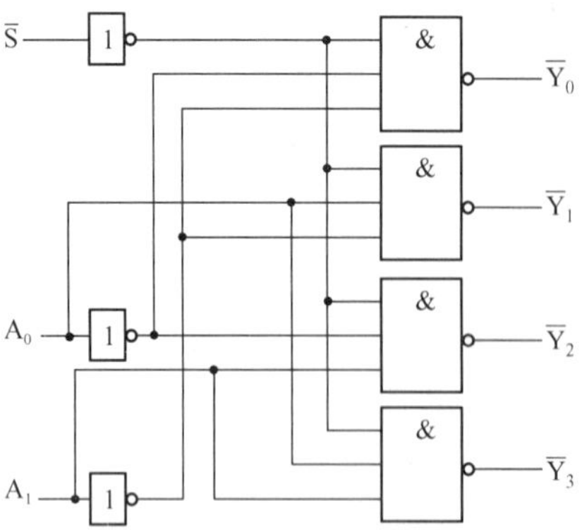

图 9.37　2-4 线译码器的逻辑图

表 9.19　2-4 线译码器的逻辑功能表

$\overline{S}$	A_1	A_0	$\overline{Y}_0$	$\overline{Y}_1$	$\overline{Y}_2$	$\overline{Y}_3$
1	×	×	1	1	1	1
0	0	0	0	1	1	1
0	0	1	1	0	1	1
0	1	0	1	1	0	1
0	1	1	1	1	1	0

常见的集成二进制译码器有双 2-4 线译码器 74LS139、3-8 线译码器 74LS138 和 4-16 线译码器 74LS154。下面以 74LS138 为例，介绍集成二进制译码器的功能和应用。

74LS138 是 3-8 线译码器，其逻辑符号及引脚图如图 9.38 所示，功能表如表 9.20 所示。译码地址输入端为 A_0、A_1、A_2，高电平有效；译码输出端为 $\overline{Y}_7 \sim \overline{Y}_0$，低有效；$G_1$、$\overline{G}_{2A}$、$\overline{G}_{2B}$ 为使能输入端，仅当 $G_1=1$，$\overline{G}_{2A}=0$，$\overline{G}_{2B}=0$ 时，译码器才能工作，否则 8 位译码输出全为无效的高电平。

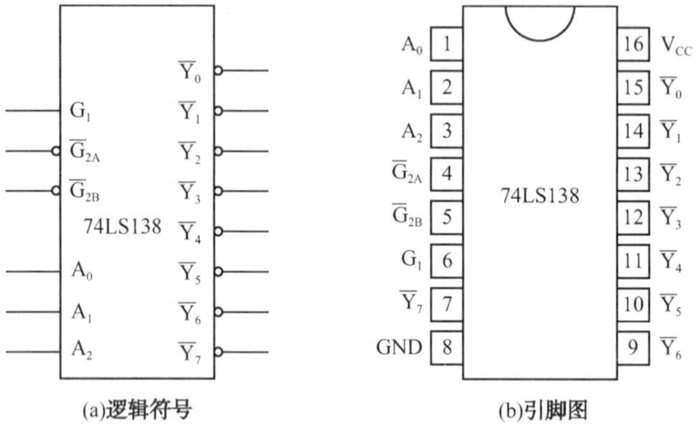

图 9.38　3-8 线译码器 74LS138 的逻辑符号和引脚图

表 9.20　74LS138 的逻辑功能表

输　入						输　出							
G_1	$\overline{G}_{2A}$	$\overline{G}_{2B}$	A_2	A_1	A_0	$\overline{Y}_0$	$\overline{Y}_1$	$\overline{Y}_2$	$\overline{Y}_3$	$\overline{Y}_4$	$\overline{Y}_5$	$\overline{Y}_6$	$\overline{Y}_7$
×	1	×	×	×	×	1	1	1	1	1	1	1	1
×	×	1	×	×	×	1	1	1	1	1	1	1	1
0	×	×	×	×	×	1	1	1	1	1	1	1	1
1	0	0	0	0	0	0	1	1	1	1	1	1	1
1	0	0	0	0	1	1	0	1	1	1	1	1	1
1	0	0	0	1	0	1	1	0	1	1	1	1	1
1	0	0	0	1	1	1	1	1	0	1	1	1	1
1	0	0	1	0	0	1	1	1	1	0	1	1	1
1	0	0	1	0	1	1	1	1	1	1	0	1	1
1	0	0	1	1	0	1	1	1	1	1	1	0	1
1	0	0	1	1	1	1	1	1	1	1	1	1	0

利用最小项译码的特点，二进制译码器可以用于实现逻辑式。

〖例 9.13〗 试用 74LS138 实现下列逻辑函数：$F = AB + BC$。

解：首先，将逻辑函数写成最小项或的形式

$$F = ABC + AB\overline{C} + \overline{A}BC$$

然后，将输入变量 A、B、C 分别接到集成译码器的地址输入端 A_2、A_1、A_0。

最后，根据逻辑函数中出现的最小项找到对应的译码器输出端，适当连接就可以实现所需的逻辑功能。由于 74LS138 的输出端为低电平有效，可用与非门将对应的输出端连接，因此可将逻辑函数变换为

$$F = Y_7 + Y_6 + Y_3 = \overline{\overline{Y_7} \cdot \overline{Y_6} \cdot \overline{Y_3}}$$

实现上式的逻辑图如图 9.39 所示。

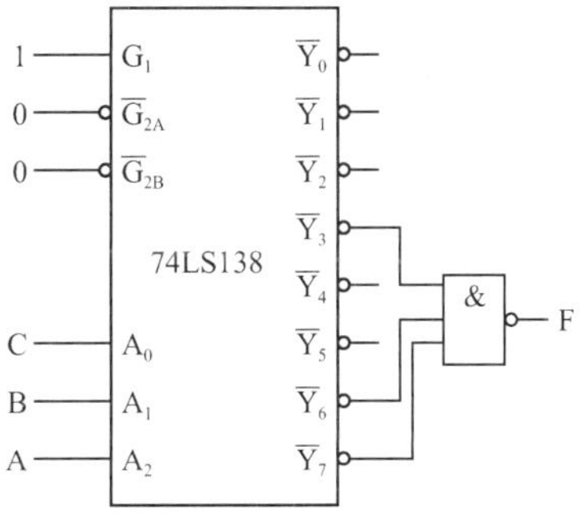

图 9.39 例 9.13 的图

2. 显示译码器

在数字系统中，为了便于监视系统的工作情况，或便于读取测量和运算的结果，常需要将数字量用十进制数码显示出来，这就需要数码显示电路。

数码显示电路由显示译码器、驱动器和显示器组成。常用的显示器有液晶显示器、辉光数码管、荧光数码管和半导体数码管等。

图 9.40（a）所示是由 7 个发光二极管（LED）构成的半导体数码管的示意图，其中 a～g 这 7 个字段通过引脚与外部电路连接。当 a、b、c 段亮时，将显示十进制数码 7。图 9.40（b）和（c）所示是其等效电路。图 9.40（b）的 LED 是共阴极接法，阳极电位高的 LED 发光；图 9.40（c）的 LED 是共阳极接法，阴极电位低的 LED 发光。

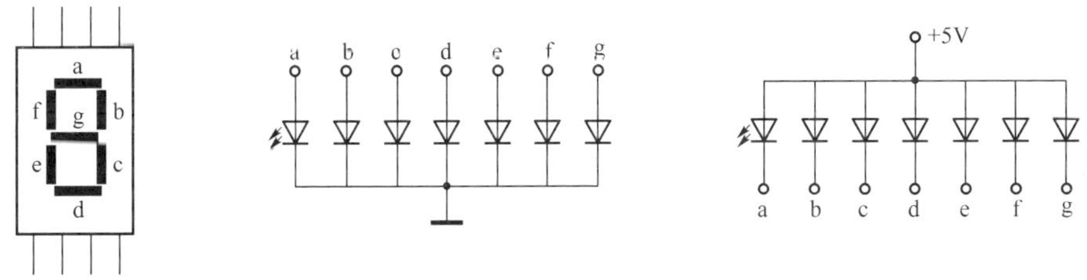

(a) 数码管示意图 (b) 共阴极接法的LED (c) 共阳极接法的LED

图 9.40 半导体数码管及 LED 的接法

显示译码器常做成集成芯片，其功能是把 8421 二-十进制代码译成对应于数码管的 7 个字段信号，驱动数码管，显示出相应的十进制数码。

常用的显示译码器有 74LS48（共阴极译码驱动器）、74LS47（共阳极译码驱动器）、CD4511（共阴极译码驱动器）等。现以 CD4511 为例，介绍显示译码器的功能。

CD4511 是一个用于驱动共阴极 LED（数码管）显示器的 BCD 码–七段码译码器，其特点是：具有 BCD 转换、消隐和锁存控制、七段译码及驱动功能的 CMOS 电路，能提供较大的拉电流，可直接驱动 LED 显示器。图 9.41 所示是 CD4511 的逻辑符号。CD4511 的逻辑功能表见表 9.21。

其功能介绍如下。

$\overline{BI}$：消隐输入控制端。当 $\overline{BI} = 0$ 时，不管其他输入端状态如何，七段数码管均处于熄灭（消隐）状态，不显示数字；正常显示时，$\overline{BI}$ 应接高电平。

$\overline{LT}$：测试输入端。当 $\overline{LT} = 1$ 时，七段数码管正常显示；当 $\overline{LT} = 0$ 时，译码输出全为 1，不管

输入 D、C、B、A 状态如何，7 段均发亮，显示“8”。它主要用来检测数码管是否损坏。

LE：锁定控制端。当 LE=0 时，允许译码输出。当 LE=1 时，译码器是锁定保持状态，译码器输出被保持在 LE=0 时的数值。

A、B、C、D：8421BCD 码输入端。A 为最低位。

a、b、c、d、e、f、g：译码输出端。输出为高电平 1 有效，可驱动共阴 LED 数码管。

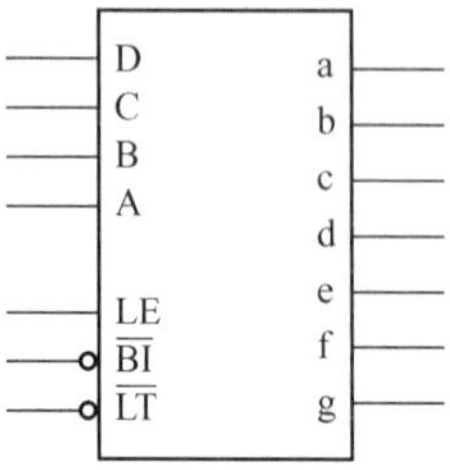

图 9.41　CD4511 的逻辑符号

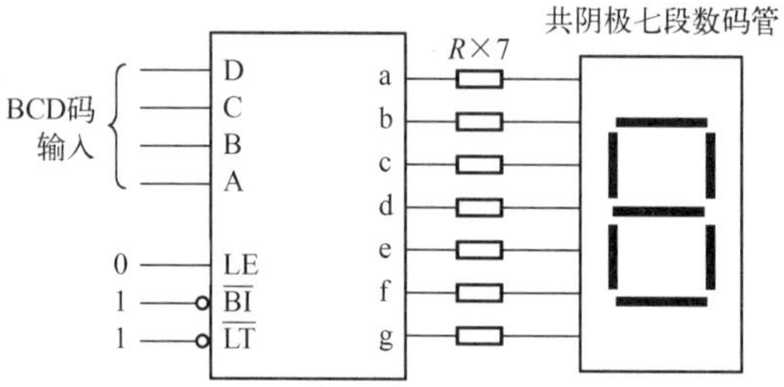

图 9.42　共阴极七段数码管

图 9.41 是用 CD4511 驱动共阴极七段数码管的连接示意图。由于 CD4511 的驱动电流较大，一般在使用时，输出端与 LED 数码管之间要加 200Ω～1kΩ的限流电阻。根据输入 BCD 码的不同，数码管将显示不同的数码。例如，当 DCBA=0111 时，译码器的输出端 a、b 和 c 为 1，其余输出端为 0，对应数码管的 a、b 和 c 段发光，因而显示出数码 7。

组成数码显示电路时必须注意，要根据数码管 LED 的不同接法来选择相应的显示译码器。

表 9.21　CD4511 的逻辑功能表

输入				输出	
LE	$\overline{BI}$	$\overline{LT}$	D C B A	a b c d e f g	显示
×	×	0	××××	1 1 1 1 1 1 1	8
×	0	1	××××	0 0 0 0 0 0 0	
0	1	1	0 0 0 0	1 1 1 1 1 1 0	0
0	1	1	0 0 0 1	0 1 1 0 0 0 0	1
0	1	1	0 0 1 0	1 1 0 1 1 0 1	2
0	1	1	0 0 1 1	1 1 1 1 0 0 1	3
0	1	1	0 1 0 0	0 1 1 0 0 1 1	4
0	1	1	0 1 0 1	1 0 1 1 0 1 1	5
0	1	1	0 1 1 0	0 0 1 1 1 1 1	6
0	1	1	0 1 1 1	1 1 1 0 0 0 0	7
0	1	1	1 0 0 0	1 1 1 1 1 1 1	8
0	1	1	1 0 0 1	1 1 1 0 0 1 1	9
0	1	1	1 0 1 0	0 0 0 0 0 0 0	
0	1	1	1 0 1 1	0 0 0 0 0 0 0	
0	1	1	1 1 0 0	0 0 0 0 0 0 0	
0	1	1	1 1 0 1	0 0 0 0 0 0 0	
0	1	1	1 1 1 0	0 0 0 0 0 0 0	
0	1	1	1 1 1 1	0 0 0 0 0 0 0	
1	1	1	××××	*	*

9.5.4 数据分配器与数据选择器

1. 数据分配器

数据分配器和数据选择器都是数字电路中的多路开关。数据分配器将一路输入信号分配到多路输出；数据选择器从多路输入数据中选择一路输出。图 9.43 是四路数据分配器电路，其功能可用表 9.22 描述。

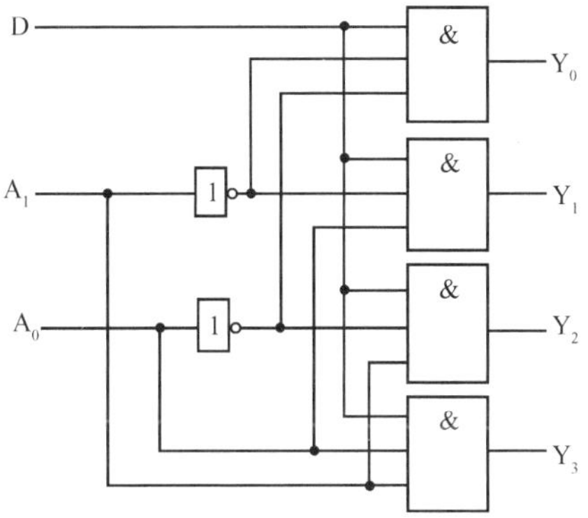

图 9.43 四路数据分配器的逻辑图

表 9.22 图 9.43 的功能

A_1	A_0	数据分配
0	0	$D \to Y_0$
0	1	$D \to Y_1$
1	0	$D \to Y_2$
1	1	$D \to Y_3$

图 9.43 中，D 是数据输入端，$Y_0 \sim Y_3$ 是数据输出端。A_1 和 A_0 是分配控制端（即译码器的地址输入端），由 A_1 和 A_0 的状态决定将数据分配到哪个输出端。不难发现，数据分配器的功能和前面介绍的译码器的功能很相似，所以数据分配器一般是由译码器改接而成的，不单独生产。二进制译码器可以作为输出数据分配器。

若利用二进制译码器的一个使能输入端输入数据信息，它就可以成为一个数据分配器，或称为多路数据分配器，由地址输入端决定输入数据分配给哪个输出端输出。以 74LS138 为例，若将 $\overline{G}_{2A}$ 和 $\overline{G}_{2B}$ 连在一起作为数据输入端 D，将 A_2、A_1、A_0 作为地址输入端，就构成了一个三地址八输出的数据分配器，如图 9.44 所示。根据地址输入信号 A_2、A_1、A_0 的 8 种不同组合，依次将数据 D 的状态分配给 $\overline{Y}_0 \sim \overline{Y}_7$ 输出端，成为 1-8 线数据分配器，它广泛应用于数据传输系统。

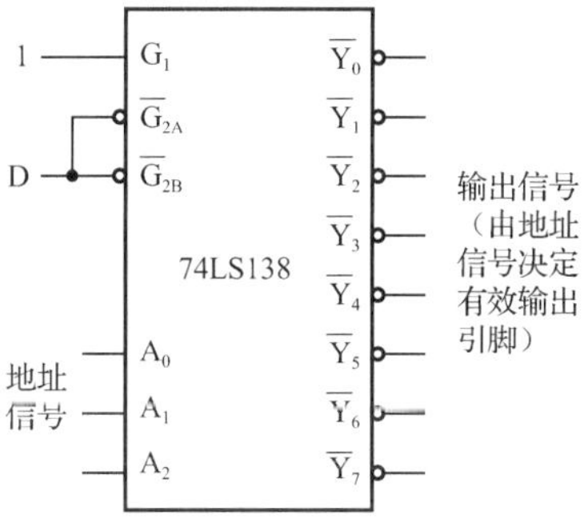

图 9.44 3-8 线数据分配器

2. 数据选择器

数据选择器的功能是从多路输入数据中选择一路进行传输。

图 9.45 所示是用三态门组成的两路数据选择器（也称为 2 选 1）。图中，A 和 B 是两路数据输入端，F 是数据输出端。E 是选择控制端。当 E=1 时，三态门 1 工作，数据 A 被传送到 F 端；当 E=0 时，三态门 2 工作，数据 B 被传送到 F 端。

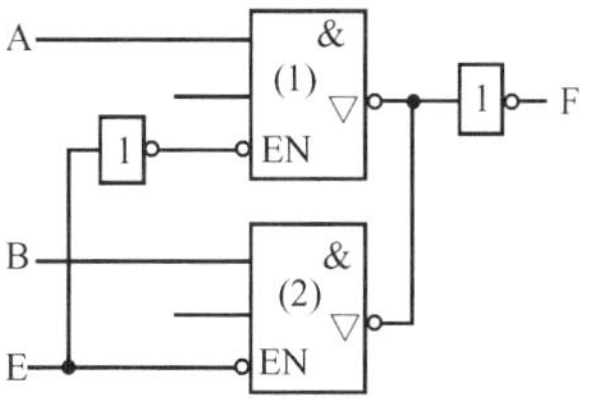

图 9.45 两路数据选择器

根据图 9.45 的原理，可以做成 4 选 1、8 选 1 和 16 选 1 等数据选择器。

图 9.46 是集成双 4 选 1 数据选择器 74LS153 中的一个 4 选 1 数据选择器的逻辑图，其组成及作用为：$D_0 \sim D_3$ 是数据输入端；$\overline{E}$ 是使能端，当 $\overline{E}=0$ 时，数据选择器工作，允许数据通过；A_0 和 A_1 是选择控制端，即 2-4 线译码器的地址输入端，根据 A_0 和 A_1 的状态确定选择哪一路数据输出；F 是数据输出端。74LS153 的逻辑

符号如图 9.47 所示，功能如表 9.23 所示。

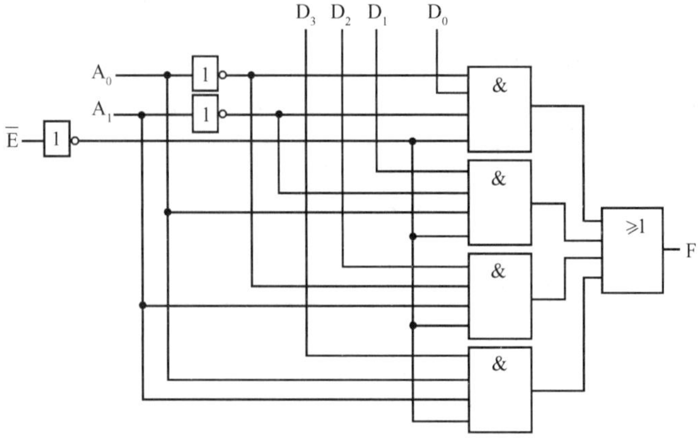

图 9.46　74LS153 的逻辑图

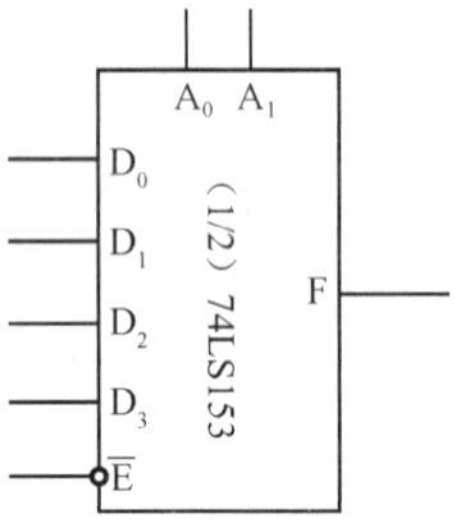

图 9.47　74LS153 的逻辑符号

表 9.23　74LS153 的真值表

使能端	选择控制端		输　出
$\bar{E}$	A_1	A_0	F
1	×	×	0
0	0	0	D_0
0	0	1	D_1
0	1	0	D_2
0	1	1	D_3

由表 9.23 可以得出，当数据选择器使能时，输出 F 的表达式为

$$F = \bar{A}_1\bar{A}_0D_0 + \bar{A}_1A_0D_1 + A_1\bar{A}_0D_2 + A_1A_0D_3 \tag{9.36}$$

若将 A_1、A_0 作为两个输入变量，同时令 D_0～D_3 为第三个输入变量的适当状态（包括原变量、反变量、0 和 1)，就可以在数据选择器的输出端产生任何形式的三变量组合逻辑函数。同理，用具有 n 位地址输入的数据选择器，可以产生任何形式输入变量数不大于 $n+1$ 的组合逻辑函数。

〖例 9.14〗　试用 74LS153 实现例 9.13 的逻辑函数。

解：已知例 9.13 的逻辑函数写成最小项或的形式

$$F = ABC + AB\bar{C} + \bar{A}BC$$

将上式稍加变换可化成与式（9.36）完全对应的形式

$$F = \bar{A}\bar{B}\cdot 0 + \bar{A}B\cdot C + A\bar{B}\cdot 0 + AB\cdot 1$$

与式（9.36）对照，可知数据选择器的输入为

$$A_1=A，A_0=B，D_0=D_2=0，D_1=C，D_3=1$$

实现的逻辑图如图 9.48 所示。

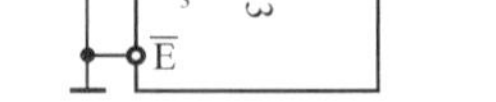

图 9.48　例 9.14 的图

9.5.5　数值比较器

数值比较器可以对两个数据的数值进行比较。

1. 1 位数值比较器

如图 9.49 所示是对两个 1 位的二进制数 A 和 B 进行数值比较的电路。图中，A 和 B 是数据输入端，F_1～F_3 是比较结果输出端。

$F_1=A\overline{AB}$，只有当 A=1，B=0 时，即 A>B 时，才能使 $F_1=1$。

$F_2=A\odot B$，只有当 A=B 时，才能使 $F_2=1$。

$F_3=B\overline{AB}$，只有当 B=1，A=0 时，即 A<B 时，才能使 $F_3=1$。

2. 2 位数值比较器

利用如图 9.49 所示 1 位数值比较器的结果，容易列出 2 位数值比较器的真值表，如表 9.24 所示。

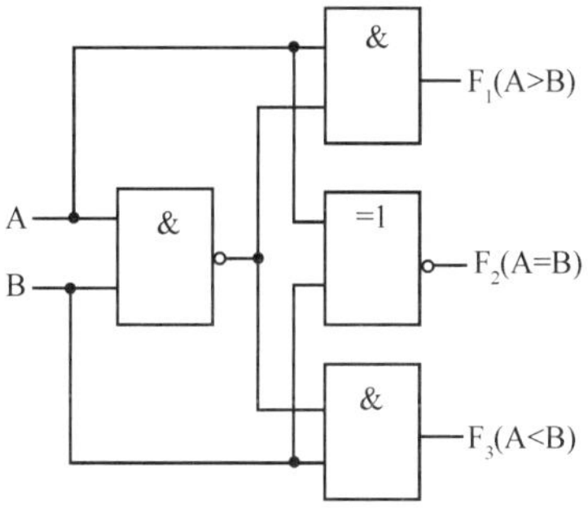

图 9.49　1 位数值比较器

表 9.24　2 位数值比较器的真值表

输　入		输　出		
A_1 与 B_1	A_0 与 B_0	$F_{A>B}$	$F_{A<B}$	$F_{A=B}$
$A_1>B_1$	×	1	0	0
$A_1<B_1$	×	0	1	0
$A_1=B_1$	$A_0>B_0$	1	0	0
$A_1=B_1$	$A_0<B_0$	0	1	0
$A_1=B_1$	$A_0=B_0$	0	0	1

由表 9.24 可以看出，当两个高位 A_1 与 B_1 的数值不相等时，两个高位的比较结果就是两个数值的比较结果；当两个高位 A_1 与 B_1 的数值相等（即 $A_1=B_1$）时，两个数值比较的结果由低位比较的结果决定。所以可以写出如下逻辑表达式

$$F_{A>B}=(A_1>B_1)+(A_1=B_1)(A_0>B_0)$$

$$F_{A<B}=(A_1<B_1)+(A_1=B_1)(A_0<B_0)$$

$$F_{A=B}=(A_1=B_1)(A_0=B_0)$$

由上述逻辑关系画出的逻辑图如图 9.50 所示。请读者自行分析其工作原理。

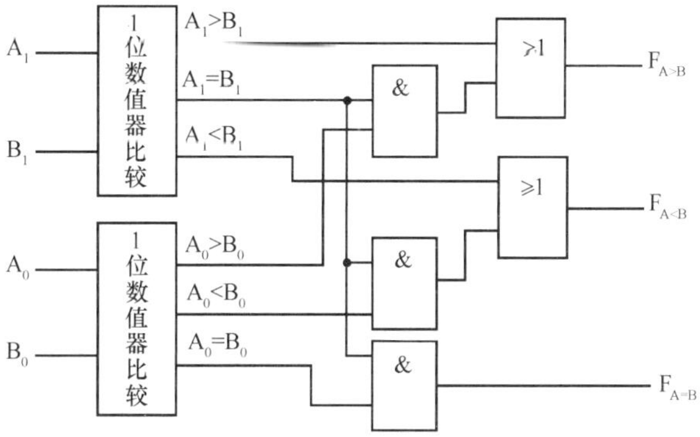

图 9.50　2 位数值比较器

数值比较器可以做成集成电路芯片，如 4 位串行数值比较器 74LS85FC/7485FC 等。

9.5.6　用中规模组合逻辑模块实现组合逻辑函数

前面介绍的各类中规模组合逻辑模块除了可以实现专门的逻辑功能外，通过适当连接，也可以实现任意组合逻辑函数功能，参见例 9.13 和例 9.14。与小规模逻辑门电路相比，用中规模组合逻辑模块实现任意组合逻辑函数，可以减少连线、提高可靠性。选用合适的中规模组合逻辑模块并辅以小规模逻辑门电路实现给定的逻辑函数，是组合逻辑设计中首先要考虑的问题。设计的经济指标是，完成功能要求所需的集成芯片的总数量最少。

本节主要介绍用全加器、译码器和数据选择器实现组合逻辑函数的方法。

1．用全加器实现组合逻辑设计

利用全加器可以很方便地组成某些代码转换电路。

〖**例 9.15**〗 用 4 位二进制全加器 74LS283 设计一个将 8421BCD 码转换成余 3 码的码制变换电路。注：余 3 码是一种 BCD 码，可由 8421BCD 码加 3（0011）得来。

解：设用变量 $Y_3Y_2Y_1Y_0$ 表示余 3 码，变量 $A_3A_2A_1A_0$ 表示 8421BCD 码。

余 3 码与 8421BCD 码的关系可写成

$$Y_3Y_2Y_1Y_0=A_3A_2A_1A_0+0011$$

那么 74LS283 的两个加数分别是 8421BCD 码和 0011，实现的逻辑图如图 9.51 所示。

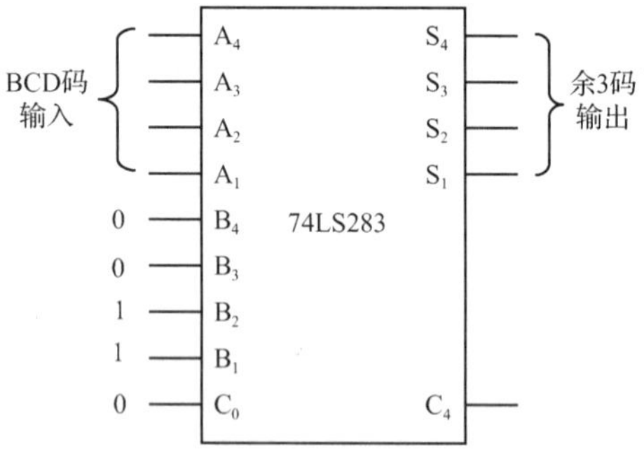

图 9.51　8421BCD 码转换成余 3 码的逻辑电路图

类似地，可以将余 3 码转换为 8421BCD 码，读者可自行分析。

2．用译码器实现组合逻辑设计

9.4.2 节介绍了组合逻辑电路设计的一般方法。采用译码器实现组合逻辑设计时，只需将最后两步用以下步骤替换即可：

（1）将逻辑函数的逻辑式写成最小项或的形式。

（2）将译码器的地址输入端接输入逻辑变量。

（3）将逻辑式中出现的最小项所对应的译码器输出端适当连接（若译码器输出端高电平有效，就将选中的输出端用或门连接；若译码器输出端低电平有效，就将选中的输出端用与非门连接）。

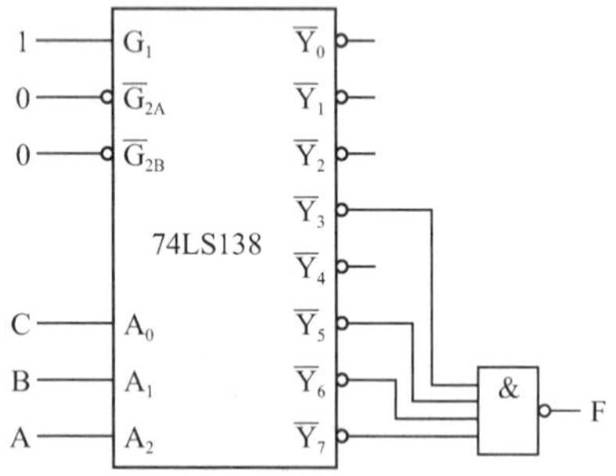

图 9.52　例 9.16 的图

〖**例 9.16**〗 用集成二进制译码器 74LS138 实现例 9.11 的三人无弃权表决电路。

解：由例 9.11 可知逻辑式为

$$F=\overline{A}BC+A\overline{B}C+AB\overline{C}+ABC$$

上式已为最小项或的形式，只需将输入变量 A、B、C 分别接到 74LS138 的地址输入端 A_2、A_1、A_0，将逻辑式中出现的最小项对应的输出端 $\overline{Y}_3$、$\overline{Y}_5$、$\overline{Y}_6$、$\overline{Y}_7$ 用与非门连接即可。实现的逻辑图如图 9.52 所示。

3．用数据选择器实现组合逻辑设计

用数据选择器实现组合逻辑函数功能的基本思想是逻辑对比法。只需要使数据选择器的逻辑式与要实现的逻辑函数的逻辑式相同，将输入变量直接或经门电路分别与选择输入端（地址端）及数据输入端相连，即可实现逻辑函数。

〖例 9.17〗 用 4 选 1 数据选择器 74LS153 实现例 9.11 的三人无弃权表决电路。

解：74LS153 的逻辑式为

$$F=\overline{A}_1\overline{A}_0D_0+\overline{A}_1A_0D_1+A_1\overline{A}_0D_2+A_1A_0D_3$$

三人无弃权表决的逻辑函数为：$F=\overline{A}BC+A\overline{B}C+AB\overline{C}+ABC$

可以写成：$F=\overline{A}BC+A\overline{B}C+AB\cdot 1$

对比两个逻辑式可以看出，令 A_1=A，A_0=B，则

$$D_0=0,\ D_1=C,\ D_2=C,\ D_3=1。$$

实现的逻辑图如图 9.53 所示。

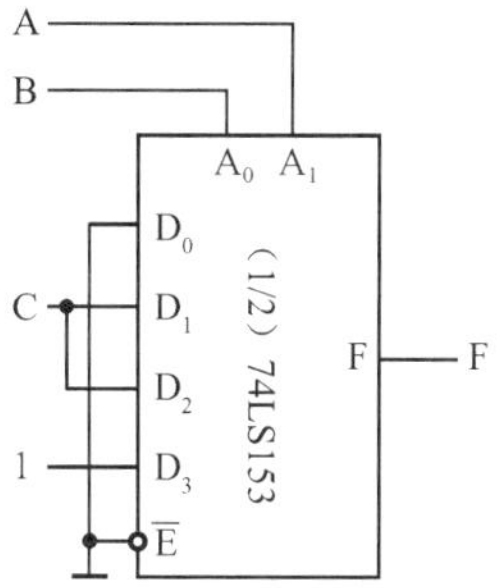

图 9.53 例 9.17 的图

【思考与练习】

9-5-1 什么是半加运算？什么是全加运算？

9-5-2 默写全加器的逻辑符号。

9-5-3 欲对 14 个信息进行二进制编码，至少需要使用几位二进制代码？

9-5-4 如何用两片 8-3 线优先编码器 74LS148 接成 16-4 线优先编码器？

9-5-5 若二进制译码器输入 8 位二进制代码，则译码器最多能译出多少种状态？

9-5-6 为什么二进制译码器也称为最小项译码器？

9-5-7 在图 9.42 中，显示译码器的输出 a～g 是高电平有效还是低电平有效？如果 LED 是共阳极接法，显示译码器的输出 a～g 是高电平有效还是低电平有效？

9-5-8 怎样用数据选择器实现一个指定的逻辑函数？

9-5-9 为什么数据分配器和数据选择器都需要配置译码电路？为什么 8 选 1 数据选择器需要 3 个地址输入端，而 16 选 1 时需要 4 个地址输入端？

9-5-10 两个 8 位二进制数相加，需要几个全加器来完成？画出该加法器的电路图。

9-5-11 将 74LS283 接成一个 4 位二进制加法器，并标注 A=1011 和 B=1101 两数相加时各引脚状态。

9.6 应用举例

9.6.1 交通信号灯故障检测电路

交通信号灯有红灯（R）、黄灯（Y）和绿灯（G）三种。正常工作时只能有一种灯亮，如果灯全亮或两个灯同时亮，则为故障状态。设计电路实现交通信号灯故障检测功能（用适当的门电路实现）。

设计过程分 4 个步骤进行。

步骤 1：逻辑抽象。

假定输入变量为 1，表示灯亮；输入变量为 0，表示灯不亮。有故障时输出为 1，正常时输出为 0。由此，可以列出逻辑真值表如表 9.25 所示。

步骤 2：根据真值表写出故障时的逻辑式。

$$F=\overline{R}\,\overline{Y}\,\overline{G}+\overline{R}YG+R\overline{Y}G+RY\overline{G}+RYG$$

步骤 3：化简变换。

应用卡诺图（图 9.54）化简上式，得

$$F=\overline{R}\,\overline{Y}\,\overline{G}+YG+RG+RY$$

为了减少所用门数，将上式变换为

$$F=\overline{\overline{\overline{R}\,\overline{Y}\,\overline{G}}}+R(G+Y)+YG=\overline{R+Y+G}+R(G+Y)+YG$$

步骤 4：由上式可画出交通信号灯故障检查电路，如图 9.55 所示。发生故障时组合电路输出 F 为高电平，晶体管导通，继电器 KA 通电，其触电闭合，故障指示灯 HL 亮。

表 9.25　交通信号灯故障的逻辑真值表

R	Y	G	F
0	0	0	1
0	0	1	0
0	1	0	0
0	1	1	1
1	0	0	0
1	0	1	1
1	1	0	1
1	1	1	1

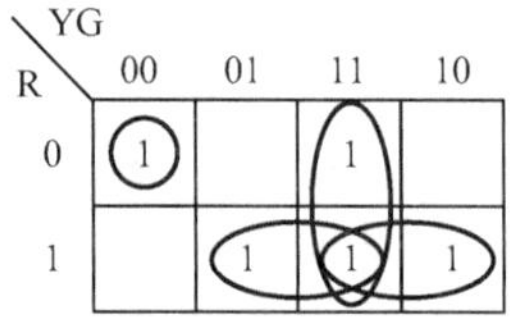

图 9.54　交通信号灯故障检测电路的卡诺图

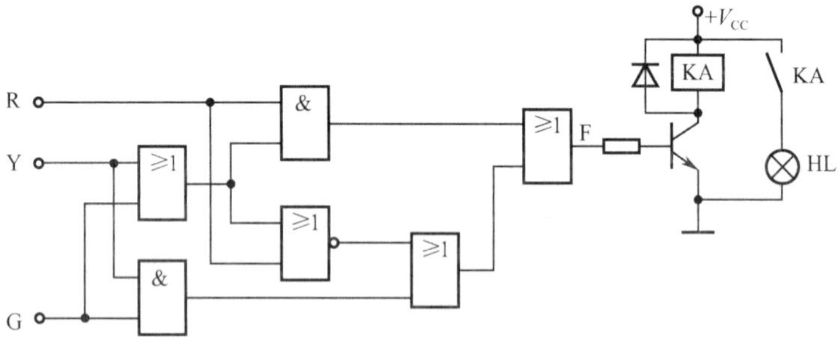

图 9.55　交通信号灯故障检测电路

9.6.2　全减器电路

设计一个能实现两个 1 位二进制数进行全减运算的组合逻辑电路，要求用以下器件分别构成电路：

（1）用适当的门电路；

（2）用 3-8 线译码器 74LS138 器件及必要的门电路；

（3）用双 4 选 1 数据选择器 74LS153 器件及必要的门电路。

首先进行逻辑分析，列出真值表。

本例所设计的电路，要求能实现两个 1 位二进制数进行全减运算。

在全减运算时，1 位二进制数作为被减数，记为 A；另 1 位二进制数作为减数，记为 B，同时还要接收低位向本位的借位信号，记为 CI。输出之一是本位相减差，记为 S；输出之二是本位向高位的借位信号，记为 CO。

列出全减器的逻辑真值表如表 9.26 所示。然后根据真值表写出逻辑式，并进行化简变换。

方法 1：利用门电路设计

由真值表画出其卡诺图如图 9.56 所示，根据选用的器件化简相应的函数式。

由于该电路有两个输出函数，因此化简时应从整体出发，尽量利用公共项以使整个电路门数最少，而不是将每个输出函数化为最简。

当用与或非门实现电路时，利用圈 0 方法求出相应的与或非式为

$$S=\overline{\bar{A}\,\bar{B}\,\overline{CI}+\bar{A}BCI+AB\overline{CI}+A\bar{B}CI}$$

$$CO=\overline{\bar{B}\,\overline{CI}+A\overline{CI}+A\bar{B}}$$

表 9.26　全减器的逻辑真值表

输　入			输　出	
A	B	CI	CO	S
0	0	0	0	0
0	0	1	1	1
0	1	0	1	1
0	1	1	1	0
1	0	0	0	1
1	0	1	0	0
1	1	0	0	0
1	1	1	1	1

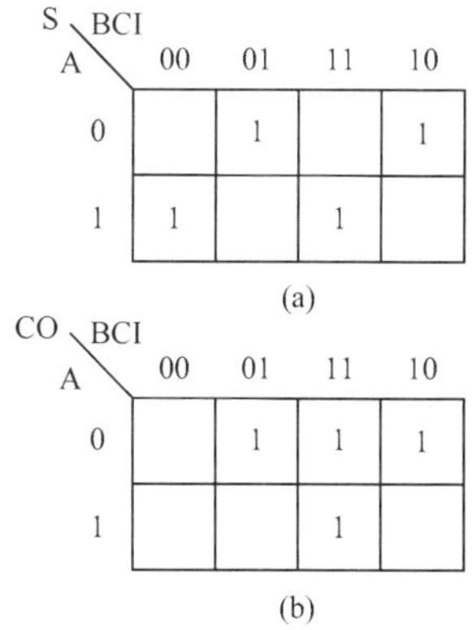

图 9.56　全减器的卡诺图

当用异或门实现电路时，写出相应的输出函数式为：

$$S=\bar{A}\,\bar{B}CI+\bar{A}B\overline{CI}+A\bar{B}\,\overline{CI}+ABCI=\overline{A\oplus B}\cdot CI+A\oplus B\cdot\overline{CI}=A\oplus B\oplus CI$$

$$CO=\bar{A}\,\bar{B}CI+\bar{A}\,B\overline{CI}+\bar{A}\,BCI+ABCI=\bar{A}\,\bar{B}\,CI+\bar{A}B\overline{CI}+BCI=\bar{A}(B\oplus CI)+BCI$$

$$=\overline{\overline{\bar{A}(B\oplus CI)}\cdot\overline{BCI}}$$

式中，$B\oplus CI$ 是 S 和 CO 的公共项。

图 9.57 是用门电路实现全减器的逻辑电路图。

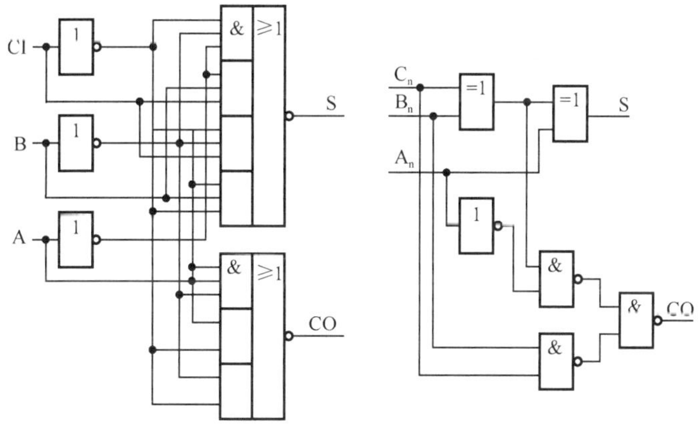

图 9.57　门电路实现全减器的逻辑电路图

方法 2：利用 74LS138 器件设计

由给定的输出函数 S 与 CO 可知，这是一个三变量（A，B，CI）的逻辑函数。因此只需要用一片 74LS138 和适当的门电路就可实现。

$$S=\bar{A}\,\bar{B}CI+\bar{A}B\overline{CI}+A\bar{B}\,\overline{CI}+ABCI=\sum m(1,2,4,7)$$

$$CO=\bar{A}\,\bar{B}CI+\bar{A}B\overline{CI}+\bar{A}BCI+ABCI=\sum m(1,2,3,7)$$

图 9.58 是用译码器实现全减器的逻辑电路图。

方法 3：利用 74LS153 器件设计

$$S=\bar{A}\,\bar{B}CI+\bar{A}B\overline{CI}+A\bar{B}\,\overline{CI}+ABCI=\sum m(1,2,4,7)$$

$$CO=\bar{A}\,\bar{B}CI+\bar{A}B\overline{CI}+\bar{A}BCI+ABCI=\sum m(1,2,3,7)$$

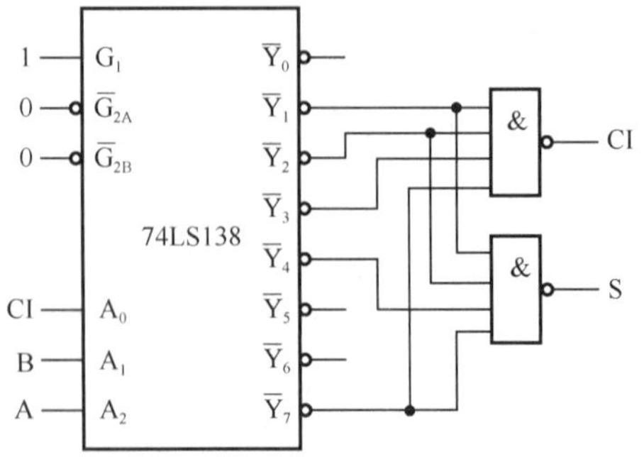

图 9.58　译码器实现全减器的逻辑电路图

由双 4 选 1 数据选择器 74LS153 的功能得知，它可以接收一个使能控制信号、两个地址信号和一组数据信号。因此可设定 A、B 为地址信号，CI 为数据信号，并设置使能控制信号有效。各用其中一个 4 选 1 数据选择器分别实现 S 与 CO 函数。

在实现 S 函数时，$S=\overline{A}\,\overline{B}CI+\overline{A}B\overline{CI}+A\overline{B}\,\overline{CI}+ABCI$，因此令 A_1=A，A_0=B，D_0=D_3=CI；$D_1=D_2=\overline{CI}$。

在实现 CO 函数时，$CO=\overline{A}\,\overline{B}CI+\overline{A}B\overline{CI}+\overline{A}BCI+ABCI=\overline{A}\,\overline{B}CI+\overline{A}B+ABCI$，因此令 A_1=A，A_0=B，D_0=D_3=CI；D_1=1；D_2=0。

图 9.59 是用数据选择器实现全减器的逻辑电路图。

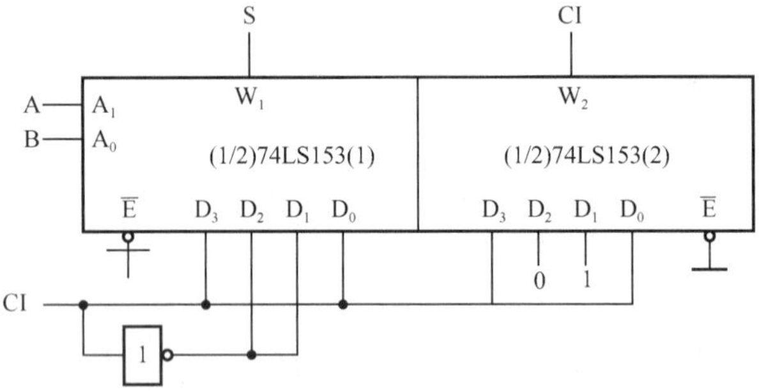

图 9.59　数据选择器实现全减器的逻辑电路图

本例以设计 1 位全减运算电路为例，介绍组合逻辑电路的两种设计方法：一是门电路设计，二是利用 MSI 设计。可以看出，组合逻辑电路的设计和实现与所用的器件有很密切的关系。

当采用门电路时，一般要将逻辑函数化为最简形式，这样可以使电路简单；在需要用规定种类的门来构成电路时，应该将逻辑表达式化为相应的形式。

在采用 MSI 设计时，应充分利用其逻辑功能，关键是要熟悉所用器件的功能及输入（或输出）使能控制，从而正确地应用器件。

设计组合逻辑电路除了应充分利用器件的逻辑功能外，还应该利用器件的使能控制端，以增加设计的灵活性。使能端可以控制逻辑器件处于工作状态或者禁止状态，也可以作为输出信号的选通端，它还可以作为器件的输入端以增加芯片的功能。

本章要点

一、逻辑函数的表示方法

1．逻辑状态表（真值表）

2．逻辑函数式

3．逻辑图

4．卡诺图

这 4 种方法之间可以任意互相转换。根据具体的使用情况，可以选择最适当的方法表示所研究的逻辑函数。

二、逻辑代数的基本定律

1．0-1 律	$A\cdot 0=0$	$A+1=1$
2．自等律	$A\cdot 1=A$	$A+0=A$
3．重叠律	$A\cdot A=A$	$A+A=A$
4．互补律	$A\cdot\overline{A}=0$	$A+\overline{A}=1$
5．交换律	$A\cdot B=B\cdot A$	$A+B=B+A$
6．结合律	$A\cdot(B\cdot C)=(A\cdot B)\cdot C$	$A+(B+C)=(A+B)+C$
7．分配律	$A\cdot(B+C)=A\cdot B+A\cdot C$	$A+B\cdot C=(A+B)\cdot(A+C)$
8．反演律	$\overline{A+B}=\overline{A}\cdot\overline{B}$	$\overline{A\cdot B}=\overline{A}+\overline{B}$
9．还原律	$\overline{\overline{A}}=A$	
10．吸收律	$A\cdot B+A\cdot\overline{B}=A$	$(A+B)\cdot(A+\overline{B})=A$
	$A+A\cdot B=A$	$A\cdot(A+B)=A$
	$A+\overline{A}\cdot B=A+B$	$A\cdot(\overline{A}+B)=A\cdot B$

三、逻辑函数的化简方法

1．逻辑代数化简法

利用逻辑代数的基本运算法则和基本定律使逻辑式中所包含的乘积项最少，每个乘积项中的变量数最少。经过化简的逻辑电路，不止可以少用元件，电路的可靠性也会提高。

逻辑代数化简法的优点是它的使用不受任何条件的限制。但这种方法没有固定的步骤可循，所以在化简时要熟练地运用各种逻辑代数的公式和定理，而且还需要有一定的运算技巧和经验。

2．卡诺图化简法

卡诺图化简方法的优点是简单、直观，而且有一定的化简步骤可循，而且化简时也易于避免错误。当逻辑变量超过 5 个时，卡诺图化简方法失去简单、直观的优点，没有太大的实用意义。

四、组合逻辑电路的分析与设计

1．分析：根据逻辑图写出逻辑函数式⇨化简逻辑函数式⇨列写真值表⇨总结逻辑功能。

2．设计：进行逻辑抽象⇨列写真值表⇨写出逻辑函数式⇨化简逻辑函数式⇨画出逻辑图。

五、常用的中规模组合逻辑电路的应用

1．加法器

（1）半加器

只考虑两个加数本身，没有考虑来自低位进位的运算，称为半加。实现半加运算的逻辑电路叫半加器。

（2）全加器

若考虑来自低位的进位的加法运算，则称为全加。实现全加运算的逻辑电路叫全加器。

2．编码器

用数字或某种文字和符号表示某个对象或信号的过程，称为编码。实现编码功能的逻辑电路称为编码器。

（1）二进制编码器

n 位二进制代码有 2^n 种代码组合，所以用 n 位二进制代码最多可以对 2^n 个被编码信息进行编码，简称为 2^n-n 线编码器。

（2）二-十进制编码器

用 4 位二进制代码来表示 1 位十进制数码的电路称为二-十进制编码器。

3．译码器

译码的逻辑功能是将输入的二进制代码译成相应的状态或信息。实现译码功能的电路称为译码器。

（1）二进制译码器

n 位二进制代码有 2^n 种代码组合，每组输入代码对应一个输出端，所以 n 位二进制译码器有 2^n 个输出端，则称该二进制译码器为 n-2^n 线译码器。

利用译码器的控制端可以对译码器进行扩展。

通过适当的连接外围的连线，可以用二进制译码器实现一般的组合逻辑功能。

（2）显示译码器

显示译码器的功能就是将输入的 BCD 码转换为 a～g 的 7 段控制信号，将数字量用十进制数码显示出来。

4．数据分配器与数据选择器

数据分配器的功能是将一路输入信号分配到多路输出。译码器可以用作数据分配器。

数据选择器的功能是从多路输入数据中选择一路进行传输。利用数据选择器的控制端可以对数据选择器进行扩展。可以用数据选择器实现一般的组合逻辑功能。

5．数值比较器

数值比较器可以对两个数据的数值进行比较。多位数据比较时，按照由高位到低位的顺序进行比较。

关键术语

脉冲信号：pulse signal

数字信号：digital signals

模拟电路：analog circuit

数字电路：digital circuit

幅值：amplitude

上升时间：rise time

下降时间：fall time

脉冲宽度：pulse width

周期：period

频率：frequency

占空比：duty ratio

逻辑：logic

十进制：Decimal

二进制：Binary

八进制：Octal

十六进制：Hexadecimal

逻辑（布尔）代数：Boolean algebra

门：gate

与门：AND gate

或门：OR gate

非：NOT

反相器：inverter

与非门：NAND gate

或非门：NOR gate

异或门：Exclusive-Or gate

真值表：Truth table

卡诺图：Karnaugh map

集成电路：Integrated Circuit（IC）

小规模集成电路：Small Scale Integrated（SSI）

中规模集成电路：Medium Scale Integrated（MSI）

大规模集成电路：Large Scale Integrated（LSI）

超大规模集成电路：Very Large Scale Integrated（VLSI）

晶体管-晶体管逻辑：Transistor-Transistor logic（TTL）

金属氧化物半导体：Metal Oxide Semiconductor（MOS）

N 通道金属氧化半导体：N-channel Metal-Oxide-Semiconductor Transistor（NMOS）
P 通道金属氧化半导体：P-channel Metal-Oxide-Semiconductor Transistor（NMOS）
互补金属氧化物半导体：Complementary Metal-Oxide-Semiconductor Transistor（CMOS）
三态门：Three-State Output Gate　　二-十进制码：BCD
半加器：half adder　　全加器：full adder
编码器：encoder　　译码器：decoder
数据分配器：demultiplexer　　数据选择器/多路调制器：data selector/multiplexer

习题 9

9-1　试将十进制数$(154)_{10}$转换为二进制数，并用 BCD 码表示。

9-2　列出 $F=\bar{A}BC+A$ 的真值表。

9-3　根据表 9.27 所示的真值表写出其与或逻辑式。

表 9.27　真值表

（a）

A	B	F
0	0	0
0	1	1
1	0	1
1	1	1

（b）

A	B	F
0	0	1
0	1	0
1	0	0
1	1	1

9-4　用逻辑代数的公式或真值表证明下列等式。

（1）$ABC+\bar{A}+\bar{B}+\bar{C}=1$

（2）$\bar{A}\bar{B}+\bar{A}B+A\bar{B}=\bar{A}+\bar{B}$

（3）$A+\bar{A}B=A+B$

（4）$\overline{\bar{A}B+A\bar{B}}=AB+\bar{A}\bar{B}$

9-5　用代数法将下列逻辑函数进行化简。

（1）$F=A\bar{B}C+\bar{A}BC+ABC+ABC$

（2）$F=\bar{A}\bar{B}+AB+\bar{A}\bar{B}C+ABC$

（3）$F=ABC+ABD+\bar{A}B\bar{C}+CD+B\bar{D}$

（4）$F=AB+\bar{B}C+B\bar{C}+\bar{A}B$

9-6　先化简下列逻辑函数，再转换成与非-与非形式，并画出能实现逻辑函数的逻辑图。

（1）$F=A\bar{B}+B+BCD$

（2）$F=\bar{A}\bar{B}+\bar{A}B+A\bar{B}$

9-7　对图 9.60 所示逻辑电路完成下列要求：

（1）写出逻辑电路的逻辑式并化简之。

（2）根据逻辑式填写真值表。

（3）说明该电路有何逻辑功能。

9-8　对图 9.61 所示电路，当 A 和 B 为何值时 F 为 1?

9-9　用全加器组成加法器，实现两个 4 位二进制数 1101 和 1011 相加的运算。

（1）画出加法器的逻辑电路图。

（2）在图中标明各位的和及进位值。

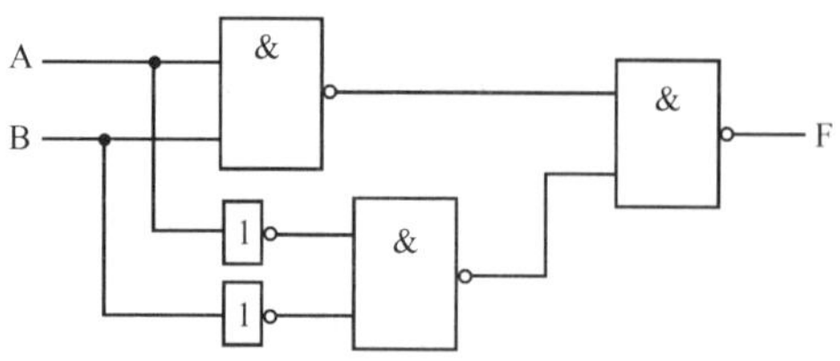

图 9.60　习题 9-7 电路

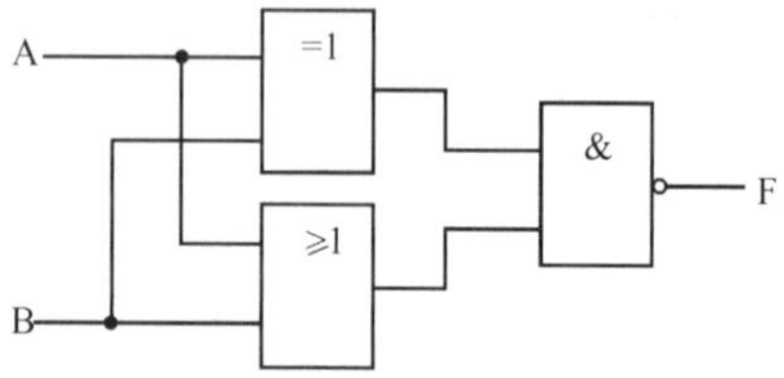

图 9.61　习题 9-8 电路

9-10　对图 9.62 中的逻辑电路，当逻辑变量 A、B、C 中有两个以上（含两个）为高电平时，F=1，并使继电器 K 动作。试用与非门组成图中的逻辑电路，要求：

（1）编写真值表。

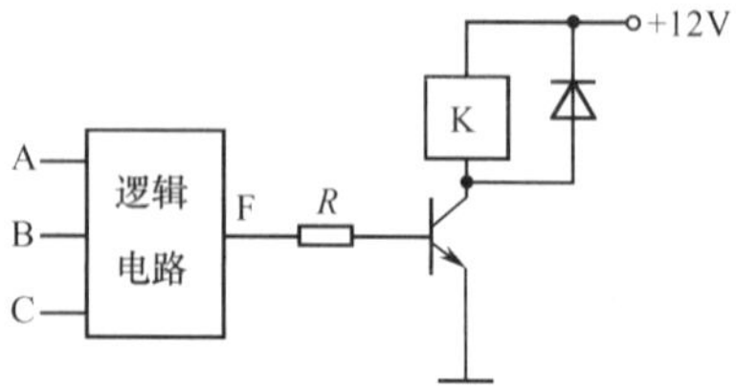

图 9.62　习题 9-10 电路

（2）写出逻辑式、化简并进行变换。

（3）画出用与非门组成的逻辑电路图。

9-11　有三台电动机 A、B、C，要求：A 开机则 B 必须开机；B 开机则 C 必须开机。若不满足上述要求，应发出报警信号。设开机为 1，不开机为 0；报警为 1，不报警为 0。

（1）试写出报警的逻辑式。

（2）画出用与非门组成的简化后的逻辑电路。

9-12　试用加法器 74LS283 设计一个代码转换器，将 8421 码转成余 3 码。

9-13　请写出对 Y_0，Y_1，Y_2，Y_3 共 4 个信息进行二进制编码的编码表。

9-14　对图 9.37 所示的 2-4 线译码器，试写出其译码表。

9-15　如何用 3-8 线译码器 74LS138 完成全加器的功能？

9-16　图 9.42 所示是用集成显示译码器 CD4511 和半导体数码管组成的数码显示电路。当半导体数码管的 LED 是共阳极接法时，试编写所选用的显示译码器的译码表。

9-17　8 选 1 数据选择器的功能表如图 9.63（a）所示。用该数据选择器实现一个逻辑函数，其外部接线如图 9.63（b）所示，请写出逻辑函数的表达式。

使能端	选择控制端			输出
$\overline{E}$	A_2	A_1	A_0	F
1	×	×	×	0
0	0	0	0	D_0
0	0	0	1	D_1
0	0	1	0	D_2
0	0	1	1	D_3
0	1	0	0	D_4
0	1	0	1	D_5
0	1	1	0	D_6
0	1	1	1	D_7

(a) 8选1数据选择器的功能表

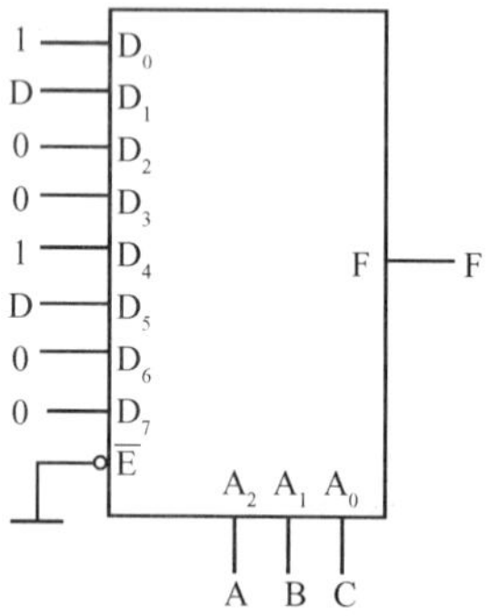

(b) 外部接线图

图 9.63　习题 9-17 的图

9-18　用习题 9-17 中的 8 选 1 数据选择器，实现下列逻辑函数，并画出其外部接线图。

（1）$F=A\oplus B\oplus C$

（2）F=AB+BC+AC

第 10 章　触发器与时序逻辑电路

引言

由门电路构成的组合逻辑电路的特点是，当前的输出状态只取决于该时刻的输入信号的状态，与电路原来的输出状态无关，即组合逻辑电路没有记忆功能。在数字系统中，常需要保存一些数据和运算结果，因此需要具有记忆功能的电路，例如，计数器、寄存器电路。电路当前的输出状态不仅取决于当前输入信号的状态，而且还与电路原来的输出状态有关。触发器作为基本单元可构成时序逻辑电路，时序逻辑电路具有记忆功能。时序逻辑电路和组合逻辑电路是数字电路的两大类。门电路是组合逻辑电路的基本单元，触发器是时序逻辑电路的基本单元。

学习目标

- 掌握常用的双稳态触发器：基本 RS 触发器、可控 RS 触发器、JK 触发器和 D 触发器的功能和时序图的画法。
- 理解由双稳态触发器构成的数码寄存器和移位寄存器的内部结构和工作原理。
- 理解由双稳态触发器构成的同步计数器和异步计数器的内部结构和工作原理。
- 掌握应用中规模计数器模块设计任意计数器的方法——反馈清零法和级联法。
- 了解 555 定时器的内部结构和工作原理。
- 理解由 555 定时器构成的单稳态触发器的电路结构和工作原理。
- 理解由 555 定时器构成的多谐振荡器的电路结构和工作原理。
- 理解由 555 定时器构成的施密特触发器的电路结构和工作原理。

10.1　双稳态触发器

双稳态触发器有 0 和 1 两种稳定的输出状态，在一定条件下两种状态可以互相转换，称为触发器状态的翻转。按逻辑功能来分，双稳态触发器可分为 RS 触发器、JK 触发器、D 触发器和 T 触发器等；按结构来分，双稳态触发器可分为主从型触发器和维持阻塞型触发器等。

10.1.1　RS 触发器

1. 基本 RS 触发器

图 10.1（a）是由两个与非门组成的基本 RS 触发器，图 10.1（b）是其逻辑符号。表 10.1 是基本 RS 触发器的逻辑功能表。表中的 Q_n 是时钟没到之前触发器的状态（称为原态），Q_{n+1} 是时钟作用之后触发器的状态（称为次态）。

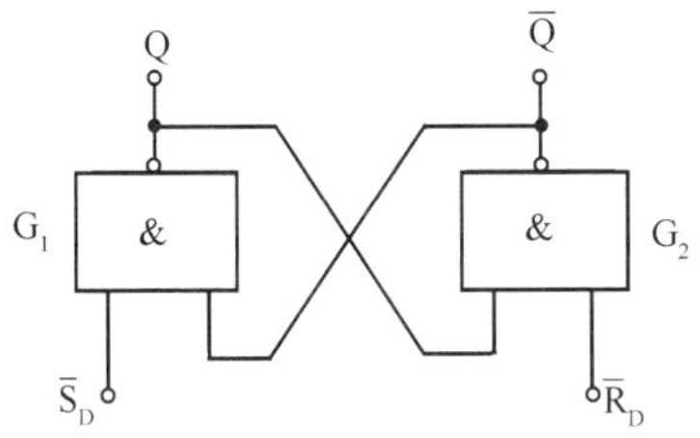

(a) 触发器的组成

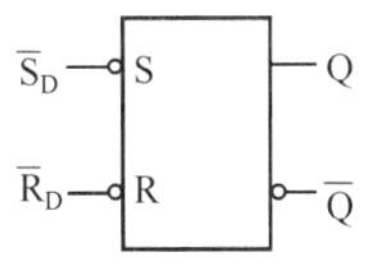

(b) 符号

图 10.1　基本 RS 触发器的组成和逻辑符号

表 10.1 基本 RS 触发器的逻辑功能表

$\overline{R}_D$	$\overline{S}_D$	Q_{n+1}	说明
1	1	Q_n	记忆功能
0	1	0	复位（置 0）
1	0	1	置位（置 1）
0	0	$\overline{R}_D$，$\overline{S}_D$ 同时由 0 变为 1 时，状态不定	应禁止出现此状态

图 10.1（a）中，Q 与 $\overline{Q}$ 是触发器的输出端。在正常情况下，Q 与 $\overline{Q}$ 的状态是相反的，一般用 Q 表示其输出状态。$\overline{R}_D$ 端称为直接置 0 端，$\overline{S}_D$ 称为直接置 1 端。

基本 RS 触发器有两种稳定的状态：当 Q=0 时称为 0 态或复位态；当 Q=1 时称为 1 态或置位态。下面分 4 种情况分析其逻辑功能。

（1）$\overline{R}_D = \overline{S}_D = 1$

设触发器的原状态为 0，即 Q=0，$\overline{Q} = 1$。由图 10.1（a）可知，Q 的 0 状态接到与非门 G_2 的输入端以确保与非门 G_2 的输出是 1；$\overline{Q}$ 的 1 状态接到与非门 G_1 的输入端以确保与非门 G_1 的输出是 0。

设触发器的原状态为 1，即 Q=1，$\overline{Q} = 0$。由图 10.1（a）可知，Q 的 1 状态接到与非门 G_2 的输入端以确保与非门 G_2 的输出是 0；$\overline{Q}$ 的 0 状态接到与非门 G_1 的输入端以确保与非门 G_1 的输出是 1。

由上述分析可见，不论触发器的原状态是 0 还是 1，只要 $\overline{R}_D = \overline{S}_D = 1$，触发器就能保持原状态不变，此时称触发器为记忆态。1 位基本 RS 触发器可以记忆 1 位二进制数。

（2）$\overline{S}_D = 1$，$\overline{R}_D = 0$

当 $\overline{R}_D = 0$ 时，无论 $\overline{Q}$ 的原状态如何都使 $\overline{Q} = 1$。$\overline{Q}$ 的 1 状态接到与非门 G_1 的输入端以确保 Q=0；Q 的 0 状态接到与非门 G_2 的输入端以确保 $\overline{Q} = 1$。当 $\overline{R}_D$ 上的低电平消失时，$\overline{R}_D = \overline{S}_D = 1$，根据（1）的分析可知，触发器将保持 Q=0 的状态不变。

可见，当 $\overline{S}_D$ 接高电平、$\overline{R}_D$ 端接低电平时，可使触发器置 0 并保持。

（3）$\overline{R}_D = 1$，$\overline{S}_D = 0$

当 $\overline{S}_D = 0$ 时，无论 Q 的原状态如何，都使 Q=1。Q 的 1 状态接到与非门 G_2 的输入端以确保 $\overline{Q} = 0$；$\overline{Q}$ 的 0 状态接到门 G_1 的输入端以确保 Q=1。当 $\overline{S}_D$ 上的低电平消失时，$\overline{R}_D = \overline{S}_D = 1$，触发器保持 Q=1 的状态不变。

可见，当 $\overline{R}_D$ 接高电平、$\overline{S}_D$ 端接低电平时，可使触发器置 1 并保持。

（4）$\overline{R}_D = \overline{S}_D = 0$

当 $\overline{R}_D = \overline{S}_D = 0$ 时，无论 Q 的原状态如何，都使 $Q = \overline{Q} = 1$，这违反了 Q 与 $\overline{Q}$ 状态相反的逻辑关系。当 $\overline{R}_D$ 和 $\overline{S}_D$ 上的低电平同时消失时，$\overline{R}_D$ 和 $\overline{S}_D$ 同时由 0 变为 1，门 G_1 和 G_2 的输入全都为 1。理论上，此时两个门的输出都应为 0。但由于门 G_1 和 G_2 的传输延迟时间不同，或者门 G_1 先变为 0，或者门 G_2 先变为 0，只要有一个门先变为 0，另一个门就不会再变为 0 了。可见，$\overline{R}_D$ 和 $\overline{S}_D$ 端同时由 0 变 1 时，触发器状态是不确定的，所以要禁止这种状态出现。

综上所述，基本 RS 触发器具有置 0、置 1 并保持的功能。需要置 0 时，令 $\overline{S}_D = 1$，在 $\overline{R}_D$ 端加低电平；需要置 1 时，令 $\overline{R}_D = 1$，在 $\overline{S}_D$ 端加低电平；低电平除去后，置位端和复位端都处于 1 态（平时固定接高电平），但不允许在 $\overline{R}_D$ 和 $\overline{S}_D$ 端同时加低电平。

图 10.2 所示是基本 RS 触发器的工作波形，图中触发器的初始状态 Q=0。

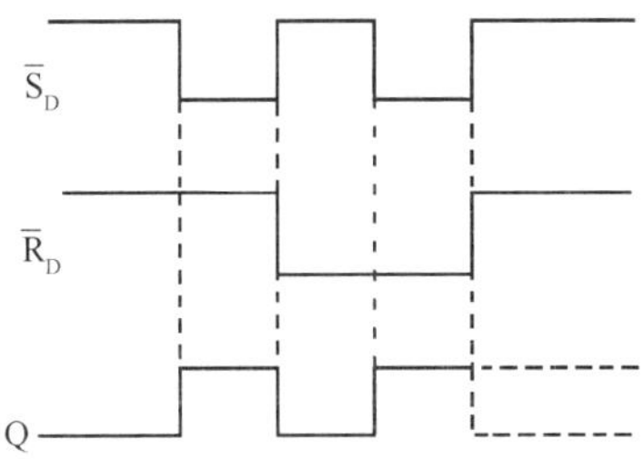

图 10.2　基本 RS 触发器的工作波形

图 10.3 所示是触发器的应用实例，用于消除键盘按键时产生的抖动。在图 10.3（a）中，开关在 1 和 2 之间转换，当它转接到任意一边时，都会产生抖动，形成图 10.3（b）所示带有“毛刺”的 $\overline{R}$ 和 $\overline{S}$ 的波形。在电子电路中，一般不允许出现这种现象，因为这种干扰会导致电路工作出错。

利用基本 RS 触发器的记忆作用可以消除上述抖动。假设开关原来与 1 接通，这时触发器状态为 0。当开关由 1 拨向 2 时，其中有一段短暂的悬空时间，这时触发器的 R、S 均为 1，Q 仍为 0。开关与 2 接触时，$\overline{S}$ 端电位由于振动产生“毛刺”。但是由于 $\overline{R}$ 已经为高电平，一旦 $\overline{S}$ 出现低电平，触发器状态就翻转为 1，即使 $\overline{S}$ 再出现高电平，也不会改变触发器的状态，所以触发器 Q 端的输出波形不会出现毛刺现象，从而消除了抖动。

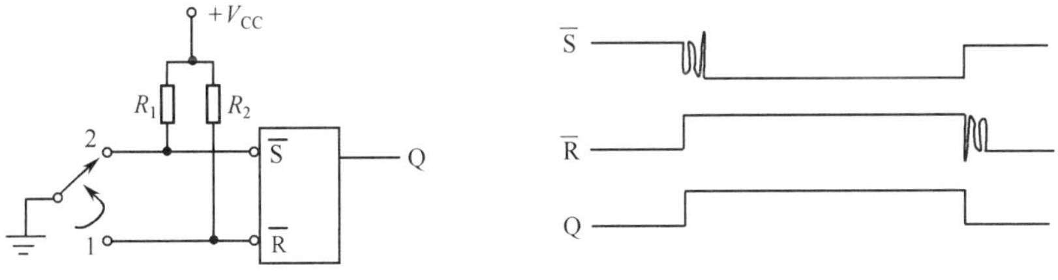

(a) 消除按键抖动示意图　　(b) 消除抖动电路的输入、输出波形

图 10.3　消除键盘抖动的实例

2. 可控 RS 触发器

基本 RS 触发器的触发翻转过程直接由输入信号控制，而实际上，常要求系统中的各触发器在规定的时刻按各自输入信号所决定的状态同步触发翻转，这个时刻可由外加时钟脉冲 CP（Clock Pulse）来决定。受时钟脉冲控制的触发器成为可控触发器或钟控触发器。图 10.4 所示是可控 RS 触发器的组成和逻辑符号图。图中，Q 与 $\overline{Q}$ 是触发器的输出端。CP 是时钟脉冲输入端。R 和 S 是信号输入端。$\overline{R}_D$ 端称为直接置 0 端，$\overline{S}_D$ 称为直接置 1 端。R_D 端和 $\overline{S}_D$ 端不受时钟脉冲的控制，在 $\overline{R}_D$ 或 $\overline{S}_D$ 端加负脉冲可将触发器直接置 0 或置 1。

图 10.4（a）中，与非门 G_1 和 G_2 构成基本 RS 触发器。$\overline{R}_D$ 和 $\overline{S}_D$ 是直接置 0 或置 1 端。图 10.4（b）的逻辑符号中，$\overline{R}_D$ 和 $\overline{S}_D$ 端有小圆圈，表示在此处输入负脉冲时可使触发器状态置 0 或置 1。一般用在工作之初，预先使触发器处于某个给定状态。

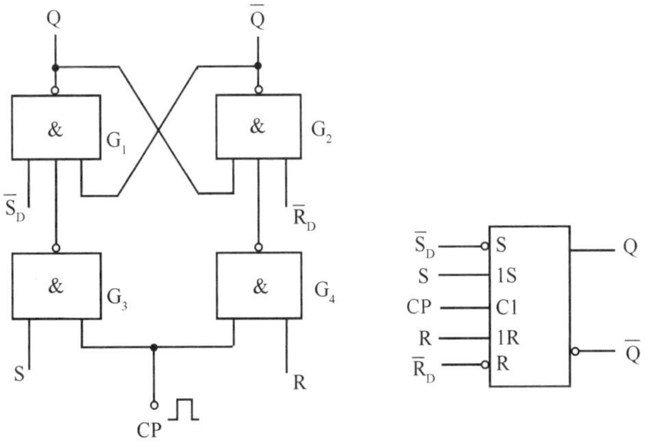

(a) 触发器的组成　　(b) 符号图

图 10.4　可控 RS 触发器的组成和逻辑符号

可控 RS 触发器有两种稳定的输出状态，其状态的翻转不仅取决于输入信号 R 和 S 的状态，还要受时钟 CP 的控制。当时钟信号到来之前，即 CP=0 时，与非门 G_3 和 G_4 的输出均为 1，使基本 RS 触发器的输入全为 1 而保持原输出状态不变。此时，不论输入端 R 和 S 的电平如何变化，输出也不可能翻转。只有当时钟信号到来，即 CP=1 时，触发器的状态才有可能翻转。

表 10.2 是可控 RS 触发器的逻辑功能表。

表 10.2　可控 RS 触发器的逻辑功能表

R	S	Q_{n+1}	说　明
0	0	Q_n	保持功能
0	1	1	输出状态同 S
1	0	0	
1	1	状态不定	应禁止出现此状态

下面分几种情况分析可控 RS 触发器的功能。

（1）R=S=0

R=S=0，无论有无 CP 到来，与非门 G_3 和 G_4 的输出均为 1。由于基本 RS 触发器的输入全为 1，因而保持触发器的原状态不变。

（2）R=0，S=1

S=1，当 CP 到来时，与非门 G_3 输入全 1 而输出 0。此时不论与非门 G_1 的其他输入端是什么状态，其必然输出 1，即 Q=1；R=0 使门 G_4 输出 1，此时与非门 G_2 输入全 1 而输出 0，这个 0 状态接到与非门 G_1 的输入以确保 Q=1。当时钟消失，即 CP=0 时，与非门 G_3 和 G_4 的输出均为 1，使基本 RS 触发器的输入全为 1 而保持 Q=1 的状态不变。

（3）R=1，S=0

R=1，当 CP 到来时，使与非门 G_4 输入全 1 而输出 0，此时与非门 G_2 必输出 1，即 $\overline{Q}=1$、Q=0；S=0，当 CP=1 时，与非门 G_3 输出 1。此时与非门 G_1 输入全 1 而输出 0，这个 0 状态接到与非门 G_2 的输入以确保 $\overline{Q}=1$。当时钟消失，即 CP=0 时，与非门 G_3 和 G_4 的输出均为 1，使基本 RS 触发器的输入全为 1 而保持 Q=0 的状态不变。

（4）R=S=1

R=S=1，当 CP 到来时，与非门 G_3 和 G_4 的输出均为 0，基本 RS 触发器处于输入为 00 的状态。当时钟消失，即 CP=0 时，与非门 G_3 和 G_4 的输出均变为 1，使基本 RS 触发器的输入同时由 0 变成 1，所以 Q 的状态将不确定。

综上所述，可控 RS 触发器具有置 0、置 1 和保持原状态不变的功能。与基本 RS 触发器不同的是，其状态的翻转时间要受时钟的控制。

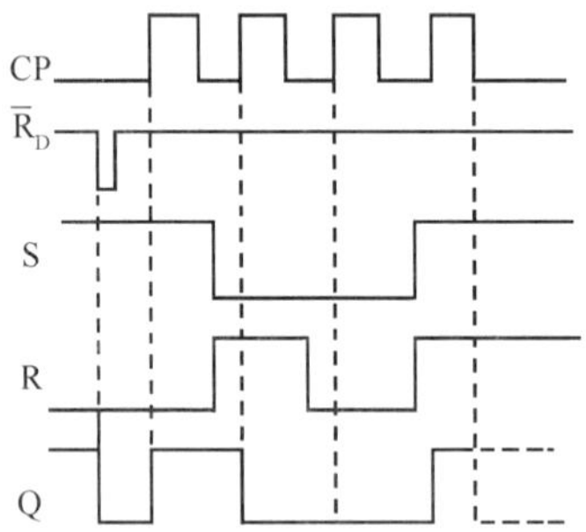

图 10.5　可控 RS 触发器的工作波形

根据表 10.2 画出可控 RS 触发器的工作波形如图 10.5 所示。图中触发器的初始状态 Q=1。在 CP 没到来时，令 $\overline{S}_D=1$，在 $\overline{R}_D$ 端加负脉冲使触发器复位。由图可见，触发器状态的翻转是在时钟脉冲的前沿时刻。在 CP=1 期间，若 S 和 R 的状态发生变化，则 Q 的状态也将随之变化。这就是说，在 CP=1 期间，Q 的状态可能发生几次翻转。即在一个时钟脉冲的作用下，可能会引起触发器的多次翻转，产生所谓“空翻”，造成触发器动作混乱。因此，对可控 RS 触发器的时钟宽度是有要求的，即在触发器翻转之后，时钟脉冲的高电平要及时降下来。当然，要从根本上解决“空翻”的问题，可采用边沿触发器。

10.1.2 JK 触发器与 D 触发器

为了提高触发器的抗干扰能力，增强电路工作的可靠性，常要求触发器状态的翻转只取决于时钟脉冲的上升沿或下降沿前一瞬间输入信号的状态，而与其他时刻的输入信号状态无关。边沿触发器可以有效地解决这个问题。常用的边沿触发器有 JK 触发器和 D 触发器，下面分别进行介绍。

边沿触发器可分为上升沿触发器（时钟脉冲的上升沿触发）和下降沿触发器（时钟脉冲的下降沿触发）两类。

1．JK 触发器

图 10.6 所示是 JK 触发器的逻辑符号，Q 和 $\overline{Q}$ 是输出端，CP 是时钟脉冲输入端，符号“>”表示触发器是边沿触发器，符号“>”处的小圆圈表示触发器在时钟脉冲的下降沿触发，J 和 K 是信号输入端，$\overline{S}_D$ 和 $\overline{R}_D$ 是直接置 1 端和直接置 0 端，其作用和使用方法与可控 RS 触发器一样。

图 10.6（b）所示也是 JK 触发器的符号，J 和 K 各有多个信号输入端（图中只画出两个），J 或 K 的状态取决于几个输入信号状态的与，即 $J=J_1J_2$，$K=K_1K_2$。

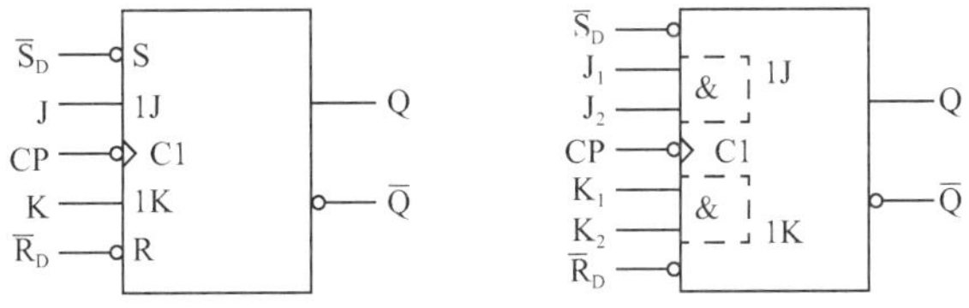

图 10.6　JK 触发器的逻辑符号

表 10.3 是 JK 触发器的逻辑功能表。由表可知 JK 触发器的逻辑功能如下：

① 当 J=K=0 时，时钟脉冲消失后触发器保持原状态不变。

② 当 J 与 K 不同时，时钟脉冲消失后触发器的状态取决于 J 的状态。

③ 当 J=K=1 时，每来一个时钟，脉冲触发器的状态就翻转一次，此时 JK 触发器具有计数功能。请读者注意 JK 触发器的这种用法。

JK 触发器是一种全功能触发器，它具有保持、置 1、置 0 和计数（或翻转）的功能。

图 10.7 所示是 JK 触发器的工作波形。图中 Q 的初始状态是 1，时钟脉冲没到之前，令 $\overline{S}_D=1$，在 $\overline{R}_D$ 端加负脉冲使触发器复位。由图可见，触发器状态的翻转都发生在时钟脉冲的下降沿时刻。判断时钟脉冲作用之后触发器的状态，只需注意下降沿前一瞬间输入信号 J 和 K 的状态，而与其他时刻的 J 和 K 状态无关。

表 10.3　JK 触发器的逻辑功能表

J	K	Q_{n+1}
0	0	Q_n
0	1	0
1	0	1
1	1	$\overline{Q}_n$

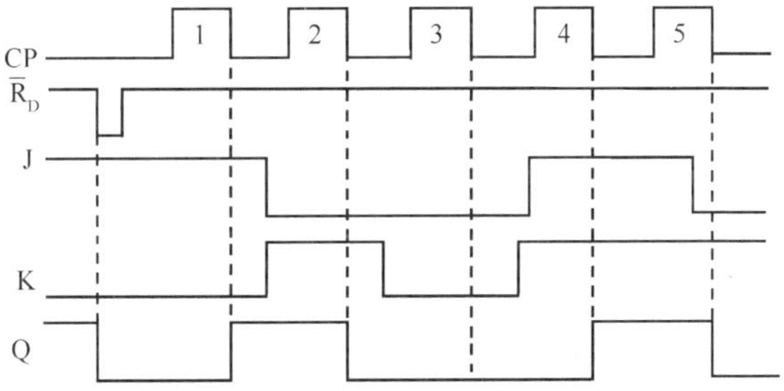

图 10.7　JK 触发器的工作波形

2．D 触发器

D 触发器也是一种常用的边沿触发器。图 10.8 所示是 D 触发器的逻辑符号，Q 和 $\overline{Q}$ 是输出端，CP 是时钟脉冲输入端，符号“>”表示触发器是边沿触发器，没有小圆圈表示触发器在时钟脉冲的上升沿触发。D 是信号输入端。$\overline{S}_D$ 和 $\overline{R}_D$ 是直接置 1 端和直接置 0 端，其作用和使用方法与可控 RS 触发器一样。

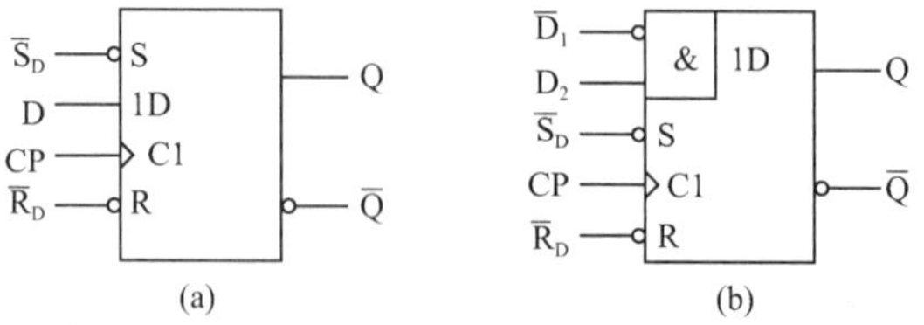

图 10.8　D 触发器符号

图 10.8（b）所示也是 D 触发器的符号，它有多个信号输入端（图中只画出两个），D 的状态由几个输入信号的状态相与来决定，即 $D=D_1D_2$。

表 10.4 是 D 触发器的逻辑功能表。

表 10.4　D 触发器的逻辑功能表

D	Q_{n+1}
0	0
1	1

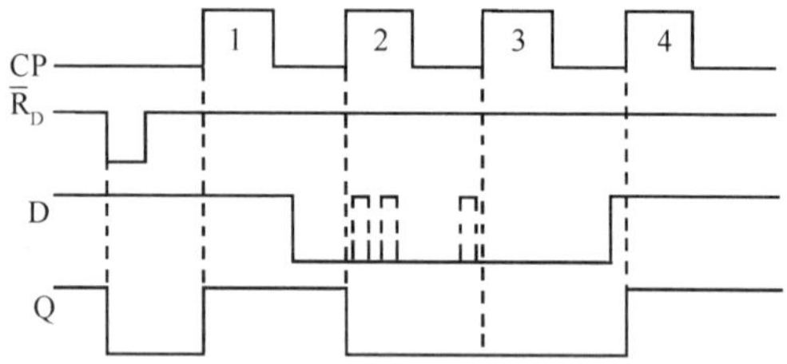

图 10.9　D 触发器的工作波形

图 10.9 所示是 D 触发器的工作波形。Q 的初始状态是 1，时钟脉冲没到之前，令 $\overline{S}_D=1$，在 $\overline{R}_D$ 端加负脉冲使触发器复位。图中，触发器状态的翻转都发生在时钟脉冲的上升沿时刻，若要判断时钟脉冲作用之后触发器的状态，只需注意 CP 上升沿前一瞬间输入端 D 的状态，与其他时刻的 D 状态无关。例如，在第 2 个时钟脉冲作用期间的干扰信号（虚线所示脉冲）以及第 3 个时钟脉冲上升沿之前的干扰信号，都不影响触发器的状态，即 D 触发器无空翻现象。

D 触发器常用于计数功能。如图 10.10（a）所示，将 D 触发器的输入端 D 与 $\overline{Q}$ 端连接起来，即 $D=\overline{Q}$。这样，D 的状态总是与 Q 的状态相反，所以对应每个时钟脉冲的触发沿，触发器的状态都要翻转，即 D 触发器具有计数功能。来一个 CP 脉冲，触发器翻转一次，翻转的次数等于脉冲的个数，可以用来构成计数器。输出端波形如图 10.10（b）所示。

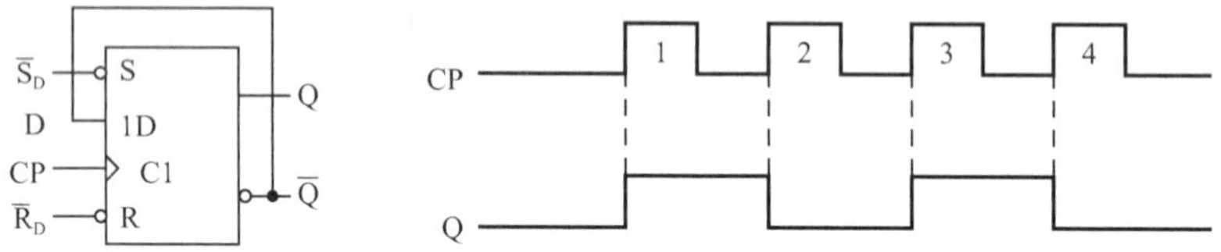

(a)逻辑电路图　　(b)输出端波形图

图 10.10　D 触发器的计数连接方式

10.1.3　触发器逻辑功能的转换

除了以上介绍的 RS 触发器、JK 触发器和 D 触发器外，还有 T 和 T′触发器。

1. T 触发器和 T′触发器

在某些应用场合下，需要这样一种逻辑功能的触发器，当控制信号 T=1 时，每来一个时钟，脉冲触发器状态就翻转一次；而 T=0 时，时钟脉冲到达后触发器状态保持不变。具备这种逻辑功能的触发器称为 T 触发器。T 触发器的逻辑功能如表 10.5 所示。

表 10.5　T 触发器的逻辑功能表

T	Q_{n+1}
0	Q_n
1	$\overline{Q}_n$

实际上，只要将 JK 触发器的 J、K 端连接在一起作为 T

端，就构成了 T 触发器，因此在触发器的定型产品中通常没有专门的 T 触发器。

如果 T 触发器的控制端始终接高电平（即 T 恒等于 1），即每次时钟脉冲作用后，触发器必然翻转成与初态相反的状态，则这种触发器称为 T′触发器（又称翻转触发器）。

T′触发器也称计数型触发器。

2. 触发器逻辑功能的转换

数字电路中，常用的触发器有 JK 触发器、D 触发器、T 触发器和 T′触发器。在满足一定条件下，它们之间在功能上可以相互转换。所谓触发器的转换，就是用一个已知的触发器，去实现另一种类型触发器的功能。

（1）JK 触发器转换为 D 触发器

比较待求 D 触发器和已知 JK 触发器的逻辑功能表，如图 10.11 所示。

可以看出 JK 触发器的逻辑功能表中间两行的逻辑功能与 D 触发器的逻辑功能一致，此时，$J = D, K = \overline{D}$。

因此，JK 触发器转换为 D 触发器的连接图如图 10.12 所示。

D	Q_{n+1}
0	0
1	1

J	K	Q_{n+1}
0	0	Q_n
0	1	0
1	0	1
1	1	$\overline{Q}_n$

图 10.11　D 触发器与 JK 触发器的逻辑功能对比

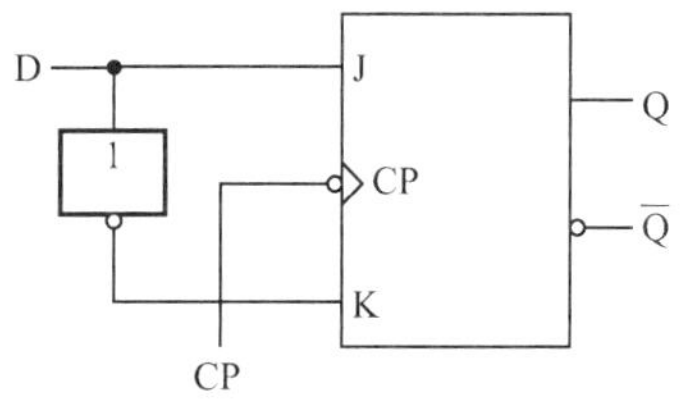

图 10.12　JK 触发器转换成 D 触发器

（2）JK 触发器转换为 T 触发器

T 触发器和 JK 触发器的逻辑功能对比如图 10.13 所示。

T	Q_{n+1}
0	Q_n
1	$\overline{Q}_n$

J	K	Q_{n+1}
0	0	Q_n
0	1	0
1	0	1
1	1	$\overline{Q}_n$

图 10.13　T 触发器与 JK 触发器的逻辑功能对比

可以看出，JK 触发器的逻辑功能表第一行和最后一行的逻辑功能与 T 触发器的逻辑功能一致，此时，$J = K = T$。JK 触发器转换成 T 触发器的连接图如图 10.14 所示。

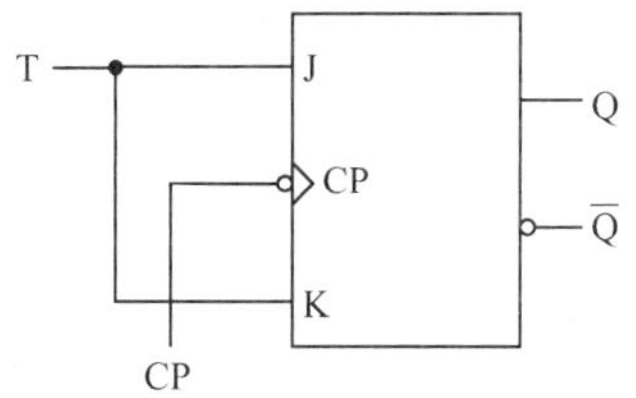

图 10.14　JK 触发器转换成 T 触发器

（3）各种触发器转换为 T′触发器

T′触发器是计数电路中最常用的触发器，它的逻辑功能是，每来一个时钟脉冲，输出状态就翻转一次，具有计数功能。如前所述，如果将 JK 触发器的输入端 J、K 均接高电平，就可以转换为 T′触发器。将 D 触发器的输入端 D 与输出端 $\overline{Q}$ 相连，也可以转换为 T′触发器。JK 触发器和 D 触发器转换成 T′触发器如图 10.15 所示。

以上介绍了几种常用的触发器的相互转换，其余触发器之间的转换，请读者自己设计。

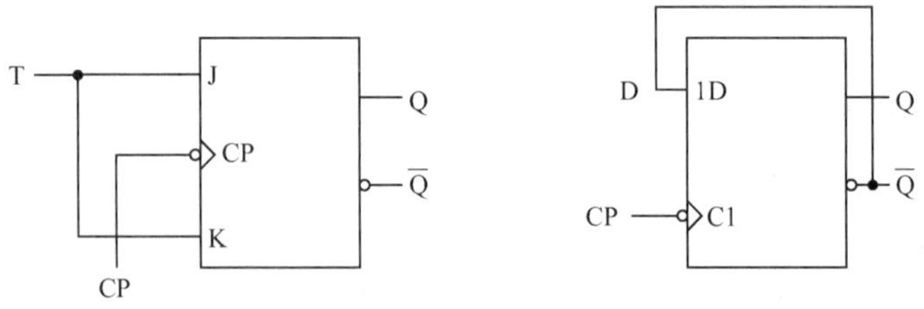

图 10.15　JK、D 触发器转换成 T′触发器

10.1.4　触发器应用举例

1. 安全保护电路

在某些由电动机拖动的机械设备中，需要保证有关人员的操作安全。希望当操作人员身体不慎处于机械（如：刀具等）所及的范围时，安全保护电路可以使电动机停转。图 10.16 是一种冲床安全保护电路，图中基本 RS 触发器由或非门组成，输入端 R、S 高电平有效。

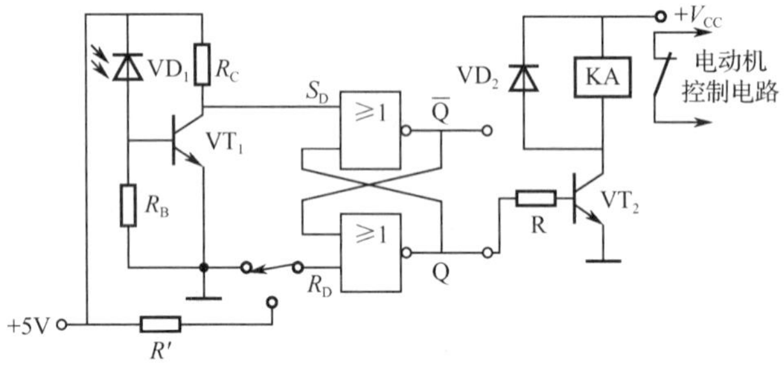

图 10.16　冲床安全保护电路

当操作人员的身体进入危险区时，会遮住光电二极管 VD_1 的光线，迫使其电阻值升高，使得晶体管 VT_1 截止，VT_1 的集电极为高电位并将触发器置 1，从而使晶体管 VT_2 导通，电流继电器 KA 线圈上电，其常闭触点断开电动机的控制电路，电动机停转。当身体撤出危险区时，VT_1 导通，集电极电位为 0，即 S_D 为 0。此时 R_D 也为 0，触发器状态不变。须手动复位 R_D 处的开关使触发器复位，才能使 VT_2 截止，继电器的常闭触点恢复闭合。

2. 四人抢答电路

图 10.17 是四人抢答电路。四人参加比赛，每人一个按钮，其中一人按下按钮后，相应的指示灯亮，其他按钮再按下时不起作用。

电路的核心是四 D 触发器 74LS175。它的内部集成了 4 个 D 触发器。它们的供电端、清零端和时钟脉冲输入端都是公用的。74LS175 的引脚图如图 10.18 所示。

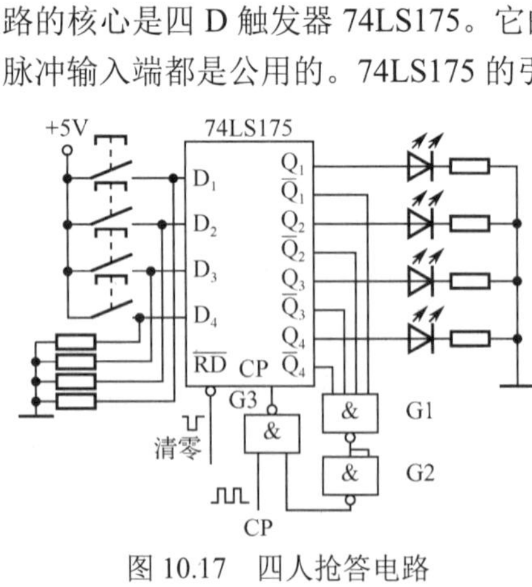

图 10.17　四人抢答电路

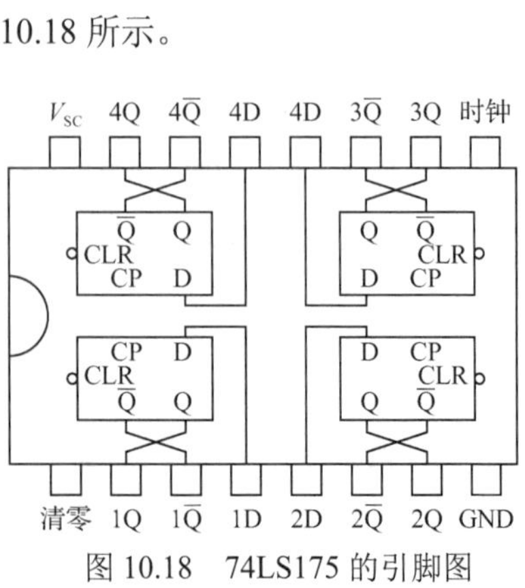

图 10.18　74LS175 的引脚图

抢答开始前，在清零端接入一个负脉冲，4 个输出端 Q_1、Q_2、Q_3、Q_4 均被清零，指示灯不亮。输出端 $\overline{Q}_1$、$\overline{Q}_2$、$\overline{Q}_3$、$\overline{Q}_4$ 均为 1，使得与非门 G1 输出为 0，与非门 G2 输出为 1。与非门 G3 打开，时钟脉冲 CP 输入。当所有按钮均未按下时，D_1、D_2、D_3、D_4 输入均为 0。

此时，若有人按下按钮，则相应的输入端为高电平。假设 D_1=1，时钟脉冲 CP 上升沿到来后，Q_1=1、$\overline{Q}_1=0$，相应的输出端 Q_1 的指示灯点亮，表明第一个人被选中。同时与非门 G1 被封锁，输出为 1，与非门 G2 输出为 0，G3 门被封锁，时钟脉冲无法输入。这时即使有其他按钮按下，相应的输出端也不会动作。

在下一次抢答开始前，应通过清零使各处触发器复位。

【思考与练习】

10-1-1 基本 RS 触发器的功能是什么？怎样使触发器置 1 和置 0？

10-1-2 什么是边沿触发器？怎样从符号上区别触发器是否为边沿触发器，是上升沿还是下降沿触发的触发器？

10-1-3 默写 D 触发器和 JK 触发器的逻辑功能表。

10-1-4 怎样连接能使 D 触发器和 JK 触发器具有计数功能？

10-1-5 触发器的时钟脉冲有几种来源？

10-1-6 D 触发器和 JK 触发器的 $\overline{S}_D$ 和 $\overline{R}_D$ 端有何作用？这两个端子不用时应怎样处理？

10.2 寄存器

在数字电路中，常使用寄存器来暂时存放运算数据、运算结果或指令等。寄存器由具有记忆功能的双稳态触发器组成。一个触发器只能存放 1 位二进制数，欲存放 N 位二进制数，需要用 N 个触发器组成的寄存器。寄存器存入和取出数据的方式有并行和串行两种。并行方式是指，多位数码的存入和取出同时完成；串行方式是指，多位数码的存入和取出通过移位方式完成。寄存器常分为数码寄存器和移位寄存器两种，它们的区别在于有无移位的功能。

10.2.1 数码寄存器

图 10.19 所示为用 D 触发器组成的寄存 4 位二进制数的数码寄存器，数码 d_3～d_0 依次接到触发器 FF_3～FF_0 的数据输入端。

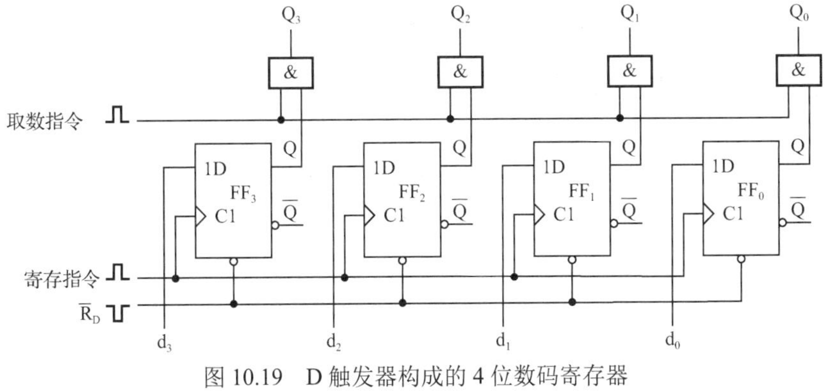

图 10.19 D 触发器构成的 4 位数码寄存器

图 10.19 所示的数码寄存器的工作过程如下：

存入数码之前，在 $\overline{R}_D$ 端加负脉冲可使各位触发器复位。当寄存指令到来时，d_3～d_0 同步进入各位触发器。寄存指令消失后，寄存器保持存入的数码不变。当取数指令到来时，d_3～d_0 被同步取出送到 Q_3～Q_0 端。

在图 10.19 所示的数码寄存器中，数码是同步存入、同步取出的，这种工作方式称为并行输入、并行输出。

10.2.2 移位寄存器

移位寄存器不仅能寄存数码，还能在移位指令的作用下使寄存器中的各位数码依次向左或向右移动。移位寄存器可以用 D 触发器组成，也可以用 JK 触发器组成。

图 10.20（a）所示的是 D 触发器组成的右移位寄存器，设待存数据为 D_R。寄存指令没到之前，在 $\overline{R}_D$ 端加负脉冲使各位触发器清零。图 10.20（b）所示为经过 4 个移位脉冲的工作波形。移位寄存器的状态转换过程如表 10.6 所示。

图 10.20（a）所示电路的工作过程如下：

在第一个 CP 上升沿前一瞬间，$D_3=1$，$D_2=Q_3=0$，$D_1=Q_2=0$，$D_0=Q_1=0$，因此在第一个 CP 作用之后，$Q_3=1$，$Q_2=Q_1=Q_0=0$；在第二个 CP 上升沿前一瞬间，$D_3=0$，$D_2=Q_3=1$，$D_1=Q_2=0$，$D_0=Q_1=0$，因此在第二个 CP 作用之后，$Q_3=0$，$Q_2=1$，$Q_1=Q_0=0$。由工作波形可见，经过 4 个移位脉冲，右移数据 D_R0101 将全部被移入寄存器。

图 10.20（a）所示的移位寄存器，由于数码是自左向右移入寄存器的，所以称其为右移寄存器。

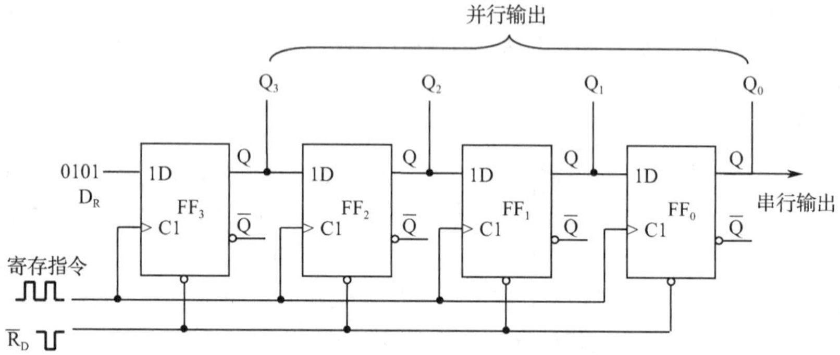

(a)电路图

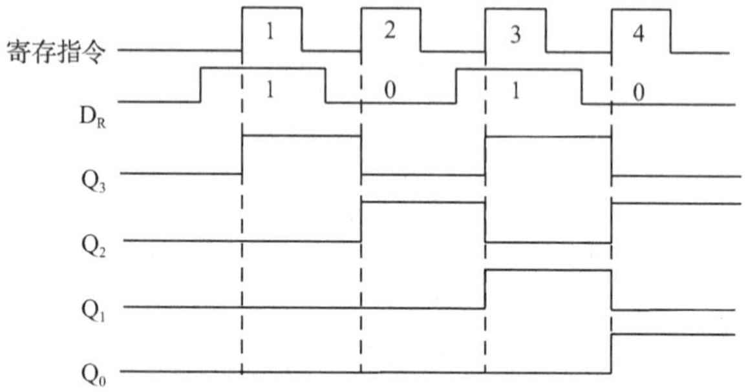

(b)工作波形

图 10.20　D 触发器构成的右移寄存器

表 10.6　右移寄存器的状态转换表

移位脉冲	输入数据 D_R	各触发器状态			
		Q_0	Q_1	Q_2	Q_3
1	1	1	0	0	0
2	0	0	1	0	0
3	1	1	0	1	0
4	0	0	1	0	1

图 10.21 所示的移位寄存器，既可将并行输入的数据转换成串行数据输出，也可使串行输入的数据串行输出，请读者自行分析该电路的原理。

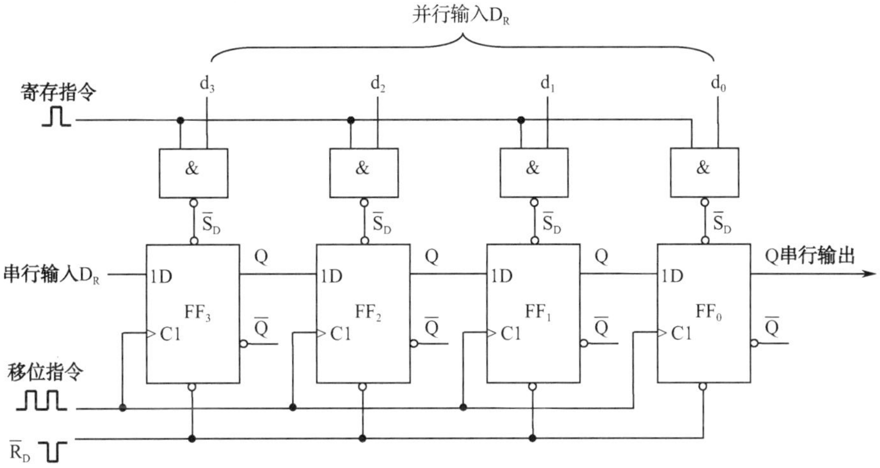

图 10.21 并行输入的数据转换为串行数据输出

就对数据的处理而言，移位寄存器的作用为：将串行输入的数据转换成并行的数据输出，或将并行输入的数据转换成串行的数据输出，也可以实现串行输入、串行输出。

移位寄存器还可以作为顺序脉冲发生器使用。例如，在图 10.20（b）的波形中，Q_3 的 1 状态在移位脉冲的作用下依次向右传递，Q_3～Q_0 的波形称为顺序脉冲信号。

图 10.22 所示是一个集成移位寄存器 74LS194 的引脚排列图，其功能如表 10.7 所示。

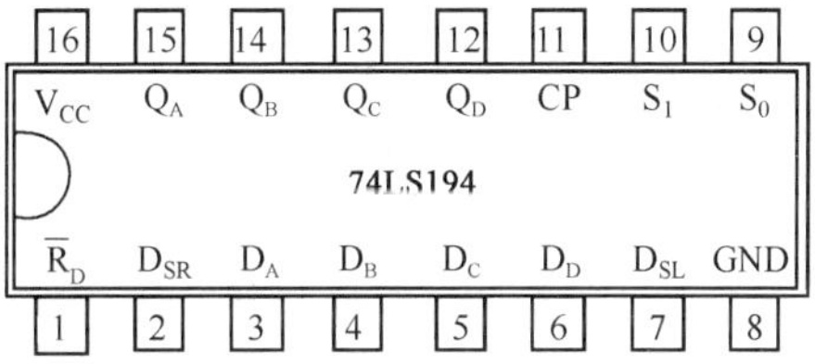

图 10.22 双向移位寄存器 74LS194 的引脚排列

表 10.7 集成双向移位寄存器 74LS194 的功能表

输入										输出				完成的功能
$\overline{R}_D$	CP	S_1	S_0	D_{SL}	D_{SR}	D_A	D_B	D_C	D_D	Q_A	Q_B	Q_C	Q_D	
0	×	×	×	×	×	×	×	×	×	0	0	0	0	清零
1	0	×	×	×	×	×	×	×	×	Q_{An}	Q_{Bn}	Q_{Cn}	Q_{Dn}	保持
1	↑	1	1	×	×	d_A	d_B	d_C	d_D	d_A	d_B	d_C	d_D	并行置入
1	↑	0	1	×	d	×	×	×	×	d	Q_{Bn}	Q_{Cn}	Q_{Dn}	右移
1	↑	1	0	d	×	×	×	×	×	Q_{Bn}	Q_{Cn}	Q_{Dn}	d	左移
1	×	0	0	×	×	×	×	×	×	Q_{An}	Q_{Bn}	Q_{Cn}	Q_{Dn}	保持

对照引脚图和功能表可以看出 74LS194 的功能：当 $\overline{R}_D=0$ 时，不论其他输入状态如何，寄存器将被清零；当 $\overline{R}_D=1$ 时，寄存器可以根据控制端 S_1、S_0 的状态，在 CP 上升沿的作用下左移、右移和并行存入数据或处于保持状态。

图 10.23 是 74LS194 的应用实例。当开关 S 打在上方时，74LS194 工作于并行置入状态，令 $Q_AQ_BQ_CQ_D=D_AD_BD_CD_D=1000$；当开关 S 打在下方时，74LS194 工作于右移状态，输出端 $Q_AQ_BQ_CQ_D$ 将循环依次出现高电平，点亮相应的发光二极管，实现了流水灯的控制功能。读者可以自行练习循环左移的情况。

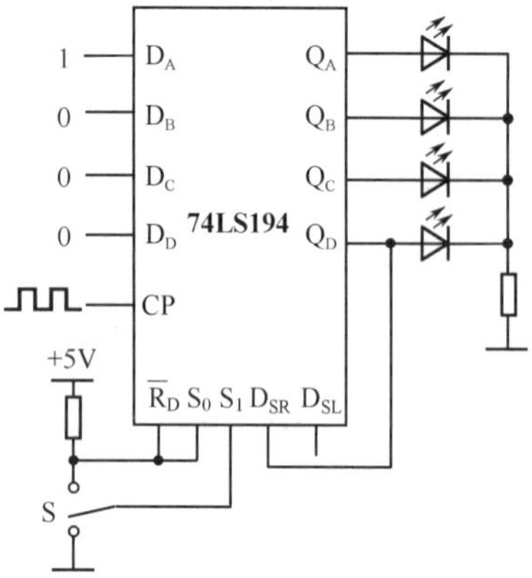

图 10.23　双向移位寄存器 74LS194 的应用实例

【思考与练习】

10-2-1　寄存器怎样分类？

10-2-2　移位寄存器有几种类型？移位寄存器有几种输入、输出方式？

10-2-3　移位寄存器有哪些主要作用？

10.3　计数器

计数器和寄存器一样，都是由触发器构成的时序逻辑电路。寄存器是用来存储数据的，而计数器是用来统计输入时钟脉冲个数的。计数器在数字系统中是一种很重要的基本组件，应用十分广泛。它不仅具有计数功能，还可以用于分频、定时等操作。

在学习计数器之前，首先应明确以下概念。

加法计数器：输入一个时钟脉冲，计数器在原状态上加 1。

减法计数器：输入一个时钟脉冲，计数器在原状态上减 1。

可逆计数器：通过某信号控制，计数器既可以实现加法计数，又可以实现减法计数。

N 进制计数器：根据计数器进制（也称计数器的模数）的不同，可分为二进制、十进制计数器等。*N* 进制计数器的计数体制为逢 *N* 进一，若列出状态表，则可看到，经过了 *N* 个计数脉冲后，计数器又回到原状态，产生一次循环。下面列出几种不同进制计数器的状态转换表，见表 10.8 至表 10.10。

表 10.8　3 位二进制（1 位八进制）加法计数器的状态转换表

CP	Q_2	Q_1	Q_0
0	0	0	0
1	0	0	1
2	0	1	0
3	0	1	1
4	1	0	0
5	1	0	1
6	1	1	0
7	1	1	1
8	0	0	0

表 10.9　3 位二进制（1 位八进制）减法计数器的状态转换表

CP	Q_2	Q_1	Q_0
0	0	0	0
1	1	1	1
2	1	1	0
3	1	0	1
4	1	0	0
5	0	1	1
6	0	1	0
7	0	0	1
8	0	0	0

表 10.10　十进制加法计数器的状态转换表

CP	Q_3	Q_2	Q_1	Q_0
0	0	0	0	0
1	0	0	0	1
2	0	0	1	0
3	0	0	1	1
4	0	1	0	0
5	0	1	0	1
6	0	1	1	0
7	0	1	1	1
8	1	0	0	0
9	1	0	0	1
10	0	0	0	0

计数器可以由 D 触发器组成，也可以用 JK 触发器组成。目前，大量使用的是中规模集成计数器，因此本节将重点介绍中规模集成计数器的使用方法。

计数器有两种基本类型：异步和同步。这两种计数器的根本区别在于计数器的运行是否与输入的主时钟脉冲同步。异步计数器的许多触发器都不与时钟脉冲相连，所以计数器的运行与主时钟脉冲不同步。相反，同步计数器的所有触发器都接于同一时钟脉冲，所以计数器的运行与主时钟脉冲同步。

10.3.1 异步计数器

一个触发器可以构成一位二进制计数器，能记录 2 个脉冲数。n 个触发器可以构成 n 位二进制计数器，能记录 2^n 个脉冲数，也可称为 1 位 2^n 进制计数器。

1. 异步二进制计数器

由 3 个触发器可构成 3 位二进制计数器。由计数器的状态转换表 10.8 可见，每来一个计数脉冲，最低位触发器的状态 Q_0 就翻转一次；而高位触发器的状态在相邻低位触发器的状态从 1 变为 0（进位）时翻转。因此可以用 3 个下降沿触发的 JK 触发器来组成 3 位二进制异步加法计数器，如图 10.24（a）所示。开始计数之前，令各位触发器的 $\overline{S}_D$=1（图中省略其接线），在 $\overline{R}_D$ 端加负脉冲将各位触发器清零。每个触发器的 J、K 端悬空，相当于 1，具有计数功能。触发器的进位脉冲从 Q 端输出送到相邻高位触发器的时钟脉冲输入端，这符合 JK 触发器下降沿触发的特点。

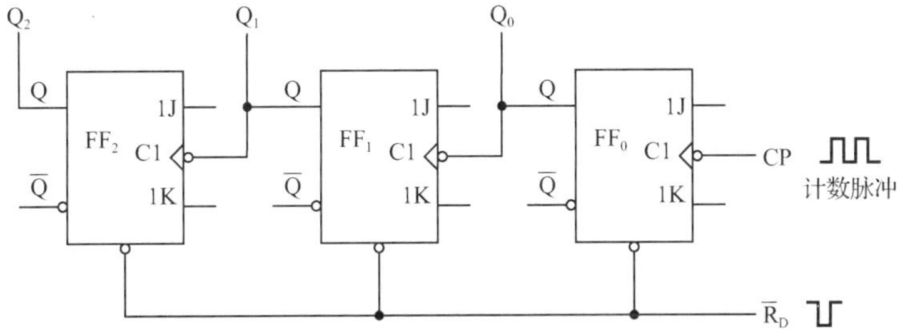

(a)电路图

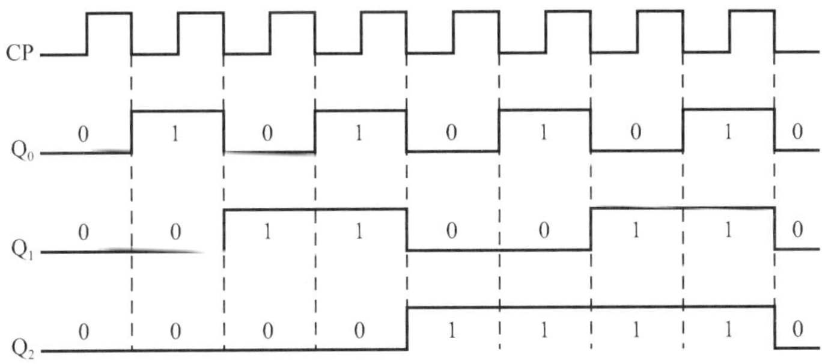

(b)工作波形

图 10.24 JK 触发器构成的 3 位二进制异步加法计数器

图 10.24（a）所示电路的工作过程如下：

每来一个计数脉冲，触发器 FF_0 就翻转一次；触发器 FF_1 在触发器 FF_0 从 1 变为 0（即 Q_0 下降沿）时翻转；触发器 FF_2 在触发器 F_1 从 1 变为 0（即 Q_1 下降沿）时翻转。

这种计数器被称为"异步"计数器。所谓异步，就是构成计数器的各个触发器的时钟脉冲信号是不同的。以图 10.24（a）为例，计数脉冲 CP 只是加到了最低位触发器的时钟脉冲输入端 CP 上，其他各位触发器的时钟脉冲则是由相邻低位触发器输出的进位脉冲来触发。因此，构成异步计数器的各个触发器状态变换有先有后，是异步的。

计数器的工作波形如图 10.24（b）所示。由波形图可见：

① 每输入 8（即 2^3）个计数脉冲，3 位触发器的状态全部恢复 0，即 3 位触发器组成的计数器能记录 8 个计数脉冲，所以称其为 3 位二进制计数器。

② 随着计数脉冲的输入，3 位触发器的状态 $Q_2Q_1Q_0$ 所表示的二进制数依次递增 1，所以称其

为加法计数器。

③ Q_0波形的频率是 CP 的二分之一，从 Q_0 输出时称为 2 分频；Q_1 波形的频率是 CP 的四分之一，从 Q_1 输出时称为 4 分频；Q_2 波形的频率是 CP 的八分之一，从 Q_2 输出时称为 8 分频。显然，计数器可以作为分频器使用。

〖例 10.1〗　试用上升沿触发的 D 触发器来构成 3 位二进制异步加法计数器。

解： 将每位触发器都接成计数工作状态，即对应每个有效触发沿（上升沿），触发器的状态就翻转一次。FF_0 的触发脉冲来源于外部输入的计数脉冲；FF_1 和 FF_2 的触发脉冲分别与相邻低位触发器的输出 $\overline{Q}_0$ 和 $\overline{Q}_1$ 相连。可见各位触发器状态的翻转不会发生在同一时刻，所以该计数器称为异步计数器。

图 10.25（a）所示电路是由 3 个上升沿触发的 D 触发器组成的异步二进制加法计数器，其工作过程如下：

开始计数之前，令各位触发器的 $\overline{S}_D=1$（图中省略其接线），在 $\overline{R}_D$ 端加负脉冲将各位触发器清零。触发器 FF_0 在每个计数脉冲的上升沿翻转。触发器 FF_1 在每个 $\overline{Q}_0$ 的上升沿（即 Q_0 的下降沿）翻转，触发器 FF_2 在每个 $\overline{Q}_1$ 的上升沿（即 Q_1 的下降沿）翻转。工作波形如图 10.25（b）所示。

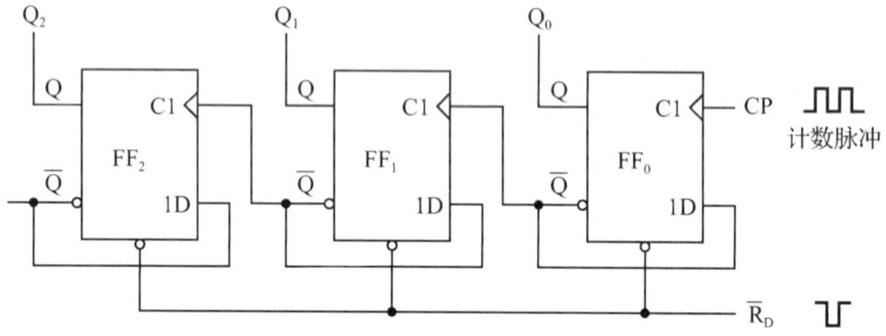

(a)电路图

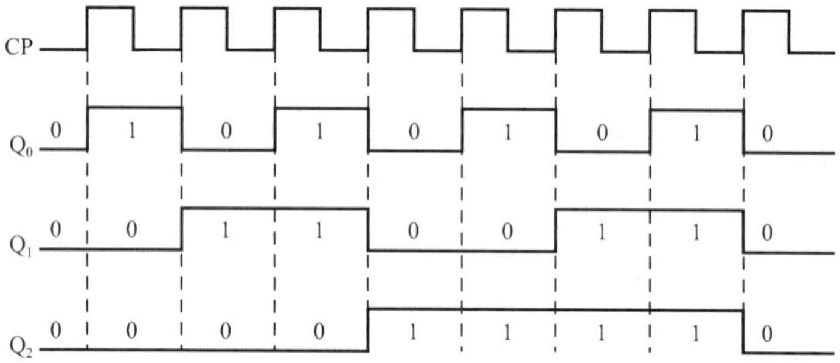

(b)工作波形

图 10.25　D 触发器构成的 3 位二进制异步加法计数器

分析异步计数器的要点是：

① 对应每个计数脉冲，从低位到高位触发器，依次观察其是否具备翻转条件，即注意每一个触发器时钟脉冲输入信号的状态，以及是否具有有效触发沿。

② 用状态表或波形图记录计数器的状态转换过程，最后根据状态表或波形图归纳出计数器的功能。2

〖例 10.2〗　分析图 10.26（a）所示逻辑电路的逻辑功能。

解： 该电路是由 3 个上升沿触发的 D 触发器构成的，并且每个触发器都接成计数工作状态，即对应每个有效触发沿（上升沿），触发器的状态都将翻转一次。触发器 F_0、F_1、F_2 的时钟脉冲输入端分别连接到计数脉冲 CP、Q_0、Q_1。由图 10.26（b）的工作波形可知，该电路是一个 3 位二进制异步减法计数器。

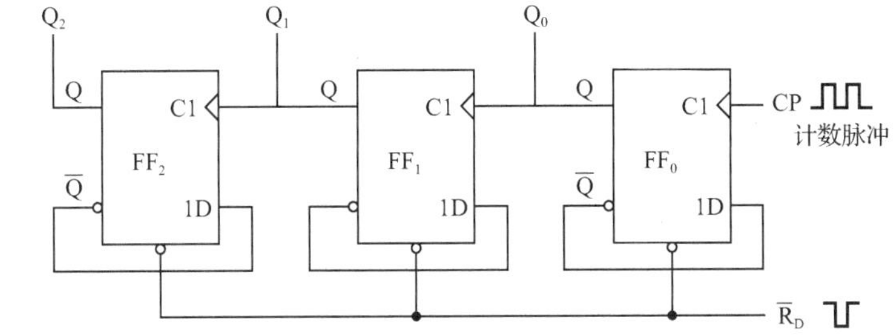

(a)电路图

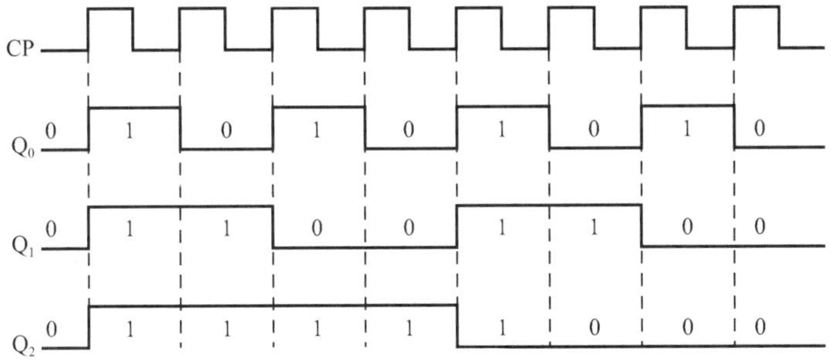

(b)工作波形

图 10.26　D 触发器构成的 3 位二进制异步减法计数器

用下降沿触发的 JK 触发器也可以构成异步减法计数器，请读者自行分析。

2．非二进制异步计数器

（1）五进制计数器

图 10.27（a）所示是用 3 个 JK 触发器组成的五进制加法计数器。计数脉冲 CP 直接连在 FF_0 和 FF_2 的时钟脉冲输入端，所以 FF_0 和 FF_2 可以同步翻转。FF_1 的时钟脉冲来源于 Q_0，所以 FF_1 状态的翻转与 FF_0 和 FF_2 之间是异步的。

图 10.27（a）中，开始计数之前，令各位触发器的 $\overline{S}_D=1$，在 $\overline{R}_D$ 端加负脉冲将各位触发器清零（清零接线省略）。FF_0 的 $K_0=1$，$J_0=\overline{Q}_2$，FF_1 的 $J_1=K_1=1$，FF_2 的 $J_2=Q_1Q_0$，$K_2=1$。图 10.27（b）所示是计数器的工作波形图，图 10.27（c）所示为状态表。

① 触发器 $Q_2Q_1Q_0$ 的状态从 000 开始，每经过 5 个计数脉冲发生一次循环，所以称该计数器为五进制计数器。

② 随着计数脉冲的输入，$Q_2Q_1Q_0$ 的状态所表示的二进制数依次递增 1，所以称该计数器为加法计数器。

③ Q_2 波形的频率是 CP 的五分之一，从 Q_2 输出时称为 5 分频。显然，N 进制计数器也可以作为分频器使用。

（2）十进制计数器

所谓十进制计数器，是指计数器的状态经过 10 个计数脉冲发生一次循环。图 10.28 所示是用 JK 触发器组成的十进制计数器。计数脉冲 CP 连接在 FF_0 的时钟脉冲输入端，F_0 的 $J_0=K_0=1$，每来两个计数脉冲，其状态发生一次循环，即为二进制的计数器。FF_1～FF_3 连成五进制计数器（与图 10.27 相同），其计数脉冲来源于 FF_0 的输出。显然图 10.28 所示的是用一个二进制计数器与一个五进制计数器级联构成的十进制计数器。

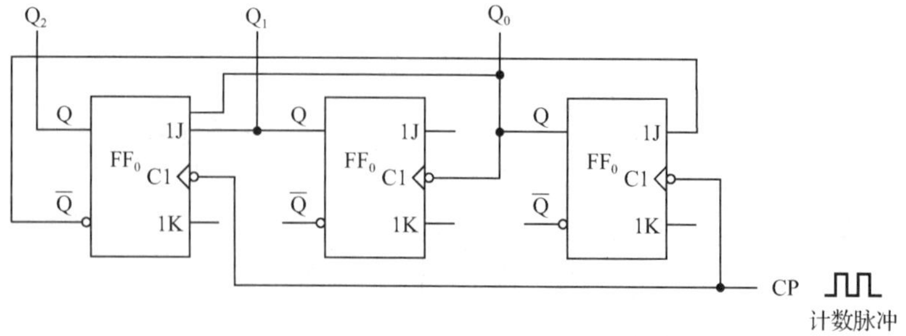

(a)电路图

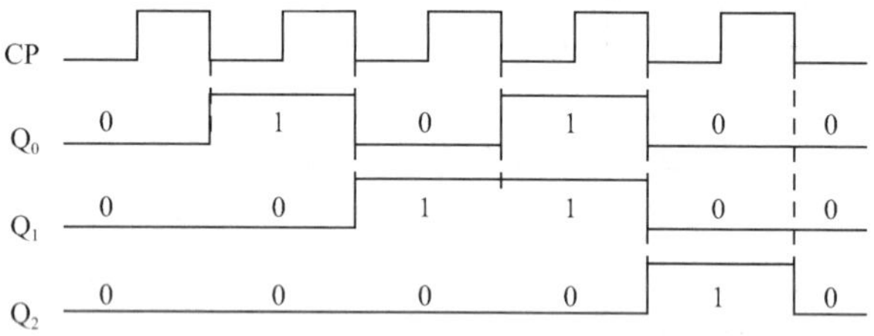

(b)工作波形

CP	Q_2	Q_1	Q_0
0	0	0	0
1	0	0	1
2	0	1	0
3	0	1	1
4	1	1	0
5	0	0	0

(c)状态表

图 10.27　JK 触发器构成的五进制异步加法计数器

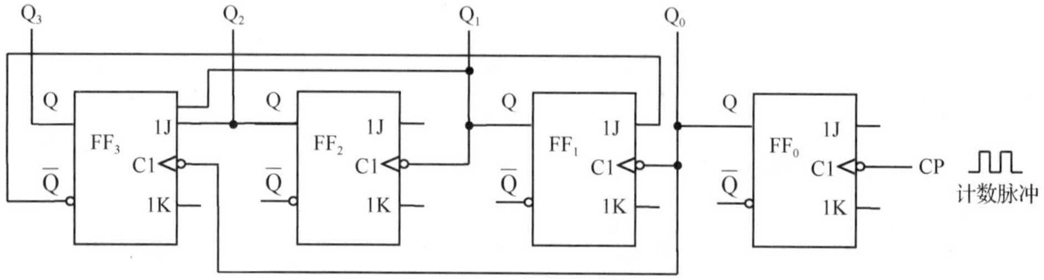

图 10.28　十进制加法计数器的逻辑图

开始计数之前，令各位触发器的 $\overline{S}_D=1$，在 $\overline{R}_D$ 端加负脉冲将各位触发器清零。计数器的状态转换如表 10.10 所示。

由状态表可见，计数器从 0000 开始计数，随着计数脉冲的输入，$Q_3Q_2Q_1Q_0$ 的状态所表示的二进制数依次递增 1，第 9 个计数脉冲作用之后变为 1001，第 10 个计数脉冲输入之后变为 0000，第 11 个计数脉冲开始重复上述过程。即经过 10 个计数脉冲，计数器的状态发生一次循环。读者可自行分析工作波形。

10.3.2　同步计数器

同步计数器的所有触发器的控制端都与输入的时钟脉冲相连。工作时，各触发器同时触发，状态同时变换，与时钟脉冲同步。显然，同步计数器的工作速度比异步计数器要快。

1. 二进制同步计数器

根据 3 位二进制计数器的状态转换表（表 10.8），可以得出各 JK 触发器的输入端 J、K 的逻辑关系式如下。

（1）第一位触发器 FF_0，每来一个计数脉冲就翻转一次，故 $J_0=K_0=1$。

（2）第二位触发器 FF_1，在 $Q_0=1$ 时再来一个计数脉冲才翻转，故 $J_0=K_0=Q_0$。

（3）第三位触发器 FF_2，在 $Q_1=Q_0=1$ 时再来一个计数脉冲才翻转，故 $J_0=K_0=Q_1Q_0$。

由上述逻辑关系式，可得图 10.29 所示的 3 位二进制同步加法计数器。工作波形如图 10.24（b）所示。

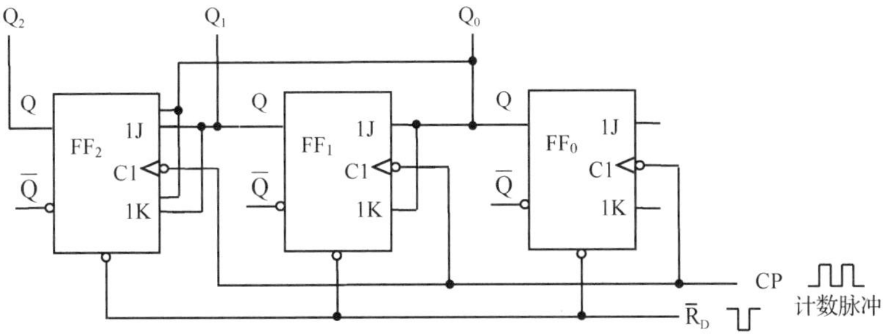

图 10.29　JK 触发器构成的 3 位二进制同步加法计数器

分析同步计数器的步骤如下：

（1）写出各个触发器输入端的逻辑表达式。

（2）根据逻辑表达式及触发器的前一个状态确定其后一个状态，分析其状态转换过程，列写状态表（列一个循环）。

（3）根据状态表或波形图分析电路的逻辑功能。

〖例 10.3〗　分析图 10.30（a）所示逻辑电路的逻辑功能。开始计数之前，在 $\overline{R}_D$ 端加负脉冲将各位触发器清零。

解：图 10.30（a）中，计数脉冲 CP 直接连在 FF_0 和 FF_1 的时钟脉冲输入端，FF_0 和 FF_1 的状态翻转在同一时刻发生，所以称该计数器为同步计数器。

由图 10.30（a）可知，触发器 FF_0 的控制端表达式为 $J_0=K_0=1$，即每个计数脉冲的下降沿 FF_0 都会发生状态翻转；触发器 FF_1 的控制端表达式为 $J_1=K_1=\overline{Q}_0$，即当 $\overline{Q}_0=1$ 时，每个计数脉冲的下降沿 FF_1 发生状态翻转。根据这个原则画出计数器的工作波形如图 10.30（b）所示，列出状态表如图 10.30（c）所示。

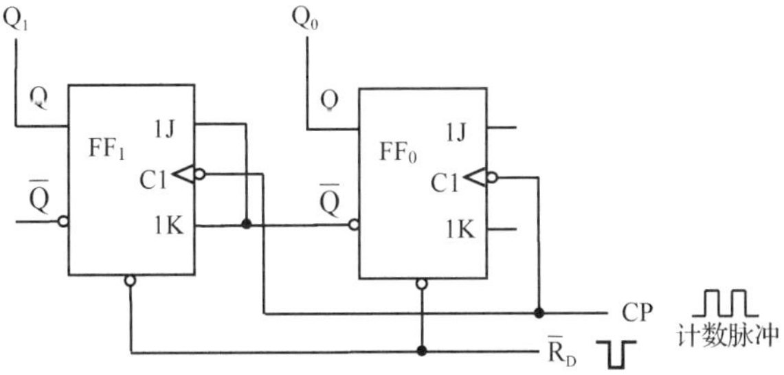

(a)电路图

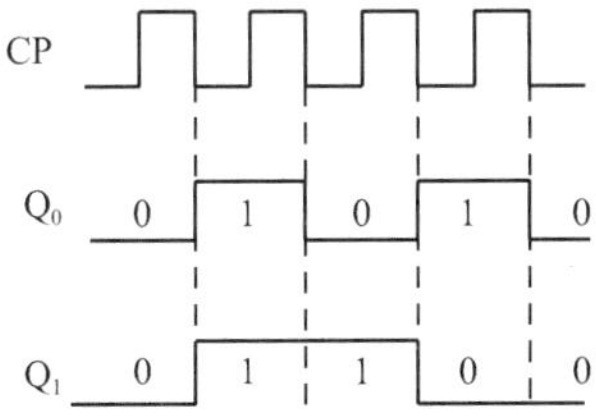

(b)工作波形

CP	Q_1	Q_0
0	0	0
1	1	1
2	1	0
3	0	1
4	0	0

(c)状态表

图 10.30　例 10.3 的四进制同步减法计数器

由波形图可见：

① 触发器的状态 Q_1Q_0 从 00 开始，经过 4（即 2^2）个计数脉冲，全部恢复 00，所以称其为四

进制计数器。

② 随着计数脉冲的输入，2 位触发器 Q_1Q_0 的状态所表示的二进制数依次递减 1，所以称其为减法计数器。

③ Q_0 波形的频率是 CP 的二分之一，从 Q_0 输出时称为 2 分频；Q_1 波形的频率是 CP 的四分之一，从 Q_1 输出时称为 4 分频。显然，减法计数器也可以作为分频器使用。

同步加法计数器和同步减法计数器不仅可以用 JK 触发器组成，当然也可以用 D 触发器构成，请读者自行分析。

2. 同步十进制计数器

根据十进制计数器的状态转换表（表 10.10），可以得出 JK 触发器的输入端 J、K 的逻辑关系式如下。

（1）第一位触发器 FF_0，每来一个计数脉冲就翻转一次，故 $J_0=K_0=1$。

（2）第二位触发器 FF_1，在 $Q_0=1$ 时再来一个计数脉冲翻转，而在 $Q_3=1$ 时不得翻转，故 $J_1=Q_0\overline{Q}_3$，$K_1=Q_0$。

（3）第三位触发器 FF_2，在 $Q_1=Q_0=1$ 时再来一个计数脉冲翻转，故 $J_2=K_2=Q_1Q_0$。

（4）第四位触发器 FF_3，在 $Q_2=Q_1=Q_0=1$ 时再来一个计数脉冲翻转，并在第 10 个脉冲时由 1 翻转为 0，故 $J_3=Q_2Q_1Q_0$，$K_3=Q_0$。

由上述逻辑关系式可以得出，图 10.31 所示为同步十进制加法计数器的逻辑图。读者可自行分析工作波形。

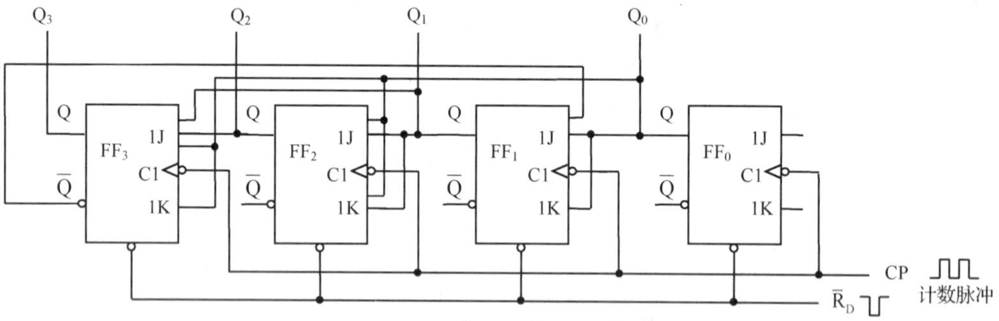

图 10.31 JK 触发器构成的十进制同步加法计数器

【思考与练习】

10-3-1 什么是二进制加法和减法计数器？默写 3 位二进制加法和减法计数器的状态转换表。

10-3-2 什么是同步和异步计数器？

10-3-3 试用下降沿触发的 JK 触发器构成 4 位二进制异步减法计数器。

10-3-4 试用上升沿触发的 D 触发器分别构成 3 位二进制同步加法和减法计数器。

10-3-5 什么是 *N* 进制计数器？由七进制加法计数器的最高位输出时，相对 CP 的频率是几分频？

10-3-6 计数器的主要作用是什么？

10.4 中规模集成计数器组件及其应用

10.4.1 中规模集成计数器组件

因为集成计数器功耗低、功能灵活、体积小，所以在一些小型数字系统中得到广泛应用。集成计数器产品的类型很多，部分常用的集成计数器的基本功能见表 10.11。

下面介绍两种典型的集成计数器 74LS90 和 74LS163 的功能。

表 10.11　常用集成计数器基本功能表

CP 脉冲的引入方式	计数器类型	型号	清零方式	预置数方式
同步	4 位二进制	74LS161	异步（低电平）	同步（低电平）
		74LS163	同步（低电平）	同步（低电平）
	单时钟 4 位二进制可逆	74LS191	无	异步（低电平）
	双时钟 4 位二进制可逆	74LS193	异步（高电平）	异步（低电平）
	十进制	74LS160	异步（低电平）	同步（低电平）
		74LS162	同步（低电平）	同步（低电平）
	单时钟十进制可逆	74LS190	无	异步（低电平）
	双时钟十进制可逆	74LS192	异步（高电平）	异步（高电平）
异步	双时钟二-五-十进制	74LS90	异步（高电平）	异步置 9（高电平）
		74LS290	异步（高电平）	异步（高电平）

1．74LS90

74LS90 是一个异步二-五-十进制集成计数器。其逻辑符号如图 10.32（a）所示，功能表如图 10.32（b）所示。清零端 R_{01} 和 R_{02} 全 1 时，计数器的各位触发器被清零；置 9 端 S_{91} 和 S_{92} 全 1 时，$Q_3Q_2Q_1Q_0$ =1001。当计数器工作时，R_{01} 和 R_{02} 中应至少有一个为 0，而且 S_{91} 和 S_{92} 中也应至少有一个为 0。图 10.32（b）中的箭头“↓”表示时钟脉冲的下降沿有效。

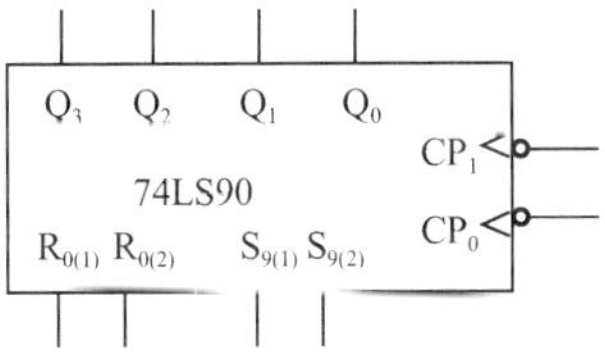

(a)逻辑符号

CP_0	CP_1	R_{01}	R_{02}	S_{91}	S_{92}	Q_3　Q_2　Q_1　Q_0
×	×	1	1	× 0	0 ×	0　0　0　0
×	×	× 0	0 ×	1	1	1　0　0　1
↓	×	× 0	0 ×	× 0	0 ×	由Q_0输出，二进制计数器
×	↓	× 0	0 ×	× 0	0 ×	由Q_1～Q_3输出，五进制计数器
↓	Q_0	× 0	0 ×	× 0	0 ×	由Q_0～Q_3输出，十进制计数器

(b)逻辑功能表

图 10.32　74LS90 的逻辑符号及逻辑功能表

74LS90 具有以下功能。

① 双时钟二-五-十进制。计数脉冲由 CP_0 输入，Q_0 输出，构成 1 位二进制计数器；计数脉冲由 CP_1 输入，Q_1～Q_3 输出，构成五进制计数器；将 Q_0 与 CP_1 连接起来，由 CP_0 输入计数脉冲，构成十进制计数器。

② 异步清零。所谓异步清零，是指只要清零信号到来，不管其他输入端的状态如何（包括时钟信号 CP），计数器将直接置零。74LS90 为异步清零。

2．74LS163

74LS163 是 4 位同步二进制加法计数器。其逻辑符号如图 10.33（a）所示，功能表如图 10.33（b）所示。该计数器的显著特点是，能同步并行置数，具有同步清零、计数和保持功能。其引脚介绍如下。

CP：时钟脉冲信号，上升沿有效。

$\overline{R}_D$：清零信号，低电平有效。

EP，ET：使能控制信号，当两者或其中一个为低电平时，计数器保持原态，只有当两者均为高电平时，计数器计数。

$\overline{LD}$：同步并行置数控制端，低电平有效。

D_0～D_3：数据输入端，可以预置任何一个 4 位二进制数。

Q_0～Q_3：数据输出端。

RCO：进位输出端，当计数器计到最大值 1111，且 ET=1 时，RCO=1。

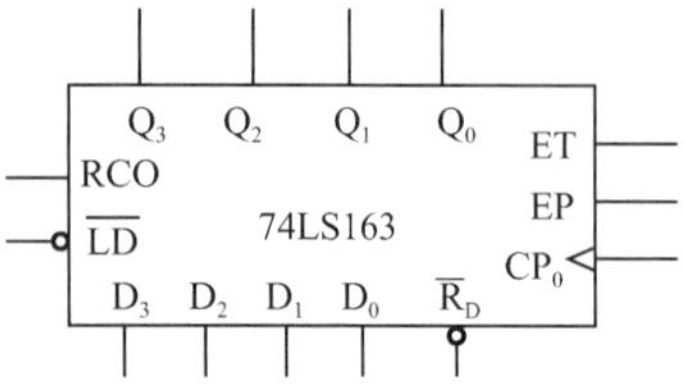

(a)逻辑符号

$\overline{R}_D$	CP	$\overline{LD}$	EP	ET	D_3	D_2	D_1	D_0	Q_3	Q_2	Q_1	Q_0
0	↑	×	×	×	×				0	0	0	0
1	↑	0	×	×	d_3	d_2	d_1	d_0	d_3	d_2	d_1	d_0
1	↑	1	1	1	×				计数			
1	×	1	0	×	×				保持			
1	×	1	×	0	×				保持			

(b)逻辑功能表

图 10.33　74LS163 的逻辑符号及逻辑功能表

74LS163 具有以下功能。

① 同步清零。$\overline{R}_D$=0 时，不管其他输入端的状态如何，当时钟脉冲 CP 上升沿来到后，计数器输出将被置零。由于清零和 CP 上升沿同步，因此称为同步清零。

② 同步并行预置数。在 $\overline{R}_D$=1 的条件下，当 $\overline{LD}=0$，且有时钟脉冲 CP 的上升沿作用时，D_0～D_3 输入端的数据将分别被 Q_0～Q_3 所接收。

③ 保持。在 $\overline{R}_D=\overline{LD}$=1 的条件下，当 ET·EP=0，即两个使能端中有 0 时，不管有无 CP 脉冲作用，计数器都将保持原状态不变（禁止计数）。

④ 计数。当 $\overline{R}_D=\overline{LD}$=EP=ET=1 时，74LS163 处于计数状态。

在应用集成计数器时，要特别注意清零方式。74LS90 为异步清零，只要清零信号有效，不管时钟脉冲是何状态，输出端立即清零；74LS163 为同步清零，清零信号到来后，必须等到时钟脉冲的有效沿，输出端才能清零。

10.4.2　用集成计数器构成任意进制计数器

尽管集成计数器产品种类很多，也不可能做到任意进制的计数器都有其相应的产品。但是用一片或几片集成计数器经过适当连接，就可以构成任意进制的计数器。

若一片集成计数器为 M 进制，欲构成的计数器为 N 进制，则构成原则是：如果 $M>N$，只需用一片集成计数器即可；如果 $M<N$，则需要几片 M 进制集成计数器才可以构成 N 进制的计数器。

用集成计数器构成任意进制的计数器，常用的方法有：反馈清零法、级联法和反馈置数法。下面以反馈清零法和级联法为主，介绍集成计数器构成任意进制计数器的方法。

1．反馈清零法

用反馈清零法构成任意进制计数器，就是将计数器的输出状态反馈到直接清零端使计数器在第 N 个（N-1 个）脉冲时就清零，此后再从 0 开始计数，从而实现 N 进制的计数。

对于异步清零的计数器（如 74LS90）：当计数状态到 N 时，从触发器的输出端引出的反馈立即将计数器置零，N 状态不能保持，即构成 N 进制计数器。

欲实现用一片集成计数器 74LS90 构成七进制计数，可采用反馈清零法。其方法是，先将 74LS90

接成十进制计数器，外接电路必须保证在计数器输入第 7 个计数脉冲时使计数器立即清零。电路如图 10.34（a）所示，将 Q_2、Q_1、Q_0 通过与门接到直接清零的 $R_{0(1)}$和 $R_{0(2)}$端，当计数器输入第 7 个计数脉冲时，$Q_3Q_2Q_1Q_0$=0111，与门输出 1 而使计数器清零，这样 1000 和 1001 两种状态就不能出现了。此后再输入计数脉冲时将从 0 开始计数。计数器的状态每经过 7 个计数脉冲就循环一次，实现七进制计数器。

注意，Q_2、Q_1、Q_0 的状态必须经过与门后才能连接到直接清零端，切不可将 Q_2、Q_1、Q_0 相互短接再接到直接清零端。

利用反馈清零法，用一片 74LS90 可以构成三～九进制的计数器（要构成五进制计数不必反馈清零）。

对于同步清零的计数器（如 74LS163）：当计数状态为 N-1 时，从触发器的输出端引出状态反馈去控制计数器的直接置零端，强迫计数器停止计数，在下一个计数脉冲到来时，将输出置零，构成 N 进制计数器。

图 10.34（b）所示为用 74LS163 构成的七进制计数器。由于 74LS163 采用的是同步清零方式，因此欲实现七进制计数器，必须使第 7 个计数脉冲过去后，输出的状态回零。而同步清零是清零信号有效并不立即清零，需要等下一个计数数脉冲到来才实现清零，所以，反馈回清零端的信号应为 110 有效，在下一个计数脉冲（第 7 个）到来时实现。

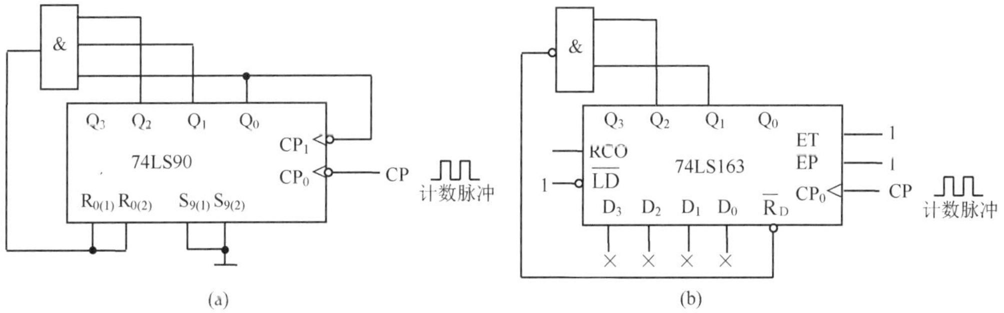

图 10.34 用 74LS90 和 74LS163 构成的七进制计数器

2. 反馈置数法

反馈置数法是通过控制已有计数器的预置数控制端（当然以计数器有预置数功能为前提）来获得任意进制计数器的一种方法。其基本原理是：利用给计数器重复置入某个数值来跳跃 M–N 个状态，从而获得 N 进制计数器。

例如，用 74LS163 通过反馈置数法实现十进制计数器功能。由于十进制数中无 1010～1111，所以必须利用反馈置数法来跳跃这 6 个状态。图 6.35 为用 74LS163 构成的十进制计数器的电路图。图中，门 G 用来检测输出的最后一个状态 1001，一旦 $Q_3Q_2Q_1Q_0$=1001，门 G 将输出低电平信号给 $\overline{LD}$，使计数器处于预置数工作状态；待第 10 个计数脉冲到来后，计数器的输出状态 $Q_3Q_2Q_1Q_0$= $D_3D_2D_1D_0$=0000，回到初始状态，下一个计数脉冲到来后，计数器又从 0000 开始计数，从而实现从 0000→1001 的十进制计数功能。

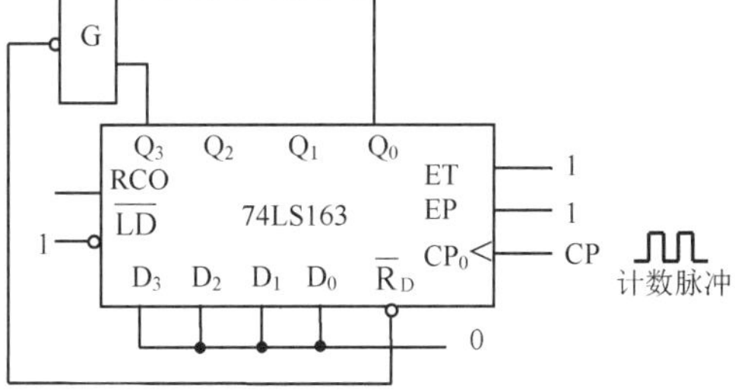

图 10.35 74LS163 构成十进制计数器

3. 级联法

当 $M<N$ 时，需用两片以上集成计数器才能连接成任意进制计数器，这时要用级联法。

下面分 3 种情况讨论级联法构成计数器的问题。

（1）几片集成计数器直接级联

图 10.36 所示是用两片集成计数器 74LS90 级联构成的 50 进制的计数器。

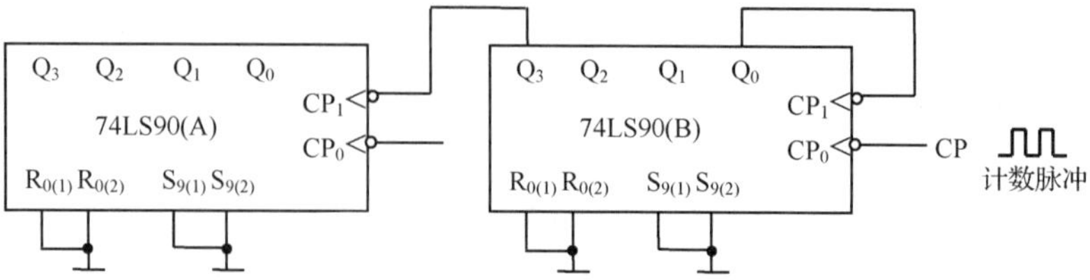

图 10.36　用 74LS90 级联构成的 50 进制计数器

在图 10.36 中，片 A 接成五进制计数器，片 B 接成十进制计数器，级联后即为 50 进制计数器。计数脉冲直接输入到片 B，片 B 的最高位接到片 A 的 CP_1 输入端，所以这种接法属于异步级联方式。片 B 逢十进一，当第 9 个计数脉冲输入时，片 B 的状态 $Q_3Q_2Q_1Q_0$ 为 1001，当第 10 个计数脉冲输入时，片 B 的状态由 1001 变为 0000，此时最高位 Q_3 由 1 变 0，从而为片 A 提供了计数脉冲。

采用这种级联法构成的计数器，其容量为几个计数器进制（或模）的乘积。用两片 74LS90 可以接成 20 进制、50 进制和 100 进制的计数器。

（2）每片集成计数器单独反馈清零后再进行级联

当两片集成计数器进行级联时，用反馈清零法将一片集成计数器接成 N_1 进制的计数器，将另一片接成 N_2 进制的计数器，然后两片集成计数器再进行级联，可得到 $N_1 \times N_2$ 进制的计数器。

图 10.37 中使用了两片集成计数器 74LS90。计数脉冲直接输入到片 B。片 B 接成八进制计数器，即每输入 8 个计数脉冲就向高位进位一次；片 A 接成六进制计数器，即逢六进一。所以级联后的计数器为 48 进制的计数器。

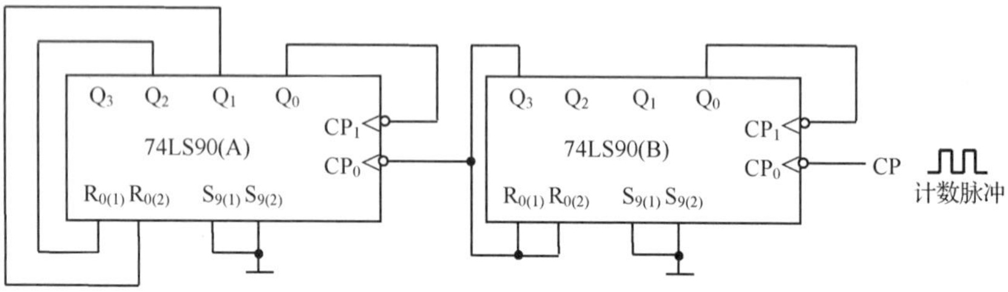

图 10.37　级联与反馈置零法配合构成的 48 进制计数器

（3）几片集成计数器级联后再反馈清零

若几片集成计数器级联后再进行反馈清零，则可以更灵活地组成任意进制的计数器。

图 10.38 中使用了两片 74LS90，每片都接成十进制计数器，级联后再采取反馈清零措施构成了 62 进制的计数器。计数脉冲直接输入到片 B。当输入第 60 个计数脉冲时，片 A 的状态 $Q_3Q_2Q_1Q_0$ 为 0110，片 B 的状态 $Q_3Q_2Q_1Q_0$ 为 0000。当输入第 62 个计数脉冲时，片 A 的状态仍为 0110，片 B 的状态为 0010。此时与门输出为 1，这样片 A 和片 B 的 $R_{0(1)}$ 和 $R_{0(2)}$ 均为 1，两片集成计数器都清零。此后若再输入计数脉冲，则又从 0 开始计数，接成了 62 进制的 BCD 码计数器。

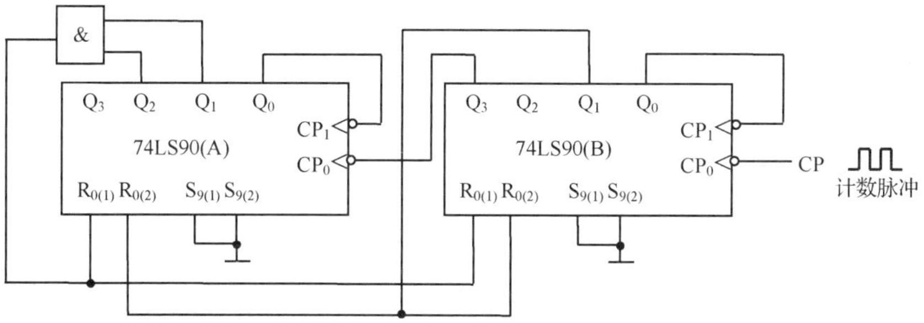

图 10.38 级联与反馈置零法配合构成的 62 进制计数器

【思考与练习】

10-4-1 利用反馈清零法，用一片集成计数器 74LS90 可以连接成几种进制的计数器？

10-4-2 单纯利用级联法，用两片集成计数器 74LS90 可以连接成几种进制的计数器？

10.5 555 定时器及其应用

555 定时器是一种广泛应用的中规模集成电路。根据其内部组成的不同，可分为双极型（如 NE555）和 CMOS 型（如 C7555）两类。两种类型的定时器各有所长。双极型定时器具有较大的驱动能力，其输出电流可达 200mA，可直接驱动发光二极管、扬声器、继电器等负载。而 CMOS 型定时器的输入阻抗高、功耗低。

555 定时器的电源电压范围很宽，双极型的定时器电源电压为 5～16V，COMS 型的为 3～18V。555 定时器使用灵活、方便，只需在其外部连接少量的阻容元件，就可以构成单稳态触发器、多谐振荡器和施密特触发器，因而常用于信号的产生、信号的变换以及检测和控制等电路中。

10.5.1 555 定时器

图 10.39（a）所示为 555 定时器的原理电路，图 10.39（b）所示为引脚排列图。

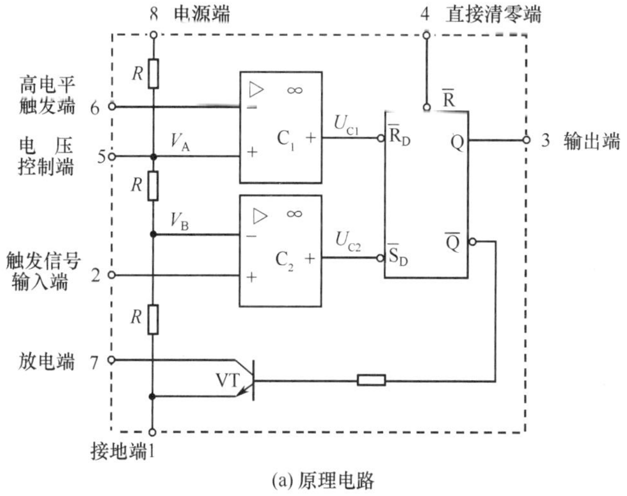

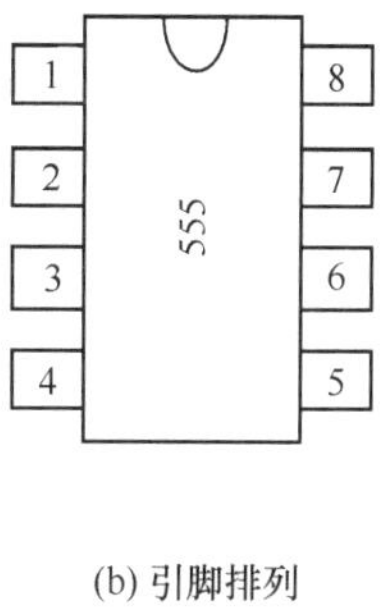

图 10.39 555 定时器内部原理电路及引脚图

555 定时器的基本组成包括：由三个电阻 *R* 组成的分压器，两个比较器 C_1 和 C_2，一个基本 RS 触发器，由三极管 VT 组成的放电电路。

各引脚的作用如下：

引脚 1 为接地的端子；

引脚 2 为触发信号（脉冲或电平）输入端；

引脚 3 为输出端；

引脚 4 是直接清零端，不论其他引脚的状态如何，只要该引脚为低电平，输出就为低电平，正常工作时应将其接高电平；

引脚 5 为电压控制端，可以在此端接与 8 号脚不同的电压，该端不用时一般通过 0.01μF 电容地接，以防止外部干扰；

引脚 6 为高电平触发端；

引脚 7 为放电端；

引脚 8 为接外部电源的端子。

在分析 555 定时器的工作原理时，应注意以下关系。

① 在引脚 5 没与外部电源连接的情况下，电压比较器 C_1 的基准电压是 $2/3V_{CC}$，电压比较器 C_2 的基准电压是 $1/3V_{CC}$。

② C_1 的输出接基本 RS 触发器的 $\overline{R}_D$ 端，C_2 的输出接基本 RS 触发器的 $\overline{S}_D$ 端，即用两个比较器的输出去控制基本 RS 触发器的状态。

③ 当比较器输出 $U_{C1}=1$，$U_{C2}=0$ 时，Q=1，$\overline{Q}=0$，VT 不可能导通；当 $U_{C1}=0$，$U_{C2}=1$ 时，Q=0，$\overline{Q}=1$，此时 VT 饱和导通。当 $U_{C1}=U_{C2}=1$ 时，Q 的状态保持不变。

上述关系可归纳为表 10.12。

表 10.12　555 定时器内部电路的基本关系

$\overline{R}$	V_6	V_2	R_D	S_D	Q（u_o）	VT
0	×	×	×	×	0	导通
1	$2/3V_{CC}$	$1/3V_{CC}$	1	0	1	截止
1	$2/3V_{CC}$	$1/3V_{CC}$	0	1	0	导通
1	$2/3V_{CC}$	$1/3V_{CC}$	1	1	保持原状态	保持原状态

10.5.2　用 555 定时器组成单稳态触发器

图 10.40（a）所示是用 555 定时器组成单稳态触发器的电路，图 10.40（b）所示为工作波形，图 10.40（c）所示是用符号表示的电路。555 定时器接成单稳态触发器的主要特征是引脚 2 要输入触发负脉冲。

1. 单稳态触发器的工作原理

单稳态触发器的稳态是 Q=0，暂态是 Q=1。下面对照图 10.40 所示的工作波形，说明用 555 定时器组成的单稳态触发器的工作原理。

（1）单稳态触发器的稳态

触发输入 u_i 是一个负脉冲。当无负脉冲时，$u_i=1$ 时，其电平值大于 $1/3V_{CC}$，故电压比较器 C_2 的输出为 1。因为稳态时，Q=0，$\overline{Q}=1$，所以 VT 饱和导通。如果电容上有残余电压，电容 C 会通过 VT 迅速放电至 $u_C\approx0$，使电压比较器 C_1 的输出也为 1。由于基本 RS 的 $\overline{R}_D=\overline{S}_D=1$，故能保持稳态 Q=0 不变。

（2）单稳态触发器的暂态

当触发输入 u_i 的负脉冲到来时，触发器的状态经历如下过程。

① 由于电容上的电压不突变，因此电压比较器 C_1 的输出仍为 1；由于 $u_i=0$，使电压比较器 C_2 的输出为 0，此时基本 RS 触发器的 $\overline{R}_D=1$，$\overline{S}_D=0$，故使 Q=1，即当有负脉冲输入时，触发器由稳态的 0 翻转为 1 而进入暂态，如图 10.40（b）所示。

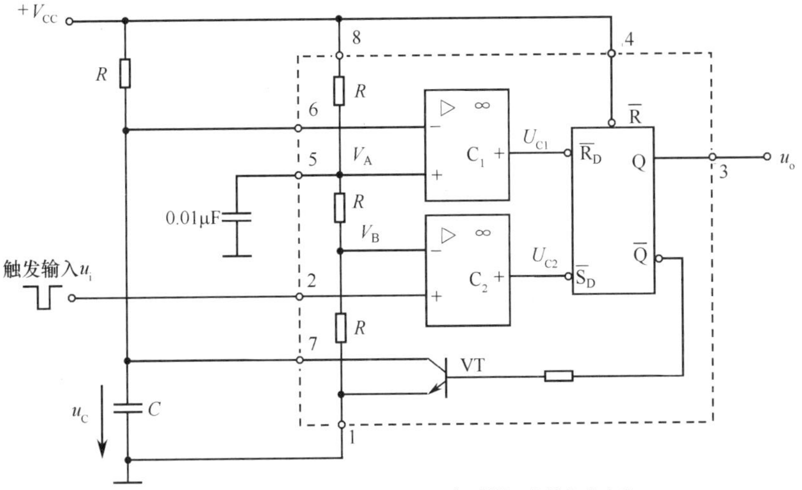

(a) 用555定时器组成单稳态电路

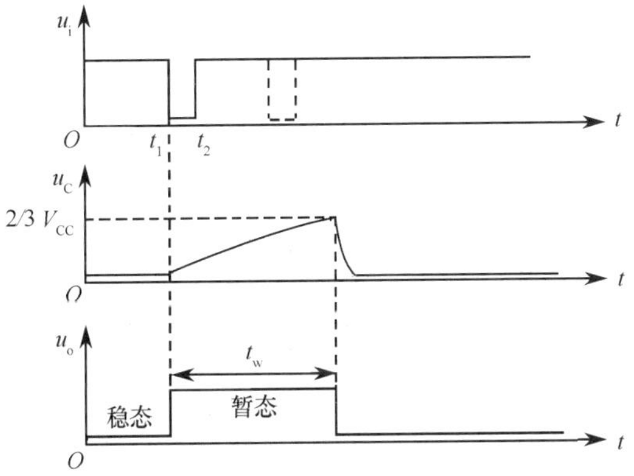

(b) 工作波形

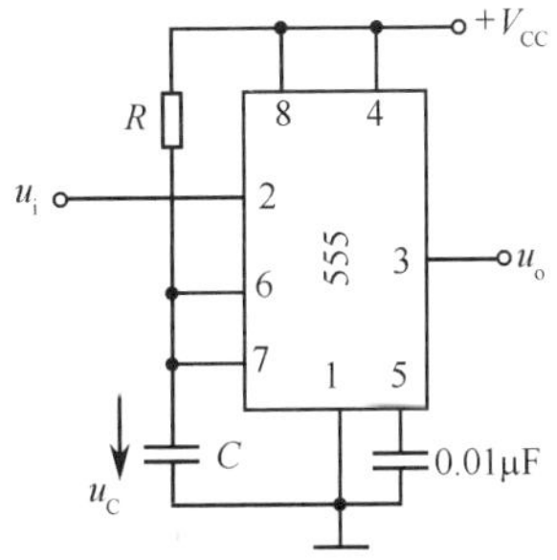

(c) 用符号表示的电路

图 10.40　用 555 定时器组成单稳态触发器

② 当 Q=1 时 $\overline{Q}=0$，VT 截止，因而电容 C 停止放电并通过电阻 R 开始充电，充电时间常数取决于 R 和 C 的乘积。电容充电期间，在 t_2 时刻负脉冲消失，使电压比较器 C_2 的输出变为 1。只要 u_C 不大于 $2/3V_{CC}$，电压比较器 C_1 的输出仍为 1。可见在暂态期间，由于基本 RS 触发器的 $\overline{R}_D=\overline{S}_D=1$，故能保持 Q=1 的暂态不变。

③ 当电容充电至 u_C 稍大于 $2/3V_{CC}$ 时，电压比较器 C_1 的输出变为 0，而电压比较器 C_2 的输出仍为 1，此时基本 RS 触发器的 $\overline{R}_D=0$，$\overline{S}_D=1$，故触发器又返回稳态 Q=0。至此，暂态过程结束。

需要说明的是：在电容充电的过程中（暂态期间），如果又有负脉冲输入，如图 10.40（b）中虚线所示，则该脉冲不起作用，说明这种接法的单稳态触发器不能重复触发。

综上所述，单稳态触发器的特点如下。

① 单稳态触发器是依靠负脉冲的触发而发生状态翻转的。当无触发脉冲输入时，输入 u_i 为高电平（大于 $1/3V_{CC}$），触发器处于稳态，Q=0。

② 当触发负脉冲到来时，触发器进入暂态 Q=1，且能在一段时间内保持住暂态。暂态存在的时间，即 t_W 的长短取决于 u_C 由 0 上升到 $2/3V_{CC}$ 所用的时间。t_W 可以用下式计算

$$t_W = RC\ln 3 = 1.1RC \tag{10.1}$$

由上式可知，改变 R 或 C 的值，就可以改变暂态存在的时间长短。

③ 触发脉冲的宽度要小于 t_W，否则触发器将不能返回稳态。

④ 若在引脚 5 外接电源，则可改变 V_A，即改变电压比较器 C_1 的基准电压值，从而改变稳态与暂态的转换时刻。

2．单稳态触发器的应用

（1）用单稳态触发器作为定时器

单稳态触发器的暂态脉冲宽度可以从几微秒到数分钟，精确度可达 0.1%，因此常用单稳态触发器作为定时器。

图 10.41（a）所示是用单稳态触发器作定时器的电路。图 10.41（b）所示是其工作波形。

图 10.41（a）中的与门是控制门，u_K 是待传送的高频脉冲信号。单稳态触发器的输出 u_A 接与门电路的控制端。当单稳态触发器处于稳态时（其输出为 0），信号不能通过控制门；当单稳态触发器处于暂态时（其输出为 1），信号可以通过控制门。可见，控制门输出信号的时间长短，可以由单稳态触发器的暂态时间来确定。

在图 10.41 中，若令单稳态触发器的 t_W 为 1s，再用计数器记录控制门输出的脉冲个数，就可以计算出脉冲的频率，这就是数字式频率计的基本原理。

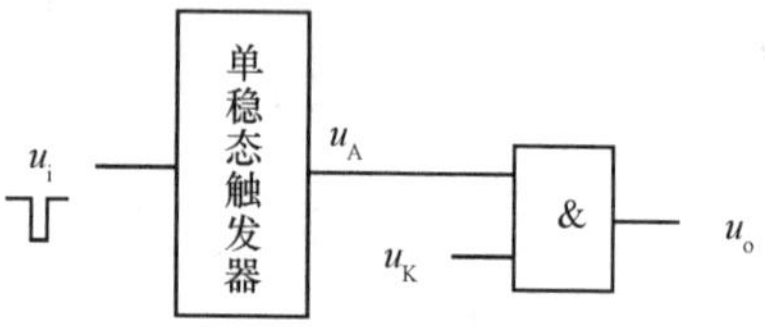

(a) 定时器电路

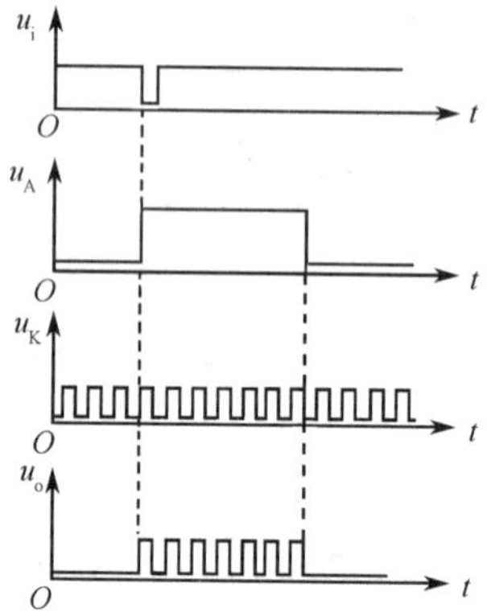

(b) 工作波形

图 10.41　单稳态触发器的定时作用

图 10.42 所示是用 555 定时器组成的底片曝光定时器电路。图中，555 定时器接成单稳态触发器。K 为灵敏继电器，通过其触点控制白、红两盏灯。当底片曝光时红灯灭、白灯亮，否则红灯亮、白灯灭。

图 10.42 的工作原理是：在没按下按钮 SB 时，u_i 为高电平，单稳态触发器处于稳态，u_o 为 0。所以二极管 VD_1 不导通、K 的线圈不通电，因而白灯灭、红灯亮。当按一次按钮 SB，即输入一个触发负脉冲时，单稳态触发器进入暂态。此时 u_o 为 1，二极管 VD_1 导通，K 的线圈通电，因而白灯亮、红灯灭。当达到定时器设定的时间时，单稳态触发器返回稳态，恢复白灯灭、红灯亮。

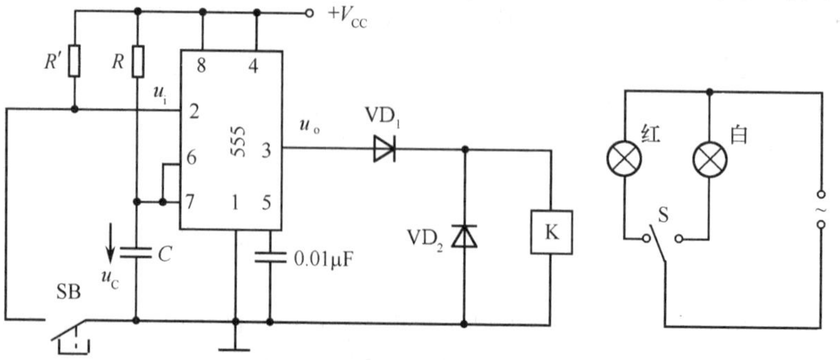

图 10.42　单稳态触发器组成的底片曝光定时电路

（2）用单稳态触发器组成整形电路

在数字电路中，要求被处理的信号波形接近理想的矩形波。但实际的信号波形常不能满足要求，必须先进行整形。

图 10.43 所示是用单稳态触发器进行整形的例子。图 10.43（b）中 u_i 是实际的信号波形。整形的原理是：当输入信号电压下降到 $1/3V_{CC}$（设 555 定时器的引脚 5 不接外部电压）以下时，单稳态触发器进入暂态。调整 t_W 宽度，使 $t_W>t_L$。经过 t_W 一段时间后，单稳态触发器返回稳态。当输入信号电压再次下降到 $1/3V_{CC}$ 以下时，又重复前面的过程。经整形后的波形如图 10.43（b）所示，近似为理想的矩形波。

(a) 整形器电路

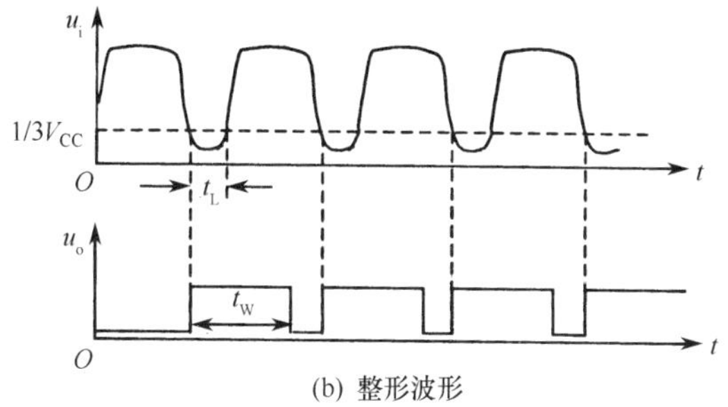

(b) 整形波形

图 10.43 单稳态触发器组成的整形电路

10.5.3 用 555 定时器组成多谐振荡器

多谐振荡器也称为无稳态触发器，它没有稳定的状态。在无须触发的情况下，其输出状态在 1 和 0 之间周期性地转换，因而其输出波形为周期性变化的矩形波。因为矩形波中含有大量的谐波成分，所以这种电路叫多谐振荡器。

图 10.44（a）所示是用 555 定时器组成的多谐振荡器电路，图 10.44（b）是其工作波形，图 10.44（c）是用符号表示的电路。用 555 定时器接成多谐振荡器的主要特征是电路不需要输入信号。

1．多谐振荡器的工作原理

下面对照工作波形说明用 555 定时器组成的多谐振荡器的工作原理。

（1）第一种暂态（Q=1，$\overline{Q}=0$）

当 Q=1 时 $\overline{Q}=0$，VT 截止，因而电容 C 通过电阻 R_1 和 R_2 开始充电，充电时间常数取决于(R_1+R_2)与 C 的乘积。在电容充电期间，只要满足 $1/3V_{CC}<u_C<2/3V_{CC}$，则 $\overline{R}_D=\overline{S}_D=1$，故能保持 Q=1 的状态不变。

当电容充电至 u_C 稍大于 $2/3V_{CC}$ 时，电压比较器 C_1 的输出变为 0，而电压比较器 C_2 的输出仍为 1，此时 $\overline{R}_D=0$，$\overline{S}_D=1$，故触发器翻转为 Q=0 的状态，即进入第二种暂态。

（2）第二种暂态（Q=0，$\overline{Q}=1$）

当 Q=0 时 $\overline{Q}=1$，VT 饱和导通，因而电容 C 停止充电而通过电阻 R_2 和 VT 开始放电，放电时间常数取决于 R_2 与 C 的乘积（忽略 VT 的管压降）。在电容放电期间，只要 $1/3V_{CC}<u_C<2/3V_{CC}$，则 $\overline{R}_D=\overline{S}_D=1$，故能保持 Q=0 状态不变。

当电容放电至 u_C 稍小于 $1/3V_{CC}$ 时，电压比较器 C_2 的输出变为 0，而电压比较器 C_1 的输出仍为 1，此时 $\overline{R}_D=1$，$\overline{S}_D=0$，故触发器翻转为 Q=1 的状态，即返回到第一种暂态。

总之，电容处于不停地充电、放电状态，充电到 $2/3V_{CC}$ 时，触发器翻转为 Q=0；当电容放电到 $1/3V_{CC}$ 时，触发器翻转为 Q=1。触发器在 0 和 1 两个状态之间反复转换，其输出波形是周期性变化的矩形波。

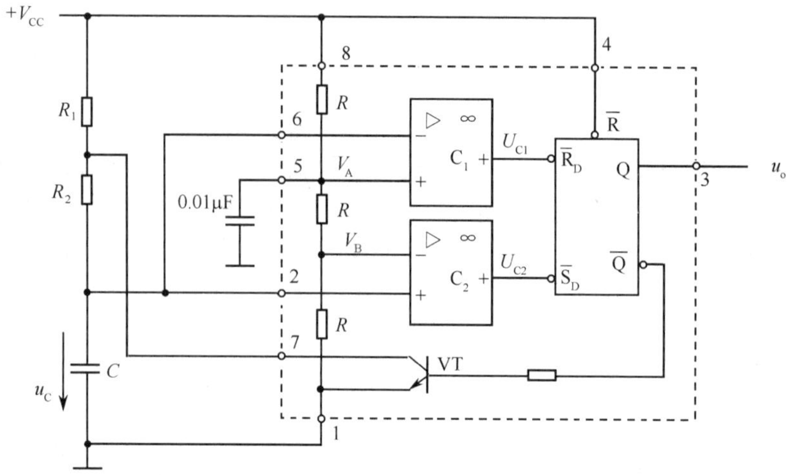

(a) 多谐振荡器电路

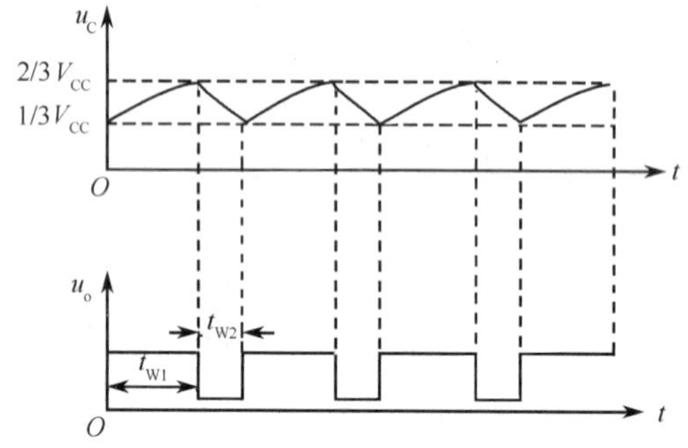

(b) 工作波形

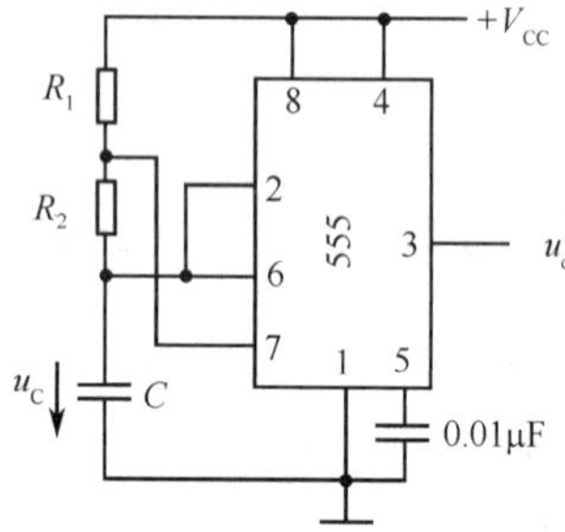

(c) 用符号表示的多谐振荡器

图 10.44　用 555 定时器组成多谐振荡器

由图 10.44（b）可以计算多谐振荡器输出波形的周期 $T=t_{w1}+t_{W2}$。其中，t_{W1} 取决于 u_C 由 $1/3V_{CC}$ 上升到 $2/3V_{CC}$ 所用的时间，其算法为

$$t_{W1}=(R_1+R_2)C\ln2=0.7(R_1+R_2)C$$

t_{W2} 取决于 u_C 由 $2/3V_{CC}$ 下降到 $1/3V_{CC}$ 所用的时间，其算法为

$$t_{W2}=R_2C\ln2=0.7R_2C$$

故输出波形的周期为

$$T=t_{W1}+t_{W2}=0.7(R_1+R_2)C+0.7R_2C=0.7(R_1+2R_2)C \tag{10.2}$$

由上式可见，改变充电或放电的时间常数，就可以改变多谐振荡器的振荡周期。

2. 多谐振荡器的应用

（1）产生矩形波信号

图 10.45 所示是用 555 定时器组成的模拟警笛音响的电路。图中，两片 555 定时器都接成多谐振荡器。片 A 的频率为 1Hz，片 B 的频率为 1kHz。当片 A 的输出处于 1 时，片 B 的引脚 4（直接清零端）状态为 1，片 B 工作，产生频率为 1kHz 的矩形波信号，通过喇叭发出音响；当片 A 的输出为 0 时，片 B 的引脚 4 也为 0，则片 B 不工作，喇叭不发声。于是喇叭间断地发出“呜、呜……”的声音。

（2）构成报警电路

图 10.46 所示是用 555 定时器组成的一种过电压保护报警电路。图中的 555 定时器接成多谐振荡器，U_X 是被测电压。

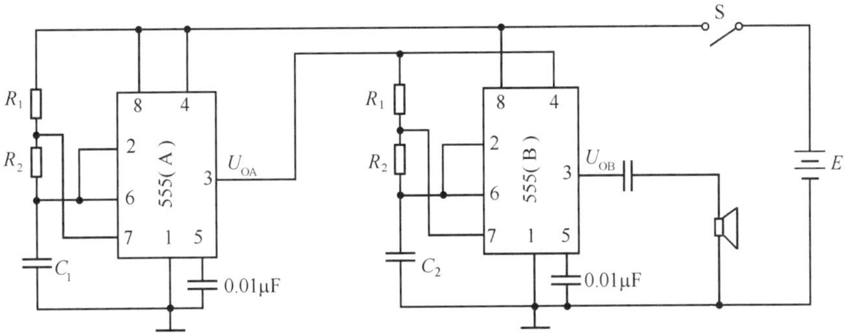

图 10.45　555 定时器组成的模拟警笛音响电路

在 U_X 正常值时，稳压管 VD_Z 不通，晶体管 VT 也不通，因为引脚 1 不能接地，所以多谐振荡器不工作，发光二极管不亮。

当 U_X 的值不正常（超过限定值）时，稳压管 VD_Z 导通而使 VT 饱和导通。于是引脚 1 通过三极管的集电极和发射极接地，使多谐振荡器开始工作，在 u_o 端输出矩形脉冲。当 u_o 为高电平时，发光二极管不通，当 u_o 为低电平时，发光二极管导通。所以发光二极管呈现不停闪烁的状态，因此起到报警作用。

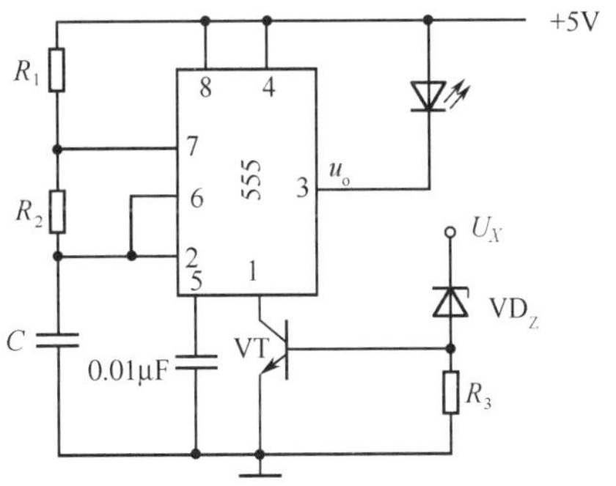

图 10.46　555 定时器组成的报警电路

10.5.4　用 555 定时器组成施密特触发器

施密特触发器是一种双稳态触发器，它有 0 和 1 两个稳定的状态。与前面介绍的双稳态触发器不同的是，施密特触发器不是靠脉冲触发，而是依靠电平触发。

用 555 定时器组成施密特触发器有多种不同接法，这里介绍的接法如图 10.47 所示。图 10.47（a）所示的是 555 定时器组成的施密特触发器电路，图 10.47（b）是其工作波形，图 10.47（c）是用符号表示的电路。用 555 定时器接成施密特触发器时，引脚 7 有时可以不用。

1．施密特触发器的工作原理

施密特触发器的两种稳定状态分别为输出 U_{OH}（u_o−1）和 U_{OL}（u_o=0）。为了分析问题方便，设输出 U_{OH} 为第一稳态，设输出 U_{OL} 为第二稳态。下面对照工作波形说明用 555 定时器组成的施密特触发器的工作原理。

（1）第一种稳定状态输出 U_{OH}

当输入信号 u_i 时，$V_6=u_i=V_2$，只要保持 $1/3V_{CC}<u_i<2/3V_{CC}$，则 $\overline{R_D}=\overline{S_D}=1$，触发器能保持 U_{OH} 的状态不变。

（2）第二种稳定状态输出 U_{OL}

在第一种稳定状态下，若 u_i 升高至稍大于 $2V_{CC}/3$，即 $V_6=V_2>2V_{CC}/3$ 时，则 $R_D=0$，$S_D=1$，触发器将发生状态翻转而进入第二种稳定状态。只要 u_i 保持大于 $2V_{CC}/3$，则第二种稳定状态输出 U_{OL} 能保持不变。

（3）回差电压

在第二种稳定状态下，当 u_i 减小至稍小于 $1/3V_{CC}$，即 $u_i<1/3V_{CC}$ 时，$\overline{R_D}=1$，$\overline{S_D}=0$，触发器发生状态翻转，即返回到第一稳定状态。

可见，由第一种稳定状态 U_{OH} 转换到第二种稳定状态 U_{OL} 发生在 $u_i=2/3U_{CC}$ 时，而由第二种稳定状态 U_{OL} 转换到第一种稳定状态 U_{OH} 发生在 $u_i=1/3V_{CC}$ 时。将 u_o 由 U_{OH} 转换到 U_{OL} 所对应的 u_i

值称为 U_{T+}，将 u_o 由 U_{OL} 转换到 U_{OH} 所对应的 u_i 值称为 U_{T-}，则 U_{T+}和 U_{T-}的差值称为回差电压。用ΔU 表示的回差电压为

$$\Delta U= U_{T+} - U_{T-} \tag{10.3}$$

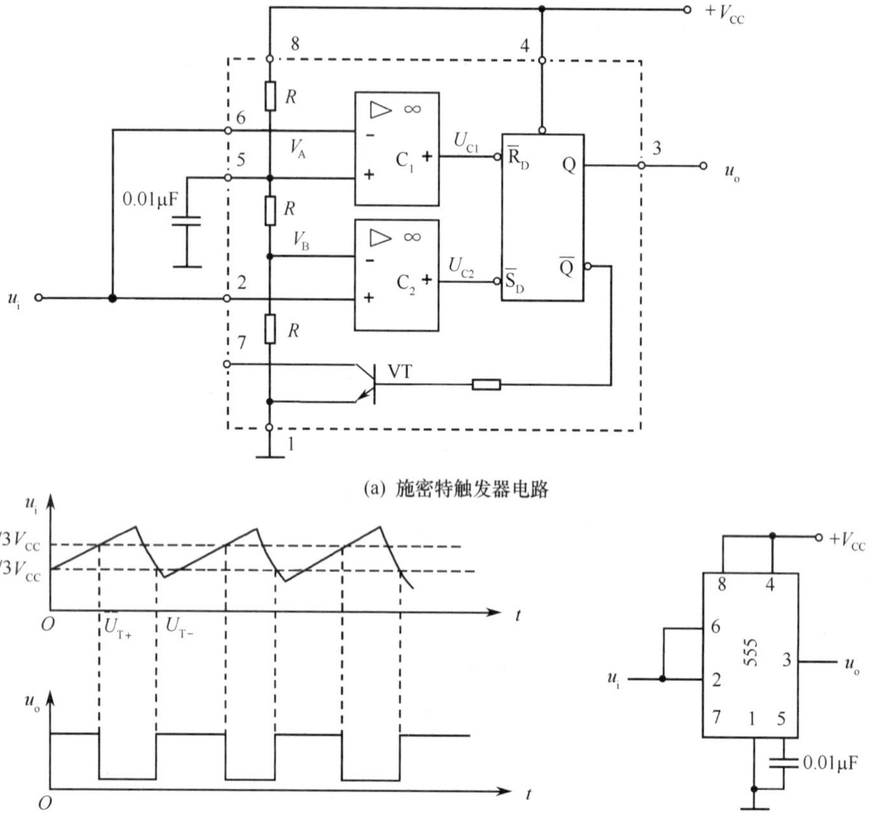

(a) 施密特触发器电路

(b) 工作波形

(c) 用符号表示的施密特触发器

图 10.47　555 定时器组成施密特触发器

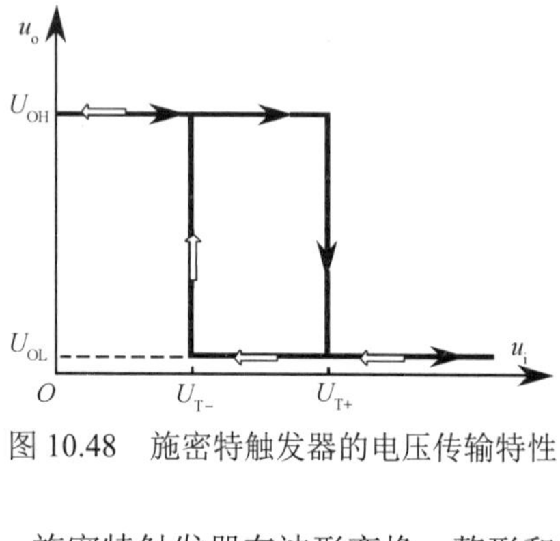

图 10.48　施密特触发器的电压传输特性

图 10.48 所示是施密特触发器的电压传输特性。图中实心箭头表示 u_i 增大过程中 u_o 的变化情况，空心箭头表示 u_i 减小过程中 u_o 的变化情况。由图可见，施密特触发器的电压传输特性具有滞回特性。

若需调节回差电压的大小，可以在引脚 5 上再外接一个电源 U_{CO}，这时 $U_{T+}=U_{CO}$，$U_{T-}=U_{CO}/2$，因此$\Delta U=U_{CO}/2$。

综上所述，施密特触发器是一种电平触发的双稳态触发器，它有两个稳定的状态，在输入电平 U_{T+} 和 U_{T-} 的作用下，两种状态可以互相转换。

2. 施密特触发器的应用

施密特触发器在波形变换、整形和幅度鉴别等方面有广泛的应用。

（1）施密特触发器的整形和波形变换作用

由图 10.47 的工作波形可见，输入信号 u_i 的波形并不规则，通过施密特触发器整形后，其输出是一个几乎理想的矩形波。也可以说，施密特触发器具有波形变换的作用。施密特触发器的这种作用被广泛应用于电子线路中。

（2）施密特触发器的幅度鉴别作用

由图 10.47 的工作波形可见，当输入信号 u_i 的幅度大于 $2/3V_{CC}$ 时，施密特触发器的输出为低电平；当输入信号 u_i 的幅度小于 $1/3V_{CC}$ 时，施密特触发器的输出转为高电平。因此，通过监测施密特触发器的输出电压就可以了解输入信号 u_i 的幅度变化情况。

施密特触发器的幅度鉴别作用被广泛用于自动控制领域中的监控、报警等场合。在图 10.47（b）中，若输入 u_i 是反映某种非电量（如压力、温度、湿度等）的电信号，则当这些电信号超过限定值时，施密特触发器就输出相应的电压，利用这个电压可以驱动指定的执行机构动作。

在图 10.49 中，555 定时器组成施密特触发器，配合其他器件组成一个能根据环境亮度情况自动开启和关断照明灯的控制电路。K 为继电器，VT 为三极管，LDR 是硫化镉光敏电阻。光敏电阻 LDR 的阻值与环境光线强度成反比，即光线越强阻值越小，光线越弱阻值越大。R_P 为可调电阻，用于调节灵敏度。

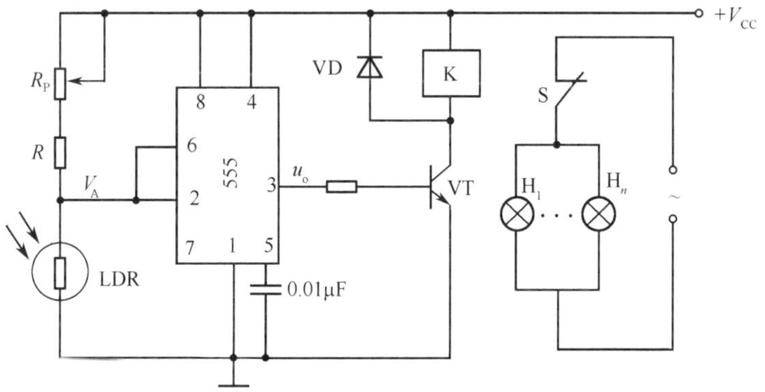

图 10.49　用施密特触发器组成的照明灯自动控制电路

图 10.49 的工作原理为：当光线较强时 LDR 的阻值较小，因而电位 V_A 较低。当 V_A 低于 $1/3V_{CC}$ 时，u_o 为 1，使 VT 导通、继电器 K 的线圈通电，K 的常闭触点断开，所有灯均灭。当光线减弱时，LDR 的阻值增大，使 V_A 升高。当 V_A 高于 $2/3V_{CC}$ 时，u_o 变为 0，则 VT 截止、继电器 K 的线圈不通电，K 的常闭触点闭合，所有灯均亮。这种控制电路很适合公共场所的照明灯管理，它可以根据自然光照的强弱自动管理照明线路。

图 10.49 只是一个原理电路。在实际电路中，一般不能使用图中的继电器触点直接控制照明灯线路，因为 K 的触点允许通过的电流一般不够大，可以用小电流的继电器去控制大电流的继电器，再用大电流继电器的触点去控制照明线路。

【思考与练习】

10-5-1　单稳态触发器的稳态和暂态各是什么状态？稳态怎样进入暂态？为什么暂态会自动返回稳态？暂态的时间长短取决于什么因素？

10-5-2　单稳态触发器的主要作用是什么？

10-5-3　用 555 定时器组成无稳态触发器，怎样计算其输出波形的周期？无稳态触发器的主要作用是什么？

10-5-4　为什么说施密特触发器是一种双稳态触发器？它与 10.1 节介绍的双稳态触发器有什么区别？施密特触发器两种稳态的转换是怎样实现的？

10-5-5　什么是施密特触发器的回差电压？

10-5-6　施密特触发器的主要作用是什么？

10.6　时序逻辑电路的应用

以上介绍了时序逻辑电路的基本组成单元、常用的时序逻辑电路模块以及 555 定时器。这些器件可以组成各种实用的数字系统。下面以数字秒表为例介绍时序逻辑电路的应用。

数字秒表的示意图如图 10.50 所示。计时时间范围为 0～9min，计时精度为 0.1s，具有清零、计时显示、停止等功能。

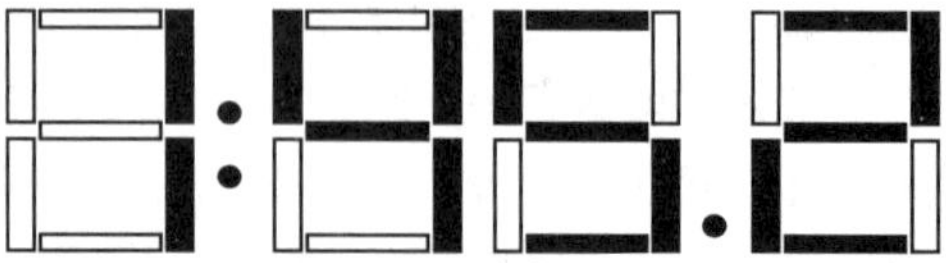

图 10.50　数字秒表示意图

由图 10.50 可知，计时“分”为 1 位，其计时范围为 0～9min，为十进制计数；“秒”为 2 位，其计时范围为 00～59s，为 60 进制计数；“0.1s”为 1 位，其计时范围为 0.1～0.9s，为十进制计数。

数字秒表的结构框图如图 10.51 所示，包括脉冲发生电路、计数电路、功能控制电路和译码显示电路 4 个部分。

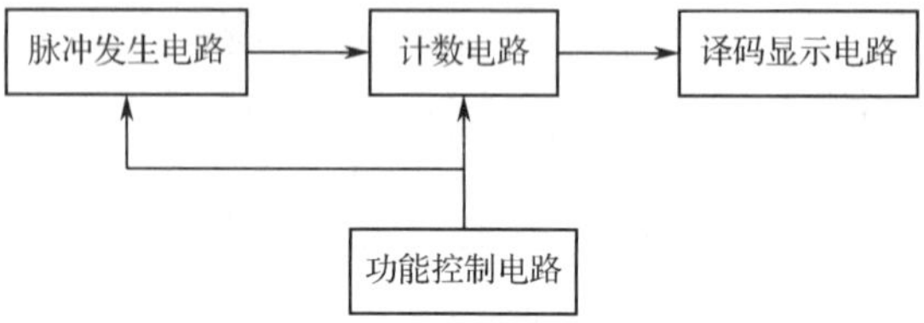

图 10.51　数字秒表的结构框图

数字秒表的精度为 0.1s，脉冲发生器产生周期为 0.1s 的脉冲。计数器用于各位的计数。功能控制电路用于实现秒表的计时、停止及清零功能。译码显示电路用于将计时结果通过数码显示管显示出来。

图 10.52 所示为数字秒表的原理框图。

1. 脉冲发生电路

脉冲发生器可用 555 定时器构成多谐振荡器（见图 10.44）来实现，只要参数的设置满足输出周期为 0.1s 即可。

2. 计数电路

由分析可知，数字秒表中的“分”、“秒”、“0.1 秒”部分分别由十进制、60 进制和十进制三个计数器实现。周期为 0.1s 的脉冲信号作为“0.1 秒”对应的十进制计数器的脉冲输入；“秒”对应的 60 进制计数器的脉冲由“0.1 秒”对应的十进制计数器的进位输出提供；同理，“分”对应的十进制计数器的脉冲由“秒”对应的 60 进制计数器的进位输出提供。三个计数器依次级联就可实现数字秒表的计数部分。计数器可以用 74LS90 实现。

3. 功能控制电路

数字秒表的工作状态有三种：计数、保持和清零。

与非门 G_1 和 G_2、与非门 G_3 和 G_4 分别构成基本 RS 触发器。首先按下按钮 S_1，使得触发器输出 $Q=1$，$\overline{Q}=0$，各计数器被清零（假设清零端高有效）。同时 G_5 门被封锁，0.1s 脉冲信号无法输入。按钮 S_1 复位后触发器状态不变。再按下按钮 S_2，触发器输出 $Q=0$，$\overline{Q}=1$，各计数器清零解除，同时 G_5 门开启（假设初始 G_3 门输出为 1），0.1s 脉冲信号输入，计数器可以开始工作。按钮 S_2 复位后触发器状态不变。

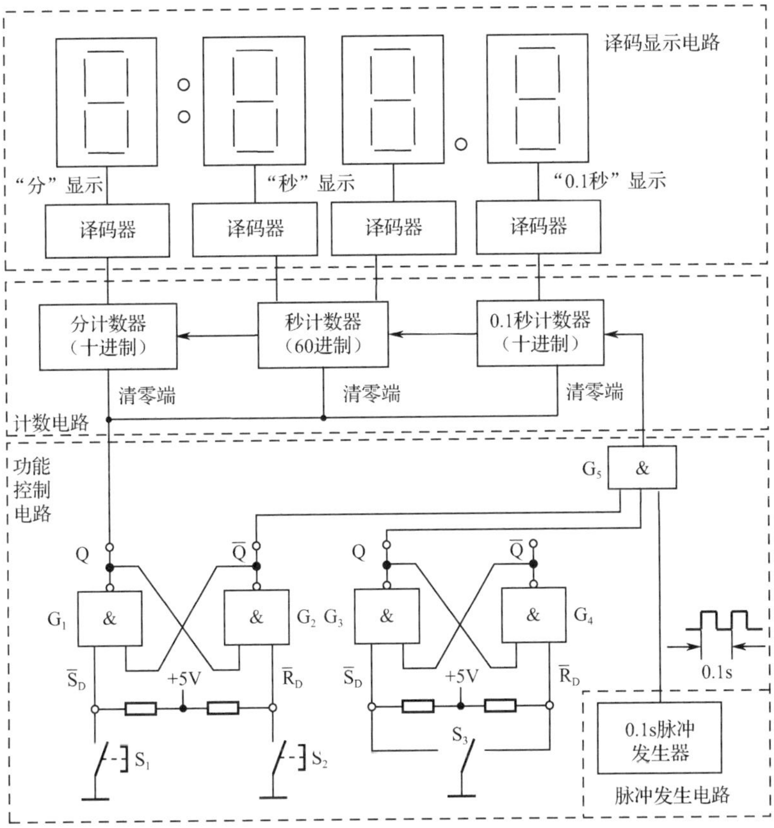

图 10.52　数字秒表的原理框图

此时，将开关 S_3 置于右侧，触发器输出 Q=0，$\bar{Q}$=1，G_5 门被封锁，0.1s 脉冲信号无法输入，计数暂停。再将开关 S_3 置于左侧，触发器输出 Q=1，$\bar{Q}$=0，计数器恢复正常计数。

4．译码显示电路

译码显示由 4 个显示译码器和七段数码管完成。

10.7　数字电路的故障诊断与排除

在实际数字电路的设计和制作中经常需要对硬件电路的故障进行检测和排除。下面介绍几种常用的数字电路故障检测和排除的方法。

10.7.1　常见故障错误的检测和排除

在组合逻辑电路中，一个门的输出必须连接到一个或更多个门的输入上，如图 10.53 所示。在图 10.53 中，与非门 G_1 和 G_2，…，G_n 连接的交点称为节点；与非门 G_1 用于驱动该节点，称为驱动门；而其他的门表示连接到该节点的负载，称为负载门。一个驱动门可以驱动同类型负载门电路的数量，称为扇出系数。

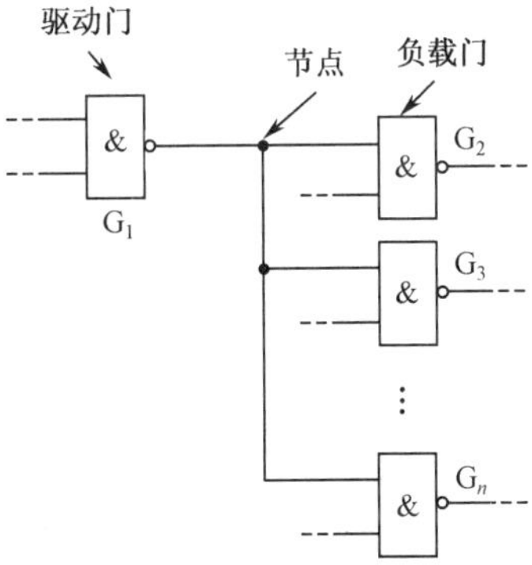

图 10.53　组合逻辑电路接线原理图

下面以图 10.54 为例，分别介绍几种常见故障类型的检测和排除方法。

（1）驱动门的输出开路。该故障将导致传向所有负载门的信号丢失。具体检测办法是：将脉冲笔放在驱动门 G_1 的一个输入端，G_1 门的多余输入端接高电平，用逻辑笔测试节点处的脉冲活动，如图 10.54 所示。在电路电源打开时，若节点处产生“波动”电平，则逻辑笔上灯泡闪烁，说明驱动门 G_1 工作正常；否则，说明驱动门 G_1 的输出开路。

（2）负载门的输入开路。该故障不会影响连接到该节点的任何其他门的正常工作，但是它将导致该故障门的输出信号丢失。具体检测办法如下：如果对驱动门的输出开路检测为正常，那么应当对负载门的输入开路进行检测。将脉冲笔放在节点处，所有的负载门 G_2，…，G_n 的多余输入端接高电平，用逻辑笔依次测试每个负载门输出端的脉冲活动，如图 10.55 所示。在电路电源打开时，若各负载门输出端产生“波动”电平，则逻辑笔上的灯泡闪烁，说明负载门工作正常；否则，说明某个负载门的输入开路。

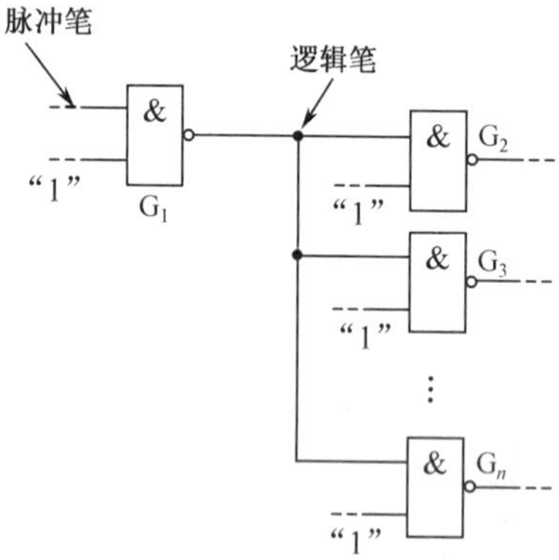

图 10.54　驱动门的输出开路的原理图

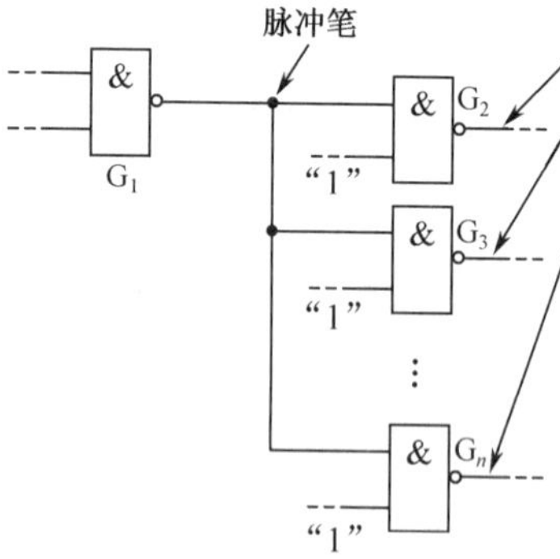

图 10.55　负载门的输入开路的原理图

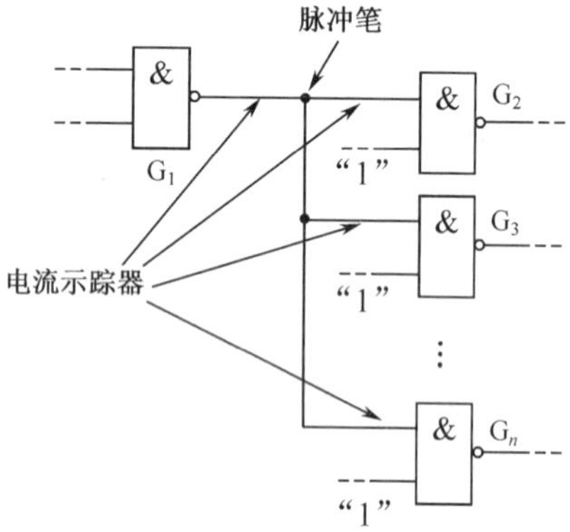

图 10.56　驱动门的输出和负载门的输入对地短路的原理图

（3）驱动门的输出和负载门的输入对地短路。该故障会导致驱动门的输出节点的状态固定在低电平。具体检测办法如下：将脉冲笔放在驱动门 G_1 的一个输入端，G_1 门的多余输入端和各负载门的多余输入端都接高电平，用逻辑笔测试节点处的脉冲活动，如图 10.54 所示。在电路电源打开时，若节点处的逻辑笔上的灯泡始终不亮（即节点处电平始终为低电平），则说明驱动门 G_1 的输出对地短路。其实，任何负载门的输入对地短路，都会产生这种现象，所以必须进一步检测确定到底是什么位置出现了对地短路。具体方法为：将脉冲笔放置在节点处，驱动门和负载门的多余输入端全部接高电平，用电流示踪器测试与节点相连的各条连接线，如图 10.56 所示。哪条连接线上有电流，则说明该连接线对应的负载门的输入端或驱动门的输出端对地短路。

（4）对电源短路的测试方法与故障（3）相似，请读者自行分析。

10.7.2　信号追踪和波形分析

使用逻辑笔和脉冲笔测试电路故障的方法在实际应用中非常有用，另外还有一种常用的故障检测技术，就是信号追踪和波形分析。这种方法使用的仪器设备是示波器和逻辑分析仪。

信号追踪和波形分析的方法需要测量逻辑电路中各个位置的波形，观察波形以及它们的时间关系。通过这个过程确定在何处首先出现了错误波形，从而确定逻辑电路在什么位置出现了何种故障。

例如，逻辑电路如图 10.57 所示，通过逻辑分析仪观测到的各个位置的波形如图 10.58 所示。显然，在与非门 G_3 之前，所有的检测波形都是正确的。与非门 G_3 的输出不正确（与非门 G_3 输出的理论波形如图中虚线所示，实际波形如实线所示）。通过对波形的分析表明，与非门 G_3 输出波形错误的原因是 D 输入为开路（相当于高电平）。注意：对于所测量的输入而言，与非门 G_4 的输出是正确的，但是由于与非门 G_3 提供的输入有误，因此与非门 G_4 的输出并不满足整个电路的正确逻辑关系。

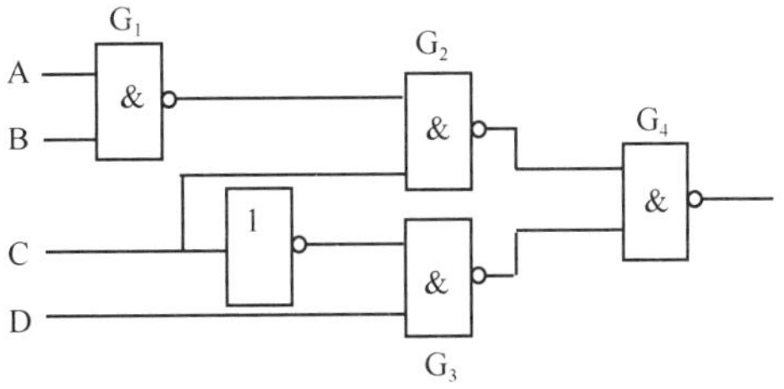

图 10.57　信号追踪原理图

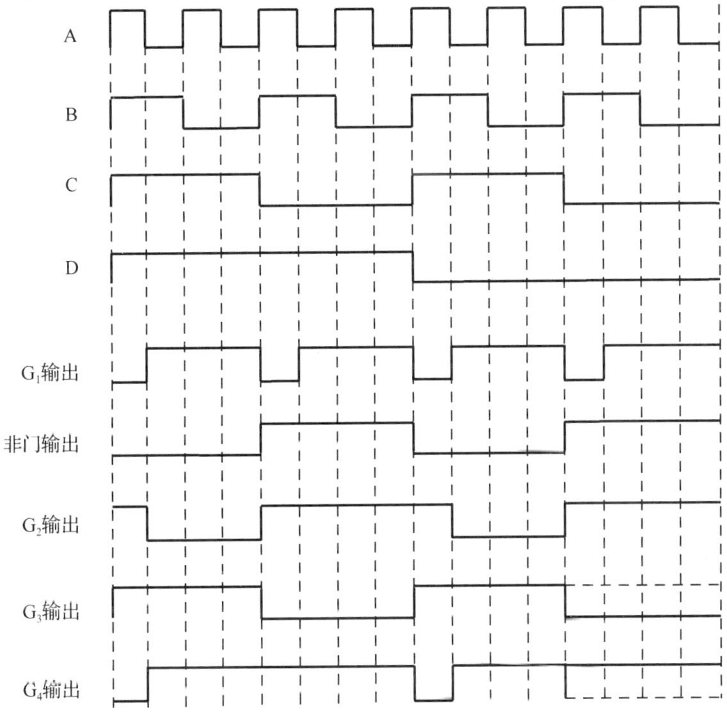

图 10.58　信号追踪工作波形

本章要点

一、双稳态触发器

正如门电路是构成组合逻辑电路的基本逻辑单元一样，双稳态触发器是构成时序逻辑电路的基本逻辑单元。双稳态触发器逻辑功能的基本特点是可以保存 1 位二值信息。因此，又把双稳态触发器称为半导体存储单元或记忆单元。

1．基本 RS 触发器（见图 10.59）

$\overline{R}_D$	$\overline{S}_D$	Q_{n+1}	说明
1	1	Q_n	记忆功能
0	1	0	复位（置 0）
1	0	1	置位（置 1）
0	0	$\overline{R}_D$，$\overline{S}_D$ 同时由 0 变为 1 时，状态不定	应禁止出现此状态

(a)逻辑功能表

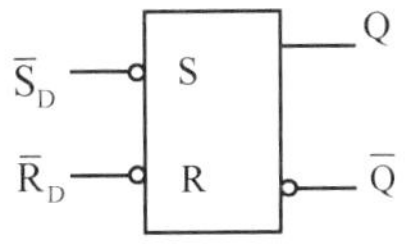

(b)逻辑符号

图 10.59　基础 RS 触发器

2．可控 RS 触发器（见图 10.60）

R	S	Q_{n+1}	说　明
0	0	Q_n	保持功能
0	1	1	输出状态同 S
1	0	0	
1	1	状态不定	应禁止出现此状态

(a)逻辑功能表

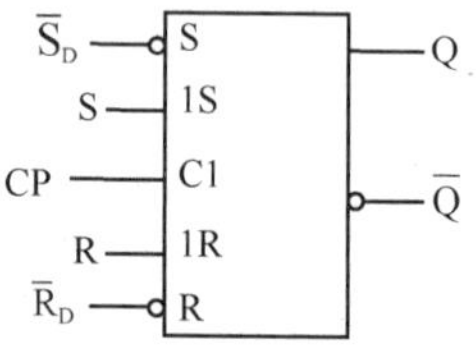

(b)逻辑符号

图 10.60　可控 RS 触发器

3．JK 触发器（见图 10.61）

J	K	Q_{n+1}
0	0	Q_n
0	1	0
1	0	1
1	1	$\overline{Q}_n$

(a)逻辑功能表

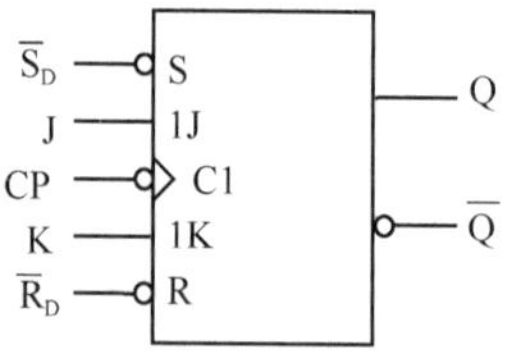

(b)逻辑符号

图 1.61　JK 触发器

4．D 触发器（见图 10.62）

D	Q_{n+1}
0	0
1	1

(a)逻辑功能表

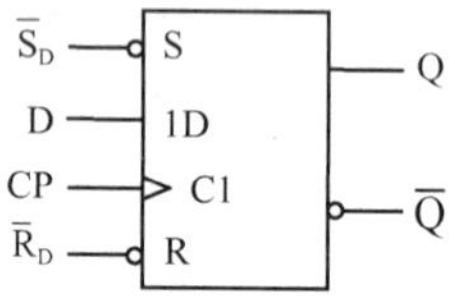

(b)逻辑符号

图 10.62　D 触发器

5．T 触发器（见图 10.63）

T	Q_{n+1}
0	Q_n
1	$\overline{Q}_n$

图 10.63　T 触发器的逻辑功能表

6．触发器逻辑功能的转换（见图 10.64）

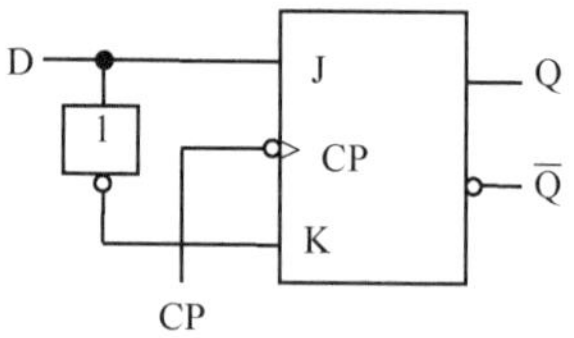

（a）JK触发器转换成D触发器

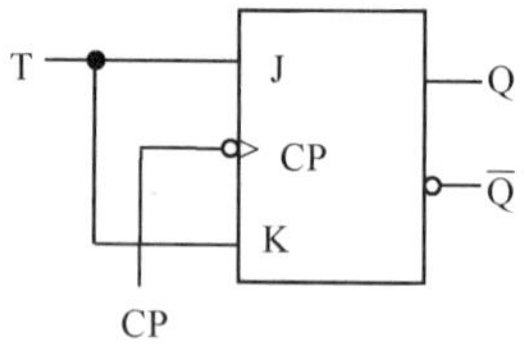

（b）JK触发器转换成T触发器

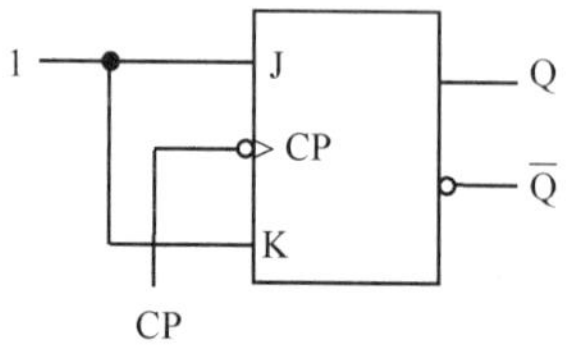

（c）JK触发器转换成T′触发器

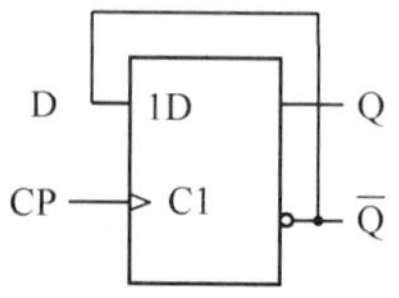

（d）D触发器转换成T′触发器

图 10.64　触发器逻辑功能的转换

二、时序逻辑电路的特点

在时序逻辑电路中，任一时刻的输出不仅与该时刻的输入有关，还与电路原来的状态有关。

三、寄存器

1．数码寄存器

由触发器构成的并行输入、并行输出的寄存器。

2．移位寄存器

由触发器构成的串行输入或串行输出的寄存器。

四、计数器

1．概念

由触发器构成用来统计输入时钟脉冲个数的器件称为计数器。

加法计数器：输入一个时钟脉冲，计数器在原状态上加 1。

减法计数器：输入一个时钟脉冲，计数器在原状态上减 1。

可逆计数器：通过某信号控制，计数器既可以实现加法计数，又可以实现减法计数。

N 进制计数器：经过了 *N* 个计数脉冲后，计数器又回到原状态，产生一次循环。

2．结构

（1）异步计数器：构成计数器的各个触发器的时钟脉冲信号不同。

分析异步计数器的步骤如下。

① 对应每一个计数脉冲，从低位到高位触发器依次观察其是否具备翻转条件，即注意每个触发器时钟脉冲输入信号的状态以及是否具有有效触发沿。

② 用状态表或波形图记录计数器的状态转换过程，最后根据状态表或波形图归纳出计数器的功能。

（2）同步计数器：构成计数器的各个触发器的时钟脉冲信号相同，都是由计数脉冲直接提供的。

分析同步计数器的步骤如下。

① 写出构成计数器的各个触发器输入端的逻辑表达式。

② 根据逻辑表达式及触发器的前一个状态确定其后一个状态，列写状态表，分析其状态转换过程。

③ 根据状态表或波形图分析电路的逻辑功能。

3．用中规模集成计数器模块设计计数器

（1）典型集成计数器

74LS90：二-五-十进制计数器，异步清零。

74LS163：4 位二进制计数器，同步清零，同步置数，保持，计数。

（2）用集成计数器构成任意进制计数器的方法

① 反馈清零法

将计数器的输出状态反馈到直接清零端，使计数器回到初始 0 态，此后再从 0 开始计数。用反馈清零法可以构成任意进制计数器。

异步清零：当计数状态到 *N* 时，从触发器的输出端引出的反馈立即将计数器置零，*N* 状态不能保持，即构成 *N* 进制计数器。

同步清零：当计数状态为 *N*-1 时，从触发器的输出端引出状态反馈去控制计数器的直接置零端，强迫计数器停止计数，在下一个计数脉冲到来时，将输出置零，构成 *N* 进制计数器。

② 反馈置数法

通过控制已有计数器的预置数控制端，利用给计数器重复置入某个数值来跳跃 $M-N$ 个状态，从而获得 *N* 进制计数器。

③ 级联法

用两片以上集成计数器连接成任意进制计数器时，将低位计数器（模数为 N）的最高位输出和高位计数器（模数为 M）的计数脉冲输入端相连，所得计数器的模数为 $N\times M$ 。

五、555 定时器

1．内部结构

555 定时器的基本组成包括：由三个电阻 R 组成的分压器，两个比较器 C_1 和 C_2，一个基本 RS 触发器，由三极管 VT 组成的放电电路。

2．由 555 定时器构成的单稳态触发器

（1）电路结构如图 10.40（c）所示。

（2）工作原理：通过输入负脉冲触发，输出由稳态 0 进入暂稳态 1，暂稳态 1 持续一段时间（$t_W = RC\ln 3 = 1.1RC$）后可自动返回稳态 0。

（3）应用：定时和整形。

3．由 555 定时器构成的多谐振荡器

（1）电路结构如图 10.44（c）所示。

（2）工作原理：电路接通电源后可产生振荡，无须输入，输出端可输出一定频率的矩形波。矩形波的周期为 $T = t_{W1} + t_{W2} = 0.7(R_1 + R_2)C + 0.7R_2C = 0.7(R_1 + 2R_2)C$ 。

（3）应用：产生矩形波信号。

4．由 555 定时器构成的施密特触发器

（1）电路结构如图 10.47（c）所示。

（2）工作原理：可将连续变换的信号转换为矩形波信号输出。

（3）应用：整形、波形变换和幅度鉴别。

关键术语

双稳态：bistable
时钟：clock
翻转：toggle
边沿触发器：edge-triggered flip-flop
D 触发器：D flip-flop
JK 触发器：J-K flip-flop
寄存器：register
并行：parallel
串行：serial
复位：RESET
置位：SET
计数器：counter
异步：asynchronous
同步：synchronous
级联：cascade
单稳态触发器：one-shot
多谐振荡器：astable multivibrator

习题 10

10-1　由与非门构成基本 RS 触发器，$\overline{S}_D$ 和 $\overline{R}_D$ 的波形如图 10.65 所示。试画出触发器 Q 的波形。设触发器的初始状态为 1。

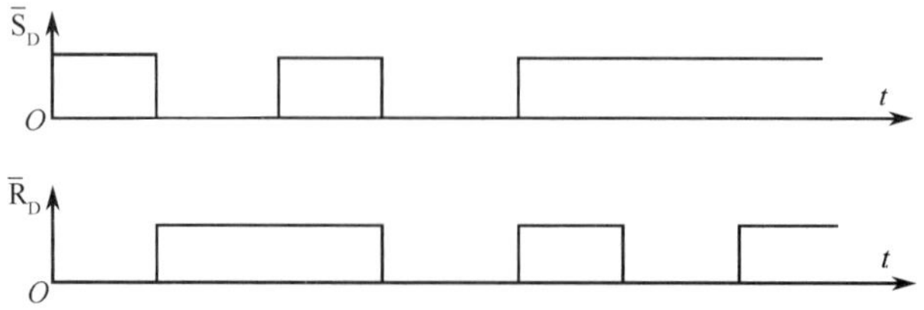

图 10.65　习题 10-1 的图

10-2　图 10.66 所示为 JK 触发器（下降沿触发的边沿触发器）的 CP、$\overline{S}_D$、$\overline{R}_D$、J、K 的波形，试画出触发器 Q 的波形。设触发器的初始状态为 0。

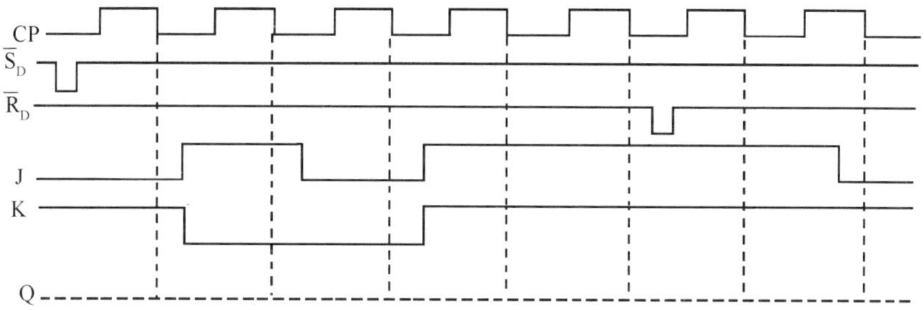

图 10.66　习题 10-2 的图

10-3　设图 10.67 中各触发器的初始状态为 0，试画出在 CP 的作用下各触发器 Q 的波形。

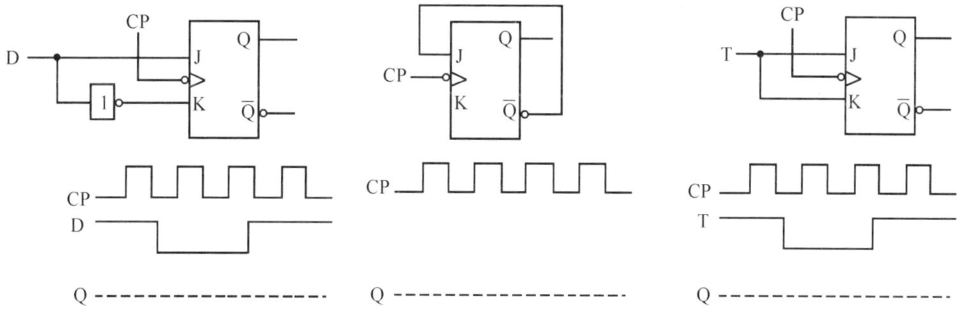

(a)　(b)　(c)

图 10.67　习题 10-3 的图

10-4　设图 10.68 中各触发器的初始状态为 0，试画出在 CP 作用下各触发器 Q 的波形。

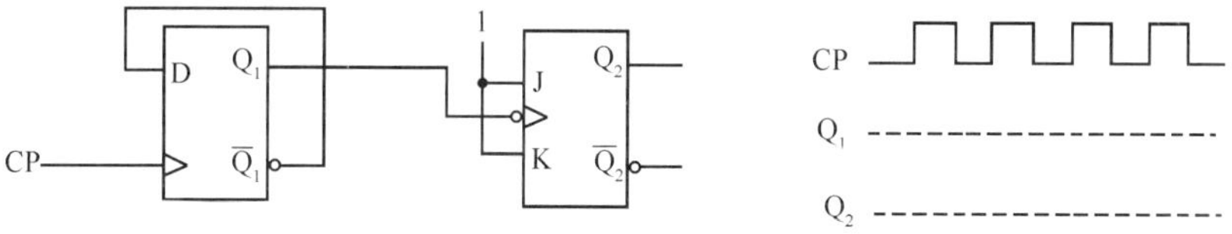

图 10.68　习题 10-4 的图

10-5　设图 10.69 中各触发器的初始状态为 0，试画出在 D 和 CP 作用下各触发器 Q 的波形。

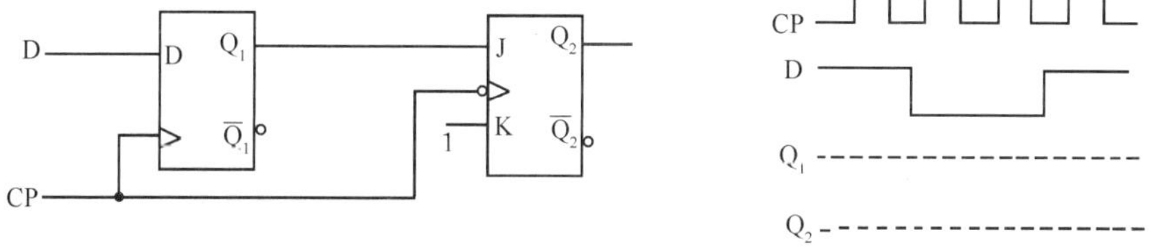

图 10.69　习题 10-5 的图

10-6　图 10.70 所示电路是由 JK 触发器组成的移位寄存器，设待存数码是 1101。

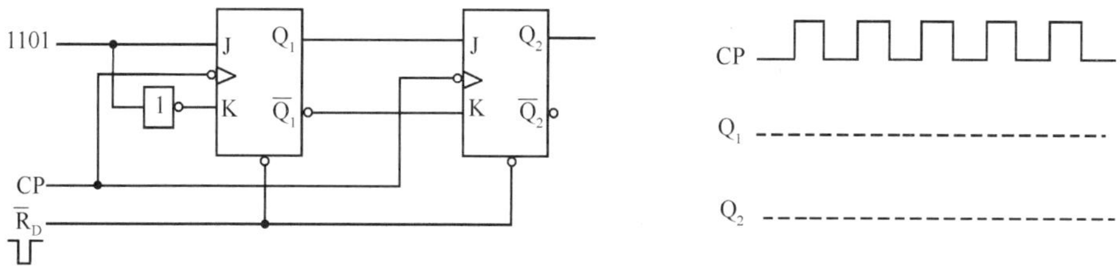

图 10.70　习题 10-6 的图

（1）试画出在 CP 作用下各触发器 Q 的波形。

（2）该寄存器是左移还是右移？其数码输入和输出由 Q_2 输出属于什么方式？

10-7　设图 10.71 中各触发器的初始状态均为 0。

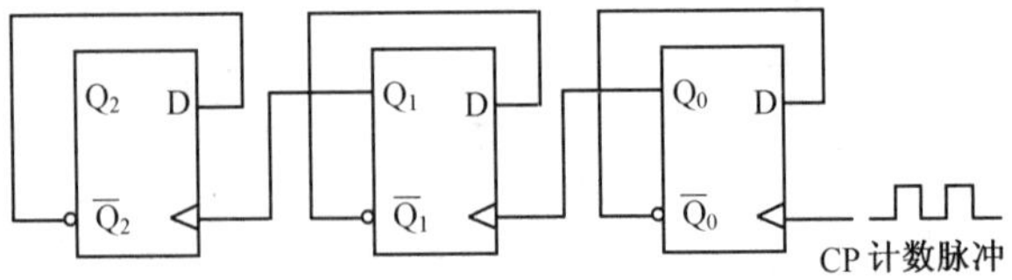

图 10.71　习题 10-7 的图

（1）试填写图示电路的状态转换表，并画出工作波形图。

（2）指出该图的逻辑功能。

（3）若计数脉冲的频率是 1kHz，则 Q_2 输出波形的频率是多少？

10-8　设图 10.72 中各触发器的初始状态为 0。

（1）试填写图示计数器的状态转换表。

（2）试画出在计数脉冲作用下各触发器输出 Q 的波形。

（3）指出该图的逻辑功能。

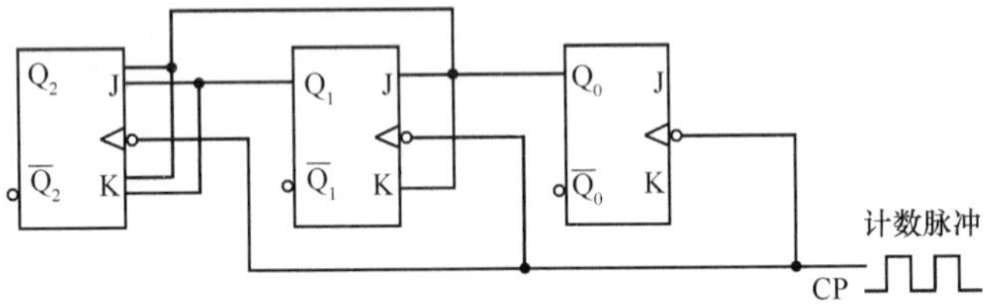

图 10.72　习题 10-8 的图

10-9　设图 10.73 中各触发器的初始状态为 0。

（1）试填写图示计数器的状态转换表。

（2）试画出在计数脉冲作用下各触发器输出 Q 的波形。

（3）指出该图的逻辑功能。

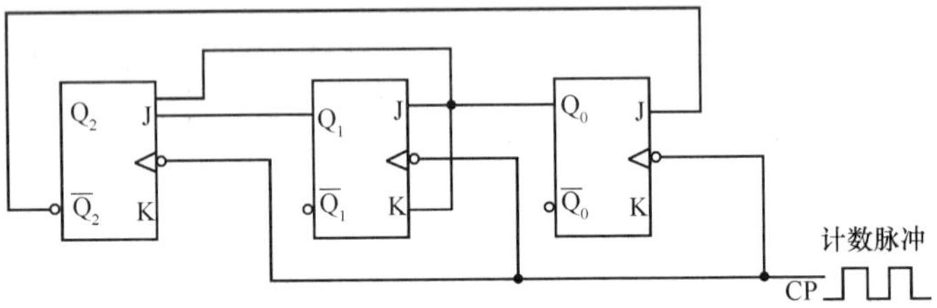

图 10.73　习题 10-9 的图

10-10　图 10.74 中，F 是 2 位二进制加法计数器。设开始计数之前计数器已清零。在输入 4 个计数脉冲的过程中，试列表分析发光二极管 VD_1～VD_4 的状态（亮为 1、灭为 0）。

10-11　图 10.75 中 74LS90 是集成计数器，其功能如图 10.32（b）所示。试确定图示电路分别是几进制的计数器。

10-12　试确定图 10.76 所示电路是几进制的计数器。

10-13　试确定图 10.77 所示电路是几进制的计数器。

10-14　用 555 定时器组成的单稳态触发器，输入信号 u_i 波形如图 10.78 所示，试定性画出其输出电压 u_o 的波形。

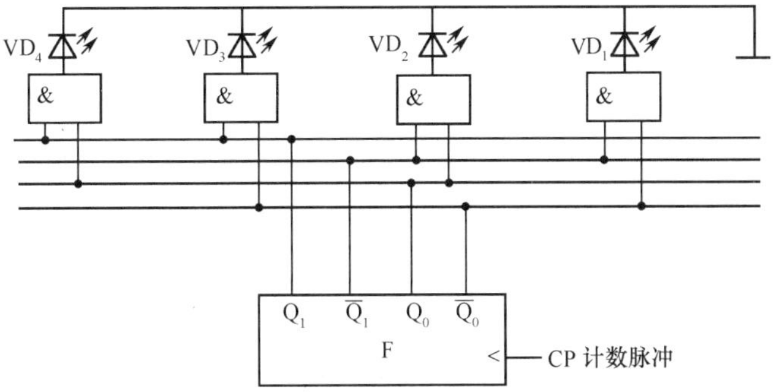

图 10.74　习题 10-10 的图

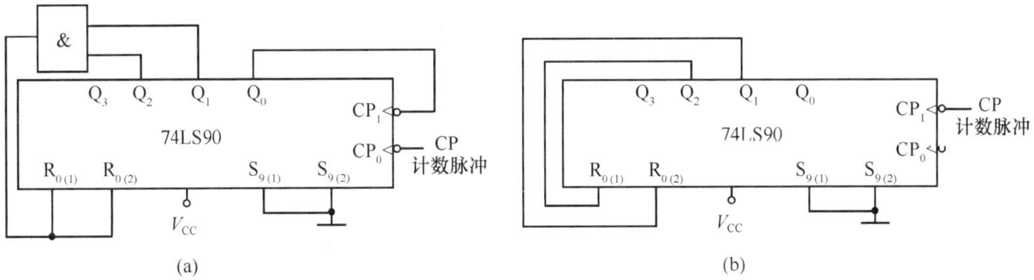

图 10.75　习题 10-11 的图

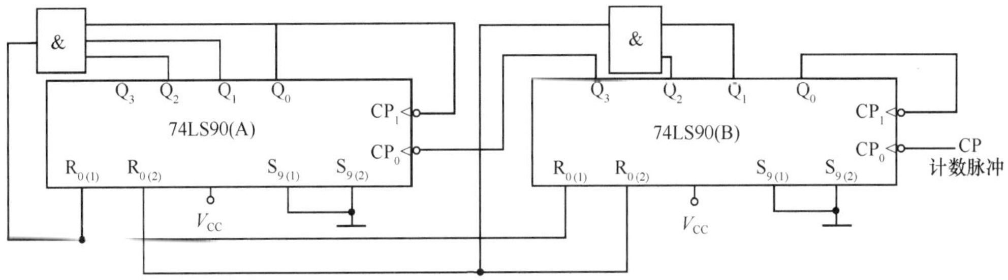

图 10.76　习题 10-12 的图

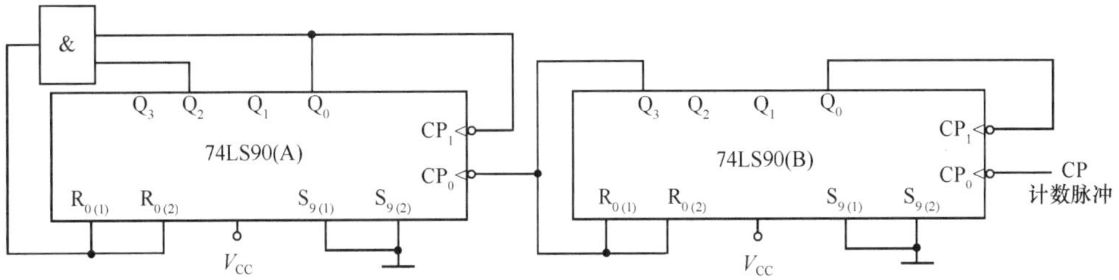

图 10.77　习题 10-13 的图

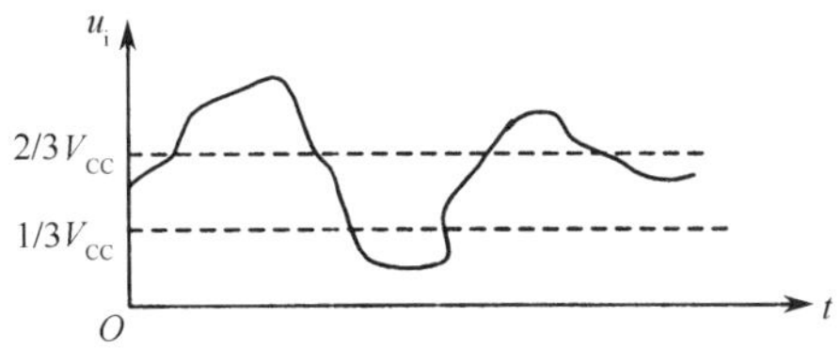

图 10.78　习题 10-14 的图

10-15　图 10.79 所示电路是用 555 定时器组成的触摸式控制开关的电路。当人用手触摸按钮时，相当于向触发器输入一个负脉冲。试计算：自触摸按钮开始，灯能亮多长时间。

10-16　用 555 定时器组成的多谐振荡器，已知电阻 R_1=100kΩ，R_2=10kΩ，电容 C=10μF，试计算其输出波形周期。

10-17　用 555 定时器组成的施密特触发器，电压控制端接 C=0.01μF 的电容。输入波形 u_i 如图 10.80 所示，试定性画出其输出电压 u_o 的波形。

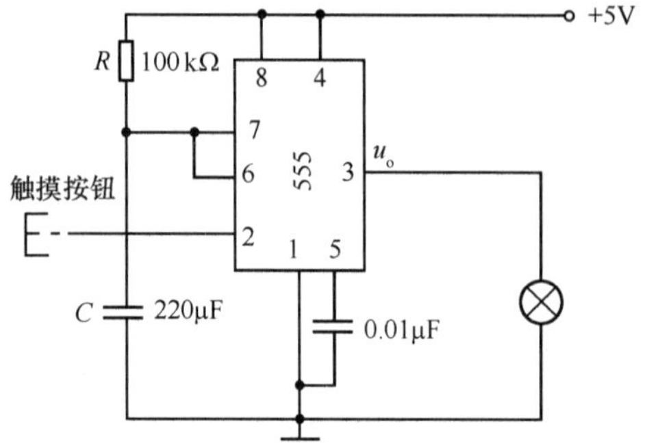

图 10.79　习题 10-15 的图

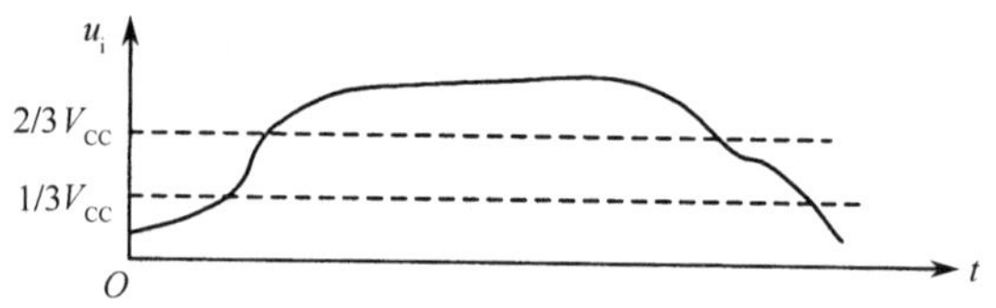

图 10.80　习题 10-17 的图

第 11 章　半导体存储器

引言

大规模集成的半导体存储器可以用来存储大量的二进制信息，因为其具有集成度高、功耗低、速度快、体积小、价格便宜等优点，所以被广泛地用于各种数字系统中。

根据功能的不同，半导体存储器可以分为只读存储器 ROM（Read Only Memory）和随机存取存储器 RAM（Random Access Memory）。半导体存储器还有双极型和 MOS 型之分。双极型的速度快，但功耗大；MOS 型的集成度高、功耗小。

快闪存储器是 20 世纪 80 年代末问世的。其擦除和改写所用的电压较 EEPROM 小，且擦除所用的时间短。快闪存储器的突出优点是集成度高、容量大、成本低、使用方便，它是一种广泛应用的存储器。

本章主要介绍半导体存储器的基本结构、工作原理和使用方法。

学习目标

- 了解半导体存储器的基本结构、工作原理。
- 理解只读存储器 ROM 的各种应用。
- 掌握随机存取存储器 RAM 扩展容量的方法。
- 了解闪存的基本结构和工作原理。

11.1　只读存储器（ROM）

11.1.1　ROM 的基本结构和工作原理

在数字系统中，向存储器存入信息称为写入，从存储器取出信息称为读出。在使用专用装置向 ROM 写入数据后，即使 ROM 掉电，数据也不会丢失。ROM 只能读出而不能写入信息，所以一般用它来存储固定不变的信息。ROM 的基本结构如图 11.1 所示。它是由存储矩阵、地址译码器和输出缓冲器三部分组成的。

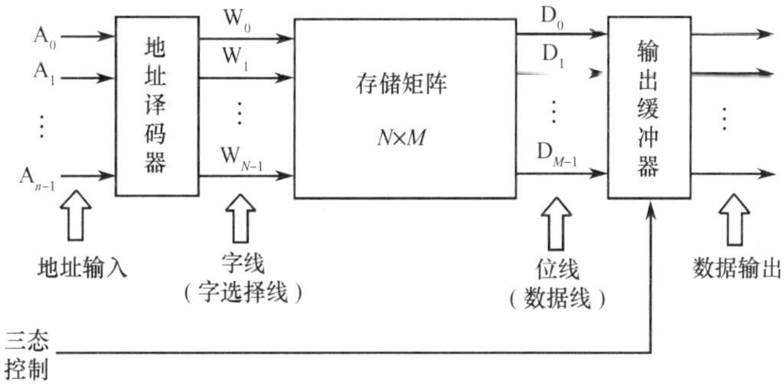

图 11.1　ROM 的基本结构框图

1．存储矩阵

存储矩阵是 ROM 的主体，它含有大量的存储单元，一个存储单元存储 1 位二进制数码（1 或 0）。通常，把 M 位二进制码称为一个字，一个字的位数常称为字长，如字长是 8 位、16 位等。若存储矩阵中存有 N 个字，每个字有 M 位，则该存储器有 $N\times M$ 个存储单元，$N\times M$ 也称为 ROM 的存储容量。

一般数据或指令常以字为单位进行存储，存储一个字的单元可简称其为字单元。为了方便读/写数据，对每个字单元应确定一个标号，通常称这个标号为地址。

2. 地址译码器

为了方便进行读/写操作，ROM 必须设置地址译码器。若存储矩阵中存有 N 个字，就应有 N 个地址编号，地址译码器就必须有 N 个输出端与 N 个地址编号相对应。例如，在图 11.1 的存储矩阵中存储了 N 个字，当向地址译码器输入一组代码时，地址译码器就可根据输入的地址代码从 N 个地址中选择出所需的一个，从而确定所选字单元的位置。必须注意，任何时刻只能有一根字线被选中。

3. 输出缓冲器

ROM 一般设有输出缓冲器，它的作用有两个，一是可以提高存储器的带负载能力，二是便于对输出状态进行三态控制。在字单元被选中后，M 位数码经位线（位线的条数取决于存储矩阵中的字长）传送到输出缓冲器中，由三态控制信号决定数据输出的时刻。

下面以图 11.2 所示的二极管存储器为例说明 ROM 的工作原理。

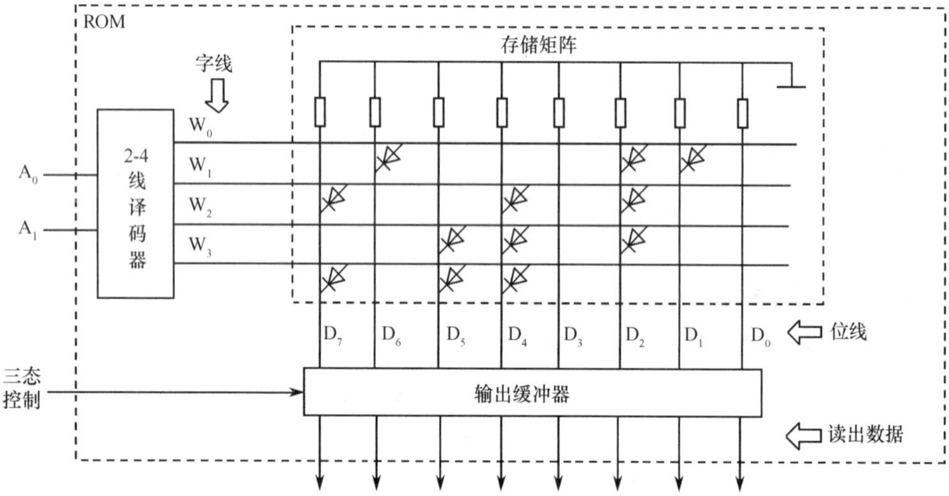

图 11.2　二极管 ROM 的结构

在图 11.2 中，存储矩阵有 4 根字线（N=4），即存储 4 个字，8 根位线（M=8），即每个字是 8 位数码。所以该 ROM 的存储容量为 4×8=32，即存储矩阵有 32 个存储单元，每个存储单元存储一个二进制信息。

因为图 11.2 所示的存储矩阵中有 4 根字线，而地址译码器的每个输出端应该与一个字单元对应，所以地址译码器必须是 2-4 线译码器。输入代码 00、01、10、11 依次对应译码器输出的 W_0、W_1、W_2、W_3。

在图 11.2 中，字线与位线的交叉点就是一个存储单元。交叉点处接有二极管时，存储单元相当于存 1，没接二极管的存储单元相当于存 0。所以改变二极管的位置，就可以改变字单元中存储的内容。例如，当译码器输入 $A_1=A_0=0$ 时，字线 W_0 为高电平，与其相接的二极管的阳极为高电平，所以二极管导通。由于二极管的钳位作用，使位线 D_6、D_2、D_1 为高电平，而其余的位线为低电平，即 $D_6=D_2=D_1=1$，$D_7=D_5=D_4=D_3=D_0=0$，最后经输出缓冲器输出的数据是 01000110。当译码器输入 $A_1=A_0=1$ 时，字线 W_3 为高电平，与其相接的二极管导通，即 $D_7=D_5=D_4=1$，$D_6=D_3=D_2=D_1=D_0=0$，最后经输出缓冲器输出的数据是 10110000。

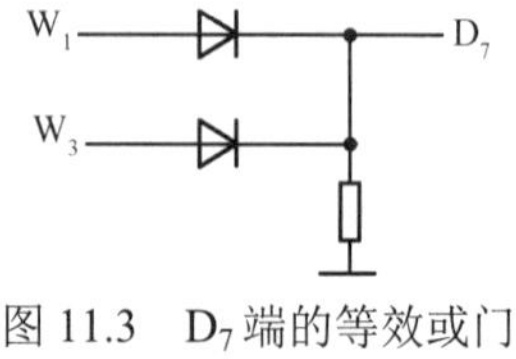

图 11.3　D_7 端的等效或门

实际上，地址译码器是由门电路组成的与阵列（见 9.5.3 节），W_0～W_3 的表达式中都包含 A_0、A_1 的原变量或反变量的“与”项，而存储矩阵中的位线 D_0～D_7 可以看成由二极管构成的或门的输出端。例如，D_7 端的等效电路可画成图 11.3 所示的或门电路。因此存储矩阵可看成由二极管或门构成的或阵列。所以 ROM 的内部结构可以看成一个与阵列和一个或阵列的组合。

图 11.2 也可以画成图 11.4 所示的简化形式，这样看起来更为直观。图中的黑点处表示字线和位线之间接有二极管，该存储单元存 1；无黑点处则没接二极管，该存储单元存 0。至于哪个地方画黑点，则取决于欲存储的内容。

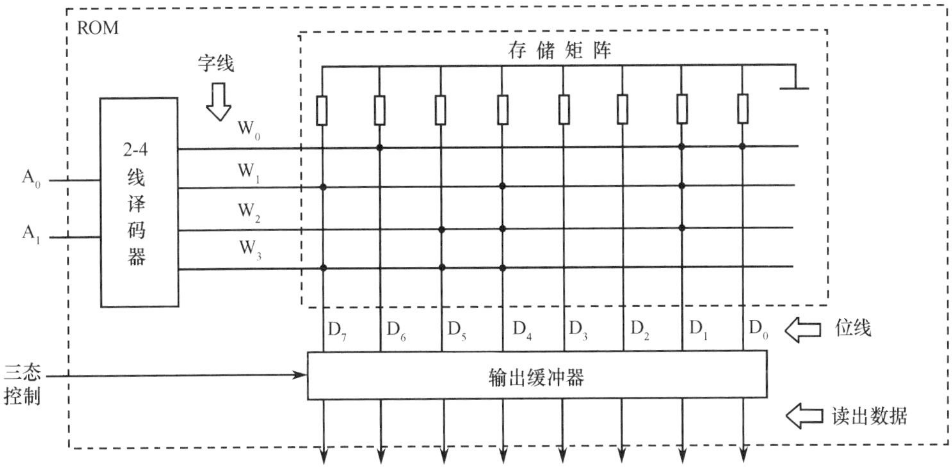

图 11.4　ROM 的简化结构图

图 11.5 所示为用双极性晶体管构成 ROM 的存储矩阵，图中只画出存储矩阵中的部分字线和位线。图中，晶体管的基极接在字线上，发射极接在位线上并通过电阻接地，集电极接电源正极。若某字线为高电平，则与该字线相接的晶体管将饱和导通，从而使位线呈高电平，即该位数据输出 1。例如，当字线 W_0 被选中呈高电平时，与该字线相接的晶体管饱和导通，使位线 D_{M-1} 呈高电平；而位线 D_0 与字线 W_0 不相接（没接三极管），所以位线 D_0 呈低电平。当数据输出时，$D_{M-1}=1$，$D_0=0$。又如，当字线 W_{N-1} 被选中呈高电平时，使位线 D_{M-1} 和 D_0 均呈高电平，所以数据输出时，$D_{M-1}=D_0=1$。

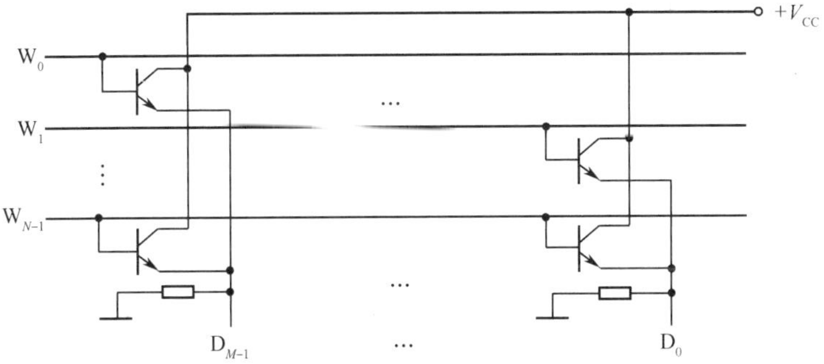

图 11.5　三极管 ROM 的结构图

用 MOS 管构成 ROM 的存储矩阵，其原理与使用晶体管大同小异。

11.1.2　ROM 的分类

根据存入数据方式的不同，只读存储器可分为固定 ROM 和可编程 ROM。前面介绍的是固定 ROM。生产厂家制造好的 ROM 芯片，其内容不能改写。可编程 ROM 可分为一次性可编程存储器 PROM、光可擦除可编程存储器 EPROM、电可擦除可编程存储器 EEPROM 等。

PROM 在出厂时，其存储内容全为 1 或全为 0。用户可根据需要利用通用或专用设备将某些存储单元改写成 0 或 1。但是，PROM 只能进行一次改写。

EPROM 的内容可改写，在 25V 的电压下可利用通用或专用设备向芯片写入用户所需的数据。

当用紫外线照射时可一次性全部擦除其内容。常用的芯片有 EPROM 2716（容量为 2K×8 位，1K=1024）、EPROM 2732（容量为 4K×8 位）等。图 11.6 所示为 EPROM 2716 的引脚。A_0～A_{10}是地址译码器输入端，O_0～O_7是输出端，$\overline{CS}$是片选信号（将在 11.2 节中介绍）输入端。EPROM 2716 的功能见表 11.1。

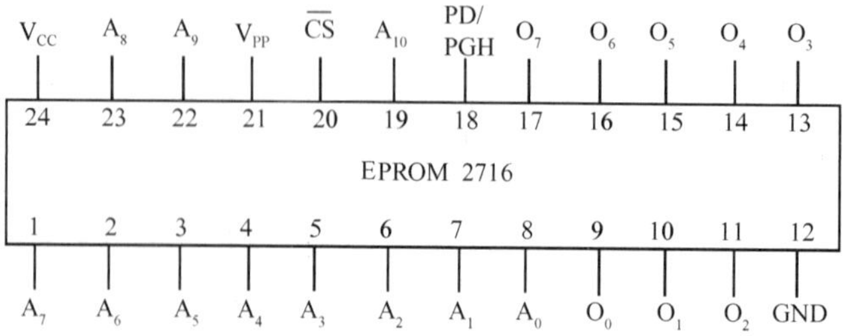

图 11.6　EPROM 2716 的引脚图

表 11.1　EPROM 2716 的功能

工作模式	PD/PGM	$\overline{CS}$	VPP	VCC	输出
读出	低	低	+5V	+5V	输出
未选中	无关	高	+5V	+5V	高阻
功率下降	高	无关	+5V	+5V	高阻
编程	编程脉冲	高	+5V	+5V	写入
程序检查	低	低	+5V	+5V	输出
程序阻止	低	高	+25V	+5V	高阻

EEPROM 可同时进行擦除和改写，在足够的脉冲电压下可随时改写其内容（可重复擦写 1 万次以上）。EEPROM 的这种特点给数字系统的设计和在线调试提供了极大方便。由于擦除和改写的时间较长，因此 EEPROM 还是作为只读存储器使用。

11.1.3　ROM 的应用

由于 ROM 在掉电时信息不丢失，因此常用来存储固定的数据和专用程序。另外，还可以利用 ROM 实现指定的逻辑函数、产生脉冲信号、进行算术运算、进行不同数制间的转换及查表等功能。

1. 用 ROM 实现指定的逻辑函数

表 11.2 中列出了 ROM 存储矩阵的一组数据表。由表可以看出，用 ROM 可以产生多路输出的组合逻辑函数。若把 ROM 的地址译码器输入数据 A_1、A_0看成输入逻辑变量，把 ROM 的数据输出 D_0、D_1、D_2、D_3看成一组输出逻辑变量，则 D_0、D_1、D_2、D_3就是一组关于 A_1、A_0的逻辑函数。

表 11.2　ROM 的一组数据表

地址输入		数据输出				地址输入		数据输出			
A_1	A_0	D_0	D_1	D_2	D_3	A_1	A_0	D_0	D_1	D_2	D_3
0	0	0	0	0	1	1	0	0	1	0	0
0	1	0	1	0	1	1	1	0	1	1	0

由表 11.2 可写出的逻辑函数为

$$D_1 = \overline{A}_1A_0 + A_1\overline{A}_0 + A_1A_0$$

$$D_2 = A_1A_0$$

$$D_3 = \overline{A}_1\overline{A}_0 + \overline{A}_1A_0$$

若令 A_1=A，A_0=B，$D_1=F_1$，$D_2=F_2$，$D_3=F_3$，则由 ROM 构成的逻辑函数为

$$F_1 = \bar{A}B + A\bar{B} + AB$$

$$F_2 = AB$$

$$F_3 = \bar{A}\bar{B} + \bar{A}B$$

可见，用 ROM 构成逻辑函数时，若从地址译码器输入逻辑变量，则由各数据输出端输出的就是与或形式的逻辑函数。例如，用 ROM 构成全加器时，只要把全加器的输入变量 A_n、B_n 和 C_{n-1} 作为 ROM 地址译码器的输入，将 ROM 的部分数据输出端作为全加器 S_n 和 C_n 的输出端，在正确地编写 ROM 存储矩阵的内容后，就可以实现全加器的输入和输出逻辑关系。

用 ROM 实现逻辑函数时，有时需要对函数先进行变换。例如，若欲实现的逻辑函数的某一个与项中没有包含所有的输入变量，就要先将函数进行变换。设欲实现函数为 F=AB+BC，由于函数的第一个与项中缺少变量 C，第二个与项中缺少变量 A，所以要先进行下面的变换

$$\begin{aligned} F &= AB + BC \\ &= AB(C+\bar{C}) + BC(A+\bar{A}) \\ &= ABC + AB\bar{C} + \bar{A}BC \end{aligned}$$

最后，根据变换后的函数确定 ROM 中的内容。

2. 显示字符

图 11.7 所示为用 ROM 进行十进制数码显示的电路。在图 11.7（a）中，从 ROM 的地址译码器输入端 A_3～A_0 输入的是 BCD 码，将地址译码器的输出端 D_1～D_7 依次对应接到数码管 LED 共阴极的输入端 a～g 上。这样，当 ROM 的输入端输入 BCD 码时，数码管就按图 11.7（b）中 ROM 存储矩阵的内容（预先写入）显示相应的数码。

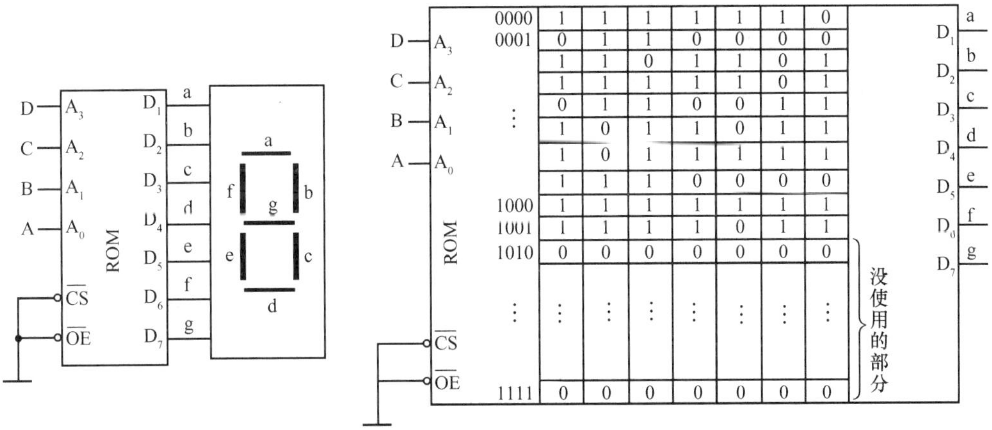

(a) 电路　　　　(b) ROM 内部的内容

图 11.7　用 ROM 显示十进制数码

例如，当地址译码器输入代码为 0000 时，ROM 中的地址 0000 被选中，其中的内容为 1111110，于是数据输出端 D_1～D_7（a～g）的状态为 1111110，数码管将显示 0；当地址译码器输入代码为 1001 时，ROM 中的地址 1001 被选中，其中的内容为 1111011，于是数据输出端 D_1～D_7（a～g）的状态为 1111011，数码管将显示 9。表 11.3 反映了图 11.7 所示数码显示电路的工作状态。

表 11.3　图 11.7 显示电路的工作状态表

输入 8421BCD 码				ROM 的输出							显示数码
D	C	B	A	a	b	c	d	e	f	g	
0	0	0	0	1	1	1	1	1	1	0	0
0	0	0	1	0	1	1	0	0	0	0	1
0	0	1	0	1	1	0	1	1	0	1	2
0	0	1	1	1	1	1	1	0	0	1	3
0	1	0	0	0	1	1	0	0	1	1	4
0	1	0	1	1	0	1	1	0	1	1	5
0	1	1	0	1	0	1	1	1	1	1	6
0	1	1	1	1	1	1	0	0	0	0	7
1	0	0	0	1	1	1	1	1	1	1	8
1	0	0	1	1	1	1	1	0	1	1	9

如果在 ROM 中地址从 1010 开始的存储单元（图 11.7 中没使用的单元）中继续存放信息 1110111，00111111，…，1000111，则当译码器输入代码 0000～1111 时，可以显示十六进制数码 0～F（B，D 显示小写字母）。

图 11.7 中的 $\overline{CS}$ 是片选信号输入端，该信号低电平有效。只有当片选信号有效时，该片 ROM 才能开始工作。$\overline{OE}$ 是输出允许（使能）信号输入端，该信号低电平有效。当 $\overline{OE}$ 端信号有效时，该片 ROM 才能输出数据。

3．用 ROM 构成脉冲信号发生器

图 11.8（a）所示为用 ROM 组成多路输出的序列脉冲发生器电路。二进制计数器清零后开始计数，对应 8 个计数脉冲 CP 计数器完成一次计数的循环，$Q_2Q_1Q_0$ 的状态由 000 变到 111，再返回 000。计数器的 8 种状态作为 ROM 地址译码器的输入代码，依次译出字线 W_0～W_7，对应的数据输出 D_1～D_4 的状态见表 11.4。

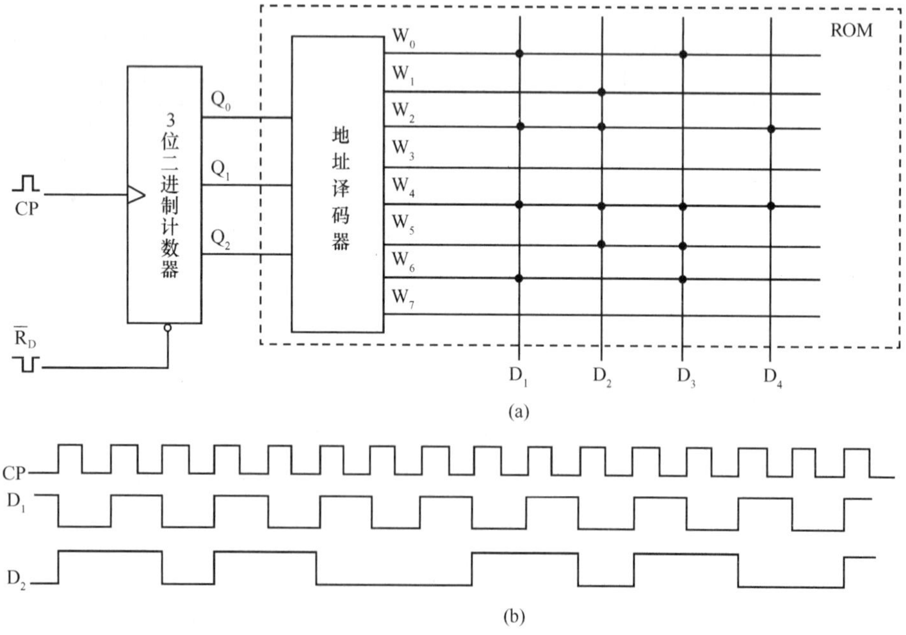

图 11.8　用 ROM 组成多路脉冲信号发生器

表 11.4　图 11.8 的表 CP 计数器状态

CP	计数器状态 Q_2	Q_1	Q_0	字线	位线 D_1	D_2	D_3	D_4
0	0	0	0	$W_0=1$	1	0	1	0
1	0	0	1	$W_1=1$	0	1	0	0
2	0	1	0	$W_2=1$	1	1	0	1
3	0	1	1	$W_3=1$	0	0	0	0
4	1	0	0	$W_4=1$	1	1	1	1
5	1	0	1	$W_5=1$	0	1	1	0
6	1	1	0	$W_6=1$	1	0	1	0
7	1	1	1	$W_7=1$	0	0	0	0
8	0	0	0	$W_0=1$	1	0	1	0

图 11.8（b）中只画出了 D_1 和 D_2 的波形。从波形图可以看出，由 D_1、D_2 输出的信号是按不同规律循环的脉冲串。脉冲的频率和占空比取决于 ROM 中存储的内容。显然，设计者可以根据需要改变 ROM 中存储的内容，从而由 D_1～D_4 得到所需的各种脉冲信号。若 ROM 中的位线更多，则可同时输出更多的序列脉冲信号。

4．用 ROM 进行数制转换

如果在 ROM 的地址译码器中输入 8 位二进制数码，而在存储器中存储与每个二进制数码相对应的 BCD 码，就可以将输入的二进制数转换成 BCD 码输出。可见，用 ROM 可以实现数制之间的转换。

ROM 的应用非常灵活，限于篇幅，不能在此一一列举。根据上述设计思想，读者可以举一反三，设计出自己需要的各种应用电路。

【思考与练习】

11-1-1　只读存储器由哪几个主要部分组成？各部分的主要作用是什么？

11-1-2　什么叫存储器的字和字长？

11-1-3　怎样表示存储器的容量？

11-1-4　存储器的字线数与地址译码器的输入端个数有何关系？

11-1-5　只读存储器有哪些类型？各有什么特点？

11.2　随机存取存储器（RAM）

随机存取存储器又叫读/写存储器，它具有与 ROM 类似的功能。RAM 与 ROM 的主要区别有两点：其一，RAM 可以随时从任何一个存储单元中读取数据，或向存储器中写入数据，读/写方便是它最大的优点；其二，RAM 一旦掉电，所存储的数据将随之丢失，所以它不适于用作需要长期保存信息的存储器。

随机存取存储器可分为静态 RAM 和动态 RAM 两类。动态 RAM 的集成度高、功耗小，但不如静态 RAM 使用方便。一般大容量存储器用动态 RAM，小容量存储器用静态 RAM。下面以静态 RAM 为例介绍随机存取存储器的基本组成和原理。

11.2.1　RAM 的基本结构和工作原理

与 ROM 一样，RAM 也是由存储矩阵和地址译码器构成的。不同的是，RAM 必须具有读/写控制电路，在读/写控制信号的控制下进行读或写的操作。RAM 的基本组成如图 11.9 所示。由图 11.9 看出，RAM 需要有三类信号线，即地址线、数据线和控制线。存储矩阵、地址译码器的作用与 ROM 相同。下面通过一个存储单元的读/写操作过程，说明 RAM 的基本原理。

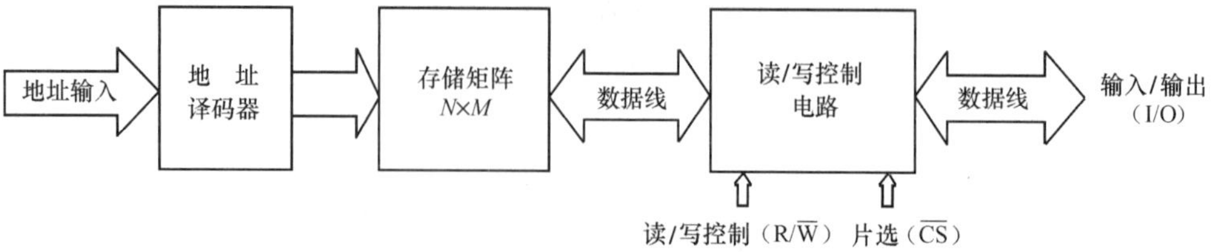

图 11.9 RAM 的基本结构框图

图 11.10 所示为由两个 NMOS 管和两个反相器组成的存储单元。两个反相器组成双稳态触发器，存储 1 位二进制信息。其工作原理如下。

① VT_1 和 VT_2 是门控管，由字线的状态控制它导通或截止。当 W_1=0 时，该字线没被选中，VT_1 和 VT_2 都截止，触发器处于保持状态，该单元不能进行读或写的操作；当 W_1=1 时，该字线被选中，VT_1 和 VT_2 都导通，此时可以进行读/写操作。

② 读/写信号由三态门控制。当读/写信号 $R/\overline{W}$=0 时，三态门 G_3 和 G_5 导通，而 G_4 处于高阻态。此时输入数据便通过 G_6、G_5 及 G_3 送到数据线 D 和 $\overline{D}$ 上，再经过 VT_1 和 VT_2 存入双稳态触发器中。当读/写信号 $R/\overline{W}$=1 时，三态门 G_3 和 G_5 处于高阻态，而 G_4 导通，双稳态触发器中的信息经过 VT_1、数据线 $\overline{D}$ 和 G_4 送到 I/O 端输出。

③ 由于同一时间不能既进行读操作又进行写操作，所以可以用一组数据线，在读/写信号的控制下进行读出数据或写入数据的操作。当写入数据时，数据由 I/O 端输入；当读出数据时，数据由 I/O 端输出。

④ 一片 RAM 的存储容量是有限的，通常用多片 RAM 组成一个更大容量的存储器。因为每次只能对一片 RAM 进行读/写操作，所以要用一个片选信号 $\overline{CS}$ 进行控制（图 11.10 中没画出）。只有被选中的一片能进行读/写操作，其余各片均处于高阻态，不能进行读/写操作。

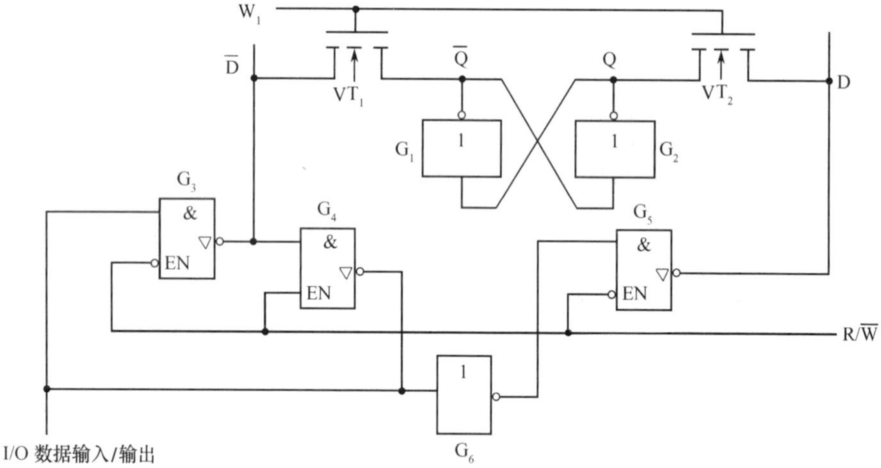

图 11.10 RAM 的基本存储单元

11.2.2 RAM 存储容量的扩展

在数字系统或计算机中，单片存储器芯片常不能满足存储容量的要求。在需要大容量的存储器时，通常将多片 RAM 组合起来以扩展其容量。存储器的容量采用 KB、MB 或 GB 为单位来表示，$1K=1024=2^{10}$，$1M=1024K=2^{20}$，$1G=1024M=2^{30}$。

下面以静态 RAM 2114 为例，说明 RAM 容量的扩展方法。静态 RAM 2114 的引脚如图 11.11 所示。

RAM 2114 的容量是 1024×4 位，或写成 1K×4 位（即 1024 个字，每个字 4 位）。所以，RAM 2114

必须有 10 根地址译码输入端，4 根数据线（位线）。图 11.11 中，A_0～A_9 是地址译码器的输入端，I/O_0～I/O_3 是 4 个数据输入/输出端，电源为 5V。

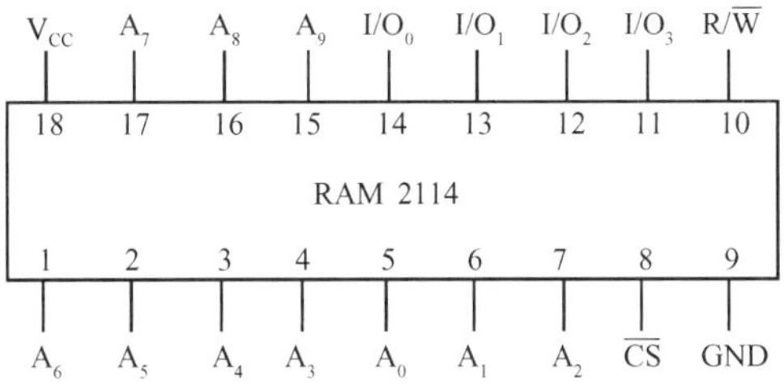

图 11.11　RAM 2114 的引脚图

1. RAM 字长（位数）的扩展

常见的 RAM 芯片有 4 位、8 位、16 位和 32 位的不等。当实际需要的字长超过存储器的字长时，需要进行字长的扩展。图 11.12 所示为用两片 RAM 2114 芯片连接进行字长扩展的例子。

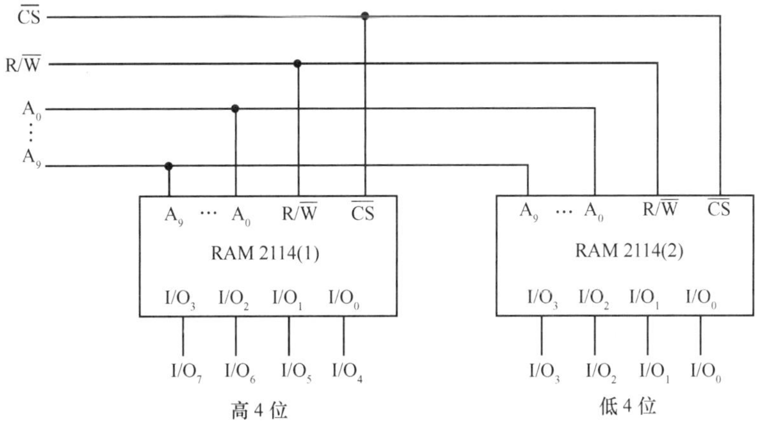

图 11.12　RAM 2114 的字扩展

图 11.12 中，字长的扩展是通过将芯片并联的方式实现的，即将 RAM 的地址线、读/写控制线和片选信号线对应地并联在一起。各芯片的数据输入/输出（I/O）线就作为扩展后存储器字的位线。或者说，总位数是几片 RAM 的位数之和。由于扩展后存储器的字数仍为 1024，所以需要 A_0～A_9 共 10 根地址线来选择某一个字单元。

扩展后的存储器，由于两个芯片读/写控制线和片选信号线并联在一起，因此当这两个信号有效时，两个芯片将都被选中而同时进行读或写操作。由于地址译码输入线并联在一起，因此对同一组地址译码器的输入代码，两个芯片被译中的地址也是相同的。芯片 1 的 4 根数据线作为扩展后字的高 4 位，芯片 2 的 4 根数据线作为扩展后字的低 4 位。扩展后存储器的容量为 1K×8 位，即 1024 个字，每个字 8 位。

若需要 1K×16 位的存储容量，则需用 4 片 2114 芯片并联来实现。读者可自行设计芯片的接线图。

2. RAM 字数的扩展

字数的扩展也可以通过芯片并联的方式实现，即将 RAM 的地址线、读/写控制线、数据线对应地并联在一起，再用一个译码器作为各芯片的片选控制。扩展后的字数是各芯片字数的和。

图 11.13 所示为用 4 片 KAM 2114 组成的存储器字扩展电路。扩展后的存储器容量为 4K×4 位，即 4096 个字，每个字 4 位。图中，各片的读/写信号线和地址译码线并联在一起，其作用与位扩展时一样。选择 4096 个字需要 12 根地址译码线。其中 A_0～A_9 这 10 根地址线用来选择 RAM 2114

中的某一个字单元，A_{10}和A_{11}作为片选译码器（2-4 线）的输入线，译码器的 4 个译码输出端分别接 4 个芯片的片选控制端。当片选译码器输入一组代码时，只有一个芯片被选中，该芯片可以进行读/写操作。例如，当$A_{11}A_{10}$=00 时，芯片 1 被选中。若读/写信号有效时，根据地址线A_0～A_9的状态，对芯片 1 中的某个字进行读或写的操作。

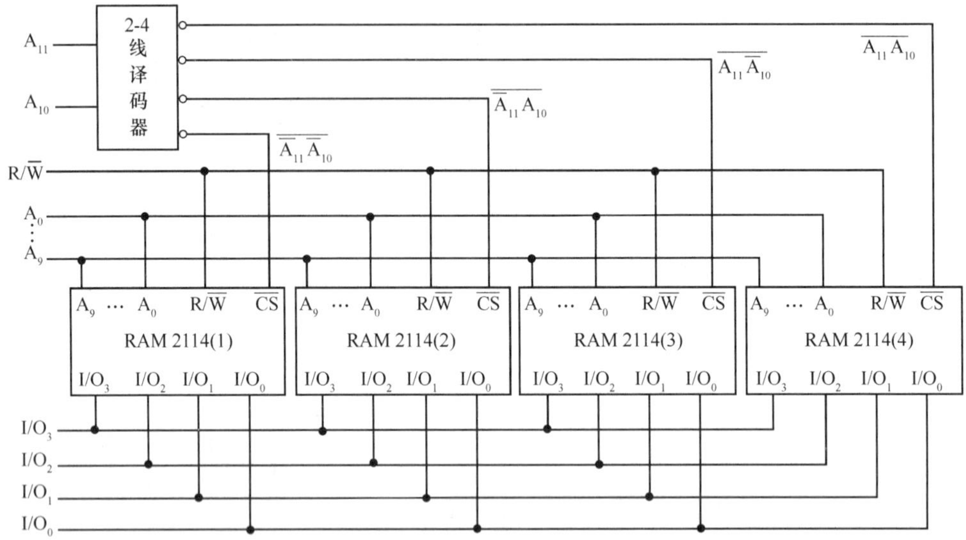

图 11.13　RAM 2114 的字扩展

【思考与练习】

11-2-1　RAM 主要由哪几个部分组成？各部分的作用是什么？

11-2-2　ROM 和 RAM 在功能上有何主要区别？

11-2-3　RAM 有几类信号线？片选信号有何作用？

11-2-4　怎样实现 RAM 字长的扩展？扩展后存储器的字数和位数怎样计算？存储器的容量怎样计算？

11-2-5　怎样实现 RAM 字数的扩展？扩展后存储器的字数和位数怎样计算？存储器的容量怎样计算？

11-2-6　用 RAM 2114 组成 8K×4 位的存储器，需要几片芯片？其片选译码器需要几个输入端？

11.3　闪存

理想的存储器应该具备存储容量大、数据不易丢失、读/写操作快及性价比高等特点。诸如 ROM、PROM、EPROM、EEPROM、SRAM（静态 RAM）和 DRAM（动态 RAM）之类的传统存储器，只能具备上述特征中的一个或者几个，几乎没有一种技术可以具有所有这些特征，但闪存（Flash Memories）除外。

闪存是一种高密度的非易失性读/写存储器。高密度的意思是，在闪存芯片上给定的区域内可以容纳大量的存储单元。也就是说，密度越高，给定尺寸的芯片所能存储的数据也就越多。闪存中的高密度存储单元是由单浮栅 MOS 管构成的。依据存储的数据是 0 还是 1，在相应存储单元的浮置栅中存储电荷或缺失电荷。闪存已经被用来取代便携式计算机的软盘或者小容量硬盘。

11.3.1　闪存存储单元的基本结构

闪存中的基本存储单元如图 11.14 所示。单浮栅 MOS 晶体管由一个控制栅（门极）、一个浮置栅及漏极和源极组成。当浮置栅中存储有电荷（电子）时，该存储单元就存储 0，如图 11.14（a）所示；而浮置栅中存储的电荷（电子）较少或者没有电荷（电子）时，该存储单元就存储 1，如图 11.14（b）所示。当对闪存进行读操作时，在控制栅上加控制电压，在浮置栅中存储的电荷量（电子）将决定 MOS 晶体管是否打开，并将电流从漏极导入源极中。

11.3.2　闪存的基本操作

在闪存中，有三种主要的操作：擦除操作、写操作（编程操作）和读操作。

1. 擦除操作

在对闪存进行新的一轮读/写操作前，首先要把以前闪存中存储的数据擦除。在擦除操作期间，每个存储单元中存储的电荷（电子）将被从所有的存储单元中移走。擦除数据的具体方法：在单浮栅 MOS 晶体管的源极和控制栅之间加足够的正电压，如图 11.15 所示。该电压从浮置栅中吸引电子，并耗尽它的电荷。显然，擦除后的闪存中存储的数据都是 1。

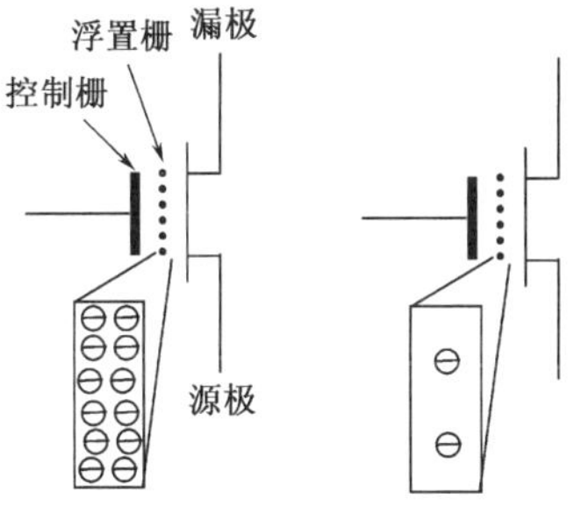

(a)　　(b)

图 11.14　闪存中的基本存储单元

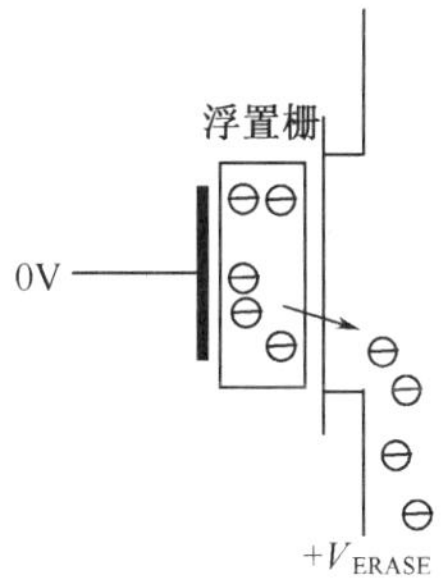

图 11.15　闪存擦除操作原理

2. 写操作（编程操作）

完成擦除操作后（所有的存储单元都处于存储 1 的状态），就可以写入新的数据。写操作，就是在要存储 0 的那些存储单元的浮置栅中加入电荷（电子），而存储 1 的存储单元的浮置栅中不加入电荷（电子）。写操作的具体方法：在单浮栅 MOS 晶体管的控制栅和源极之间加足够的正电压，如图 11.16（a）所示，该电压可以吸引电子到浮置栅，该存储单元存入 0；对于不加编程电压的存储单元，保持擦除操作后的存储 1 的状态，如图 11.16（b）所示。在极性方面，写操作和擦除操作使用电压是相反的。一旦写入数据后，在没有外部电源的情况下，存储单元存储的电荷可以保持 100 年。

3. 读操作

所谓读操作，就是将存储单元的数据取出。读操作的具体方法是：在单浮栅 MOS 晶体管控制栅和源极之间加正电压，存储单元的浮置栅所存储的电荷量（电子）将决定作用于控制栅的电压能否使 MOS 管导通。如果存储单元存储的是 0（即浮置栅中的电子多），控制栅上的电压不足以克服闪存浮置栅中的电子，MOS 管无法导通，MOS 管中没有电流，如图 11.17（a）所示；如果存储单元存储的是 1（即浮置栅中的电子少），控制栅上的电压足以克服闪存浮置栅中的电子，使 MOS 管导通，就会有电流从漏极流向 MOS 管的源极，如图 11.17（b）所示。因此，根据有无电流就可以判断存储单元里存储的数据是 1 还是 0。

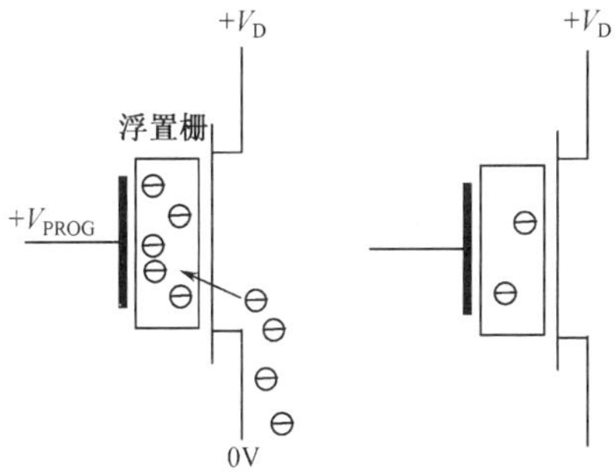

(a) 存储0　　(b) 存储1

图 11.16　闪存写操作的原理图

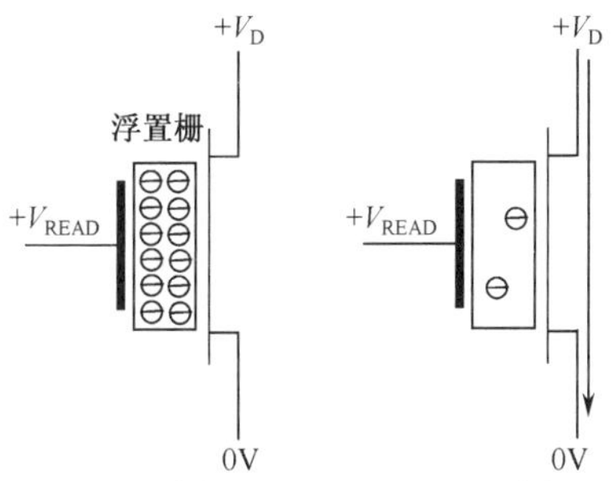

(a) 读出 0　　(b) 读出 1

图 11.17　闪存读操作的原理图

11.3.3 基本闪存阵列

图 11.18 所示为闪存存储单元的简化阵列。每次只对一根字线上的存储单元进行操作。在读操作时，如果某个被字线选中的存储单元中存储的是 1，则该存储单元的位线中就会有电流流过，在等效负载上产生压降。该电压降经过比较器与设定的参考电压进行比较，并且产生指示 1 的输出电压。如果某个被字线选中的存储单元中存储的是 0，则该存储单元的位线中就不会有电流流过或者有很小的电流，并在比较器输出端上产生一个相反的电平。

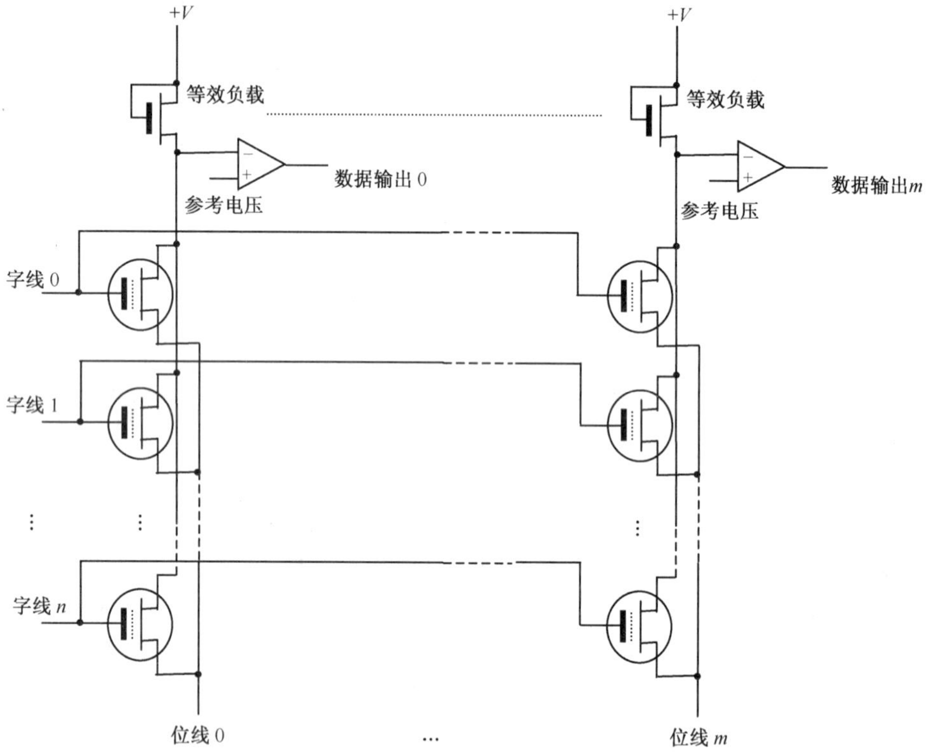

图 11.18 闪存存储单元的简化阵列

闪存和 ROM、EPROM 或者 EEPROM 相似点是，存储的数据不易丢失，在断电的情况下，可以无限期地存储数据，密度可以媲美 ROM 和 EPROM。同时，闪存像静态 RAM 与动态 RAM 一样，是一种可以很容易地在系统内部进行读/写的设备。另外，闪存还具有节能的特点，因此在许多应用中可以用来取代硬盘。

11.4 数字系统应用举例

本节通过对自动药片包装线控制系统和楼宇安全进入系统的分析，使读者对如何运用所学的数字电子技术知识设计完整系统的方法有初步的了解。

11.4.1 自动药片包装线控制系统

图 11.19 所示为制药厂的自动药片包装线控制系统的基本原理图。该系统可以根据从键盘输入的每瓶药片的数量，自动实现药片计数和定量装瓶功能。另外，该系统还可以实时显示设定的每瓶药片的数量和已完成装瓶的药片总数量，并将完成装瓶药片的总数量传送至生产控制室显示。

该系统的组成部分及其作用如下。

1. 编码器

编码器的作用是将键盘输入的数码转换成相应的二进制代码。注意：编码器的输出结果是二进制代码，并不表示数值的大小。键盘输入的数码对应每瓶药片的数量。

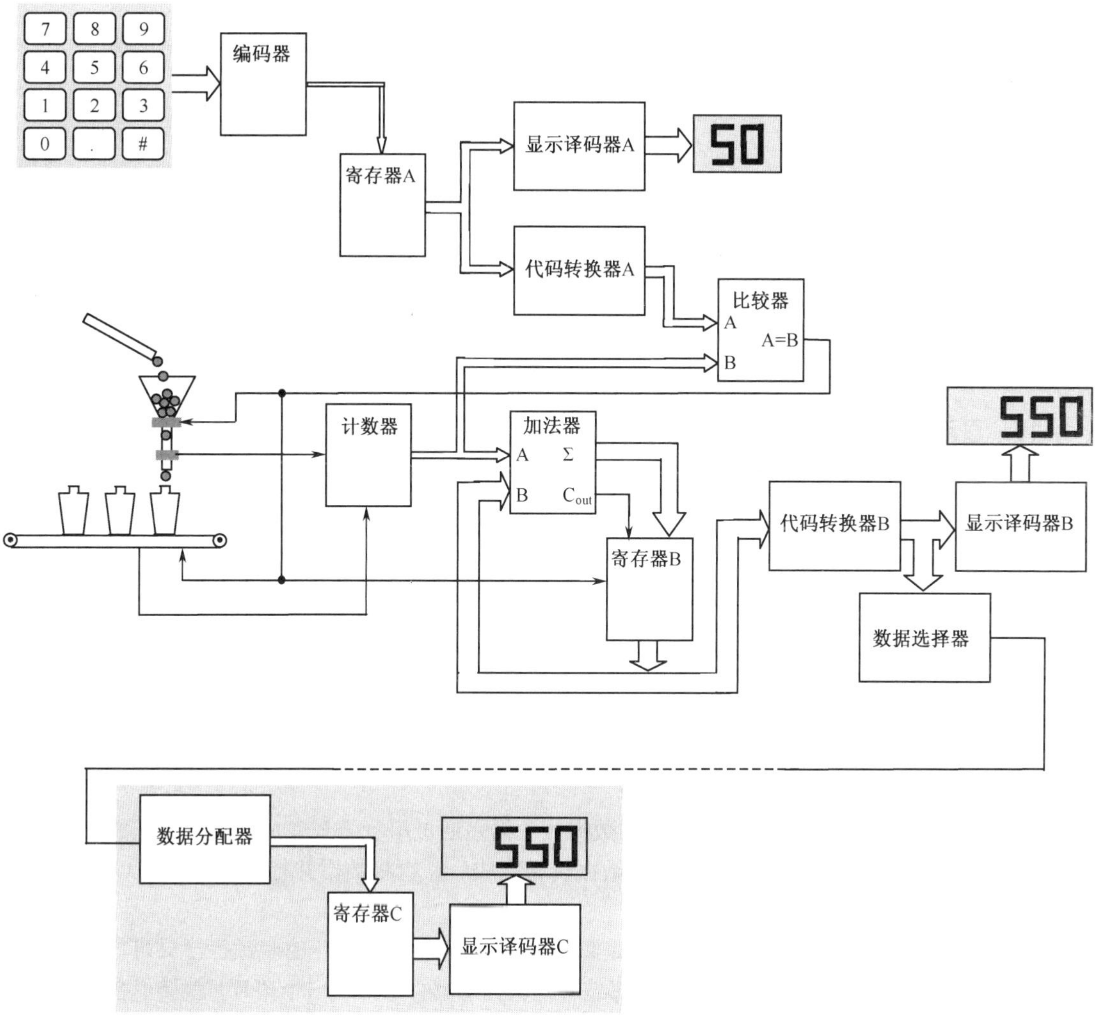

图 11.19　自动药片包装线控制系统的基本原理图

2．寄存器 A

寄存器 A 的作用是将编码器的输出（二进制代码）进行暂存。寄存器 A 可选用并入并出数码寄存器。

3．显示译码器 A

显示译码器 A 的作用是将寄存器 A 中存储的二进制代码转换成相应的高低电平信号，驱动 LED 显示从键盘输入的每瓶药片的数量。

4．代码转换器 A

代码转换器 A 的作用是将寄存器 A 中存储的代表键值的二进制代码转换为二进制数。也就是说，代码转换器 A 输出的是每瓶药片的数量对应的二进制数值。

5．比较器

比较器的作用是比较每瓶药片数量的设定值与实际装瓶药片数量的大小，根据比较器的输出结果来控制是否停止装药和药瓶传送带是否前进。

6. 计数器

计数器的作用是对正在包装的药片数量进行计数。

7. 加法器

加法器的作用是将已完成装瓶的药片总数量和正在装瓶的药片数量进行累加。

8. 寄存器 B

寄存器 B 的作用是将已完成装瓶的药片总数量（二进制数值）进行暂存。注意：寄存器 B 只在一瓶药片装瓶完成后才将加法器的累加和存入。寄存器 B 可选用并入并出数码寄存器。

9. 代码转换器 B

代码转换器 B 的作用是将寄存器 B 中存储的已完成装瓶的药片总数量（二进制数值）转换为二进制代码。注意：代码转换器 A 和代码转换器 B 的作用刚好是相反的。

10. 显示译码器 B

显示译码器 B 的作用是将代码转换器 B 输出的二进制代码转换成相应的高低电平信号，驱动 LED 显示已完成装瓶的药片总数量。

11. 数据选择器

数据选择器的作用是将寄存器 B 输出的二进制代码的并行数据转换为串行数据，以便完成数据的远距离传送。

12. 数据分配器

数据分配器的作用是将串行方式传送的数据转换成并行数据，存入寄存器 C 中。

13. 寄存器 C

寄存器 C 的作用是存储远距离传送的数据。数据是通过串行方式完成远距离传送的。注意：寄存器 C 存储数据的时刻，应该是在一组数据传送完成后，再将数据并行存入寄存器 C 中。

整个系统的工作原理如下。

在自动药片包装线中，药片被装一个底部为漏斗状的容器中。漏斗的瓶颈每次只可让一个药片通过并掉进传送带上的瓶子里。在漏斗底部装有光电传感器，每掉下一个药片，就会遮挡一次光电传感器，产生一个脉冲。计数器对产生的脉冲进行计数，即计数器记录掉下的药片数量。

系统开始工作时，首先将整个系统复位清零，包括所有的寄存器和计数器。通过键盘设定每瓶药片的数量，编码器编码的结果存储在寄存器 A 中。代码转换器 A 将寄存器 A 中存储的数据（每瓶药片的数量）转换为二进制数值。当药片掉下后，计数器开始计数，计数状态传送到比较器的输入端 B，与比较器输入端 A（预设的每瓶药片的数量）进行比较。假设每只瓶子装药 50 片。当计数器的计数状态为 50 时，比较器的 A=B 输出端输出高电平，此时瓶子装满。比较器的高电平输出会立即关闭漏斗颈部的阀门，停止装药；同时激活传送带将下一只空瓶子移到漏斗的下方。当下一只空瓶子的位置刚好在漏斗的正下方时，传送带控制电路产生脉冲，将计数器置 0。比较器的 A=B 输出端返回低电平，漏斗阀门打开，开始再一次装瓶。

在系统的显示部分中，计数器的计数状态传送到加法器输入端 A，与寄存器 B 存储的已装瓶的药片总数量相加。例如，当已有 10 只瓶子被装满，且每只瓶子装有 50 片药片时，则寄存器 B 中存储的数值为 500。当下一只瓶子被装满时，加法器产生一个新的和 550，并存储在寄存器 B 中。寄存器 B 中的二进制数经过代码转换器 B 和显示译码器 B 显示在传送带附近的显示器上。代码转换器 C 输出的二进制数通过数据选择器和数据分配器，传送给远处的生产控制室。将传送来的数据存储在寄存器 C 中，再经过显示译码器 C 显示在生产控制室的显示器上。

11.4.2 楼宇安全进入系统

图 11.20 所示为楼宇安全进入系统的基本原理图。该系统通过将键盘输入的密码和预设的密码进行比较，实现了只有输入密码正确的来访者才可以进入楼宇的功能。

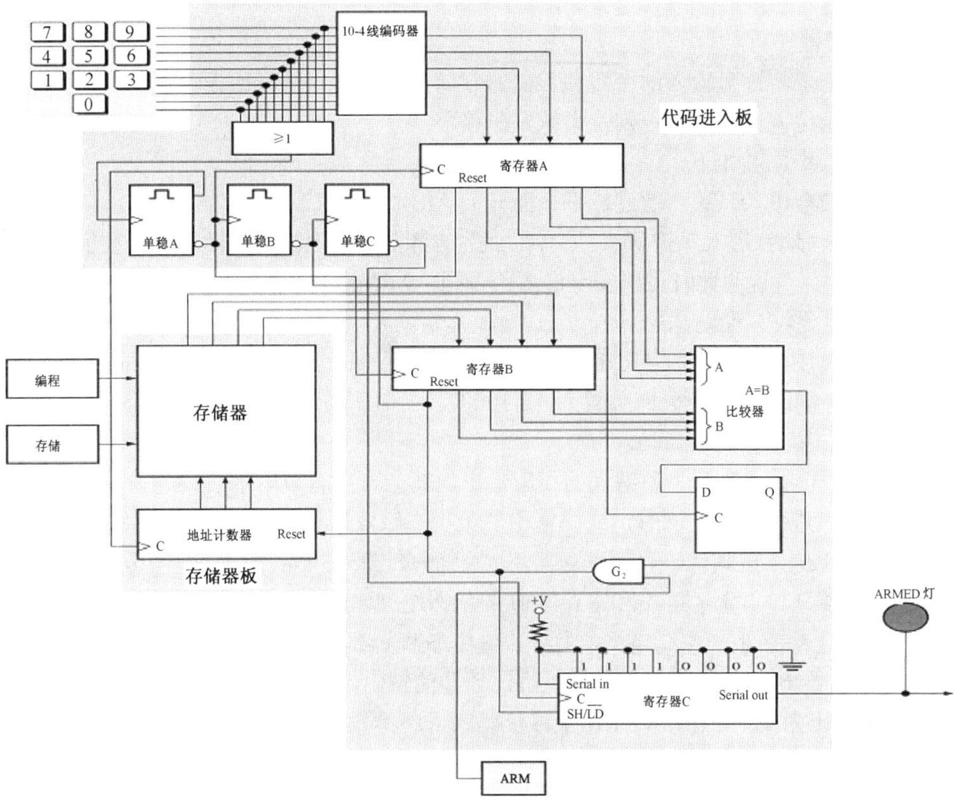

图 11.20 楼宇安全进入系统的基本原理图

系统由代码进入板、存储器板、平面开关和小型键盘组成。代码进入板的功能是将键盘输入的密码和存储器中预设的密码进行比较，并根据比较的结果进行相应的时序控制；存储器板的功能主要是用于存储预设的密码；平面开关 ARM 的作用是启动整个系统，平面开关“编程”和“存储”用于密码存储器进行相应的操作；小型键盘用于输入密码。

下面着重介绍代码进入板的各个组成部分及其功能。

1．10-4 线编码器

10-4 线编码器的作用是将键盘的按键状态转换成二进制代码。

2．寄存器 A、B、C

寄存器 A 的作用是存储代表键值的二进制代码，寄存器的 B 作用是存储由存储器送出的预设密码的二进制代码。因此，寄存器 A、B 可选用并入并出寄存器。寄存器 C 用来控制整个系统的工作时序，可选用串入串出寄存器。

3．单稳态触发器 A、B、C

单稳态触发器 A、B、C 用于实现对整个系统的时序控制。单稳态触发器 A、B、C 在上升沿时刻被触发，输出一个正脉冲。单稳态触发器 A 输出正脉冲的上升沿触发存储板上的存储器地址计数器，使存储器地址完成累加；输出负脉冲的上升沿（即正脉冲的下降沿）触发寄存器 A、B，将输入密码和预设密码同时置入。另外，单稳态触发器 A 输出负脉冲的上升沿还用于触发单稳态触发器 B。单稳态触发器 B 输出负脉冲的上升沿（即正脉冲的下降沿）触发 D 触发器，将比较器比较结果置入 D 触发器中。单稳态触发器 B 输出负脉冲的上升沿还用于触发单稳态触发器 C。单稳态触发器 C 输出的负脉冲的上升沿（即正脉冲的下降沿）为寄存器 C 提供移位脉冲。

4．数值比较器

数值比较器用于将键盘输入的密码和存储器存储的预设密码进行比较。当然，只有输入密码和预设密码相同才能进入该系统，否则，系统发出报警。

整个系统的工作原理如下。

启动该楼宇安全进入系统，通过按下平面开关 ARM 来完成。此时，ARMED 灯亮，说明整个楼宇的警报系统被启动，进入保护状态。只有在小型键盘上正确地输入预设的 4 个数字组成的密码，ARMED 灯才会熄灭，说明此时可以安全进入；否则，ARMED 灯始终点亮，整个楼宇的警报系统未被解除，来访者无法安全进入。

当系统启动（按下平面开关 ARM）时，产生一个负脉冲，将系统中的寄存器 A、B 和存储器地址计数器清零，同时将寄存器 C 预置为 11110000。此时，寄存器 C 的串行输出端的状态为 0，点亮 ARMED 灯，警报系统被启动。

当输入的第一个数字时，小型键盘的相应输出线就会产生有效电平（高电平）。10-4 线编码器产生对应的 4 位二进制代码。同时，或门输出使单稳态触发器 A 被触发，并产生一个正脉冲，将 10-4 线编码器的 4 位二进制代码存入寄存器 A 中；而来自存储器的预设密码的第一个 4 位二进制代码将存入寄存器 B 中。寄存器 A 和寄存器 B 的状态通过比较器进行比较。如果比较的结果相同，则比较器的输出端 A=B 上产生高电平。另外，单稳态触发器 A 产生的脉冲同时触发单稳态触发器 B。在单稳态触发器 B 输出脉冲的上升沿，将比较器的输出端 A=B 产生的高电平送到 D 触发器的输出端 Q。G2 输出为 1，寄存器 C 工作于移位模式下。单稳态触发器 C 产生的负脉冲上升沿触发寄存器 C，并使其中存储的数据向右移位，从而使得寄存器 C 状态变为 11111000。因为寄存器 C 的串行输出端的状态为 0，所以警报系统保持启动状态。

第二个数字正确输入后，寄存器 C 状态变为 11111100。第三个数字正确输入后，寄存器 C 状态变为 11111110。第 4 个数字正确输入后，寄存器 C 状态全变为 1。此时，寄存器 C 的串行输出端的状态为 1，ARMED 灯灭，警报系统被解除，可以安全进入楼宇。

如果在输入由 4 个数字组成的密码时，任何 1 个数字输入错误，则比较器的输出端 A=B 上产生一个低电平，导致寄存器 C 重新并行置入 11110000，并且将寄存器 A、B 及存储器地址计数器全部清零。只有重新输入 4 个数字，并与预设的 4 位密码相同，才能解除警报，安全进入楼宇系统。

本章要点

一、半导体存储器的功能

半导体存储器是一种能存储数据或信号的半导体器件。

二、半导体存储器的结构和工作原理

半导体存储器由地址译码器、存储矩阵和输入/输出电路（或读/写控制电路）构成。

在半导体存储器中采用了按地址存取数据的方法，只有那些被输入地址代码指定的存储单元才能与输入/输出端接通，并进行读/写操作。

三、半导体存储器的类型

1．从读/写的功能上，分成只读存储器（ROM）和随机存取存储器（RAM）两大类。

2．ROM 又分为固定 ROM、PROM、EPROM、EEPROM、闪存等。

四、RAM 容量的扩展

1．RAM 字长（位数）的扩展

字长的扩展是通过将芯片的地址线、读/写控制线和片选信号线对应地并联在一起，数据输入/输出（I/O）线作为扩展后存储器字的位线实现的。

2．RAM 字数的扩展

字数的扩展是通过将芯片的地址线、读/写控制线、数据线对应地并联在一起，再用一个译码器作为各芯片的片选控制实现的。扩展后的字数是各芯片字数的和。

关键术语

地址：address　　　　读：read

容量：capacity　　　　只读存储器：read only memory（ROM）

存储单元：cell　　　　写：write

可擦可编程只读存储器：erasable programmable read only memory（EPROM）

可编程只读存储器：programmable read only memory（PROM）

随机存取存储器：random access memory（RAM）

习题 11

11-1　指出下列存储器各具有多少个存储单元？至少需要多少根地址线和数据线？

（1）64K×4 位

（2）128K×8 位

11-2　存储器的容量为 1K×4 位，其起始地址为全 0，试计算其最高地址是多少？

11-3　图 11.21 所示为 ROM 的存储矩阵，表 11.5 为地址译码器的译码表。试根据译码表，将地址译码器输入代码与 ROM 内容的对应关系列成数据表。

11-4　2-4 线地址译码器的译码表见表 11.5。根据图 11.22 所示 ROM 的存储矩阵，写出 D_3～D_0 对于 A_0 和 A_1 的逻辑函数。

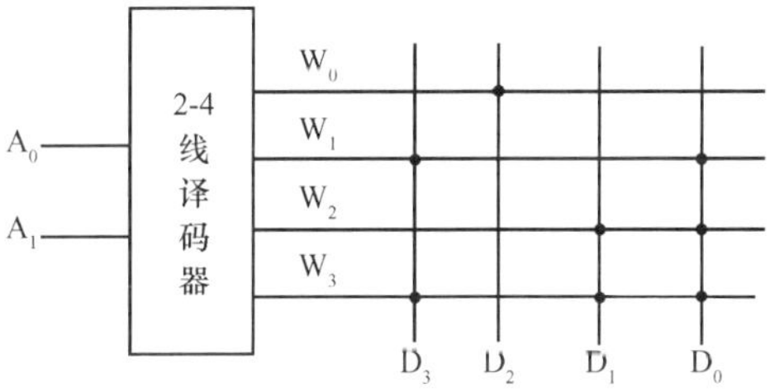

图 11.21　习题 11-3 的图

表 11.5　2-4 线地址译码器的译码表

A_1	A_0	输出
0	0	W_0
0	1	W_1
1	0	W_2
1	1	W_3

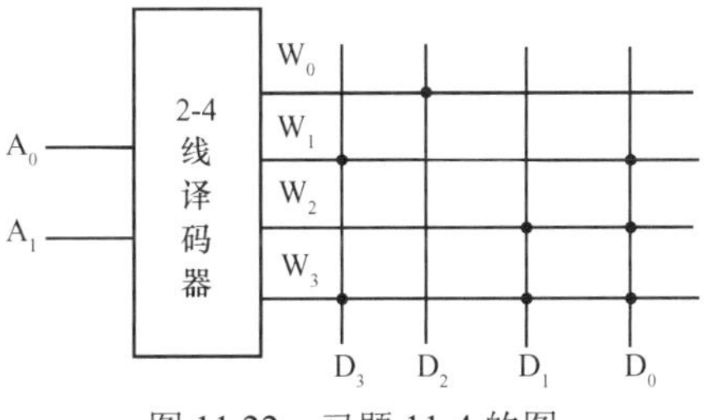

图 11.22　习题 11-4 的图

11-5　用 ROM 产生逻辑函数 $F=A+\overline{B}$，试将该函数式进行必要的变换。

11-6　用 ROM 实现将 8 位二进制数转换成 BCD 码。

（1）选择 ROM 的容量至少为多少？

（2）ROM 的地址译码器至少需要几根地址线？ROM 的存储矩阵需要几根数据线？

11-7　用 ROM 构成全加器。设输入量为：1 位二进制数 A_n 和 B_n，低位进位为 C_{n-1}；输出量为：本位和为 S_n，本位进位为 C_n。

（1）写出 S_n 和 C_n 的与或表达式；

（2）ROM 的地址译码器至少需要几根地址线？

（3）画出由 ROM 构成的阵列图。

11-8　用 RAM 2114 构成 1024×16 位的存储器，需要几片芯片？试画出电路的连线图。

11-9　用 RAM 2114 构成 2048×4 位的存储器，需要几片芯片？试画出电路的连线图。

第 12 章　模拟量和数字量的转换

引言

在现代控制、通信和检测技术领域中，广泛采用计算机对信号进行运算、处理。实际的控制对象大多数是模拟量。例如，利用各种传感器将压力、温度、湿度、速度等非电量转换而来的电信号都属于模拟量。为了使计算机和数字仪表等能识别这些信号，必须通过模数转换器（简称 A/D 转换器或 ADC）把它们转换成数字量。经过处理的数字量还要再通过数模转换器（简称 D/A 转换器或 DAC）转换成模拟量，才能对被控制的模拟量系统进行控制。上述过程可用图 12.1 表示。

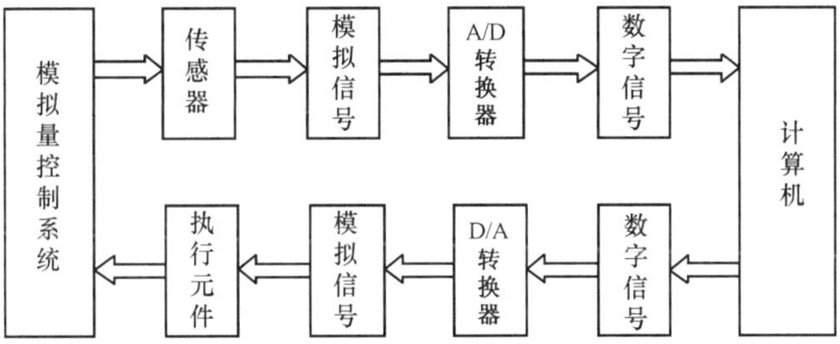

图 12.1　实际控制系统信号的转换过程

由图 12.1 可看出，D/A 转换器和 A/D 转换器是联系模拟系统和数字系统的重要桥梁。本章将介绍 D/A 转换器和 A/D 转换器的结构组成和原理。

学习目标

- 了解权电流型 D/A 转换器的基本结构、工作原理和主要技术指标。
- 了解逐次逼近型 A/D 转换器的基本结构、工作原理和主要技术指标。

12.1　D/A 转换器

12.1.1　D/A 转换器的组成和工作原理

1. D/A 转换器的组成

在集成 D/A 转换器中，权电流型 D/A 转换器的转换速度快，转换精度高，是较常用的一种转换器。下面以 4 位权电流型 D/A 转换器为例，说明 D/A 转换器的组成和原理。

图 12.2 所示为权电流型 D/A 转换器的原理图，它由以下几部分组成。

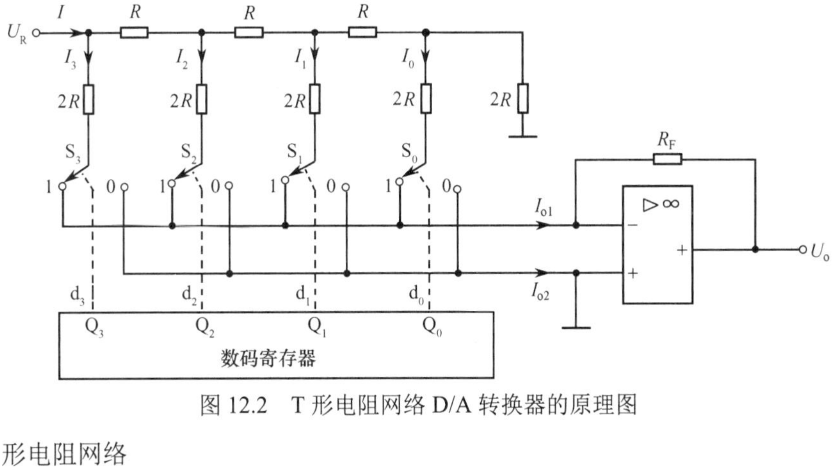

图 12.2　T 形电阻网络 D/A 转换器的原理图

（1）T 形电阻网络

由若干电阻组成的电阻网络。要求 R 和 $2R$ 具有相当高的精度。

（2）模拟开关

S_3～S_0是模拟开关。模拟开关的导通压降要尽可能小且相等。模拟开关的状态受输入数字 d_3～d_0的控制，若某位数字为 1，则开关合向 1 侧；若数字为 0，则开关合向 0 侧。图 12.2 中的开关都合向 1 侧，说明数字 d_3～d_0均为 1。

（3）电流求和及电流电压转换电路

对模拟开关 S_3～S_0，当开关合向 1 侧时，其所在支路的电流流向运算放大器的反相输入端（即成为 I_{o1}的一部分）；当开关合向 0 侧时，其所在支路的电流流向运算放大器的同相输入端（即成为 I_{o2}的一部分）。I_{o1}是数字量为 1 的几个支路电流的和。I_{o1}与电阻 R_F的乘积就是 D/A 转换器输出的模拟电压。

（4）基准电压 U_R

U_R是由具有极高稳定度的电源供电的，它是 D/A 转换器的基准电压。

（5）数码寄存器

数码寄存器用于寄存待转换的数码。

2. D/A 转换器的原理

图 12.2 中的运算放大器接成反相比例运算电路。根据虚地的概念，反相端与同相端等电位，即为地电位。由此可知，不管模拟开关合向 0 侧还是合向 1 侧，与各开关相接的 2*R* 电阻都接地，所以流经各 2*R* 电阻的电流与开关的位置无关。在分析计算时，可以将电阻网络等效为图 12.3 所示的电路。

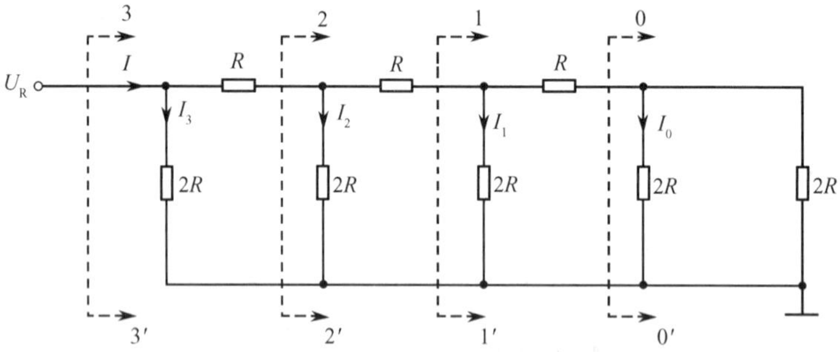

图 12.3　T 形电阻网络的等效电路

在图 12.3 所示的电路中，由 0-0′，1-1′，2-2′，3-3′看进去的等效电阻均为 *R*，所以电阻网络的总电流 $I=U_R/R$，而各支路电流有如下关系

$$I_3=\frac{U_R}{2R},\quad I_2=\frac{U_R}{4R},\quad I_1=\frac{U_R}{8R},\quad I_0=\frac{U_R}{16R}$$

上述各式可写成如下形式

$$I_3=\frac{U_R}{2^1R},\quad I_2=\frac{U_R}{2^2R},\quad I_1=\frac{U_R}{2^3R},\quad I_0=\frac{U_R}{2^4R}$$

于是，电流 I_{o1}为

$$I_{o1}=\frac{U_R}{2^4R}(d_3\times2^3+d_2\times2^2+d_1\times2^1+d_0\times2^0) \tag{12.1}$$

式中，括号里各项的值取决于 d_i是 1 还是 0。运算放大器的输出电压可表示为

$$U_o=-\frac{U_RR_F}{2^4R}(d_3\times2^3+d_2\times2^2+d_1\times2^1+d_0\times2^0) \tag{12.2}$$

当 $R_F=R$，二进制数为 *n* 位时，U_o可表示为

$$U_o = -\frac{U_R}{2^n}(d_{n-1} \times 2^{n-1} + d_{n-2} \times 2^{n-2} + \cdots + d_0 \times 2^0) \tag{12.3}$$

式（12.3）说明，D/A 转换器输出的模拟量与输入的数字量成正比。例如，用 D/A 转换器将 8 位二进制数 10101010 转换为模拟量，设 U_R=8V，R_F=R，则其转换结果为

$$\begin{aligned} U_o &= -\frac{8}{2^8}(2^7 + 2^5 + 2^3 + 2^1) \\ &= -8\left(\frac{1}{2} + \frac{1}{2^3} + \frac{1}{2^5} + \frac{1}{2^7}\right) \\ &= -5.3125\text{V} \end{aligned}$$

集成 D/A 转换器的芯片种类很多。倒 T 形电阻网络的 D/A 转换器有：AD7520（其输入二进制数为 10 位）、DAC1210（12 位）等，权电流型 D/A 转换器有：AD1408、DAC0806、DAC0808 等。

图 12.4 所示为 AD7520 的引脚排列及与外部的接线。

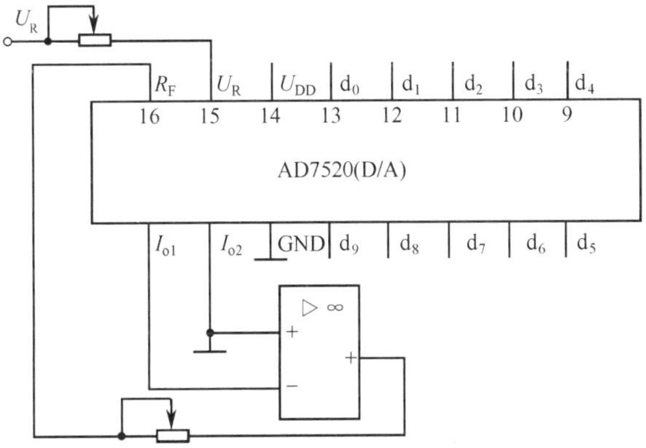

图 12.4　集成 D/A 转换器 AD7520 的引脚及与外部的接线

12.1.2　D/A 转换器的主要技术指标

1. 分辨率

D/A 转换器的分辨率是用其输出的最小模拟电压与最大模拟电压的比来表示的。最小输出模拟电压对应二进制数的 1，最大输出模拟电压对应二进制数的所有位全为 1。由于输出模拟量与输入的数字量成正比，因此也可以用两个数字量的比来表示分辨率。例如，10 位二进制数进行 D/A 转换的分辨率可表示为

$$\frac{1}{2^{10}-1} = \frac{1}{1023} \approx 0.001$$

分辨率用于表示 D/A 转换器对微小输入量变化的敏感程度，因此分辨率还可以被定义为其模拟输出电压可能被分离的等级。输入数字量的位数越多，输出模拟电压的可分离等级越多，所以也可以用输入二进制数的位数来表示分辨率。二进制数的位数越多，分辨率越高。

2. 转换精度

D/A 转换器的精度是指其输出的模拟电压的实际值与理想值之间的差。D/A 转换器中各元件的参数值存在误差，基准电压的不稳定、运算放大器的零点漂移等因素都会影响其转换精度。显然，要想获得高精度的 D/A 转换，不仅要选择位数较多的、高分辨率的 D/A 转换器及高稳定度的基准电压，还要选择低零点漂移的运算放大器。

3. 输出电压（电流）的建立时间

从输入数字信号起，到输出模拟电压或电流达到稳定值所用的时间，称为建立时间。当 D/A

转换器输入的数字量发生变化时，输出的模拟量并不能立即达到该数字量所对应的值，它需要一段时间。单片 D/A 转换器的建立时间最短可在 0.1μs 以内。

4．电源抑制比

输出电压的变化与相对应的电源电压的变化之比，称为电源抑制比。

此外，D/A 转换器还有线性度、温度系数、功率消耗等技术指标。

【思考与练习】

12-1-1　数字电路中为什么需要 D/A 转换器？

12-1-2　所谓 n 位 D/A 转换器，n 代表的意义是什么？

12-1-3　为了提高 D/A 转换的精度，对运算放大器有什么要求？

12-1-4　可以用哪几种方法表示 D/A 转换器的分辨率？怎样提高 D/A 转换器的分辨率？

12.2　A/D 转换器

A/D 转换器的类型很多，本节以逐次逼近型 A/D 转换器为例，说明 A/D 转换器的工作原理。

12.2.1　逐次逼近型 A/D 转换器的组成和工作原理

逐次逼近型 A/D 转换器的原理与通常用砝码称物体重量的过程相似。例如，使用 8g、4g、2g 和 1g 的砝码称 13g 重的物体时，其过程可参见表 12.1。

表 12.1　逐次逼近法称物的过程

操作顺序	砝码重量	比较判别	该砝码的留与去
1	8g	8g<13g	留
2	8g+4g	12g<13g	留
3	8g+4g+2g	14g>13g	去
4	8g+4g+1g	13g=13g	留

从表 12.1 可见，在用逐次逼近的方法称物的过程中，每次试探性地加一个砝码，根据实际情况决定该次加的砝码是留下还是除去，直到砝码与物重相等为止。

逐次逼近型 A/D 转换器就是仿照这个称物的思路设计出来的。这种 A/D 转换器把输入的模拟信号电压与不同数字量转换出来的模拟电压进行比较，使转换所得的数字量在数值上逐次逼近输入模拟电压的对应值。

1．逐次逼近型 A/D 转换器基本组成

图 12.5 所示为 n 位逐次逼近型 A/D 转换器基本组成的框图，图中虚线框里为 A/D 转换器。

（1）n 位逐次逼近型 A/D 转换器的组成

① 转换控制信号

由转换控制信号来控制 A/D 转换器有序地工作。

② 顺序脉冲发生器

顺序脉冲发生器的作用是，产生在时间上有先后顺序的脉冲信号，使 A/D 转换器的转换工作能有序地进行。顺序脉冲发生器可由移位寄存器或计数器构成，其工作原理可参考第 10 章中的图 10.20。

③ D/A 转换器

D/A 转换器的作用是，把逐次逼近寄存器中的数字量转换成模拟量电压，并将其输出的模拟电压 U_A 传送到比较器的输入端。

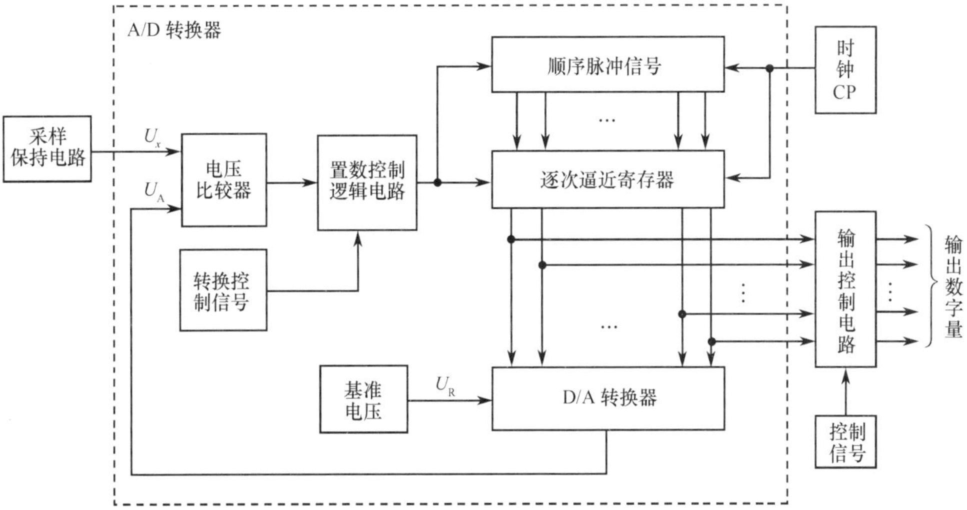

图 12.5　逐次逼近型 A/D 转换器的基本组成

④ 电压比较器

电压比较器的作用是，将输入的模拟电压 U_x 与 D/A 转换器的输出电压 U_A 进行比较，并将比较结果提供给置数控制逻辑电路。

⑤ 置数控制逻辑电路

置数控制逻辑电路的作用是，根据电压比较器输出的信号，对应每个顺序脉冲输出一个置数控制信号。若 $U_x>U_A$，则置数控制逻辑电路产生的信号使逐次逼近寄存器中本次置 1 的数字位保留 1；若 $U_x<U_A$，则置数控制逻辑电路产生的信号使逐次逼近寄存器中本次置 1 的数字位变为 0。

⑥ 逐次逼近寄存器

逐次逼近寄存器的作用是，在顺序脉冲信号的作用下，根据置数控制逻辑电路的状态产生相应的数字量，并保存数据。逐次逼近寄存器第一次置数应使 n 位数字量的最高位置 1，其余位置 0，以后怎样置数将取决于置数控制逻辑电路的状态。这部分的作用就好像用砝码称物时一次次地加、减砝码一样。

（2）外部电路

① 采样保持电路

在实际的控制过程中，A/D 转换器输入的模拟电压 U_x 是由采样电路从某系统中采集出来的。采样电路的功能是把随时间连续变化的模拟量转换成时间离散的模拟量。为了更真实地反映实际模拟量的变化，必须使采样电路有足够高的工作频率，使转换出来的数字量更接近其对应的模拟量。另外，从 A/D 转换器输入一个模拟电压到转换成数字量输出需要一定的时间，所以每次采样取得的模拟电压必须在一段时间内保持不变。采样和保持的过程通常是用采样保持电路来完成的。

采样保持电路的工作波形如图 12.6 所示。图中的虚线是采样保持电路的输入电压 u_i 的波形，平直的黑实线是被保持的采样电压 u_o 的波形（即图 12.5 中的 U_x），保持时间是Δt。Δt 越短越好。

有些 A/D 转换器的采样保持电路是外部提供的，有些 A/D 转换器内部就带有采样保持电路。

关于采样保持电路的原理可参照 7.3.2 节。

② 输出控制电路

A/D 转换器输出的数字量要先通过输出控制电路，再向外部电路传送。一般输出控制电路是由三态门组成的，通过输出控制电路可以对输出数据进行三态控制。

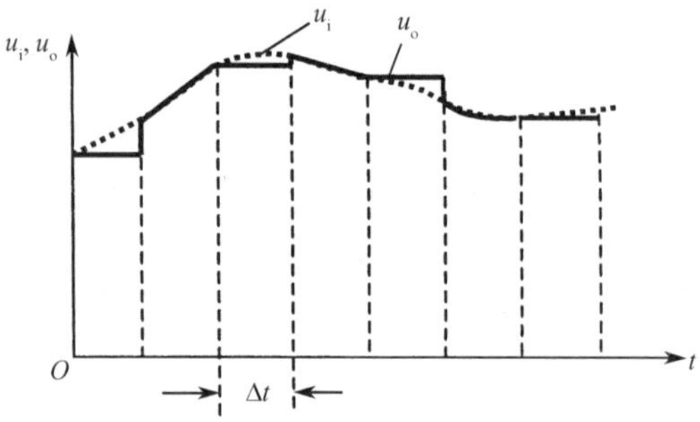

图 12.6　采样保持电路的工作波形

2. 逐次逼近型 A/D 转换器的工作原理

下面通过一个具体的转换实例说明逐次逼近型 A/D 转换器的工作原理。在图 12.5 中，设其中的 D/A 转换器的基准电压 U_R 为 8V，$R_F=R$。电压比较器按图 12.7 连接。被转换的模拟电压为 U_x=5.6V，则用 4 位逐次逼近 A/D 转换器将 5.6V 的模拟电压转换成数字量的过程如下。

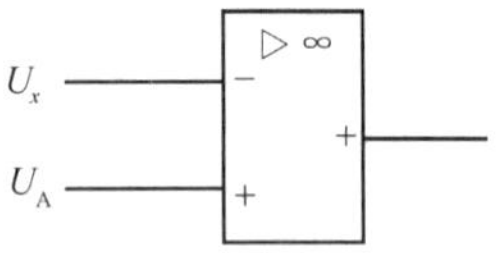

图 12.7　电压比较器

① 在第 1 个顺序脉冲 CP 到来时，置数控制逻辑电路产生的信号使逐次逼近寄存器进行第 1 次置数，将 4 位二进制数的最高位置 1，其余位置 0，即置数为 1000。1000 经 D/A 转换输出的模拟电压为

$$U_A = \frac{8}{2^4} \times (2^3 + 0 + 0 + 0) = 4V$$

因为 $4<5.6$，即 $U_A<U_x$，所以比较器的输出为低电平，这个低电平信号送到置数控制逻辑电路。

② 因为 $4<5.6$，所以第 1 次置数时最高位所置的 1 应保留。在第 2 个顺序脉冲 CP 到来时，置数控制逻辑电路产生的信号使逐次逼近寄存器置数为 1100，即将次高位也置 1，其余位置 0。1100 经 D/A 转换输出的模拟电压为

$$U_A = \frac{8}{2^4} \times (2^3 + 2^2 + 0 + 0) = 6V$$

因为 $6>5.6$，即 $U_A>U_x$，所以比较器的输出为高电平，这个高电平信号被送到置数控制逻辑电路。

③ 因为 $6>5.6$，所以次高位所置的 1 应去掉。在第 3 个顺序脉冲 CP 到来时，置数控制逻辑电路产生的信号使逐次逼近寄存器置数为 1010，1010 经 D/A 转换输出的模拟电压为

$$U_A = \frac{8}{2^4} \times (2^3 + 0 + 2^1 + 0) = 5V$$

因为 $5<5.6$，即 $U_A<U_x$，所以比较器的输出为低电平，这个低电平信号被送到置数控制逻辑电路。

④ 因为 $5<5.6$，所以刚置 1 的位应保留。在第 4 个顺序脉冲 CP 的作用下，置数控制逻辑电路产生的信号使逐次逼近寄存器置数为 1011，1011 经 D/A 转换输出的模拟电压为

$$U_A = \frac{8}{2^4} \times (2^3 + 0 + 2^1 + 2^0) = 5.5V$$

经过 4 个顺序脉冲，输入的模拟电压被转换成数字量 1011。这个数字量将通过数据线输出。1011 与 5.6V 的模拟电压相对应，所以转换误差是 0.1V。显然，如果 A/D 转换器中逐次逼近寄存器的二进制位数更多些，误差将会更小。

表 12.2 清晰明了地反映了上述的转换过程。这里使用的是 4 位逐次逼近型 A/D 转换器，转换过程经历 4 个顺序脉冲 CP。如果是 8 位逐次逼近型 A/D 转换器，那么转换过程要经历 8 个顺序脉冲 CP。读者可对照该表进一步理解逐次逼近型 A/D 转换器的工作原理。

表 12.2 4 位逐次逼近型 A/D 转换器的转换过程

顺序脉冲 CP	置数				D/A 转换器的输出/V	比较判别	本次置的 1 是否保留
	d_3	d_2	d_1	d_0			
1	1	0	0	0	4	4<5.6	留
2	1	1	0	0	6	6>5.6	去
3	1	0	1	0	5	5<5.6	留
4	1	0	1	1	5.5	5.5<5.6	留

12.2.2 A/D 转换器的主要技术指标

1. 分辨率

A/D 转换器的分辨率用其输出的二进制数的位数来表示。它反映了转换器对输入的模拟信号的分辨能力，n 位二进制数，能区分 2^n 个不同等级的输入模拟电压，所以在最大输入电压一定时，输出数字量位数越多，量化单位越小，分辨率越高。

例如，A/D 转换器输出的数字量是 8 位二进制数，最大输入模拟电压是 5V，那么这个转换器输出的数字量应能区分出输入模拟电压的最小电压为 $5/2^8$=19.53mV。若使用 10 位的 A/D 转换器，对同样的输入电压，则能区分出输入模拟电压的最小电压为 $5/2^{10}$=4.88mV。显然，A/D 转换器输出的数字量位数越多，其分辨率越高。

2. 相对精度

A/D 转换器的相对精度是指实际的各个转换点偏离理想特性的误差。在理想情况下，所有的转换点应当在一条直线上。

3. 转换速度

转换速度是指完成一次转换所用的时间。转换时间是从接到转换控制信号开始，到输出端得到稳定的数字量输出所需要的时间。低速的 A/D 转换器为 1～30ms，中速的 A/D 转换器为 10～50μs，高速的 A/D 转换器约为 50ns 以内。例如，集成逐次逼近型 A/D 转换器 ADC0809 为 100μs。

4. 电源抑制

在输入模拟电压不变的前提下，当转换电路的供电电源发生变化时，对输出也会产生影响。这种影响可以用输出数字量的绝对变化量来表示。A/D 转换器中基准电压的变化会直接影响转换结果，必须保证该电压的稳定。

除上述几项外，A/D 转换器还有功率消耗、温度系数、输入模拟电压范围和输出数字信号的逻辑电平等指标。

常用的集成逐次逼近型 A/D 转换器有 ADC0808/0809 系列（8 位输出）、AD575（10 位输出）、AD574A（12 位输出）等。例如，CMOS 型的集成逐次逼近型 A/D 转换器 ADC0809，它除了具有逐次逼近型 A/D 转换器的基本组成之外，其内部还有 8 路模拟量输入通道及地址译码器。其输出控制电路具有三态缓冲能力，能与计算机的接口电路直接进行连接。

D/A 转换器和 A/D 转换器是数字系统中不可缺少的重要部件，它们的指标好坏直接影响系统的技术指标。目前，D/A 和 A/D 转换器的发展趋势是高速度、高分辨率，以及易于与计算机连接，以充分满足应用领域对信号处理的要求。

【思考与练习】

12-2-1 在数字电路中，为什么需要 A/D 转换器？

12-2-2 简要叙述逐次逼近型 A/D 转换器的设计思想。

12-2-3 逐次逼近型 A/D 转换器是由哪些基本部分组成的？各部分有何作用？

12-2-4 所谓 n 位逐次逼近型 A/D 转换器，n 代表的意义是什么？

12-2-5 用哪些主要技术指标反映 A/D 转换器的性能好坏？A/D 转换器的分辨率取决于什么因素？

本章要点

一、D/A 转换器

将数字量转换为模拟量的电路。常用的集成 D/A 转换器为权电流型 D/A 转换器。它由 T 形电阻网络、模拟开关、电流求和及电流电压转换电路、基准电压 UR 和数码寄存器组成。权电流型 D/A 转换器的转换速度快，转换精度高。

D/A 转换器主要技术指标有：分辨率，转换精度，输出电压（电流）的建立时间，电源抑制比。

二、A/D 转换器

将模拟量转换为数字量的电路。常用的集成 A/D 转换器为逐次逼近型 A/D 转换器。它由转换控制信号、顺序脉冲发生器、D/A 转换器、电压比较器、置数控制逻辑电路、逐次逼近寄存器和输出控制电路组成。

D/A 转换器主要技术指标有：分辨率，相对精度，转换速度，电源抑制比。

关键术语

数模转换器：digital to analog converter（DAC）

模数转换器：analog to digital converter（ADC）

权电阻：weighted resistor

权电流：weighted current

模拟开关：analog switch

逐次逼近：successive approximation

分辨率：resolution

习题 12

12-1 某 4 位权电流型的 D/A 转换器，基准电压 U_R=−10V，R_F=R。若输入数字量为 $d_3d_2d_1d_0$=0101，试求输出的模拟电压 U_o。

12-2 某 8 位权电流型的 D/A 转换器，R_F=R。当 $d_7d_6d_5d_4d_3d_2d_1d_0$=00000001 时，U_o=−0.0391V。当 $d_7d_6d_5d_4d_3d_2d_1d_0$=11111111 时，试求输出的模拟电压 U_o。

12-3 某 10 位权电流型的 D/A 转换器，输出的模拟电压为 0～10V，要求：

（1）试计算该 D/A 转换器的分辨率；

（2）试计算输入数字量的最低位代表的电压值。

12-4 对于 4 位逐次逼近型 A/D 转换器，设其内部的 D/A 转换器的 U_R=8V，R_F=R，输入模拟量为 5.52V，要求：

（1）用表 12.2 的形式反映 A/D 转换的过程；

（2）试写出转换结果和转换误差。

12-5 对于 8 位逐次逼近型 A/D 转换器，设其内部的 D/A 转换器的 U_R=8V，R_F=R，输入模拟量为 5.52V，要求：

（1）用表 12.2 的形式反映 A/D 转换的过程；

（2）试写出转换结果和转换误差；

（3）与习题 12.4 比较，转换误差是增大了还是减小了？为什么？

第 4 模块　EDA 技术

第 13 章　电子电路的仿真和可编程逻辑器件

引言

电子设计自动化（Electronic Design Automation，EDA）是以计算机为工作平台，融合电子技术、计算机技术、信息处理技术、智能化技术等成果而研制的计算设计软件系统。它从系统设计入手，先在顶层进行功能划分、行为描述和结构设计，然后在底层进行方案设计与验证、电路设计与PCB 设计。在这种方法中，设计过程的大部分工作（特别是底层工作）均由计算机自动完成。采用 EDA 技术不仅可使设计人员在计算机上实现电工电子电路的设计、印制电路板的设计和实验仿真分析等工作，而且可在不建立电路数学模型的情况下对电路中各个元件存在的物理现象进行分析，因此，被誉为“计算机里的电子实验室”。EDA 是电子技术发展历程中产生的一种先进的设计方法，是当今电子设计的主流手段和技术潮流，是电子设计人员必须掌握的一门技术。

现在的 EDA 技术主要可分为两类，一类是以 Protel、Multisim（EWB）、OrCAD 等软件为标志的板级 EDA 技术，这种技术仅限于电路元器件与元器件之间即芯片外部设计自动化，技术人员使用这些软件除了可以完成传统设计外，还可模拟进行多种真实环境下的测试，如元器件的老化实验、印制电路板的温度分布和电磁兼容性测试等。另一类是以 FPGA/CPLD 技术为标志的芯片内部设计自动化。随着微电子技术的不断发展，当今的 EDA 技术更多的是指可编程逻辑器件的设计技术。

可编程逻辑器件（Programmable Logic Device，PLD）是一种由用户根据自己要求来构造逻辑功能的数字集成电路。与具有固定逻辑功能的 74 系列数字电路不同，PLD 本身没有确定的逻辑功能，要由用户利用计算机辅助设计，即用原理图或硬件描述语言（HDL）的方法来表示设计思想，经过编译和仿真，生成相应的目标文件，再由编程器或下载电缆将设计文件配置到目标器件中，这时 PLD 器件就可以作为满足用户要求的专用集成电路使用了，同时还可以利用 PLD 的可重复编程能力，随时修改器件的逻辑功能，而无须改变硬件电路。与使用小规模集成器件相比，使用 PLD 器件不仅简化了设计过程，而且所设计的系统具有性能好、可靠性高、成本低、体积小的显著优势，所以可编程逻辑器件在数字系统的设计中得到了广泛的应用。本章主要介绍 PLD 器件的结构特点、工作原理和使用方法。

可编程模拟器件（Programmable Analog Device）是近年来崭露头角的一类新型集成电路。它既属于模拟集成电路，又同可编程逻辑器件一样，可由用户通过现场编程和配置来改变其内部连接和元件参数从而获得所需要的电路功能。配合相应的开发工具，其设计和使用均可与可编程逻辑器件同样方便、灵活和快捷，为电子设计自动化（EDA）技术的应用开拓了更广阔的前景。

学习目标

- 了解 EDA 技术的发展概况。
- 了解电子仿真软件的概况。
- 了解 Multisim（EWB）的基本特点。
- 通过实例了解 Multisim（EWB）在电路原理、模拟电路、数字电路仿真中的使用方法。
- 了解 PLD 器件的概念和发展概况。
- 了解常见 PLD 器件的结构特点及编程原理。
- 初步了解 PLD 器件的编程方法。
- 了解可编程模拟器件的概念和发展概况。
- 了解在系统可编程模拟电路 ispPAC10 的结构特点及编程原理。

● 初步了解可编程模拟器件的编程方法。

13.1 电子电路的仿真

电子电路设计与仿真软件 Multisim 是从电路仿真设计到版图生成全过程的电子设计工作平台，是一套功能完善、方便使用的 EDA 工具。其中，Multisim 10 提供了相当广泛的元器件，从无源器件到有源器件、从模拟器件到数字器件、从分立元件到集成电路，有数千个器件模型；同时提供了种类齐全的电子虚拟仪器，操作类似于真实仪器。此外，还提供了电路的分析工具，以完成对电路的稳态和瞬态分析、时域和频域分析、噪声和失真分析等，帮助设计者全面了解电路性能。通常在电路设计实际操作之前，使用 Multisim 软件先完成仿真实验，参数优化，并获得接近于理论计算的（仿真）数据。

13.1.1 Multisim（EWB）简介

Multisim 是加拿大 Interactive Image Technology 公司推出的以 Windows 为基础的板级仿真工具，适用于模拟/数字线路板的设计，该工具在一个程序包中汇总了框图输入、Spice 仿真、HDL 设计输入和仿真及其他设计能力，可以协同仿真 Spice、Verilog 和 VHDL，并把 RF 设计模块添加到一些版本中。

Multisim 是一个完整的设计工具系统，提供了一个非常大的元件数据库，并提供原理图输入接口、全部的数模 Spice 仿真功能、VHDL/Verilog 设计接口与仿真功能、FPGA/CPLD 综合、RF 设计能力和后处理功能，还可以进行从原理图到 PCB 布线工具包（如 Electronics Workbench 的 Ultiboard 2001）的无缝隙数据传输。Multisim 提供全部先进的设计功能，满足设计者从参数到产品的设计要求，该仿真软件将原理图输入、仿真和可编程逻辑紧密集成，在使用中不会出现不同供应商的应用程序之间传递数据时经常出现的一些意外问题。

Multisim 最突出的特点之一是用户界面友好，尤其是多种可放置到设计电路中的虚拟仪表很有特色，这些仪表包括数字万用表、函数发生器、瓦特表、示波器、波特图绘图仪、字符产生器、逻辑分析仪、逻辑转换器、失真测试仪、网络分析仪和频谱分析仪等，使电路仿真分析操作更适合电子工程人员的工作习惯，与目前流行的某些 EDA 仿真工具相比，更具有人性化设计特色。Multisim 的功能很强，限于篇幅，许多操作上的细节不可能面面俱到，这些细节只有靠读者自己去钻研、摸索和总结了。

1. Multisim 10 的操作界面

Multisim 10 启动以后的操作界面如图 13.1 所示。主要包含以下几个部分：标题栏、菜单栏、工具栏、元件工具栏、仿真开关、仪表工具栏等。界面中带网格的大面积部分就是电路窗口，是 Multisim 10 的编辑窗口，所有电路的输入、连接、编辑、测试及仿真均在该窗口内完成。

（1）菜单栏

Multisim 10 菜单栏如图 13.2 所示。其主要由文件、编辑、显示、放置、单片机、仿真、转移、工具、报告、选项、窗口、帮助等下拉菜单构成。这些菜单提供对电路进行编辑、视窗设定、添加元件、单片机专用仿真、仿真、生成报表、系统界面设定信息等功能，以及提供帮助。

（2）工具栏

在图 13.1 中的菜单栏下方为工具栏，如图 13.2 所示。像大多数 Windows 应用程序一样，Multisim 10 把一些常用功能以图标的形式排列在工具栏中，以便用户使用。各个图标的具体功能可参阅相应菜单中的说明。

（3）元件工具栏

Multisim 10 软件提供了丰富的、可扩充和自定义的电子元器件。元器件根据不同类型被分为 16 个元件库，这些库均以图标形式显示在主窗口界面上，如图 13.3 所示。下面简单介绍常用元件库所含的主要元器件。

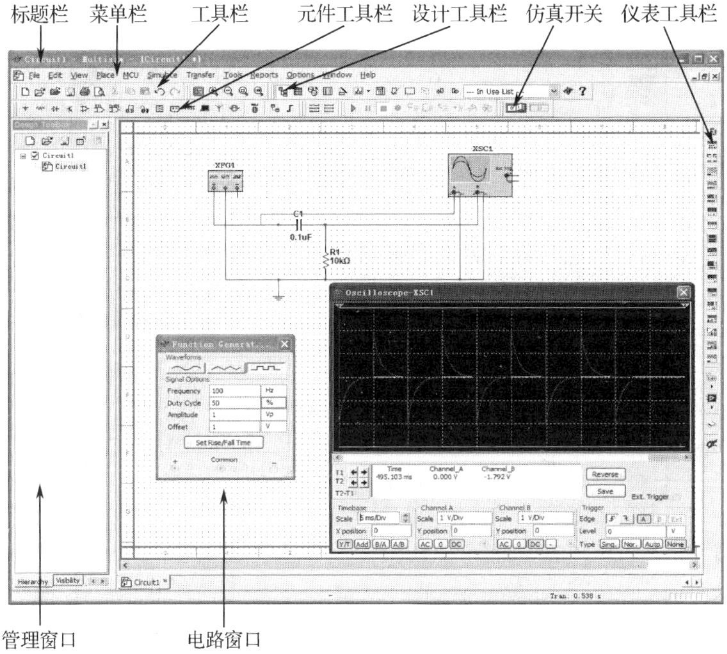

图 13.1　Multisim 10 操作界面

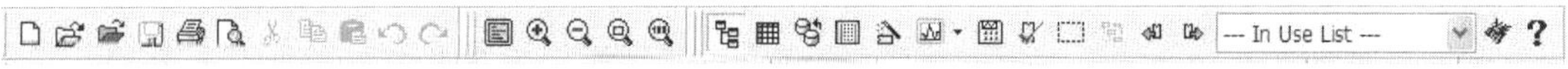

图 13.2　工具栏

图 13.3　元件工具栏

使用时需要注意的是，Multisim 10 提供的元件有实际元件和虚拟元件两种：虚拟元件的参数可以修改，而每个实际元件都与实际元件的型号相对应，参数不可改变。在设计电路时，尽量选取在市场上可购到的实际元件，并且在仿真完成后直接转换为 PCB 文件。但在选取不到某些参数或要进行温度扫描、参数分析时，可以选取虚拟元件。

① 信号源库（Source）

该库包含直流电压源与电流源、交流电压源与电流源、各种受控源、AM 源、FM 源、时钟源脉宽调制源、压控振荡器和非线性独立电源等，如图 13.4 所示。

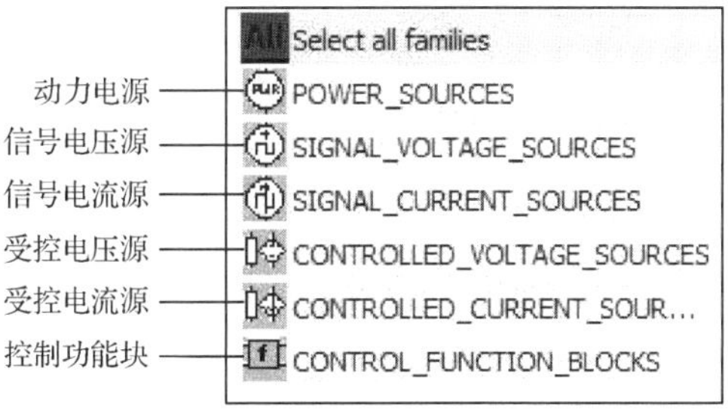

图 13.4　信号源库

② 基本元件库（Basic）

该库包含电阻、电容、电感、变压器、继电器、各种开关、电流控制开关、压控开关、可变电阻、电阻排、可变电容、电感对和非线性变压器等，如图 13.5 所示。

③ 晶体管库（Transistors）

该库包含 NPN 晶体管、PNP 晶体管、各种类型场效应管等，如图 13.6 所示。

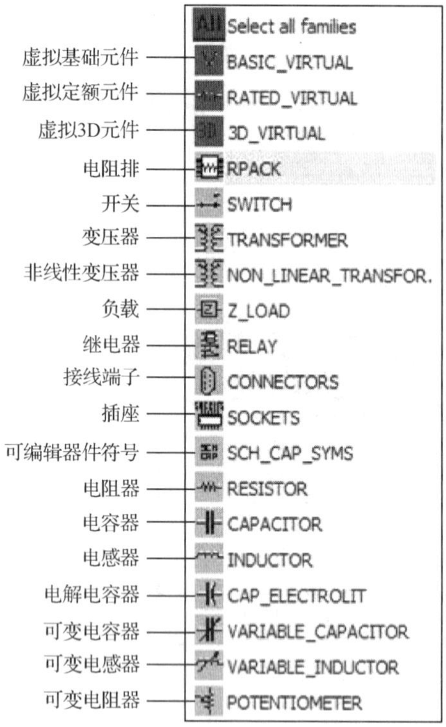

图 13.5　基本元件库

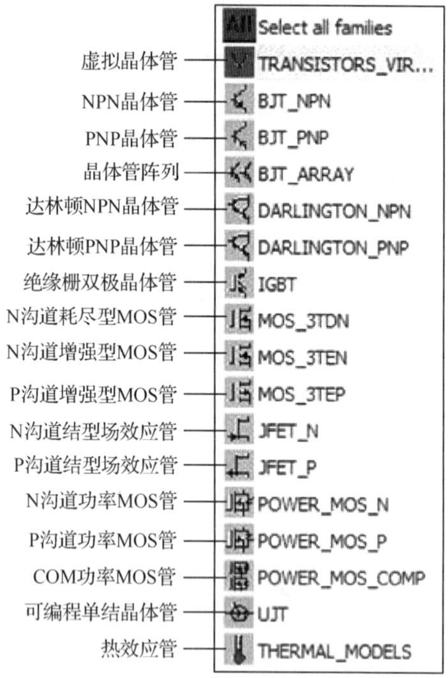

图 13.6　晶体管库

④ 二极管库（Diode）

该库包含普通二极管、齐纳二极管、发光二极管、肖特二极管、稳压二极管、二端和三端晶闸管开关，全波桥式整流电路等，如图 13.7 所示。

⑤ 模拟集成元件库（Analog ICs）

该库包含各种运算放大器、电压比较器、稳压器和专用集成芯片等，如图 13.8 所示。

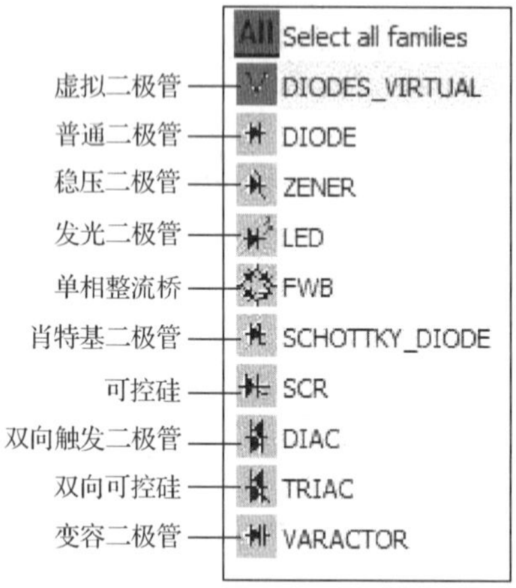

图 13.7　二极管库

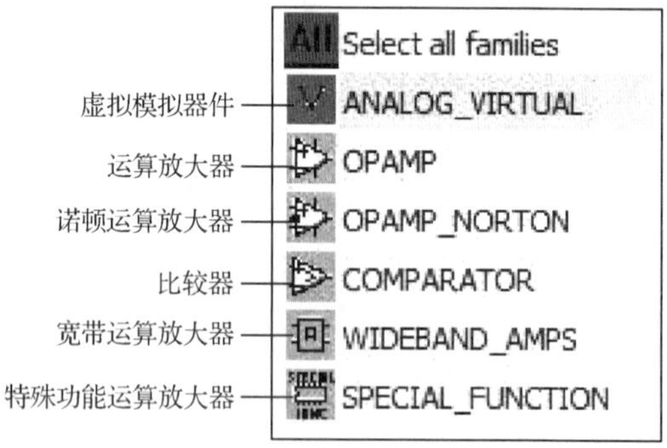

图 13.8　模拟集成元件库

⑥ TTL 元件库（TTL）

该库包含各种类型的 74 系列的数字集成电路等，如图 13.9 所示。所有芯片的功能、引脚排列、参数和模型等信息都可以从属性对话框中读取。

⑦ CMOS 元件库（CMOS）

该库包含各种类型的 CMOS 集成电路等，如图 13.10 所示。

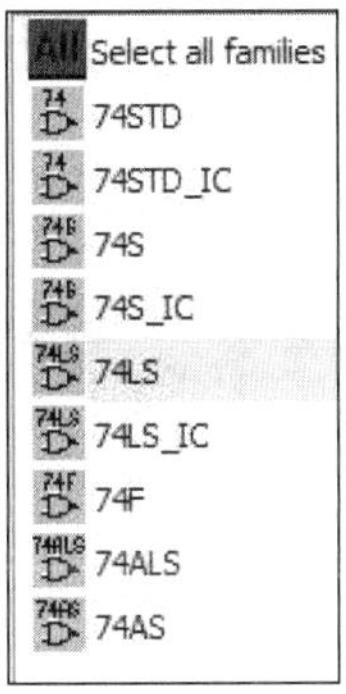

图 13.9　TTL 元件库

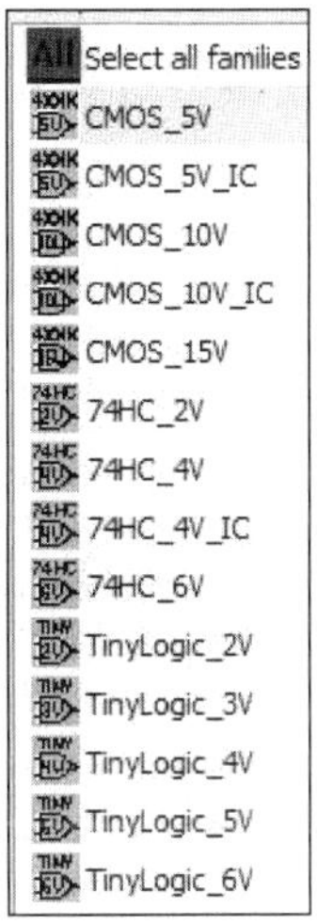

图 13.10　CMOS 元件库

⑧ 其他数字元件库

该库包含 DSP、CPLD、FPGA、微处理器、微控制器、有损传输线、无损传输线等。

⑨ 混合集成元件库（Mixed ICs）

该库包含定时器、A/D 转换器、D/A 转换器、模拟开关、多谐振荡器等，如图 13.11 所示。

⑩ 指示器件库（Indicators）

该库包含电压表、电流表、逻辑探针、蜂鸣器、灯泡、数码显示器、条形显示器等，如图 13.12 所示。

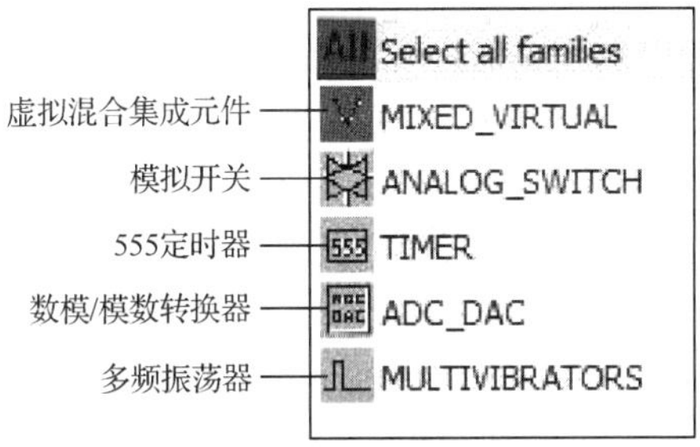

图 13.11　混合集成元件库

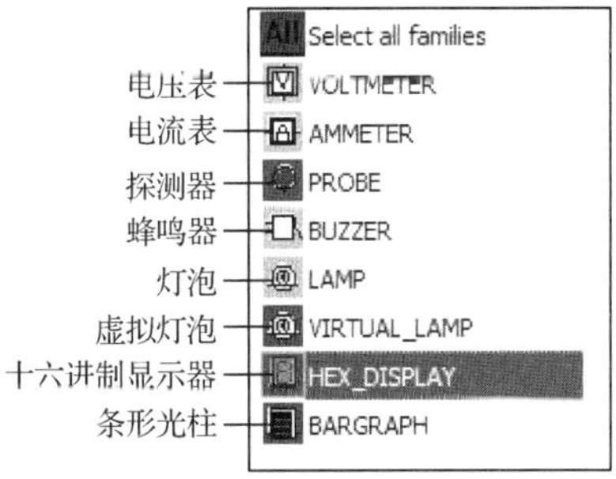

图 13.12　指示器件库

⑪ 电源元器件库（Power Components）

该库包含各种保险丝、调压器、PWM 控制器等。

⑫ 其他器件库

该库包含真空管、光耦器件、电动机、晶振、真空管、传输线、滤波器等。

⑬ 射频器件库

该库包含射频电容、感应器、三极管、MOS 管、隧道二极管等。

⑭ 机电类元件库

该库包含各种电机、螺线管、加热器、保护装置、线性变压器、继电器、接触器和开关等。

⑮ 高级外设库

该库包含键盘、LCD、终端等。

⑯ 单片机模块库

该库包含 805X 的单片机、PIC 微控制器、RAM 及 ROM 等。

（4）仪表工具栏

Multisim 10 仪表工具栏如图 13.13 所示。Multisim 10 的虚拟仪器、仪表除包揽了一般电子实验室常用的测量仪器外，还拥有一些一般实验室难以配置的高性能测量仪器，如安捷伦 33120A 函数发生器、安捷伦 54622D 示波器、泰克 TDS2024 型 4 通道示波器、逻辑分析仪等。这些虚拟仪器不仅功能齐全，而且它们的面板结构、操作方式几乎和真实仪器一模一样，使用非常方便。

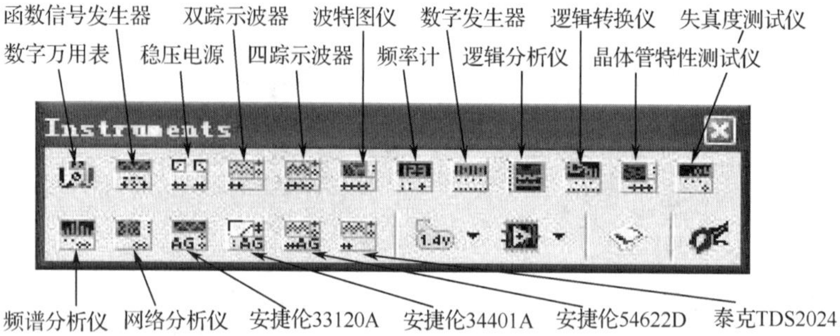

图 13.13　仪表工具栏

下面介绍 Multisim 10 中常用仪器仪表的使用。

① 数字万用表

Multisim 10 提供的仪器仪表都有两个界面，称为图标和面板。图标用来调用，而面板用来显示测量结果。

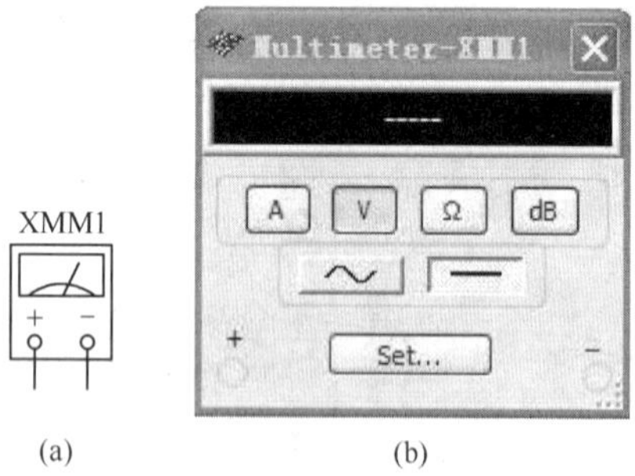

图 13.14　数字万用表

数字万用表的图标和面板如图 13.14 所示。在电子平台上双击数字万用表的图标，如图 13.14（a）所示，会出现如图 13.14（b）所示的面板。使用时，其连接方法、注意事项与实际万用表的相同，也有正、负极接线端，用于测量交直流电压、交直流电流、电阻和分贝值。

② 瓦特计

Multisim 10 提供的瓦特计如图 13.15 所示，用来测量电路的功率。

使用时应注意电压线圈的接线端子的“+”端与电流线圈的“+”要连接在一起，电压线圈要并联在待测电路两端，而电流线圈要串联在待测电路中。仿真时，瓦特计可以显示有功功率与功率因数。

③ 函数信号发生器

Multisim 10 提供的函数信号发生器（Function Generator）如图 13.16 所示，是用来产生正弦波、三角波和方波信号的仪器。使用时可根据要求在波形区（Waveforms）选择所需要的信号；在信号选项区（Signal Options）可设置信号源的频率（Frequency）、占空比（Duty Cycle）、幅度（Amplitude）、偏置电压（Offset）；按“Set Rise/Fall Time”按钮，可以设置方波的上升时间和下降时间。

函数信号发生器上有“+”、Common、“-”三个接线端子：连接“+”和 Common 端子时，输出为正极性信号；连接 Common 和“-”端子时，输出为负极性信号；同时连接三个端子，且将 Common 端接地时，输出两个幅度相同、极性相反的信号。

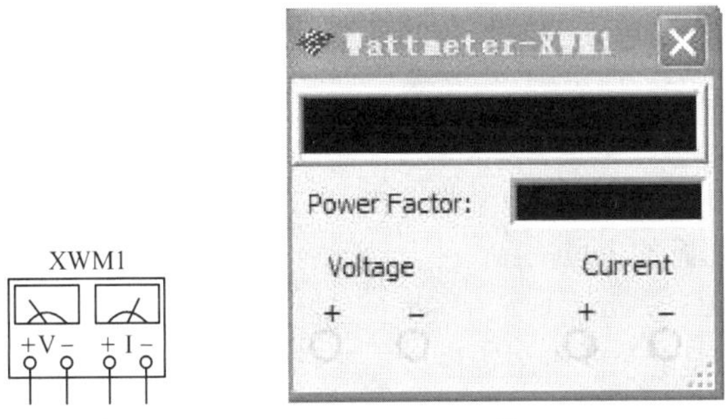

(a) (b)

图 13.15 瓦特计

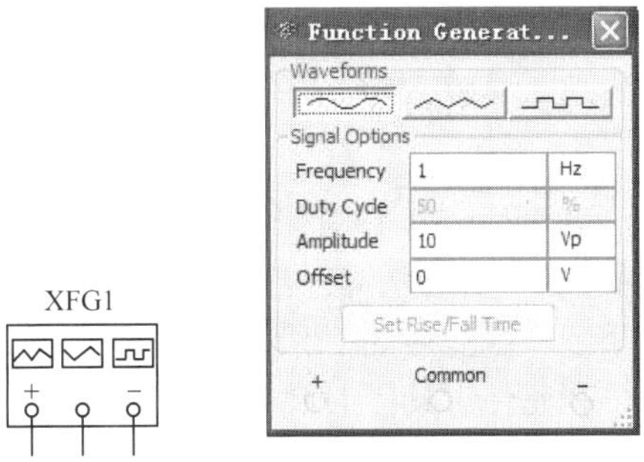

(a) (b)

图 13.16 函数信号发生器

④ 示波器

Multisim 10 提供的双通道示波器（Oscilloscope）如图 13.17 所示。双击如图 13.17（a）所示图标，即可打开如图 13.17（b）所示的示波器面板。面板上有 A、B 两个通道信号输入端，以及外部触发信号输入端。可在面板里分别设置两个通道 *Y* 轴的比例尺、两个通道扫描线的位置 *X* 轴的比例尺、耦合方式、触发电平等。

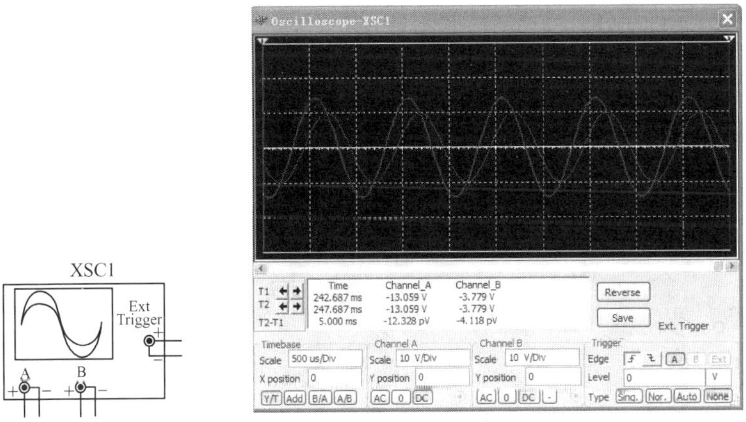

(a) (b)

图 13.17 示波器

为了在示波器屏幕上区分不同通道的信号，可以给不同通道的连线设定不同的颜色，波形颜色就是相应通道连线的颜色。设定方法为：右键单击连线，弹出快捷菜单，选择其中的 Segment Color，就可方便地改变连线的颜色。

其他测试仪表仪器的方法使用请读者查阅相关资料或通过实践了解掌握。

2. Multisim 10 的仿真过程

运行 Multisim 10，它会自动打开一个空白的电路文件。也可以通过“新建”按钮，新建一个空白的电路文件。Multisim 10 仿真的一般过程如下。

（1）设置界面

创建电路时，可对 Multisim 10 的基本界面进行一些必要的设置，使得在调用元件和绘制电路时更加方便。

在菜单栏中选择 Options/Global Preference 项，弹出对话框。在对话框中可设置是否连续放置元件，设定是否显示元件的标识、序号、参数、属性、电路的节点编号，选择电子图纸电子平台的背景颜色和元件颜色，设置电子图纸是否显示栅格、纸张边界、纸张大小，设置导线和总线的宽度以及总线布线方式，设定符号标准等。Multisim 10 提供了两套元器件标准：美国标准（ANSI）和欧洲标准（DIN），我国的现行标准比较接近于欧洲标准（DIN），所以设定为欧洲标准（DIN）。

（2）调用元件

① 查找元件

Multisim 10 中有两种方法可以查找元件：一是分门别类地浏览查找，二是输入元件名称搜索查找。第一种方法适合初学者和对元件名称不太熟悉的人员，后一种方法适合对元件库相当熟悉的使用者。这里主要介绍第一种方法。

在元件工具栏上单击任何一类元件按钮，将弹出元件库浏览窗口，信号源库的浏览窗口如图 13.18 所示。在该浏览窗口中首先在 Group 下拉列表中选择元件组，然后在 Family 列表中选择相应系列，这时，元件区弹出该系列的所有元件列表，选择某种元件，在功能区中就会出现该元件的信息。

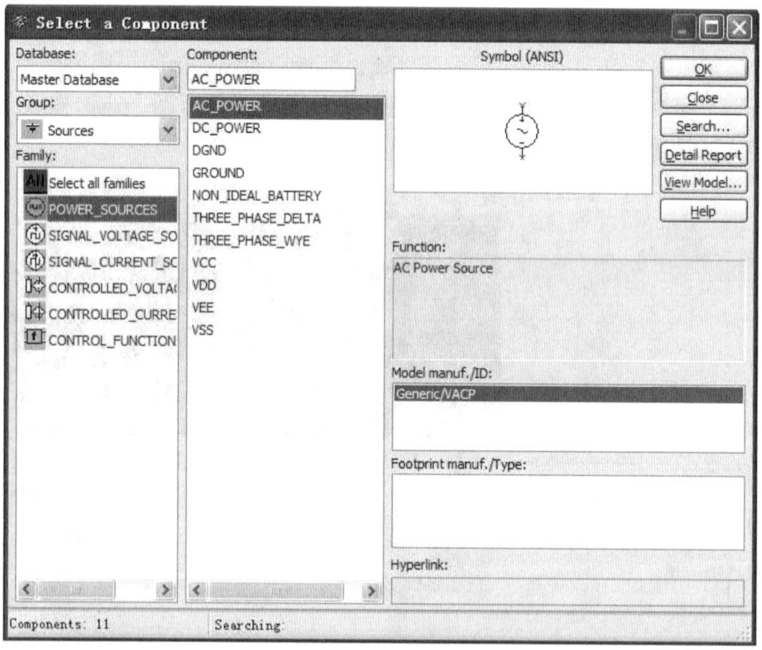

图 13.18 元件库浏览窗口

② 放置元件

Multisim 10 中的元件由实际元件和虚拟元件两种。实际元件即在市场上可买到的元件。取用时，单击要取用元件所属的实际元件库，选择相应的组和系列，再从元件列表中选取所需的元件，单击 OK 按钮，此时元件被选出，电路窗口中出现浮动的元件，将该元件拖至合适的位置，单击鼠标左键放置该元件即可。虚拟元件的取用方法和取用实际元件一样，不同的是虚拟元件的参数值可由用户自行定义，所设置的参数可以是市场上所没有的，由用户根据自己需要进行虚拟设置。

③ 设置元件属性

每个被取用的元件都有默认的属性，包括元件标号、元件参数值、显示方式和故障等，用户只要双击元件的图标，即可通过属性对话框对其属性进行修改。

④ 编辑元器件

元件被放置后还可以任意剪切、复制、旋转、着色、搬移和删除。其中剪切、复制、旋转和着色等操作，可通过右键单击元件，在弹出的快捷菜单中选择相应的操作命令实现。移动单个元件时，可用鼠标指针指向所要移动元件，按住左键，拖动鼠标至合适位置后放开左键即可；移动整个区域元件时，可先将该区域中的元件用鼠标框选中，将鼠标指针放至任一元件图标上方，按住左键，拖动鼠标进行移动。删除元件时，只需选中该元件，然后按 Del 键即可，但此操作在仿真（运行）模式下不能执行。

（3）连接电路

元件被放置到电路窗口中后，单击元件引脚，移动鼠标至目标元件引脚再次单击，即可完成连接。在连线过程中按 Esc 或右键单击可终止连接。如果需要断开已连好的连线并移动至其他位置，将鼠标指针放在要断开的位置单击后，移动鼠标指针至新的引脚连接位置，再次单击，完成连线。

如果要检验连线是否连接可靠，可以拖动元件，如果连线跟着移动，则表明已连接可靠。

如果要改变连接线的颜色，可右键单击连线，快捷菜单如图 13.19 所示，选择 Change Color，即可修改连线的颜色。

图 13.19　改变线条颜色

（4）调用、连接仪器仪表

调用、连接仪器仪表的方法和调用、连接元件的方法相同。单击仪表工具栏中的相应仪器，鼠标指针将变成虚拟仪器的图标，拖动仪器到合适位置后单击，将仪器放置在窗口中，然后将仪器仪表接入待测电路。

（5）仿真运行

仿真电路创建成功，并连接测试仪器仪表后，则可对文件进行保存。单击运行按钮，获得实验结果。双击仿真电路中的仪器图标，可以打开仪器的面板，用来设置参数和观察测量结果。

13.1.2　Multisim 10 的应用

下面分别举例介绍电路原理模块、模拟电子模块和数字电子模块的仿真方法。

Multisim 简介

1．基尔霍夫定律的仿真

基尔霍夫定律包括基尔霍夫电流定律（KCL）和基尔霍夫定律电压定律（KVL），分别选择电流表头和电压表头测量参数，验证基尔霍夫定律。

基尔霍夫定律的仿真需要用到的电路元件有电源、接地端、电阻、电流表头和电压表头。从信号源库中调用直流电源 DC_POWER 和地 GROUND 放置在电路窗口中，双击电源元件，修改电源参数。从基本元件库中调用电阻 RESISTOR 放置在电路窗口中，双击电阻元件，修改电阻参数。从指示器件库中调用电流表头 AMMTER 和电压表头 VOLTMETER，按住鼠标左键拖动，完成电路的连接。单击“运行”按钮，开始仿真，读取数据。从电压表头和电流表头中读取相关数据，验证基尔霍夫定律。基尔霍夫电流定律仿真电路如图 13.20（a）所示，基尔霍夫电压定律仿真电路如图 13.20（b）所示。

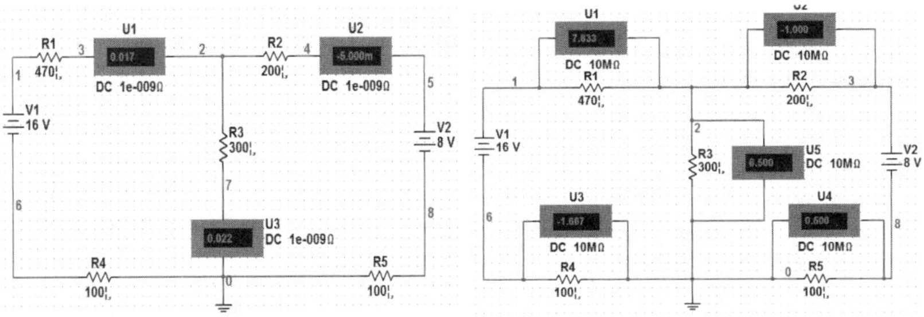

（a）基尔霍夫电流定律的仿真电路　（b）基尔霍夫电压定律的仿真电路

图 13.20　基尔霍夫定律的仿真

基尔霍夫定律的仿真示例

2. 感性负载测量的仿真

感性负载测量的仿真需要用到的电路元件和仪表有交流电源、接地端、电阻、电感、万用表和瓦特表。从信号源库中调用交流电源 AC_POWER 和地 GROUND 放置在电路窗口中。双击电源元件，修改电源参数，电压有效值 Voltage（RMS）为 220V，频率 Frequency（F）为 50Hz。从基本元件库中调用电阻 RESISTOR 和电感 INDUCTOR 放置在电路窗口中，分别双击电阻和电感元件，修改参数。按下鼠标左键拖动完成电路的连接。从仪表工具栏中调用万用表 Multimeter 用于测量交流电压有效值、交流电流有效值，从仪表工具栏中调用瓦特表 Wattmeter 用于测量有功功率和功率因数，将万用表和瓦特表接入电路。单击“运行”按钮，开始仿真，从万用表和瓦特表中读取相关数据。感性负载测量的仿真电路如图 13.21 所示。

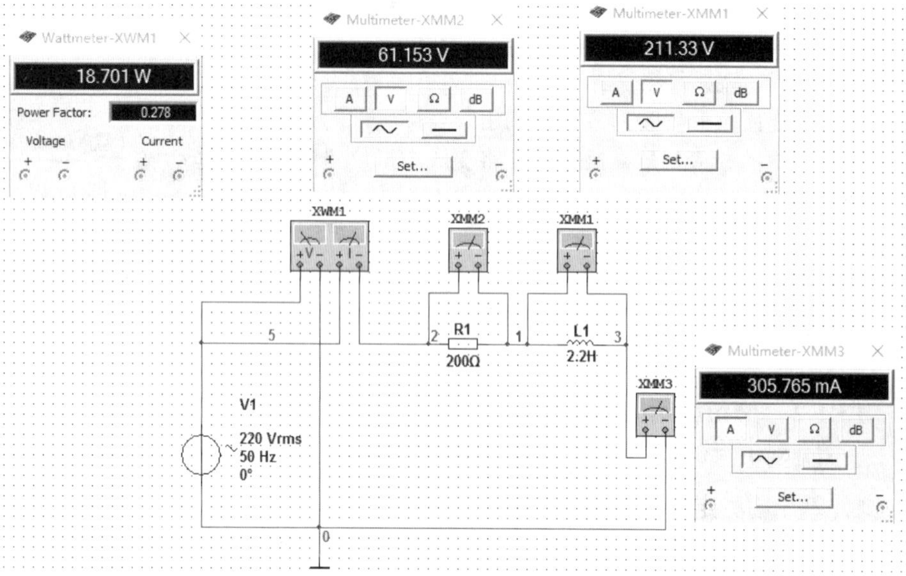

感性负载

测量示例

图 13.21　感性负载测量的仿真

3. 基本放大电路的仿真

下面以单管共射放大电路为例，介绍应用 Multisim 10 进行仿真，测试静态参数和动态参数的方法。使用万用表的直流电压挡测量电路的静态工作点；用双踪示波器观察输入、输出波形；用交流毫伏表测量电路的放大倍数、输入、输出电阻；用波特仪测量电路的幅频特性曲线。

单管共射放大电路的仿真需要用到的电路元件和仪表有晶体管、电源、接地端、电阻、电位器、电容、函数信号发生器、双踪示波器、万用表和波特图仪等。从晶体管库中调用 NPN 型晶体管放置在电路窗口中，从仪表工具栏中调用函数信号发生器 Function Generator 放置在电路窗口中，双击函数信号发生器，选择正弦波信号，修改参数，电压幅值 Amplitude 为 141mV 峰值，频率 Frequency 为 1kHz。按下鼠标左键拖动完成电路的连接。

（1）静态工作点的测试

放大电路的静态工作点是输入信号为零时晶体管的基极电流 I_B、发射结电压 U_{BE}、集电极电流 I_C 和管压降 U_{CE}，均为直流量，所以要用万用表的直流电压挡测量。在不失真的前提下，测试静态工作点参数。从仪表工具栏中调用万用表 Multimeter，建立测试电路如图 13.22 所示。单击运行按钮，开始仿真，双击万用表面板，读取晶体管三个极 b、c、e 的电位，然后通过计算得出各电压、电流值。

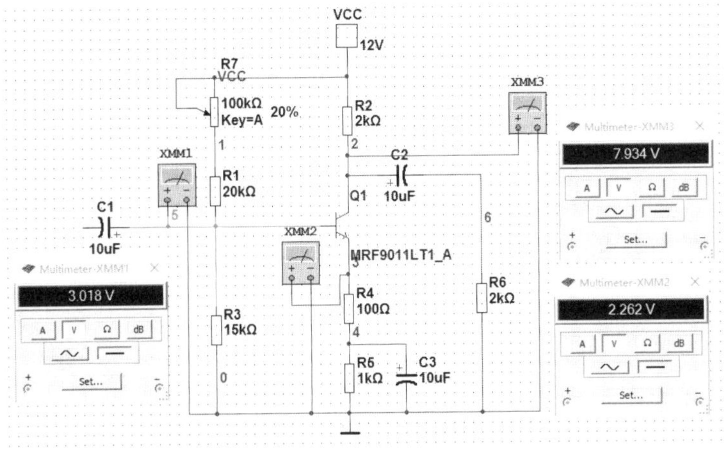

图 13.22　静态工作点的测试电路[①]

放大电路测量静态工作点的仿真示例

$$I_C \approx I_E = \frac{U_E}{R_2} = \frac{2.262}{1.1} \approx 2.06\text{mA} \tag{13.1}$$

$$U_{CE} = U_C - U_E = 7.934 - 2.262 = 5.672\text{V} \tag{13.2}$$

$$U_{BE} = U_B - U_E = 3.018 - 2.262 \approx 0.756\text{V} \tag{13.3}$$

（2）输入、输出电压波形及电压放大倍数的测试

从仪表工具栏中调用双踪示波器 Oscilloscope，A 通道用于测试输入电压的波形，B 通道用于测试输出电压的波形。单击“运行”按钮，开始仿真，双击示波器面板，观察输入、输出波形如图 13.23 所示。根据显示数据可计算电压放大倍数为

$$A_u = \frac{1.169}{0.141} \approx 8.29 \tag{13.4}$$

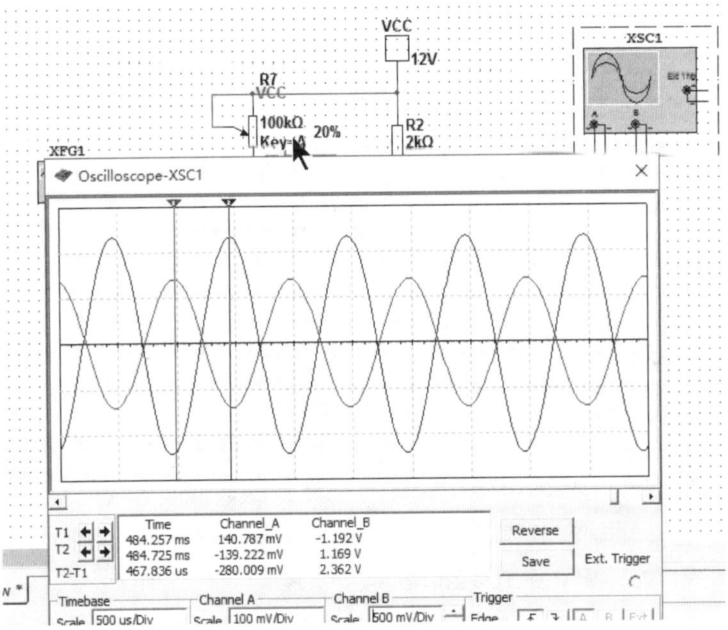

图 13.23　电压放大倍数的测试电路

放大电路波形和电压放大倍数的仿真示例

① 本电路图为抓屏图，由于软件原因，用 uF 表示μF。

测量放大电路频率特性的仿真示例

（3）频率特性的测试

从仪表工具栏中调用波特图仪 Bode Plotter，将 IN 和 OUT 端子分别接电路的输入和输出信号。单击“运行”按钮，开始仿真，双击波特图仪，即可观测仿真幅频特性和相频特性，如图 13.24 所示。

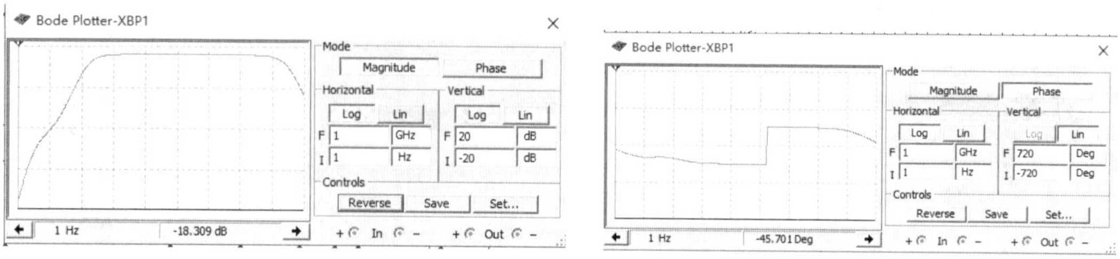

图 13.24　单管共射放大电路的频率特性

4．滞回电压比较器的仿真

电压比较器的功能是将输入信号与参考电压进行大小比较，并用输出电平的高、低表示比较结果。其特点是：运算放大器工作在开环或正反馈状态，输入、输出之间呈现非线性传输特性。对电压比较器的测试主要是测量它的输入、输出波形和电压传输特性。

滞回电压比较器的仿真需要用到的电路元件和仪表有集成运放 741、电源、接地端、电阻、稳压管、函数信号发生器、双踪示波器等。从模拟集成元件库中调用集成运放 741 放置在电路窗口中，从二极管库中调用稳压二极管放置在电路窗口中。按下鼠标左键拖动完成电路的连接。从仪表工具栏中调用函数信号发生器 Function Generator 放置在电路窗口中，双击函数信号发生器，选择三角波信号，修改参数，电压幅值 Amplitude 为 1V 峰值，频率 Frequency 为 1kHz。从仪表工具栏中调用双踪示波器 Oscilloscope，A 通道用于测试输入电压的波形，B 通道用于测试输出电压的波形。单击“运行”按钮，开始仿真，双击示波器面板，观察输入、输出波形如图 13.25 所示。

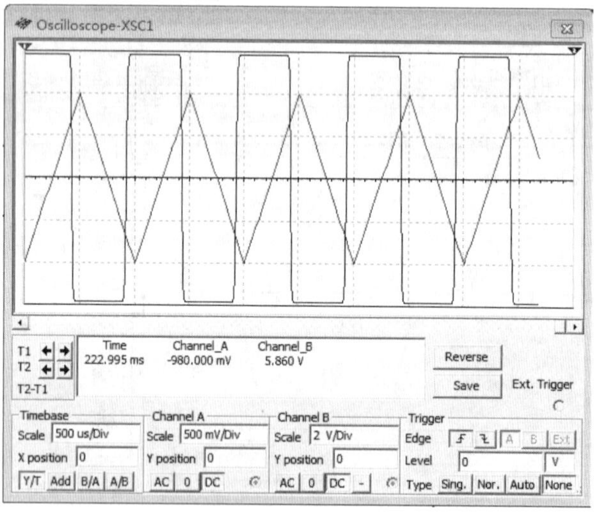

图 13.25　滞回电压比较器的输入输出波形

电压比较器的传输特性可以通过示波器的 X-Y 方式测得。将输入信号和输出信号的 Y position 设置为 0，DC 耦合方式，选择示波器的 B/A 模式，即可观察到滞回电压比较器的传输特性曲线，如图 13.26 所示。

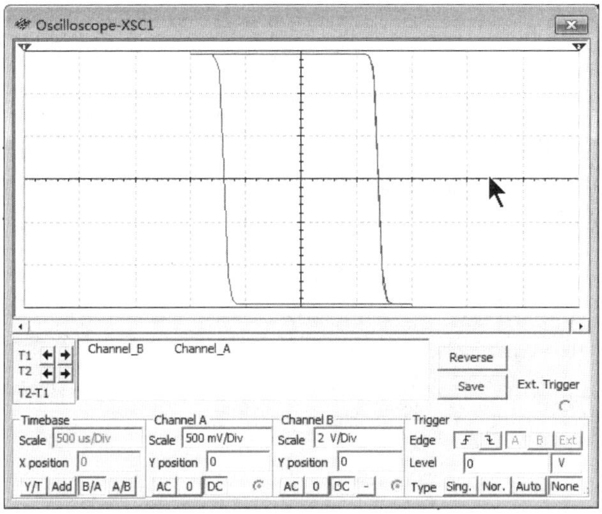

图 13.26　滞回电压比较器的传输特性

滞回电压比较器的仿真示例

三人表决电路的仿真示例

5．三人表决电路的仿真

三人表决电路属于数字组合逻辑电路，功能为三人表决，多数人赞成即为通过，要求用与非门实现。这里利用 Multisim 10 中的虚拟仪表逻辑转换仪，来完成电路的设计和验证。

从仪表工具栏中调用逻辑转换仪 Logic Converter 放置在电路窗口中。双击逻辑转换仪，打开仪表面板，在左侧的表格中选择三个输入变量 A、B、C，输入三人表决电路的逻辑功能表，如图 13.27（a）所示。单击仪表面板右侧的按钮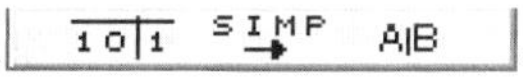

，将逻辑功能表转化为最简逻辑表达式 AC+AB+BC，显示在仪表面板的下方窗口中。再单击仪表面板右侧的按钮

，由程序自动完成电路的设计，如图 13.27（b）所示。最后，可以使用逻辑转换仪检验逻辑电路的功能是否正确。将电路的输入端 A、B、C 分别接入逻辑转换仪左边的三个输入端子，将电路的输出端接入逻辑分析仪最右边的输出端子。双击逻辑转换仪，打开仪表面板，单击按钮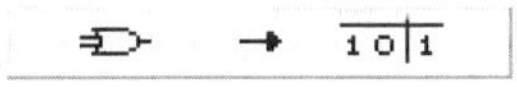

，即可在左侧看到电路的逻辑功能表，验证电路是否满足设计要求。

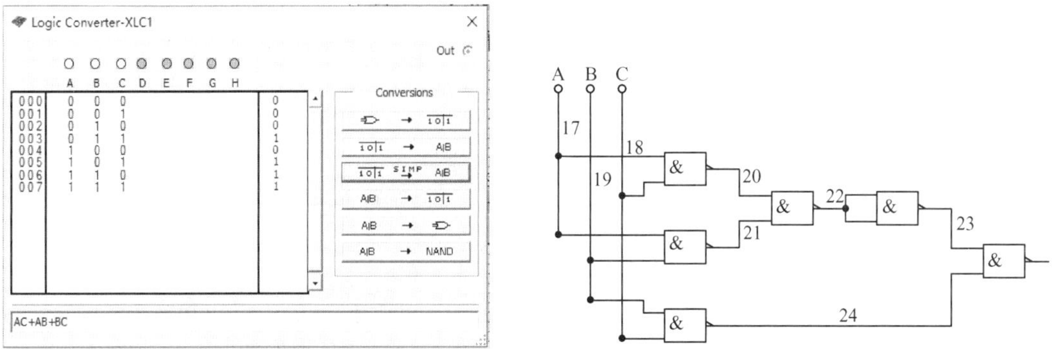

(a) 逻辑转换仪的仪表面板　　(b) 逻辑转换仪生成的三人表决电路

图 13.27　由逻辑转换仪设计的电路

6．计数器电路的仿真

Multisim 还可以方便地进行数字时序逻辑电路的测试和仿真。用集成计数器模块 74LS90 组成十进制计数器为例，既可以用 LCD 显示十进制计数器的计数结果，也可以用逻辑分析仪观测多路信号的时序关系。

十进制计数器的仿真需要用到的电路元件和仪表有集成计数器模块 74LS90、电源、接地端、时钟信号源、带译码器的七段数码显示管 DCD-HEX、逻辑分析仪等。从 TTL 元件库中调用集成计数器模块 74LS90 放置在电路窗口中，从信号源库中调用时钟信号源放置在电路窗口中，从指示器件库调用带译码器的七段数码显示管 DCD-HEX 放置在电路窗口中，从仪表工具栏中调用逻辑分析仪 Logic Analyzer 放置在电路窗口中。按下鼠标左键拖动完成电路的连接，将 74LS90 接成十进制计数器，将逻辑分析仪的外部时钟输入信号端口 C 连接至时钟信号源，测试点 1～4 分别接计数器输出端 QA～QD，如图 13.28（a）所示。双击逻辑分析仪，打开仪表面板，在 Clock Setup 中设置时钟源 Clock Source 为外部时钟 External。单击“运行”按钮，开始仿真，可以看到数码显示管上的数字在 0～9 之间循环变化，在逻辑分析仪的显示窗口中显示计数器的时钟波形和输出波形，如图 13.28（b）所示。

计数器电路的仿真示例

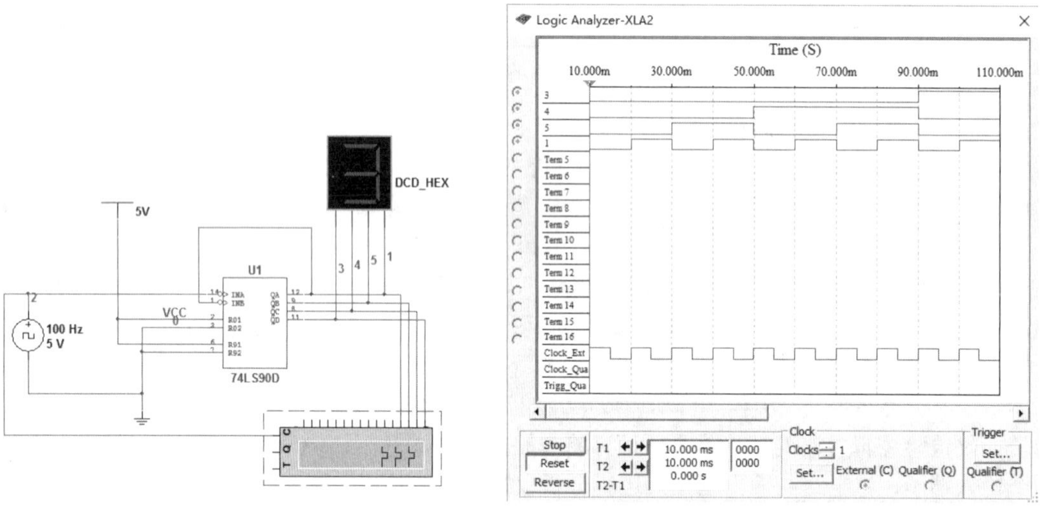

（a）74LS90 构成十进制计数器的电路　　（b）十进制计数器的波形图

图 13.28　74LS90 构成十进制计数器的电路和波形图

13.2　可编程逻辑器件

13.2.1　可编程逻辑器件

1．可编程逻辑器件（PLD）简介

随着大规模集成电路、超大规模集成电路技术的发展，可编程逻辑器件发展迅速，从 20 世纪 70 年代至今，大致经过了以下几个阶段。

第一阶段：PLD 诞生及简单 PLD 发展阶段

20 世纪 70 年代，熔丝编程的 PROM（Programmable Read Only Memory）和 PLA（Programmable Logic Array）的出现，标志着 PLD 的诞生。可编程逻辑器件最早是根据数字电子系统组成基本单元——门电路可编程来实现的，任何组合电路都可用与门和或门组成，时序电路可用组合电路加上存储单元来实现。早期 PLD 就是用可编程的与阵列和（或）可编程的或阵列组成的。

PROM 是采用固定的与阵列和可编程的或阵列组成的 PLD，由于输入变量的增加会引起存储容量的急剧上升，因此只能用于简单组合电路的编程。PLA 是由可编程的与阵列和可编程的或阵列组成的，克服了 PROM 随着输入变量的增加规模迅速增加的问题，利用率高，但由于与阵列和或阵列都可编程，软件算法复杂，编程后器件运行速度慢，因此只能在小规模逻辑电路上应用。现在这两种器件在 EDA 上已不再采用，但 PROM 作为存储器，PLA 作为全定制 ASIC 设计技术，还在应用。

20 世纪 70 年代末，AMD 公司对 PLA 进行了改进，推出了 PAL（Programmable Array Logic）器件。PAL 与 PLA 相似，也由与阵列和或阵列组成，但在编程接点上与 PAL 不同，而与 PROM 相似，或阵列是固定的，只有与阵列可编程。这种或阵列固定与阵列可编程结构，简化了编程算法，运行速度也提高了，适用于中小规模可编程电路。但 PAL 为适应不同应用的需要，输出 I/O 结构也要跟着变化。输出 I/O 结构很多，而一种输出 I/O 结构方式就有一种 PAL 器件，给生产、使用带来不便。而且 PAL 器件一般采用熔丝工艺生产，一次可编程，修改电路需要更换整个 PAL 器件，成本太高。现在，PAL 已被 GAL 所取代。

以上可编程器件，都是乘积项可编程结构，只解决了组合逻辑电路的可编程问题，对于时序电路，需要另外加上锁存器、触发器来构成，例如 PAL 加上输出寄存器，就可实现时序电路可编程。

第二阶段：乘积项可编程结构 PLD 发展与成熟阶段

20 世纪 80 年代初，Lattice（莱迪思）公司开始研究一种新的乘积项可编程结构 PLD。1985 年，推出了一种在 PAL 基础上改进的 GAL（Generic Array Logic）器件。GAL 器件首次在 PLD 上采用 EEPROM 工艺，能够电擦除重复编程，使得修改电路不需更换硬件，可以灵活方便地应用，乃至更新换代。

在编程结构上，GAL 沿用了 PAL 或阵列固定与阵列可编程结构，而对 PAL 的输出 I/O 结构进行了改进，增加了输出逻辑宏单元 OLMC（Output Logic Macro Cell），OLMC 设有多种组态，使得每个 I/O 引脚可配置成专用组合输出、组合输出双向口、寄存器输出、寄存器输出双向口、专用输入等多种功能，为电路设计提供了极大的灵活性。同时，也解决了 PAL 器件一种输出 I/O 结构方式就有一种器件的问题，具有通用性。而且 GAL 器件是在 PAL 器件基础上设计的，与许多 PAL 器件是兼容的，一种 GAL 器件可以替换多种 PAL 器件，因此，GAL 器件得到了广泛的应用。目前，GAL 器件主要应用在中小规模可编程电路中，而且，GAL 器件也加上了在系统可编程（ISP）功能，称为 ispGAL 器件。

20 世纪 80 年代中期，Altera 公司推出了 EPLD（Erasable PLD）器件，EPLD 器件比 GAL 器件有更高的集成度，采用 EPROM 工艺或 EEPROM 工艺，可用紫外线或电擦除。从此，可编程逻辑器件由低密度可编程逻辑器件（LDPLD）发展阶段进入高密度可编程逻辑器件（HDPLD）发展阶段。

第三阶段：高密度可编程逻辑器件发展与成熟阶段

20 世纪 80 年代中期，Xilinx（赛灵思）公司提出了现场可编程（Field Programmability）的概念，并生产出世界上第一片 FPGA 器件，FPGA 是现场可编程门阵列（Field Programmable Gate Array）的英文缩写，现在已经成了大规模可编程逻辑器件中一大类器件的总称。FPGA 器件一般采用 SRAM 工艺，编程结构为可编程的查找表（Look-Up Table，LUT）结构。FPGA 器件的特点是电路规模大，配置灵活，但 SRAM 需掉电保护，或开机后重新配置。

20 世纪 80 年代末，Lattice 公司提出了在系统可编程（In-System Programmability，ISP）的概念，并推出了一系列具有 ISP 功能的 CPLD 器件，将 PLD 的发展推向了一个新的发展时期。CPLD 即复杂可编程逻辑器件（Complex Programmable Logic Device）的英文缩写，Lattice 公司推出 CPLD 器件开创了 PLD 发展的新纪元，也即复杂可编程逻辑器件的快速推广与应用。CPLD 器件采用 EEPROM 工艺，编程结构在 GAL 器件基础上进行了扩展和改进，使得 PLD 更加灵活，应用更加广泛。

复杂可编程逻辑器件现在有 FPGA 和 CPLD 两种主要结构，进入 20 世纪 90 年代后，两种结构都得到了飞速发展，尤其是 FPGA 器件现在已超过 CPLD，走入成熟期，因其规模大，拓展了

PLD 的应用领域。目前，器件的可编程逻辑门数已达上千万门以上，可以内嵌许多种复杂的功能模块，如 CPU 核、DSP 核、PLL（锁相环）等，可以实现单片可编程系统（System on Programmable Chip，SoPC）。

拓展的在系统可编程性（ispXP），是 Lattice 公司集中了 EEPROM 和 SRAM 工艺的最佳特性而推出的一种新的可编程技术。ispXP 兼收并蓄了 EEPROM 的非易失单元和 SRAM 的工艺技术，从而在单个芯片上同时实现了瞬时上电和无限可重构性。ispXP 器件上分布的 EEPROM 阵列储存着器件的组态信息。在器件上电时，这些信息以并行的方式被传递到用于控制器件工作的 SRAM 位。新的 ispXFPGA FPGA 系列与 ispXPLD CPLD 系列均采用了 ispXP 技术。

2. PLD 器件的基本结构与电路表示法

（1）PLD 的基本结构

PLD 的基本结构如图 13.29 所示。它由输入缓冲、与阵列、或阵列和输出结构等 4 部分组成。其中输入缓冲电路可以产生输入变量的原变量和反变量，与阵列由与门构成用来产生乘积项，或阵列由或门构成用来产生乘积项之和形式的函数。输出结构相对于不同的 PLD 有所不同，有些是组合输出结构，可产生组合电路，有些是时序输出结构，可形成时序电路。输出信号还可通过内部通路反馈到与阵列的输入端。

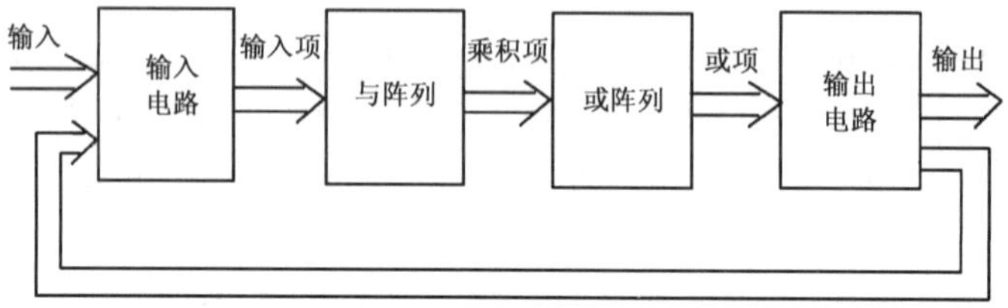

图 13.29　PLD 的基本结构

（2）PLD 的电路表示法

由于 PLD 的阵列规模十分庞大，用传统表示法极不方便。这里介绍一种新的表示法，即 PLD 表示法。

① PLD 的连线方式

图 13.30 是 PLD 使用的三种连线方式。黑点“·”表示该点是固定连接点。在芯片出厂时该点已经被确定为永久性连接点，用户不能改变其连接方式。叉“×”表示该点为用户可自定义的编程点。在芯片出厂时，此点是接通的，保留“×”表示该单元存 1，去掉“×”表示该单元存 0。既无“·”也无“×”处，表示该点是断开的，或者在编程时被擦除的。

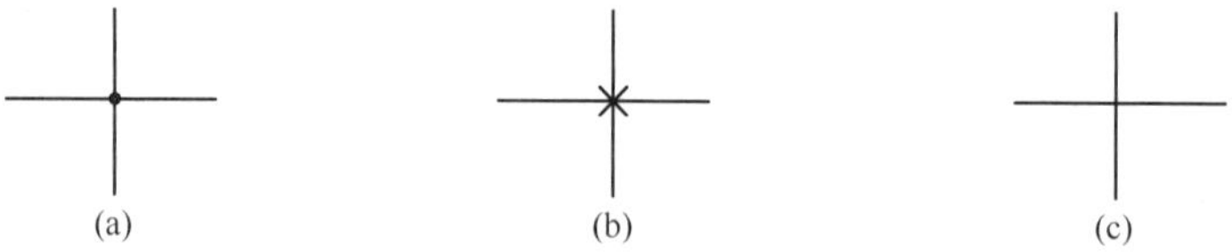

图 13.30　PLD 的连接方式

② PLD 器件中逻辑门电路的表示法

图 13.31 是几种 PLD 逻辑门的表示法。

图 13.31（a）是多输入端与门电路，多输入端的与门只用一根输入线表示，这条线叫乘积线。输入线与乘积线有交点的，则与此点对应的变量是与门的输入变量。例如，图中 A、B 输入线与乘积线有交点，则 A、B 是与门的输入变量；而 C 输入线与乘积线无交点，则 C 不是与门的变量，因此与门的逻辑表达式为 F=AB。

图 13.31（b）是多输入端或门电路，A、B、C 输入线均与乘积线有交点，“·”是固定连接点，“×”是编程连接点，所以 A、B、C 都是或门的输入变量，因此或门的逻辑表达式为 F=A+B+C。

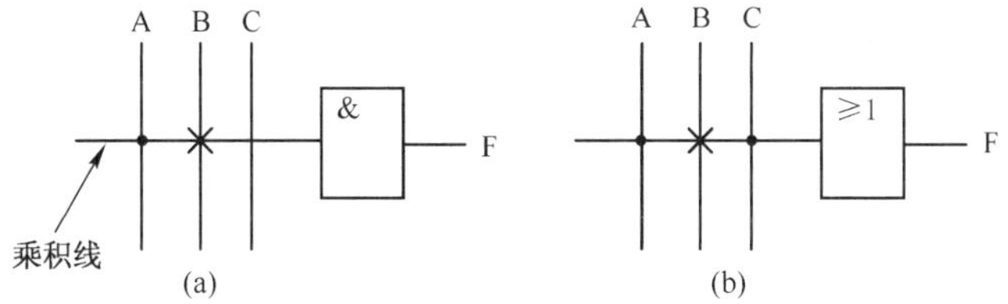

图 13.31　PLD 门电路的表示法

图 13.32 所示为缓冲器。$F_1 = A$ 为同相缓冲器的输出，$F_2 = \overline{A}$ 为反相缓冲器的输出。缓冲器可以增强带负载的能力。

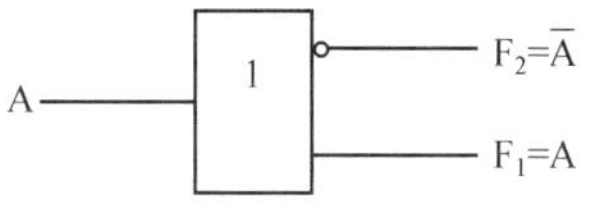

图 13.32　缓冲器

图 13.33（a）中的与门，其输入变量是通过缓冲器输入的。在这种连接情况下，必有 F 恒等于 0。这种状态称为与门的默认状态，其简化画法是在门符号中画一个“×”，以取代各输入线与乘积线相交的“×”。图 13.33（b）是与门的默认状态的等效电路，图 13.33（c）的与门，输入线与乘积线均无交点，它们都不是与门的输入变量，F 为悬浮的 1 状态，此时该门与外界不发生联系。这种状态称为与门的悬浮状态。

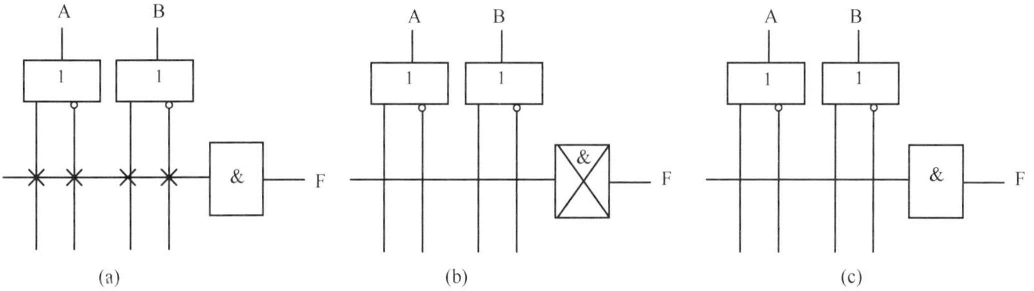

图 13.33　PLD 与门默认状态和悬浮状态

3. 可编程只读存储器 PROM 简介

PROM 属于一种只读存储器。与 ROM 不同的是，用户可以对它进行一次编程，所以 PROM 也属于可编程逻辑器件。

图 13.34 是 PROM 的一个存储单元，二极管连着一段熔丝。在芯片出厂时，存储矩阵中的全部熔丝都是通的，即存储矩阵中都存 1。

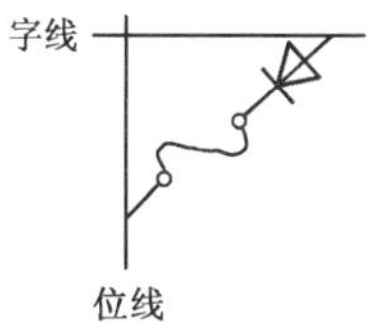

图 13.34　PROM 的一个单元

用户使用 PROM 芯片时，要根据需要进行编程，让有的单元存储 1，让有的单元存储 0。当需要将某些单元改为存储 0 时，只要让这些单元通过足够大的电流把熔丝烧断即可。显然，熔丝烧断后不能再恢复，即编程后的内容不能再修改。可见 PROM 是只能进行一次编程的只读存储器。

PROM 的 PLD 表示法如图 13.35 所示。它的地址译码器由一个固定的与阵列组成，与阵列不可编程。它的存储矩阵由一个可编程的或阵列组成，或阵列全部为可编程的单元，用户可以自由处理。

在图 13.35 中，如果地址译码器的输入扩展为 n 个，则存储矩阵中可存 2^n 个字。但输入项目的增多，势必使与门阵列增大，与门阵列的增大会使开关速度变慢。所以只有小规模的 PROM 才作为可编程逻辑器件使用，而大规模的 PROM 还是作为只读存储器使用。

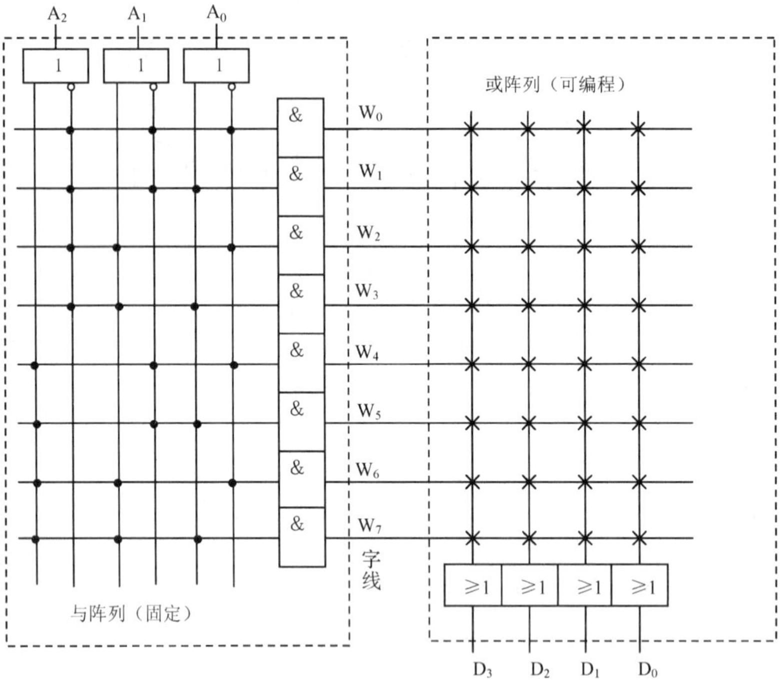

图 13.35　PROM 的阵列图

PROM 可以由 D_0 ～D_3 这 4 个输出端同时输出，即对应某个地址译码输入信号输出的是一个 4 位的二进制数。也可以由 D_0～D_3 中的某个输出端输出，即对应某个地址译码输入信号输出的是 1 位二进制数。下面通过一个例子来说明 PROM 的应用。

〖例 13.1〗　试用图 13.35 的 PROM 实现 1 位全加器。

解： 1 位全加器的真值表见表 13.1。

表 13.1　1 位全加器真值表

输　入			输　出	
A	B	C_{i-1}	S	C_i
0	0	0	0	0
0	0	1	1	0
0	1	0	1	0
0	1	1	0	1
1	0	0	1	0
1	0	1	0	1
1	1	0	0	1
1	1	1	1	1

根据真值表可得到如下函数

$$S = \overline{A}\overline{B}C_{i-1} + \overline{A}B\overline{C}_{i-1} + A\overline{B}\overline{C}_{i-1} + ABC_{i-1}$$
$$= m_1 + m_2 + m_4 + m_7$$
$$C_i = \overline{A}BC_{i-1} + A\overline{B}C_{i-1} + AB\overline{C}_{i-1} + ABC_{i-1}$$
$$= m_3 + m_5 + m_6 + m_7$$

假设分别将 PROM 的 A_2、A_1、A_0、D_1、D_0 定义为 A、B、C_{i-1}、S、C_i，则 PROM 经过如图 13.36 所示的编程后，即可实现全加器的功能。

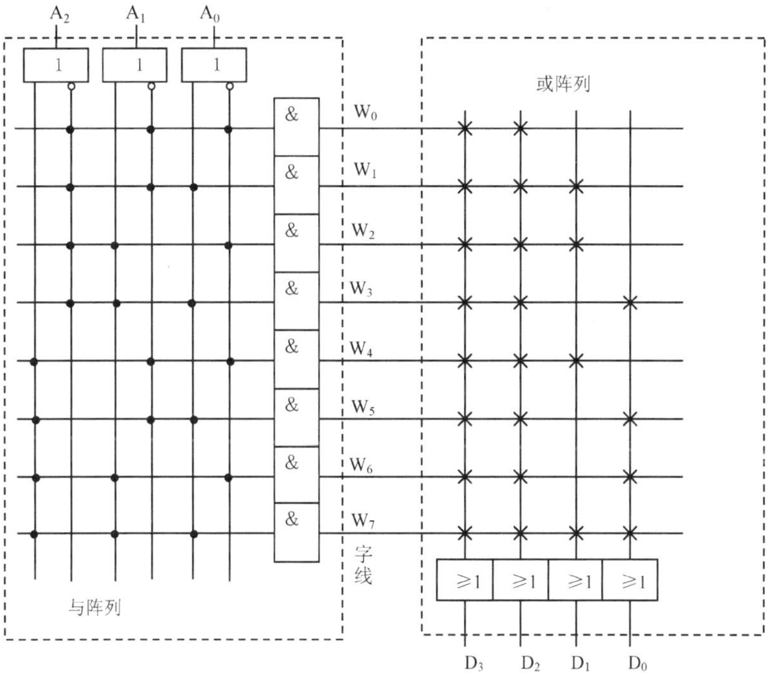

图 13.36 编程后的 PROM 阵列图

4. 可编程逻辑阵列 PLA 简介

可编程逻辑阵列（PLA）由可编程与阵列和可编程或阵列组成，其基本结构如图 13.37 所示。PLA 与 PROM 的结构类似，主要区别在于与阵列和或阵列都可以由用户自己编程。

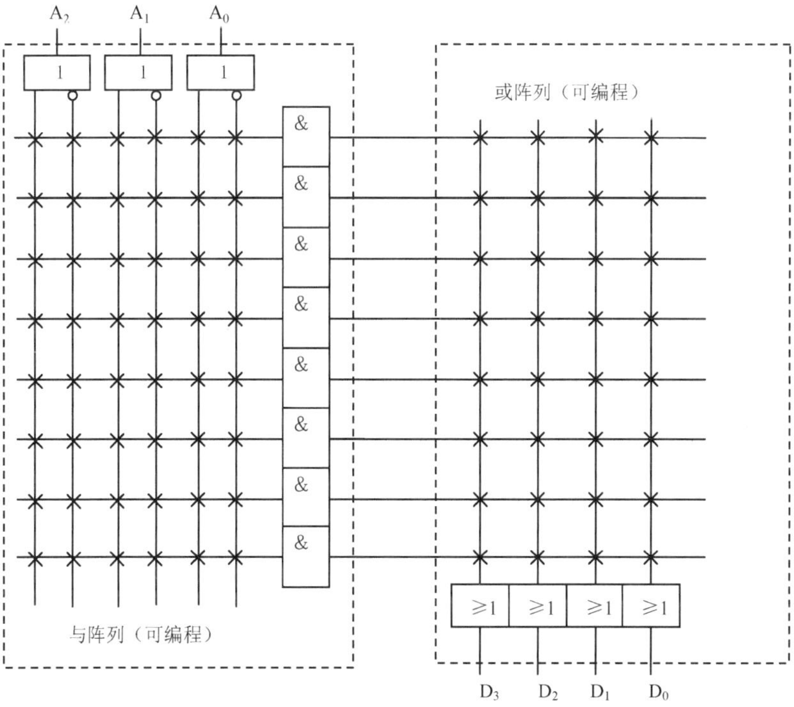

图 13.37 PLA 的阵列图

PROM 采用全译码方式，产生全部最小项。但对大多数逻辑函数而言，并不需要全部最小项，有许多最小项是没用的。由于不能充分利用 PROM 的与阵列因此造成了硬件资源浪费。PLA 的与阵列采用部分译码方式，只产生函数所需要的乘积项，对硬件资源的利用更为有效。

5. 可编程阵列逻辑 PAL 简介

可编程阵列逻辑（PAL）也由可编程与阵列和可编程或阵列组成，其基本结构如图 13.38 所示。PAL 与 PLA 的结构类似，主要区别有两点：① PAL 的或阵列是固定的，不可编程。② PAL 在基本的与阵列和或阵列之外，它的输出端还具有多种形式的输出电路和反馈电路（图中未画出），供不同需求的电路设计者选用。

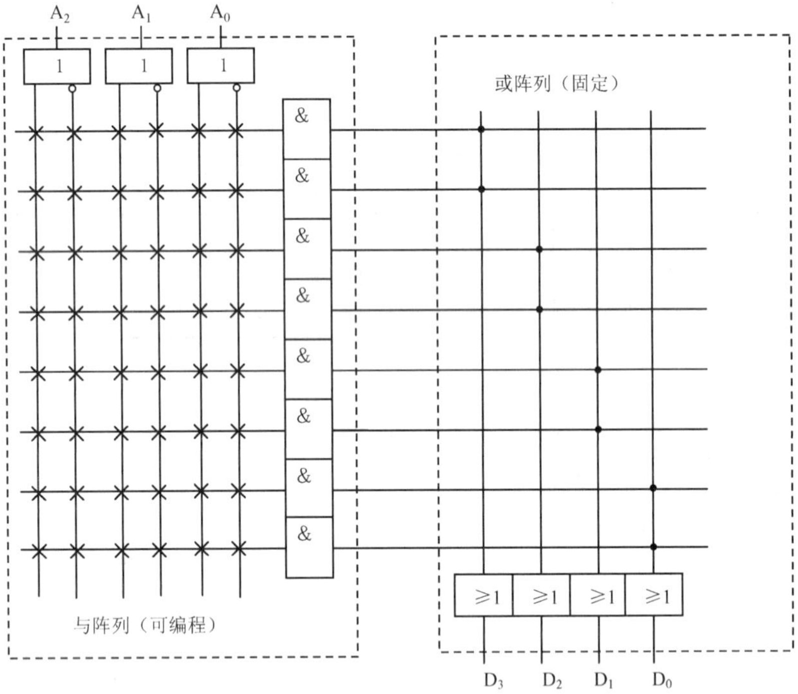

图 13.38　PAL 的阵列图

PAL 产品种类很多，下面介绍典型产品 PAL16R8 器件的阵列结构。

与 PROM 一样，PAL 器件也是由与阵列和或阵列组成的。但 PAL 的与阵列可编程，而或阵列不可编程。所以其阵列图与 PROM 类似，只不过是将 PROM 阵列图中的与阵列里全部填写“×”。

用 PAL 器件实现逻辑函数时，每个输出逻辑函数是若干个乘积项之和的形式，即与或表达式。输出逻辑函数中乘积项的数目是由与阵列的编程情况决定的。在 PAL 产品中，一个输出逻辑函数中的乘积项数目最多可达 8 个，对实现大多数的逻辑函数来讲，PAL 都是可以胜任的。

图 13.39 是 PAL16R8 的逻辑电路图，该图中的或门以及输入/输出缓冲器都采用了国内外传统的画法。PAL16R8 器件的内部电路包括以下几部分。

① 8 个与或阵列。每个与门有 32 个输入端（图中的 32 条列线），每个或门有 8 个输入端，分别对应 8 个与门的输出。

② CLK 是系统的时钟信号，它是由芯片 PAL16R8 的 1 号引脚输入的。

③ 8 个三态反向输出缓冲器。$\overline{OE}$ 是各输出缓冲器的公共使能控制信号。

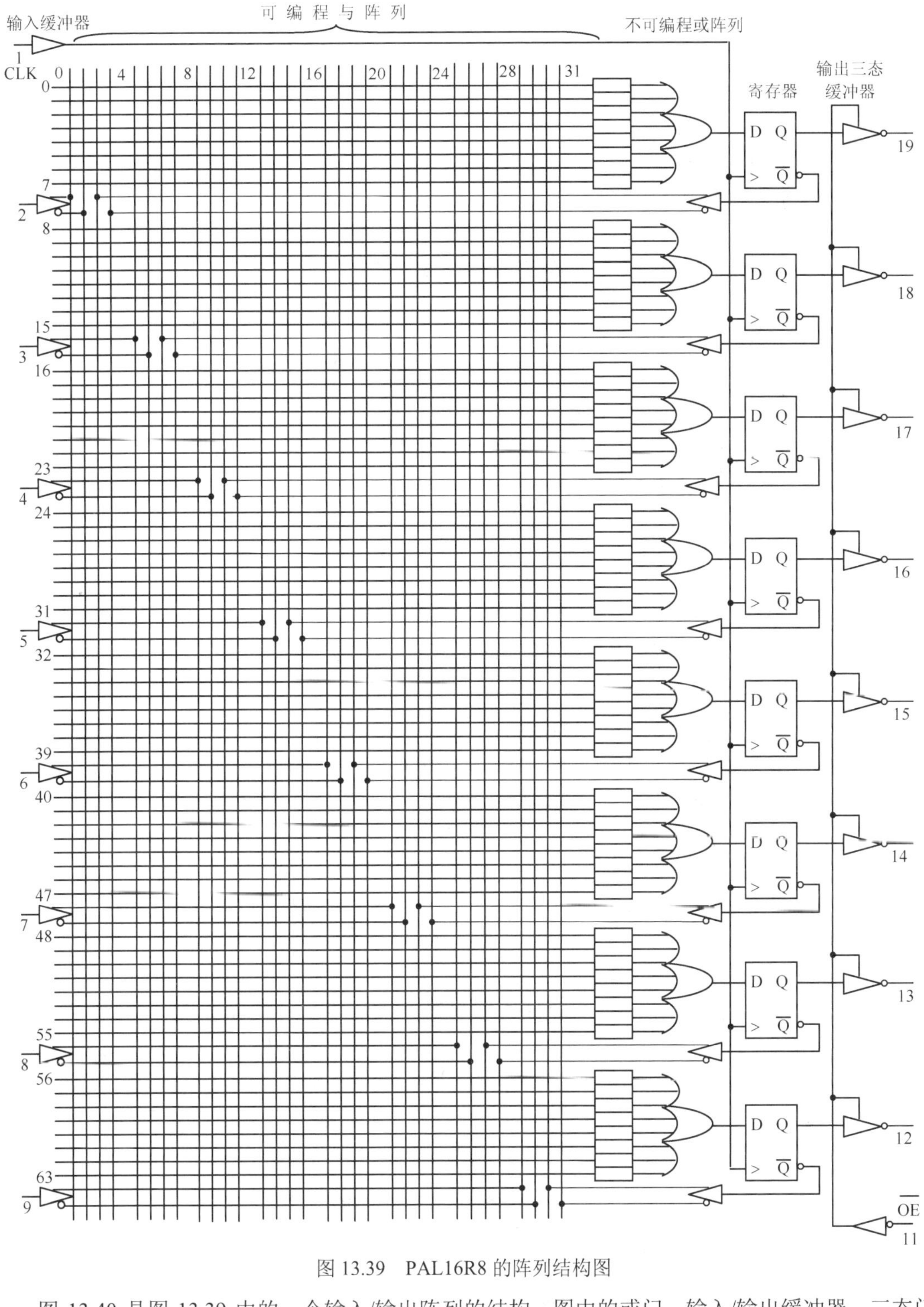

图 13.39　PAL16R8 的阵列结构图

图 13.40 是图 13.39 中的一个输入/输出阵列的结构。图中的或门、输入/输出缓冲器、三态门是采用国内使用的标准符号画出的。

PAL16R8 器件不是直接通过输出缓冲器输出的，其或门输出的状态在 CLK 的作用下要先存入 D 触发器，至于什么时刻输出，要由使能控制信号 $\overline{OE}$ 的状态来决定。

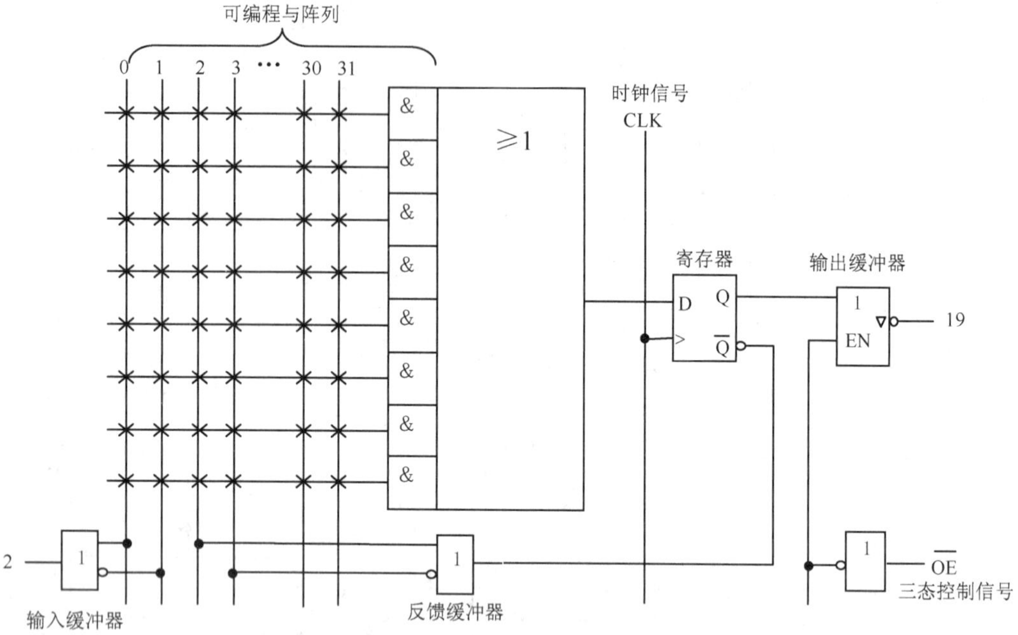

图 13.40 PAL16R8 中的一个输入/输出阵列结构

PAL16R8 器件的输出电路带有反馈控制端，反馈信号是从 D 触发器的 $\overline{Q}$ 引出、经反馈缓冲器接到与门阵列的。这种做法可以使 PAL16R8 器件便于构成具有记忆功能的时序电路，以实现用户所设计的时序逻辑电路。

6. 可编程通用阵列逻辑器件 GAL 简介

尽管 PAL 器件的逻辑设计具有很大的灵活性，但其输出电路结构的类型繁多，通用性差。GAL 是在 PAL 的基础上发展起来的新一代可编程逻辑器件，不仅避免了 PAL 的缺点，而且功能也更加丰富。

GAL 也采用与或逻辑阵列，与一般 PAL 不同的是，它具有电可擦可编程的功能，使器件具有可擦除、可重新编程的特点。另外，其输出电路还采用了可编程的逻辑宏单元来增强其输出功能。GAL 既可以用作组合逻辑器件，也能用作时序逻辑器件，其输出引脚既可以作为输出端，也可以设置成输入端，使用更灵活。GAL 器件具有丰富的逻辑功能、较高的通用性和灵活性，为复杂逻辑系统的设计提供了极为有利的条件。

根据 GAL 器件门阵列结构的不同，GAL 器件可分为两类：一类与 PAL 基本相似，即与门阵列可编程，或门阵列为固定连接，如 GAL16V8、GAL20V8 等，型号中的 16 或 20 是指可使用的输入端数，V 表示通用型，8 表示输出端数。另一类 GAL 器件的与阵列和或阵列都可以编程，如 GAL39V18 等。

前面介绍的 PROM、PLA、PAL、GAL 器件其区别主要在于可编程的部位不同，见表 13.2。

表 13.2 PROM、PLA、PAL、GAL 器件主要区别

类 型	与 阵 列	或 阵 列	输 出 电 路
PROM	固定	可编程	固定
PLA	可编程	可编程	固定
PAL	可编程	固定	固定
GAL	可编程	固定（可编程）	可组态

它们的集成度都比较低，属于低密度可编程逻辑器件（LDPLD）。高密度可编程逻辑器件（HDPLD），通常是指集成度在 1000 等效门以上的 PLD 器件，如复杂可编程逻辑器件（CPLD）及现场可编程门阵列（FPGA）。

7. 复杂可编程逻辑器件（CPLD）简介

复杂可编程器件（CPLD）是在用户对可编程器件的集成度要求不断提高的形势下发展起来的，其基本结构与 PAL/GAL 相仿，是基于与或阵列的乘积项结构，但集成度要高得多。CPLD 大都是由 EEPROM 和 Flash 工艺制造的，可反复编程，一上电就可以工作，无须其他芯片配合。采用这种结构的商用 CPLD 的芯片较多，如 Altera 公司的 MAX 系列，Xilinx 公司的 XC9500 系列，Lattice 公司的大部分产品，它们的性能各有特点。下面以 Lattice 公司的 ispLSI 1016 为例进行简单介绍。图 13.41 所示是它的外引脚图。

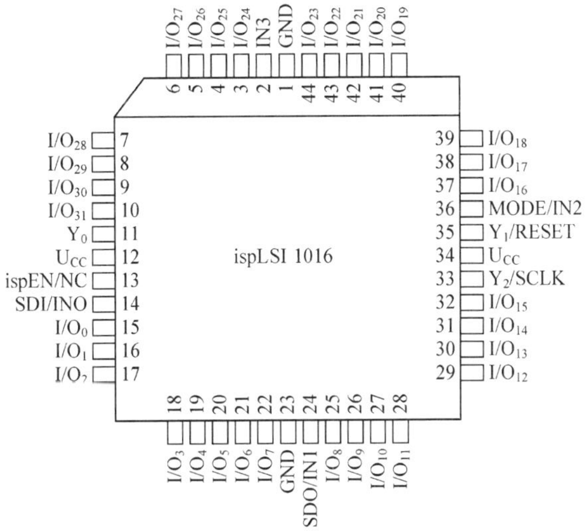

图 13.41　ispLSI 1016 外引脚图

ispLSI 1016 的主要特点如下。

① 集成密度为 2000 等效门。

② 电擦写 CMOS（EECMOS）器件。

③ 有 44 个引脚，其中 32 个是 I/O 引脚，4 个是专用输入引脚。

④ 最大工作频率 f_{max}=125MHz。

⑤ 具备 5V 的在系统编程能力。

所谓在系统编程（ISP），就是在编程时既不需要使用编程器，也不需要将待编程芯片从系统板上取下，就可直接在系统上进行编程的技术。采用 ISP 技术可在不改变任何硬件结构的前提下对系统进行反复编程，修改逻辑设计，重构逻辑系统。这样，既可大大缩短新产品研制周期，降低开发风险和成本，也可对旧产品进行升级换代。

图 13.42 是 ispLSI 1016 的电路结构框图。由图 13.42 可见，ispLSI1016 芯片有 A_0～A_7 和 B_0～B_7 共 16 个通用逻辑块 GLB（Generic Logic Block）、32 个输入/输出单元 IOC（I/O Cell）、全局布线区 GRP（Global Routing Pool）、输出布线区 ORP（Output Routing Pool）、时钟脉冲分配网络 CDN（Clock Distribution Network）和编程控制电路。N_0～N_3 是 4 个专用输入引脚。

（1）全局布线区 GRP

GRP 位于芯片中央。通过编程，可将 16 个 GLB 的互相连接以及与 IOC 和 ORP 的连接，任何一个 GLB 能与任何一个 IOC 相连。

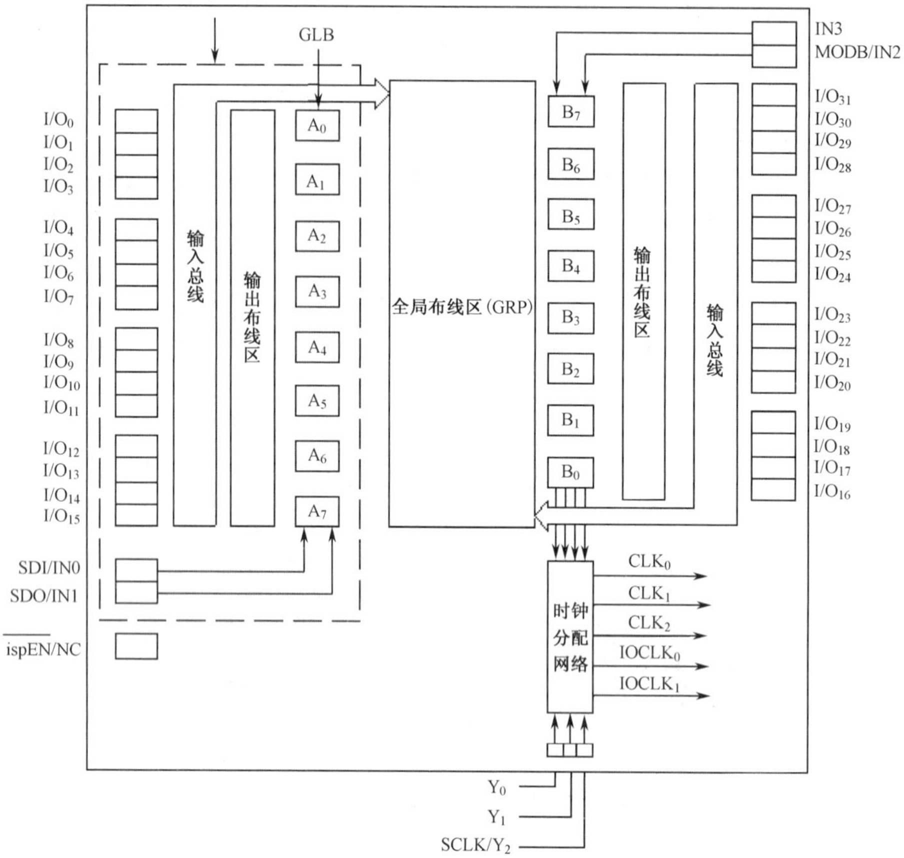

图 13.42　ispLSI 1016 的电路结构框图

（2）通用逻辑块 GLB

GLB 位于 GRP 的两边，每边 8 块，共 16 块。GLB 主要由可编程的与阵列、乘积项共享的或阵列和四输出逻辑宏单元 OLMC 三部分组成，如图 13.43 所示。它的与阵列有 18 个输入端，其中 16 个来自 GRP，2 个是专用输入。每个 GLB 有 20 个与门，组成 20 个乘积项。4 个或门的输入按 4，4，5，7 配置，它们的 4 个输出送至 4 个输出逻辑宏单元 OLMC，而 OLMC 的 4 个输出送至 GRP、ORP 和 IOC。

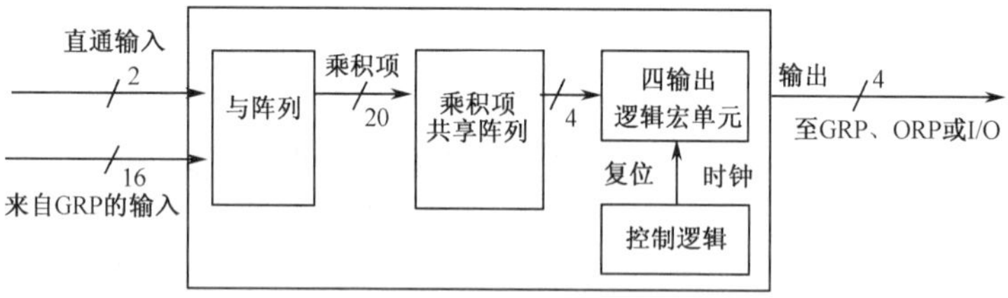

图 13.43　GLB 结构框图

（3）输出布线区 ORP

ORP 是可编程互连阵列，阵列的输入是 8 个 GLB 的 32 个输出。阵列的 16 个输出端分别与该侧的 16 个 IOC 相连，这就是把 GLB 的输出信号接到 IOC。

（4）时钟脉冲分配网络 CDN

CDN 产生 5 个时钟脉冲：CLK_0，CLK_1，CLK_2，$IOCLK_0$，$IOCLK_1$，前 3 个作为 GLB 的时钟信号，后 2 个提供给 IOC。CDN 的输入信号由 3 个专用输入端 Y0、Y1、Y2 提供，其中 Y1 兼有

时钟和复位的功能。

（5）编程使能信号 ispEN

当 ispEN=1 时，器件为正常工作状态；当 ispEN=0 时，所有 IOC 的三态输出缓冲器均被置成高阻态，并允许器件进入编程状态。

8. 现场可编程门阵列（FPGA）简介

现场可编程门阵列 FPGA 是 20 世纪 80 年代出现的一种可编程逻辑器件。它由若干独立的可编程逻辑模块组成，用户可以通过编程将这些模块连接成所需要的数字系统。因为这些模块的排列形式和门阵列（Gate Array）中单元的排列形式相似，所以沿用了门阵列的名称。FPGA 属高密度的 PLD，其集成度非常高，多用于大规模逻辑电路的设计。

图 13.44 是 FPGA 基本结构形式的示意图。它由 3 种可编程单元和一个用于存放编程数据的静态存储器（RAM）组成。这 3 种可编程单元是：输入/输出模块 IOB（I/O Block）、可编程逻辑模块 CLB（Configurable Logic Block）和互连资源 IR（Interconnect Resource）。它们的工作状态全部由编程数据存储器中的数据设定。

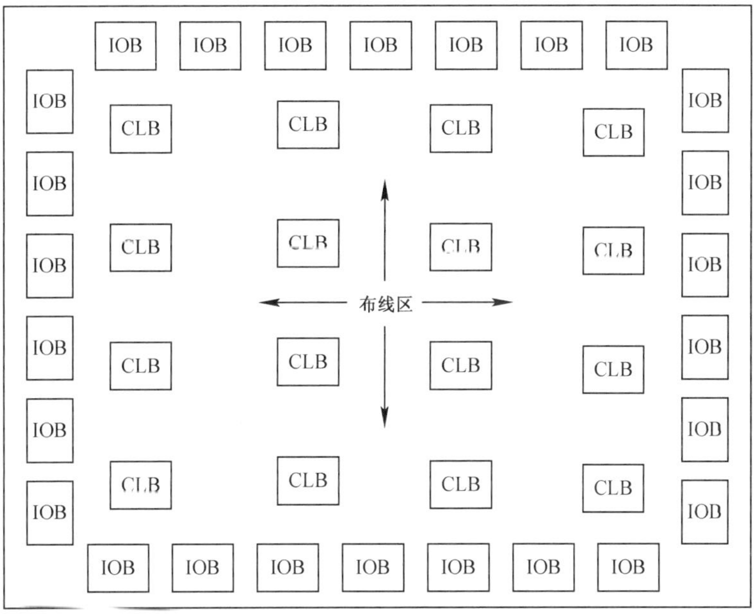

图 13.44　FPGA 基本结构示意图

可编程逻辑模块 CLB 是 FPGA 的基本逻辑单元电路，它由逻辑函数发生器、触发器、进位逻辑、编程数据存储单元、数据选择器及其他控制电路组成。

CLB 中的逻辑函数发生器是由 3 个基于查找表 LUT（Look-up Table）的 RAM 单元构成的，其中两个是四变量输入，一个是三变量输入，经组合后可实现九变量组合逻辑函数。每个 LUT 可以看成一个有 4 位地址线 16×1 的 RAM。当用户通过原理图或 HDL 语言描述了一个逻辑电路以后，FPGA 的开发软件会自动计算逻辑电路的所有可能的结果，并把结果事先写入 RAM，这样每输入一个信号进行逻辑计算就等于输入一个地址进行查表，找出地址对应的内容，然后输出即可。表 13.3 是一个用 LUT 实现四输入与门的例子。

另外，CLB 中的两个边沿 D 触发器通过数据选择器与逻辑函数发生器组合成时序逻辑电路。CLB 除实现一般组合或时序逻辑功能外，其编程数据存储单元还可构成两个 16×1 位的随机存储器 RAM。CLB 以 $n \times n$ 阵列形式分布在 FPGA 中，不同型号的 FPGA 阵列规模不同。

表 13.3　用 LUT 实现四输入与门

实际逻辑电路		LUT 的实现方式	
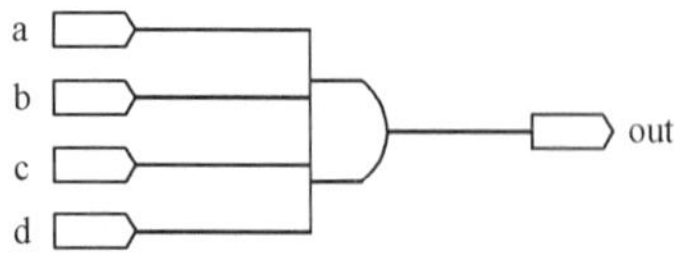		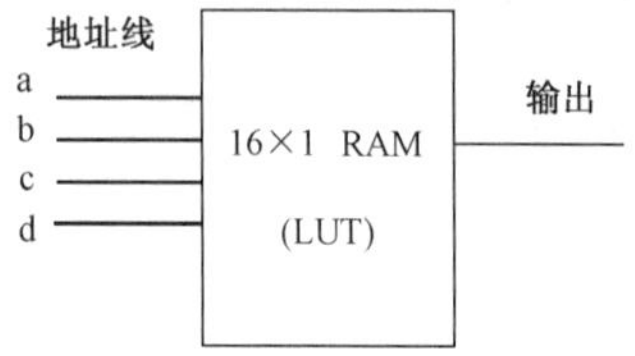	
a，b，c，d 输入	逻辑输出	地址	RAM 中存储的内容
0000	0	0000	0
0001	0	0001	0
…	0	…	0
1111	1	1111	1

IOB 是 FPGA 的外封装引脚与内部逻辑间的接口电路，分布在 FPGA 的四周。每个 IOB 对应一个引脚。通过编程可将引脚定义为输入、输出和双向功能。

IR 分布在 CLB 阵列的行、列间隙中，为水平和垂直的两层金属线段组成的栅格状结构。通过编程可将所用到的 CLB 和 IOB 相连，构成需要的逻辑电路。

此外，FPGA 还有一个用于存放编程数据的静态存储器 SRAM。由于 SRAM 的易失性，使得 FPGA 需要在上电后必须进行一次配置，即将编程好的数据写入 SRAM。FPGA 的配置方法有使用 PC 并行口、使用专用配置器和使用单片机配置等几种。

9．PLD 的编程

随着 PLD 集成度的不断提高，PLD 的编程也日益复杂，设计的工作量也越来越大。在这种情况下，PLD 的编程工作必须在开发系统的支持下才能完成。为此，一些 PLD 的生产厂商和软件公司相继研制成了各种功能完善、高效率的 PLD 开发系统。其中一些系统还具有较强的通用性，可以支持不同厂家生产的、各种型号的 PAL、GAL、CPLD、FPGA 产品的开发。

PLD 开发系统包括软件和硬件两部分。

开发系统软件是指 PLD 专用的编程语言和相应的汇编程序或编译程序。开发系统软件大体上可以分为汇编型、编译型和原理图收集型三种。

早期使用的多为一些汇编型软件。这类软件要求以化简后的与或逻辑式输入，不具备自动化简功能，而且对不同类型 PLD 的兼容性较差。例如，由 MMI 公司研制的 PALASM 以及随后出现的 FM（Fast-Map）等就属于这一类。

进入 20 世纪 80 年代以后，功能更强、效率更高、兼容性更好的编译型开发系统软件很快地得到了推广应用。其中比较流行的有 Data I/O 公司研制的 ABEL 和 Logical Device 公司的 CUPL。这类软件输入的源程序采用专用的高级编程语言（也称为硬件描述语言 HDL）编写，有自动化简和优化设计功能。除了能自动完成设计以外，还有电路模拟和自动测试等附加功能。

20 世纪 80 年代后期又出现了功能更强的开发系统软件。这种软件不仅可以用高级编程语言输入，而且可以用电路原理图输入。这对于想把已有的电路（例如用中、小规模集成器件组成的一个数字系统）写入 PLD 的人来说，提供了最便捷的设计手段。例如，Data I/O 公司的 Synario 就属于这样的软件。

20 世纪 90 年代以来，PLD 开发系统软件开始向集成化方向发展。为了给用户提供更加方便的设计手段，一些生产 PLD 产品的主要公司都推出了自己的集成化开发系统软件（软件包）。这些集成化开发系统软件通过一个设计程序管理软件把一些已经广为应用的优秀 PLD 开发软件集成为一个大的软件系统，在设计时技术人员可以灵活地调用这些资源完成设计工作。属于这种集成化的软件系统有 Xilinx 公司的 XACT5.0、Lattice 公司的 ISP Synario System 等。

所有这些 PLD 开发系统软件都可以在 PC 机或工作站上运行。虽然它们对计算机内存容量的要求不同，但都没有超过目前 PC 机一般的内存容量。

开发系统的硬件部分包括计算机和编程器。编程器是对 PLD 进行写入和擦除的专用装置，能提供写入或擦除操作所需要的电源电压和控制信号，并通过串行接口从计算机接收编程数据，最终写进 PLD 中。早期生产的编程器往往只适用于一种或少数几种类型的 PLD 产品，而目前生产的编程器都有较强的通用性。而对于具有在系统编程（ISP）能力的 PLD 器件，只需要一根下载电缆，即可把编程数据从计算机写入 PLD 中。

PLD 的编程工作大体上可按如下步骤进行。

第 1 步：进行逻辑抽象。首先要把需要实现的逻辑功能表示为逻辑函数的形式——逻辑方程、真值表或状态转换表（图）。

第 2 步：选定 PLD 的类型和型号。选择时应考虑是否需要擦除改写；是组合逻辑电路还是时序逻辑电路；电路的规模和特点（有多少个输入端和输出端，多少个触发器，与或函数中乘积项的最大数目，是否要求对输出进行三态控制等）；对工作速度、功耗的要求；是否需要加密等。

第 3 步：选定开发系统。选用的开发系统必须能支持选定器件的开发工作。与 PLD 器件相比，开发系统的价格要昂贵得多。因此，应该充分利用现有的开发系统，在系统所能支持的 PLD 种类和型号中选择合用的器件。

第 4 步：按编程语言的规定格式编写源程序。鉴于 PLD 编程语言种类较多，而且发展、变化很快，本书中就不进行具体讲解了。这些专用编程语言的语法都比较简单，通过阅读使用手册和练习，很容易掌握。

第 5 步：上机运行。将源程序输入计算机，并运行相应的编译程序或汇编程序，产生 JEDEC 下载文件和其他程序说明文件。

所谓 JEDEC 文件，是一种由电子器件工程联合会制定的记录 PLD 编程数据的标准文件格式。一般的编程器都要求以这种文件格式输入编程数据。

第 6 步：下载。所谓下载，就是将 JEDEC 文件由计算机送给编程器，再由编程器将编程数据写入 PLD 中。对于具有在系统编程（ISP）能力的 PLD 器件，可由计算机直接将编程数据写入 PLD 中，而无须编程器。

第 7 步：测试。将写好数据的 PLD 从编程器上取下，用实验方法测试它的逻辑功能，检查它是否达到了设计要求。对于具有在系统编程（ISP）能力的 PLD 器件，可直接在系统上进行测试。

13.2.2 可编程模拟器件

1. 可编程模拟器件简介

常用的可编程模拟器件主要包括在系统可编程模拟电路（ispPAC）和现场可编程模拟阵列（FPAA）两大类。二者的基本结构与可编程逻辑器件相似，主要包括可编程模拟单元 CAB（Configurable Analog Block）、可编程互连网络（Programmable Interconnection Network）、配置逻辑（接口）、配置数据存储器（Configuration Data Memory）、模拟 I/O 单元（或输入单元、输出单元）等几大部分。模拟 I/O 单元等与器件引脚相连，负责信号输入、输出；配置逻辑通过串行、并行总线或在系统编程（ISP）方式，接收外部输入的配置数据并存入配置数据存储器；配置数据存储器可以是移位寄存器、SRAM 或者非易失的 EEPROM、Flash 等，其容量可以是数十位至数千位不等；

可编程互连网络是多输入、多输出的信号交换网络，受配置数据控制，完成各 CAB 之间及其与模拟 I/O 单元之间的电路连接和信号传递；CAB 是可编程模拟器件的基本单元，一般由运行放大器或跨导放大器配合外围的可编程电容阵列、电阻阵列、开关阵列等共同构成。各元件取值及相互间连接关系等均受配置数据控制，从而呈现不同的 CAB 功能组态和元件参数组合，以实现用户所需的电路功能。CAB 的性能及其功能组态和参数相合的数目，是决定可编程模拟器件功能强弱和应用范围的主要因素。

目前，可编程模拟器件已在数据采集、信号处理、仪器仪表、控制与监测、人工神经网络等重要领域得到应用，其典型应用包括信号调理、模拟计算、中高频应用、人工神经网络、电路进化设计（EHW）等。

与数字器件相比，可编程模拟器件具有简捷、经济、高速度、低功耗等优势；而与普通模拟电路相比，它又具有全集成化、适用性强，便于开发和维护（升级）等显著优点，并可作为模拟 ASIC 开发的中间媒介和低风险过渡途径。因此，它特别适用于小型化、低成本、中低精度电子系统的设计和实现。

现在常用的可编程模拟器件主要有 Lattice 公司的在系统可编程模拟电路 ispPAC（In-System Programmability Programmable Analog Circuits）系列产品，Anadigm 公司的现场可编程模拟阵列 FPAA（Field Programmable Analog Array）系列产品，FAS 公司的 TRAC 系列产品，SIDSA 公司的 FIPSOC（数模混合现场可编程片上系统）系列产品等。限于篇幅，本章仅以 ispPAC10 器件为例对可编程模拟器件进行简单介绍。

2．ispPAC10 的结构与原理

在系统可编程模拟电路 ispPAC 是由美国 Lattice 公司于 1999 年 11 月推出的，目前已推出了 ispPAC10、ispPAC20、ispPAC30、ispPAC80、ispPAC81、ispPAC-POWR1208、ispPAC-POWR604 等多种产品，ispPAC10 是其中最简单的一种。图 13.45 是 ispPAC10 的结构图。

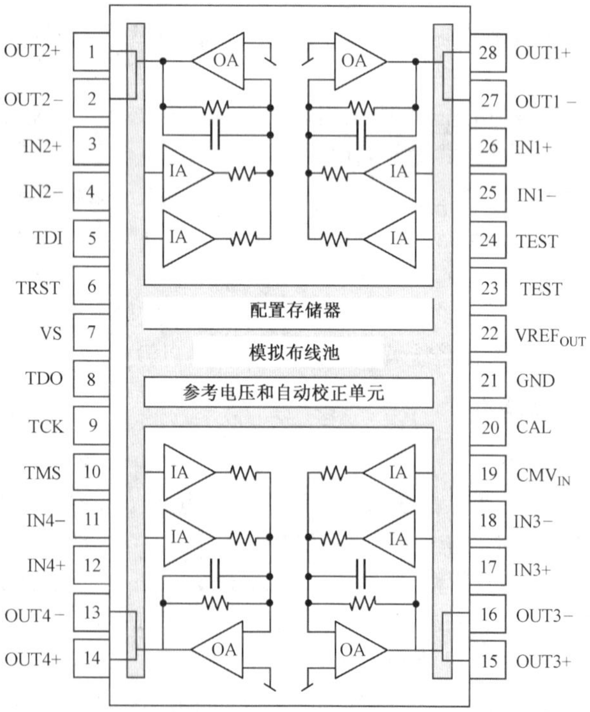

图 13.45　ispPAC10 的结构图

ispPAC10 器件的结构由 4 个基本单元电路块、模拟布线池、配置存储器、参考电压、自动校正单元和 ISP 接口组成。该器件采用+5V 单电源供电，无须外围元件就可以灵活实现诸如精密滤波、求和/求差、增益/衰减和积分等基本模拟功能。

ispPAC10 器件的基本单元电路称为 PAC 块（PAC Block），如图 13.46 所示。它由两个仪表放大器 IA1、IA2 和一个输出放大器 OA 所组成，配以滤波电容 C_F 和可选直流反馈允许开关，构成一个真正的差分输入、差分输出的基本单元电路，能实现两个主要功能：反馈允许即反馈电阻 R_F 连通时实现低通滤波器，反馈电阻 R_F 断开时实现积分器。IA 的增益 K 调整范围为−10～+10，步长为 1。输出放大器中的电容 C_F 有 128 种值可供选择。所谓真正的差分输入、差分输出是指每个仪表放大器 IA1、IA2 有两个输入端，输出放大器 OA1 也有两个输出端。PAC 块中电路的增益和特性都可以用编程的方法来改变。对于 ispPAC10 中的 4 个 PAC 块，采用一定的方法可以灵活的配置成±1～±10000 倍的各种增益。器件中的 PAC 块既可以独立地构成放大、求和、积分、滤波电路，也可以通过模拟布线池（Analog Routing Pool）实现互连，可以构成双二阶有源滤波器、梯形滤波器等各种复杂模拟电路，且无须在器件外部连接电阻、电容元件。ISP 接口电路是为计算机与 ispPAC 器件之间进行信息传输而设置的。

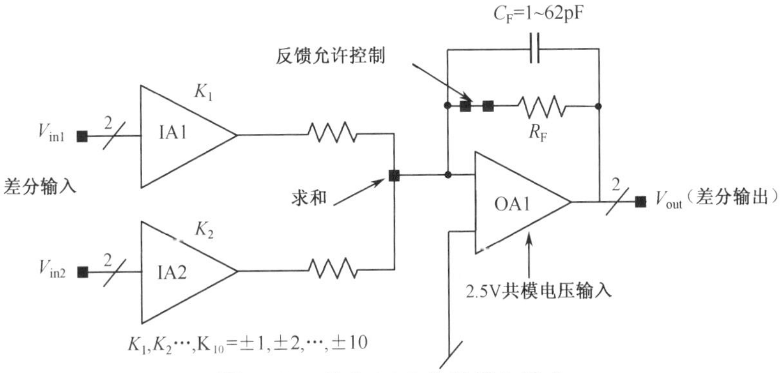

图 13.46　单个 PAC 块的简化模式

3. ispPAC10 的设计方法

ispPAC 系列器件是用 PAC-Designer 软件工具来进行开发设计的，界面如图 13.47 所示。

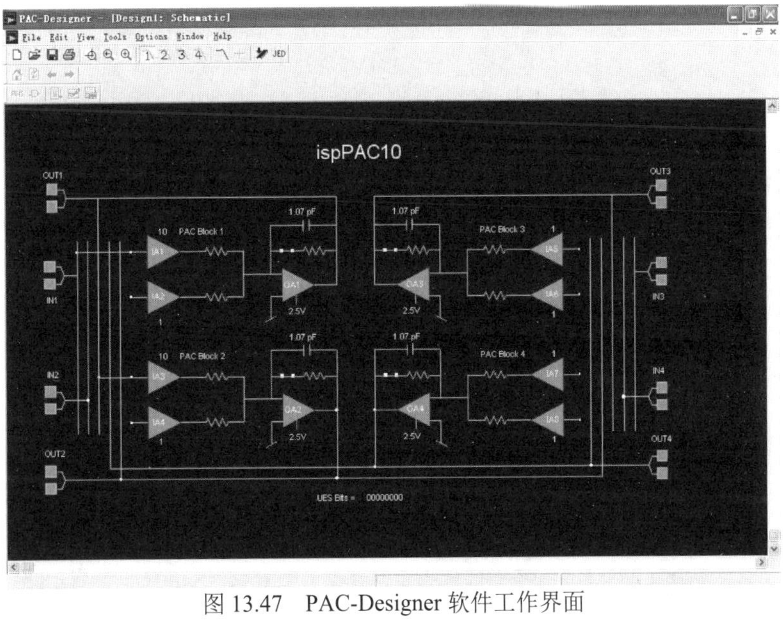

图 13.47　PAC-Designer 软件工作界面

ispPAC 系列器件编程步骤是：首先根据所设计电路的实际要求，选定相应的 PAC 芯片并计算出芯片内部各参数值，再对芯片内部进行设计，包括对电容值、增益值、电阻及是否采用宏功能和库来实现设计，设计好之后即可对电路进行仿真、下载，这样就完成了整个芯片的设计。

4．ispPAC10 应用示例

（1）放大 100 倍的比例运算放大电路

用 ispPAC10 接成比例运算放大电路有多种接法。

图 13.48 所示电路为简单的两级放大电路，PAC 模块 1 的输出电压 $u_{O1}=10u_I$，模块 2 的输出电压 $u_O=10u_{O1}=10\times10u_I=100u_I$，所以整个电路的电压放大倍数 $A_u=100$。

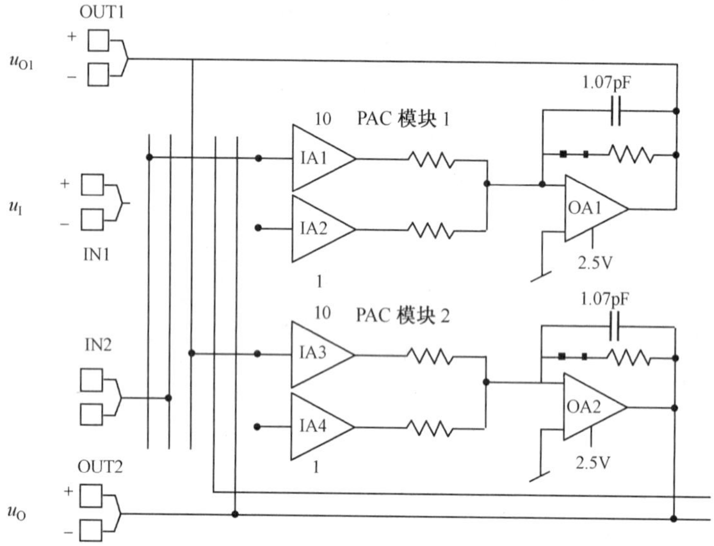

图 13.48　应用示例 1

在图 13.49 所示电路中，$u_{O1}=5u_I$，PAC 模块 2 的两个仪用放大器的输入信号均为 u_{O1}，因而 $u_O=10u_{O1}+10u_{O1}=20u_{O1}=20\times5u_I=100u_I$，所以 $A_u=100$。

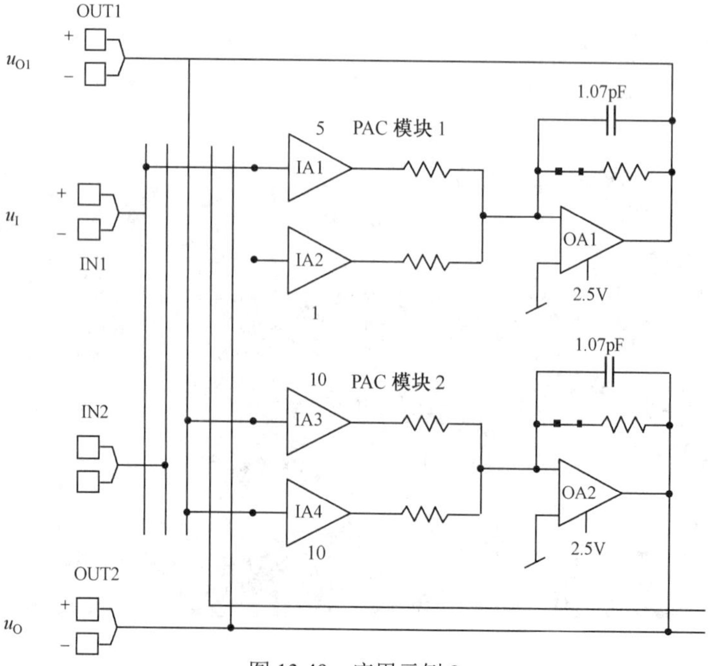

图 13.49　应用示例 2

在图 13.50 所示电路中，$u_{O1}=9u_I$；PAC 模块 2 对 u_{O1} 和 u_I 按比例求和，$u_O=10u_{O1}+10u_I=90u_I+10u_I=100u_I$，所以 $A_u=100$。

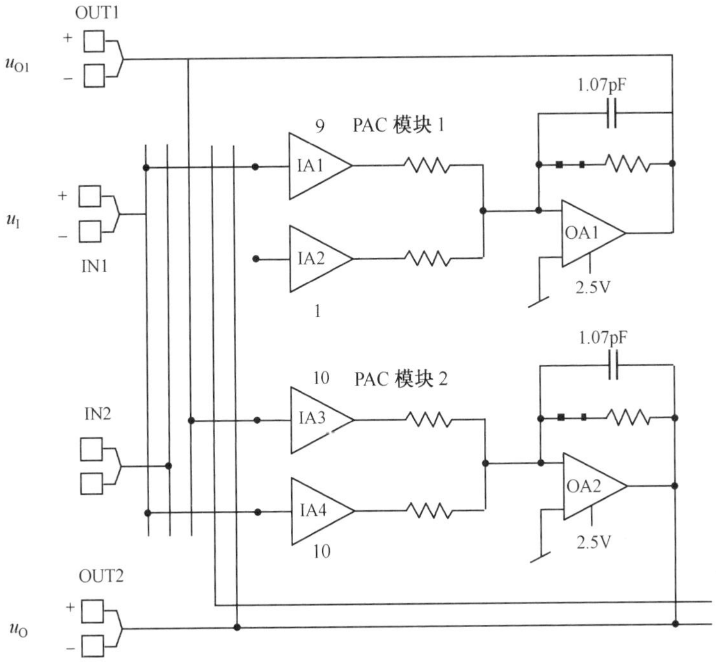

图 13.50　应用示例 3

比照 PAC 模块 2 的接法来改变 PAC 模块 1 的接法，也可得到增益为 100 的放大电路。利用上述思路可以构成增益为±1～±10000 中任意数值的放大电路。

（2）二阶有源滤波器

利用图 13.51 所示的 PAC-Designer 设计工具可根据用户定义的参数值自动生成满足条件的增益配置或双二阶、巴特沃斯（Butterworth）和切比雪夫（Chebyshev）等类型的滤波器。

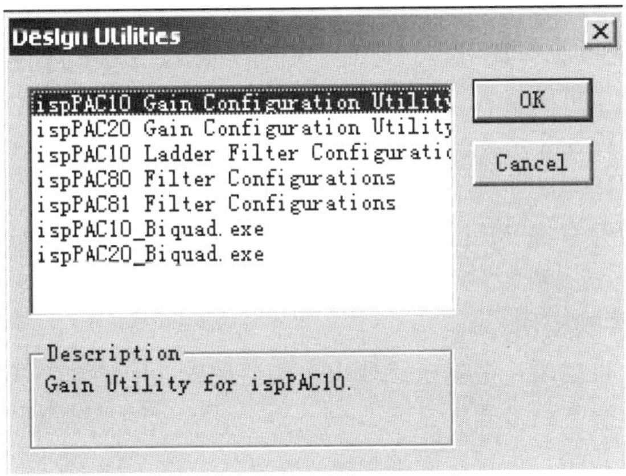

图 13.51　PAC-Designer 的设计工具

图 13.52 所示的是利用 PAC-Designer 设计工具中的 ispPAC10_Biquad.exe 设计的二阶有源滤波器，其中从 OUT1 输出可实现带通滤波，其中心频率为 30kHz；从 OUT2 输出可实现低通滤波，其截止频率为 30kHz。

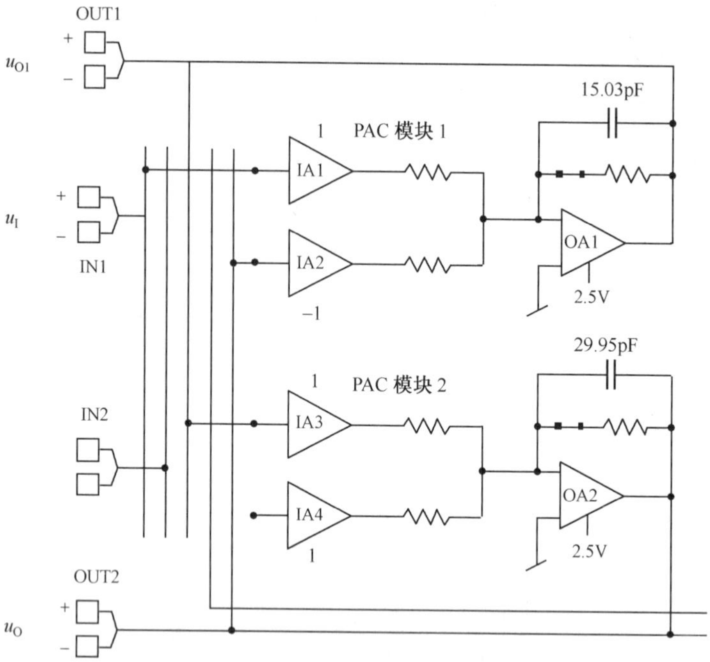

图 13.52　用 ispPAC10 实现二阶有源滤波器

本章要点

一、EDA 技术

EDA 是电子设计自动化（Electronic Design Automation）的缩写，EDA 技术是以计算机科学和微电子技术发展为先导，汇集了计算机图形学、拓扑逻辑学、微电子工艺与结构等多种学科的先进技术，它是在计算机工作平台上产生的电子系统设计的应用技术。EDA 技术主要可分为两类，一类是以 Protel、Multisim（EWB）、OrCAD 等软件为标志的板级 EDA 技术，另一类是以 FPGA/CPLD 技术为标志的芯片内部设计自动化。

二、Multisim

以 Windows 为基础的板级仿真工具，是 EWB 的升级版，适用于模拟/数字线路板的设计。该工具在一个程序包中汇总了框图输入、Spice 仿真、HDL 设计输入和仿真及其他设计能力，可以协同仿真 Spice、Verilog 和 VHDL。

三、Multisim 的应用

通过仿真实例，学习并掌握 Multisim（EWB）在电路原理、模拟电路、数字电路仿真中的使用方法。

四、可编程逻辑器件的应用

可编程逻辑器件是一种由用户根据自己要求来构造逻辑功能的数字集成电路。应用可编程逻辑器件实现数字系统，可遵循下列步骤。

（1）确定系统的逻辑功能，进行逻辑抽象。

（2）选定 PLD 的类型和型号。

（3）选定开发系统。

（4）按编程语言的规定格式编写源程序。

（5）上机运行。

（6）下载。

（7）测试。

五、可编程模拟器件 ispPAC10 的应用

可编程模拟器件既属于模拟集成电路，又同可编程逻辑器件一样，可由用户通过现场编程和配置来改变其内部连接和元件参数从而获得所需要的电路功能。

1．ispPAC10 器件的结构：由 4 个基本单元电路块、模拟布线池、配置存储器、参考电压、自动校正单元和 ISP 接口组成。

2．ispPAC10 器件的应用：可以实现精密滤波、求和/求差、增益/衰减和积分等基本模拟功能。

3．ispPAC10 器件的开发：ispPAC 系列器件是用 PAC-Designer 软件工具来进行开发设计的，既可以手工设计，也可以利用 PAC-Designer 设计工具根据用户定义的参数值自动生成满足条件的模拟电路。

关键术语

电子设计自动化：Electronic Design Automation（EDA）

集成电路模拟仿真程序：Simulation Program with Integrated Circuit Emphasis（Spice）

射频：Radio Frequency（RF）

可编程逻辑器件：Programmable Logic Device（PLD）

可编程只读存储器：Programmable Read Only Memory（PROM）

可编程阵列逻辑：Programmable Array Logic（PAL）

可编程逻辑阵列：Programmable Logic Array（PLA）

通用阵列逻辑：Generic Array Logic（GAL）

复杂可编程器件：Complex Programmable Logic Device（CPLD）

现场可编程门阵列：Field Programmable Gate Array（FPGA）

在系统编程：In-System Programmability（ISP）

查找表：Look-Up Table（LUT）

可编程模拟器件：Programmable Analog Device（PAD）

在系统可编程模拟电路：In-System Programmability Programmable Analog Circuits（ispPAC）

现场可编程模拟阵列：Field Programmable Analog Array（FPAA）

可编程模拟单元：Configurable Analog Block（CAB）

可编程互连网络：Programmable Interconnection Network

配置数据存储器：Configuration Data Memory

习题 13

13-1　以图 13.20 中基尔霍夫定律的仿真为基础，设计电路验证叠加原理，并用 Multisim 10 完成仿真。

13-2　以图 13.21 中感性负载测量为基础，设计电路提高功率因数，并用 Multisim 10 完成仿真。

13-3　图 13.22 所示放大电路中，用 Multisim 10 软件测量将交流旁路电容 C_E 断开时电路的静态工作点、输入电阻、输出电阻以及电压放大倍数，并分析交流旁路电容 C_E 对电路的影响。

13-4　测量过零比较器的输入、输出波形和电压传输特性，并用 Multisim 10 完成仿真。

13-5　利用 Multisim 10 中的逻辑转换仪，设计全加器。

13-6　在 Multisim 10 中，用 74LS90 设计六进制计数器，并用数码显示管和逻辑分析仪观测仿真结果。

13-7　可编程逻辑器件经历了哪几个发展阶段？各阶段器件特点是什么？

13-8　CPLD 与 FPGA 在电路结构上有何不同？

13-9　图 13.53 所示各电路是 PLD 器件中的部分电路。

（1）试写出图 13.53（a）中 F_1 和 F_2 的逻辑表达式。

（2）图 13.53（b）中，F_1 和 F_2 是什么状态？

（3）若图 13.53（b）的与阵列为可编程，试在图中适当位置填写“×”以组成逻辑函数。

$$F_1 = A\overline{B}C$$

$$F_2 = BCD$$

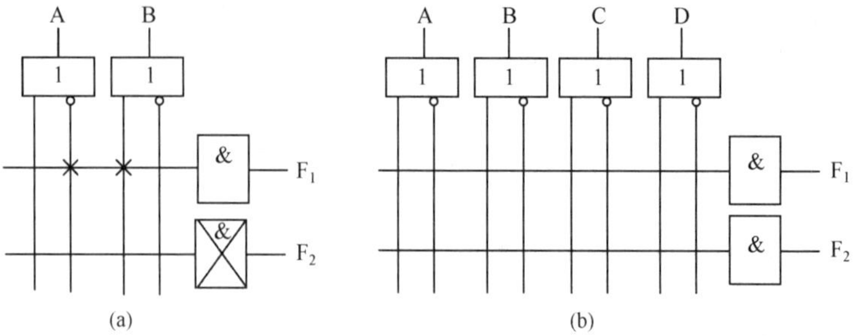

图 13.53　习题 13-9 的图

13-10　图 13.54 所示电路是一个与或阵列，其中与阵列可编程，或阵列不可编程。试写出输出 L 的与或逻辑表达式。

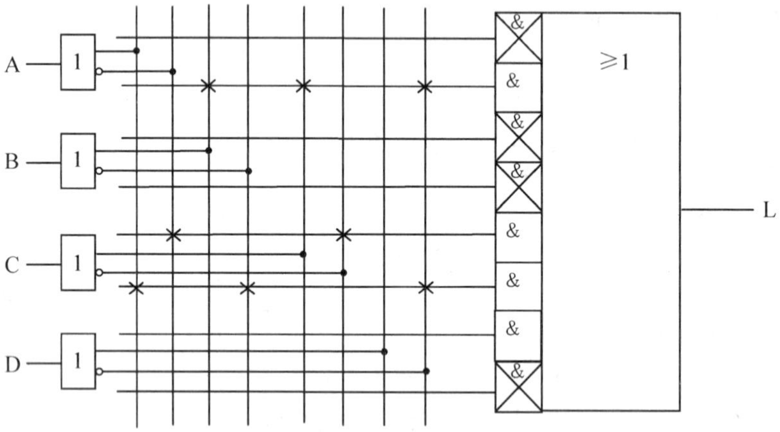

图 13.54 习题 13-10 的图

第 5 模块　电机与电气控制技术

第 14 章　铁心线圈与变压器

引言

生产中常用的一些电工设备，如变压器、电动机、控制电器等，它们的工作基础都是电磁感应，是利用电与磁的相互作用来实现能量的传输和转换的。这类电工设备的工作原理依托电路和磁路的基本理论。

本章主要以变压器为例，介绍这类具有磁路的电工设备的工作原理及应用。

学习目标

- 了解磁路的基本物理量和基本定律。
- 了解铁磁性材料的磁性能及磁损耗概念。
- 理解交流铁心线圈电路的基本电磁关系及电压、电流关系。
- 了解电磁铁的基本结构及工作原理。
- 了解变压器的基本结构、同极性端及特殊变压器的特点。
- 掌握变压器的工作原理及变压器额定值的意义。

14.1　磁路的基本概念

所谓磁路，就是集中磁通的闭合路径。也可以说，磁路是封闭在一定范围里的磁场，所以描述磁场的物理量也适用于磁路。

14.1.1　磁场的基本物理量

1. 磁感应强度

磁感应强度 B 是表示磁场内某点的磁场强弱和方向的物理量，它是一个矢量。它的方向与励磁电流（电流产生磁场）的方向有关，可用右手螺旋定则来确定。磁感应强度的单位为 T（特斯拉）。

如果磁场内各点的磁感应强度大小相等，方向相同，则这样的磁场称为均匀磁场。

2. 磁通

在均匀磁场中，磁通 Φ 等于磁感应强度 B 与垂直于磁场方向的面积 S 的乘积，即

$$\Phi=BS \text{ 或 } B=\frac{\Phi}{S}$$

由上式可见，磁感应强度在数值上可以看成与磁场方向相垂直的单位面积所通过的磁通，故又称为磁通密度。如果不是均匀磁场，为计算方便起见，可取 B 的平均值。磁通的单位为 Wb（韦伯）。

3. 磁导率

磁导率 μ 是用来衡量物质导磁性能的物理量，它的单位是 H/m（亨每米）。

由实验测出，真空的磁导率为

$$\mu_0=4\pi\times10^{-7}\text{H/m}$$

因为这是一个常数，所以在说明物质的磁性能时，往往不直接用磁导率 μ，而是用 μ 与真空磁导率 μ_0 的比值，称为该物质的相对磁导率 μ_r，即

$$\mu_r=\frac{\mu}{\mu_0}$$

4．磁场强度

磁场强度 H 是进行磁场计算时引进的一个辅助物理量，它是一个矢量，其方向与 B 的方向相同。磁场强度只与产生磁场的电流及这些电流的分布有关，而与磁介质的磁导率无关。磁场强度的单位是 A/m（安每米）。

磁场强度 H 与磁感应强度 B 之间的关系为

$$H=\frac{B}{\mu} \text{ 或 } B=\mu H$$

14.1.2　铁磁性材料的磁性能

为了把磁通集中在一定的路径里，必须用高导磁性的材料做成一定形状的铁心，以形成磁通的路径。磁性材料主要是指铁、镍、钴及其合金，以及铁氧体等，这些材料磁导率很高，是制造变压器、电动机等各种电工设备的主要材料。

1．强磁化性

当把铁磁性材料放在磁场强度为 H 的磁场内时，铁磁性材料就会被磁化。铁磁性材料之所以能被磁化，是由其内部的结构决定的。铁磁性材料由许多小磁畴组成，在没有外磁场作用时，小磁畴排列无序，所以整体对外部不显示磁性。在外磁场作用下，一些小磁畴就会顺外磁场方向形成规则的排列，此时铁磁物质对外就显示出磁性。随着外磁场的增强，大量小磁畴都转到与外磁场相同的方向，于是铁磁物质内部便产生了一个与外磁场同方向的很强的磁化磁场，这种现象称为磁性物质被磁化。

磁性物质的这一性能被广泛地应用于电工设备中。如电动机、变压器等的线圈都绕在用铁磁材料做成的铁心上，这时在线圈中通入不大的励磁电流，铁心中便可产生足够大的磁通和磁感应强度，这就解决了既要磁通大，又要励磁电流小的矛盾。

2．磁饱和性

由磁性材料所产生的磁化磁场不会随着外磁场的增大而无限增大。当外磁场增大到一定值时，全部小磁畴都转向了与外磁场一致的方向，这时磁化磁场的磁感应强度达到饱和值。直流励磁时，铁磁材料的磁化特性可用图 14.1 中的 $B=f(H)$ 曲线来描述。

图 14.1 中 B-H 曲线的特点是：在 OP 段，B 随 H 的增大几乎是线性的；在 PQ 段，B 的增大变得缓慢；Q 点以后，B 基本不变，即为饱和状态。

因为 $\mu=B/H$，所以 μ-H 曲线如图 14.1 所示。可见，铁磁性材料的 μ 值不是常数，当 B 达到饱和状态时，μ 值将变得很小。如果线圈绕在用磁性材料做成的铁心上，那么线圈的电感量（$L=\mu SN^2/l$）将随线圈中电流的变化而变化，即形成所谓非线性电感。

因为 $B=\frac{\Phi}{S}$，所以 Φ-I 曲线与 B-H 曲线相似。

3．磁滞性

当交流励磁时，磁感应强度 B 的变化总是滞后于磁场强度 H 的变化，这种现象称为磁性材料的磁滞性。图 14.2 的曲线描述了磁性材料的这种特性，常称其为磁滞回线。

由图 14.2 可见，当磁场强度由 H_m 减小到 0 时，B 并未回到零值，此时的 B_r 称为剩磁感应强度，简称剩磁。若要去掉剩磁，应使铁磁材料反向磁化，当磁场强度为 $-H_c$ 时，$B=0$，H_c 称为矫顽磁力。

由于磁滞现象的存在，铁磁材料在交变磁化过程中产生了磁滞损耗，它会使铁心发热。磁滞损耗的大小与磁滞回线的面积成正比。

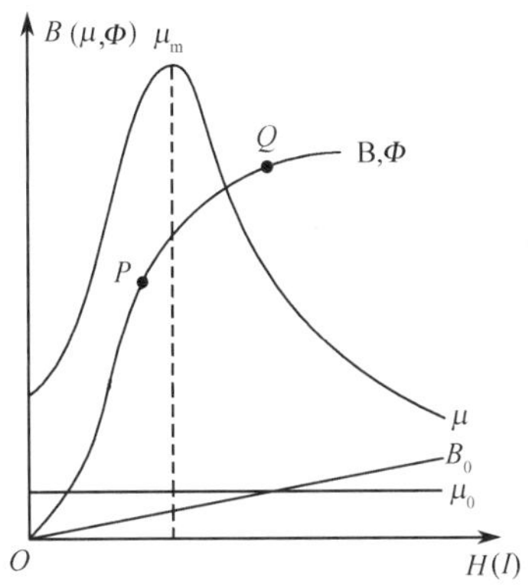

图 14.1　B-H 曲线和μ-H 曲线

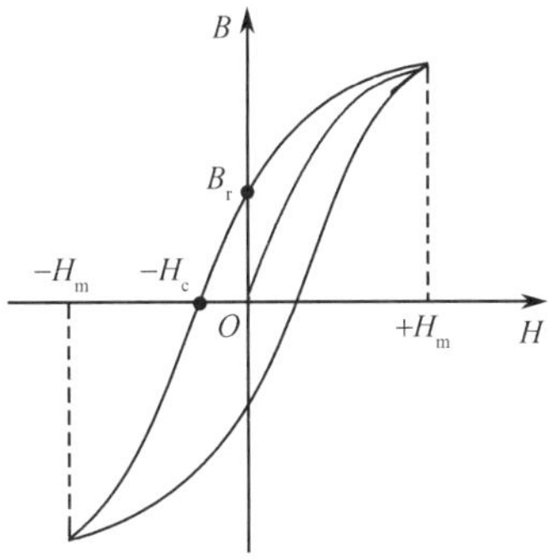

图 14.2　磁滞回线

根据磁滞性的不同，可将磁性材料分为软磁性材料和硬磁性材料两类。软磁性材料的磁滞回线较窄，剩磁和矫顽磁力都较小，所以在交流励磁时，磁滞损耗较小。例如，硅钢、铸钢及坡莫合金等都属于软磁性材料，常用来制造变压器、交流电动机等各种交流电工设备的铁心。

硬磁性材料的特点是磁滞回线较宽，剩磁和矫顽磁力都较大，需要有较强的外磁场才能被磁化，但去掉外磁场后磁性不易消失，如碳钢、钴钢、铝镍钴合金等。它适用于制造永久磁铁，如永磁式扬声器及小型直流电动机中的磁极等。

另外，当如图 14.3（a）所示的整块铁心中通过变化磁通时，在垂直于磁通方向的铁心截面中会产生感应电动势，因而产生感应电流，也称涡流，如图 14.3（b）所示。

涡流在铁心中流动会使铁心发热，由涡流引起的损耗叫涡流损耗。在交流励磁时，为了减小涡流损耗，通常将铁心做成叠片状（片间绝缘），如图 14.3（c）所示。变压器、电动机等的铁心都做成叠片状。

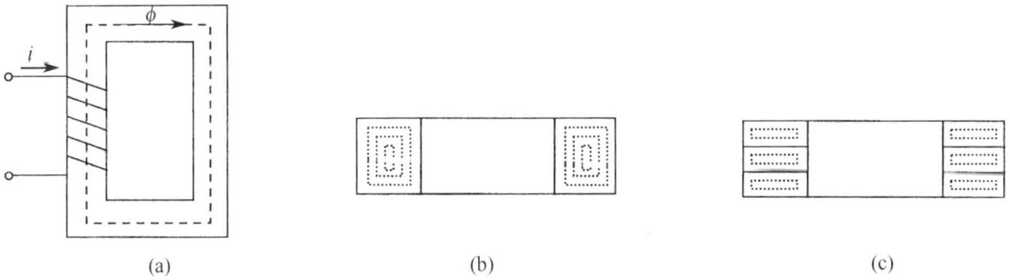

图 14.3　涡流及减小涡流的措施

14.1.3　磁路的欧姆定律

根据安培环路定律，磁场中磁场强度矢量 $\boldsymbol{H}$ 沿任何闭合曲线的线积分，等于穿过该闭合曲线所围曲面的电流的代数和，其数学表达式为

$$\oint \boldsymbol{H}\cdot \mathrm{d}l=\sum \boldsymbol{I} \tag{14.1}$$

对均匀环形线圈，由式（14.1）可得出

$$NI=Hl=B\frac{l}{\mu}=\Phi\frac{l}{\mu S}$$

令 $R_\mathrm{m}=\dfrac{l}{\mu S}$，$F=NI$，则有

$$\Phi=\frac{F}{R_\mathrm{m}} \tag{14.2}$$

式（14.2）称为磁路的欧姆定律，F 为磁动势，R_m 为磁阻。

R_m 表示磁路的材料对磁通的阻碍作用，它与磁路的尺寸及材料的磁导率μ有关。对于铁磁材料，由于μ不是常数，故 R_m 也不是常数，因此式（14.2）一般不能直接用于磁路的计算，主要在定性分析磁路时使用。

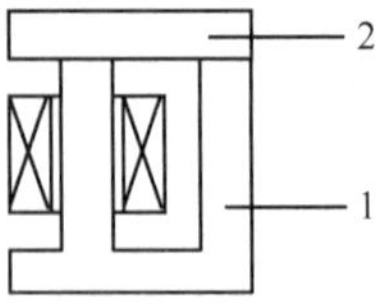

图 14.4　不同材料组成的磁路

当磁路由几种不同材料组成或各处截面不同时，例如图 14.4 中，磁路 1 段和 2 段是由不同的材料制作的，此时磁路的总磁阻为各段磁阻之和。当磁路中存在一段很小的空气隙时，例如磁路 1 段和 2 段之间有空气隙，由于$R_m=\dfrac{l}{\mu S}$，虽然空气隙这段磁路的 l 很小，但因空气介质的μ很小，故 R_m 很大，从而使整个磁路的磁阻大大增加。在磁动势 $F=NI$ 一定的情况下，磁路中空气隙越大，磁路中的磁通就越小；而在线圈的匝数 N 一定的情况下，欲保持磁路中有一定的磁通时，则空气隙越大，所需的励磁电流 I 也越大。所以，在电动机、变压器等电工设备的磁路中，要尽量减小空气隙。

【思考与练习】

14-1-1　铁磁性材料有哪些特性？

14-1-2　为什么铁磁性材料的μ不是常值？在什么情况下μ最大，在什么情况下μ最小？

14-1-3　铁磁性材料在磁化过程中有哪些损耗？怎样减小这些损耗？

14-1-4　磁路中有空气隙时，为什么磁路的磁阻会大大增加？

14-1-5　为什么用铁磁材料做线圈的铁心，在通入较小的电流时就能在铁心中产生较大的磁通？

14.2　铁心线圈电路

将线圈绕制在铁心上便构成了铁心线圈。根据线圈励磁电源的不同，可分为直流铁心线圈和交流铁心线圈两类，它们的磁路分别为直流磁路和交流磁路。

14.2.1　直流铁心线圈电路

将铁心线圈接到直流电源上，即形成直流铁心线圈电路。因为线圈中通过直流电流，磁路中的磁通恒定，在铁心中不会产生涡流，因此其铁心可以是整块铁。

直流铁心线圈电路的特点是：

① 励磁电流 $I=U/R$，I 由外加电压 U 及线圈电阻 R 决定，与磁路的特性无关；

② 直流铁心线圈中磁通Φ的大小不仅与线圈的电流 I 及磁动势 NI 有关，还取决于磁路中的磁阻 R_m，即与磁路的导磁材料有关；

③ 直流铁心线圈的功率损耗 $P=I^2R$，由线圈中电流和线圈电阻决定。

14.2.2　交流铁心线圈电路

将铁心线圈接到交流电源上，即形成交流铁心线圈电路。由于线圈中通过交流电流，在线圈和铁心中将产生感应电动势。为了减小涡流损耗，交流铁心线圈的铁心应该做成叠片状。

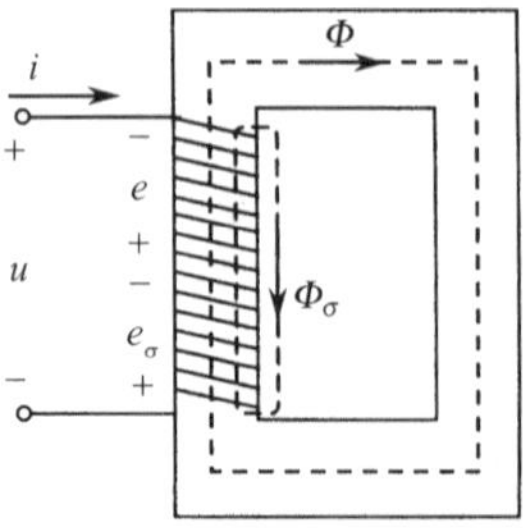

图 14.5　交流铁心线圈电路

下面介绍交流铁心线圈电路的特点。

1．基本电磁关系

在交流铁心线圈电路中，当外加交流电压 u 时，线圈中便产生交流励磁电流 i。由磁动势 Ni 产生两部分交变磁通，即主磁通Φ和漏磁通Φ_σ，如图 14.5 所示。这两个磁通又分别在线圈中产生两个感应电动势，即主磁电动势 e 和漏磁电动势 e_σ。图中，两个电动势与主磁通Φ的参考方向之间符合右手螺旋法则。

根据基尔霍夫电压定律，铁心线圈的电压平衡方程式为

$$u=iR-e_{\sigma}-e$$

式中，R 为线圈电阻。由于线圈电阻上的压降 iR 及漏磁电动势 e_{σ}与主磁电动势 e 相比较都非常小，均可忽略不计，故上式可近似为

$$u\approx-e \tag{14.3}$$

在图 14.5 中规定的参考方向下，根据电磁感应定律，主磁感应电动势为

$$e=-N\frac{\mathrm{d}\Phi}{\mathrm{d}t} \tag{14.4}$$

将主磁通$\Phi=\Phi_{\mathrm{m}}\sin\omega t$ 代入式（14.4）中，则得

$$e=-N\frac{\mathrm{d}\Phi}{\mathrm{d}t}=N\Phi_{\mathrm{m}}\omega\sin(\omega t-90^{\circ}) \tag{14.5}$$

由式（14.5）可得，主磁感应电动势的有效值为

$$E=\frac{N\Phi_{\mathrm{m}}\omega}{\sqrt{2}}=4.44fN\Phi_{\mathrm{m}} \tag{14.6}$$

由式（14.3）可知 $U\approx E$，所以在忽略线圈电阻与漏磁通的条件下，主磁通的幅值Φ_{m} 与线圈外加电压有效值 U 的关系为

$$U\approx E=4.44fN\Phi_{\mathrm{m}} \tag{14.7}$$

式（14.7）反映了交流铁心线圈电路的基本电磁关系，它是分析计算交流磁路的重要依据。式中，U 为线圈的外加电压（V），f 为电源频率（Hz），Φ_{m} 为主磁通（Wb）最大值，N 为线圈匝数。

式（14.7）表明，当电源频率和线圈匝数一定时，磁路中的主磁通只取决于线圈的外加电压，与磁路的导磁材料和尺寸无关，这是直流与交流铁心线圈重要的区别。另外，当交流铁心线圈的外加电压一定时，在产生同样磁通的情况下，磁路的材料不同，线圈中的电流也不同，这也是直流与交流铁心线圈的主要区别之一。

根据上述推证，若在图 14.5 所示的磁路上再绕一个线圈，那么该线圈中的感应电动势也应满足式（14.6）的关系。

2. 功率损耗

交流铁心线圈中的功率损耗有两部分：一部分是铜损 P_{Cu}（$P_{\mathrm{Cu}}=I^2R_{\mathrm{Cu}}$），它是线圈电阻 R_{Cu} 通过电流发热产生的损耗；另一部分是铁心的磁滞损耗 P_{h} 和涡流损耗 P_{e}，两者合称为铁损，用 P_{Fe} 表示。为了减小磁滞损耗，应选择软磁性材料做铁心。为了减小涡流损耗，交流铁心线圈的铁心都做成叠片状，交流铁心线圈总的功率损耗可表示为

$$\Delta P=P_{\mathrm{Cu}}+P_{\mathrm{Fe}}=I^2R_{\mathrm{Cu}}+P_{\mathrm{h}}+P_{\mathrm{e}} \tag{14.8}$$

由上述分析可知，交流铁心线圈的等效电路模型应该是电感 L 与电阻 R 的串联，如图 14.6 所示。其中，R_{Cu} 为线圈电阻，X_{σ} 为漏磁通相应的感抗，因漏磁通很小，可忽略；R_{Fe} 为铁损相应的铁心电阻，X_{Fe} 为铁心中能量储放对应的感抗，近似为 X_{L}（即ωL）。

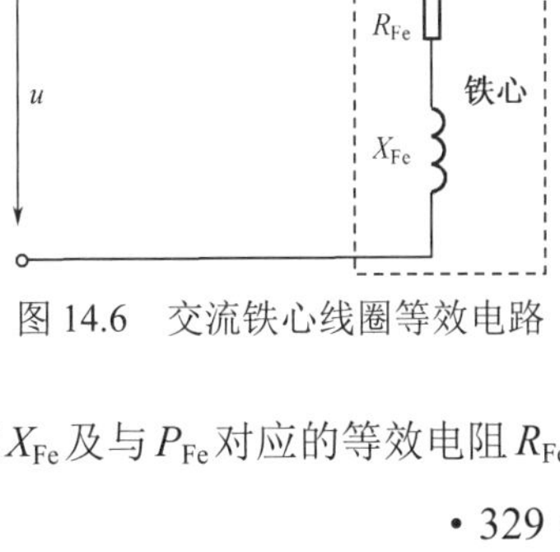

图 14.6　交流铁心线圈等效电路

许多电器是以交流铁心线圈或直流铁心线圈为基础做成的。在使用这些电器时，要特别注意不要加错电压。例如，若将交流铁心线圈接到与其额定电压值相等的直流电压上，则感抗 X_{Fe} 及与 P_{Fe} 对应的等效电阻 R_{Fe} 将不存在，所以线圈电流为 U/R_{Cu}（一般 R_{Cu} 远小于 X_{Fe} 和 R_{Fe}），将很大，以至烧坏线圈；若将直流铁心线圈接到有效值与其额定电压值相同的交流电压上，将产生感抗 X_{Fe} 及与 P_{Fe} 对应的等效电阻 R_{Fe}，

磁路的磁通达不到额定状态，而且铁心（整块铁）将会严重发热。

【思考与练习】

14-2-1　为什么空心线圈的电感量是常数，而铁心线圈的电感量不是常数？

14-2-2　为什么铁心线圈的电感量远大于空心线圈？

14-2-3　在铁心线圈的磁路上再绕一个线圈，此线圈感应电动势与磁路的磁通Φ_m之间有何关系？

14-2-4　直流铁心线圈的电流和磁通各取决于哪些因素？直流铁心线圈有什么损耗？

14-2-5　交流铁心线圈的磁通取决于哪些因素？怎样减小交流铁心线圈的各种损耗？

14-2-6　交流铁心线圈接到与其额定电压值相等的直流电压上时，会产生什么现象？

14.3　电磁铁

电磁铁是常用的一种控制电器。另外，许多电工设备也是以电磁铁为基本组成部分制成的。例如，机床上的电磁离合器、液压或气压传动系统中的电磁阀等，都是基于电磁吸力的原理工作的。

图 14.7 所示为 3 种常见的电磁铁的结构形式。电磁铁由线圈 1、定铁心 2 及衔铁 3 三部分组成。

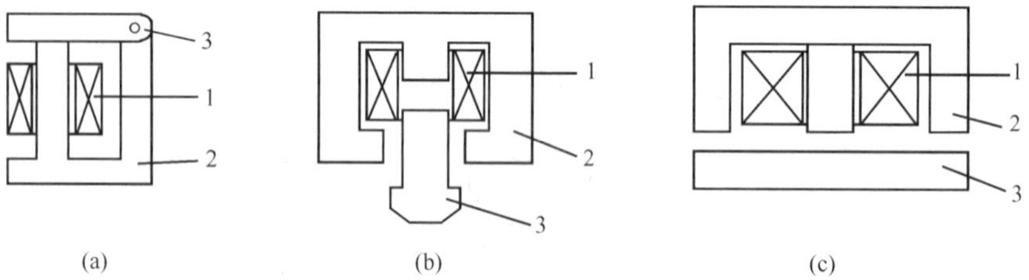

1—线圈，2—定铁心，3—衔铁

图 14.7　3 种常见的电磁铁的结构形式

电磁铁的定铁心和线圈是固定不动的。当线圈通电时，产生电磁吸力，从而将衔铁吸合；当线圈断电时，电磁吸力消失，衔铁释放。这样，与衔铁相连的部件就会随着线圈的通、断电而产生机械运动。

根据电磁铁励磁电流的不同，可以分为直流电磁铁和交流电磁铁两类。

14.3.1　直流电磁铁

直流电磁铁是典型的直流铁心线圈，由于磁路中磁通恒定，所以直流电磁铁的铁心和衔铁可以用整块的铸钢、软钢制成。

电磁吸力是电磁铁的主要参数之一，计算电磁吸力的公式为

$$F=\frac{10^7}{8\pi}B_0^2S_0 \tag{14.9}$$

式中，B_0 和 S_0 分别是定铁心与衔铁之间气隙处的磁感应强度和截面积。由式（14.9）可见，吸力的大小与气隙处磁感应强度的平方成正比。

直流电磁铁的线圈通电后，在衔铁吸合过程中，气隙逐渐减小，因而磁路中的磁阻不断减小。由于线圈电流不变，即磁动势不变，根据磁路的欧姆定律，铁心中的磁通和磁感应强度 B_0 将会不断增大。由式（14.9）可知，直流电磁铁在衔铁吸合过程中，吸力是不断增强的。

14.3.2　交流电磁铁

交流电磁铁是典型的交流铁心线圈。当线圈电压、电源频率、线圈匝数为定值时，根据基本电磁关系式，铁心中的磁通和磁感应强度最大值是基本不变的。由于磁感应强度周期性交变，因而其吸力也周期性变化。设 $B_0=B_m\sin\omega t$，则吸力为

$$
\begin{aligned}
F &= \frac{10^7}{8\pi} B_{\rm m}^2 S_0 \sin^2 \omega t = \frac{10^7}{8\pi} B_{\rm m}^2 S_0 \left(\frac{1-\cos 2\omega t}{2} \right) \\
&= F_{\rm m} \left(\frac{1-\cos 2\omega t}{2} \right) = \frac{1}{2} F_{\rm m} - \frac{1}{2} F_{\rm m} \cos 2\omega t
\end{aligned} \tag{14.10}
$$

$$
F_{\rm m} = \frac{10^7}{8\pi} B_{\rm m}^2 S_0 \tag{14.11}
$$

式（14.11）中，$F_{\rm m}$为吸力的最大值。

由式（14.10）可见，交流电磁铁的吸力以两倍于电源的频率在 0 与最大值 $F_{\rm m}$之间脉动，因而衔铁在不断地做吸合、断开的动作。衔铁的颤动将引起很大噪声，同时触点也容易损坏。为了消除这种现象，可在磁极的部分端面上套一个分磁环（又称短路环），如图 14.8 所示。由于分磁环中产生的感应电流阻碍磁通的变化，使两部分磁极中的磁通Φ_1与Φ_2之间产生相位差，因而磁极各部分的吸力也就不会同时降为 0，总的吸力就没有过 0 的时刻，从而消除了衔铁的颤动，也消除了噪声。

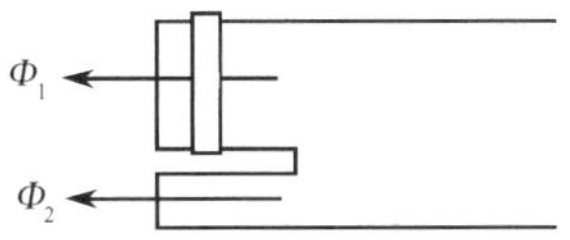

图 14.8　交流电磁铁的分磁环

为了减少交流电磁铁的铁损，要选择优质软磁性材料做成叠片状铁心，通常用硅钢片叠成。

交流电磁铁磁路中的磁通最大值是基本不变的，所以交流电磁铁在吸合过程中平均吸力的大小是不变的。但线圈中的电流（有效值），在吸合前后却有很大变化。这是因为随着气隙的减小，磁路的磁阻不断减小。根据磁路的欧姆定律，磁通不变时，磁阻减小，则磁动势（NI）将减小，所以交流电磁铁在吸合过程中线圈的电流是不断减小的。由上述分析可知，如果由于某种机械障碍使交流电磁铁的衔铁被卡住，造成衔铁在线圈通电后长时间不能吸合，线圈中将流过较大电流而使线圈严重发热，甚至烧毁。

【思考与练习】

14-3-1　直流电磁铁在吸合过程中气隙不断减小，试指出线圈电流、磁路中的磁阻、铁心中的磁通，以及吸力是如何变化的。

14-3-2　交流电磁铁在吸合过程中气隙不断减小，试指出线圈电流、磁路中的磁阻、铁心中的磁通最大值，以及吸力（平均值）是如何变化的。

14-3-3　若不慎将交流电磁铁的线圈接入与其额定值相同的直流电源上，会产生什么后果？为什么？

14-3-4　定性分析交、直流电磁铁的相同点和不同点。

14.4　变压器

变压器是根据电磁感应原理制成的一种电气设备，它具有变换电压、变换电流和变换阻抗的功能，因而获得广泛的应用。

变压器是电力系统中不可缺少的重要设备。在发电厂或变电站中，当输送的电功率一定且线路的 $\cos\varphi$一定时，由于 $P=UI\cos\varphi$，则电压 U 越高，线路电流 I 就越小。可见，高压输电既减小了输电导线的截面积，也减少了线路损耗。所以，在电力系统中，均采用高电压输送电能，再用变压器将电压降低供用户使用。

在电子线路中，变压器可用来传递信号和实现阻抗匹配。除电力变压器之外，还有用于调节电压的自耦变压器、电加工用的电焊变压器和电炉变压器、测量电路用的仪用变压器等。

14.4.1　变压器的基本结构

虽然变压器种类繁多、形状各异，但其基本结构是相同的。变压器的主要组成部分是铁心和绕组。

铁心构成了变压器的磁路。按照铁心结构的不同，变压器可分为心式和壳式两种。图 14.9（a）和图 14.9（c）所示为心式铁心的变压器，其绕组套在铁心柱上，容量较大的变压器多为这种结构。图 14.9（b）所示为壳式铁心的变压器，铁心把绕组包围在中间，常用于小容量的变压器中。

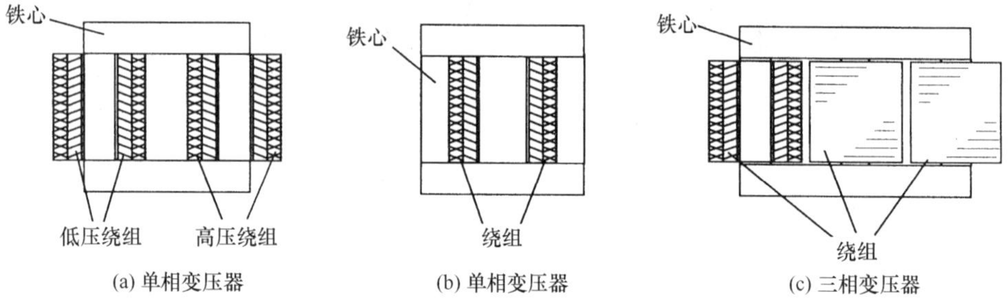

图 14.9　变压器的铁心结构

绕组是变压器的电路部分。与电源连接的绕组称为一次绕组（也叫原绕组或原边），与负载连接的绕组称为二次绕组（也叫副绕组或副边）。原绕组与副绕组及各绕组与铁心之间都要进行绝缘。为了减小各绕组与铁心之间的绝缘等级，一般将低压绕组绕在里层，将高压绕组绕在外层，如图 14.9 所示。

大容量的变压器一般都配备散热装置，如三相变压器配备散热油箱、油管等。

14.4.2　变压器的工作原理

下面以双绕组的单相变压器为例介绍变压器的工作原理。

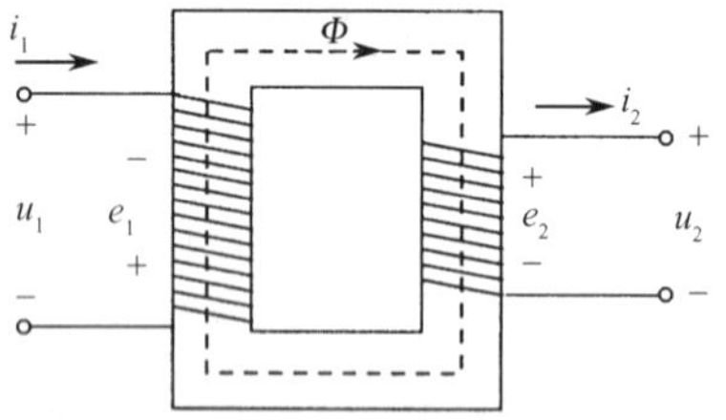

图 14.10　单相变压器的原理图（空载）

图 14.10 所示为单相变压器空载时的原理图。为了分析问题方便，将原、副边分别画在两侧。原边匝数为 N_1，副边匝数为 N_2。由于线圈电阻产生的压降及漏磁通产生的漏磁电动势都非常小，因此以下讨论时均被忽略。

当原边与交流电源 u_1 接通时便产生电流 i_1，由磁动势 N_1i_1 在铁心中产生主磁通 Φ，从而在原边和副边中产生感应电动势 e_1 和 e_2，当副边接负载时就会产生电流 i_2。

图 14.10 中各物理量的参考方向是这样选定的：原边是电源的负载，u_1 与 i_1 的参考方向一致；i_1，e_1 及 e_2 的参考方向与主磁通 Φ 的参考方向之间符合右手螺旋法则，因此 e_1 与 i_1 的参考方向是一致的；副边是负载的电源，规定 i_2 与 e_2 的参考方向一致。

1．电压变换原理

（1）变压器的空载运行

变压器的空载运行是指副边开路、不接负载的情况，如图 14.10 所示。变压器空载运行时，原边电流 $i_1=i_0$，i_0 称为空载电流，也称为空载励磁电流。原、副边同时与主磁通 Φ 交链，根据电磁感应原理，主磁通在原、副边中分别产生频率相同的感应电动势 e_1 和 e_2，而 e_1 和 e_2 的大小与主磁通 Φ 之间均满足式（14.6），即

$$E_1=4.44fN_1\Phi_m$$

$$E_2=4.44fN_2\Phi_m$$

变压器空载时，原边的情况与交流铁心线圈中的情况类似。根据式（14.3）可知 $U_1\approx E_1$，又由式（14.7）可得

$$U_1=4.44fN_1\Phi_m$$

副边的开路电压记为 u_{20}，所以 u_{20} 等于 e_2，即

$$U_2=U_{20}=E_2=4.44fN_2\Phi_m$$

由此可以推出变压器的电压变换关系为

$$\frac{U_1}{U_2}=\frac{N_1}{N_2}=K \tag{14.12}$$

式中，K 称为变压器的电压变比。

（2）变压器的有载运行

当变压器接有负载时，在副边将产生电流 i_2，如图 14.11 所示。

若忽略副边电阻和漏磁通的影响，则 $u_2 \approx e_2$。所以此时原、副边电压仍有 $U_1/U_2 \approx K$ 的关系。

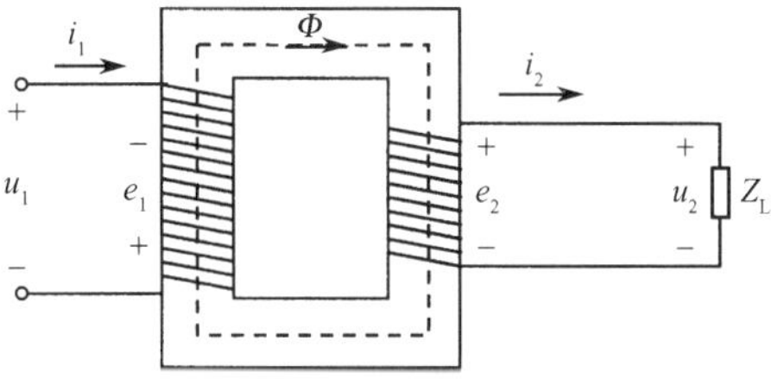

图 14.11 变压器的有载运行

虽然变压器的原、副边电压取决于电压变比，但使用变压器时却不能只根据变比来选用变压器。例如，原、副边电压为 220/110 伏、匝数比为 2000/1000 的变压器，若用来变换 1000/500 伏的电压就会烧坏变压器。这是因为，设计变压器时，原、副边的电磁关系分别满足 $U_1 \approx 4.44fN_1\Phi_m$ 和 $U_2 \approx 4.44fN_2\Phi_m$。对原边来讲，当 f，N_1 不变时，电源电压 U_1 的升高会使 Φ_m 增加，由于磁饱和（见图 14.1），Φ_m 的增大将会使 I_1 剧烈增加，因而造成原边电流过大而烧坏变压器。同理，U_2 的升高也会使副边过电流。

2. 电流变换原理

当变压器的原边接电源、副边接负载 Z_L 时，原边电流为 i_1，铁心中的交变主磁通在副边感应出电动势 e_2，由 e_2 又产生 i_2 及磁动势 N_2i_2。

由式（14.7）可知，无论变压器空载还是有载，只要电源电压 U_1，原边线圈匝数 N_1 及频率 f 一定时，Φ_m 近似为常值。当变压器空载时主磁通由磁动势 N_1i_0 产生（此时的 i_0 称为空载电流，主要用于励磁）。当变压器有载运行时，主磁通由合成磁动势（$N_1i_1+N_2i_2$）产生。因此变压器在空载及有载运行时的磁动势应近似相等，即

$$N_1i_1+N_2i_2=N_1i_0 \tag{14.13}$$

用相量可表示为

$$N_1\dot{I}_1+N_2\dot{I}_2=N_1\dot{I}_0 \tag{14.14}$$

由于变压器的空载电流 I_0 很小，在变压器接近满载（额定负载）时，一般 I_0 约为原边额定电流 I_{1N} 的 2%～10%，即 N_1I_0 远小于 N_1I_1 和 N_2I_2。所以相对于 N_1I_1 和 N_2I_2 而言，N_1I_0 可视为零，即

$$N_1\dot{I}_1+N_2\dot{I}_2\approx 0$$

或

$$N_1\dot{I}_1\approx -N_2\dot{I}_2 \tag{14.15}$$

上式中的负号说明 i_1 和 i_2 的相位相反，即 N_2i_2 对 N_1i_1 有去磁作用。

由式（14.15）可得出原、副边电流有效值之比为

$$\frac{I_1}{I_2}\approx\frac{N_2}{N_1} \tag{14.16}$$

式（14.16）说明了变压器的电流变换作用，当变压器有载运行时，其原边和副边电流有效值之比近似等于电压变比的倒数。

变压器的电流变换作用反映了变压器通过磁路传递电能的过程。当变压器加负载致使 I_2 增大时，根据式（14.16）可知，原绕组电流 I_1 必随之增大，磁动势 N_1I_1 也必随之增大，以抵消 N_2I_2 的

去磁作用，从而保持磁路中的Φ_m不变。I_1增大说明变压器从电源取得了更多的能量。可见，变压器有载运行时，原、副边的电流i_1、i_2是通过主磁通紧密联系的。

3．阻抗变换原理

由电流变换关系可以看出，虽然变压器原、副绕组之间没有直接电的联系，但原绕组的电流会随着副边的负载阻抗模$|Z_L|$的变化而变化。若$|Z_L|$减小，则I_2增大，$I_1=I_2/K$也随着增大。因此，副边接负载阻抗Z_L，相当于原边电路存在一个等效的阻抗Z'_L，它反映了副边阻抗Z_L对原绕组电流I_1的影响。

在图14.12（a）中，虚线框里的总阻抗可用图14.12（b）中等效阻抗Z'_L来代替。所谓等效，就是保证两图中的电压、电流均相同。Z_L与Z'_L的数值关系为

$$|Z'_L|=\frac{U_1}{I_1}=\frac{KU_2}{I_2/K}=K^2|Z_L| \tag{14.17}$$

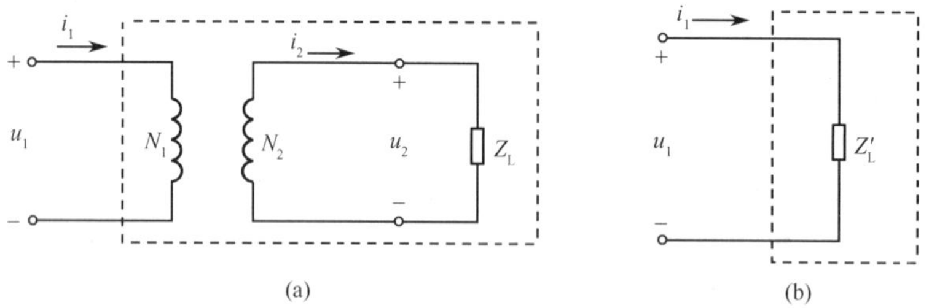

图14.12　变压器的阻抗变换

式（14.17）说明，接在变压器副边的阻抗模$|Z_L|$折算到变压器原边的等效阻抗模为$|Z'_L|=K^2|Z_L|$，这就是变压器的阻抗变换作用。

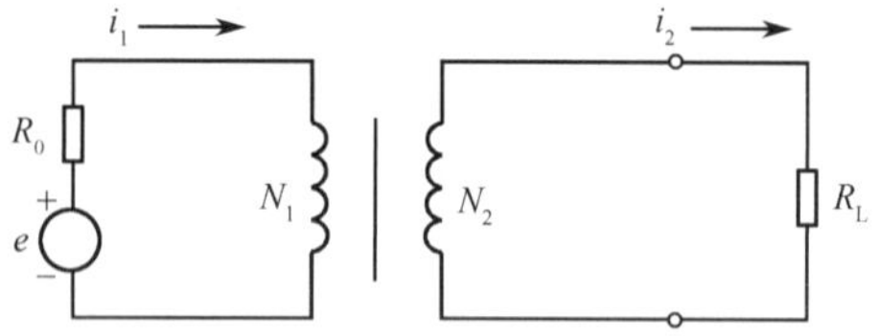

图14.13　例14.1的图

变压器的阻抗变换常用于电子线路中。例如，若负载与信号源内阻相等，则负载可获得信号源输出的最大功率，此时称为阻抗匹配。若负载与信号源内阻不相等，则可利用变压器进行阻抗变换，以实现阻抗匹配。

〖例 14.1〗　交流信号源电动势E=80V，内阻R_0=400Ω，负载电阻R_L=4Ω。

（1）若负载直接接在信号源上，试计算信号源的输出功率。

（2）若按图14.13的方法接入负载，欲使折算到原边的等效电阻$R'_L=R_0$=400Ω，求变压器变比及信号源输出的功率。

解：（1）负载直接接在信号源上，信号源的输出电流为

$$I=\frac{E}{R_0+R_L}=\frac{80}{400+4}=0.198\text{A}$$

输出功率为

$$P=I^2R_L=(0.198)^2\times4=0.16\text{W}$$

（2）当$R'_L=R_0$时，输出变压器的变比为

$$K=\sqrt{R'_L/R_L}=\sqrt{400/4}=10$$

输出功率为

$$P=\left(\frac{80}{400+400}\right)^2\times400=4\text{W}$$

由本例可见，经过阻抗匹配后，负载上取得的功率明显增大。

14.4.3 变压器的主要技术指标和额定值

正确地使用变压器，不仅能保证变压器正常工作，并能延长其使用寿命，因此了解变压器的技术指标和额定值是很必要的。变压器的额定值如下。

（1）原边额定电压 U_{1N}　指原边应当施加的正常电压。

（2）原边额定电流 I_{1N}　指在 U_{1N} 作用下原边允许通过电流的限额。

（3）副边额定电压 U_{2N}　指原边为额定电压 U_{1N} 时，副边的空载电压。

（4）副边额定电流 I_{2N}　指原边为额定电压时，副边允许长期通过的电流限额。

（5）额定容量 S_N　指变压器输出的额定视在功率。对单相变压器有

$$S_N=U_{2N}I_{2N}\text{（单位：V·A）}$$

（6）额定频率 f_N　指电源的工作频率。我国工业用电的标准频率是 50Hz。

（7）变压器的效率 η_N　指变压器的输出功率 P_{2N} 与对应的输入功率 P_{1N} 的比值，通常用小数或百分数表示。

前面对变压器的讨论均忽略了其各种损耗，而变压器是典型的交流铁心线圈电路，运行时，原边和副边必然有铜损和铁损，所以实际上变压器并不是百分之百传递电能的。大型电力变压器的效率可达 99%，小型变压器的效率约为 60%～90%。

（8）电压调整率　指变压器由空载到满载（输出额定电流）时，副边电压的相对变化量可表示为

$$\Delta U\%=\frac{U_{20}-U_2}{U_{20}}\times 100\% \tag{14.18}$$

变压器副边的电阻压降和漏磁感应电动势都很小，所以加负载后，U_2 的变化不大，电压调整率约为 3%～6%。

14.4.4 变压器的同极性端

1．变压器的同极性端

使用变压器时，绕组必须正确地连接，否则不仅不能正常工作，有时还会损坏变压器。为了保证正确地连接变压器绕组，引出了同极性端的概念。

所谓同极性端，是指感应电动势极性相同的不同绕组的两个出线端；或者当电流从两个同极性端同时流进（或同时流出）时，产生的磁通方向一致。

在图 14.14（a）中，若电流分别从绕组的 1 端和 3 端流入，那么铁心中产生的磁通方向是一致的，所以 1 端和 3 端是这两个绕组的同极性端，用“·”标记。显然，2 端与 4 端也是同极性端。用同样的方法可以判断出 5 端与 8 端是同极性端，用“※”标记。

图 14.14（a）中，1-2 和 3-4 为原边，5-6 和 7-8 为副边，图 14.14（a）可以用图 14.14（b）中的符号表示。

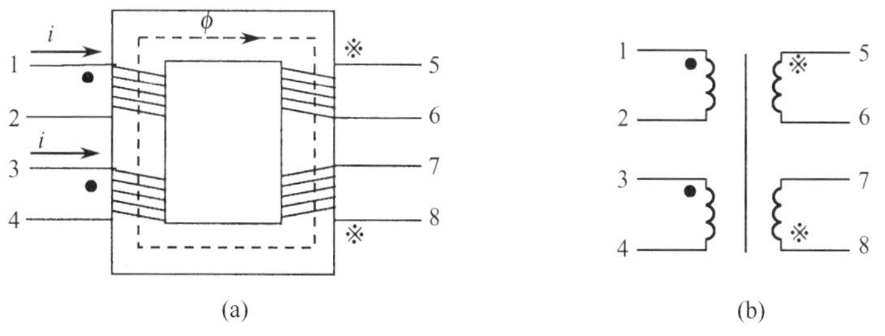

图 14.14　多绕组变压器

2．变压器绕组的连接

确定变压器的同极性端是为了能正确地进行变压器绕组的连接。

例如，在图 14.14（a）中，若原边 1-2 和 3-4 的匝数相同，且额定电压都是 110V，当电源电压为 220V 时，则应将 2 端与 3 端（异名端）相连，1 端与 4 端接电源。此时两个线圈的电压都是 110V，产生的磁通方向一致，它们共同作用，产生额定工作磁通。如果 2 端与 4 端连接，从 1 端和 3 端接入电源，那么任何瞬间两绕组中产生的磁通都将互相抵消，这时磁路中没有交变磁通，所以线圈中将没有感应电动势，原边中的电流将会很大（只取决于电压和线圈电阻），变压器绕组会迅速发热而烧毁。

当电源电压为 110V 时，图 14.14（a）中的变压器应将原边 1 端与 3 端相连，2 端与 4 端相连后，再将两个连接点接入电源。此时两个线圈并联，每个线圈的电压也是 110V，每个绕组中的电流仍为额定值。两个绕组产生的磁通方向一致，它们共同作用，产生额定工作磁通。

由上述分析可见，不论电源电压为 220V 还是 110V，只要正确连接绕组，都可以保证磁路中为额定工作磁通，从而使副边的电压和电流不变。

14.4.5 特殊变压器

下面介绍几种特殊用途的变压器。

1. 自耦变压器

自耦变压器的副边是原边的一部分，两者同在一个磁路上，如图 14.15 所示。根据交流铁心线圈的基本电磁关系可知：$U_1=4.44fN_1\Phi_m$，$U_2=4.44fN_2\Phi_m$，所以自耦变压器的原、副边电压之比与双绕组变压器相同，即 $U_2/U_1=N_2/N_1$。改变副边的匝数，就可以获得不同的输出电压 U_2。一般，在自耦变压器的副边设置几个抽头，不同抽头可引出不同的电压。

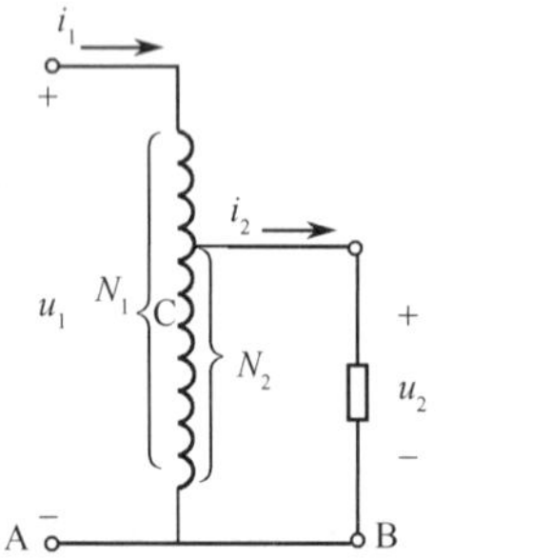

图 14.15　自耦变压器原理图

与双绕组的变压器相比较，自耦变压器虽然节约了一个独立的副边，但是由于原、副边之间有直接的电联系，在接线不当或公共绕组部分断开的情况下，副边会出现高电压，将危及操作人员的安全。例如，在图 14.15 中，若公共绕组部分在 C 处断开，则负载上的电压是 U_1 而不是 U_2。又如在图 14.15 中，当变压器的输入端子 A 接电源的火线时（这是难免的），那么输出端子 B 也是火线电位，不注意这一点极易发生触电事故。

由上述分析可见，自耦变压器属于不安全变压器，所以行灯、机床照明灯等与操作人员直接接触的电器设备，不准使用自耦变压器变换电压。

副边匝数可以自由调节的自耦变压器称为自耦调压器，如图 14.16 所示。自耦调压器可以方便地取得不同的副边电压 U_2 值，因此实验室里经常用它调节电压。同样，自耦调压器也是不安全变压器，使用时要特别注意。使用前，应将自耦调压器调压手柄旋至零位，以保证输出电压为零。接通电源后再根据要求调整电压；使用完毕，应将调压手柄旋到零位，再断开电源。

另外，自耦调压器的原、副边不要接反。例如，不慎将自耦调压器副边接入电源时，假定此时 N_2=0（滑动触头与公共端重合），则会使电源短路；若 N_2 不为 0，由于原边的高电压加在副边上，则可能烧坏副边绕组。

2. 电流互感器

电流互感器是根据变压器的变流原理制成的，一般用来测量比较大的交流电流，或进行交流高电压下电流的测量。图 14.17（a）所示为电流互感器的接线图，图 14.17（b）所示为电流互感器的符号图。

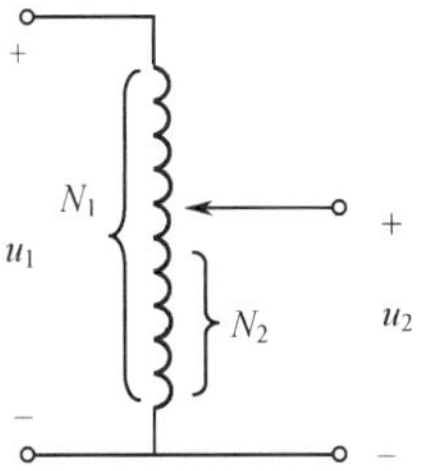

图 14.16　自耦调压器原理图

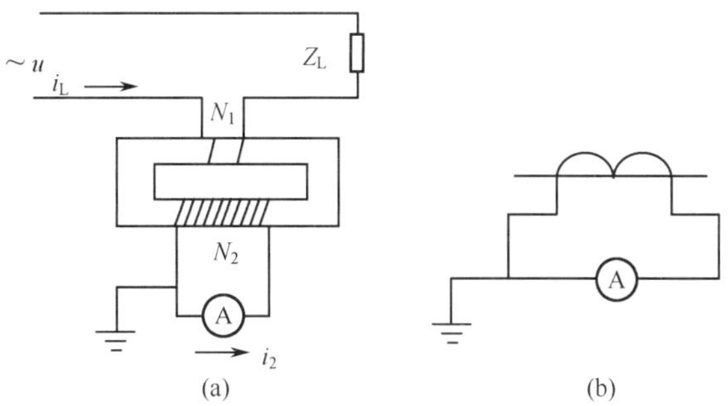

图 14.17　电流互感器的接线和符号

根据变压器变换电流的原理，电流互感器中流过电流表的电流为

$$I_2 = \frac{N_1 I_1}{N_2}$$

由于电流互感器原边匝数 N_1 很少，副边匝数 N_2 很多，故流过电流表的电流 I_2 很小。所以电流互感器实际上是利用小量程的电流表来测量大电流。电流互感器副边使用的电流表规定额定值为 5A 或 1A。

尽管电流互感器原边匝数很少，但其中流过很大的负载电流，因此磁路中的磁动势 N_1I_1 和磁通都很大。所以使用电流互感器时副边绝对不得开路，否则会在副边产生过高的电压而危及操作人员的安全。为安全起见，电流互感器的铁心及副边的一端应该接地。

【思考与练习】

14-4-1　一台 220/24V 的变压器，如果把原边接在 220V 直流电源上，会产生什么后果？

14-4-2　当变压器接负载后，磁路中的主磁通是否发生变化？为什么？

14-4-3　若不慎将 220/110V 的变压器的副边接入电源，会产生什么后果？为什么？

14-4-4　某变压器的额定频率为 50Hz，用于 25Hz 的交流电路中，能否正常工作？

14-4-5　变压器的副边短路会造成什么后果？

14-4-6　用自耦调压器进行 220/12V 电压变换时，当原、副边的公共端接电源的火线时，为什么可能会发生触电事故？

本章要点

一、磁路的基本概念和基本定律

1．磁路的基本物理量：磁感应强度 B、磁通 Φ、磁导率 μ、磁场强度 H。

2．铁磁性材料的磁性能及磁损耗：用基本磁化曲线 $\Phi=f(I)$ 或 $B=f(H)$ 描述。

铁磁性材料有强磁化性、磁饱和性和磁滞性的磁性能。磁损耗主要包括磁滞损耗和涡流损耗。

3．磁路的欧姆定律：

$$\Phi = \frac{F}{R_m} = \frac{NI}{\dfrac{l}{\mu S}}$$

由于磁性材料的磁导率 μ（磁阻 R_m）不是常数，因此一般不能用该式进行磁路的定量计算，而主要用于定性分析。

二、铁心线圈

1．直流铁心线圈

励磁电流 $I = U/R$；磁路确定时，磁通 Φ 恒定，其大小仅与线圈的电流 I 及磁动势 NI 有关；功率损耗 $P = I^2R$，由线圈中的电流和线圈电阻决定。

2．交流铁心线圈

电磁关系：$U \approx E = 4.44fN\Phi_m$

电压电流关系：$u = iR - e_\sigma - e$

功率损耗：$\Delta P = P_{Cu} + P_{Fe} = I^2R_{Cu} + P_h + P_e$

三、电磁铁

1．电磁铁的基本结构：由线圈、定铁心及衔铁三个基本部分组成。

2．电磁铁的吸力：$F = \dfrac{10^7}{8\pi}B_0^2S_0$（经验公式）

3．交、直流电磁铁的区别：

直流电磁铁在吸合过程中，励磁电流不变，吸力随空气隙变小而增大；

交流电磁铁在吸合过程中，平均吸力不变，电流随空气隙变小而减小。

四、变压器

变压器是利用电磁感应原理传输电能或信号的。

1．变压器的结构：主要由闭合铁心、原（一次）绕组、副（二次）绕组组成。

2．变压器的工作原理：具有变换电压、变换电流和变换阻抗的功能。

$$\frac{U_1}{U_2} \approx \frac{N_1}{N_2} = K，\quad \frac{I_1}{I_2} \approx \frac{N_2}{N_1} = \frac{1}{K}，\quad |Z_L'| = \left(\frac{N_1}{N_2}\right)^2 |Z_L| = K^2|Z_L|$$

3．变压器的同极性端：指感应电动势极性相同的不同绕组的两个出线端；或者当电流从两个同极性端同时流进（或同时流出）时，产生的磁通方向一致。

相同匝数的两绕组并联时，应把两对同极性端分别连接；串联时应把一对异名端连接。

关键术语

磁路：magnetic circuit

磁通：flux

磁阻：reluctance

变比：ratio of transformation

铜损：copper loss

铁损：core loss

主磁通：main flux

漏磁通：leakage flux

磁导率：permeability

电磁铁：solenoid

变压器：transformer

磁化曲线：magnetization curve

磁滞回线：hysteresis loop

磁滞损耗：hysteresis loss

涡流损耗：eddy-current loss

励磁电流：exciting current

感应电动势：induced emf

自耦变压器：autotransformer

习题 14

14-1　将一交流铁心线圈接在 f=50Hz 的正弦电源上，铁心中磁通的最大值 $\Phi_m = 2.25\times10^{-3}$Wb。在此铁心上再绕一个 200 匝的线圈。当此线圈开路时，求其两端电压。

14-2　将一铁心线圈接于 U=100V，f=50Hz 的交流电源上，其电流 I_1=5A，$\cos\varphi$=0.7。若将此线圈中的铁心抽出，再接于前述电源上，则线圈中电流 I_2=10A，$\cos\varphi$=0.05。试求此线圈在具有铁心时的铜损和铁损。

14-3　有一台 10000/230V 的单相变压器，其铁心截面积 S=120cm^2，磁感应强度最大值 B_m=1T，电源频率为 f=50Hz。求原、副边的匝数 N_1，N_2 各为多少？

14-4　有一单相照明变压器，容量为 10kV·A，额定电压为 3300/220V，试求：

（1）原、副边的额定电流。

（2）今欲在副边接上 220V，40W 的白炽灯（可视为纯电阻），如果要求变压器在额定情况下运行，则这种电灯最多可接多少盏？

14-5　在图 14.13 中，将 R=8Ω的扬声器接在变压器的副边，已知 N_1=300，N_2=100，信号源电动势 E=6V，内阻 R_0=100Ω。试求此时信号源输出的功率是多少？

14-6　一台 50kV·A，6000/230V 的变压器，试求：

（1）电压变比 K 及 I_{1N} 和 I_{2N}。

（2）该变压器在满载情况下向 $\cos\varphi$=0.85 的感性负载供电时，测得副边电压为 220V，求此时变压器输出的有功功率。

14-7　在图 14.18 所示电路中，已标出了变压器的同极性端。当 S 接通瞬间，试指出电流表是正向偏转还是反向偏转。

14-8　在图 14.19 所示的多绕组变压器中，根据各绕组绕向标出哪些端子是同极性端。

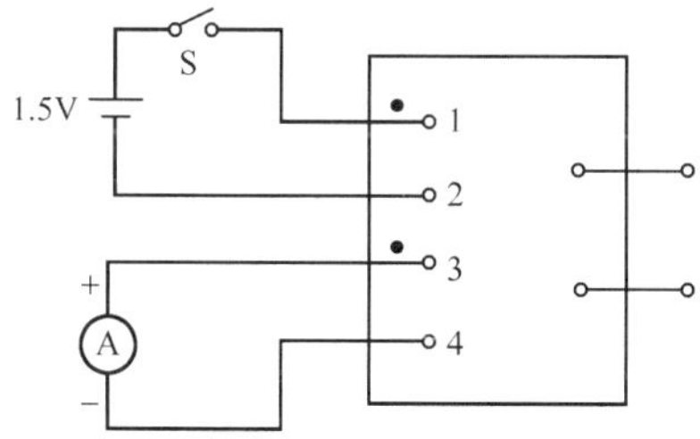

图 14.18　习题 14-7 的图

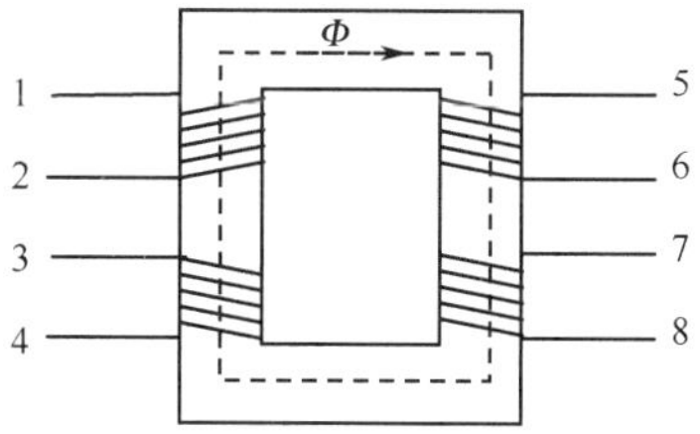

图 14.19　习题 14-8 的图

第 15 章　异步电动机

引言

电动机可以将电能转换为机械能，是工农业生产中应用最广泛的动力机械。按电动机所耗用电能种类的不同，可分为直流电动机和交流电动机两大类，而交流电动机又可分为同步电动机和异步电动机。本章只讨论异步电动机。

异步电动机具有结构简单、运行可靠、维护方便及价格便宜等优点。在电力拖动系统中，异步电动机被广泛应用于各种机床、起重机、鼓风机、水泵、皮带运输机等设备中。

本章主要以三相异步鼠笼式电动机为例，介绍异步电动机的结构、工作原理、特性及使用方法。

学习目标

- 了解三相异步电动机的基本结构和工作原理。
- 理解三相异步电动机的转矩特性和机械特性。
- 理解三相异步电动机铭牌数据的意义。
- 掌握三相异步电动机启动和反转的方法，了解调速和制动的方法。
- 了解单相异步电动机的转动原理。

15.1　三相异步电动机的基本结构和工作原理

15.1.1　三相异步鼠笼式电动机的基本结构

异步电动机的主要部件包括定子（包括机座）和转子两部分，如图 15.1 所示。

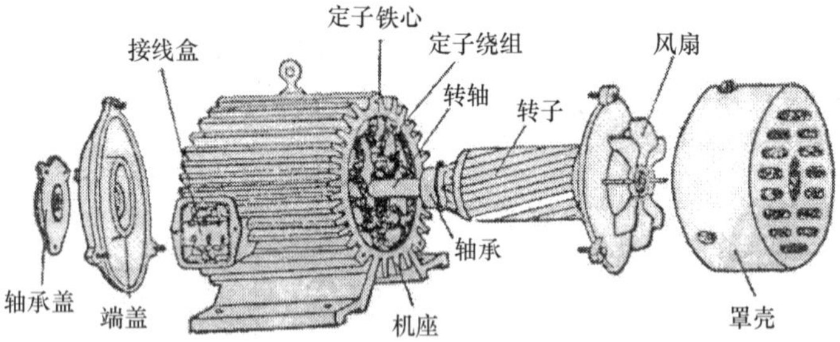

图 15.1　三相异步电动机的构造

1. 定子

定子是电动机的固定部分，主要由定子铁心、定子绕组和机座等组成。

（1）定子铁心

定子铁心是电动机磁路的组成部分。定子铁心片如图 15.2 所示。为了减少铁损，定子铁心片一般由优质硅钢片叠成一个圆筒，圆筒内表面有均匀分布的槽，这些槽用于嵌放定子绕组。

（2）定子绕组

三相异步电动机具有三相对称的定子绕组，定子绕组一般采用高强度漆包线绕成。三相绕组的 6 个出线端（首端 U_1、V_1、W_1，末端 U_2、V_2、W_2）通过机座的接线盒连接到三相电源上。根据铭牌规定，定子绕组可接成星形或三角形，如图 15.3 所示。

2. 转子

转子是电动机的旋转部分，由转子铁心、转子绕组、转轴等组成。

（1）转子铁心

转子铁心片如图 15.2 所示。转子铁心是由优质硅钢片叠压成的圆柱体，转轴固定在铁心中央，铁心外表面有均匀分布的槽。

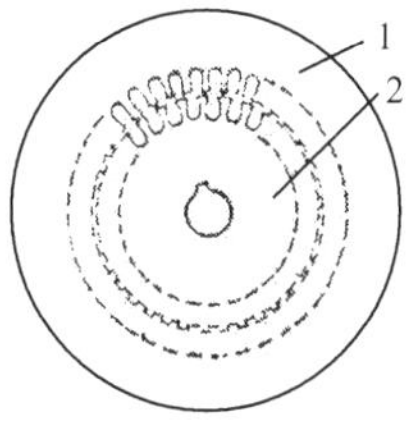

1—定子铁心片，2—转子铁心片

图 15.2 定子铁心片和转子铁心片

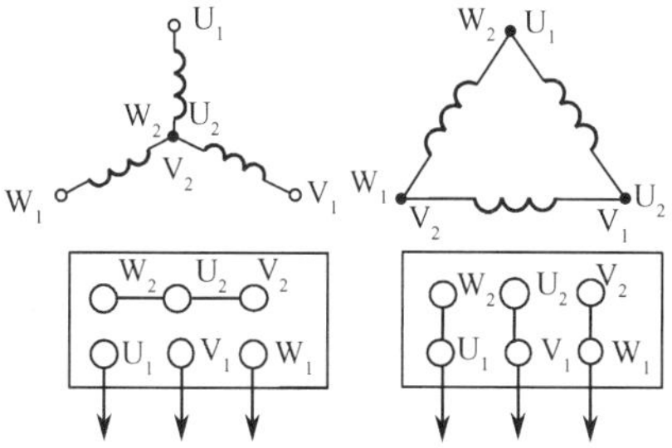

图 15.3 定子绕组的星形和三角形连接

（2）转子绕组

在转子铁心外表面的槽中压进铜条（也称为导条），铜条两端分别焊在两个端环上。图 15.4（a）所示为除去铁心后的转子绕组，由于其形状像鼠笼，故称为鼠笼式电动机。

现在中小型电动机一般都采用铸铝转子，即在转子铁心外表面的槽中浇入铝液，并同时在端环上铸出多片风叶作为散热用的风扇，如图 15.4（b）所示。

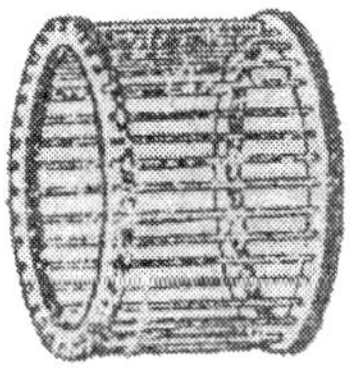

(a) 除去铁心后的转子绕组

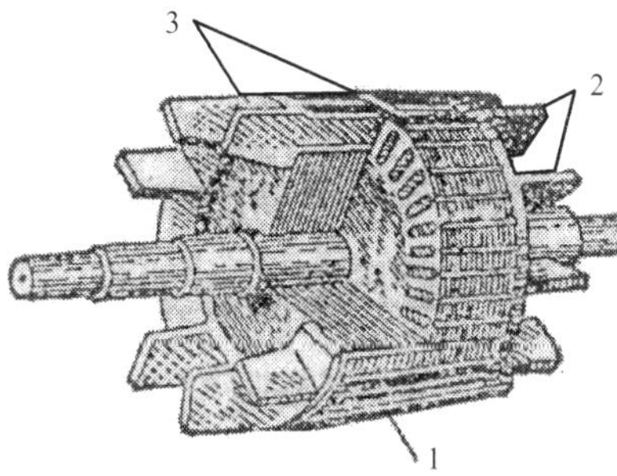

1—铁心，2—风叶，3—铝条

(b) 铸铝转子

图 15.4 鼠笼式转子

15.1.2 三相异步电动机的旋转磁场

三相异步电动机之所以能转起来，是因为其磁路中存在旋转磁场。

1．旋转磁场的产生

图 15.5 所示为三相异步电动机简易模型的定子绕组分布示意图。三相对称绕组 U_1U_2，V_1V_2，W_1W_2 的线圈嵌放在定子铁心槽内，其头或尾在空间上互差 120°。

为了标注简洁，在下面的图中将三相对称绕组 U_1U_2 用 AX 表示，V_1V_2 用 BY 表示，W_1W_2 用 CZ 表示。

在图 15.6（a）中，将三相绕组的尾 X，Y，Z 接在一起形成星形连接，绕组的头 A，B，C 分别接到三相电源上。各绕组中电流的正方向是从绕组的首端流入、末端流出。接通电源后，便有对称的三相交变电流通入相应的定子绕组，对称的三相交变电流如图 15.6（b）所示。下面用图 15.6 分析电动机旋转磁场的形成。

当 $\omega t=0°$ 时，i_A 为 0，故 AX 绕组中没有电流；i_B 为负，电流从末端 Y 流入，从首端 B 流出；i_C 为正，电流从首端 C 流入，从末端 Z 流出。

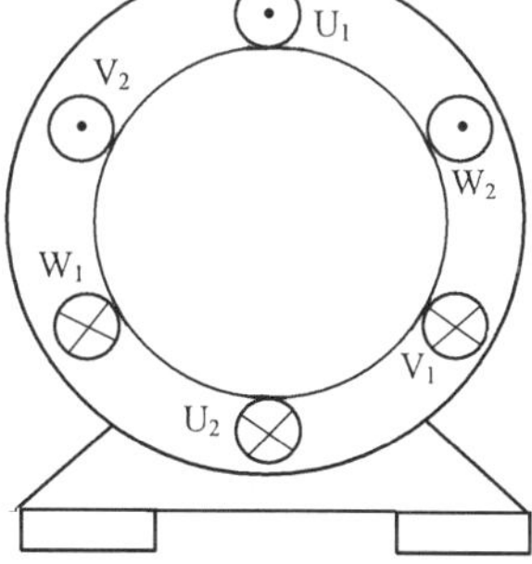

图 15.5 定子绕组分布示意图

根据右手螺旋法则，其合成磁场如图 15.6（c）所示。对定子铁心内表面而言，上方相当于 N

极，下方相当于 S 极，即两个磁极，也称一对磁极。用 P 表示磁极对数，则 P=1。

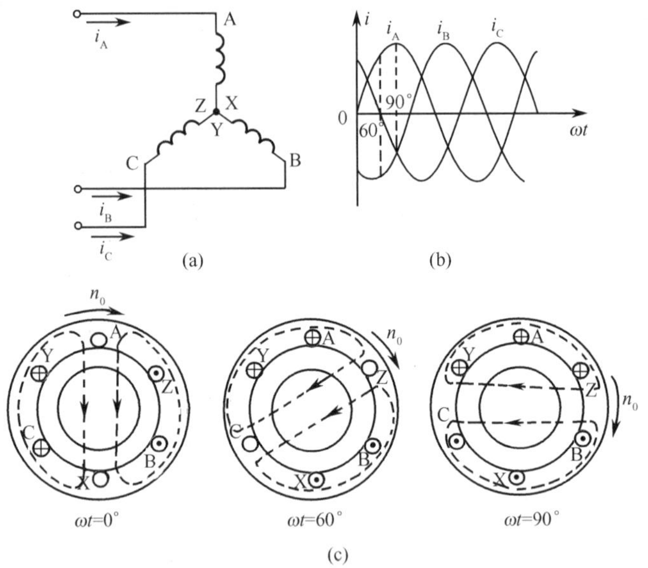

图 15.6　两极旋转磁场的形成

当 ωt=60° 时，i_C 为 0，故 CZ 绕组中没有电流；i_B 为负，电流从末端 Y 流入，从首端 B 流出；i_A 为正，电流从首端 A 流入，从末端 X 流出。合成磁场如图 15.6（c）所示。可见，合成磁场的磁极轴线在空间沿顺时针方向旋转了 60°。

同理，当 ωt=90° 时，i_A 为正，电流从首端 A 流入，从末端 X 流出；i_B 为负，电流从末端 Y 流入，从首端 B 流出；i_C 为负，电流从末端 Z 流入，从首端 C 流出。可画出对应的合成磁场如图 15.6（c）所示。与 ωt=60° 时比较，合成磁场的磁极轴线在空间沿顺时针方向又旋转了 30°。

综上所述，当三相对称的定子绕组通入对称的三相电流时，将在电动机中产生旋转磁场，且旋转磁场为一对磁极时，电流变化电角度为 360°，合成磁场也在空间上旋转 360°。

旋转磁场的磁极对数 P 与定子绕组的安排有关。在上述图 15.6 的情况下，每相绕组只有一个线圈，绕组的始端之间相差 120° 空间角，则产生的旋转磁场具有一对磁极，即 P=1。若将定子绕组如图 15.7 所示安排，即每相绕组有两个线圈串联，绕组始端之间相差 60° 空间角，则产生的旋转磁场具有两对极，即 P=2，如图 15.8 所示。

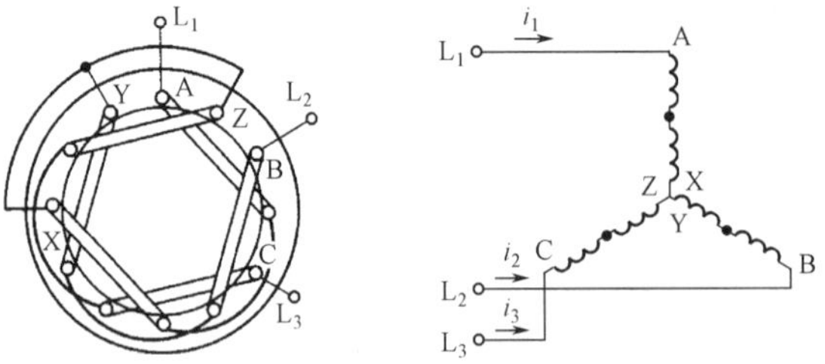

图 15.7　产生两对极旋转磁场的定子绕组

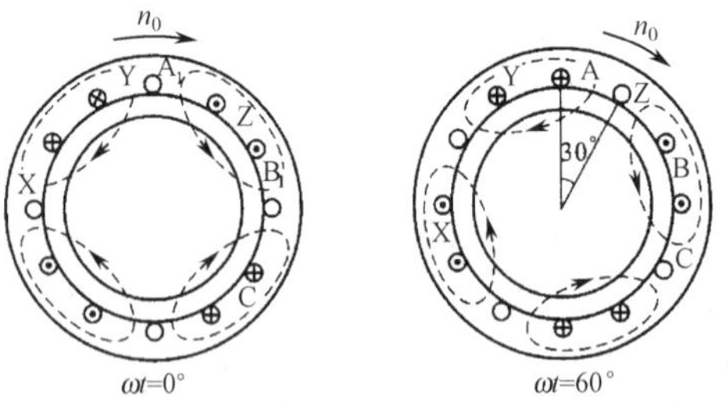

图 15.8　三相电流产生的旋转磁场（P=2）

同理，如果要产生三对磁极，即 P=3 的旋转磁场，则每相绕组必须有均匀安排在空间的串联的三个线圈，绕组的始端之间相差 40°（=120°/P）空间角。

2. 旋转磁场的转速

旋转磁场的转速决定于磁场的极数。在一对磁极的情况下，由图 15.6 可见，当电流从 ωt=0°

到ωt=60° 经历了 60° 时，磁场在空间上也旋转了 60° 。当电流变化一个周期时，两极旋转磁场恰好在空间上也旋转一周。若电流的频率为f，则旋转磁场的转速为每秒f转。若以n_0表示旋转磁场的每分钟转速（r/min），则

$$n_0=60f$$

在旋转磁场具有两对磁极的情况下，由图 15.8 可见，当电流从ωt=0° 到ωt=60° 经历 60° 时，而磁场在空间上仅旋转了 30° 。也就是说，当电流变化一个周期时，两对磁极旋转磁场在空间上仅旋转半周，其转速为

$$n_0=\frac{60f}{2}$$

由此，可以推广到P对磁极的旋转磁场的转速为

$$n_0=\frac{60f}{P} \tag{15.1}$$

由式（15.1）可知，旋转磁场的转速n_0（也称同步转速）取决于电源频率和电动机的磁极对数P。我国的电源频率为 50Hz，表 15.1 中列出了电动机磁极对数所对应的同步转速。

表 15.1　不同极对数时的同步转速

P	1	2	3	4	5	6
n_0/（r/min）	3000	1500	1000	750	600	500

3．旋转磁场的方向

旋转磁场的方向取决于通入三相绕组中电流的相序。从图 15.6 可以看出，当通入三相绕组 AX，BY，CZ 中电流的相序依次为$i_A \to i_B \to i_C$时，旋转磁场的方向为沿绕组首端 A→B→C 的方向旋转，即顺时针旋转。如果把三根电源线中的任意两根对调，以改变通入三相绕组中电流的相序，例如，使 CZ 绕组中通入电流i_B，BY 绕组中通入电流i_C，AX 绕组中仍通入电流i_A，如图 15.9 所示。由分析可知，此时旋转磁场的方向为 A→C→B，即逆时针旋转。

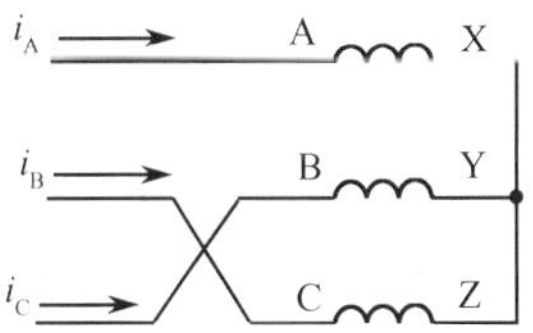

图 15.9　旋转磁场的反转

15.1.3　三相异步电动机的转动原理

图 15.10 所示为两极三相异步电动机转动原理示意图。设磁场以同步转速n_0顺时针方向旋转，于是转子导条与磁场之间产生相对运动，即相当于磁场不动，而转子导条以逆时针方向切割磁力线，此时在导条中产生出感应电动势。由于转子导条的两端由端环连通而形成闭合电路，因而在导条中产生了感应电流，其方向如图 15.10 所示。载流的转子导条在磁场中受到电磁力F的作用而形成电磁转矩，在此转矩的作用下，转子就沿旋转磁场的方向转动起来了。转子的转动方向与旋转磁场的方向一致。若旋转磁场反转，电动机也跟着反转。

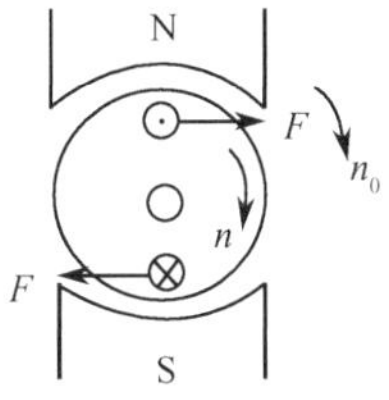

图 15.10　异步电动机的转动原理

用n表示转子转速，则n必小于同步转速n_0；否则，两者之间没有相对运动，就不会产生感应电动势及感应电流，电磁转矩也无法形成。这就是异步电动机名称的由来。

通常，把同步转速n_0与转子转速n的差与n_0的比值称为异步电动机的转差率，用s表示

$$s=\frac{n_0-n}{n_0} \tag{15.2}$$

转差率可以用小数或百分数表示。转差率是描绘异步电动机运行特性的一个重要物理量。在电

动机启动瞬间，n=0，s=1，转差率最大；空载运行时，转子转速最高，转差率最小；额定负载运行时，转子转速较空载要低，s_N大约为0.01～0.07。

【思考与练习】

15-1-1　三相异步电动机的同步转速由哪些因素确定？

15-1-2　怎样改变三相异步电动机的转向？

15.2　三相异步电动机的电磁转矩与机械特性

电磁转矩是三相异步电动机的重要物理量，机械特性则反映了一台电动机的运行性能。

为了深入了解三相异步电动机的电磁转矩和机械特性，先对三相异步电动机的相关电路进行分析。

15.2.1　三相异步电动机的电路分析

三相异步电动机的电磁关系与变压器相似，每相电路中定子绕组相当于变压器的原边，转子绕组（一般是短接的）相当于副边。每相等效电路如图15.11所示。

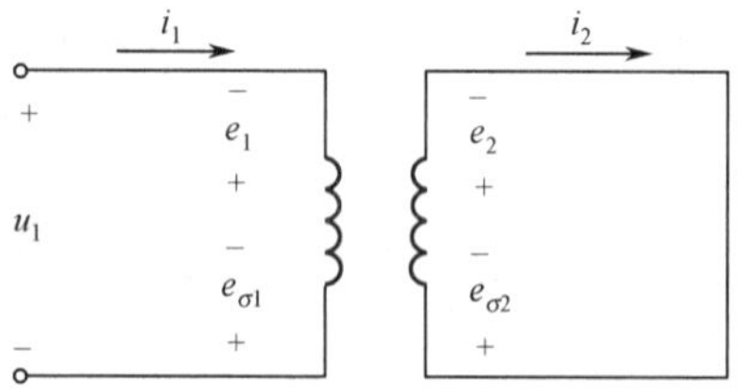

图15.11　三相异步电动机的每相等效电路图

定子和转子每相绕组的匝数分别是N_1和N_2。

1．定子电路

和变压器原边电路一样，电阻压降和漏磁电动势可以忽略不计，可得出

$$u_1 \approx -e_1,\ \dot{U}_1 \approx -\dot{E}_1$$

$$U_1 \approx E_1 = 4.44K_1 f_1 N_1 \varPhi_m \tag{15.3}$$

式中，f_1为电源频率，N_1为定子每相绕组的匝数，$\varPhi_m$是通过每相绕组的磁通最大值，在数值上它等于旋转磁场的每极磁通，K_1为定子绕组系数，与定子绕组结构有关，其值小于1但接近于1，可略去。

式（15.3）说明，当异步电动机的电源电压即定子绕组相电压U_1和频率f_1一定时，其旋转磁场的每极磁通量基本上不变。

2．转子电路

转子电路的各个物理量对电动机的运行性能都有影响，而且因为转子是转动的，所以它们都与转速，也即转差率s有关。

（1）转子频率f_2

因为旋转磁场和转子间的相对转速为（n_0−n），所以转子电路中感应电动势及转子电流的频率应为

$$f_2 = \frac{P(n_0 - n)}{60} = \frac{n_0 - n}{n_0} \cdot \frac{Pn_0}{60} = s \cdot f_1 \tag{15.4}$$

可见，转子频率f_2与转差率s有关，也就是与转速n有关。

电动机刚启动时，n=0，即s=1，旋转磁场与转子间的相对转速为同步转速n_0，旋转磁场的磁通切割转子导条最快，转子电路中感应电动势频率为f_2=f_1。异步电动机在额定负载时，s下降到

0.01～0.07，则 f_2 只有几赫兹。

（2）转子电动势 E_2

转子电动势 e_2 的有效值为

$$E_2=4.44K_2f_2N_2\Phi_m=4.44K_2sf_1N_2\Phi_m=sE_{20} \quad (15.5)$$

式中，K_2 为转子绕组系数，E_{20} 为电动机刚启动 n=0 即 s=1 时，转子电路中产生的感应电动势，即 $E_{20}=4.44K_2f_1N_2\Phi_m$，为 E_2 的最大值。

可见，转子电动势 E_2 与转差率 s 有关。s 越大，E_2 也越大。

（3）转子感抗（漏磁感抗）X_2

转子感抗 X_2 与转子频率 f_2 有关，即

$$X_2=2\pi f_2L_{\sigma 2}=2\pi sf_1L_{\sigma 2}=sX_{20} \quad (15.6)$$

式中，$L_{\sigma 2}$ 为转子绕组的漏磁电感，X_{20} 为电动机刚启动 n=0 即 s=1 时，转子电路中的漏磁感抗，即 $X_{20}=2\pi f_1L_{\sigma 2}$，为 X_2 的最大值。

可见，转子感抗 X_2 与转差率 s 有关。s 越大，X_2 也越大。

（4）转子电流 I_2

综合式（15.5）和式（15.6），按照交流电路理论，在转子电路中每相电路的电流为

$$I_2=\frac{E_2}{\sqrt{R_2^2+X_2^2}}=\frac{sE_{20}}{\sqrt{R_2^2+(sX_{20})^2}} \quad (15.7)$$

式中，R_2 是转子每相电阻。

可见，转子电流 I_2 也与转差率 s 有关。当 s 增大，即转速 n 降低时，转子与旋转磁场间的相对转速（n_0-n）提高，转子导条切割磁通的速度提高，于是 E_2 增大，I_2 也增大。I_2 随 s 变化的关系可用图 15.12 所示的曲线表示。当 s=0，即 n_0-n=0 时，I_2=0；在电动机刚启动，即 s=1 时，I_2 最大，和变压器原理一样，此时定子电流必然也最大，称为电动机的启动电流 I_{st}。

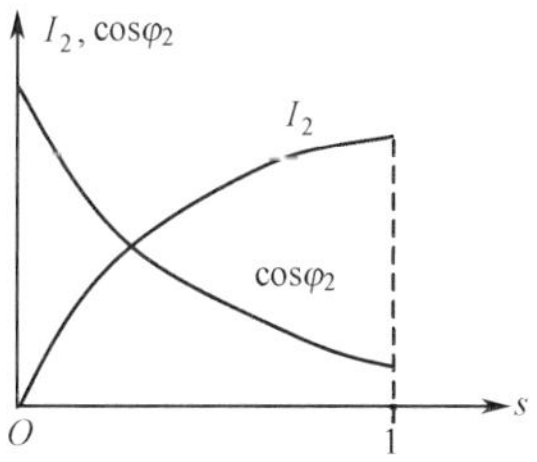

图 15.12　I_2 和 $\cos\varphi_2$ 与转差率 s 的关系

（5）转子电路的功率因数 $\cos\varphi_2$

由于转子有漏磁通，相应的感抗为 X_2，因此 $\dot{I}_2$ 比 $\dot{E}_2$ 滞后 φ_2 角，因而转子电路的功率因数为

$$\cos\varphi_2=\frac{R_2}{\sqrt{R_2^2+X_2^2}}=\frac{R_2}{\sqrt{R_2^2+(sX_{20})^2}} \quad (15.8)$$

可见，功率因数 $\cos\varphi_2$ 也与转差率 s 有关。当 s 很小时，$\cos\varphi_2\approx1$；当 s=1 时，$\cos\varphi_2$ 最小，随着转速的提高，s 减小，$\cos\varphi_2$ 增大。$\cos\varphi_2$ 随 s 变化的关系如图 15.12 所示。

由上述可知，转子电路的各个物理量，如电动势 E_2、电流 I_2、频率 f_2、感抗 X_2 及功率因数 $\cos\varphi_2$ 等都与转差率 s 有关，亦即与转速 n 有关。这是学习三相异步电动机时应特别注意的一个特点。

15.2.2　三相异步电动机的电磁转矩

由三相异步电动机的转动原理可知，驱动电动机旋转的电磁转矩是由转子导条中的电流 I_2 与旋转磁场每极磁通 Φ 相互作用而产生的。因此，电磁转矩的大小与 I_2 及 Φ 有关。由于只有转子电流的有功分量 $I_2\cos\varphi_2$ 与旋转磁场相互作用才能产生电磁转矩，因此异步电动机的电磁转矩与 Φ, I_2, $\cos\varphi_2$ 成正比，即

$$T=K_T\Phi I_2\cos\varphi_2 \quad (15.9)$$

式中，K_T 为与电动机结构相关的常数。

根据 15.2.1 节中相关物理量的计算，代入式（15.9）可得

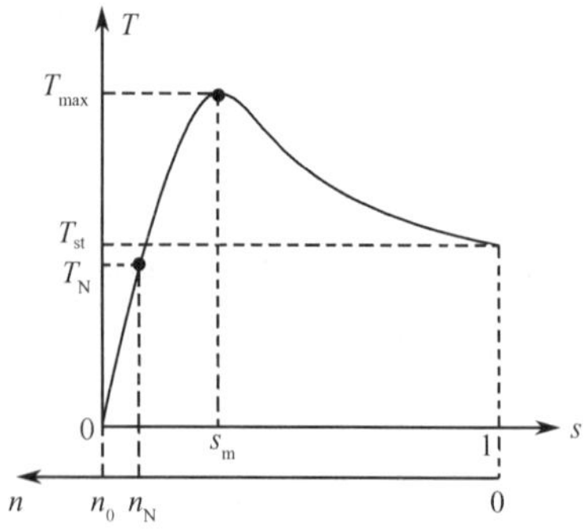

图 15.13　转矩特性曲线

$$T = K_T \frac{sR_2U_1^2}{R_2^2 + (sX_{20})^2} \tag{15.10}$$

式中，U_1 为定子绕组的相电压，s 是转差率，R_2 是转子电路每相的电阻，X_{20} 是电动机刚启动时的转子感抗。

由式（15.10）可见，电磁转矩与定子相电压 U_1 的平方成正比，所以电源电压的波动将对电动机的电磁转矩产生很大的影响。在分析异步电动机的运行特性时，要特别注意这一点。

在式（15.10）中，当电源电压 U_1 和频率 f_1 一定，且 R_2，X_{20} 都是常数时，电磁转矩 T 只随转差率 s 变化。T 与 s 之间的关系可用转矩特性 $T=f(s)$表示，其特性曲线如图 15.13 所示。

15.2.3　三相异步电动机的机械特性

在实际工作中，常用异步电动机的机械特性 $n=f(T)$来分析问题，机械特性反映了电动机的转速 n 和电磁转矩 T 之间的函数关系。

将图 15.13 中的 s 坐标换成 n 坐标，将 T 轴右移到 s=1 处，再将曲线顺时针旋转 90°，即得到如图 15.14 所示的机械特性曲线。

由于电磁转矩与定子相电压 U_1 的平方成正比，所以机械特性曲线将随 U_1 的改变而变化，图 15.15 所示为对应不同定子电压 U_1 时的机械特性曲线。图中，$U'_1<U_1$。由于 U_1 的改变不影响同步转速 n_0，所以两条曲线具有相同的 n_0。

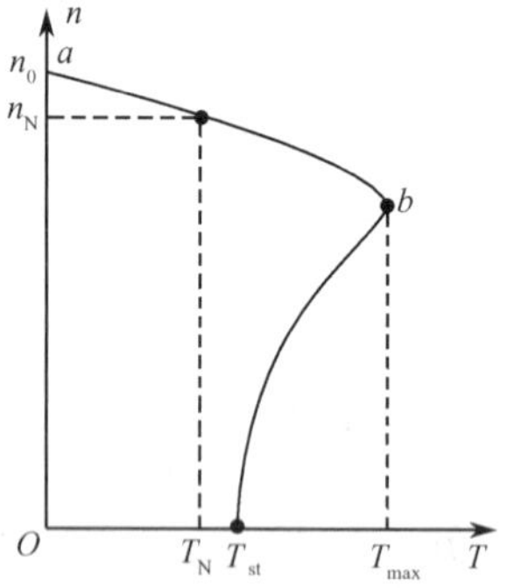

图 15.14　机械特性曲线

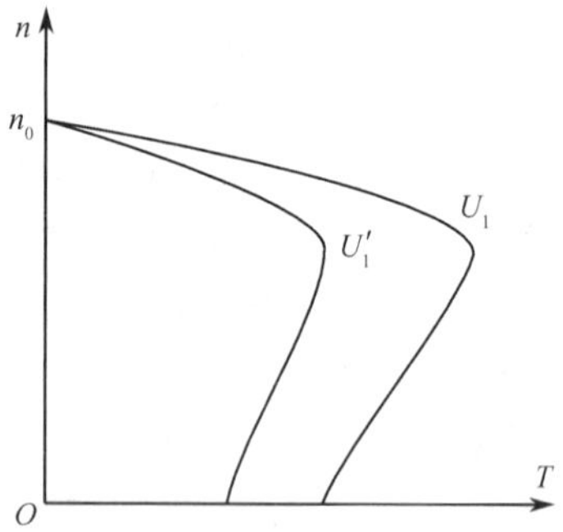

图 15.15　U_1 对机械特性的影响

电动机的负载是其轴上的阻转矩。电磁转矩 T 必须与阻转矩 T_c 相平衡，即 $T=T_c$ 时，电动机才能等速运行；当 $T>T_c$ 时，电动机加速；当 $T<T_c$ 时，电动机减速。

阻转矩主要是轴上的机械负载转矩 T_2，此外还包括电动机的机械损耗转矩 T_0。若忽略很小的 T_0，则阻转矩为

$$T_c=T_2+T_0\approx T_2$$

因此可近似认为，只要电动机的电磁转矩与轴上的负载转矩相平衡，即 $T=T_2$ 时，电动机就可以等速运行。下面讨论关于机械特性曲线的相关问题。

1. 三个重要的转矩

（1）额定转矩 T_N

电动机的额定转矩是电动机带额定负载时输出的电磁转矩。由于电磁转矩必须与轴上的负载转矩相等才能稳定运行，由机械原理可得

$$T = T_2 = \frac{P_2 \times 10^3}{2\pi n / 60} = 9550 \frac{P_2}{n} \text{N·m} \tag{15.11}$$

式中，P_2 是电动机轴上输出的机械功率（kW），n 是电动机的输出转速（r/min）。当 P_2 为电动机输出的额定功率 P_{2N}，n 为额定转速 n_N 时，由式（15.11）计算出的转矩就是电动机的额定转矩 T_N。电动机的额定功率和额定转速可从其铭牌上查出。

（2）最大转矩 T_{max}

T_{max} 是三相异步电动机所能产生的最大转矩。一般允许电动机的负载转矩在较短的时间内超过其额定转矩，但是不能超过最大转矩。因此，最大转矩也表示电动机允许短时过载的能力，用过载系数 λ_m 表示为

$$\lambda_m = \frac{T_{max}}{T_N} \tag{15.12}$$

一般，三相异步电动机的过载系数为 1.8～2.2。

（3）启动转矩 T_{st}

电动机接通电源瞬间（n=0）的电磁转矩称为启动转矩。电动机的启动转矩必须大于静止时其轴上的负载转矩才能启动。通常，用 T_{st} 与 T_N 之比表示异步电动机的启动能力。用启动系数 λ_s 表示为

$$\lambda_s = \frac{T_{st}}{T_N} \tag{15.13}$$

一般，三相异步电动机的启动系数约为 0.8～2。

2. 电动机的运行状态分析

电动机的机械特性曲线分为两个区段，即图 15.16 中的 AB 段和 CB 段。电动机只能在 AB 段稳定地运行，CB 段不能稳定运行。

设电动机的负载转矩为 T_{21}。当电动机接通电源后，只要启动转矩大于轴上的负载转矩，转子便由静止开始旋转。由图 15.16 可见，CB 段的电磁转矩 T 随着转速 n 的提高而不断增大，于是转子转速由曲线的 C 点开始沿 CB 段逐渐加速。经过 B 点进入 AB 段后，T 随 n 的提高而减小。当加速至 M_1 点时，T=T_{21}，之后电动机就以恒定速度 n_1 稳定运行在 M_1 点。

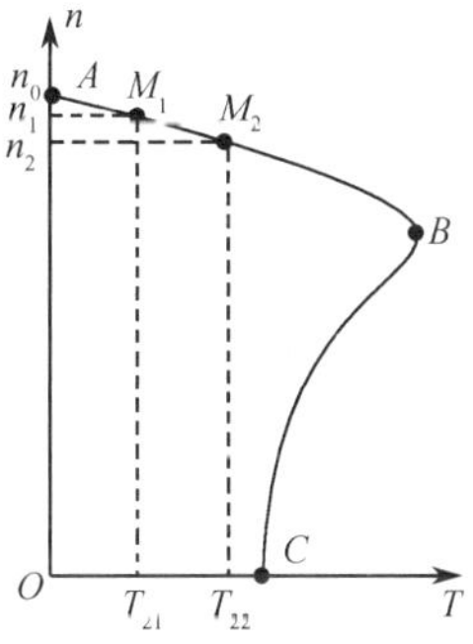

图 15.16　电动机的稳定运行

若由于某种原因，负载转矩增大到 T_{22} 的瞬时，由于 T_{22} 大于此时的 T，于是电动机将沿 AB 段减速。在 AB 段，T 随 n 的下降而增大，当运行在 M_2 点时，T 与负载转矩 T_{22} 相等，电动机就以新的速度 n_2 稳定运行在 M_2 点。同理，若负载转矩变小，电动机将沿曲线 AB 段加速，最后以高于 n_1 的转速稳定运行。

由此可见，在机械特性的 AB 段内，当负载转矩发生变化时，电动机能自动调节电磁转矩的大小以适应负载转矩的变化，从而保持稳定运行的状态，故 AB 段称为稳定运行区。可以说，在稳定运行区，电动机的出力大小取决于负载。

由于异步电动机机械特性曲线的 AB 段比较平坦，转矩变化时产生的转速变化不很大，故称异步电动机有较硬的机械特性。

若电动机长时间过负载（超过额定转矩）运行将会使电动机过热。因为过负载运行时，其转速要低于额定转速，因而转子导条相对于旋转磁场的转差增大，导条中的感应电流也增大。与变压器一样，电动机的转子和定子电路也是通过磁路联系起来的，转子电路相当于变压器的副边，定子电路相当于变压器的原边。根据变压器原理，转子电流增大时，定子电流也必随之增大，从而造成电动机过热。由上述分析可知，在电动机运行过程中要对其进行过载保护。

在电动机运行过程中，若负载转矩增大太多，致使 T_2>T_{max} 时，电动机运行点将越过机械特性

曲线的 B 点而进入 BC 段。由于 BC 段的电磁转矩 T 随 n 的下降而减小，T 的减小又进一步使转速下降，电动机的转速很快会下降到零而停转（又称堵转）。电动机堵转时，其定子绕组仍接在电源上，旋转磁场以同步转速 n_0 高速切割转子导条，造成定、转子电流剧增，定子电流迅速增大至额定电流的 5～7 倍。此时，若不及时切断电源，电动机将迅速过热而烧毁，这种现象又称为“闷车”。

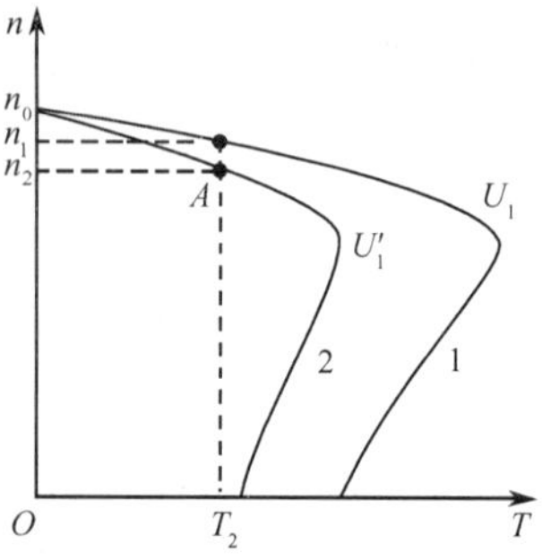

图 15.17　电压对电动机运行状态的影响

由上面的分析可见，电动机在 BC 段不能稳定运行。

在电动机运行过程中，当其负载转矩 T_2 一定，而 U_1 下降为 U'_1 时，电动机的机械特性曲线将由图 15.17 中的曲线 1 变为曲线 2，电动机将在曲线 2 的 A 点运行。此时，由于 $n_2<n_1$，转子导条相对于旋转磁场的转差增大，导致定子和转子的电流增大。如果电动机运行在满载情况下，则电流的增大将会超过其额定值而使绕组过热。若 U_1 下降过于严重，致使 $T_2>T_{max}$，则电动机的转速将急剧下降直至电动机停转，同样会造成“闷车”事故。

〖**例 15.1**〗 某三相异步鼠笼式电动机，其额定功率 P_N=55kW，额定转速 n_N=1480r/min，λ_m=2.2，λ_s=1.3。试求这台电动机的额定转矩 T_N，启动转矩 T_{st} 和最大转矩 T_{max} 各为多少？

解：由式（15.11）计算电动机的额定转矩得

$$T_N=9550\times55/1480=354.9\text{N·m}$$

$$T_{st}=1.3\times354.9=461\text{N·m}$$

$$T_{max}=2.2\times354.9=780\text{N·m}$$

【思考与练习】

15-2-1　三相异步电动机启动瞬间，即 s=1 时，为什么转子电流 I_2 大，而转子电路的功率因数 $\cos\varphi_2$ 小？

15-2-2　若将频率为 60Hz 的三相异步电动机接在 50Hz 的电源上，有何后果？

15-2-3　三相异步电动机的电磁转矩是怎样产生的？电磁转矩与定子电压 U_1 有何关系？

15-2-4　三相异步电动机接通电源后，如果转轴受阻而长时间不能启动，有何后果？

15-2-5　三相异步电动机带额定负载运行时，如果电源电压减小，电动机的转矩、转速及电流有无变化？如何变化？

15-2-6　异步电动机长时间过负载运行时，为什么会造成电动机过热？当电动机运行过程中负载转矩增大而大于 T_{max} 时，将会发生什么情况？

15-2-7　同步转速为 1500r/min 的异步电动机，能否以 700r/min 的转速稳定地运行？为什么？

15.3　三相异步电动机的额定数据

要想正确地使用电动机，必须先了解电动机的铭牌数据。不当的使用不仅使电动机的能力得不到充分的发挥，甚至会损坏电动机。

图 15.18 所示是电动机的铭牌数据示例。电动机的型号是表示电动机的类型、用途和技术特征的代号，用大写拼音字母和阿拉伯数字组成，且字母和数字各具有一定含义。

三相异步电动机		
型号 Y132M-4	功率 7.5kW	频率 50Hz
电压 380V	电流 16.4A	接法 △
转速 1440r/min	绝缘等级 B	工作方式 连续
	年 月 日	×××电机厂

图 15.18　电动机的铭牌示例

图 15.18 的铭牌中型号的意义如下：

Y 132 M－4

三相异步电动机 —— Y

机座中心高 —— 132

磁极个数 —— 4

机座长度代号 —— M：S——短机座；M——中机座；L——长机座

铭牌上其他数据的意义如下。

1．电压

铭牌上的电压是指电动机额定运行时，定子绕组上应加的额定线电压值，用 U_N 表示。一般规定异步电动机运行时的电压不应高于或低于额定值的 5%。电压低于额定值时，将引起电动机转速下降，定子电流增大；电压高于额定值时，磁路中的磁通将增大（因为 U=4.44$fN\Phi$），磁通的增大又将引起励磁电流的急剧增大（由于磁路饱和），这样不仅使铁损增加、铁心发热，而且也会造成定子绕组严重过热。

三相异步电动机的额定电压有 380V，3000V，6000V 等多种。

2．电流

铭牌上的电流是指电动机在额定运行时，定子绕组的额定线电流值，用 I_N 表示。

3．功率和效率

铭牌上的功率是指电动机的额定功率。额定功率是电动机在额定运行状态下，其轴上输出的机械功率，用 P_{2N} 表示。

电动机输出功率 P_{2N} 与从电源输入的功率 P_{1N} 不相等，其差值（P_{1N}−P_{2N}）为电动机的损耗，所以电动机的效率为

$$\eta = \frac{P_{2N}}{P_{1N}} \times 100\% \qquad (15.14)$$

一般，三相异步电动机额定运行时，效率约为 72%～93%。

对电源来说，电动机为三相对称负载，由电源输入的功率为

$$P_{1N} = \sqrt{3} U_N I_N \cos\varphi \qquad (15.15)$$

式（15.15）中的 $\cos\varphi$ 是定子的功率因数。鼠笼式异步电动机在空载或轻载时的 $\cos\varphi$ 很小，约为 0.2～0.3。随着负载的增加，$\cos\varphi$ 迅速升高，额定运行时，功率因数约为 0.7～0.9。为了提高电路的功率因数，要尽量避免电动机轻载或空载运行。

4．频率

铭牌上的频率是指定子绕组外加的电源频率。

5．接法

铭牌上的接法是指电动机在额定运行时定子绕组的连接方式。通常，Y 系列 4kW 以上的三相异步电动机，运行时均采用三角形接法，以便于采用 Y-△换接启动。定子绕组的星形和三角形连接方式如图 15.3 所示。

6．转速

铭牌上的转速是指电动机在额定电压、额定频率及输出额定功率时的转速，称为额定转速 n_N。由于在额定状态下，s_N 很小，n_N 和 n_0 相差很小，故可根据额定转速判断出电动机的磁极对数。例如，若 n_N=1440r/min，则其 n_0 应为 1500r/min，推断出磁极对数 P=2。

7．绝缘等级

绝缘等级是根据电动机绕组所用的绝缘材料、按使用时的最高允许温度而划分的不同等级。常用绝缘材料的等级及其最高允许温度如下：

绝缘等级	A	E	B	F	H

最高允许温度（℃）　105　120　130　165　180

上述最高允许温度为环境温度（40℃）和允许温升之和。

8．工作方式

工作方式是对电动机在铭牌规定的技术条件下持续运行时间的限制，以保证电动机的温升不超过允许值。电动机的工作方式可分为以下三种。

（1）连续工作

在额定状态下可长期连续工作，如机床、水泵、通风机等设备所用的异步电动机。

（2）短时工作

在额定情况下，持续运行时间不允许超过规定的时限，否则会使电动机过热。短时工作分为10min，30min，60min，90min四种。

（3）断续工作

可按与系列相同的工作周期、以间歇方式运行，如吊车、起重机等。

15.4　三相异步电动机的使用

15.4.1　三相异步电动机的启动

电动机接通电源启动后，转速不断上升直至达到稳定转速，这一过程称为启动。

在电动机接通电源的瞬间，即转子尚未转动时，定子电流（即启动电流）I_{st}很大，一般是电动机额定电流的5～7倍。启动电流虽然很大，但启动时间很短，而且随着电动机转速的上升，电流会迅速减小，故对于容量不大且不频繁启动的电动机影响不大。

电动机的启动电流大对线路是有影响的。过大的启动电流会产生较大的线路压降，直接影响接在同一线路上的其他负载的正常工作。例如，可能使运行中的电动机转速下降，甚至停转等。

启动电流大是异步电动机的主要缺点。必要时须采用适当的启动方法以减小启动电流。

1．直接启动

利用闸刀开关、交流接触器、空气自动开关等设备直接启动电动机，称为直接启动或全压启动。其优点是设备简单、操作方便、启动迅速，但是启动电流大。

一台异步电动机能否直接启动要视情况不同而定，一般根据以下几种情况确定。

① 容量为10kW及以下的异步电动机允许直接启动。

② 启动时，电动机的启动电流在供电线路上引起的电压降不应超过正常电压的15%。如果未使用独立变压器，则不应超过5%。

③ 用户有独立的变压器供电时，频繁启动的电动机，其容量小于变压器容量的20%时允许直接启动；不频繁启动的，其容量小于变压器容量的30%时允许直接启动。

2．降压启动

为了减小启动电流，常采用的措施是降压启动。即启动时先降低加在定子绕组上的电压，当电动机接近额定转速时，再加上额定电压运行。由于降低了启动电压，启动电流也就减小了。但是，由于启动转矩正比于定子相电压的平方，因此降压启动时启动转矩会显著减小。可见，降压启动只适用于可以轻载或空载启动的场合。

三相异步鼠笼电动机降压启动，常用的方法是Y-△换接启动。这种方法只适用于正常运行时定子绕组接成三角形的电动机。图15.19所示为一种利用开关控制的简单的Y-△启动电路图。启动时，将转换开关Q_2扳到“启动”位置，使定子绕组接成星形，待电动机的转速接近额定转速时，再迅速将转换开关扳到“运行”位置，定子绕组即换接成三角形而全压运行。

下面讨论 Y-△换接启动时的启动电流和启动转矩。设电源的线电压为 U_L，定子绕组的每相阻抗为 Z。

定子绕组星形连接启动时，线电流 I_{LY} 等于相电流 I_{PY}，即

$$I_{LY}=I_{PY}=\frac{U_L}{\sqrt{3}|Z|}$$

当定子绕组接成三角形直接启动时，其线电流为

$$I_{L\triangle}=\sqrt{3}I_{P\triangle}=\sqrt{3}\frac{U_L}{|Z|}$$

比较以上两式可得

$$\frac{I_{LY}}{I_{L\triangle}}=\frac{1}{3} \tag{15.16}$$

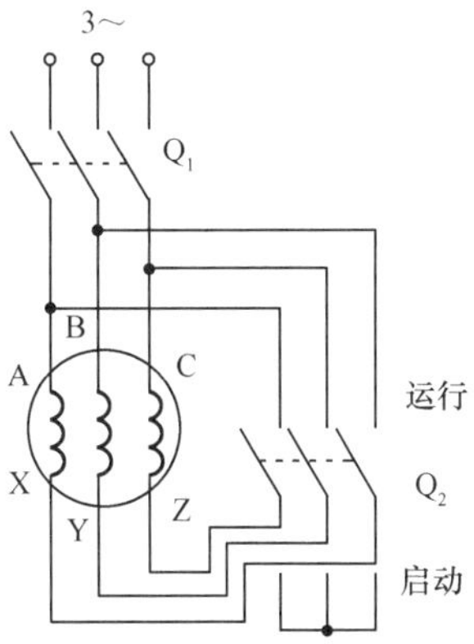

图 15.19　简单的 Y-△换接

由式（15.16）可见，采用 Y-△换接启动时，启动电流是直接启动时的 1/3。由于电磁转矩与定子电压的平方成正比，所以启动转矩降为全电压启动的 1/3，即

$$\frac{T_{stY}}{T_{st\triangle}}=\frac{1}{3} \tag{15.17}$$

有些三相异步电动机正常运转时要求其转子绕组必须接成星形，这样就不能采用 Y-△换接启动，此时可以采用自耦降压启动。自耦降压启动利用三相自耦变压器将电动机在启动过程中的端电压降低，以达到减小启动电流的目的。自耦变压器备有 40%、60%、80%等多种抽头，以便得到不同的电压，使用时应根据电动机启动转矩的具体要求来进行选择。

可以证明，若自耦变压器原、副边的匝数比为 K，则采用自耦降压启动时，电动机的启动电流和启动转矩均为直接启动时的 $1/K^2$。

15.4.2　三相异步电动机的调速

所谓调速，是指负载不变时使电动机产生不同的转速。这里只介绍三相异步鼠笼式电动机的调速方法。根据式（15.1）可知，改变电源频率 f_1 或电动机的极对数 P 可改变同步转速，从而实现电动机转速的改变。

1．变频调速

变频调速是通过改变异步电动机供电电源的频率实现调速的。图 15.20 所示为变频调速装置的方框图。变频调速装置主要由整流器和逆变器组成。通过整流器先将 50Hz 的交流电变换成电压可调的直流电，直流电再通过逆变器变成频率连续可调的三相交流电。在变频装置的支持下，实现了三相异步电动机的无级调速。

由于功率电子技术的迅速发展，三相异步电动机的变频调速技术越来越成熟。21 世纪，变频调速将在我国全面普及。

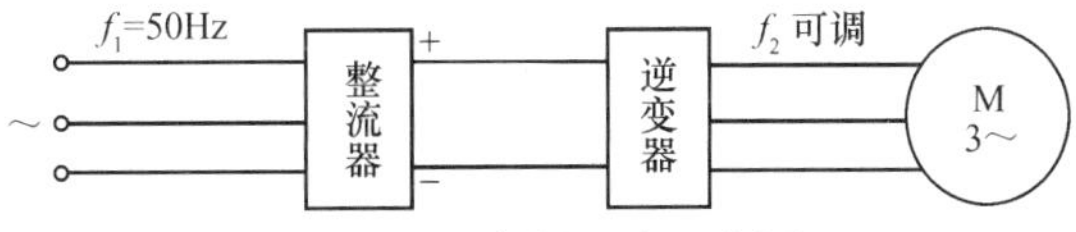

图 15.20　变频调速示意图

2．变极调速

能采用变极调速的异步电动机，每相有多个绕组，改变电动机每相绕组的连接方法就可以改变极对数。极对数的改变可使电动机的同步转速发生改变，从而达到改变电动机转速的目的。这种调速方法不能实现无级调速。

采用变极调速的电动机，转速级别不会太多，否则使电动机结构过于复杂，而且体积太大。常

见的有双速或三速电动机。

15.4.3　三相异步电动机的制动

在生产实际中，常要求电动机能迅速而准确地停止转动，所以需要对电动机进行制动。鼠笼式电动机常用的电气制动方法有反接制动和能耗制动两种。

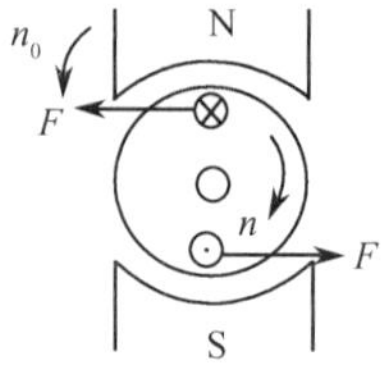

图 15.21　反接制动原理

1. 反接制动

图 15.21 所示为反接制动的原理图。当电动机需要停转时，将三根电源线中的任意两根对调位置而使旋转磁场反向，此时产生一个与转子惯性旋转方向相反的电磁转矩，从而使电动机迅速减速。当转速接近零时必须立即切断电源，否则电动机将会反转。

反接制动的特点是设备简单，制动效果较好，但能量消耗大。有些中小型车床和机床主轴的制动采用这种方法。

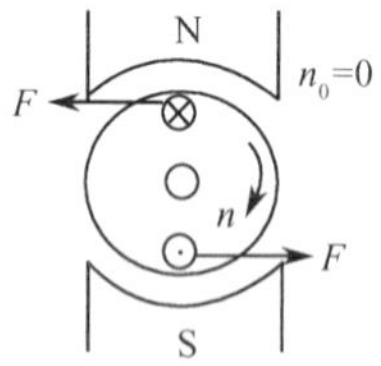

图 15.22　能耗制动原理

2. 能耗制动

图 15.22 所示为能耗制动的原理图。当电动机断电后，立即向定子绕组中通入直流电而产生一个不旋转的磁场。由于转子仍以惯性转速运转，转子导条与固定磁场间有相对运动并产生感应电流。这时，转子电流与固定磁场相互作用产生的转矩是制动转矩，使电动机快速停转。电动机停转后再切断直流电源。

能耗制动的特点是制动平稳准确，耗能小，但需配备直流电源。

【思考与练习】

15-4-1　为什么三相异步电动机的启动电流大？在满载和空载时，启动电流是否一样？

15-4-2　有些电动机有 380V，220V 两种额定电压，定子绕组可以连接成星形或三角形。试问两种接法各在何时采用？两种接法，电动机的额定值（功率、相电压、线电压、相电流、线电流、效率、功率因数、转速）有无改变？

15-4-3　电动机应采用三角形连接而误接成星形，或者应采用星形连接而误接成三角形时，会有何后果？为什么？

15-4-4　三相异步电动机长时间过负载运行会造成什么后果？为什么？

15.5　单相异步电动机

单相异步电动机的定子为单相绕组，转子大多是鼠笼式的。当绕组通入单相交流电时会产生一个磁极轴线位置固定不变，而磁感应强度的大小随时间做正弦交变的脉动磁场，磁极轴线的位置如图 15.23 中的虚线所示。

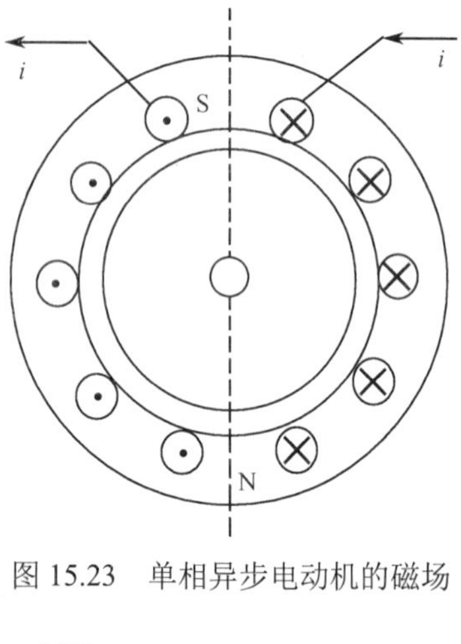

图 15.23　单相异步电动机的磁场

由于脉动磁场是不旋转的磁场，所以在转子导条中不能产生感应电流，也不会形成电磁转矩，因此单相电动机没有启动转矩。但当外力使转子旋转起来后，因为转子与脉动磁场之间的相对运动而产生的电磁转矩能使其继续沿原方向旋转。

为了使单相异步电动机产生启动转矩，常采用电容分相和罩极两种方法。这里介绍电容分相式单相异步电动机的基本原理。

下面用图 15.24 说明电容分相式单相异步电动机的工作原理。电动机有工作绕组 AX 和启动绕组 BY，两绕组的头或尾在定子内圆周上相差 90° 嵌放。启动绕组 BY 与电容 C 串联，再与工作绕组 AX 并联后接入电源。工作绕组为感性电路，其电流 i_A 滞后于

电源电压 u 一个角度。当启动绕组串联电容 C 时，可使其为一容性电路，电流 i_B 超前于电源电压 u 一个角度。可见，适当选择电容的容量后，可使两绕组中的电流 i_A，i_B 相位差为 90°，即形成相位差为 90° 的两相电流。

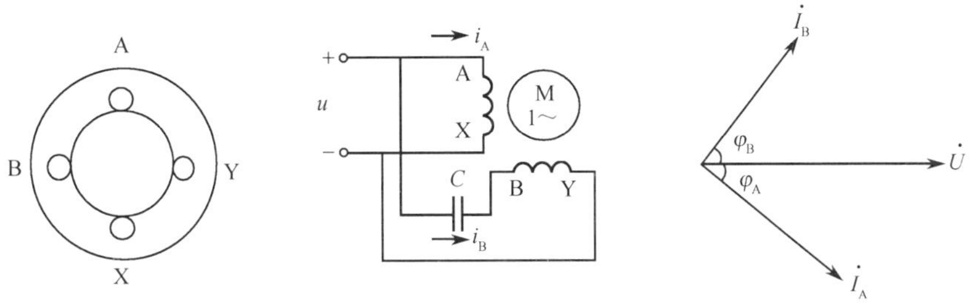

(a) 绕组的分布　　(b) 绕组接线图　　(c) 电压电流相量图

图 15.24　电容分相式单相异步电动机的工作原理

在空间位置上相差 90° 的两个绕组中通入相位差 90° 的两相电流 i_A 和 i_B 后，就会在电动机内部产生一个旋转磁场。在这个旋转磁场的作用下，转子导条中会产生感应电流，使电动机有了启动转矩，转子就能转起来了。

可用图 15.25 说明电容分相式单相异步电动机旋转磁场的形成。参照三相异步电动机旋转磁场形成的分析方法，可以得出 ωt=0°，ωt=45° 和 ωt=90° 几种情况下单相异步电动机旋转的磁场。由图可见，通入绕组电流的电角度变化了 90°，旋转磁场在空间上也转过 90°。

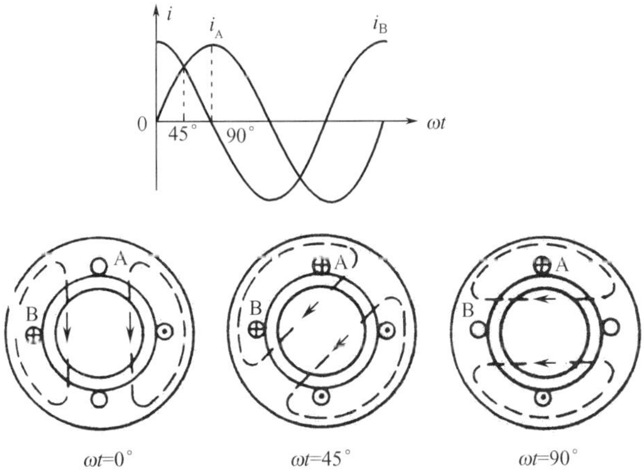

图 15.25　电容分相式单相异步电动机旋转磁场的形成

单相异步电动机启动后，启动绕组可以留在电路中，也可以在转速上升到一定数值后利用离心开关将其断开。转子一旦转起来，转子导条与磁场间就有了相对运动，转子导条中的感应电流和电动机的电磁转矩就能持续存在，所以启动绕组断开后，电动机仍能继续运转。

单相异步电动机可以正转，也可以反转。图 15.26 所示为既可正转又可反转的单相异步电动机的电路图。图中，利用一个转换开关 S 使工作绕组与启动绕组实现互换使用，以对电动机进行正转和反转的控制。例如，当 S 合向 1 时，AX 为启动绕组，BY 为工作绕组，电动机正转；当 S 合向 2 时，BY 为启动绕组，AX 为工作绕组，电动机反转。

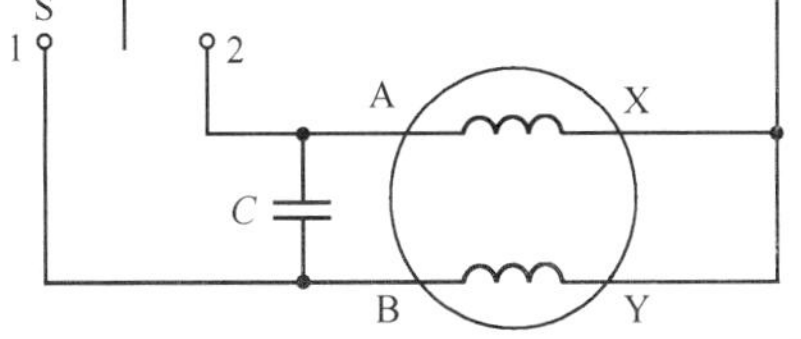

图 15.26　可以正反转的单相异步电动机

三相异步电动机在有载运行时，如果断了一根电源线，就变成三相电动机的单相运行状态。若不及时排除故障将会使电动机过热。三相电动机如果长时间处于单相运行状态，会烧坏电动机，因此要对电动机设置断相保护措施。

单相异步电动机常用于拖动小功率生产机械，如手电钻、搅拌机、空压机及医疗器械等。洗衣机、风扇、电冰箱、排油烟机等家用电器中也使用单相异步电动机。

罩极式电动机结构简单、容易制造，但启动转矩小，常用于电唱机、录音机等设备中。

本章要点

一、三相异步电动机的基本结构和转动原理

1．三相异步电动机的基本结构

定子铁心和定子绕组。放置在定子铁心上的三相定子绕组接入三相电源，产生旋转磁场。

转子铁心和转子绕组。固定在转轴上的转子带动转轴旋转。

2．三相异步电动机转动原理：在对称三相定子绕组中通入对称三相交流电流产生旋转磁场，旋转磁场与转子产生相对运动，在转子绕组中产生感应电流，转子感应电流与旋转磁场相互作用产生电磁转矩，驱动电动机旋转。

3．旋转磁场的转速（同步转速）：$n_0=60f/P$；旋转磁场的转向取决于三相电流的相序。

转子的转速（电动机的转速）：n 略小于 n_0，转子的转向与旋转磁场的转向一致，即取决于三相电流的相序。

转差率：$$s=(n_0-n)/n_0$$

二、三相异步电动机的电磁转矩和机械特性

1．三相异步电动机的电磁转矩：$T=K_{\rm T}\Phi I_2\cos\varphi_2$

转矩特性：$T=f(s)\Rightarrow T=K_{\rm T}\dfrac{sR_2U_1^2}{R_2^2+(sX_{20})^2}$

2．三相异步电动机的机械特性：$n=f(T)$（见图 15.14）

（1）三个重要转矩

额定转矩：$T_{\rm N}=9550\dfrac{P_{\rm 2N}}{n_{\rm N}}$

最大转矩：$T_{\max}=\lambda_{\rm m}T_{\rm N}$（过载系数$\lambda_{\rm m}$为 1.8～2.2），最大转矩决定了电动机的过载能力。

启动转矩：$T_{\rm st}=\lambda_{\rm s}T_{\rm N}$（启动系数约为 0.8～2），启动转矩反映了电动机的启动性能。

（2）三相异步电动机的稳定运行

启动状态：电动机的启动转矩必须大于静止时其轴上的负载转矩才能启动。

运行状态：在额定状态下运行时，转速能够自动调整。

三、三相异步电动机的使用

1．三相异步电动机铭牌数据

电动机的铭牌数据是电动机的运行依据，其中额定功率是指在额定状态下电动机转子轴上输出的机械功率，不是电动机从电源取得的电功率。额定电压和额定电流均指线电压和线电流。注意，根据电源电压和铭牌数据正确连接定子绕组。

2．三相异步电动机的启动

启动性能：启动电流大。$I_{\rm st}=(5\sim7)I_{\rm N}$。启动转矩小。

启动方法：小容量的异步电动机采用直接启动的方法。大容量的异步电动机常采用 Y-△换接启动和自耦降压启动来降低启动电流。

3．三相异步电动机的调速：变频调速和变极调速，其中变频调速为无级调速，变极调速为有级调速。

4．三相异步电动机的反转：只需改变三相电源的相序（任意调换两根电源线）。

5．三相异步电动机的制动：能耗制动、反接制动等方法。

四、单相异步电动机

单相异步电动机的单相绕组通入单相正弦交流电流产生脉动磁场，为了产生旋转磁场和启动转矩，单相异步电动机常采用电容分相和罩极两种方法。

关键术语

定子：stator

转子：rotor

旋转磁场：rotating magnetic field

同步转速：synchronous speed

电磁转矩：electromagnetic torque

机械特性：torque_speed characteristic

三相异步电动机：three_phase induction motor

调速：speed regulation

转差率：slip

额定转矩：rated torque

启动转矩：starting torque

最大转矩：maximum（breakdown）torque

鼠笼式转子：squirrel_cage rotor

单相异步电动机：single_phase induction motor

习题 15

15-1　已知 Y180-6 型电动机的额定功率 P_N=16kW，额定转差率 s_N=0.03，电源频率 f_1=50Hz。求同步转速 n_0，额定转速 n_N，额定转矩 T_N。

15-2　已知 Y112M-4 型异步电动机的 P_N=4kW，U_N=380V，n_N=1440r/min，$\cos\varphi$=0.82，η_N=84.5%，设电源频率 f_1=50Hz，采用三角形接法。试计算额定电流 I_N，额定转矩 T_N，额定转差率 s_N。

15-3　某三相异步电动机，P_N=30kW，额定转速为 1470r/min，T_{max}/T_N=2.2，T_{st}/T_N=2.0。要求：

（1）计算额定转矩 T_N。

（2）根据上述数据，大致画出该电动机的机械特性曲线。

15-4　有一台三相异步电动机，其技术数据如下表。

P_N/（kW）	U_N/（V）	η_N/（%）	I_N/（A）	$\cos\varphi$	I_{st}/I_N	T_{max}/T_N	T_{st}/T_N	n_N/（r/min）
3.0	220/380	83.5	11.18/6.47	0.84	7.0	2.0	1.8	1430

试求：

（1）磁极对数。

（2）在电源线电压为 220V 和 380V 两种情况下，定子绕组各应如何连接？

（3）额定转差率 s_N，额定转矩 T_N，最大转矩 T_{max}。

（4）直接启动电流 I_{st}，启动转矩 T_{st}。

（5）额定负载时，电动机的输入功率 P_{1N}。

15-5　有一台三相异步电动机，技术数据如下表所示。

P_N/（kW）	n_N/（r/min）	U_N/（V）	η_N/（%）	接法	$\cos\varphi$	I_{st}/I_N	T_{st}/T_N	f_1/（Hz）
11.0	1460	380	88.0	△	0.84	7.0	2	50

试求：

（1）T_N 和 I_N。

（2）用 Y-△换接启动时的启动电流和启动转矩。

（3）通过计算说明，当负载转矩为额定转矩的 70%和 25%时，能否采用 Y-△换接启动？

*第 16 章　直流电动机和控制电机

引言

直流电机是实现机械能和直流电能互相转换的装置。直流电机作为发电机用时，它将机械能转换为电能；作为电动机用时，将直流电能转换为机械能。本章主要讨论直流电动机的工作原理、机械特性和使用方法。

控制电机是转换和传递信号的装置，能量的转换是次要的。本章将简要介绍伺服电动机和步进电动机两种控制电机。

学习目标

- 了解直流电动机的基本构造和工作原理。
- 理解并励（他励）电动机的机械特性。
- 理解并励（他励）电动机的启动、反转与制动、调速的基本方法。
- 了解伺服电动机和步进电动机的结构及工作原理。

16.1　直流电动机的构造及工作原理

16.1.1　直流电动机的组成

直流电动机主要由磁极、电枢和换向器三部分组成，如图 16.1 所示。

1. 磁极

图 16.2 所示为直流电动机主磁极的示意图。主磁极是用来产生磁场的，它由硅钢片叠成并固定在机座上，机座也是磁路的一部分。

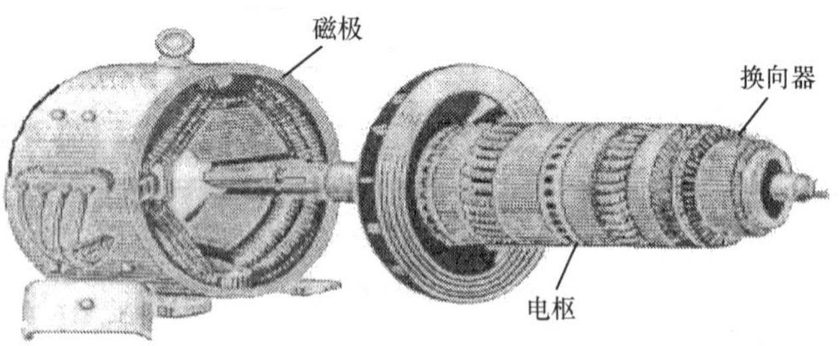

图 16.1　直流电动机的组成

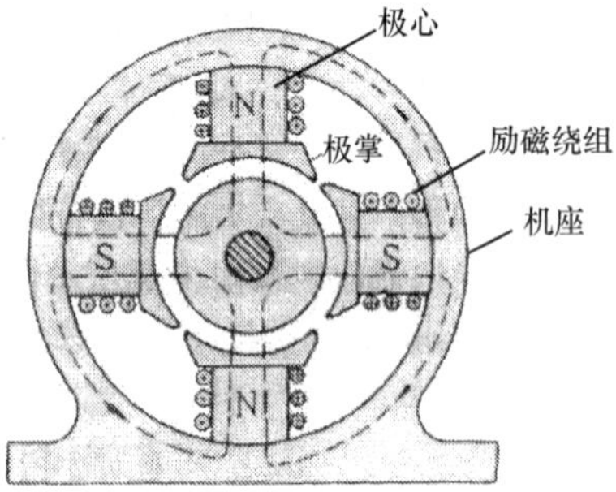

图 16.2　直流电动机的磁极和磁路

主磁极由极心、极掌和励磁绕组组成。极掌做成一定形状，能使空气隙中磁感应强度分布最合理，同时也方便安装绕组。励磁绕组里通入直流电流。

除主磁极外还有换向磁极（图中没画出），换向磁极可产生附加磁场以改善电动机的换向。

小型直流电动机可用永久磁铁作磁极。

2. 电枢

图 16.3 所示为直流电动机的电枢。电枢是直流电动机的旋转部分，也称为转子，由铁心和绕组两部分组成。铁心由硅钢片叠成圆柱状，外表面有许多均匀分布的槽，槽中放电枢绕组，绕组中通直流电流。每个绕组的两个端头按一定规律各焊在一个换向片上。电动机的转轴固定在电枢中央。

3. 换向器

图 16.4 所示为直流电动机的换向器。换向器的主要组成部分是换向片和电刷。各换向片之间相互绝缘，按一定规律装在绝缘套筒上。换向器表面用弹簧压着固定的电刷，当换向器转动时，电

刷可以在换向器表面上滑动。换向器与电枢同轴且紧固在一起（两者相对静止），使转动的电枢绕组通过电刷得以同外电路连接起来。

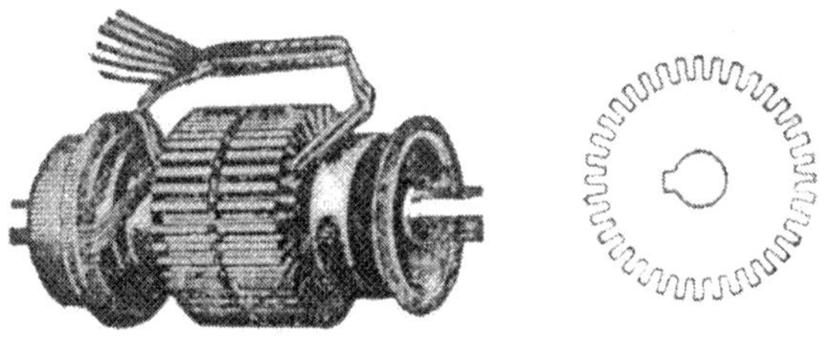

(a) 直流电动机的电枢　　(b) 电枢铁心

图 16.3　直流电动机的电枢

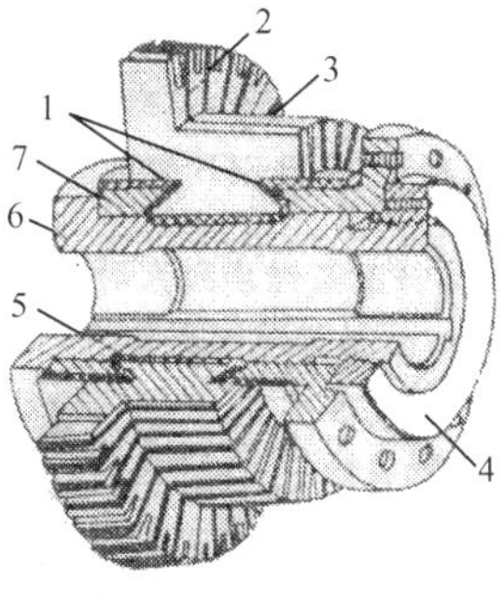

1—V 形云母环，2—云母片，3—换向片，4—螺旋压阀，5—绝缘套筒，6—钢套，7—V 形钢环

图 16.4　直流电动机的换向器

16.1.2　直流电动机的工作原理

1. 直流电动机的转动原理

下面用图 16.5 来讨论直流电动机的工作原理。假定电动机只有一对磁极，电枢只有一个绕组，绕组的两个端头分别焊在换向片 A 和 B 上，换向器上面压着电刷 C 和 D。

将直流电源接在电刷 C 和 D 之间，电枢绕组中便产生电流。N 极下线圈边中电流的方向为 b→a，S 极下线圈边中电流的方向为 d→c。由图 16.5 可见，两个线圈边在磁场中受力方向一致，因而使电枢转动起来。由于电枢转动而使两个线圈边的位置发生了变化，但由于换向器的作用，凡是转到 N 极下的线圈边中的电流方向总是指向左的，而转到 S 极下的线圈边中的电流方向总是指向右的，即保证了各磁极下的线圈边受力方向不变，从而使电动机能按一个方向转下去。

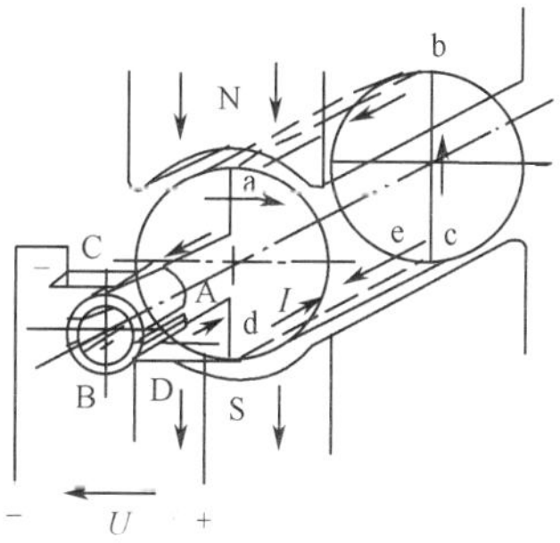

图 16.5　直流电动机的工作原理

2. 电磁转矩

由电枢绕组中的电流 I_a 与磁通 Φ 相互作用产生的电磁转矩是直流电动机的驱动转矩。电动机带动生产机械运动，实现了直流电能到机械能的转换。

电磁转矩常用下式表示

$$T=K_T\Phi I_a \qquad (16.1)$$

式中，T 是电磁转矩（N·m），K_T 是与电动机结构相关的常数，Φ 是磁极的磁通（Wb），I_a 是电枢电流（A）。

由式（16.1）可见，当磁通 Φ 一定时，电磁转矩 T 与电枢电流 I_a 成正比。

若电动机输出的机械功率是 P_2（kW），电枢转速是 n（r/min），则电磁转矩 T 与 P_2、n 的关系为

$$T=9550\frac{P_2}{n}$$

当上式中取电动机的额定功率 P_{2N}、电动机的额定转速 n_N 时，计算所得即为额定转矩 T_N。

3. 电枢绕组中的反电动势

由于电枢在磁场中转动时，其绕组中必然产生感应电动势 E。而 E 总是阻碍电枢电流的变化，故称为反电动势。E 的大小可由下式表示

$$E=K_E\Phi n \tag{16.2}$$

式中，K_E 是与电动机结构相关的常数，Φ 是磁极的磁通，n 是电动机的转速。

由式（16.2）可见，当磁通 Φ 一定时，反电动势 E 与电动机的转速 n 成正比。

4. 电压平衡方程

电枢电压 U 用来平衡绕组中的反电动势 E 及电枢电阻 R_a 产生的压降，各量之间的关系可表示为

$$U=E+I_aR_a \tag{16.3}$$

式（16.3）称为电压平衡方程。由于 R_a 很小，所以电枢电压主要是用来平衡反电动势。

【思考与练习】

16-1-1　换向器在直流电动机中起何作用？

16-1-2　当直流电动机的磁通一定时，电磁转矩主要取决于哪些因素？

16-1-3　当直流电动机的磁通一定时，若转速下降，则反电动势将怎样变化？

16-1-4　为什么电枢中电动势称为反电动势？反电动势与哪些因素相关？

16-1-5　直流电动机电压平衡方程反映了哪些电量之间的关系？

16.2　并励（他励）电动机的机械特性

直流电动机的机械特性与励磁绕组的连接方法相关。按励磁方法的不同，直流电动机可分为他励（励磁绕组和电枢绕组各有独立的电源）、并励（励磁绕组和电枢绕组并联）、串励（励磁绕组和电枢绕组串联）和复励（励磁绕组和电枢绕组一部分并联、一部分串联）4 种。其中他励和并励两种电动机较常用，接线如图 16.6 所示。

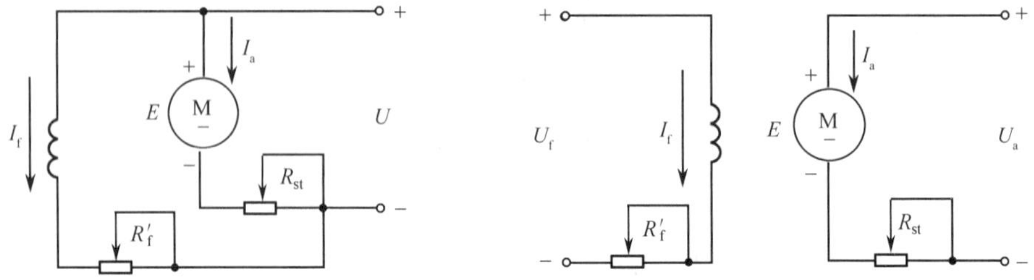

(a) 并励　　(b) 他励

图 16.6　并励和他励电动机的接线图

并励和他励直流电动机的机械特性基本相同，下面以并励电动机为例介绍其机械特性。

与交流电动机一样，直流电动机的电磁转矩 T 必须与轴上的阻转矩（T_2+T_0）相平衡时才能稳定运行。由于机械损耗转矩 T_0 很小，可以认为阻转矩即是负载转矩 T_2。

16.2.1　机械特性

在电源电压 U 和励磁电路的电阻 R_f（包括励磁绕组的电阻和励磁调节电阻 R'_f）为常数的条件下，电磁转矩 T 与电枢转速 n 之间关系 $T=f(n)$ 称为机械特性。

由 16.1.2 节中的 $E=K_E\Phi n$，$T=K_T\Phi I_a$，$U=E+I_aR_a$ 可以推出机械特性的表达式为

$$n=\frac{U}{K_E\Phi}-\frac{R_a}{K_EK_T\Phi^2}T=n_0-\Delta n \tag{16.4}$$

式中，$n_0=\dfrac{U}{K_E\Phi}$为理想空载转速，即 T=0 时的转速（这种情况实际上不存在）。由式（16.4）画出机械特性曲线，如图 16.7 所示。

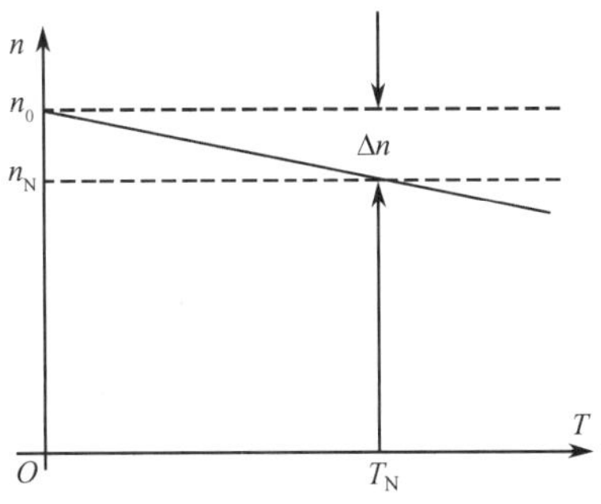

图 16.7　并励电动机的机械特性

Δn 为转速降，即电动机负载增大时产生的转速降落。负载增大时产生转速降落是由电枢电阻 R_a 引起的，其原理是：当Φ一定时，若 T_2 增大，由 $T=K_T\Phi I_a$ 可知 I_a 必增大。根据电压平衡方程 $U=E+I_aR_a$ 可知，由于 R_a 的存在，当 U 一定时，若 I_a 增大，则 E 必减小。由 $E=K_E\Phi n$ 可知，若 E 减小，则 n 必下降。但因为 R_a 很小，在负载变化时，转速的变化并不大，所以直流电动机具有较硬的机械特性。

曲线上，n_N 为额定转速，T_N 为额定转矩。一般要求电动机尽可能按额定值运行。若长期轻载运行，不但浪费设备容量，而且会降低电动机的效率。

16.2.2　电动机的稳定运行

当电动机的负载转矩增大或减小时，其电磁转矩能自动地随之变化，从而保持稳定运行状态。例如，当负载增大时，$T_2>T$，电动机将沿特性曲线减速。从特性曲线的规律可以看出，随着转速的减小，电磁转矩则不断增大，当电磁转矩增大到与负载转矩相同时，电动机就以新转速稳定运行，此时的转速低于负载增大之前的转速。

可见，直流电动机的电磁转矩也取决于负载。当负载减小时电磁转矩的自动调节过程，请读者自行分析。

〖例 16.1〗　一台并励直流电动机，其额定数据如下：额定功率 P_{2N}=22kW，额定电压 U_N=110V，额定转速 n_N=1000r/min，额定效率η_N=0.84，并已知 R_a=0.04Ω，R_f=27.5Ω。试求：

（1）额定电流 I_N，额定电枢电流 I_{aN} 及额定励磁电流 I_{fN}；

（2）损耗功率ΔP_{aCu}，ΔP_{fCu}，及ΔP_0；

（3）额定转矩 T_N；

（4）反电动势 E。

解：（1）P_{2N} 是输出（机械）功率，额定输入（电）功率为

$$P_{1N}=\frac{P_{2N}}{\eta_N}=\frac{22}{0.84}=26.19\text{kW}$$

额定电流为

$$I_N-\frac{P_{1N}}{U_N}=\frac{26.19\times10^3}{110}=238\text{A}$$

额定励磁电流为

$$I_{fN}=\frac{U_{1N}}{R_f}=\frac{110}{27.5}=4\text{A}$$

额定电枢电流为

$$I_{aN}=I_N-I_{fN}=238-4=234\text{A}$$

（2）电枢电路铜损为

$$\Delta P_{aCu}=R_aI_a^2=0.04\times234^2=2190\text{W}$$

励磁电路铜损为

$$\Delta P_{fCu}=R_fI_f^2=27.5\times4^2=440\text{W}$$

总损失功率为

$$\sum \Delta P = P_{1N} - P_{2N} = 26190 - 22000 = 4190\text{W}$$

空载损耗功率为

$$\Delta P_0 = \sum \Delta P - \Delta P_{aCu} = 4190 - 2190 = 2000\text{W}$$

（3）额定转矩为

$$T_N = 9550\frac{P_{2N}}{n_N} = 9550 \times \frac{22}{1000} = 210\text{N}\cdot\text{m}$$

（4）反电动势为

$$E=U-I_aR_a=110-0.04\times 234=100.6\text{V}$$

【思考与练习】

16-2-1 直流电动机在负载增大时，为什么会产生转速降？

16-2-2 当电动机减小负载时，简述其转速、电枢电流、转矩的自动调节过程。

16.3 并励（他励）电动机的使用

16.3.1 启动

在直流电动机启动瞬间，由于 n=0，所以反电动势 E=0。此时的电枢电流为

$$I_{ast} = \frac{U}{R_a}$$

由于 R_a 很小，所以启动电流将增大到额定电流的 10～20 倍。由于电磁转矩正比于电枢电流，故此时会产生非常大的启动转矩，过大的启动转矩会对传动机构造成强烈的机械冲击。因此，一般要采取一定措施，限制启动电流不超过额定电流的 1.5～2.5 倍。

下面介绍常用的启动方法。

1. 电枢回路串联启动电阻

对并励和他励电动机，在电枢回路中串联启动电阻 R_{st}。启动时将 R_{st} 调到最大，随电动机转速升高，逐渐切除 R_{st}。当转速达到稳定运行值时，R_{st} 全部切除。这种方法的启动电流是

$$I_{ast} = \frac{U}{R_a + R_{st}}$$

2. 降低电枢电压

对他励电动机，启动时将电枢电压适当调小（或者从零开始逐渐增大），随着转速的升高再逐渐加大电枢电压，直至转速达到稳定值，此时电枢电压也调到额定电压值。当然，这需要一个可以连续调节输出电压的直流电源。

必须注意的是，在直流电动机启动或运行时，必须保证励磁电路接通。否则，由于磁路中只有很小一点剩磁，可能发生下面的事故。

① 若电动机处于启动状态，由于启动转矩太小而不能启动，此时 E=0，电枢电流将很大，有烧坏电枢绕组的危险。

② 若电动机有载运行时断励磁，由于反电动势立即减小而使电枢电流增大，而磁通减小的影响超过电枢电流增大的影响，造成电磁转矩小于负载转矩而使电动机迅速减速以致停转，从而导致电枢电流剧增而烧坏电枢绕组和换向器。

③ 若电动机空载运行时断励磁，会使电动机上升到很高的转速（称为飞车），使电动机遭受严重的机械损坏，同时因电枢电流很大而烧坏绕组。

16.3.2 制动

直流电动机制动的方法与交流电动机制动的方法类似，常采用能耗制动和电源反接制动。

1. 能耗制动

图 16.8 所示为直流电动机能耗制动的原理。电动机运行时，将开关合到“1”，电枢接入直流电源。需制动时将开关合到“2”，电枢脱离电源而与制动电阻 R_B 相连。由于电动机和生产机械的惯性，电枢继续旋转，这时，电枢中产生的感应电动势和电流的方向一致。由这个电流产生的电磁力如图 16.8（b）所示。可见，此时的电磁转矩是制动转矩。实际上，此时电动机处于发电机运行状态，电枢的动能转换成电能被电阻消耗掉，因此称其为能耗制动。

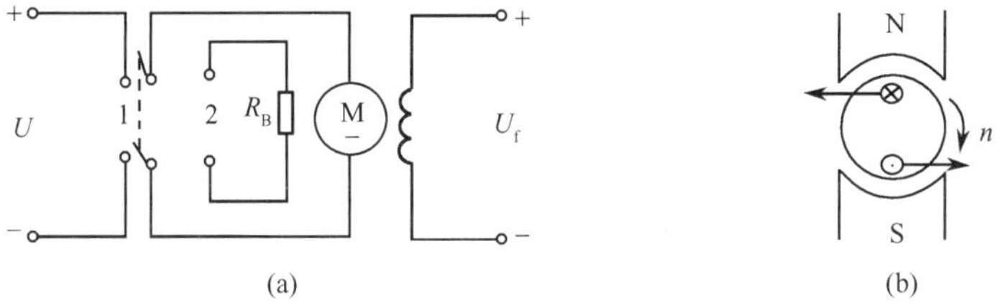

图 16.8 直流电动机的能耗制动

能耗制动的特点是设备简单、制动可靠平稳。当转速减到零时，制动转矩也为零，便于准确停车。

2. 电源反接制动

电源反接制动，即需要制动时将运转中的电枢电压反接，使电枢中的电流反向。这时电枢仍按原方向旋转，因此产生制动转矩。

由于电源反接制动时产生的反电动势 E 与电枢电压 U 方向相同，即电枢电压约为 $2U$，所以这种制动方法的制动电流很大。为了保证制动电流不至于过大，要求在电枢电路中串联制动电阻。在电动机不需要反转时，要及时切断电源，否则，电动机会反转起来。

反接制动的特点是制动转矩较恒定、制动效果好。但是，串接制动电阻要消耗大量的电能，不经济。

16.3.3 调速

某些生产机械要求在较宽广的转速范围内都能稳定运行。例如，轧钢机在轧制不同品种和不同厚度的钢材时，必须使用不同的最佳速度，这就要求其拖动电动机能实现无级调速。

根据式（16.4）可知，改变直流电动机的转速有三种方法，即变 R_a、变磁通 Φ 和变电枢电压 U。下面介绍常用的变磁通调速和变电枢电压调速的原理。

1. 改变磁通调速（弱磁调速）

保持电枢电压和电枢电阻不变，改变励磁电阻 R_f 即可改变磁通 Φ。由于电动机额定运行时其磁路已接近饱和，所以调磁调速时只能减小磁通，故调磁调速也称弱磁调速。

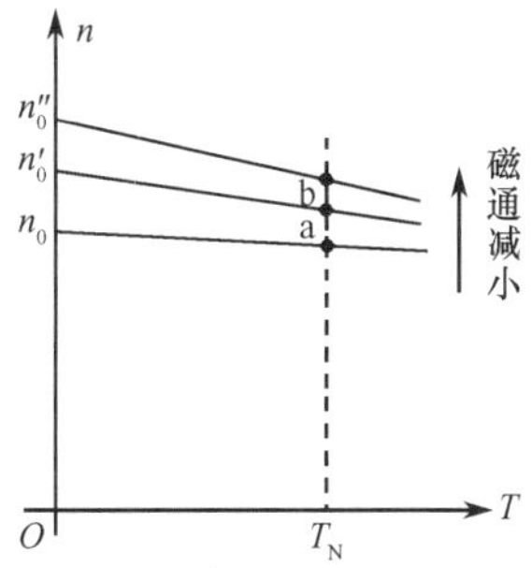

图 16.9 调磁调速的机械特性曲线

调磁调速的原理是：由式（16.4）可知，Φ 的减小会使 n_0 升高，而 Δn 随 Φ 的减小将产生较大的变化。因此调磁调速时，机械特性曲线将相对变软，但仍有一定的硬度，如图 16.9 所示。可见，当改变电动机的磁通时，电动机可以运行在不同的特性曲线上而获得不同的转速。

调磁调速的过程为：设电动机带额定负载且以额定转速运行

在特性曲线的 a 点，需调速时，在保持电枢电压不变的前提下减小磁通Φ。在磁通减小的瞬时，由于转速不突变，电动机的运行点将自动进入新特性曲线（如图 16.9 中 n_0' 那条线）。由于Φ减小而转速不突变，于是反电动势 E 减小，I_a 随之增大（因 $U=E+I_aR_a$）。由于 I_a 增大的影响超过Φ减小的影响，所以转矩 T 增大，致使 $T>T_2$。于是转速沿 n_0' 曲线上升。随着 n 的上升，E 随之增大，I_a 和 T 则减小。但只要 $T>T_2$，转速将继续上升，直到 $T=T_2$ 为止。此时电动机运行在 b 点，显然转速比调速前升高了。可见通过改变磁通，电动机可获得一系列高于 n_N 的转速。

调磁调速的特点是：调速范围较宽，可实现无级调速，机械特性较硬，稳定性好，电能损耗小，控制方便。

上述调速的讨论是基于保持负载转矩不变的，因此Φ减小会使 I_a 增大。若调速前电动机已经在额定电流下运行，那么调速后的电枢电流势必超过额定电流，这是不允许的。为保证调速前后电枢电流不变，要求电动机在高于额定转速运行时其负载转矩必须减小。因此，这种调速方法仅适用于转矩与转速约成反比且输出功率基本不变的场合，即适合对恒功率负载的调速。

2. 改变电枢电压调速（降压调速）

对他励电动机常采用调压调速。由于电动机的电枢电压不能高于额定电压，所以调压调速时只能减小电枢电压，故调压调速也称降压调速。

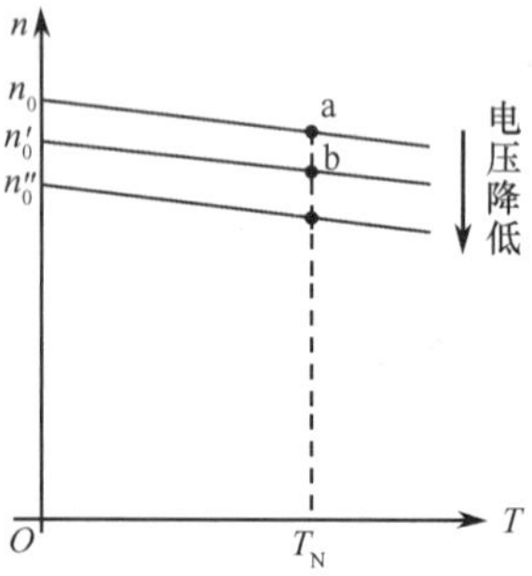

图 16.10 调压调速的机械特性曲线

调压调速的原理是：当保持Φ、R_a 不变，减小他励电动机电枢电压 U 时，由式（16.4）可知，n_0 将随之减小，而Δn 不随 U 变化。因此调压调速时，机械特性的硬度保持不变，如图 16.10 所示。可见，当改变电动机的电枢电压 U 时，电动机可以运行在不同的特性曲线上而获得不同的转速。

调压调速的过程为：设电动机带额定负载且以额定转速运行在特性曲线的 a 点。需调速时，保持Φ不变，减小电枢电压。在减小电枢电压的瞬时，由于转速不突变，电动机的运行点将自动进入新特性曲线，例如图 16.10 中 n_0' 那条线。由于此时反电动势 E 也暂不变，于是 I_a 和 T 减小，致使电磁转矩 T 小于 T_2，转速即沿着 n_0' 曲线下降。随着转速的降低，反电动势 E 将减小，于是 I_a 和 T 便随之增大。但是只要 $T<T_2$，转速就继续下降，直到 $T=T_2$ 为止。此时电动机运行在 b 点，显然转速比调速前降低了。可见，通过改变电动机的电枢电压 U 可获得一系列低于 n_N 的转速。

调压调速的特点是：调速范围宽，可实现无级调速，而且机械特性曲线硬度不变，调速稳定性好。

由于调压调速时磁通不变，所以调速前后电枢电流和电磁转矩保持不变。因此调压调速适合对恒转矩负载进行调速。

直流电动机具有良好的调速性能。但是同容量的电动机，交流电动机结构简单、维护方便、工作可靠、成本低，而且交流电动机的变频调速也可实现无级调速。随着电力电子技术的发展及交流调速技术的日趋成熟，交流电动机大有取代直流电动机的势头。

〖例 16.2〗 有一他励直流电动机，已知：$P_{2N}=7.5\text{kW}$，$U_N=220\text{V}$，$I_N=46\text{A}$，$R_a=0.4\Omega$，$n_N=1500\text{r/min}$，在额定恒转矩负载 T_N 下运行，试求：

（1）若将励磁调节电阻 R_f' 增大，使磁通减到$\Phi=0.8\Phi_N$，其他条件不变，则电动机稳定运行速度为多少？如何变化？

（2）若将电枢电压降低一半，其他条件不变，则电动机稳定运行速度为多少？如何变化？

解：（1）将磁通减至$\Phi=0.8\Phi_N$，T_N 保持不变，所以电枢电流必然增大到 I_a'，以维持转矩不变，即

$$T_N=K_T\Phi_N I_N=K_T\Phi I'_a$$

由此得

$$I'_a=\frac{\Phi_N I_N}{\Phi}=\frac{1}{0.8}\times 46=57.5\text{A}$$

磁通减小后的转速 n' 对原来的额定转速 n_N 之比为

$$\frac{n'}{n_N}=\frac{E'/K_E\Phi}{E/K_E\Phi_N}=\frac{E'\Phi_N}{E\Phi}=\frac{(U_N-R_a I'_a)\Phi_N}{(U_N-R_a I_N)0.8\Phi_N}$$

$$=\frac{(220-0.4\times 57.5)\times 1}{(220-0.4\times 46)\times 0.8}=1.22$$

$$n'=1.22n_N=1.22\times 1500=1830\text{r/min}$$

即转速升高了 22%，提高至 1830r/min。

（2）由 $T=K_T\Phi I_a$ 可知，在保持负载转矩和励磁电流不变的条件下，电枢电流也保持不变。

电枢电压降低后的转速 n' 对原来的额定转速 n_N 之比为

$$\frac{n'}{n_N}=\frac{E'/K_E\Phi}{E/K_E\Phi}=\frac{E'}{E}=\frac{U'-R_a I_N}{U_N-R_a I_N}=\frac{110-0.4\times 46}{220-0.4\times 66}=0.45$$

$$n'=0.45n_N=0.45\times 1500=675\text{r/min}$$

即转速降低到原来的 45%，降低至 675r/min。

【思考与练习】

16-3-1 将并励电动机的两根电源线对调一下，能否改变转向？

16-3-2 三相异步电动机与直流电动机启动电流大的原因是否相同？

16-3-3 为什么调压调速时，机械特性曲线硬度不变，而调磁调速时，机械特性曲线硬度稍有改变？

16-3-4 调磁调速和调压调速各适合于何种性质的负载？

16-3-5 并励电动机采用调压调速是否恰当？

16.4 控制电机

三相异步电动机和直流电动机都是作为动力来使用的，其主要任务是转换能量。而本节所讲控制电机的主要任务是转换和传递信号，着重于对特性的高精度和快速响应的要求。

控制电机的种类很多，根据用途和性能的不同，可分为信号元件和功率元件两大类。凡是用来转换信号的都是信号元件，如测速发电机；凡是把信号转换成输出功率或把电能转换为机械能的都是功率元件，如伺服电动机和步进电动机。本节只简要介绍伺服电动机和步进电动机。

16.4.1 伺服电动机

伺服电动机又称为执行电动机，在自动控制系统中常作为执行元件使用。伺服电动机用来驱动控制对象，它的转矩和转速受到输入的信号电压控制。当信号电压的大小和极性发生变化时，电动机的转速和转向可以很灵敏、很准确地跟随其变化。

伺服电动机按其使用电源性质不同，分为交流伺服电动机和直流伺服电动机。

1. 交流伺服电动机

交流伺服电动机实际上就是一个两相异步电动机，其定子结构与电容分相式单相异步电动机相似，其接线图如图 16.11（a）所示。定子两相绕组在空间上相隔 90°，其中一相作为励磁绕组，运行时与电容串联后接在电压为 $\dot{U}$ 的交流电源上，另一相则作为控制绕组，常接在交流放大器的输出端，控制电压 $\dot{U}_2$ 即为放大器的输出电压。要求 $\dot{U}_2$ 和 $\dot{U}$ 频率相同，相位相同或相反。

交流伺服电动机的转子有鼠笼式转子和杯形转子两种结构形式。鼠笼式转子的结构如同普通鼠笼式三相异步电动机的转子，但是为了减小转动惯量，一般将其做成细长形。杯形转子的结构如图 16.11（b）所示。为了减小转动惯量，转子通常用非磁性的导电材料（如铜或铝）制成空心薄壁圆筒形状。在空心杯形转子内放置固定的内定子，没有绕组，仅作磁路用来减小磁阻。电动机旋转时，内、外定子均不动，只有杯形转子在内、外之间的气隙中转动。

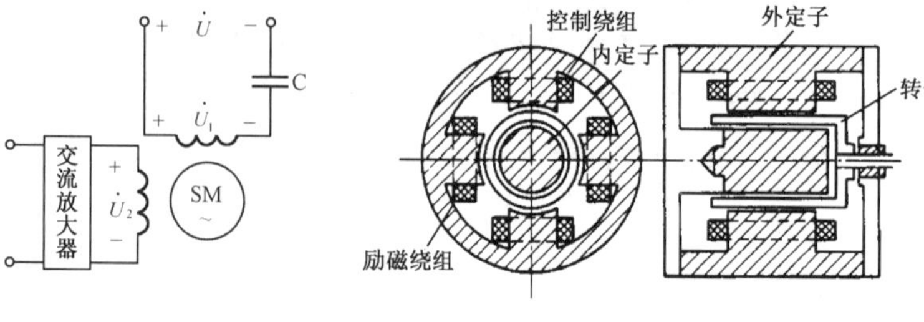

（a）接线图　　（b）杯形转子结构图

图 16.11　交流伺服电动机的接线图和结构图

交流伺服电动机的工作原理与电容分相式单相异步电动机相似。励磁绕组串联电容器的目的，是为了分相产生旋转磁场。适当调节电容 C 的大小，可使电源电压 $\dot{U}$ 和励磁电压 $\dot{U}_1$ 之间有 90° 或近于 90° 的相位差。因此 $\dot{U}_2$ 和 $\dot{U}_1$ 频率相同，相位差基本上为 90° 。当没有加入控制信号电压 $\dot{U}_2$ 时，定子内只有励磁绕组产生的脉动磁场，这时转子不转动。当控制绕组加上控制电压 $\dot{U}_2$ 时，就会在电动机定子内产生旋转磁场，使转子沿着旋转磁场的方向转动。当电源电压 U 为一常数时，电动机的转速随着 U_2 的变化而相应变化。当控制电压反相时，旋转磁场和转子也都反转。由此，控制电压的大小和方向可控制电动机的转速和转向。

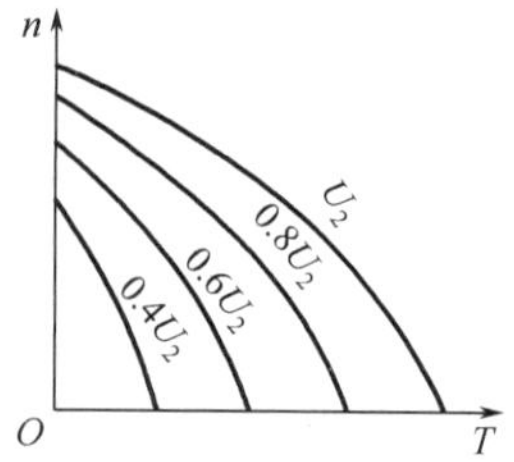

图 16.12　不同控制电压下的机械特性曲线 $n=f(T)$，U_1 为常数

图 16.12 所示为交流伺服电动机在不同控制电压下的机械特性曲线，U_2 为额定控制电压。由图可见，在一定的负载转矩下，控制电压越高，则转速也越高；在一定的控制电压下，负载增加，转速下降。但转速与控制电压不成比例，是非线性关系。此外，由于转子电阻较大，机械特性曲线陡降较快，特性很软，不利于系统的稳定。

交流伺服电动机的输出功率一般是 0.1～100W，适用于小功率的控制系统。

2. 直流伺服电动机

直流伺服电动机的结构与普通直流电动机基本相同，实质上是一台他励式直流电动机，只是为了减小转动惯量，电枢绕组的电阻一般较大，并做成细长些。它的励磁绕组和电枢分别由两个独立电源供电，通常采用电枢控制，即励磁电压 U_1 一定，建立的磁通 Φ 也是一定的，而将控制电压 U_2 加在电枢上，其接线图如 16.13 所示。

直流伺服电动机的机械特性与他励直流电动机相同，即

$$n=\frac{U}{K_{\mathrm{E}}\Phi}-\frac{R_{\mathrm{a}}}{K_{\mathrm{E}}K_{\mathrm{T}}\Phi^2}T$$

图 16.14 所示为当励磁电压 U_1 一定时，在不同的控制电压 U_2 下的机械特性曲线。由图可见，在一定的负载转矩下，当磁通不变时，如果电枢电压升高，则电动机的转速就会随之升高；反之，则转速随之降低。当 $U_2=0$ 时，电动机立即停转。改变 U_2 的极性则电动机反转。因此通过控制电压 U_2 的大小和极性可以控制电动机的转速和转向。与交流伺服电动机的机械特性相比，直流伺服电动机的机械特性较硬，可以在大范围内平滑调速。

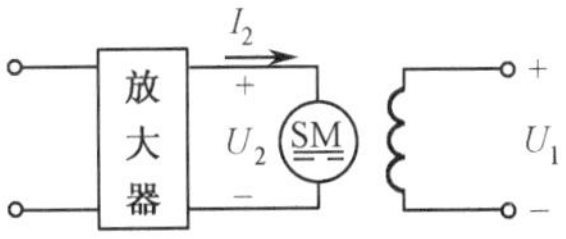

图 16.13　直流伺服电动机的接线图

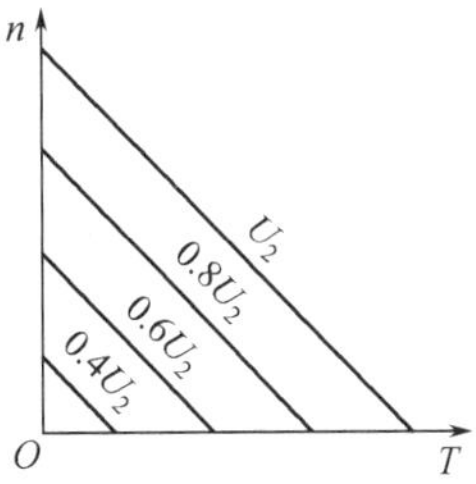

图 16.14　直流伺服电动机的机械特性曲线

直流伺服电动机的输出功率可达 1～600W，可应用于功率稍大的控制系统中。

3．伺服电动机的应用

伺服系统的应用非常广泛，有位置随动伺服系统、速度伺服系统、增量运动伺服系统等。现以伺服称重系统为例来说明伺服电动机的应用。

测量物体的重量有多种方式，图 16.15 所示称重系统为利用伺服系统来实现称重的一个例子。其中，电位器 R_P 是一种特殊的电位器，通常称为旋转反馈电位器，该电位器的调节轴是与伺服电动机连在一起的，所以当伺服电动机旋转时，电位器滑线端也同步运动。运算放大器 A 及电阻 R_1、R_2、R_3、R_F 构成差分运算电路。当电阻值满足一定关系时，运算放大器的输出电压 U_O 与输入电压 U_I（即 U'_W-U_R）成正比。假设称重之前（重量传感器没有重物作用）系统处于平衡状态，伺服电动机静止，此时 U_I 一定为零，所以 U_O 也为零。下面简述该系统的称重过程。

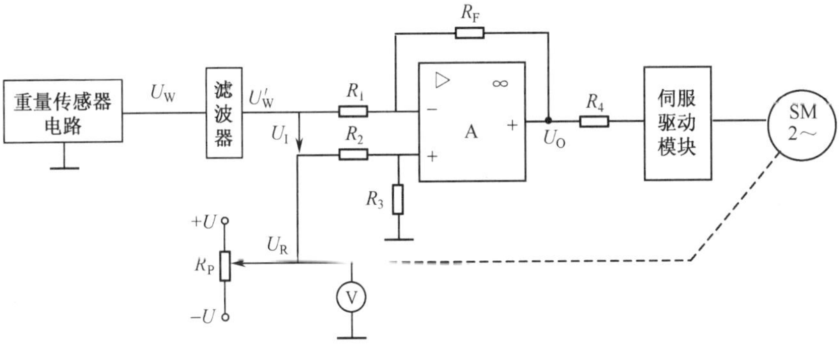

图 16.15　伺服称重系统框图

开始称重时，重量传感器电路输出的电压 U_W 经滤波电路滤掉干扰信号后输出到运算放大器的反相输入端，为 U'_W。由于伺服电动机处于静止状态，所以电位器的输出电压 U_R 仍然保持不变，这样，运算放大器的输入电压 U_I 就不再为零，运算放大器输出的偏差电压 U_O 也不为零。U_O 加到伺服驱动模块输入端，伺服驱动模块将该电压放大后驱动伺服电动机旋转。电位器的滑线端随电动机的旋转同步运动，电位器的输出电压 U_R 也随之变化，当该电压变至与称重电压 U'_W 相等时，运算放大器的输入电压 U_I 重新为零，运算放大器输出的偏差电压 U_O 亦为零，伺服电动机停止转动，系统又处于一个新的平衡状态。

此时测量电位器输出电压的增量为ΔU_R。由上述分析可知，若系统各元件的输入和输出的关系均为线性关系，则ΔU_R 与重物的重量一定成正比。换句话说，测出ΔU_R 的数值，也就间接地测出了被称物体的重量。

16.4.2　步进电动机

步进电动机是一种将电脉冲控制信号变换成角位移或直线位移的控制电动机。给步进电动机的磁极绕组每输入一个脉冲，其转子就相应地转过一定的角度或前进一步。转子的位移量与电脉冲个数成正比，转速与脉冲频率成正比。这种电动机的运行方式与普通匀速旋转的电动机有差别，是步进式运转，所以称为步进电动机。

下面仅简单介绍一种最常用的三相反应式步进电动机的结构和工作原理。

1．步进电动机的基本结构与工作原理

图 16.16 所示为三相反应式步进电动机的机构示意图，定子和转子都是用硅钢片叠成的，其结构简化图如图 16.17 所示。定子上装有均匀分布的两个磁极，磁极上开有小齿。定子磁极上绕有控制（励磁）绕组，相对的两个磁极组成一相。转子上没有绕组，但也开有若干个齿极，其齿距与定子齿距相等，并能相互对齐。定子和转子的齿数有一定的要求。

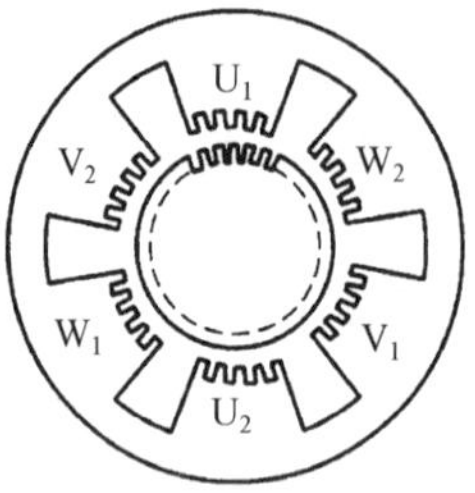

图 16.16　三相反应式步进电动机的结构示意图

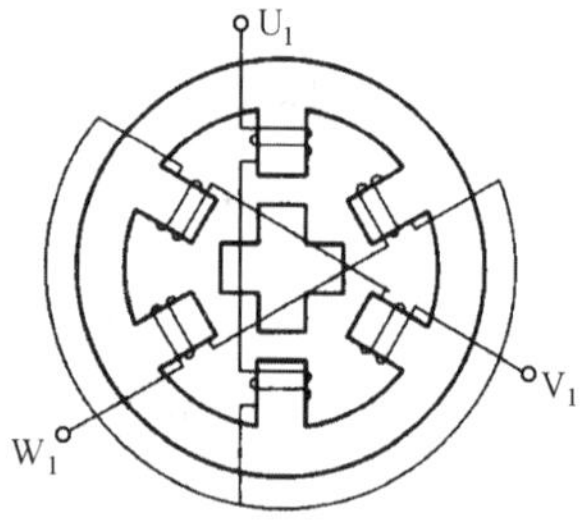

图 16.17　三相反应式步进电动机的结构简化图

步进电动机的定子控制绕组从一相通电换接到另一相通电，称为一拍，相应地，转子转过的角度称为步距角。为了方便起见，假设转子由 4 个均匀分布的齿组成，定子的每个磁极只有一个齿，由此简要分析步进电动机的单三拍、双三拍和六拍三种基本工作方式。

（1）单三拍控制

这种控制方式每次只让一相定子绕组通电。设 U_1 相首先通电（V_1、W_1 两相不通电）即输入一个电脉冲时，产生 U_1-U_2 轴线方向的磁通，并通过转子形成闭合回路。磁通沿着其磁阻最小的路径通过，产生磁拉力，使转子的齿 1、3 与定子 U_1-U_2 磁极对齐，如图 16.18（a）所示。然后仅给 V_1 相绕组通电，则产生 V_1-V_2 轴线方向的磁通，使转子的齿 2、4 与定子 V_1-V_2 磁极对齐，则步进电动机的转子沿顺时针方向转过 30° 角，如图 16.18（b）所示。然后仅给 W_1 相绕组通电，产生 W_1-W_2 轴线方向的磁通，使转子的齿 1、3 与定子 W_1-W_2 磁极对齐，则转子再沿顺时针方向转 30° 角，如图 16.18（c）所示。

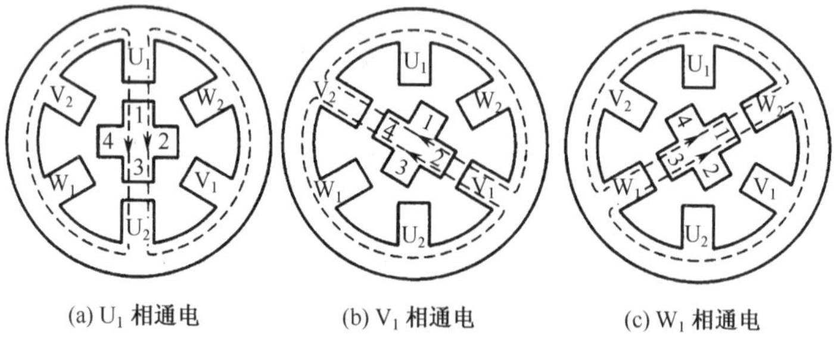

(a) U_1 相通电　(b) V_1 相通电　(c) W_1 相通电

图 16.18　三相反应式步进电动机单三拍控制工作原理

显然，如果三相定子绕组按“$U_1 \to V_1 \to W_1 \to U_1 \to \cdots$”的顺序一个一个地输入电脉冲信号，则步进电动机的转子就顺时针一步一步地转动，步距角为 30°。如果按“$U_1 \to W_1 \to V_1 \to U_1 \to \cdots$”的顺序输入电脉冲，则步进电动机将按逆时针方向转动。经三次换接绕组的通电状态后完成一个循环，因此称为单三拍控制。由于这种通电方式每步只有一相定子绕组吸引转子，所以其稳定性差，容易失步（即不按输入信号一步一步地转动），因此很少采用。

（2）双三拍控制

如果每次都是两相通电，即按“U_1、$V_1 \to V_1$、$W_1 \to W_1$、$U_1 \to U_1$、$V_1 \to \cdots$”的顺序通电，则称

为双三拍控制工作方式。与单三拍运行时相同，每一次循环也是三种通电状态，步距角仍然是 30°。若通电顺序反过来，则步进电动机反转。因为这种控制方式改变通电状态时始终有一相绕组通电，所以工作比较稳定。

（3）六拍控制

六拍控制方式按“$U_1 \to U_1$、$V_1 \to V_1 \to V_1$、$W_1 \to W_1 \to W_1$、$U_1 \to U_1 \cdots$”的顺序通电。一开始 U_1 相绕组通电，转子齿 1、3 和定子 U_1-U_2 磁极对齐，如图 16.19（a）所示。然后，在 U_1 相继续通电的情况下接通 V_1 相，这时定子 V_1-V_2 磁极对转子齿 2、4 有磁拉力，使转子顺时针方向转动，但是 U_1-U_2 磁极却继续拉住齿 1、3。因此，转子转到两个磁拉力平衡为止，这时转子的位置如图 16.19（b）所示，即转子从图 16.19（a）的位置顺时针方向转过了 15°。接着 U_1 相断电，V_1 相继续通电，这时转子齿 2、4 和定子 V_1-V_2 磁极对齐，如图 16.19（c）所示，转子从图 16.19（b）的位置又转过了 15°。然后，接通 W_1 相，V_1 相仍然继续通电，这时转子又转过 15°，其位置如图图 16.19（d）所示。这样，每转换一次通电方式，步进电动机就顺时针旋转 15°，即步距角为 15°。电流换接 6 次，磁场旋转一周，转子前进了一个齿距角 90°。

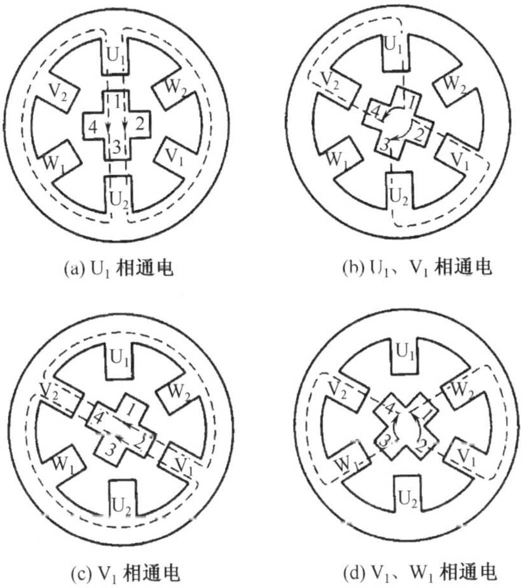

(a) U_1 相通电　　(b) U_1、V_1 相通电

(c) V_1 相通电　　(d) V_1、W_1 相通电

图 16.19　三相反应式步进电动机六拍控制工作原理

定子三相绕组经过 6 次换接通电方式后完成一个循环，故称为六拍控制。如果按“$U_1 \to U_1$、$W_1 \to W_1 \to W_1$、$V_1 \to V_1 \to V_1$、$U_1 \to U_1 \cdots$”的顺序通电，则电动机转子按逆时针方向转动。由于转换时始终有一相绕组通电，所以六拍控制的步进电动机工作起来比较稳定。

对于上面分析的这种步进电动机，转子是 4 个齿，齿距角为 360°/4=90°。采用单三拍和双三拍方式时，转子走 3 步前进一个齿距角，每一拍转子转过 30°，即 1/3 齿距角；采用六拍方式时，转子走 6 步前进了一个齿距角，每一拍转子转过 15°，即 1/6 齿距角。因此步距角θ用下式计算

$$\theta = \frac{360^\circ}{Z_r m} \tag{16.5}$$

式中，Z_r是转子的齿数，m是运行的拍数。

在实际应用中，为了满足自动控制高精度的要求，一般步进电动机的步距角很小，最常见的是 3°或 1.5°。由上式可知，转子将做成很多齿，如 40 个齿（齿距角为 9°）。为了使转子齿和定子

齿对齐，两者的齿宽和齿距必须相等。

由上面介绍可以看出，步进电动机具有结构简单、维护方便、精确度高、启动灵敏、停车准确等性能。此外，步进电动机的转速取决于电脉冲频率，并与频率同步。

2．步进电动机的应用

如前所述，步进电动机可直接将电脉冲信号变换成相应的机械位移，正好符合数字控制系统的要求，并且能够实现精确位移、精确定位、无累积误差，因此步进电动机在机械、纺织、化工、精密机械等领域的数字控制装置中，特别是数控机床上得到了广泛应用。

图 16.20 所示为利用步进电动机和电子数字控制装置控制机床工作台进退刀的驱动系统示意图。数控装置根据机床操作程序编制成的磁带或穿孔纸带上的信息读出程序而输出指令，此指令加于步进电动机的驱动电源，转换成步进电动机励磁绕组的控制脉冲，电动机在此脉冲的控制下，以一定的通电方式运行，使其输出轴以一定的转速运转，并转过对应脉冲数的角位移量。再经过减速齿轮带动机床的丝杠旋转，于是工作台在丝杠的传动下，前进或后退相应的距离，实现定量进刀或退刀。如果机床工作台的控制系统设置两套步进电动机驱动装置，分别用来控制工作台的横向（X 方向）移动和小刀架的纵向（Y 方向）进退，则系统就可以实现程序控制，机床便可加工出较为复杂的工件来。

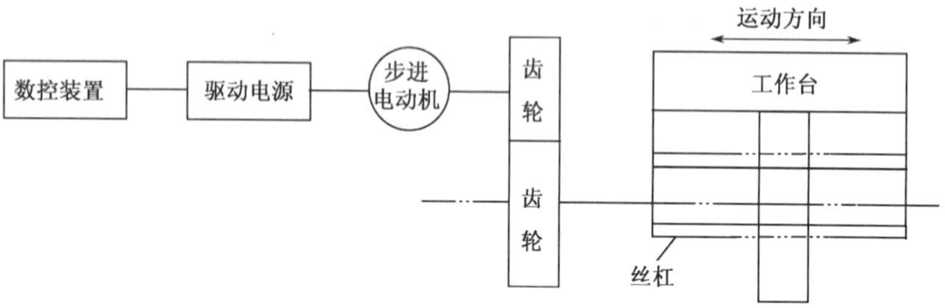

图 16.20　数控机床工作台驱动示意图

【思考与练习】

16-4-1　伺服电动机的转动方向取决于哪个参数？当负载一定时，转速的快慢取决于哪个参数？

16-4-2　直流伺服电动机和直流电动机的机械特性有何不同？

16-4-3　什么是步进电动机的步距角？一台步进电动机可以有两个步距角，例如，3°或 1.5°，这是什么意思？什么是单三拍、双三拍和六拍？

本章要点

一、直流电动机的结构和工作原理

1．直流电动机的结构：由磁极、电枢和换向器三部分组成。

2．直流电动机的工作原理：磁极的励磁绕组通入直流电，产生主磁通$\varPhi$。电枢绕组由换向器和电刷通入直流后形成交变电流，与主磁通$\varPhi$相互作用产生电磁转矩使转子转动。

3．三个重要公式

电磁转矩　$T=K_{\mathrm{T}}\varPhi I_{\mathrm{a}}$

反电动势　$E=K_{\mathrm{E}}\varPhi n$

电压平衡方程　$U=E+I_{\mathrm{a}}R_{\mathrm{a}}$

二、并励（他励）直流电动机的机械特性

并励（他励）直流电动机的机械特性方程式

$$n=\frac{U}{K_{\mathrm{E}}\varPhi}-\frac{R_{\mathrm{a}}}{K_{\mathrm{E}}K_{\mathrm{T}}\varPhi^2}T$$

机械特性曲线如图 16.7 所示。

三、并励（他励）电动机的使用

1．启动：直接启动时，由于反电动势还没有建立而使得启动时电枢电流 $I_a=U/R_a$ 非常大，进而启动转矩也非常大，将对供电电源和机械装置形成强大的冲击。因此，在保证足够的启动转矩下必须限制启动电流。常用方法是在电枢回路中串入启动电阻或降低电枢电压，将启动电流限制为额定电流的 1.5～2.5 倍。

2．反转：若使直流电动机反转，则可以只改变磁通 $\varPhi$ 的方向或只改变电枢电流 I_a 的方向。

3．制动：可采用能耗制动或反接制动，使电磁转矩成为阻力转矩使电动机停转。

4．调速：直流电动机的调速性能好，最常用的调速方法是调磁调速和调压调速。

弱磁调速：通过调整励磁电流，减小主磁通 $\varPhi$，使 n_0 升高，改变转速；调速范围较宽，可实现无级调速，机械特性较硬，稳定性好，电能损耗小，控制方便；为恒功率调速。

降压调速：保持 $\varPhi$、R_a 不变，减小他励电动机电枢电压 U 时，电动机可以运行在不同的特性曲线上而获得不同的转速；调速范围宽，可实现无级调速，而且机械特性硬度不变，调速稳定性好；为恒转矩调速。

四、两种控制电机的工作原理

伺服电动机在自动控制系统中作为执行元件，它将根据输入的电信号去控制机械轴上的转速或转角。要求有控制信号时能灵敏地随之转动，且转速与控制电压成正比。当控制电压信号消失时，它能立即停转。伺服电动机有交流和直流两种，在各种伺服系统中应用非常广泛，如位置伺服系统、速度伺服系统、增量运动伺服系统等。

步进电动机是一种能将输入的电脉冲信号变换成角位移或直线位移的执行元件。三相反应式步进电动机的控制方式常用的有单三拍、双三拍和六拍三种形式。步进电动机在机械、纺织、化工、精密机械等领域的数字控制装置中，特别是数控机床上得到了广泛应用。

关键术语

电枢：armature

换向器：commutator

步距角：stepangle

励磁绕组：exciting winding

反电动势：counter emf

直流电动机：direct-current motor

并励电动机：shunt direct-current motor

伺服电动机：servomotor

步进电动机：stepping motor

习题 16

16-1　他励直流电动机的额定转速为 3000r/min，若保持电枢电压和励磁电流为额定值，让电动机长期运行在 1500r/min 上，是否合理？简述理由。

16-2　一台 Z2-32 型他励电动机的额定数据为：P_{2N}=2.2kW，$U_N=U_f$=110V，n_N=1500r/min，η_N=0.8，R_a=0.4Ω，R_f=82.7Ω。试求：

（1）额定电枢电流和此时的反电动势；

（2）额定励磁电流和励磁功率；

（3）额定电磁转矩。

16-3　对题 16-2 的电动机，试求：

（1）启动电流；

（2）欲保持启动时电枢电流不超过额定电流的两倍，计算应配置的启动电阻值，并计算此时的启动转矩。

16-4　一台他励直流电动机，额定电压 U_N=220V，额定电流 I_{aN}=25A，电枢电阻 R_a=0.2Ω。试问：当负载保持不变时，在下述两种情况下电动机转速变化了多少？

（1）电枢电压保持不变，磁通减小了 10%。

（2）主磁通保持不变，电枢电压减小了 10%。

16-5 三相异步电动机带动直流发电机向一并励直流电动机供电，试问：

（1）异步电动机反转时，直流电动机将如何变化？为什么？

（2）直流电动机负载增大时，异步电动机将如何变化？为什么？

（3）改变交流电源的频率对直流电动机有什么影响？为什么？

16-6 改变交流伺服电动机转动方向的方法有哪些？

16-7 一台 400Hz 的交流伺服电动机，当励磁电压 U_1=110V，控制电压 U_2=0 时，测得励磁绕组的电流 I_1=0.2A。若与励磁绕组并联一适当电容值的电容器后，测得总电流 I 的最小值为 0.1A。

（1）试求励磁绕组的阻抗模$|Z_1|$与 $\dot{I}_1$ 和 $\dot{U}$ 间的相位差φ_1。

（2）保证$\dot{U}_1$较$\dot{U}$ 超前 90°，试计算图 16.11 中所串联的电容值。

16-8 当直流伺服电动机的励磁电压 U_1 和控制电压（电枢电压）U_2 不变时，若减小负载转矩，试问这时的电枢电流 I_2、电磁转矩 T 和转速 n 将怎样变化？

16-9 反应式步进电动机的步距角与齿数有何关系？

第 17 章　继电接触器控制系统

引言

在现代化工农业生产中，生产机械的运动部件大多数是由电动机拖动的，通过对电动机的自动控制（如启动、停止、正反转、调速和制动等），来实现对生产机械的自动控制。由各种有触点的控制电器（如继电器、接触器、按钮等）组成的控制系统称为继电接触器控制系统。

本章介绍各种常用低压控制电器的结构、工作原理以及用它们组成的各种基本控制电路的读图、设计的一般方法。

学习目标

- 掌握常用低压控制电器的结构、功能和用途。
- 掌握自锁、联锁的作用和方法。
- 掌握过载、短路和失压保护的作用和方法。
- 掌握基本控制电路的组成、作用和工作过程，能读懂简单的控制电路，能设计简单的控制电路。

17.1　常用低压控制电器

低压控制电器用途广泛，种类繁多，一般可分为手动电器和自动电器两类。手动电器必须由人工操纵，如闸刀开关、组合开关、按钮等；自动电器是随某些电信号（如电压、电流等）或某些物理量的变化而自动动作的，如继电器、接触器、行程开关等。本节只介绍部分常用的低压控制电器。

17.1.1　手动电器

1．闸刀开关

闸刀开关是一种最简单的手动电器，作为电源的隔离开关广泛用于各种配电设备和供电线路中。

闸刀开关按触刀片数多少可分为单极、双极、三极等几种，每种又有单投和双投之别。图 17.1（a）所示为闸刀开关结构示意图，图 17.1（b）是其符号。

用闸刀开关分断感性电路时，在触刀和静触头之间可能产生电弧。较大的电弧会把触刀和触头灼伤或烧熔，甚至使电源相间短路而造成火灾和人身事故，所以大电流的闸刀开关应设有灭弧罩。

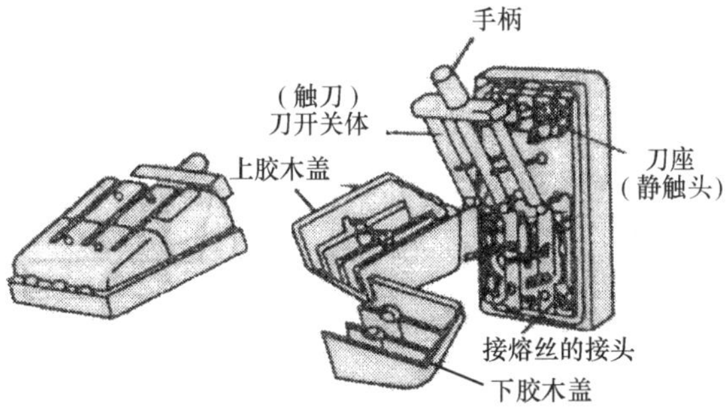

(a) 闸刀开关的结构

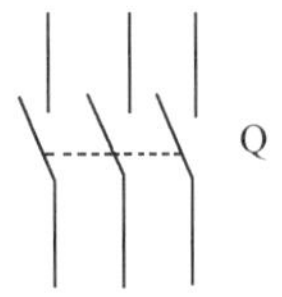

(b) 闸刀开关的符号

刀开关

图 17.1　闸刀开关的结构及符号

安装闸刀开关时，要把电源进线接在静触头上，负载接在可动的触刀一侧。这样，当断开电源时，触刀就不会带电。闸刀开关一般垂直安装在开关板上，静触头应在上方。

闸刀开关额定电流的选择一般应大于或等于所分断电路中各个负载电流的总和。对于电动机负载，应考虑其启动电流，同时还要考虑电路中出现的短路电流等。

2. 组合开关

在一些控制电路中，组合开关常用作电源引入开关，也可以用来直接控制小容量鼠笼电动机的启停、调速和换向。

组合开关是一种多触点、多位置式可以控制多个回路的控制电器，图 17.2 所示为一种组合开关的结构示意图。它有多对静触片 2 分别装在各层绝缘垫板上，静触片与外部的连接是通过接线端子 1 实现的。各层的动触片 3 套在装有手柄的绝缘转动轴 4 上，而且不同层的动触片可以互相错开任意一个角度。转动手柄 5 时，各动触片均转过相同的角度，一些动、静触片相互接通，另一些动、静触片断开。根据实际需要，组合开关的动、静触片的个数可以随意组合。常用的组合开关有单极、双极、三极、四极等多种，其图形符号同闸刀开关，文字符号为 Q。

图 17.3 所示为用组合开关控制异步电动机启停的接线示意图。

组合开关

转换开关

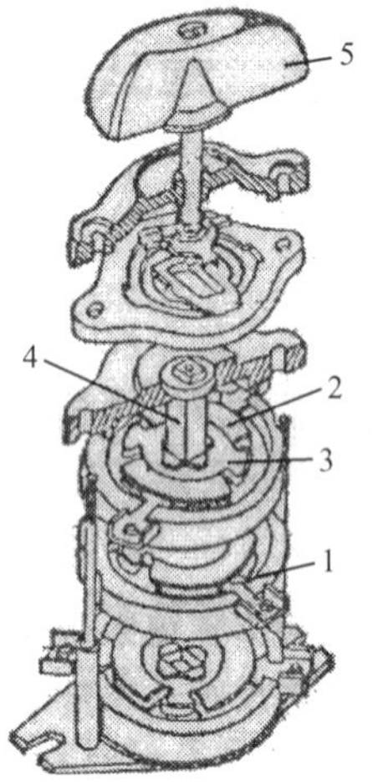

1—接线端子，2—静触片，
3—动触片，4—绝缘转动轴，
5—手柄

图 17.2 组合开关结构示意图

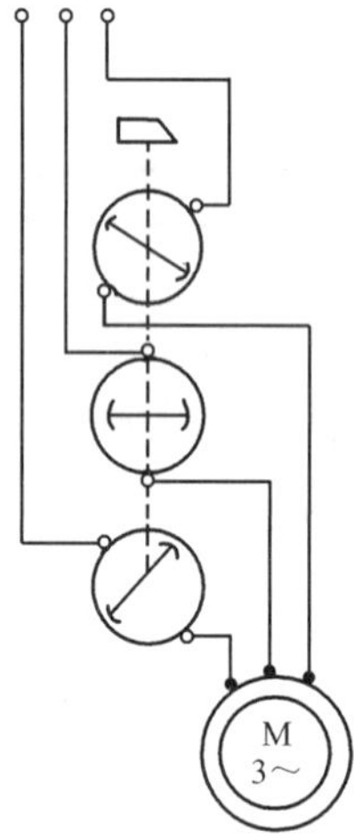

图 17.3 组合开关启停异步电动机示意图

在图 17.3 中，三个圆盘表示绝缘垫板，每层绝缘垫板的边缘上有两个接线端子（与静触片连在一起），分别与电源和电动机相接。绝缘垫板中各有一个装在同一个轴上的动触片，在当前位置时，各动触片与静触片不相连。当手柄顺时针或逆时针旋转 90° 时，三个动触片分别与静触片相接触，使电源连到电动机上，电动机启动并运行。

3. 按钮

按钮是广泛使用的控制电器，一般由按钮、复位弹簧、触点和外壳等组成，其结构示意图如图 17.4（a）所示，图 17.4（b）是一种按钮的外形，图 17.4（c）为其符号。

按钮

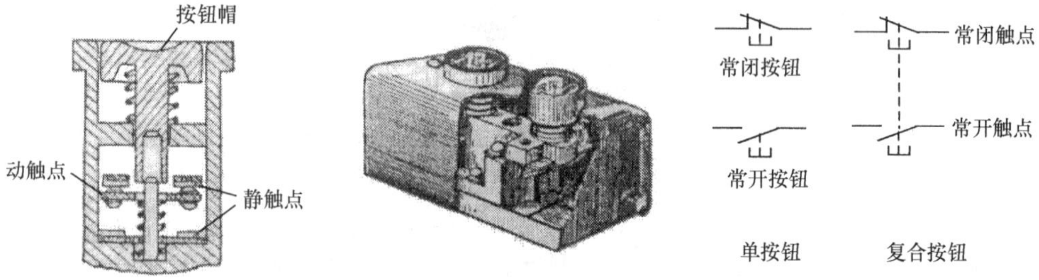

(a) 按钮的结构　(b) 按钮的外形　(c) 按钮的符号

图 17.4 按钮的结构示意图及符号

在未按动按钮之前，上面一对静触点与动触点接通，称为常闭触点；下面一对静触点与动触点是断开的，称为常开触点。

只具有常闭触点或只具有常开触点的按钮称为单按钮。既有常闭触点、也有常开触点的按钮称为复合按钮。请注意单按钮与复合按钮符号的区别。按钮松开后，若触点恢复原来的状态，则称为瞬时型按钮，若触点仍保持按下按钮时的状态，则称为自锁型按钮或者保持型按钮。

图 17.4 是一种复合按钮。当按下按钮时，动触点与上面的静触点分开（称常闭触点断开）而与下面的静触点接通（称常开触点闭合）。当松开按钮时按钮复位，在弹簧的作用下动触头恢复原位，即常开触点恢复断开，常闭触点恢复闭合。各触点的通断顺序为：当按动按钮时，常闭触点先断开，常开触点后闭合；当松开按钮时，常开触点先断开，常闭触点后闭合。了解这个动作顺序，对分析控制电路的工作原理是非常有用的。

17.1.2 自动电器

1. 交流接触器

接触器常用来接通和断开电动机或其他设备的主电路，它是一种失压保护电器。接触器具有控制容量大、过载能力强、寿命长、设备简单经济等特点，是电力拖动自动控制电路中使用最广泛的电器元件之一。

接触器可分为直流接触器和交流接触器两类。直流接触器的线圈使用直流电，交流接触器的线圈使用交流电。

图 17.5（a）所示为交流接触器的结构示意图，图 17.5（b）为其符号。

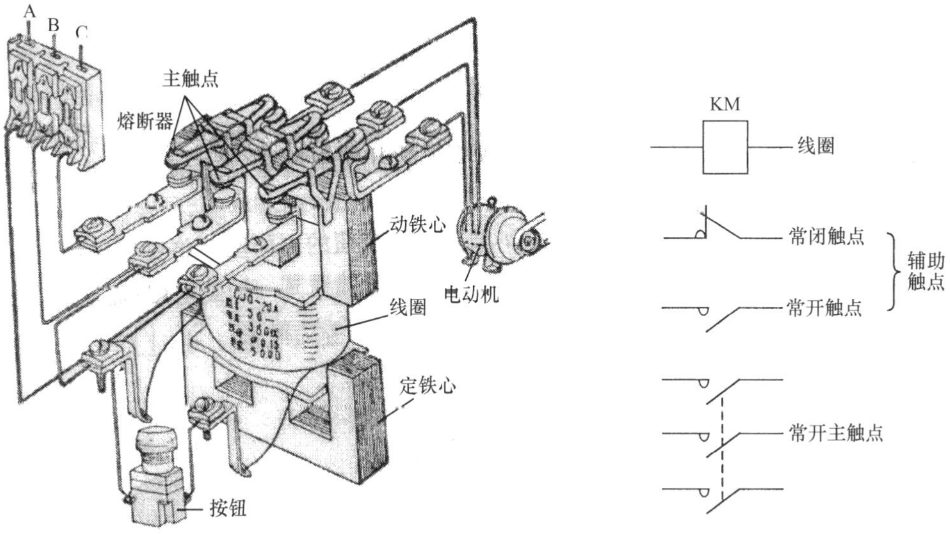

(a) 交流接触器的结构示意图　　(b) 交流接触器的符号

图 17.5　交流接触器的结构示意图及符号

接触器

电磁铁和触点是交流接触器的主要组成部分。电磁铁是由定铁心、动铁心和线圈组成的。触点可以分为主触点和辅助触点（图中没画辅助触点）两类。例如，CJ10-20 型交流接触器有 3 个常开主触点，4 个辅助触点（两个常开，两个常闭）。交流接触器的主、辅触点通过绝缘支架与动铁心连成一体，当动铁心运动时，带动各触点一起动作。主触点能通过大电流，一般接在主电路中；辅助触点通过的电流较小，一般接在控制电路中。

触点的动作是由动铁心带动的。在图 17.5（a）中，当线圈通电时，动铁心下落，使常开的主、辅触点闭合（电动机接通电源），常闭的辅助触点断开。当线圈欠电压或失去电压时，动铁心在支撑弹簧的作用下弹起，带动主、辅触点恢复常态（电动机断电）。

由于主触点通过的是主电路的大电流，在触点断开时，触点间会产生电弧而烧坏触头，所以交流接触器一般都配有灭弧罩。交流接触器的主触点通常做成桥式，它有两个断点，以降低触点断开时加在触点上的电压，使电弧容易熄灭。

选用接触器时，应该注意主触点的额定电流、线圈电压的大小及种类、触点数量等。

2. 中间继电器

中间继电器是一种大量使用的继电器，它具有记忆、传递、转换信息等作用，也可用来直接控制小容量电动机或其他电器。

中间继电器的结构与交流接触器基本相同，只是其电磁机构尺寸较小、结构紧凑、触点数量较多。由于触头通过电流较小，所以一般不配灭弧罩。

选用中间继电器时，主要考虑线圈电压及触点数量。

3. 热继电器

热继电器主要用来对电器设备进行过载保护，使之免受长期过载电流的危害。

热继电器主要组成部分是热元件、双金属片、执行机构、整定装置和触点。图 17.6（a）所示为热继电器结构示意图，图 17.6（b）所示为其符号。

热继电器

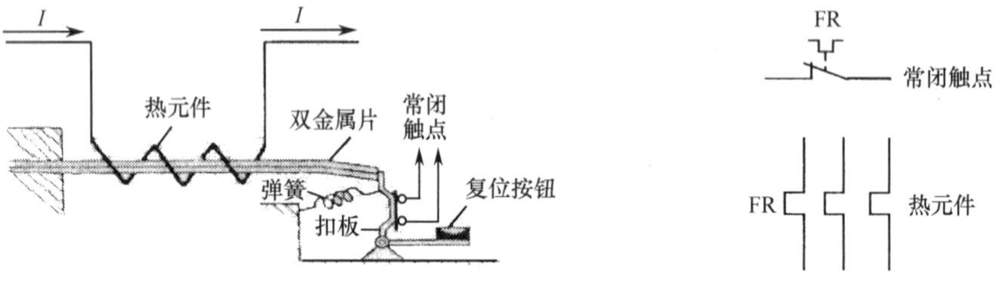

(a) 热继电器结构示意图　　(b) 热继电器的符号

图 17.6　热继电器结构示意图及其符号

热元件是一段阻值不大的电阻丝，接在电动机的主电路中。双金属片是由两种不同膨胀系数的金属碾压而成的。发热元件绕在双金属片上（两者绝缘）。

设双金属片的下片较上片膨胀系数大。当主电路电流超过容许值一段时间后，发热元件发热使双金属片受热膨胀而向上弯曲，以致双金属片与扣板脱离。扣板在弹簧的拉力作用下向左移动，从而使常闭触点断开。因常闭触点串联在电动机的控制电路中，所以切断了接触器线圈的电路，使主电路断电。发热元件断电后，双金属片冷却可恢复常态，这时按下复位按钮使常闭触点复位。

热继电器是利用热效应工作的。由于热惯性，在电动机启动和短时过载时，热继电器是不会动作的，这样可避免不必要的停机。在发生短路时，热继电器不能立即动作，所以热继电器不能用作短路保护。

热继电器的主要技术数据是整定电流。所谓整定电流，是指当发热元件中通过的电流超过此值的 20%时，热继电器应当在 20 分钟内动作。每种型号的热继电器的整定电流都有一定范围，要根据整定电流选用热继电器。例如，JR0-40 型的整定电流为 0.6～40A，发热元件有 9 种规格。整定电流与电动机的额定电流基本一致，使用时要根据实际情况通过整定装置进行整定。

4. 熔断器

熔断器是有效的短路保护电器。熔断器中的熔体是由电阻率较高的易熔合金制作的。一旦线路发生短路或严重过载时，熔断器会立即熔断。故障排除后，更换熔体即可。

图 17.7（a）～（c）所示为几种常见熔断器的结构图，图 17.7（d）为其符号。

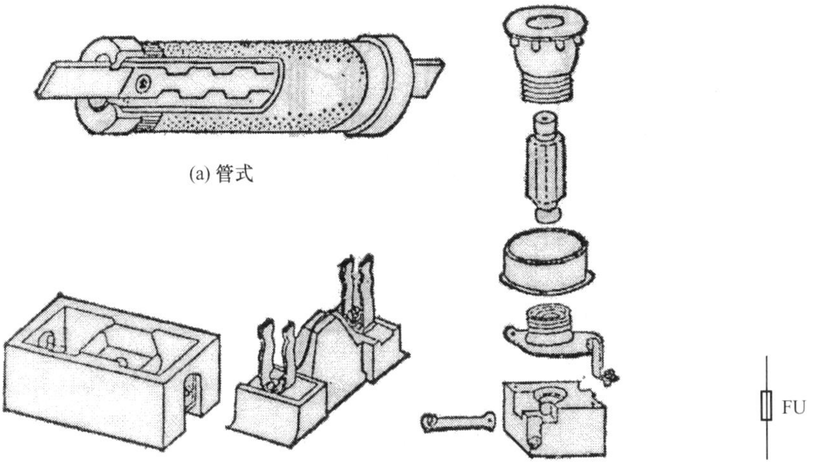

(a) 管式　(b) 瓷插式　(c) 螺旋式　(d) 符号

熔断器

图 17.7　常见熔断器的结构图

熔体的选择方法如下。

① 电灯支线的熔丝

$$熔丝额定电流 \geqslant 支线上所有电灯的工作电流$$

② 一台电动机的熔丝

为了防止电动机启动时电流较大而将熔丝烧断，熔丝不能按电动机的额定电流来选择，应按下式计算

$$熔丝额定电流 \geqslant \frac{电动机的启动电流}{2.5}$$

如果电动机启动频繁，则为

$$熔丝额定电流 \geqslant \frac{电动机的启动电流}{1.6 \sim 2}$$

③ 几台电动机合用的总熔丝

一般可粗略地按下式计算

$$熔丝额定电流=(1.5 \sim 2.5)\times(容量最大的电动机的额定电流+其余电动机的额定电流之和)$$

熔丝的额定电流有 4A、6A、10A、15A、20A、25A、35A、60A、80A、100A、125A、160A、200A、225A、260A、300A、350A、430A、500A 和 600A 等多种。

熔断器的类型主要依据负载的保护特性和短路电流的大小进行选择。熔断器额定电压的选择值一般应大于或等于电器设备的额定电压。

5. 自动空气断路器

自动空气断路器也叫自动空气开关，是一种常用的低压控制电器，可用来分配电能，对电动机及电源线路进行保护。当发生严重过载、短路或欠电压等故障时能自动切断电源，相当于熔断式断路与过流、过压、热继电器等的组合，而且在分断故障电流后，一般不需要更换零部件。

图 17.8 所示为其原理示意图。图中，主触点由手动操作机构使之闭合。其工作原理为：在正常情况下，将连杆和锁钩扣在一起，过流脱扣器的衔铁释放，欠压脱钩器的衔铁吸合；过流时，过流脱扣器的衔铁吸合，顶开锁钩，使主触点断开以切断主电路；欠压或失压时，欠压脱扣器的衔铁释放，顶开锁钩使主电路切断。

选择自动空气断路器应注意：

① 自动空气断路器的额定电流和额定电压应大于或等于线路、设备的正常工作电压和工作电流；

② 自动空气断路器的极限分断能力应大于或等于电路最大短路电流；

③ 欠电压脱扣器的额定电压等于线路的额定电压；

④ 过电流脱扣器的额定电流大于或等于线路的最大负载电流。

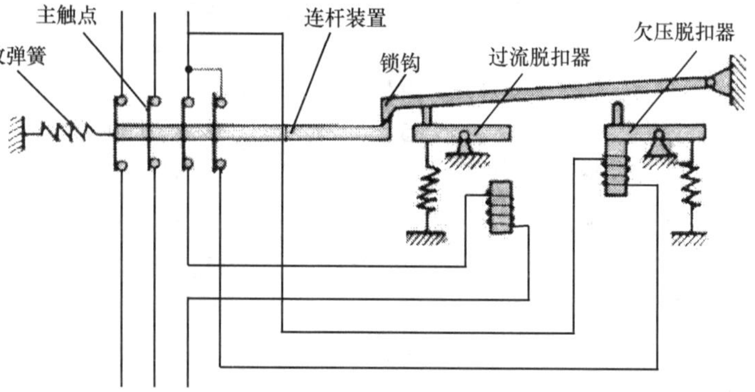

低压断路器

图 17.8　自动空气断路器结构示意图

使用自动空气断路器应注意：

① 自动空气断路器投入使用前应先进行整定，按照要求整定热脱扣器的动作电流，以后不要再随意旋动有关螺钉和弹簧；

② 在安装自动空气断路器时，应注意把来自电源的母线接到断路器灭弧罩一侧的端子上，来自电气设备的母线接到另外一侧的端子上；

③ 正常情况下，应每半年对断路器进行一次检修，清除灰尘；

④ 发生断、短路事故的动作后，应立即对触点进行清理，检查有无熔坏现象，清除金属熔粒、粉尘，特别要把散落在绝缘体上的金属粉尘清理干净。

使用自动空气断路器实现短路保护比熔断器好，因为三相电路短路时，可能只有一相熔断器熔断，造成缺相运行。而对自动空气断路器来说，只要造成短路就会跳闸，将三相同时切断。自动空气断路器还有其他自动保护作用，性能优越，但其结构复杂，操作频率低，价格高，因此适合于要求较高的场合，如电源总配电盘。

6. 行程开关

行程开关是根据运动部件的位移信号而动作的，是行程控制和限位保护不可缺少的电器。若将行程开关安装于生产机械行程终点处，以限制其行程，则称为限位开关或终点开关。行程开关广泛应用于各类机床和起重机械的控制，以限制这些机械的行程。

常用的行程开关有撞块式（也称直线式）和滚轮式。滚轮式又分为自动恢复式和非自动恢复式。非自动恢复式需要运动部件反向运行时撞压使其复位。运动部件速度慢时要选用滚轮式。

撞块式和滚轮式行程开关的工作机理相同，下面以撞块式行程开关为例说明行程开关的工作原理。

图 17.9（a）所示为撞块式行程开关的结构示意图，图 17.9（b）为其符号。图中撞块要由运动机械来撞压。撞块在常态时（未受压时），其常闭触点闭合，常开触点断开；撞块受压时，常闭触点先断开，常开触点后闭合；撞块被释放时，常开触点先断开，常闭触点后闭合。

由于半导体元件的出现，产生了一种非接触式的行程开关，即接近开关。当生产机械接近它到一定距离范围之内时，它就能发出信号，以控制生产机械的位置或进行计数。

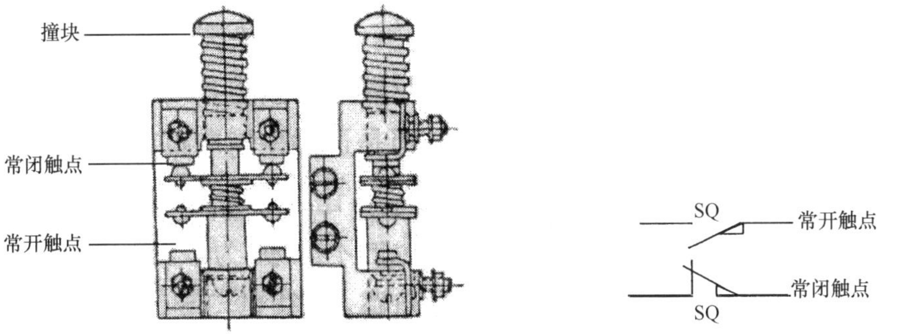

(a) 行程开关的结构　　(b) 行程开关的符号

行程开关

图 17.9　行程开关结构示意图及符号

7. 时间继电器

时间继电器是对控制电路实现时间控制的电器。较常见的有电磁式、电动式和空气阻尼式时间继电器。目前电子式时间继电器正在被广泛应用。

图 17.10 所示为空气阻尼式通电延时时间继电器的结构示意图和符号。

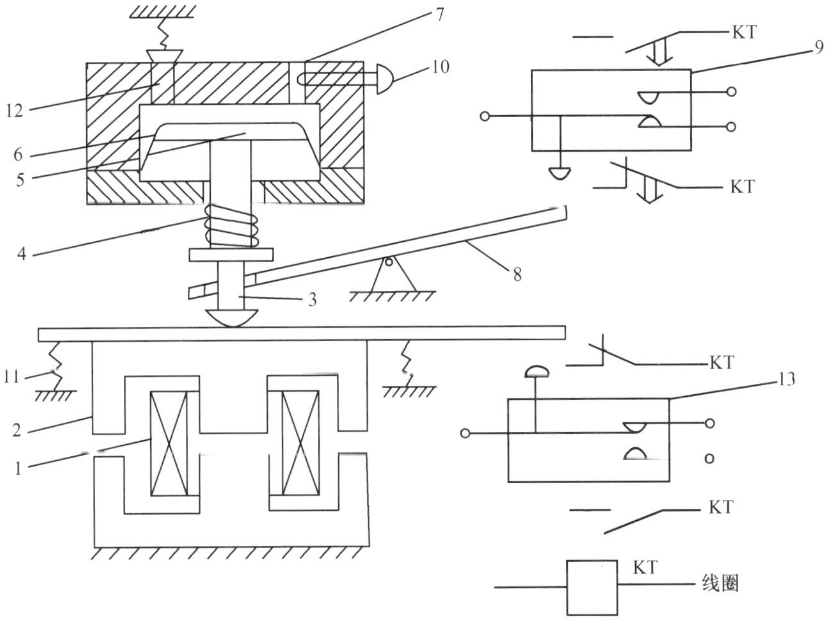

1—线圈，2—动铁心，3—活塞杆，4—释放弹簧，5—伞形活塞，6—橡皮膜，
7—进气孔，8—杠杆，9—微动开关，10—螺钉，11—恢复弹簧，12—出气孔，13—微动开关

时间继电器

图 17.10　通电延时型的时间继电器结构与符号

空气阻尼式时间继电器的主要组成部分是电磁铁、空气室和微动开关。空气室中伞形活塞 5 的表面固定有一层橡皮膜 6，将空气室分为上、下两个空间。活塞杆 3 的下端固定着杠杆 8 的一端。在上、下两个微动开关中，一个是延时动作的微动开关 9，一个是瞬时动作的微动开关 13，它们各有一个常开和常闭触点。

空气阻尼式时间继电器是利用空气阻尼作用来达到延时控制的目的。其原理如下。

当电磁铁的线圈 1 通电后，动铁心 2 被吸下，使动铁心 2 与活塞杆 3 下端之间出现一段距离。在释放弹簧 4 的作用下，活塞杆向下移动，造成上空气室空气稀薄，活塞受到下空气室空气的压力，不能迅速下移。当调节螺钉 10 时，可改变进气孔 7 的进气量，使活塞以需要的速度下移。活塞杆移动到一定位置时，杠杆 8 的另一端撞压微动开关 9，使微动开关 9 中的触点动作。

当线圈断电时，依靠恢复弹簧 11 的作用使动铁心弹起，微动开关 9 中的触点立即复位，空气由出气孔 12 被迅速排出。

瞬时动作的微动开关 13 中的触点，在电磁铁的线圈通电或断电时均为立即动作。

图 17.10（a）所示为通电延时型的时间继电器，其延时时间为：自电磁铁线圈通电时刻起，到延时动作的微动开关 9 中触点动作为止所经历的时间。通过调节螺钉 10 调节进气孔的大小，可调节延时时间。

图 17.10 中的时间继电器触点分为两类：微动开关 9 中有延时断开的常闭触点和延时闭合的常开触点，微动开关 13 中有瞬时动作的常开触点和常闭触点。要注意它们符号和动作的区别。

时间继电器也可做成断电延时型，读者可查看相关资料。

空气式时间继电器的延时范围有 0.4～60s 和 0.4～180s 等。与电磁式和电动式时间继电器相比，其结构较简单，但准确度较低。

电子式时间继电器与空气阻尼式时间继电器相比，前者体积小、重量小、耗电少，定时的准确度高，可靠性好。

近年来，各种控制电器的功能和造型都在不断改进。例如，LC_1 和 CA_2-DN_1 系列产品，把交流接触器、时间继电器等做成组件式结构。当使用交流接触器而触点不够用时，可以把一组或几组触点组件插入接触器上固定的座槽里，组件的触点就受接触器电磁机构的驱动，从而节省了中间继电器的电磁机构。当需要使用时间继电器时，可以把空气阻尼组件插入接触器的座槽中，接触器的电磁机构就作为空气阻尼组件的驱动机构。这样，也节省了时间继电器的电磁机构，从而减小了控制柜的体积和重量，也节省了电能，是一举多得的举措。

【思考与练习】

17-1-1　用闸刀开关切断感性负载电路时，为什么触头会产生电弧？

17-1-2　在按下和释放按钮时，其常开和常闭触点是怎样动作的？

17-1-3　额定电压为 220V 的交流接触器线圈误接入 380V 电源中，会出现什么现象？

17-1-4　交流接触器频繁操作（通、断）为什么会发热？

17-1-5　交流接触器的线圈通电后，若动铁心长时间不能吸合，会发生什么后果？

17-1-6　热继电器为什么不能作为短路保护使用？

17-1-7　图 17.10 所示的时间继电器，其定时时间如何计算？

17.2　三相异步鼠笼式电动机的基本控制

任何复杂的控制电路都是由一些基本的控制电路组成的，基本的控制电路包括直接启停控制、点动控制、异地控制、正反转控制、联锁控制等。掌握一些基本控制单元电路，是阅读和设计较复杂的控制电路的基础。

绘制控制电路原理图的原则如下。

（1）主电路和控制电路要分开画

主电路是电源与负载相连的电路，通过较大的负载电流，一般画在原理图的左边。由按钮、接触器线圈、时间继电器线圈等组成的电路称为控制电路，其电流较小，一般画在原理图的右边。主电路和控制电路可以使用不同的电压。

（2）所有电器均用统一标准的图形和文字符号表示

所有电器元件的图形、文字符号必须采用国家统一标准。同一电器上的各组成部分可能分别画在主电路和控制电路里，但要使用相同的文字符号。表 17.1 所示为常用电动机、电器的图形符号和文字符号。

表 17.1　常用电动机、电器的图形符号和文字符号

名　称	图形符号	文字符号	名　称			图形符号	文字符号
三相笼型异步电动机	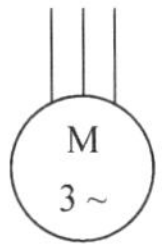	D	按钮触点	常开			SB
				常闭			
三相绕线式异步电动机	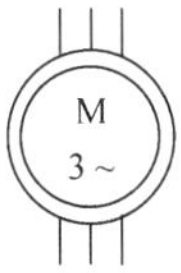	D	接触器吸引线圈 继电器吸引线圈			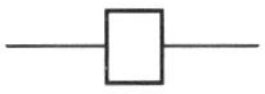	KM KA（U，I）
直流电动机	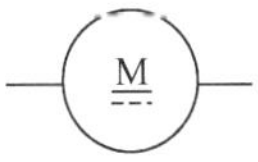	ZD	接触器触点	主触点		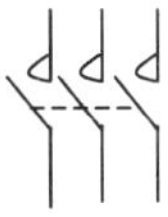	KM
				辅助触点	常开		
					常闭		
单相变压器	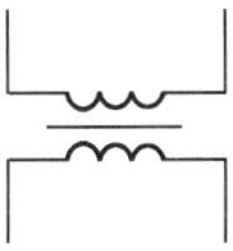	T	时间继电器	常开延时闭合			KT
				常闭延时断开			
三极开关	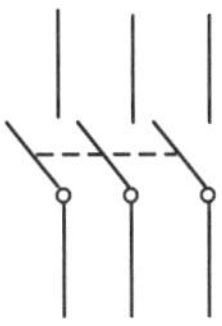	Q		常开延时断开			
				常闭延时闭合			
熔断器		FU	行程开关触点	常开			SQ
				常闭			
信号灯		HL	热继电器	常闭触点		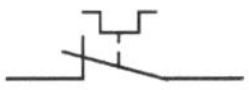	FR
				热元件			

（3）电器上的所有触点均按常态画

电器上的所有触点均按没有通电和没有发生机械动作时的状态（即常态）来画。

（4）画控制电路图的顺序

控制电路的电器一般按动作顺序自上而下排列成多个横行（也称为梯级），电源线画在两侧。各种电器的线圈不能串联连接。

17.2.1　鼠笼式电动机的直接启停控制

图 17.11 所示为具有短路、过载和失压保护的鼠笼式电动机直接启停控制的原理图。图中，由闸刀开关 Q、熔断器 FU、接触器 KM 的三个主触点、热继电器 FR 的发热元件、鼠笼式电动机 M

组成主电路。

控制电路接在 1、2 两点之间（也可接到别的电源上）。SB_1 是一个按钮的常闭触点，SB_2 是另一个按钮的常开触点。接触器的线圈和辅助常开触点均用 KM 表示。FR 是热继电器的常闭触点。

1．控制原理

在图 17.11 中，合上开关 Q，为电动机启动做好准备。按下启动按钮 SB_2，控制电路中接触器 KM 线圈通电，其三个主触点闭合，电动机 M 通电并启动。松开 SB_2，由于线圈 KM 通电时其常开辅助触点 KM 也同时闭合，所以线圈通过闭合的辅助触点 KM 仍继续通电，从而使其常开触点保持闭合状态。与 SB_2 并联的常开触点 KM 称为自锁触点。按下 SB_1，KM 线圈断电，接触器动铁心释放，各触点恢复常态，电动机停转。

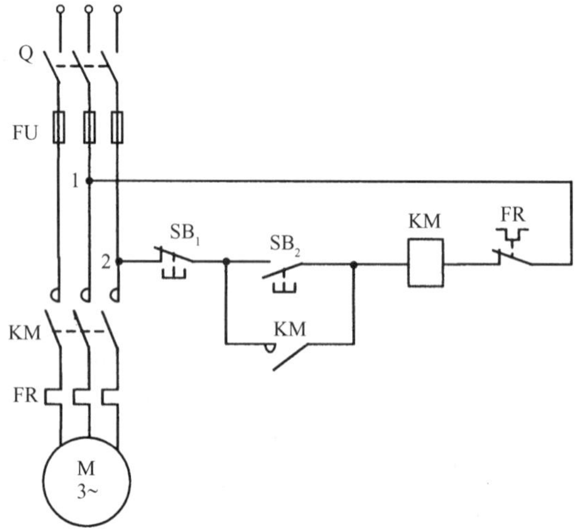

图 17.11　鼠笼式电动机直接启停控制电路

2．保护措施

（1）短路保护

图 17.11 中的熔断器起短路保护作用。一旦发生短路，其熔体立即熔断，可以避免电源中通过短路电流。同时切断主电路，电动机立即停转。

（2）过载保护

热继电器起过载保护作用。当过载一段时间后，主电路中的元件 FR 发热使双金属片动作，使控制电路中的常闭触点 FR 断开，因而接触器线圈断电，主触点断开，电动机停转。另外，当电动机在单相运行时（断一根电源线），仍有两个热元件通有过载电流，从而也保护了电动机不会长时间单相运行。

（3）失压保护

交流接触器在此起失压保护作用。当暂时停电或电源电压严重下降时，接触器的动铁心释放而使主触点断开，电动机自动脱离电源而停止转动。当复电时，若不重新按下 SB_2，则电动机不会自行启动。这种作用称为失压或零压保护。如果用闸刀类开关直接控制电动机，而停电时没有及时断开闸刀，则复电时电动机会自行启动。必须指出，在图 17.11 中，如果将 SB_2 换成不能自动复位的开关，那么即使用了接触器也不能实现失压保护。

17.2.2　鼠笼式电动机的点动控制

所谓点动控制，就是按下启动按钮时电动机转动，松开按钮时电动机停转。若将图 17.11 中与 SB_2 并联的 KM 去掉，就可以实现这种控制。但是，这样处理后，电动机就只能点动。

如果既需要点动，也需要连续运行（也称长动），可以对自锁触点进行控制。当需要点动时，通过按下点动按钮将自锁支路断开，自锁触点 KM 不起作用，只能对电动机进行点动控制；当需要长动时，自锁支路接通。控制电路如图 17.12 所示。

图 17.12 中，启动、停止、点动各用一个按钮。按住点动按钮 SB_3 时，其常闭触点先断开、常开触点后闭合，电动机启动；当松开按钮 SB_3 时，其常开触点先断开、常闭触点后闭合，电动机停转，实现点动控制。按下长动按钮 SB_2，KM 辅助触点闭合，断开 SB_2，电动机仍旋转，实现长动控制。

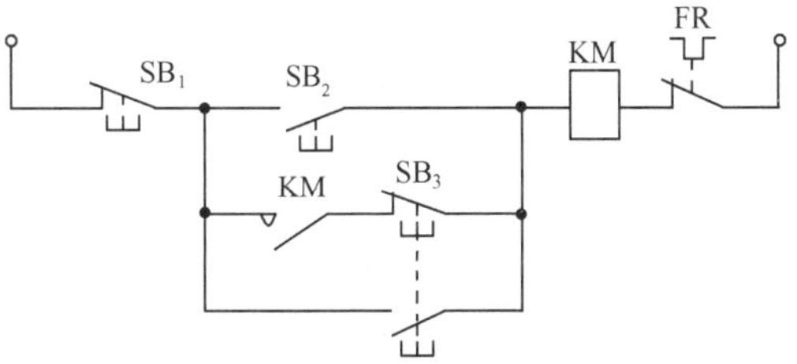

图 17.12　既能点动又能长动的控制电路

17.2.3　鼠笼式电动机的异地控制

所谓异地控制，就是在多处设置的控制按钮，均能对同一台电动机实施启停等控制。

图 17.13 所示为在两地控制一台电动机的线路图，其接线原则是：两个启动按钮必须并联，两个停车按钮必须串联。

在甲地：按下 SB_2，控制电路电流经过 FR→线圈 KM→SB_2→SB_3→SB_1 构成通路，线圈 KM 通电，电动机启动。松开 SB_2，触点 KM 进行自锁。按下 SB_1，电动机停。

在乙地：按下 SB_4，控制电路电流经过 FR→线圈 KM→SB_4→SB_3→SB_1 构成通路，线圈 KM 通电，电动机启动。松开 SB_4，触点 KM 进行自锁。按下 SB_3，电动机停。

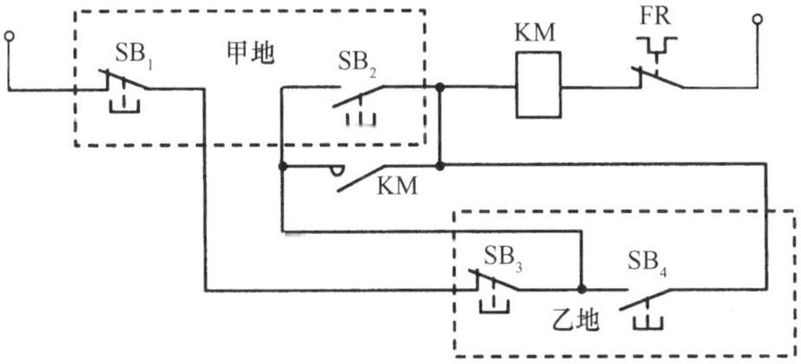

图 17.13　两地控制一台电动机的线路图

由图 17.13 可以看出，由甲地到乙地只需引出三根线，再接上一组按钮即可实现异地控制。同理，从乙地到其他地方也可照此办理。

17.2.4　鼠笼式电动机的正反转控制

在生产实际中往往要求运动部件可以向正反两个方向运动。例如，机床工作台的前进与后退，主轴的正转与反转，起重机的提升与下降等。

欲使三相异步电动机反转，可将电动机接入电源的任意两根连线对调一下即可。图 17.14 所示就是实现这种控制的电路。在图 17.14（a）中，当正转接触器 KM_F 通电，反转接触器 KM_R 不通电时，电动机正转；当反转接触器 KM_R 通电，正转接触器 KM_F 不通电时，由于调换了两根电源线，所以电动机反转。

从图 17.14（a）可见，如果两个接触器同时工作，通过它们的主触点会造成电源短路。所以对正反转控制电路最根本的要求是：必须保证两个接触器不能同时工作，这种控制称为互锁或联锁。

下面分析两种有互锁的正反转控制电路。在图 17.14（b）所示的控制电路中，正转接触器 KM_F 的常闭辅助触点与反转接触器 KM_R 的线圈串联，而反转接触器 KM_R 的常闭辅助触点与正转接触器 KM_F 的线圈电路串联，则这两个常闭触点称为互锁触点。这样，当正转接触器线圈通电，电动机正转时，互锁触点 KM_F 断开了反转接触器 KM_R 线圈的电路，因此，即使误按反转启动按钮 SB_R，反转接触器也不能通电；而当反转接触器线圈 KM_R 通电、电动机反转时，互锁触点 KM_R 断开了正转接触器 KM_F 的线圈电路，因此，即使误按正转启动按钮 SB_F，正转接触器也不能通电，实现了互锁。

图 17.14（b）所示的控制电路的缺点是，在正转过程中需要反转时，必须先按停止按钮 SB_1 待互锁触点 KM_F 闭合后，再按反转启动按钮才能使电动机反转，操作上很不方便。

图 17.14（c）所示的控制电路能解决上述问题。图中使用的按钮 SB_R 和 SB_F 都是复合按钮。例如，当电动机正转运行时若欲反转，可直接按下反转启动按钮 SB_R，它的常闭触点先断开，使正转接触器线圈 KM_F 断电，其主触点 KM_F 断开，反转控制电路中的常闭触点 KM_F 恢复闭合，当按钮 SB_R 的常开触点后闭合时，反转接触器线圈 KM_R 就能通电，电动机即实现反转。

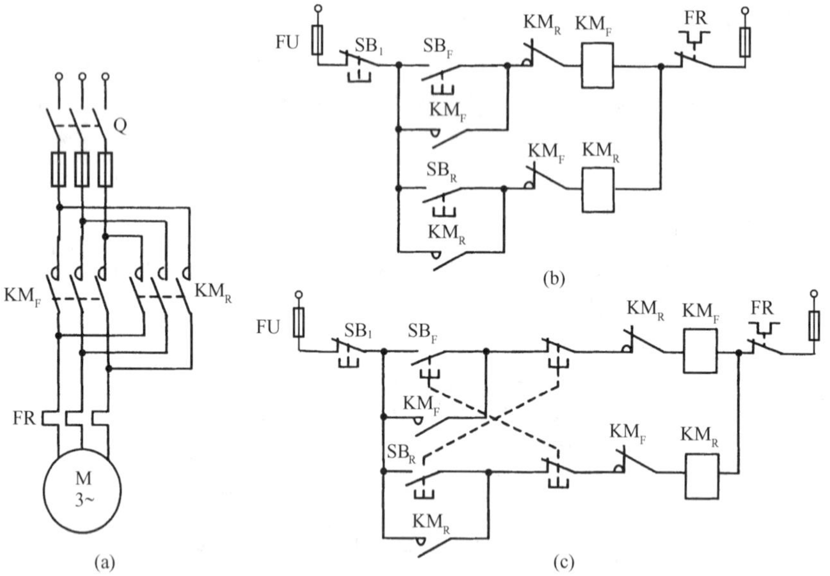

图 17.14　鼠笼式电动机的正反转控制电路

17.2.5　多台电动机联锁控制

在生产实践中，常见到多台电动机拖动一套设备的情况。为了满足各种生产工艺的要求，几台电动机的启、停等动作常常有顺序上和时间上的约束。

图 17.15 所示的主电路中有 M_1 和 M_2 两台电动机，启动时，只有 M_1 先启动，M_2 才能启动；停车时，只有 M_2 先停，M_1 才能停。

启动的操作为：按下 SB_2，接触器 KM_1 通电并自锁，使 M_1 启动并运行。此后再按下 SB_4，接触器 KM_2 通电并自锁，使 M_2 启动并运行。如果在按下 SB_2 之前按下 SB_4，由于接触器 KM_1 和 KM_2 的常开触点都没闭合，因此接触器 KM_2 是不会通电的。

停车的操作为：先按下 SB_3 让接触器 KM_2 断电，使 M_2 先停；再按下 SB_1 使 KM_1 断电，M_1 才能停。由于只要接触器 KM_2 通电，SB_1 就被短路而失去作用，所以在按下 SB_3 之前按下 SB_1，接触器 KM_1 和 KM_2 都不会断电。

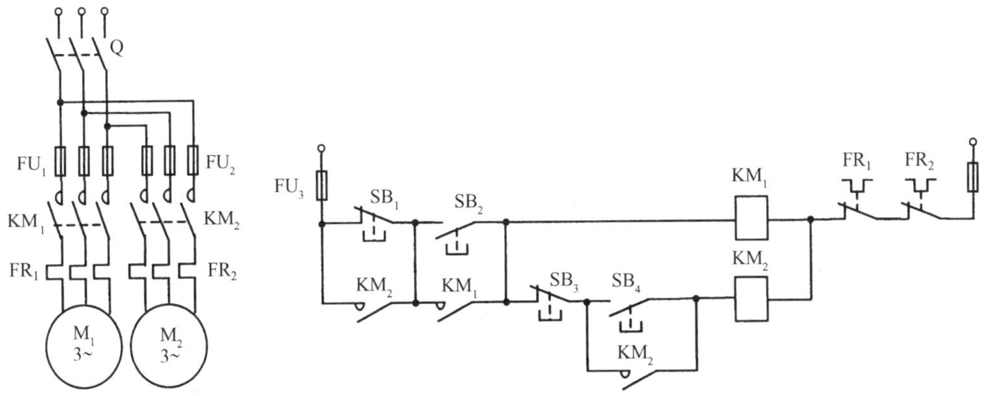

(a) 主电路　　　　(b) 控制电路

图 17.15　两台电动机联锁控制

【思考与练习】

17-2-1　短路保护的作用是什么？怎样实现短路保护？

17-2-2　什么是零压保护？如何实现零压保护？

17-2-3　什么是过载保护？怎样实现过载保护？

17-2-4　什么是自锁和互锁作用？怎样实现自锁和互锁？

17-2-5　在电动机正、反转控制的主电路中，怎样实现电动机两根电源线的交换？

17-2-6　什么是点动？怎样实现点动？

17.3　行程控制

利用行程开关可以对生产机械实现行程、限位、自动循环等控制。

图 17.16 是一个简单的行程控制的例子。工作台 A 由一台三相鼠笼式电动机 M 拖动，图 17.16（a）所示为 A 的运行流程。滚轮式行程开关按图 17.16（b）设置，SQ_a 和 SQ_b 分别安装在 A 的原位和终点，由装在 A 上的挡块来撞动。电动机主电路与图 17.14（a）相同，控制电路如图 17.16（c）所示。

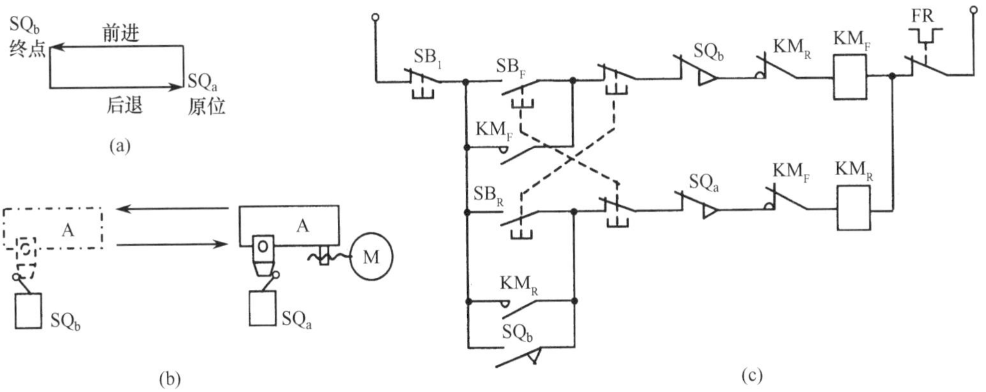

图 17.16　行程控制线路

图 17.16 对 A 实施如下控制：

① A 在原位时，启动后只能前进不能后退；

② A 前进到终点立即往回退，退回原位自动停止；

③ 在 A 前进或后退途中均可停，再启动时，既可进也可退；

④ 若暂时停电后再复电时，A 不会自行启动；

⑤ 若 A 运行途中受阻，在一定时间内拖动电动机应自行断电。

图 17.16 的控制原理如下。

① A 在原位时压下行程开关 SQ_a，使串接在反转控制电路中的常闭触点 SQ_a 断开。这时，即使按下反转按钮 SB_R，反转接触器线圈 KM_R 也不会通电，所以在原位时电动机不能反转。当按下正转启动按钮 SB_F 时，正转接触器线圈 KM_F 通电，使电动机正转并带动 A 前进。可见 A 在原位时只能前进，不能后退。

② 当工作台达到终点时，A 上的撞块压下终点行程开关 SQ_b，使串接在正转控制电路中常闭触点 SQ_b 断开，而常开触点 SQ_b 闭合，使反转接触器线圈 KM_R 得以通电，电动机反转并带动 A 后退。A 退回原位，撞块压下 SQ_a，使串接在反转控制电路中的常闭触点 SQ_a 断开，反转接触器线圈 KM_R 断电，电动机停止转动，A 自动停在原位。

③ 在 A 前进途中，当按下停止按钮 SB_1 时，线圈 KM_F 断电，电动机停转。再启动时，由于 SQ_a 和 SQ_b 均不受压，因此可以按正转启动按钮 SB_F 使 A 前进，也可以按反转启动按钮 SB_R 使 A 后退。同理，在 A 后退途中，也可以进行类似的操作而实现反向运行。

④ 若在 A 运行途中断电，因为断电时自锁触点都已经断开，再复位时，只要 A 不在终点位置，A 是不会自行启动的。

⑤ 若 A 运行途中受阻，则拖动电动机出现堵转现象。此时，其电流很大，会使串联在主电路中的热元件 FR 发热，在一段时间后，串联在控制电路中的常闭触点 FR 断开而使两个接触器线圈断电，使电动机脱离电源而停转。

行程开关不仅可用作行程控制，也常用于限位或终端保护。例如，在图 17.16 中，一般可在 SQ_a 的右侧和 SQ_b 的左侧再各设置一个保护用的行程开关，这两个行程开关的常闭触点分别与 SQ_a 和 SQ_b 的常闭触点串联。一旦 SQ_a 或 SQ_b 失灵，则 A 会继续运行而超出规定的行程，但当 A 撞动这两个保护行程开关时，由于它们的触点动作而使电动机自动停止运行，从而实现了限位或终端保护。

【思考与练习】

17-3-1　利用行程开关是怎样实现行程控制的？

17-3-2　行程开关主要有哪些作用？

17-3-3　图 17.16 中，在 A 后退途中欲使其前进，应怎样操作？简述控制过程。

17-3-4　图 17.16 中，若在 A 运行途中断电，当复电时，当 A 在终点位置时为什么会自行启动？

17.4　时间控制

在自动化生产线中，常要求各项操作或各种工艺过程之间有准确的时间间隔，或者按一定的时间启动或关停某些设备等。这些控制可以由时间继电器来完成。

鼠笼式电动机 Y-△启动的控制电路有多种形式，图 17.17 所示是其中的一种。为了控制星形接法启动的时间，图中设置了通电延时的时间继电器 KT。图 17.17 所示的 Y-△启动控制电路的控制过程可简述如下：

按SB_2 ⟶ { KM_1通电；KT通电；KM_3通电；KM_2通电 }（Y启动） —延时→ { KM_1断电；KM_3断电；KM_2通电 ⟶ KM_3通电 }（Y-△换接）（△运行）

图 17.17 的控制电路是在 KM_3 断电的情况下进行 Y-△换接的，这样做有两个好处：第一，可

以避免由于接触器 KM_1 和 KM_2 换接时可能引起的电源短路；第二，在接触器 KM_3 断电、即主电路脱离电源的情况下进行 Y-△换接，因而触点间不会产生电弧。

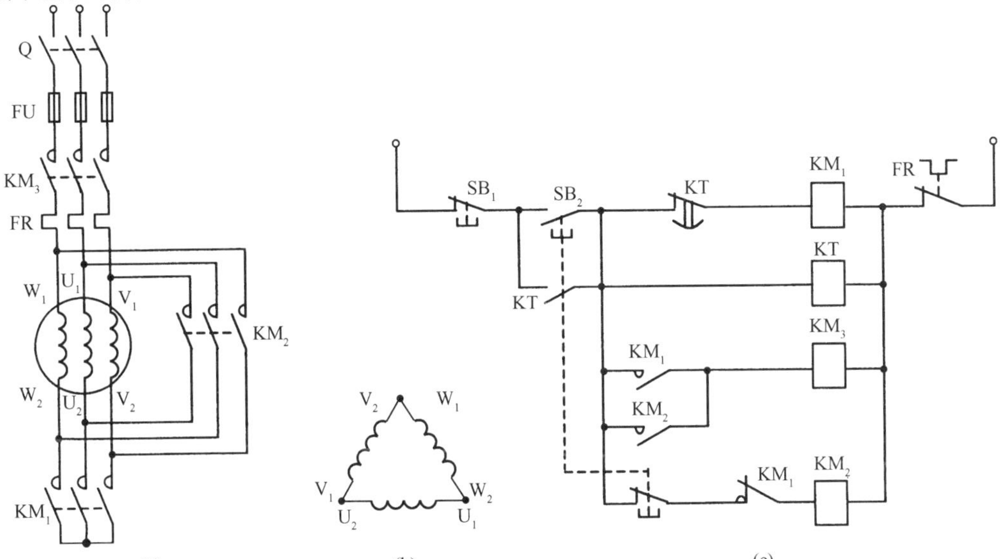

图 17.17　三相鼠笼式电动机 Y-△启动的控制电路

图 17.17 中使用了时间继电器的两种触点，一个是延时动作的常闭触点，另一个是瞬时动作的常开触点，请注意两种触点的作用和动作的区别。

鼠笼式电动机能耗制动的控制电路有多种形式，图 17.18 所示是其中的一种。图 17.18 中，电动机主电路的直流电源是为能耗制动准备的。当电动机运行时，接触器 KM_1 接通，接触器 KM_2 断电。当需要停车时，断开接触器 KM_1，接通接触器 KM_2，电动机便开始制动。图中使用通电延时的时间继电器 KT，是为了控制能耗制动的时间，当制动结束时 KM_2 断电，从而自动断开直流电源。

图 17.18 中设电动机已启动运行。能耗制动控制电路的控制过程可简述如下：

按 SB_1 → { KM_1 断电；KT 通电；KM_2 通电 }（制动开始） —延时→ { KT 断电；KM_2 断电 }（制动结束，电动机停转）

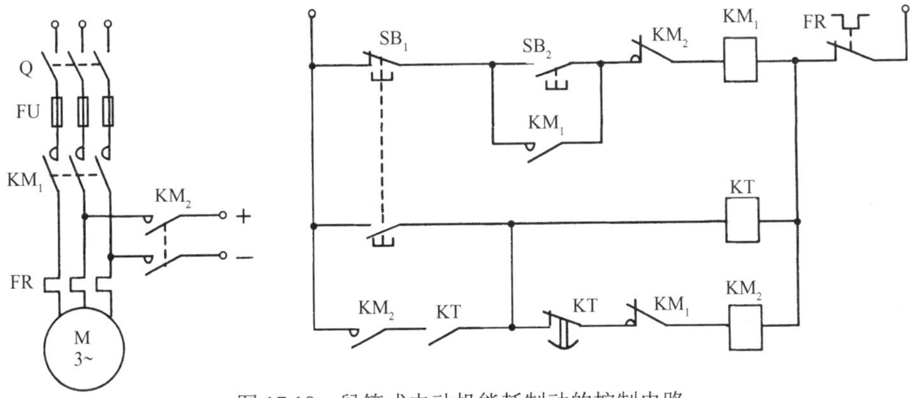

图 17.18　鼠笼式电动机能耗制动的控制电路

利用空气阻尼式时间继电器进行时间控制时，在控制电路中必须连接时间继电器的线圈，然后利用其延时动作的触点来控制接触器线圈的通、断电。只使用时间继电器的瞬时动作触点是不能实现时间控制的。

【思考与练习】

17-4-1　在图 17.17 中，启动按钮采用了一个复合按钮，有什么好处？

17-4-2　在图 17.18 中，如果只用 KT 的触点而不接其线圈，能否起到延时控制的作用？

17-4-3　在图 17.18 中，为什么停车和制动不使用两个按钮而使用了一个复合按钮？

17-4-4　在图 17.18 中，采用了什么措施来防止接触器 KM_1 和 KM_2 同时通电？

17.5　应用举例

前面讨论了应用常用低压控制电器设计基本控制电路的方法，下面以龙门刨床的横梁机构为例讨论其控制电路，以提高对控制电路的综合分析及设计能力。

龙门刨床上装有横梁机构，刀架装在横梁上，随加工件大小的不同，横梁由升降电动机控制沿立柱上下移动；加工时，需要保证横梁夹紧在立柱上不允许松动。横梁夹紧电动机通过杠杆作用使压块将横梁夹紧或放松。

横梁机构对电气控制系统的要求如下。

（1）横梁能上下移动，夹紧机构能实现对横梁的夹紧或放松。

（2）横梁夹紧与横梁移动之间有如下的操作程序：

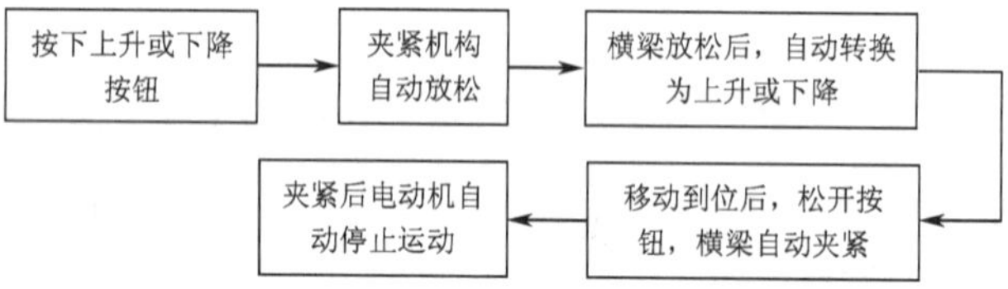

（3）具有上下行程的限位保护。

（4）横梁夹紧与横梁移动之间及正、反向运动之间具有必要的联锁。

图 17.19 所示为横梁机构的控制电路，其中 KM_1～KM_4 分别控制升降移动电动机 M_1 和夹紧电动机 M_2 的正反转，K_1 和 K_2 为两个中间继电器，SQ_1 为夹紧放松行程开关，SQ_2 和 SQ_3 为上、下限位开关，SB_1 和 SB_2 为上升、下降按钮。其控制原理和动作顺序请自行分析。

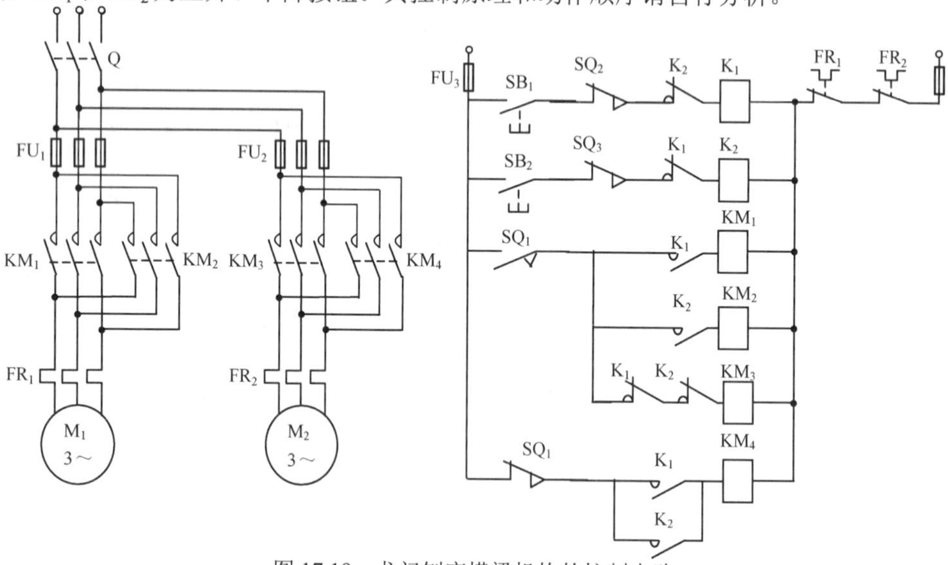

图 17.19　龙门刨床横梁机构的控制电路

本章要点

一、常用低压控制电器

常用低压控制电器有：开关、空气断路器、熔断器、按钮、交流接触器、中间继电器、热继电器、时间继电器、行程开关等。图形符号和文字符号见表 17.1。

闸刀开关、组合开关和自动空气断路器通常用于电源的接通和断开。这些低压电器通常用作隔离开关。应用时注意额定电流的选择。

按钮、交流接触器、中间继电器可以对电动机实现启停、点动、正反转、顺序连锁、异地等控制。

熔断器、热继电器、自动空气断路器可以实现对电路的各种保护功能：熔断器可以实现短路保护，热继电器可以实现过载保护，自动空气断路器可以实现短路和过载保护，交流接触器可以实现失压（欠压）保护。

行程开关可以实现生产机械的行程、限位、循环等控制。

时间继电器可以实现时间控制。

二、继电接触器控制电路的分析（读图）与设计

1．首先了解生产工艺过程及控制要求；

2．搞清控制系统中各电动机、电器的作用以及它们的控制关系；

3．主电路、控制电路分开阅读或设计，先主电路，后控制电路；

4．在控制电路中，根据控制要求按自上而下、自左而右的顺序进行读图或设计；

5．注意，同一个电器的所有线圈、触点不论在什么位置都使用相同的名字，继电器、接触器的线圈只能并联，不能串联，控制顺序只能由控制电路实现，不能由主电路实现。

6．电路必须具有短路保护、过载保护、失压（欠压）保护功能。

关键术语

继电接触器控制系统：relay-contactor control system

常开触点：normally open contact

常闭触点：normally closed contact

自锁：self-locking

联锁：interlocking

继电器：relay

熔断器：fuse

热继电器：thermal overload relay（OLR）

时间继电器：time-delay relay

组合开关：switch group

启动按钮：start button

停止按钮：stop button

接触器：contactor

习题 17

17-1　某机床主轴由一台鼠笼式电动机 M_1 带动，润滑油泵由另一台鼠笼式电动机 M_2 带动。要求：

（1）主轴必须在油泵启动后，才能启动；

（2）主轴要求能用电器实现正反转，并能单独停车；

（3）有短路、零压及过载保护。

试绘出主电路和控制电路图。

17-2　图 17.20 所示电路是能在两处控制一台电动机启、停、点动的控制电路。要求：

（1）说明在各处启、停、点动电动机的操作方法。

（2）该控制电路有无零压保护？

（3）该图做怎样的修改，可以在三处控制一台电动机？

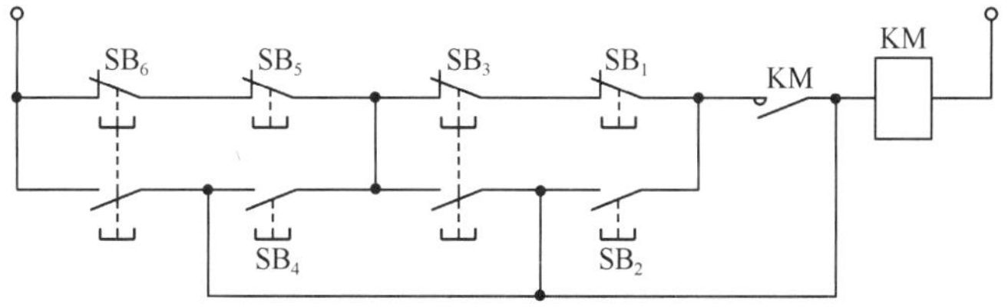

图 17.20　习题 17-2 的电路

17-3　在图 17.21 中，运动部件 A 由电动机 M 拖动，主电路同正、反转控制电路。原位和终点各设计行程开关 SQ_1 和 SQ_2。试回答下列问题：

（1）简述控制电路的控制过程。

（2）电路对 A 实现何种控制？

（3）电路有哪些保护措施，各由何种电器实现？

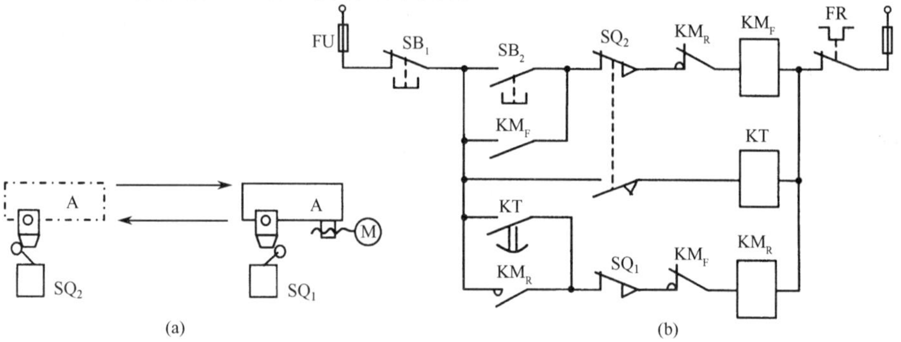

图 17.21　习题 17-3 的电路

17-4　根据下列要求，分别绘出主电路和控制电路图（M_1 和 M_2 都是三相异步电动机）：

（1）M_1 启动后 M_2 才能启动，M_2 并能点动；

（2）M_1 先启动，经过一定延时后 M_2 能自行启动，M_2 启动后 M_1 立即停车。

17-5　图 17.22 所示电路的主电路与图 17.17 相同。试回答下列问题：

（1）简述控制电路的控制过程。

（2）电路对电动机实现何种控制？

（3）与图 17.17 比较，图 17.22 所示电路有何缺点？

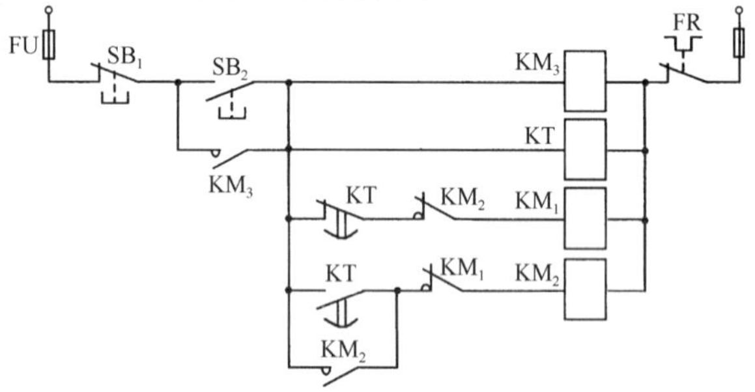

图 17.22　习题 17-5 的电路

17-6　对图 17.23 所示的控制电路，试回答下列问题：

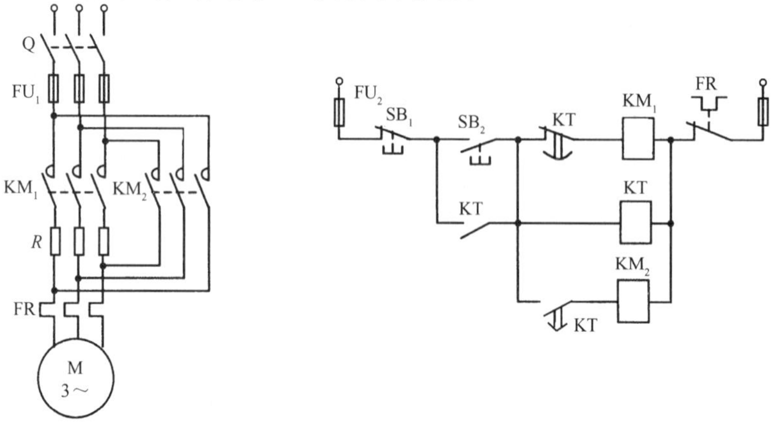

图 17.23　习题 17-6 的电路

（1）简述电路的控制过程；

（2）指出其控制功能；

（3）说明电路有哪些保护措施，并指出各由何种电器实现。

17-7　图 17.24 是电动葫芦的控制电路。电动葫芦是一种小起重设备，它可以方便地移动到需要的场所。全部按钮装在一个按钮盒中，操作人员手持按钮盒进行操作。试回答下列问题：

（1）提升、下放、前移、后移各怎样操作？

（2）该电路完全采用点动控制，从实际操作的角度考虑有何好处？

（3）图 17.24 中的几个行程开关起什么作用？

（4）两个热继电器的常闭触点串联使用有何作用？

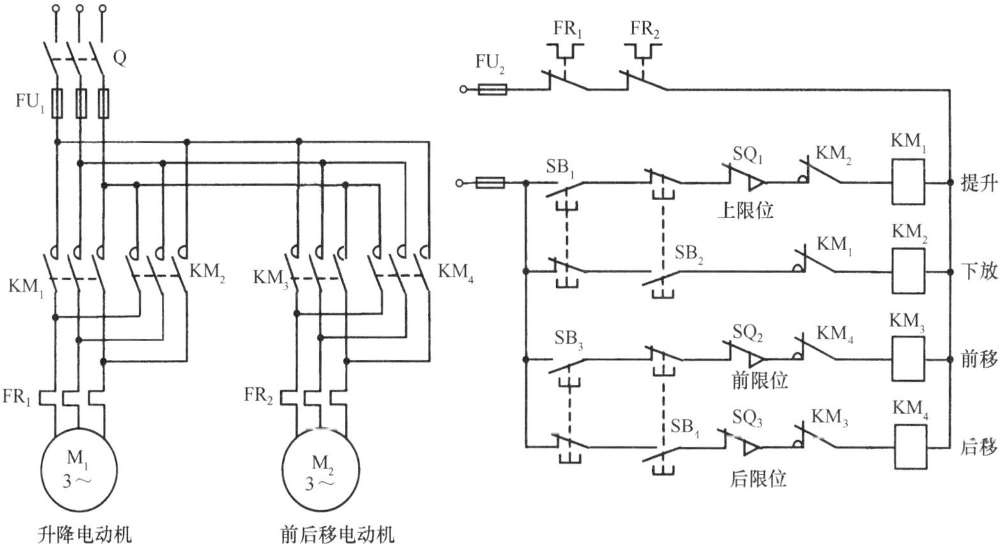

图 17.24　习题 17-7 的电路

17-8　试指出图 17.25 所示正反转控制电路的错误之处。

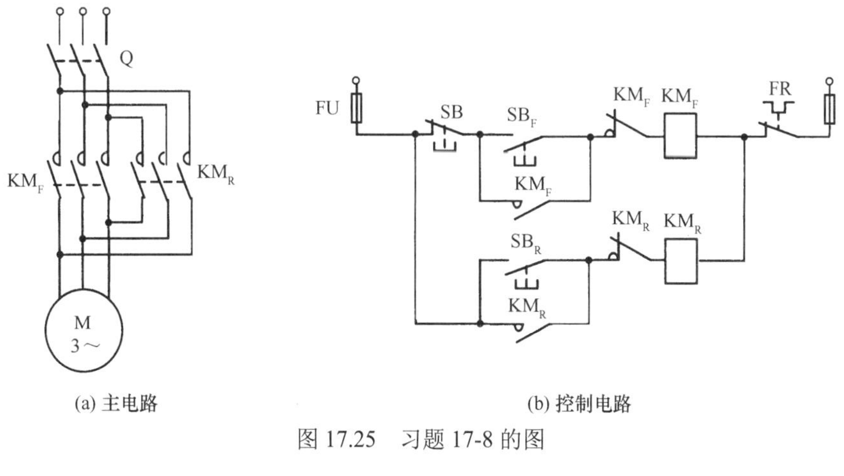

图 17.25　习题 17-8 的图

第 18 章 可编程序控制器及应用

引言

继电接触器控制系统具有结构简单，价格便宜，容易掌握等优点，在自动控制领域发挥了巨大的作用。但是，这种控制也存在着功能简单、硬接线复杂、可靠性差、体积和重量大等缺点。可编程序控制器是结合继电接触器控制和计算机技术而不断发展完善起来的一种自动控制装置，具有编程简单、使用方便、通用性强、可靠性高、体积小、易于维护等优点，在自动控制领域应用得十分广泛。近几十年来，可编程序控制器从诞生到发展，实现了工业控制领域接线逻辑到存储逻辑的飞跃，实现了逻辑控制到数字控制的进步，实现了单体设备简单控制到运动控制、过程控制及集散控制的跨越。

今天的可编程序控制器已经成为工业控制领域的主流控制设备，在世界各地发挥着越来越大的作用，同时伴随着计算机网络的迅猛发展，可编程序控制器作为自动化控制网络和国际通用网络的重要组成部分，将结合现场总线技术在工业网络控制领域发挥巨大作用。

本章以西门子 S7-200 小型可编程序控制器为例介绍可编程序控制器的基本结构、工作原理、基本编程、功能指令和简单应用等。

学习目标

- 理解可编程序控制器的基本结构和工作原理。
- 理解可编程序控制器程序设计的基本编程方法。
- 熟悉常用的编程指令，了解常用的 PLC 的功能指令。
- 学会使用梯形图编制简单的程序。

18.1 PLC 的基本结构和工作原理

18.1.1 PLC 的基本结构

PLC 从结构形式上可分为整体式和模块式两大类，其逻辑结构基本相同。整体式 PLC 一般由 CPU、I/O 端子、显示面板、存储器和电源等组成，各部分集成为一个整体。例如，小型 PLC（如西门子 S7-200 系列）都是整体式结构；而西门子 S7-300/400 系列模块式 PLC 由 CPU 模块、I/O 模块、存储器模块、电源模块、底板和机架等组成。不论哪种结构类型的 PLC，都属于总线式开放结构，其 I/O 可根据用户需要进行扩展和组合。PLC 的基本结构如图 18.1 所示。

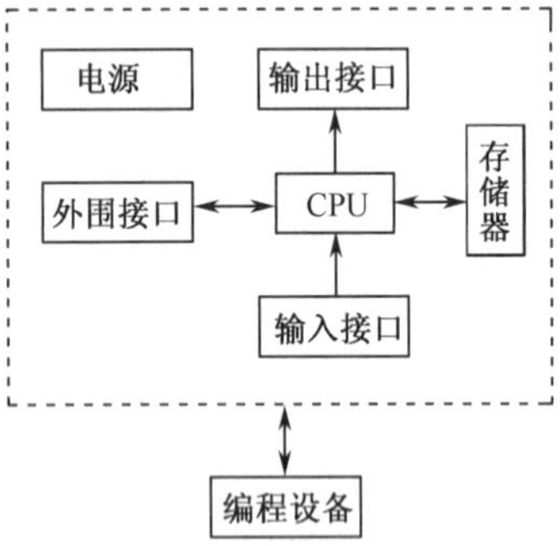

图 18.1 PLC 的基本结构

1．CPU

与通用计算机的 CPU 一样，PLC 中 CPU 也是整个系统的核心部件，CPU 在很大程度上决定了 PLC 的整体性能，如控制规模、工作速度和内存容量等。CPU 主要用来运行用户程序，监控输入/输出接口状态，做出逻辑判断和进行数据处理。即读取输入变量，完成用户指令规定的各种操作，将结果送到输出端，并响应外部设备（如编程器、打印机、条码扫描仪等）的请求以及进行各种内部诊断等。

2．存储器

PLC 的内部存储器分为系统程序存储器和用户程序及数据存储器。系统程序相当于个人计算机的操作系统，能够完成 PLC 设计者规定的各种工作。系统程序由可编程序控制器生产厂家设计并固化在 ROM（只读存储器）中，用户不能读取。用户程序由用户设计，使 PLC 完成用户要求的特定功能。用户程序及数据存储器主要存放用户编制的应用程序及各种暂存数据和中间结果。

3. 输入/输出电路

输入模块和输出模块简称为I/O模块，是联系外部设备与CPU的桥梁。

输入模块用来接收和采集输入信号：数字量（或称开关量）输入模块接收来自按钮、选择开关、数字拨码开关、限位开关、接近开关、光电开关、压力继电器等的数字量信号；模拟量输入模块接收来自电位器、测速发电机和各种变送器提供的连续变化的模拟量电流电压信号。一般输入电路都设有滤波电路。

数字量输出模块用来控制接触器、电磁阀、电磁铁、指示灯、数字显示装置和报警装置等设备；模拟量输出模块用来控制调节阀、变频器等执行装置。

输入/输出模块除了传递信号外，还具有电平转换与隔离的作用。

4. 编程装置

编程装置用来对PLC进行编程和设置各种参数。一般采用手持式编程器，体积小，价格便宜，便于现场调试和维护；另外目前使用较多的是利用通信电缆将PLC和计算机连接，采用专门的编程软件进行编程和调试。

5. 电源

可编程序控制器使用220V交流电源或24V直流电源。

6. 外围接口

通过各种外围接口，PLC可以与编程器、计算机、变频器、EEPROM存储器和打印机等连接，总线扩展接口用来扩展I/O模块和智能模块等。

18.1.2 PLC的工作原理

可编程序控制器有RUN（运行）和STOP（停止）两种工作模式。在RUN模式下，PLC执行用户程序来实现控制要求和控制功能；在STOP模式下，CPU不执行用户程序，可使用编程软件创建和编辑用户程序，设置可编程序控制器的硬件功能，并将用户程序和硬件设置信息下载到PLC中。

PLC通电后，首先对硬件和软件做一些初始化的工作，之后反复不停地分阶段处理各种不同的任务，如图18.2所示，这种周而复始的循环工作方式称为扫描工作方式。

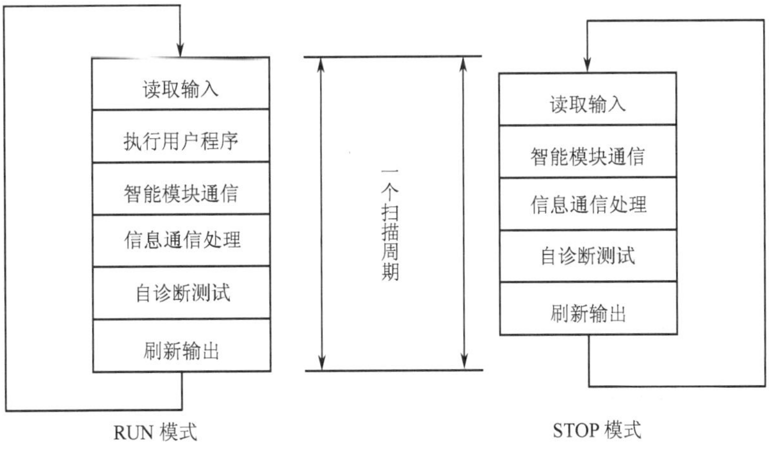

图18.2　PLC的扫描工作过程

（1）读取输入

在PLC的存储器中，设置了相应的区域来存放输入信号和输出信号的状态，分别称为输入映像寄存器和输出映像寄存器。在读取输入阶段，PLC 把所有外部数字量输入电路的 ON/OFF 状态读入输入映像寄存器中。

（2）执行用户程序

PLC 的用户程序由若干条指令组成，指令在存储器中按顺序排列。执行用户程序阶段，当没有跳转指令时，CPU 从第一条指令开始，逐条顺序地执行用户程序，直到遇到结束（END）指令。

在执行指令时，从 I/O 映像寄存器或其他位元件的映像寄存器读出其状态，并根据指令的要求执行相应的逻辑运算，运算的结果写入相应的映像寄存器中。因此，各映像寄存器（只读的输入映像寄存器除外）的内容随着程序的执行而变化。

（3）通信处理

在智能模块通信处理阶段，CPU 模块检查智能模块是否需要服务，如果需要，则读取智能模块的信息并存放在缓冲区中，供下一个扫描周期使用。在信息通信处理阶段，CPU 处理通信口接收到的信息，在适当的时候将信息传给通信请求方。

（4）CPU 自诊断测试

自诊断测试包括定期检查 EEPROM、用户程序存储器、I/O 模块状态以及 I/O 扩展总线的一致性，将监控定时器复位，以及完成一些别的内部工作。

（5）刷新输出

CPU 执行完用户程序后，将输出映像寄存器的状态传送给输出锁存器，并通过一定的方式输出，驱动相应输出设备工作，这就是 PLC 的实际输出。

PLC 这种循环扫描工作方式对于高速变化的过程可能漏掉变化的信号，也会带来系统响应的滞后，可以采用立即输入/输出、脉冲捕获、高速计数器或中断技术等。

18.1.3 PLC 的主要性能指标

PLC 最基本的应用是取代传统的继电接触器进行逻辑控制，此外还可以用于定时/计数控制、步进控制、数据处理、过程控制、运动控制、通信连网和监控等场合。PLC 具有可靠性高，抗干扰能力强，功能完善，编程简单，组合灵活，扩展方便，体积小，质量轻，功耗低等特点，PLC 的主要性能通常由以下指标描述。

（1）I/O 点数

I/O 点数通常指 PLC 的外部数字量的输入和输出端子数，这是一项重要技术指标。可以用 CPU 本机自带 I/O 点数来表示，或者以 CPU 的 I/O 最大扩展点数来表示。通常小型机最多有几十个点，中型机有几百个点，大型机超过千点。

（2）存储器容量

存储器容量指 PLC 所能存储用户程序的多少，一般以“步”为单位。1 步为 1 条基本指令占用的存储空间，即两个字节。小型 PLC 一般只有几千步到几十千步，大型 PLC 则能达到几百千步。

（3）扫描速度

PLC 的处理速度一般用基本指令的执行时间来衡量，即一条基本指令的扫描速度，主要取决于所用芯片的性能。

（4）指令种类和条数

指令系统是衡量 PLC 软件功能高低的主要指标。PLC 具有基本指令和高级指令（或功能指令）两大类指令，指令的种类和数量越多，其软件功能越强，编程就越灵活，越方便。

（5）内存分配及编程元件的种类和数量

PLC 内部的存储器有一部分用于存储各种状态和数据，包括输入继电器、输出继电器、内部辅助继电器、特殊功能内部继电器、定时器、计数器、通用“字”存储器、数据存储器等，其种类和数量的多少关系到编程是否方便灵活，也是衡量 PLC 硬件功能强弱的重要指标。

此外，不同 PLC 还有其他一些指标，如编程语言及编程手段、输入/输出方式、特殊功能模块种类、自诊断、监控、主要硬件型号、工作环境及电源等级等。

表 18.1 所示为 S7-200 系列 PLC 不同型号 CPU 的性能指标。

表 18.1 S7-200 CPU 模块的主要技术指标

	CPU 221	CPU 222	CPU 224	CPU 224XP	CPU 226	CPU 226XM
用户程序区	4KB	4KB	8KB	12KB	16KB	16KB
数据存储区	2KB	2KB	8KB	10KB	10KB	10KB
内置 DI/DO 点数	6/4	8/6	10/14	10/14	24/16	24/16
AI/AO 点数	无	16/16	32/32	32/32	32/32	32/32
扫描时间/1 条指令	0.37μs	0.37μs	0.37μs	0.37μs	0.37μs	0.37μs
最大 DI/DO 点数	256	256	256	256	256	256
位存储区	256	256	256	256	256	256
计数器	256	256	256	256	256	256
定时器	256	256	256	256	256	256
时钟功能	可选	可选	内置	内置	内置	内置
数字量输入滤波	标准	标准	标准	标准	标准	标准
模拟量输入滤波	N/A	标准	标准	标准	标准	标准
高速计数器	4 个 30kHz	4 个 30kHz	6 个 30kHz	4 个 30kHz	6 个 30kHz	6 个 30kHz
脉冲输出	2 个 20kHz	2 个 20kHz	2 个 20kHz	2 个 20kHz	2 个 20kHz	2 个 20kHz
通信口	1×RS-485	1×RS-485	1×RS-485	2×RS-485	2×RS-485	2×RS-485

【思考与练习】

18-1-1 PLC 由哪些主要部分构成？

18-1-2 PLC 工作模式有哪几种？结合其不同的工作模式说明其工作过程。

18.2 PLC 程序设计基础

18.2.1 PLC 编程语言与程序结构

1. 编程语言

国际电工委员会 1894 年 5 月公布的可编程序控制器标准（IEC1131）的第三部分（IEC1131-3）编程语言部分说明了 5 种 PLC 编程语言的表达方式，即顺序功能图、梯形图、功能块图、指令表和结构文本。在 S7-200 的编程软件中，可以选用梯形图、功能块图和语句表三种编程语言。

（1）梯形图

梯形图是国内使用最多的 PLC 编程语言。梯形图与继电接触器控制系统的电路图很相似，它借助类似继电器的常开、常闭触点、线圈以及串联与并联等术语和符号，根据控制要求连接而成表示 PLC 输入和输出之间逻辑关系的图形，具有直观易懂的优点，特别适用于开关量逻辑控制。

梯形图中，触点代表逻辑输入条件，如外部的开关、按钮和内部条件等；线圈代表逻辑输出结果，用来控制外部的指示灯、交流接触器和内部的输出条件等；功能块用来表示定时器、计数器或者数学运算等附加指令。梯形图如图 18.3 所示，—| |—、—|/|— 表示常开触点和常闭触点，

表示线圈，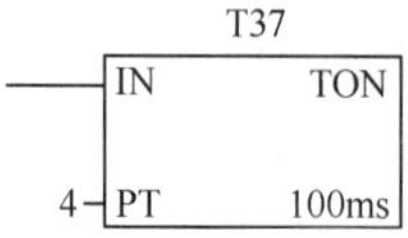表示定时器，是功能块。

（2）功能块图

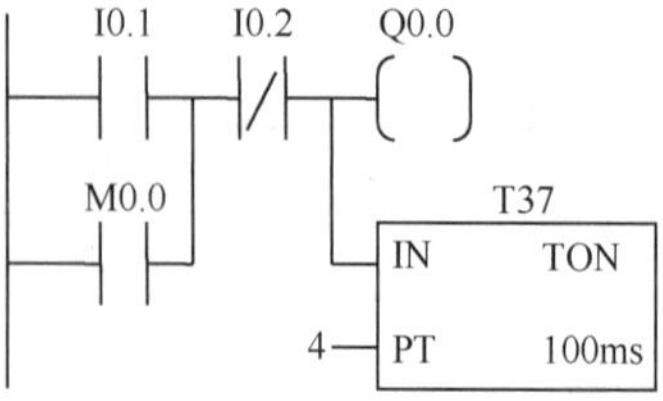

图 18.3　梯形图例子

功能块图是一种类似于数字逻辑门电路的编程语言，用类似与门、或门的方框来表示逻辑运算关系，方框的左侧为逻辑运算的输入变量，右侧为输出变量，输入、输出端的小圆圈表示非运算，方框用“导线”连接在一起，信号自左向右流动。图 18.4（a）中功能块图的控制逻辑与图 18.3 中的相同。西门子公司的 LOGO 系列微型可编程序控制器就使用功能块图编程语言。

（3）语句表

S7 系列 PLC 将指令表称为语句表，其指令是一种与微机的汇编语言中的指令相似的助记符表达式，如图 18.4（b）所示。

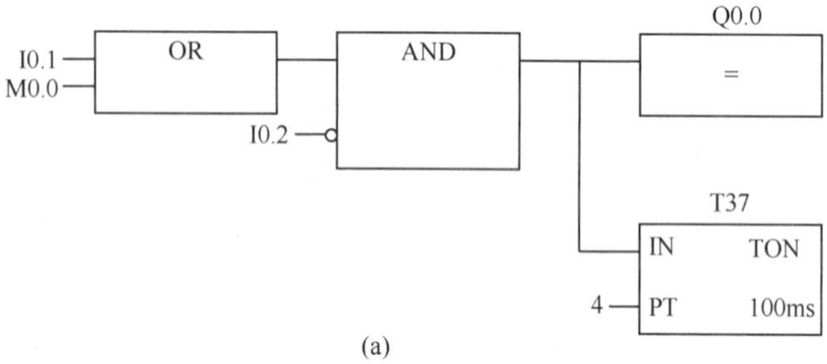

(a)

LD	I0.1
O	M0.0
AN	I0.2
=	Q0.0
TON	T37, 4

(b)

图 18.4　功能块图与语句表例子

2．程序结构

S7-200 CPU 的程序分为主程序、子程序和中断程序三种。

（1）主程序

主程序是程序的主体，每个项目有且只能有一个主程序。在主程序中可以调用子程序和中断程序。

（2）子程序

子程序是可选的，只有在被其他程序调用时才执行。同一子程序可以在不同地方多次调用，使用子程序可以简化程序代码和减少扫描时间。

（3）中断程序

中断程序是可选的，中断程序不是被主程序调用，而是在中断事件发生时由 PLC 的操作系统调用。

18.2.2　存储器的数据类型与寻址

1．数据在存储器中存取的方式

二进制数的 1 位只有 0 和 1 两种不同的取值，可用来表示开关量（或称数字量）的两种不同的状态，如触点的断开和接通，线圈的通电和断电等。如果该位为 1，则表示梯形图中对应的编程元件的线圈“通电”，其常开触点接通，常闭触点断开，反之相反。位数据的数据类型为 Bool 型。

8 位二进制数组成 1 个字节（Byte），其中的第 0 位为最低位（LSB），第 7 位为最高位（MSB）。两个字节组成 1 个字（Word），两个字组成 1 个双字（Double Word），如图 18.5 所示。

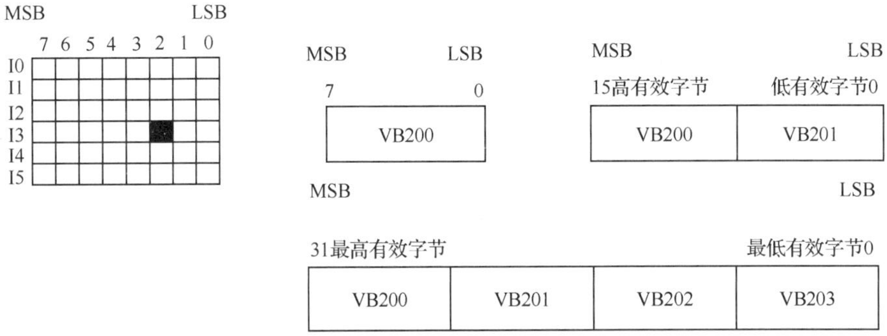

图 18.5　位、字节、字和双字数据

位存储单元的地址由字节地址和位地址组成，如 I3.2，其中的区域标识符 I 表示输入（Input），字节地址为 3，位地址为 2，如图 18.5 所示。这种方式称为“字节.位”寻址方式。输入字节 IB3（B 是 Byte 的缩写）由 I3.0～I3.7 这 8 位组成。相邻的两个字节组成一个字，VW200 表示由 VB200 和 VB201 组成的 1 个字，VW200 中的 V 为区域标识符，W 表示字（Word），200 为起始字节地址。VD200 表示由 VB200～VB203 组成的双字，V 为区域标示符，D 表示双字（Double Word），200 为起始字节的地址。

2．不同存储区的寻址

（1）输入映像寄存器寻址

输入映像寄存器的标识符为 I，在每个扫描周期的读取输入阶段采集外部信号的状态并存储在输入映像寄存器中。

S7-200 CPU 数字量输入地址以 I0.0 开始，以 8 点为单位分配给每个输入模块（CPU 模块是第一模块），如果该模块不能提供足够的通道数，则余下的映像单元被空置，图 18.6 所示为带有 I/O 扩展模块的地址分配列表。

	Module 0	Module 1	Module 2	Module 3	Module 4
CPU224	4 In/4 Out	8 In	4 AI/1 AQ	8 Out	4 AI/1 AQ

对应物理输入/输出的映像寄存器 I/O 地址

I0.0 Q0.0	I2.0 Q2.0	I3.0	AIW0 AQW0	Q3.0	AIW8
I0.1 Q0.1	I2.1 Q2.1	I3.1	AIW2	Q3.1	AQW4
I0.2 Q0.2	I2.2 Q2.2	I3.2	AIW4	Q3.2	AIW10
I0.3 Q0.3	I2.3 Q2.4	I3.3	AIW6	Q3.3	AIW12
I0.4 Q0.4		I3.4		Q3.4	AIW14
I0.5 Q0.5		I3.5		Q3.5	
I0.6 Q0.6		I3.6		Q3.6	
I0.7 Q0.7		I3.7		Q3.7	
I1.0 Q1.0					
I1.1 Q1.1					
I1.2					
I1.3					
I1.4					
I1.5					

图 18.6　带有 I/O 扩展模块的地址分配

（2）输出映像寄存器寻址

输出映像寄存器的标识符为 Q，在每个扫描周期的刷新输出阶段，CPU 将输出映像寄存器的数据传送给输出模块，再由后者驱动外部负载。

S7-200 CPU 数字量输出地址分配同上，如图 18.6 所示。

（3）变量存储器区寻址

变量存储器区的标识符为 V，用于在程序执行的过程中存放中间结果，或保存与任务有关的其他数据。

（4）位存储器区寻址

位存储器区的标识符为 M，用来保存控制继电器的中间操作状态或其他控制信息。

（5）特殊存储器标志位寻址

特殊存储器 SM 用于存储特定的信息，例如 SM0.0 表示恒为 1 状态，SM0.1 仅在执行用户程序的第一扫描周期为 1 状态；SM0.4 和 SM0.5 分别提供周期为 1min 和 1s 的时钟脉冲；SM1.0、SM1.1 和 SM1.2 分别是零标志、溢出标志和负数标志等。

（6）局部存储器区寻址

局部存储器的标识符为 V，可以作为暂时存储器或给子程序传递参数。

各个程序组织单元（主程序、子程序和中断程序）都有自己的局部变量表，局部变量只在本单元有效。变量存储器是全局存储器，而局部变量的定义则在局部存储器中。

（7）定时器存储器区寻址

定时器 T 相当于继电控制中的时间继电器。用定时器地址（T 和定时器号，如 T5）来存取当前值和定时器位，用带位操作数的指令存取定时器位，用带字操作的指令存取当前值。

（8）计数器存储器区寻址

计数器 C 用来累计其计数输入端脉冲电平由低到高的次数。用计数器地址（C 和计数器号，如 C20）来存取当前值和计数器位，用带位操作数的指令存取计数器位，用带字操作的指令存取当前值。

（9）顺序控制继电器寻址

顺序控制继电器 S 用于组织设备的顺序操作，提供控制程序的逻辑分段。

（10）模拟量输入寻址

PLC 将现实世界连续变化的模拟量（如温度、压力、电流、电压等）用 A/D 转换器转换为 1 个字长的数字量，用区域标识符 AI、数据长度 W 和字节的起始地址来表示模拟量输入的地址，如 AIW0。因为模拟量输入是 1 个字长，所以应从偶数字节地址开始存放，如 AIW2、AIW4、AIW6 等。模拟量输入值为只读数据。

S7-200 CPU 模拟量输入地址以 AIW0 开始，以 2 点（每点 1 个字长）为单位分配给每个输入模块，如果该模块不能提供足够的通道数，则余下的映像单元被空置，如图 18.6 所示。

（11）模拟量输出寻址

PLC 将 1 个字长的数字用 D/A 转换器转换为现实世界的模拟量，用区域标识符 AQ、数据长度 W 和字节的起始地址来表示存储模拟量输出的地址，如 AQW0。因为模拟量输出是 1 个字长，所以应从偶数字节地址开始存放，如 AQW2、AQW4、AQW6 等。模拟量输出值为只写数据，用户不能读取。

S7-200 CPU 模拟量输出地址分配同上，如图 18.6 所示。

（12）累加器寻址

累加器是可以像存储器那样使用的读/写单元，例如可以用来向子程序传递参数，或从子程序返回参数以及用来存放计算的中间值等。S7-200 CPU 提供了 4 个 32 位累加器（AC0～AC3），可以按字节、字和双字来存取累加器中的数据，按字节、字只能存取累加器的低 8 位或低 16 位，按双字存取全部的 32 位，存取的数据长度由所用的指令决定。

（13）高速计数器寻址

高速计数器用于对比 CPU 的扫描速率更快的事件进行计数，其当前值和设定值为 32 位有符号整数，当前值为只读数据。高速计数器的地址由区域标示符 HC 和高速计数器号组成，如 HC2。

（14）常数的表示方法与范围

常数值可以是字节、字或双字，S7-200 CPU 以二进制数方式存储常数，常数也可以用十进制数、十六进制数、ASCII 码或浮点数形式来表示。

I、Q、V、M、S、SM、L 均可按位、字节、字和双字来存取。

18.2.3 位逻辑指令

1. 触点指令

（1）标准触点指令

常开触点对应的存储器地址位为 1 状态时，该触点闭合；常闭触点对应的存储器地址位为 0 状态时，该触点闭合。触点符号中间的“/”表示常闭，触点指令中变量的数据类型为 Bool 型，如图 18.7 所示。

（2）立即触点

立即触点指令只能用于输入 I，执行立即触点指令时，立即读入物理输入点的值，根据该值决定触点的接通/断开状态，但是并不更新该物理输入点对应的映像寄存器。触点符号中间的“I”和“/I”分别表示立即常开和立即常闭，如图 18.8 所示。

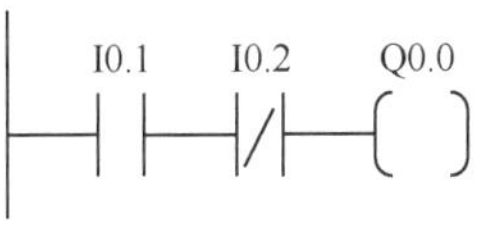

图 18.7　标准触点和输出例子

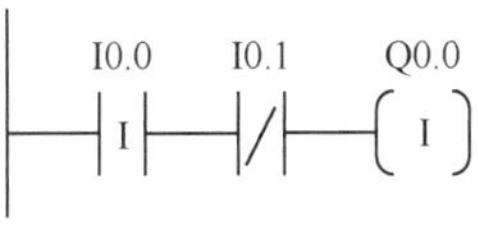

图 18.8　立即触点和立即输出例子

2. 输出指令

（1）输出

输出指令与线圈相对应，驱动线圈的触点电路接通时，线圈指定位对应的映像寄存器为 1，反之则为 0。输出类指令应放在梯形图的最右边，变量为 Bool 型。输出指令如图 18.7 所示。

（2）立即输出

立即输出指令只能用于输出 Q，执行该指令时，将结果立即写入指定的物理输出位和对应的输出映像寄存器中。线圈符号中的“I”用来表示立即输出。立即输出指令如图 18.8 所示。

（3）置位与复位

置位与复位指令使从指定的位地址开始的 N 个点的映像寄存器都被置位（为 1）或复位（为 0），N=1～255。图 18.9 所示例子中置位指令 N=1，复位指令 N=2，即满足前面逻辑条件时，分别置位从 Q0.0 开始的 1 位（Q0.0）或复位从 Q0.0 开始的 2 位（Q0.0，Q0.1）。

如果被指定复位的是定时器位（T）或计数器位（C），将清除定时/计数器的当前值。

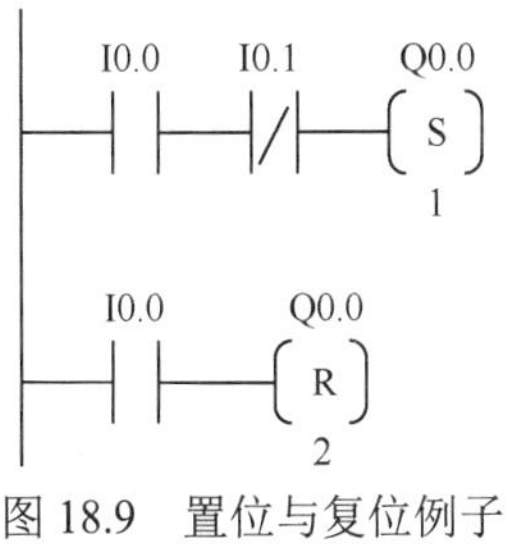

图 18.9　置位与复位例子

（4）立即置位与立即复位

执行立即置位或立即复位指令时，从指定位地址开始的 N 个连续的物理输出点将被立即置位或复位，N=1～128。该指令只能用于输出量（Q），新值被同时写入对应的物理输出点和输出映像寄存器中。

3．其他指令

（1）取反（NOT）

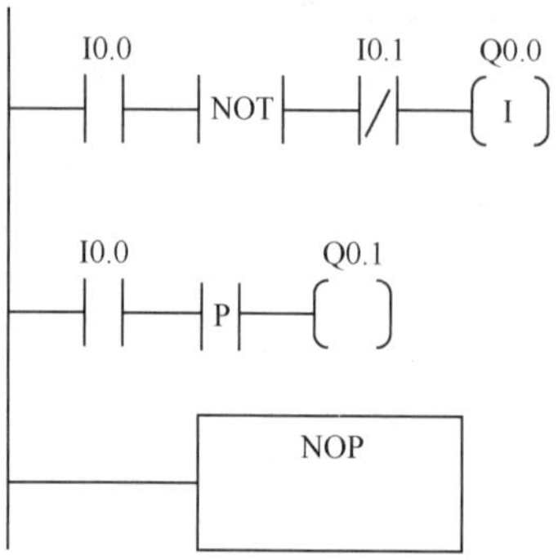

图 18.10　取反、跳变和空操作指令例子

取反触点将它左边电路的逻辑运算结果取反，运算结果若为 1 则变为 0，若为 0 则变为 1，该指令没有操作数。

（2）跳变触点

正跳变触点检测到一次正跳变（触点的输入信号由 0 变为 1）时，或负跳变触点检测到一次负跳变（触点的输入信号由 1 变为 0）时，触点接通一个扫描周期。正/负跳变指令没有操作数，触点符号中间的 P 和 N 分别表示正跳变和负跳变。

（3）空操作指令

空操作指令（NOP N）不影响程序的执行，操作数 N=0。

取反、跳变和空操作指令的使用示例如图 18.10 所示。

18.2.4　定时器与计数器指令

1．定时器

S7-200 CPU 提供三种定时器，即：通电延时定时器（TON），断电延时定时器（TOF）和保持型通电延时定时器（TONR），有 1ms、10ms 和 100ms 三种分辨率，分辨率取决于定时器号。定时器特性如表 18.2 所示。

表 18.2　定时器特性

定时器类型	分　辨　率	定 时 范 围	定 时 器 号
TONR	1ms	32.767s	T0，T64
	10ms	327.67s	T1～T4，T65～T68
	100ms	3276.7s	T5～T31，T69～T95
TON TOF	1ms	32.767s	T32，T96
	10ms	327.67s	T33～T36，T97～T100
	100ms	3276.7s	T37～T63，T101～T255

（1）通电延时定时器指令

通电延时定时器（TON）输入端（IN）的输入电路接通时开始定时。当前值大于等于 PT（Preset Time，预置时间）端指定的设定值时（PT=1～32767），定时器位变为 ON，梯形图中对应定时器的常开触点闭合，常闭触点断开。达到设定值后，当前值仍继续计数，直到最大值 32767。

输入电路断开时，定时器被复位，当前值被清零，常开触点断开。程序运行第一个扫描周期时定时器为 OFF，当前值为 0。

定时器的设定时间等于设定值与分辨率的乘积，图 18.11（a）中的 T37 为 100ms 定时器，定时时间为 100ms×4=0.4s，图 18.11（b）为其时序图。

（2）断电延时定时器指令

断电延时定时器（TOF）用来在 IN 输入电路断开后延时一段时间，再使定时器位 OFF，它通过输入从 ON 到 OFF 的负跳变来启动定时。

接在定时器 IN 输入端的输入电路接通时，定时器位变为 ON，当前值被清零。输入电路断开后，开始定时，当前值从 0 开始增大，当前值等于设定值时，输出位变为 OFF，当前值保持不变，直到输入电路接通，如图 18.12 所示。

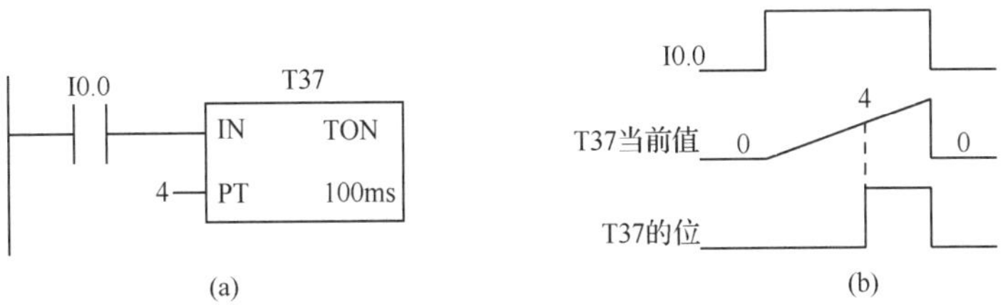

图 18.11　通电延时定时器

图 18.12　断电延时定时器

TOF 与 TON 不能共享相同的定时器号，例如，不能同时使用 TON T32 和 TOF T32；可用复位指令复位定时器，复位指令使定时器位变为 OFF，定时器当前值被清零。在第一个扫描周期，TON 和 TOF 被自动复位，定时器位为 OFF，当前值为 0。

（3）保持型通电延时定时器指令

保持型通电延时定时器（TONR）的输入电路接通时，开始定时。当前值大于等于 PT 端指定的设定值时，定时器位变为 ON。达到设定值后，当前值仍继续计数，直到最大值 32767。

输入电路断开时，当前值保持不变，可用 TONR 来累计输入电路接通的若干个时间间隔。使用复位指令清除当前值，同时使定时器位变为 OFF。图 18.13 所示的时间间隔 $t1+t2 \geq 400\text{ms}$ 时，100ms 定时器 T31 的定时器位变为 ON。在第一个扫描周期，定时器位为 OFF。

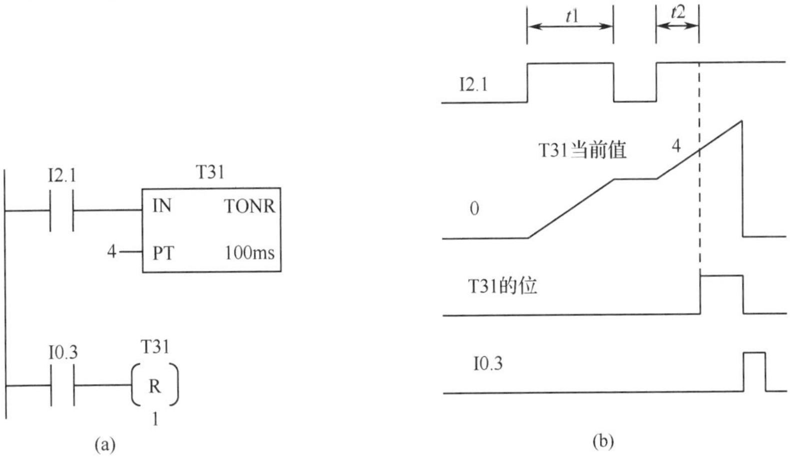

图 18.13　保持型通电延时定时器

2. 计数器

S7-200 CPU 提供加计数、减计数和加减计数指令，计数器的编号范围为 CO～C255。不同类型的计数器不能公用同一个计数器号。

（1）加计数器 CTU

当复位输入（R）电路断开时，加计数脉冲输入（CU）电路由断开变为接通（即 CU 信号的上升沿），计数器的当前值加 1，直至计数最大值 32767。当前值大于等于设定值（PV）时，该计数器位被置 1。当复位输入为 ON 时，计数器被复位，计数器位变为 OFF，当前值被清零，如图 18.14 所示。

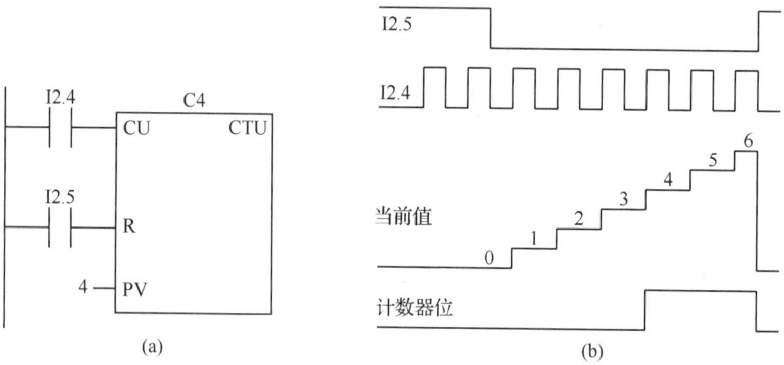

图 18.14　加计数器

（2）减计数器 CTD

在减计数脉冲输入 CD 的上升沿（从 OFF 到 ON），从设定值开始，计数器的当前值减 1；当减至 0 时，停止计数，计数器位被置 1。当装载输入（LD）为 ON 时，计数器位被复位，并把设定值装入当前值，如图 18.15 所示。

（3）加减计数器 CTUD

在加计数脉冲输入（CU）的上升沿，计数器的当前值加 1，在减计数脉冲输入（CD）的上升沿，计数器的当前值减 1；在当前值大于等于设定值（PV）时，计数器位被置位。当复位输入为 ON，或对计数器执行复位（R）指令时，计数器被复位，如图 18.16 所示。当前值为最大值 32767 时，下一个 CU 输入的上升沿使当前值变为最小值-32768。当前值为-32768 时，下一个 CD 输入的上升沿使当前值变为最大值 32767。

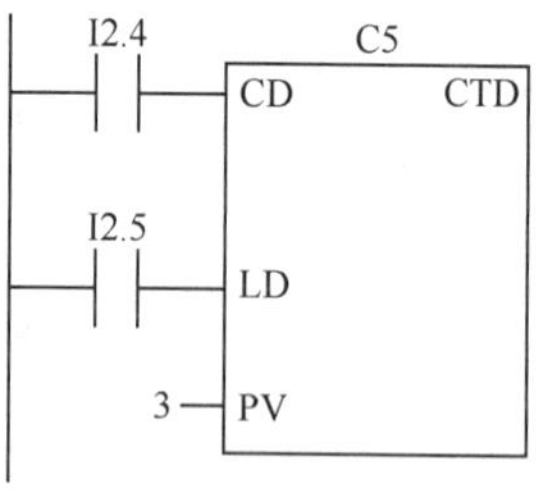

图 18.15　减计数器

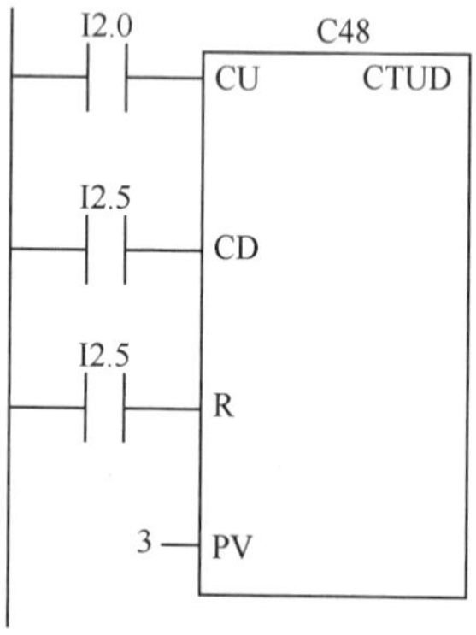

图 18.16　加减计数器

18.2.5　功能指令

1．程序控制指令

（1）循环指令

循环指令用于需要重复执行若干次同样任务的场合。FOR 指令表示循环的开始，NEXT 指令表示循环的结束，FOR 指令的逻辑条件满足时，反复执行 FOR 与 NEXT 之间的程序。在 FOR 指令中，需要设置当前循环次数计数器（INDX）、起始值（INIT）和结束值（FINAL），如图 18.17 所示。

（2）跳转与标号指令

条件满足时，跳转指令 JMP 使程序流程转到对应的标号 LBL（Label）处，标号指令用来指示跳转指令的目的位置。JMP 与 LBL 指令中的操作数 n 为常数 0～255，JMP 指令和对应的 LBL 指令必须在同一程序块中。

（3）停止指令

停止指令 STOP 使 PLC 从运行模式进入停止模式，立即终止程序的执行。

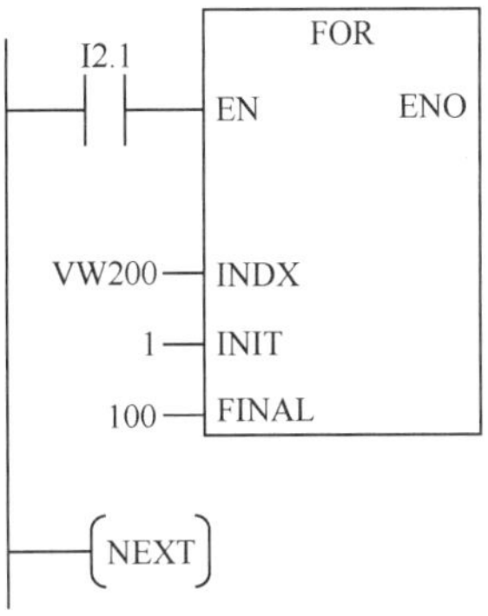

图 18.17　循环指令

（4）监控定时器复位指令

监控定时器（Watchdog）又称看门狗，它的定时时间为 300ms，每次扫描自动复位一次。正常工作时，若扫描周期小于 300ms，监控定时器不起作用。正常工作时，若扫描周期大于 300ms，则监控定时器动作，会影响程序的正常执行，为防止出现这种情况，可将监控定时器复位（WDR）指令插入到程序中适当的地方，使监控定时器复位。

2．局部变量表和子程序

使用子程序将程序分成容易管理的小块，程序结构简单清晰，易于调试和维护。对于不带参数的子程序，直接调用就可以；对于带参数的子程序，则需要在子程序的局部变量表中定义参数。局部变量的类型包括 TEMP（临时变量）、IN（输入变量）、OUT（输出变量）和 IN_OUT（输入/输出变量）。

调用带参数的子程序时，需设置调用的参数。IN（输入）是传入子程序的输入参数；OUT（输出）是子程序的执行结果，它被返回给调用它的程序组织单元；IN_OUT（输入输出）将参数的初始值传给子程序，子程序的执行结果返回给同一地址。TEMP 是局部存储变量，不能用来传递参数，它们只能在子程序中使用。

子程序可以嵌套调用，即在子程序中调用别的子程序，最大嵌套深度为 8。

3．数据处理指令

（1）SIMATIC 比较指令

比较指令用来比较两个数 IN1 与 IN2 的大小，分为字节、整数、双整数和实数的比较。在梯形图中，满足比较关系式给出的条件时，触点接通。

（2）SIMATIC 数据传送指令

数据传送指令包括：

字节、字、双字和实数的传送指令，将输入的数据（IN）传送到输出（OUT），传送过程中不改变数的大小。

字节、字、双字的块传送指令，将从输入地址（IN）开始的 N 个数据传送到输出地址（OUT）开始的 N 个单元，N=1～255，N 为字节变量。

字节交换指令交换输入字（IN）的高字节与低字节。

字节立即读指令读取 IN 输入端给出的 1 个字节的物理输入点（IB），并将结果写入 OUT 端。字节立即写指令将输入（IN）给出的 1 字节数值写入 OUT 端给出的物理输出点（QB）。

（3）移位与循环移位指令

字节、字、双字右移位和左移位指令将输入的无符号数中的各位向右或向左移动 N 位后，送给输出端。移位指令对移出位补 0。

字节、字、双字循环右移位和循环左移位指令将输入端的数值向右或向左循环移动 N 位，并将结果装入输出端。

移位寄存器指令将 DATA 端输入的数值移入移位寄存器。

（4）数据转换指令

数据转换指令包括：BCD 码与整数的转换，双整数转换为实数，四舍五入取整指令，截位取整指令，整数与双整数互相转换指令，字节与整数的转换指令，译码指令，编码指令，段译码指令，ASCII 码与十六进制数的转换指令，整数转换为 ASCII 码，双整数转换为 ASCII 码，实数转换为 ASCII 码等。

（5）表功能指令

填表指令向表中增加一个字（DATA）。

查表指令从指针 INDX 所指的地址开始查表 TBL，搜索与数据 PTN 的关系满足 CMD 定义的条件的数据。

先入先出指令从表中移走最先放进的第一个数据（数据 0），并将它送到 DATA 指定的地址，表中剩下的各项依次向上移动一个位置。

后入先出指令从表中移走最后放进的数据，并将它送入 DATA 指定的位置，剩下的各项依次向上移动一个位置。

存储器填充指令用输入值（IN）填充从输出 OUT 开始的 N 个字，字节型整数 N=1～255。

（6）读/写实时时钟指令

读实时时钟指令 TODR 从实时时钟读取当前时间和日期，并把它们装入以 T 为起始地址的 8 字节缓冲区，依次存放年、月、日、时、分、秒、0 和星期，时间和日期的数据类型为字节型。

写实时时钟指令 TODW 通过起始地址为 T 的 8 字节缓冲区，将设置的时间和日期写入实时时钟。

注意：不要在主程序和中断程序中同时使用 TODR 或 TODW 指令。

4. 数学运算指令

（1）SIMATIC 整数数学运算指令

整数加法和减法指令将两个 16 位整数相加或相减，结果为 16 位整数。

双整数加法和减法指令将两个 32 位整数相加或相减，结果为 32 位整数。

整数乘法指令将两个 16 位整数相乘，产生一个 16 位乘积。

整数除法指令将两个 16 位整数相除，产生一个 16 位的商，不保留余数。

双整数乘法指令将两个 32 位整数相乘，产生一个 32 位乘积。

双整数除法指令将两个 32 位整数相除，产生一个 32 位的商，不保留余数。

整数乘法产生双整数指令将两个 16 位整数相乘，产生一个 32 位乘积。

整数除法产生双整数指令两个 16 位整数相除，产生一个 32 位结果，高 16 位为余数，低 16 位为商。

加 1 与减 1 指令将输入的字节，字和双字加 1 或减 1。

（2）SIMATIC 浮点数数学运算指令

实数加减法指令将两个 32 位实数相加或相减，产生 32 位实数结果。

实数乘法指令将两个 32 位实数相乘，产生一个 32 位实数积。

实数除法指令将两个 32 位实数相除，并产生一个 32 位的实数商。

平方根指令将 32 位实数开平方，得到 32 位实数结果。

三角函数指令包括正弦指令，余弦指令，正切指令等。

自然对数指令将输入中的值取自然对数，结果存入 OUT 中。

自然指数指令 E 将输入的值取以 e 为底的指数，结果存入 OUT 中。该指令与自然对数指令配合，可实现以任意实数为底、任意实数为指数（包括分数指数）的运算。

（3）SIMATIC 逻辑运算指令

取反指令求取输入字节、字或双字的反码，并将结果装入输出端。

字节逻辑运算指令分别求取两个输入字节、字或双字对应位相与、或、非的结果，并送至输出端。

5．中断指令

中断处理提供对特殊内部事件或外部事件的快速响应。设计中断程序时应遵循“越短越好”的原则，执行完某项特定任务后立即返回主程序。

全局中断允许指令全局性地允许所有被连接的中断事件，而禁止中断指令全局性地禁止处理所有中断事件，允许中断排队等候，但不允许执行中断程序，直到用全局中断允许指令重新允许中断。

中断连接指令用来建立中断事件和处理此事件的中断程序之间的联系。中断事件由中断事件号指定，中断程序由中断程序号指定。中断分离指令用来断开中断事件与中断程序之间的联系，从而禁止单个中断事件。

在启动中断程序之前，应在中断事件和该事件发生时希望执行的中断程序之间，用中断连接指令建立联系，使用中断连接指令后，该中断程序在事件发生时被自动启动。

多个中断事件可以调用同一个中断程序，但一个中断事件不能调用多个中断程序。

中断按以下固定的优先级顺序执行：通信（最高优先级）、I/O 中断和定时中断（最低优先级）。CPU 按照先来先服务的原则处理中断，任何时刻只能执行一个用户中断程序。一旦一个中断程序开始执行，它就要一直执行到完成，即使另一程序的优先级较高，也不能中断正在执行的中断程序；正在处理其他中断时发生的中断事件要排队等待处理。

6．高速计数器与高速脉冲输出

（1）高速计数器

PLC 的普通计数器的计数过程与扫描工作方式有关，其工作频率仅有几十赫兹。高速计数器可以对更高频率的事件进行计数，CPU221 和 CPU222 有 4 个高速计数器，其余 CPU 有 6 个高速计数器，最高计数频率为 30kHz，可设置多达 12 种不同的操作模式。

高速计数器有一组预置值，开始运行时装入第一个预置值，当前计数值小于当前预置值时，设置的输出有效。当前计数值等于预置值或有外部复位信号时，产生中断。发生当前计数值等于预置值的中断时，装载入新的预置值，并设置下一阶段的输出。有复位中断事件发生时，设置第一个预置值和第一个输出状态，循环又重新开始。

因为中断事件产生的速率远远低于高速计数器计数脉冲的速率，所以用高速计数器可实现高速运动的精确控制，并且与 PLC 的扫描周期的关系不大。

（2）高速脉冲输出

每个 CPU 有两个 PTO/PWM（脉冲列/脉冲宽度调制器）发生器，分别通过数字量输出点 QO.0 或 QO.1 输出高速脉冲列和脉冲宽度可调的波形。脉冲输出指令（PLS）检查为脉冲输出（Q0.0 或 Q0.1）设置的特殊存储器位（SM），然后启动由特殊存储器位定义的脉冲操作。

脉宽调制（PWM）功能提供可变占空比的脉冲输出。

脉冲串操作（PTO）功能生成指定脉冲数目的方波（占空比为 50%）脉冲列。

【思考与练习】

18-2-1　S7-200 CPU 提供哪些编程语言，它们之间可以互相转换吗？

18-2-2　说明 S7-200 CPU 输入/输出地址是如何分配的。

18-2-3　S7-200 CPU 定时器有哪几种类型，它们的区别是什么？

18-2-4　参照图 18.16 分析加减计数器的工作过程并画出时序图。

18-2-5　如果要将一个整数与一个实数进行大小比较，该如何处理？

18.3　PLC 基本编程

18.3.1　PLC 基本编程原则

掌握了 PLC 的编程指令后，就可以根据控制要求编写简单的程序。

1．继电器触点的使用

输入继电器、输出继电器、内部辅助继电器、定时器、计数器等的触点可以无限制重复使用。

2．梯形图的母线

梯形图的每行都是从左边母线开始，继电器线圈或功能块接在最右边。S7-200 编程软件中右边的母线未画出。

3．指令的输入与输出

必须有“能流”输入才能执行的功能块或线圈指令称为条件输入指令，它们不能直接连接到左侧母线上。如果需要无条件执行这些指令，则可以在左侧母线上先连接 SM0.0 常开触点。

有的线圈或功能块的执行与“能流”无关，如标号指令 LBL 和顺序控制指令 SCR 等，称为无条件输入指令，可以直接连接在左侧母线上。

不能级联的指令块没有 ENO 输出端，JMP、CRET、LBL、NEXT、SCR 和 SCRE 等属于这类指令。

4．程序的结束

S7-200 编程软件在程序结束时默认有 END、RET、RETI 等指令，不必输入。

5．编制梯形图的顺序

编制梯形图时，应尽量做到“上重下轻、左重右轻”以符合“从左到右、自上而下”的执行程序的顺序，并易于编写语句表。

6．尽量避免双线圈输出

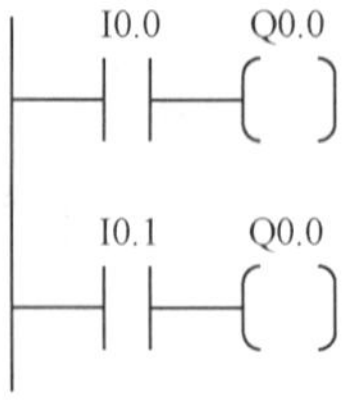

图 18.18　双线圈例子

使用线圈输出指令时，同一编号的继电器线圈在同一程序中使用两次以上，称为双线圈输出。双线圈输出容易引起误动作或逻辑混乱，因此一定要慎重。

如图 18.18 所示，设 I0.0 为 ON，I0.1 为 OFF。由于 PLC 是按扫描方式执行程序的，因此执行第一行时 Q0.0 对应的输出映像寄存器为 ON，而执行第二行时 Q0.0 对应的输出映像寄存器为 OFF。本次扫描执行程序的结果是，Q0.0 的输出状态是 OFF。显然 Q0.0 前面的输出状态无效，最后一次输出才是有效的。

18.3.2　梯形图编程典型电路

可编程序控制器的产生和发展与继电接触器控制系统密切相关，可以采用继电接触器电路图的设计思路来进行 PLC 程序的设计，即在一些典型梯形图程序的基础上，结合实际控制要求和 PLC 的工作原理不断修改和完善，这种方法称为经验设计法。

以下为经验设计法中常用的典型梯形图电路。

1．启保停电路

图 18.19 中，按下 I0.0，其常开触点接通，此时没有按下 I0.1，其常闭触点是接通的，Q0.0 线圈通电，同时 Q0.0 对应的常开触点接通；如果放开 I0.0，“能流”经 Q0.0 常开触点和 I0.1 流过 Q0.0，

Q0.0 仍然接通，这就是“自锁”或“自保持”功能。按下 I0.1，其常闭触点断开，Q0.0 线圈“断电”，其常开触点断开，此后即使放开 I0.1，Q0.0 也不会通电，这就是“停止”功能。

可以看出，这种电路具备启动（I0.0）、保持（Q0.0）和停止（I0.1）的功能，这也是其名称的由来。在实际的电路中，启动信号和停止信号可能由多个触点或者比较等指令的相应位触点串并联构成。

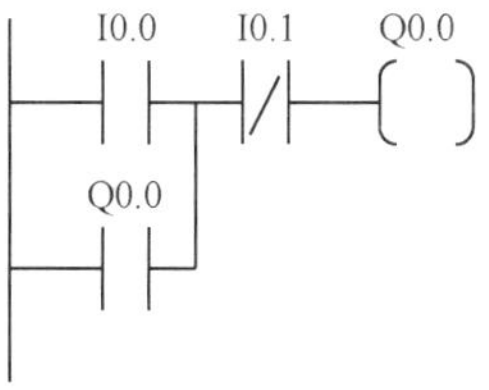

图 18.19　启保停电路

2. 延时接通/断开电路

图 18.20 为表示 I0.0 控制 Q0.1 的梯形图电路，当 I0.0 常开触点接通后，T37 开始定时，10S 后 T37 的常开触点接通，Q0.1 输出接通，因为此时 I0.0 常闭触点断开，所以 T38 未开始定时。

启保停电路

当断开 I0.0，T38 开始定时，5s 后 T38 常闭触点断开，Q0.1 断开，T38 被复位。时序图如图 18.20（b）所示。

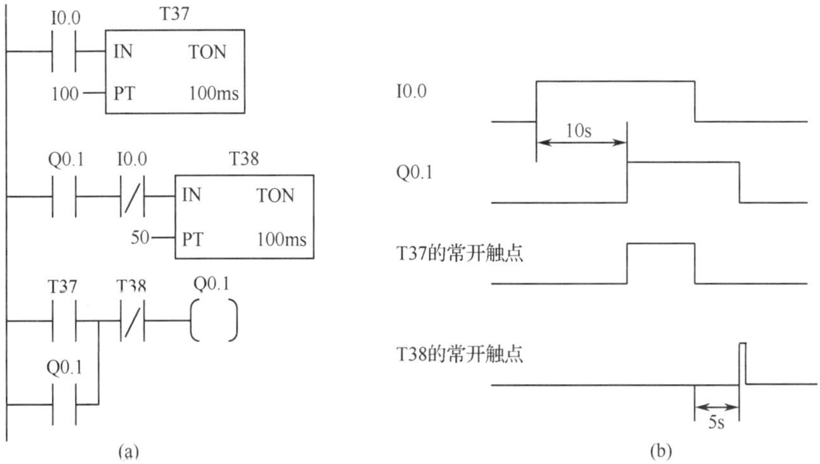

图 18.20　延时接通/断开电路

延时控制

3. “长时间”定时电路

由表 18.2 可知，S7-200 定时器的最大定时时间为 3267.7s，如果需要定时更长时间，可以采用图 18.21 所示电路。

I0.2 断开时，T37 和 C4 都处于复位状态，不能工作。I0.2 接通，其常开触点接通，T37 开始定时，600s 后 T37 定时时间到，其常闭触点断开，使自己复位，T37 的当前值变为 0，同时其常闭触点接通，T37 重新定时，如何反复，直到 I0.2 断开。

可见，T37 产生脉冲信号，该脉冲送到 C4 计数，到达计数值 60 时，C4 常开触点闭合，Q0.6 接通，这样总的定时时间为 3600s。

4. 闪烁电路

图 18.22 中 I0.0 接通，其常开触点接通，T37 开始定时，2s 后定时时间到，T37 常开触点接通，Q0.0 接通，同时 T38 开始定时，3s 后 T38 定时时间到，其常闭触点断开，使 T37 停止定时，其常开触点断开，Q0.0 就断开，同时使 T38 断开，其常闭触点接通，T37 又开始定时。如此周而复始，Q0.0 将周期性地“接通”和“断开”，直到 I0.0 断开，Q0.0 线圈“接通”和“断开”的时间分别等于 T38 和 T37 的定时时间。

闪烁电路也可以看作振荡电路，在实际 PLC 程序具有广泛的应用。

闪烁电路

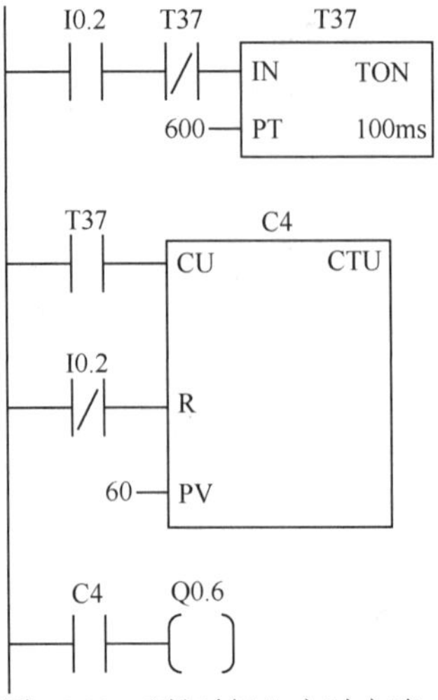

图 18.21 “长时间”定时电路

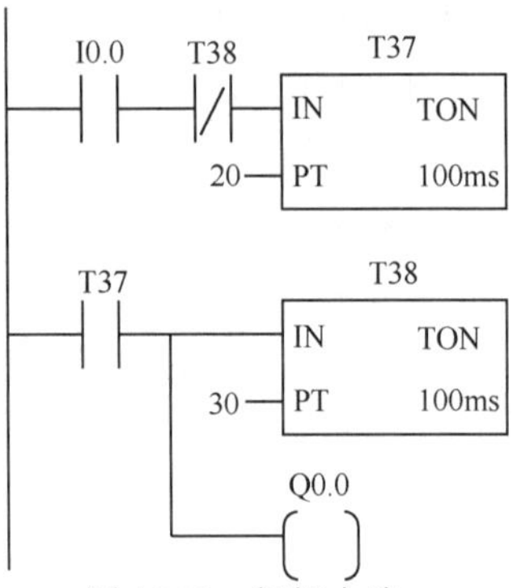

图 18.22 闪烁电路

使用经验设计法，在上面几种典型电路的基础上进行综合应用编程，但是它没有固定的方法和步骤可以遵循，具有很大的试探性和随意性，最后的结果也不是唯一的，设计程序的质量与设计者的经验有密切的关系，通常需要反复调试和修改才能得到一个较为满意的结果；同时程序的分析和阅读非常困难，修改局部程序时，容易对程序的其他部分产生意想不到的影响，因此用经验法设计出的梯形图维护和改进比较麻烦。对于典型的顺序控制工作过程，可以采用顺序控制设计法进行梯形图程序的设计，参见参考文献。

【思考与练习】

18-3-1 为什么一般不允许双线圈输出？

18-3-2 试设计一个定时 18000s 的定时电路。

18-3-3 试设计一个通断时间可调整的闪烁电路。

18.4 PLC 应用举例

18.4.1 PLC 应用系统设计步骤

在掌握了 PLC 的基本工作原理、编程指令和编程方法的基础上，可结合实际问题进行 PLC 应用控制系统的设计。图 18.23 是 PLC 应用控制系统设计的流程图。

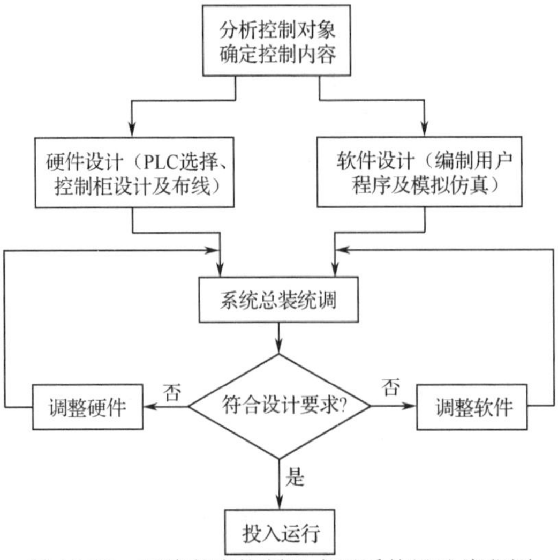

图 18.23 可编程序控制器应用系统设计流程图

1．分析控制对象，确定控制内容

（1）深入了解和详细分析被控对象（生产设备和生产过程）的工作原理及工艺流程，画出详细的工作流程图。

（2）列出该控制系统应具备的全部功能和控制范围。

（3）制定控制方案并保证系统简单、经济、安全、可靠。

2．硬件设计

硬件设计包括 PLC 的选择、系统控制柜的设计及布线等内容。PLC 的型号选择的基本原则就是在满足控制功能要求的前提下，保证系统可靠、安全、经济及使用维护方便。一般需要考虑 I/O 点数、用户程序存储器的存储容量、响应速度、输入输出方式及负载能力等几方面的问题。

另外，需要确定各种输入设备及被控对象与 PLC 的连接方式，由什么元器件完成输入信号的输入，输出信号去驱动什么执行元件，还涉及外围辅助电路及操作控制面板，画出输入/输出端子接线图，并实施具体安装和连接。

3．软件设计

软件设计根据 PLC 扫描工作方式的特点，按照被控系统的控制流程及各步动作的逻辑关系，合理划分程序模块，画出梯形图。采用前面介绍的程序设计方法对整个系统进行软件程序的编制，画出相关的程序结构图，做好程序的注释等内容，便于程序的调试和维护。

4．系统调试

编好的用户程序要进行模拟调试（可在输入端接开关来模拟输入信号、输出端接指示灯来模拟被控对象的动作），经不断修改，达到动作准确无误后，方可接到系统中，进行系统总装统调，直到完全达到设计指标要求。

18.4.2　三层电梯 PLC 控制设计

下面以三层电梯的控制为例来说明 PLC 控制系统的设计，为便于说明问题，该例子进行了一定简化，具体工作过程如下。图 18.24 中，SW 为模式选择开关；SQ1～SQ3 为 1～3 层到位信号，SQ4 和 SQ5 是为避免轿厢蹲底或冲顶的超极限限位开关；SB1～SB3 为层呼叫按钮，SB4 和 SB5 是检修模式下的点动上升和下降按钮；HL1～HL3 为各层呼叫指示灯，HL0 为故障报警指示灯，HL4 和 HL5 为电梯上下指示灯。

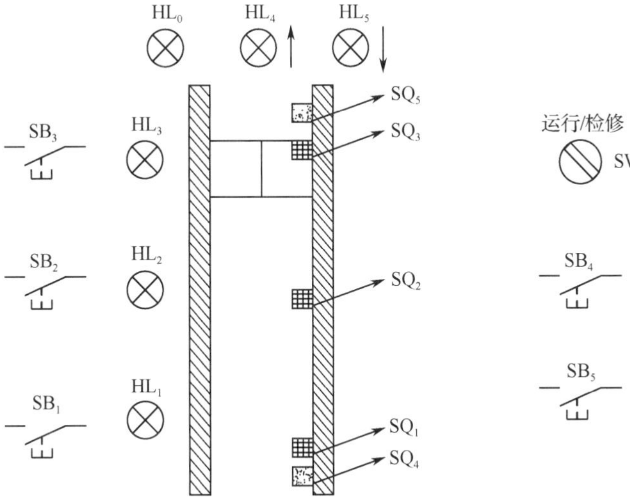

图 18.24　三层电梯工作示意图

当选择开关 SW 置于检修挡位时，电梯工作于检修模式，此时，按下上升按钮 SB4，电梯上行，碰到 SQ5 后，即使按下 SB4 也不上升；同样，按下下降按钮 SB5，电梯下行，碰到 SQ4，则即使按下 SB5 也不下降。电梯只有停留在某一层时（即某一个层到位信号为 1），选择开关切换到运行模式才有效，否则报警。

当选择开关 SW 置于运行挡位时，电梯正常运行，见表 18.3。

表 18.3　三层电梯运行过程

输　入		输　出	
原停层	呼叫层	运行方向	运行过程
1	1	停	呼叫无效
2	2	停	呼叫无效
3	3	停	呼叫无效
1	2	上升	上升到 2 层停
2	3	上升	上升到 3 层停
3	2	下降	下降到 2 层停
2	1	下降	下降到 1 层停
1	3	上升	上升到 3 层停（经过 2 层时不停）
3	1	下降	下降到 1 层停（经过 2 层时不停）
1	2、3	上升	先上升到 2 层暂停 5s 后，再升到 3 层停
3	2、1	下降	先下降到 2 层暂停 5s 后，再降到 1 层停
2	3 先 1 后	上升	不响应 2 层呼叫，而是上升到 3 层停
2	1 先 3 后	下降	不响应 3 层呼叫，而是下降到 1 层停
任意	任意	任意	各层间运行时间必须小于 10s，否则自动停车并报警
任意	任意	任意	运行时碰到超极限限位开关，停车并报警

经过统计，系统共有开关量输入点 11 个，输出点 8 个，选用西门子 S7-200 CPU 224XP 即可满足需要，其 I/O 分配表见表 18.4。

表 18.4　三层电梯 I/O 分配表

输　入		输　出	
元器件名称	地　址	元器件名称	地　址
选择开关 SW	I0.0	故障报警指示灯 HL_0	Q0.0
一层呼叫按钮 SB_1	I0.1	一层呼叫指示灯 HL_1	Q0.1
二层呼叫按钮 SB_2	I0.2	二层呼叫指示灯 HL_2	Q0.2
三层呼叫按钮 SB_3	I0.3	三层呼叫指示灯 HL_3	Q0.3
检修模式上升按钮 SB_4	I0.4	电梯上行指示 HL_4	Q0.4
检修模式下降按钮 SB_5	I0.5	电梯下行指示 HL_5	Q0.5
一层限位开关 SQ_1	I1.1	电梯上升 KM_1	Q0.6
二层限位开关 SQ_2	I1.2	电梯下降 KM_2	Q0.7
三层限位开关 SQ_3	I1.3		
轿厢蹲底超极限限位开关 SQ_4	I0.6		
轿厢冲顶超极限限位开关 SQ_5	I0.7		

编写的梯形图程序如图 18.25 所示。

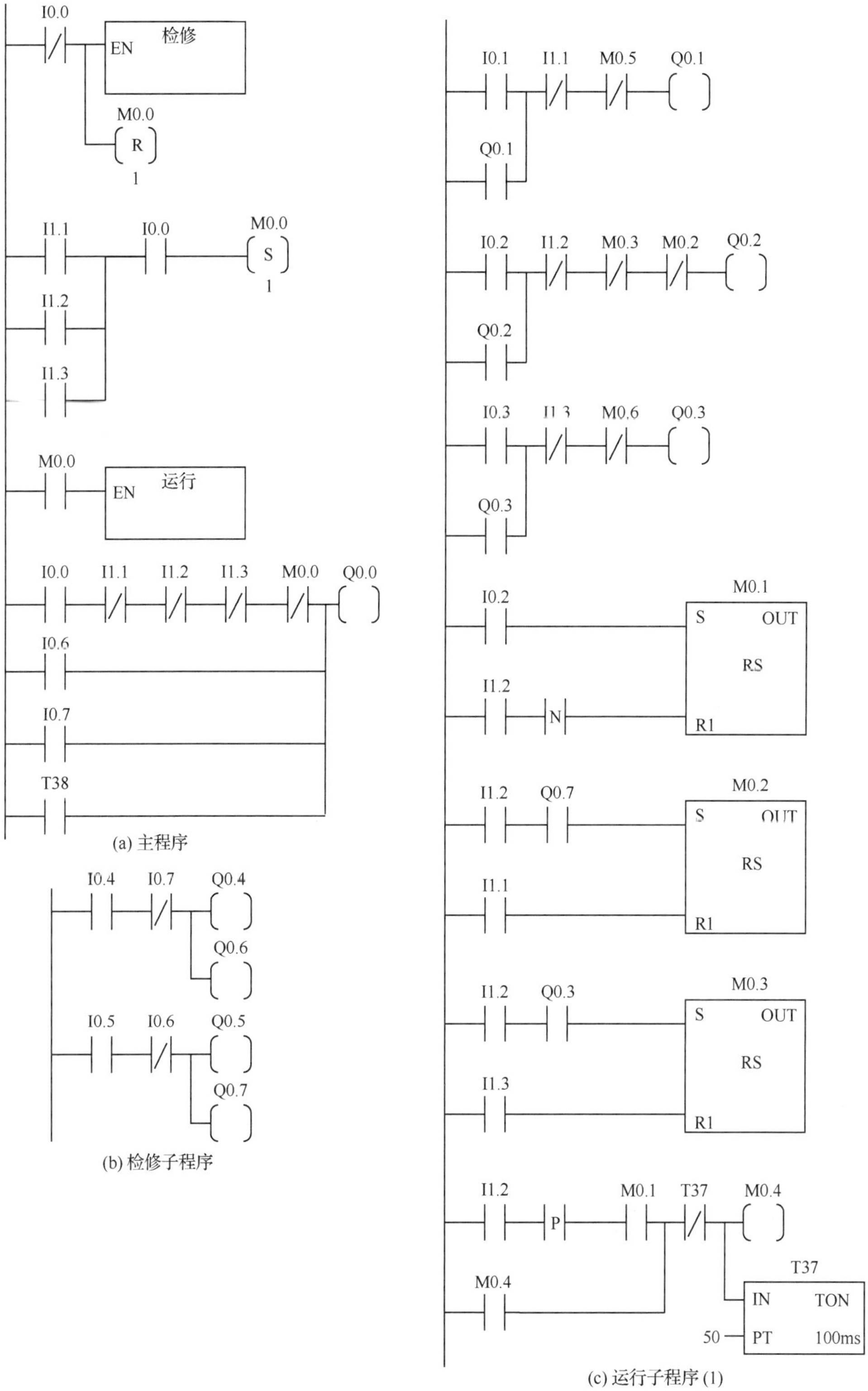

(a) 主程序

(b) 检修子程序

(c) 运行子程序 (1)

图 18.25　三层电梯梯形图程序

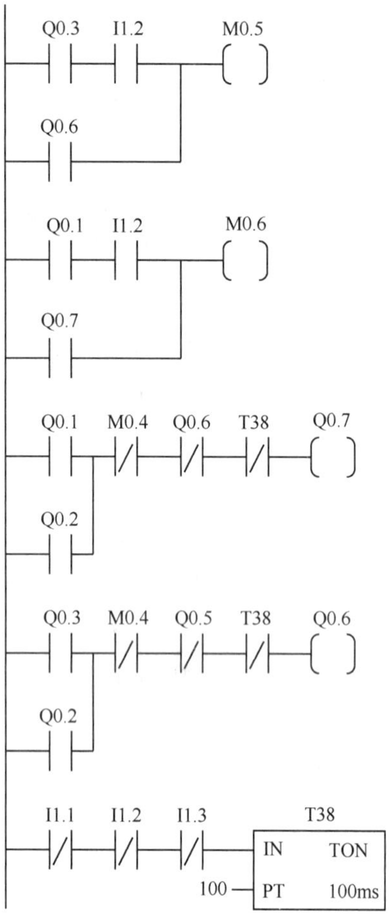

(d) 运行子程序 (2)

图 18.25　三层电梯梯形图程序（续）

本章要点

一、PLC 的基本结构与工作原理

1．PLC 的基本结构：CPU，存储器，输入/输出电路，编程装置，电源和外围接口。

2．PLC 的工作原理：循环扫描工作方式。

3．PLC 的性能指标：I/O 点数，用户程序存储容量，扫描速度，指令系统条数，内存分配及编程元件的种类和数量。

二、PLC 程序设计基础

1．PLC 编程语言与程序结构

S7-200 CPU 提供三种编程语言：梯形图、功能块图和语句表。

S7-200 CPU 的控制程序由主程序、子程序和中断程序三部分组成。

2．存储器的数据类型与寻址方式

数据在存储器中以位、字节、字和双字方式进行存取，例如：I3.2，VB100，VW200，VD200 等。

不同存储区的寻址：I，Q，V，M，SM，L，T，C，S，AI，AQ，AC，HC 等。

3．位逻辑指令

（1）触点指令：标准触点（常开，常闭触点），立即触点（立即输入，立即输出）。

（2）输出指令：输出，立即输出，置位与复位，立即置位与立即复位。

（3）其他指令：取反，跳变触点，空操作指令。

4．定时器与计数器

（1）定时器

S7-200 提供三种定时器指令，分别是：通电延时定时器指令、断电延时定时器指令和保持型通电延时定时器，定时器有 1ms、10ms 和 100ms 三种分辨率，分辨率取决于定时器号。注意各种定时器的工作时序。

（2）计数器

S7-200 提供加计数、减计数和加减计数指令，计数器的编号范围为 C0～C255。不同类型的计数器不能公用同一计数器号。

5．PLC 的功能指令：程序控制指令，局部变量表和子程序，数据处理指令，数学运算指令，中断指令，中断指令。

三、梯形图编程

1．基本编程原则：按照“从左到右、自上而下”“上重下轻、左重右轻”执行程序的顺序编制梯形图。梯形图的每行都是从左边母线开始。

输入继电器、输出继电器、内部辅助继电器、定时器、计数器等的触点可以无限制重复使用。继电器线圈或功能块接在最右边，条件输入指令不能直接连接到左侧母线上，无条件输入指令可以直接连接在左侧母线上。不能级联的指令块没有 ENO 输出端，程序结束时默认有 END、RET、RETI 等指令，不必输入。

2．掌握 PLC 典型电路的编程

（1）启保停电路

（2）延时接通/断开电路

（3）“长时间”定时电路

（4）闪烁电路。

关键术语

可编程序控制器：programmable logic controller PLC），programmable controller（PC）

中央处理器：center processing unit（CPU）

顺序功能图：sequential function chart（SFC）

梯形图：ladder diagram（LAD）

功能块图：function block diagram（FBD）

指令表：instruction list

结构文本：structured text

语句表：Statement List（STL）

监控定时器：watchdog

定时器：timer

计数器：counter

立即触点：immediate contact

置位：set

复位：reset

正跳变：positive transition

负跳变：negative transition

习题 18

18-1　画出图 18.26 所示各梯形图中的输出时序图。

18-2　分析图 18.27 所示时序的差别。

18-3　某零件加工过程分三道工序，共需 20s，其时序要求如图 18.28 所示。控制开关用于控制加工过程的启动、运行和停止。每次启动皆从第 1 道工序开始。试编写实现上述控制要求的梯形图。

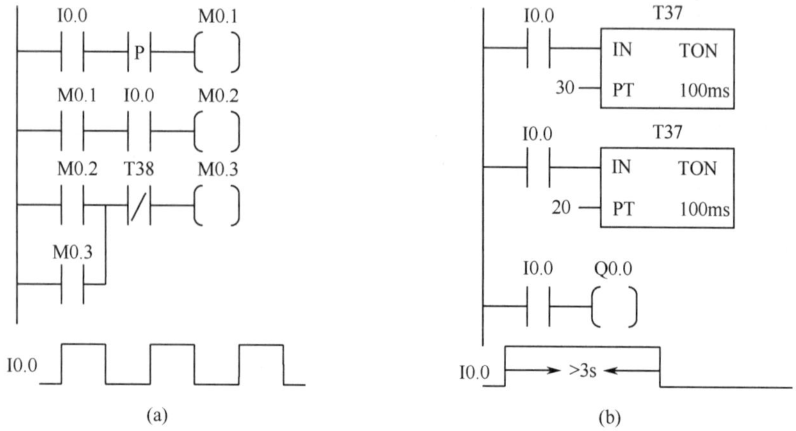

图 18.26　习题 18-1 的图

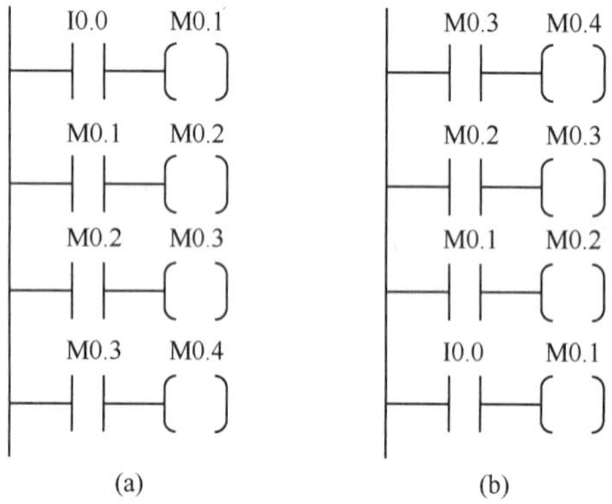

图 18.27　习题 18-2 的图

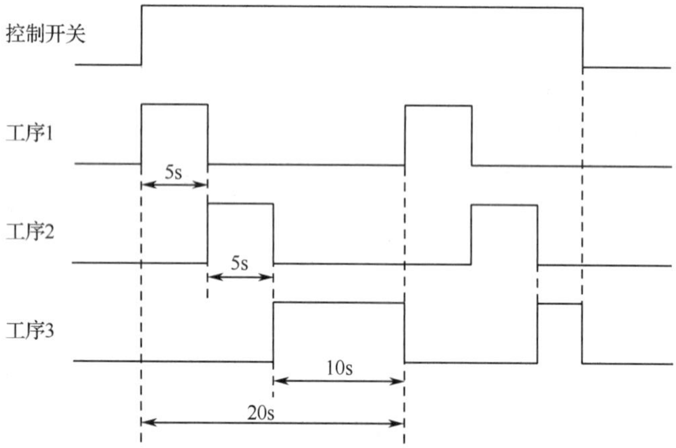

图 18.28　习题 18-3 的图

18-4　当 I0.0 接通 10 秒后 Q0.0 接通并保持，定时器立即复位；I0.1 接通 10 秒后自动断开。编写梯形图。

18-5　编写一个程序，对电动机 M1 和 M2 实现下面的控制：

启动时，M1 和 M2 同时开始运行，经 1500 秒后，M1 停止、M2 继续运行；停止时，M1 和 M2 必须同时停止运行。根据上述要求，制作 PLC 的 I/O 分配表，画出梯形图程序。

18-6　有 8 个彩灯排成一行，自左向右依次每秒有一个灯点亮（只有一个灯点亮），循环三次后，全部灯同时点亮，3 秒后全部灯熄灭。如此不断重复，试用 PLC 实现上述控制要求。

附录 A　电阻器和电容器的命名方法及性能参数

表 A.1　电阻器的命名方法

<table>
<tr><th colspan="2">第一部分　主称</th><th colspan="2">第二部分　材料</th><th colspan="2">第三部分　特征</th><th>第 四 部分</th></tr>
<tr><th>符　号</th><th>意　义</th><th>符　号</th><th>意　义</th><th>符　号</th><th>意　义</th><th>序　号</th></tr>
<tr><td rowspan="16">R</td><td rowspan="16">电阻器</td><td>T</td><td>碳膜</td><td rowspan="10"></td><td rowspan="10"></td><td rowspan="16">用数字 1，2，3…表示
说明：对主称、材料、特征相同，仅尺寸、性能指标略有差别，但基本上不影响互换的产品，标同一序号</td></tr>
<tr><td>P</td><td>硼碳膜</td></tr>
<tr><td>U</td><td>硅碳膜</td></tr>
<tr><td>H</td><td>合成膜</td></tr>
<tr><td>J</td><td>金属膜</td></tr>
<tr><td>Y</td><td>氧化膜</td></tr>
<tr><td>X</td><td>线绕</td></tr>
<tr><td>S</td><td>实心</td></tr>
<tr><td>M</td><td>压敏</td></tr>
<tr><td>G</td><td>光敏</td></tr>
<tr><td rowspan="6">R</td><td rowspan="6">热敏</td><td>B</td><td>温度补偿用</td></tr>
<tr><td>C</td><td>温度测量用</td></tr>
<tr><td>G</td><td>功率测量用</td></tr>
<tr><td>P</td><td>旁热式</td></tr>
<tr><td>W</td><td>稳压用</td></tr>
<tr><td>Z</td><td>正温度系数</td></tr>
</table>

表 A.2　电阻器的功率等级

名　称	额定功率/W
实心电阻器	0.25　0.5　1　2　5
线绕电阻器	0.5　1　2　6　10　15 25　35　50　75　100　150
薄膜电阻器	0.025　0.05　0.125　0.25　0.5　1 2　5　10　25　50　100

表 A.3　电阻器的标称值系列

标称值系列	精　度	标　称　值
E24	+5%	1.0　1.1　1.2　1.3　1.5　1.6　1.8　2.0　2.2　2.4　2.7　3.0 3.3　3.6　3.9　4.3　4.7　5.1　5.6　6.2　6.8　7.5　8.2　9.1
E12	+10%	1.0　1.2　1.5　1.8　2.2　2.7　3.3　3.9　4.7　5.6　6.8　8.2
E6	+20%	1.0　1.5　2.2　3.3　4.7　6.8

注：表中数值再乘以 10^n，其中 n 为正整数或负整数。

表 A.4　色标的基本色码及意义

色　别	左第一环	左第二环	左第三环	右第二环	右第一环
	第一位数	第二位数	第三位数	应乘倍率	精度
棕	1	1	1	10^{1}	F+1%
红	2	2	2	10^{2}	G+2%
橙	3	3	3	10^{3}	
黄	4	4	4	10^{4}	
绿	5	5	5	10^{5}	D+0.5%
蓝	6	6	6	10^{6}	C+0.2%
紫	7	7	7	10^{7}	B+0.1%
灰	8	8	8	10^{8}	
白	9	9	9	10^{9}	
黑	0	0	0	10^{0}	
金				10^{-1}	J+5%
银				10^{-2}	K+10%

色标电阻（色环电阻）可分三环、四环、五环三种标法，含义如下：

表 A.5　电容器的命名方法

第一部分　主称		第二部分　材料		第三部分　特征		第 四 部 分
符　号	意　义	符　号	意　义	符　号	意　义	序　号
		C	瓷介	T W	铁电 微调	
		Y	云母	W	微调	
		I	玻璃釉			
		O	玻璃（膜）	W	微调	
		B	聚苯乙烯	J	金属化	
		F	聚四氟乙烯			用数字 1，2，3，…表示 说明： 对主称、材料、特征相同，仅尺寸、性能指标略有差别，但基本上不影响互换的产品，标同一序号
		L	涤纶	M	密封	
C	电容器	S	聚碳酸酯	X	小型、微调	
		Q	漆膜	G	管形	
		Z	纸质	T	筒形	
		H	混合介质	L	立式矩形	
		D	（铝）电解	W	卧式矩形	
		A	钽	Y	圆形	
		N	铌			
		T	钛			
		M	压敏			

表 A.6 固定式电容器的标称容量系列

系 列	精 度	标 称 值
E24	+5%	1.0 1.1 1.2 1.3 1.5 1.6 1.8 2.0 2.2 2.4 2.7 3.0 3.3 3.6 3.9 4.3 4.7 5.1 5.6 6.2 6.8 7.5 8.2 9.1
E12	+10%	1.0 1.2 1.5 1.8 2.2 2.7 3.3 3.9 4.7 5.6 6.8 8.2
E6	+20%	1.0 1.5 2.2 3.3 4.7 6.8

注：表中数值再乘以 10^n，其中 n 为正整数或负整数。

表 A.7 电容器工作电压系列

单位：V

1.6	4	6.3	10	16	25	32	40
50	63	100	125	160	250	300	400
450	500	630	1000	1600	2000	2500	3000
4000	5000	6300	8000	10000	15000	20000	25000
30000	35000	40000	45000	50000	60000	80000	100000

附录 B　半导体分立器件命名方法及性能参数

表 B.1　半导体分立器件型号命名方法

（国家标准 GB249—89）

<table>
<tr><th colspan="2">第一部分</th><th colspan="2">第二部分</th><th colspan="2">第三部分</th><th>第四部分</th><th>第五部分</th></tr>
<tr><td colspan="2">用阿拉伯数字表示器件的电极数目</td><td colspan="2">用汉语拼音字母表示器件的材料和极性</td><td colspan="2">用汉语拼音字母表示器件的类型</td><td rowspan="2">用阿拉伯数字表示序号</td><td rowspan="2">用汉语拼音字母表示规格号</td></tr>
<tr><td>符　号</td><td>意　义</td><td>符　号</td><td>意　义</td><td>符　号</td><td>意　义</td></tr>
<tr><td rowspan="4">2</td><td rowspan="4">二极管</td><td>A</td><td>N 型，锗材料</td><td>P</td><td>小信号管</td><td></td><td></td></tr>
<tr><td>B</td><td>P 型，锗材料</td><td>V</td><td>混频检波管</td><td></td><td></td></tr>
<tr><td>C</td><td>N 型，硅材料</td><td>W</td><td>电压调整管和电压基准管</td><td></td><td></td></tr>
<tr><td>D</td><td>P 型，硅材料</td><td>C</td><td>变容管</td><td></td><td></td></tr>
<tr><td rowspan="5">3</td><td rowspan="5">三极管</td><td>A</td><td>PNP 型，锗材料</td><td>Z</td><td>整流管</td><td></td><td></td></tr>
<tr><td>B</td><td>NPN 型，锗材料</td><td>L</td><td>整流堆</td><td></td><td></td></tr>
<tr><td>C</td><td>PNP 型，硅材料</td><td>S</td><td>隧道管</td><td></td><td></td></tr>
<tr><td>D</td><td>NPN 型，硅材料</td><td>K</td><td>开关管</td><td></td><td></td></tr>
<tr><td>E</td><td>化合物材料</td><td>U</td><td>光电管</td><td></td><td></td></tr>
<tr><td colspan="4" rowspan="5">示例：
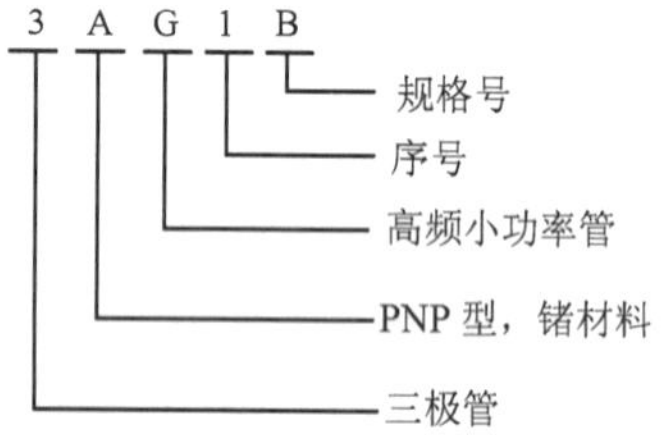
</td><td>X</td><td>低频小功率管（截止频率<3MHz，耗散功率<1W）</td><td></td><td></td></tr>
<tr><td>G</td><td>高频小功率管（截止频率≥3MHz，耗散功率<1W）</td><td></td><td></td></tr>
<tr><td>D</td><td>低频小功率管（截止频率<3MHz，耗散功率<1W）</td><td></td><td></td></tr>
<tr><td>A</td><td>低频大功率管（截止频率<3MHz，耗散功率≥1W）</td><td></td><td></td></tr>
<tr><td>T</td><td>高频大功率管（截止频率≥3MHz，耗散功率≥1W）</td><td></td><td></td></tr>
</table>

表 B.2　部分二极管型号和参数

型　号	参数名称			
	最大整流电流 I_{OM}/mA	最大正向电流 I_{FM}/mA	最高反向工作电压 U_{RM}/V	最大反向电流 I_{RM}/μA
2AP1	1116		20	
2AP7	12		100	
2AP	25		10	

续表

型号	参数名称			
	最大整流电流 I_{OM}/mA	最大正向电流 I_{FM}/mA	最高反向工作电压 U_{RM}/V	最大反向电流 I_{RM}/μA
2CP1	500		100	
2CP10	100		25	
2CP20	100		600	
2CZ11A	1000		100	
2CZ11B	1000		200	
2CZ11C	1000		300	
2CZ12A	3000		50	
2CZ12B	3000		100	
2CZ12G	3000		600	
2AK1		150	10	
2AK5		200	40	
2AK14		250	50	

表 B.3 部分稳压管型号和参数

型号	参数名称				
	稳定电压 U_Z/V	稳定电流 I_Z/mA	最大稳定电流 I_{ZM}/mA	最大功率损耗 P_{ZM}/mW	动态电阻 r_Z/Ω
2CW11	3.2~4.5	10	55	250	≤70
2CW12	4~4.5	10	45	250	≤50
2CW13	5~6.5	10	38	250	≤30
2CW14	6~7.5	10	33	250	≤15
2CW15	7~8.5	5	29	250	≤152
CW16	8~9.5	5	26	250	≤20
2CW17	9~10.5	5	23	250	≤25
2CW18	10~12	5	20	250	≤30
2CW19	11.5~14	5	18	250	≤40
2CW20	13.5~17	5	15	250	≤50

表 B.4 部分三极管型号和参数

型号	参数名称					
	电流放大系数 β	穿透电流 I_{CEO}/μA	集电极最大允许电流 I_{CM}/mA	集电极最大允许耗散功率 P_{CM}/mW	集-射反向击穿电压 $U_{(BR)CEO}$/V	截止频率 f/MHz
3AX81A	30~250	≤1000	200	200	≥10	≥6kHz
3AX81B	40~200	≤700	200	200	≥15	≥6kHz
3AX51A	40~150	≤500	100	100	≥12	≥0.5
3DX1A	≥9		40	250	≥20	≥0.2
3DX1B	≥14		40	250	≥20	≥0.46
3DX1C	≥9		40	250	≥10	≥1

续表

型　　号	参 数 名 称					
	电流放大系数 β	穿透电流 I_{CEO}/μA	集电极最大允许电流 I_{CM}/mA	集电极最大允许耗散功率 P_{CM}/mW	集-射反向击穿电压 $U_{(BR)CEO}$/V	截止频率 f/MHz
3AG54A	≥30	≤300	30	100	≥15	≥30
3CG100B	≥25	≤0.1	50	100	≥25	≥100
3DG81A	≥30	≤0.1	50	300	≥12	≥1000
3DK8A	≥20		200	500	≥15	≥80
3DK10A	≥20		1500	1500	≥20	≥100
3DK28A	≥25		50	300	≥25	≥500
3DD11A	≥10	3000	30A	300W	≥30	
3DD15A	≥30≤	≤2000	5A	50W	≥60	

表 B.5　部分绝缘栅场效应管型号和参数

型　　号	参 数 名 称					
	漏极饱和电流 I_{DSS}/μA	开启电压 $U_{GS(th)}$/V	栅源绝缘电阻 R_{GS}/Ω	跨导 g_m/（μA/V）	漏源击穿电压 $U_{(BR)DS}$/V	最大耗散功率 P_{DM}/mW
3DO4	0.5×10^3～15×10^3		≥10^9	≥2000	20	1000
3DO2			≥10^9	≥4000	12	1000
3DO6	≤1	≤5	≥10^9	≥2000	20	1000
3CO1	≤1	-8～-2	≥10^9	≥500		1000

附录 C　半导体集成电路型号命名方法及性能参数

表 C.1　半导体集成电路型号命名方法

（国家标准 GB3430—89）

第零部分		第一部分		第二部分	第三部分		第四部分	
用字母表示器件符合国家标准		用字母表示器件的类型		用数字表示器件的系列和品种代号	用字母表示器件的工作温度		用字母表示器件的封装	
符号	意义	符号	意义		符号	意义	符号	意义
C	符合国家标准	T	TTL		C	0℃～70℃	F	多层陶瓷扁平
		H	HTL		G	-25℃～70℃	B	塑料扁平
		E	ECL		L	-25℃～88℃	H	黑瓷扁平
		C	CMOS		E	-40℃～85℃	D	多层陶瓷双列直插
		M	存储器		R	-55℃～85℃	J	黑瓷双列直插
		F	线性放大		M	-55℃～125℃	P	塑料双列直插
		W	稳压器				S	塑料单列直插
		B	非线性电路				K	金属菱形
		J	接口电路				T	金属圆形
		AD	模数转换器				C	陶瓷片状载体
		DA	数模转换器				E	塑料片状载体
		D	音响电视电路				G	网格阵列
		SC	通信专用电路					

示例：

C F 741 C T

- C —— 符合国家标准
- F —— 线性放大器
- 741 —— 通用型运算放大器
- C —— 工作温度为0℃～70℃
- T —— 金属圆形封装

表 C.2　部分集成运算放大器的主要参数

型　号	参数名称								
	电源电压 U/V	开环差模电压放大倍数 A_{u0}/dB	输入失调电压 U_{IO}/mV	输入失调电流 I_{IO}/nA	最大共模输入电压 U_{iCM}/V	最大差模输入电压 U_{idM}/V	共模抑制比 K_{CMRR}/dB	差模输入电阻 r_{id}/MΩ	最大输出电压 U_{OPP}/V
F007（CF741）	≤|±22|	≥94	≤5	≤200	≤|±15|	≤|±30|	≥70	2	±13
F324（四运放）	3～30 或 ±1.5～±15	≥87	≤7	≤50			≥65		
CF7650	±5	120	5×10^{-3}				120	10^{6}	±4.8
CF3140	≤|±18|	≥86	≤15	≤0.01	-14.5～+12.5	≤|±8|	≥70	1.5×10^{6}	-14.4～+13

表 C.3　部分三端稳压器的主要参数

型　　号	参数名称						
	输出电压 U_o/V	输入电压 U_i/V	最小输入电压 U_{imin}/V	最大输入电压 U_{imax}/V	最大输出电流 I_{omax}/A	电压最大调整率 S_μ/mV	输出电压温漂 S_T/（mV/℃）
W7805	5±5%	10	7.5	35	1.5	50	0.6
W7815	15±5%	23	17.5	35	1.5	150	1.8
W7820	20±5%	28	22.5	35	1.5	200	2.5
W7905	−5±5%	−10	−7	−35	1.5	50	−0.4
W7915	−15±5%	−23	−17	−35	1.5	150	−0.9
W7920	−20±5%	−28	−22	−35	1.5	200	−1

表 C.4　部分数字集成电路的型号、功能和外引线排列

型号	功能	外引线排列	型号	功能	外引线排列	型号	功能	外引线排列
CT4000 或 74LS00	2 输入端四与非门	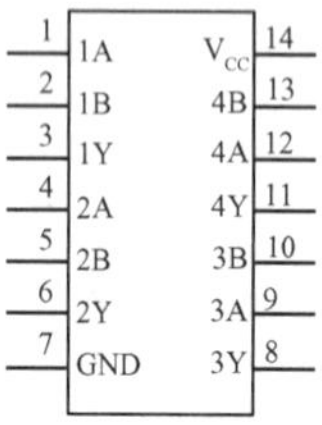	CT183 或 74LS18	3 并行二进制 2 位全加器	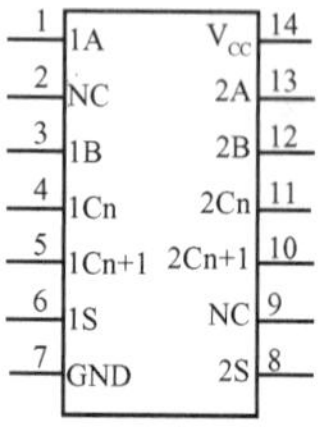	CT4074 或 74LS74	上升沿双 D 触发器	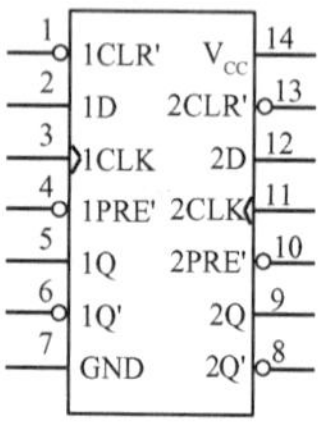
CT7411 或 74LS11	3 输入端 3 与门	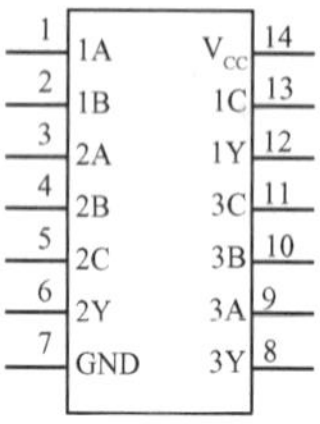	CT74151 或 74LS151	八选一数据选择器	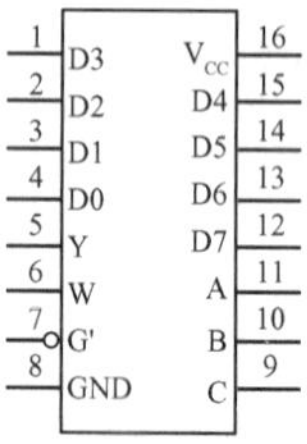	CT4114 或 74LS114	下降沿 JK 触发器	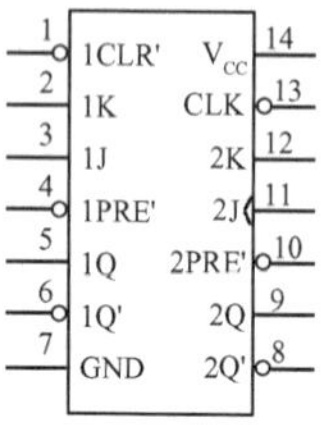
CT4075 或 74LS75	2 输入端 4 或门	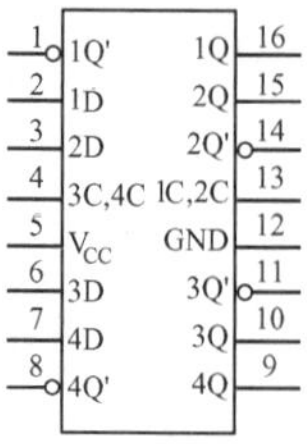	CT4148 或（74148）	8-3 编码器	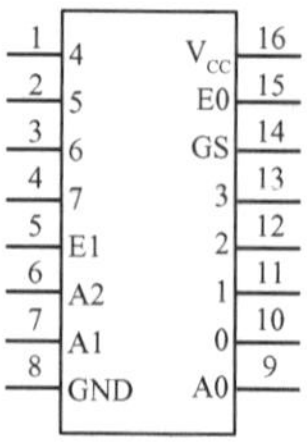	CT1194 或 74194	4 位双向移位寄存器	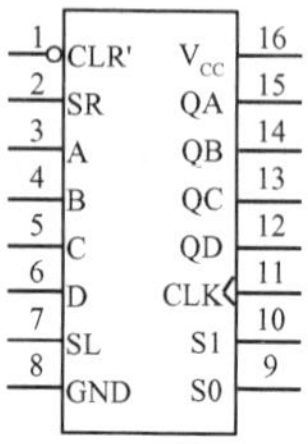

续表

型号	功能	外引线排列	型号	功能	外引线排列	型号	功能	外引线排列
CT7402 或 74LS02	2输入端4或非门	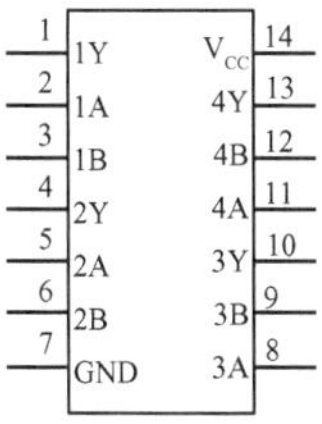	CT4138 或 74LS138	3-8译码器	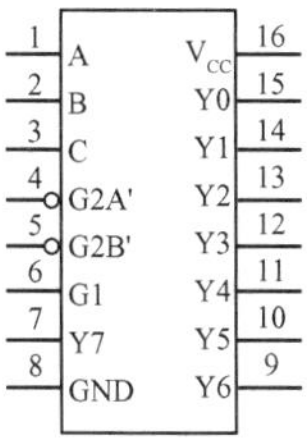	T4163 或 74LS163	4位二进制计数器	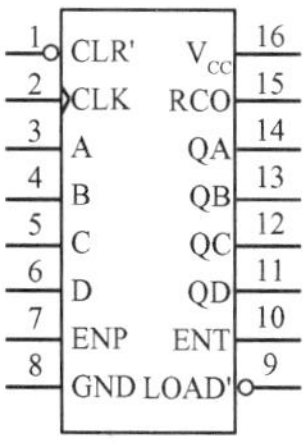
CT4086 或 74LS86	4异或门	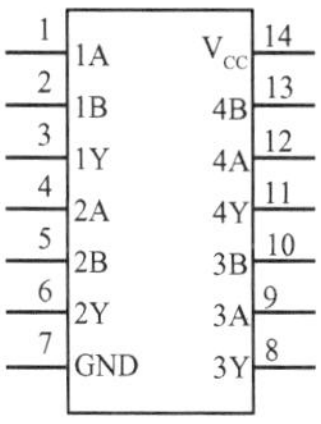	CT4085 或 74LS85	4位数据比较器		T4160 或 74LS160	4位十进制计数器	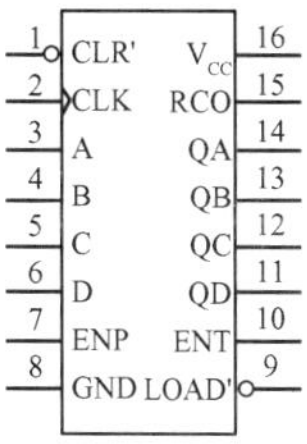

参 考 文 献

[1] 秦曾煌. 电工学（第七版）. 北京：高等教育出版社，2009.

[2] 邱关源. 电路（第五版）. 北京：高等教育出版社，2006.

[3] 华成英，童诗白. 模拟电子技术基础（第四版）. 北京：高等教育出版社，2006.

[4] 徐淑华， 电工电子技术（第 2 版）. 北京：电子工业出版社，2008.

[5] 康华光. 电子技术基础数字部分（第五版）. 北京：高等教育出版社，2006.

[6] 阎石. 数字电子技术基础（第五版）. 北京：高等教育出版社，2006.

[7] 叶挺秀，张伯尧. 电工电子学（第三版）. 北京：高等教育出版社，2008.

[8] 殷瑞祥. 电路与模拟电子技术. 北京：高等教育出版社，2009.

[9] 吴大正. 电路基础（第三版）. 西安：西安电子科技大学出版社，2008.

[10] 符磊，王久华. 电工技术与电子技术基础（第三版）. 北京：清华大学出版社，2011.

[11] 刘润华. 电子技术（第二版）. 东营：石油大学出版社，2004.

[12] 刘润华. 电工电子学（上、下）. 东营：石油大学出版社，2003.

[13] 廖常初. PLC 编程及应用. 北京：机械工业出版社，2004.

[14] 廖常初. PLC 编程及应用（第二版）. 北京：机械工业出版社，2005.

[15] 陈立定. 电气控制与可编程序控制器的原理及应用. 北京：机械工业出版社，2004.

[16] 陈志新，宗学军. 电器与 PLC 控制技术. 北京：中国林业出版社，北京大学出版社，2006.

[17] 李中发. 电工技术. 北京：中国水利水电出版社，2005.

[18] 许泽鹏. 电工技术. 北京：人民邮电出版社，2002.

[19] 李海，崔学. 电工技术. 武汉：武汉大学出版社，2005.

[20] 李忠波,梁引. 电工技术. 北京：机械工业出版社，1997.

[21] David M Buchla，Thomas L Floyd. 电路分析基础. 北京：清华大学出版社，2006.

[22] Thomas L Floyd. Digital Fundamentals（Seventh Edition）. 北京：科学出版社，2002

[23] Theodore F Boart Jr，Jeffrey S Beasley，Guillermo Rico. Electronic Devices and Circuits（Sixth Edition）. 电子器件与电路. 北京：清华大学出版社，2006.

[24] Nigel P Cook. Practical Digital Electronics. 实用数字电子技术基础. 北京：清华大学出版社，2006.